Tarsilla Gerthsen

Chemie für den Maschinenbau 1

Anorganische Chemie für Werkstoffe und Verfahren

Chemie für den Maschinenbau 1

Anorganische Chemie
für Werkstoffe und Verfahren

von
Tarsilla Gerthsen

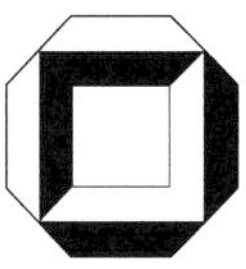

universitätsverlag karlsruhe

Satz und Grafik:
Druckstudio Joachim Waledzik, Rheinstetten

Impressum

Universitätsverlag Karlsruhe
c/o Universitätsbibliothek
Straße am Forum 2
D-76131 Karlsruhe
www.uvka.de

Universitätsverlag Karlsruhe 2006
Print on Demand

ISBN: 978-3-86644-079-1

Vorwort

Das vorliegende Buch 1 ‚Chemie für den Maschinenbau – Anorganische Chemie für Werkstoffe und Verfahren‘ gibt den etwas erweiterten Inhalt meiner Vorlesung an der ‚Berufsakademie Karlsruhe, Staatl. Studienakademie‘ wieder. Es möchte dem Studenten des Maschinenbaus im ersten Semester den Übergang von der Schulchemie zum anwendungsbezogenen – fächerübergreifenden – Lernen vermitteln und erleichtern.

Die Erfahrung lehrte jedes Jahr von neuem, dass ein großer Teil der Studenten, die das Studium des Maschinenbaus wählten, während der Schulzeit mehr der Physik als der Chemie zugewandt waren. Ziel für die vierstündige Chemie-Vorlesung musste also sein, zunächst eine verständliche, nicht zu tief gehende Einführung in die chemischen Grundkenntnisse zu geben; daneben sollte gleichzeitig der Versuch gemacht werden, die ungeliebte Chemie etwas interessanter zu gestalten. Insofern wurde jedem Kapitel anhand von Beispielen eine kurze Vorausschau auf spätere Fächer angehängt, für die chemische Kenntnisse im Maschinenbaustudium nützlich sein können.

Durch den besonderen Studienaufbau an der Berufsakademie – Theorie und Industriepraxis – ist der Kontakt zu den Firmen, die Maschinenbaustudenten beschäftigen, sehr gut. Die Frage war daher, mit welchen chemischen Problemen kommen Maschinenbaustudenten in den Firmen in Berührung? Aus dem breiten Spektrum der Firmenbesichtigungen und den Gesprächen hat sich schnell herauskristallisiert, dass die Chemie für Werkstoffe und für spezielle Verfahren von besonderer Bedeutung ist. Zum gleichen Ergebnis führte mein Besuch der Seminare an der Universität (TH) Karlsruhe in Werkstoffkunde und im Fach Kolbenmaschinen.

Chemische Probleme treten in vielen Betrieben auf, in denen Maschinenbauingenieure tätig sind. Meine technischen Beispiele zeigen sicher Lücken und sind vielleicht nicht immer auf dem allerneuesten Stand. Gerne nehme ich Anregungen über den Verlag entgegen.

Es gibt Absätze in meinem Manuskript, die im Kleindruck geschrieben sind, z.B. Historisches, Vorkommen und Darstellung. Dies soll ausdrücken, dass hiermit interessante Ergänzungen beschrieben werden, die aber nicht unbedingt als Lernstoff im Vordergrund stehen. Desgleichen gilt für das eine oder andere Kapitel wie z.B. die oft sehr ausführliche Beschreibung von Eigenschaften der Werkstoffe und ihre Verwendungsmöglichkeiten.

Ein weiteres Buch 2 mit dem Titel ‚Chemie für den Maschinenbau – Organische Chemie für Kraftstoffe und Schmierstoffe – Polymerchemie für Polymerwerkstoffe‘ wird folgen.

Herr Prof. Dr. Bernhard Ziegler hat die Bilder der Kristallmodelle im gesamten Kapitel 4 mit Hilfe eines Computerprogramms erstellt, das von ihm selbst entwickelt wurde. Durch die Möglichkeit, die berechneten Kristallmodelle auf dem Bildschirm des Computers zu drehen, gab es interessante Einsichten in die Strukturen und für die Studenten konnten die didaktisch günstigsten Ansichten ausgesucht werden. Als Beispiel möchte ich nur auf die Diamantstrukturen hinweisen. Für das gesamte Manuskript hat sich Herr Prof. Dr. Dieter Eckhartt Zeit genommen. Er war nicht nur ein guter Kritiker für meine Ausführungen zur Physik, sondern hat auch einiges geordnet, was nicht logisch aufgebaut oder unverständlich war. Beiden Physikern möchte ich meine Anerkennung und meinen besonderen Dank aussprechen, nicht zuletzt für den hohen Zeitaufwand.

Zu danken habe ich auch all jenen, die an diesem fächerübergreifenden Manuskript mitgeholfen und ihr Fachwissen eingebracht haben. Ohne persönliche Mitteilungen für wertvolle Anregungen und Ratschläge sowie für Durchsicht, Verbesserungen und Ergänzungen einzelner Abschnitte wäre dieses Manuskript nicht zustande gekommen:

Herrn Dr. P. Fehsenfeld: Forschungszentrum Karlsruhe, Abschn. 3.1.2
    Radionuklid-Technik
Herrn Prof. Dr.-Ing. E. Macherauch: Institut für Werkstoffkunde, Universität(TH)
    Karlsruhe, Abschn. 3.3.1 Metallspektroskopie
Herrn Dr.-Ing. G. Steidl: Dozent Berufsakademie Karlsruhe, Abschn. 3.3.2
    Schweißverfahren
Herrn Dr. K. Eichhorn: Institut für Kristallographie, Universität (TH) Karlsruhe,
    Abschn. 4.1.3 Kristallchemie
Herrn Prof. Dr. M. Hoffmann, Dr.-Ing. F. Porz und Dr.-Ing. R. Oberacker:
    Institut für Keramik im Maschinenbau, Universität(TH) Karlsruhe,
    Abschn. 4.1.7 Oxidkeramik, Abschn. 4.2.6 Nichtoxidkeramik
Herrn Dr. A. I. Gaiser: EnBW Karlsruhe, Abschn. 5.2.6
    Entstickung und Entschwefelung von Rauchgasen
Herrn Patrick Garcia, H. Neumeier und D. Froese: Tenneco Automative, Edenkoben,
    Abschn. 5.2.7 Abgasreinigung bei Otto- und Dieselmotoren
Herrn Prof. Dr, W. Weisweiler und Dr. E. Mallon: Institut für Chemische Technik,
    Universität(TH) Karlsruhe,
    Abschn. 5.2.7 Abgasreinigung bei Dieselmotoren
Herrn Dr. J. Reissing: BMW München, Abschn. 5.2.7
    Abgasreinigung beim Motorrad
Herrn Dr.-Ing. R. Koch: Institut für thermische Strömungsmaschinen,
    Universität(TH) Karlsruhe, Abschn. 5.2.8
    Strahltriebwerke

Karlsruhe, Sommer 2006   *Tarsilla Gerthsen*

Der frühe Tod meines Mannes
Peter Gerthsen
hat mir viel Zeit gelassen

Inhalt

1 Stoffe

Übersicht

Die Fülle der Stoffe auf unserer Erde scheint unermesslich und unübersichtlich zu sein. Zu Beginn eines jeden Chemieunterrichts wird daher zunächst ein allgemeines Kapitel über *Stoffe* vorangestellt, in dem ein überraschend einfaches Schema für ihre Einteilung angegeben wird (s → Abb. 1.1). Gleichzeitig zeigt diese Übersicht, welche Möglichkeiten es gibt, diese Stoffe so umzuwandeln, dass man letztendlich zu definierten, reinen Stoffen kommt. Aus den reinen Stoffen lassen sich wiederum durch chemische Umwandlungen – d.h. chemische Reaktionen – neue Produkte für die Technik und den täglichen Bedarf herstellen.

Die Chemie ist die Lehre von den Stoffen und den Stoffänderungen: Chemiker sind Stoffumwandler.

Maschinenbauingenieure haben andere Aufgaben als Chemiker und dementsprechend andere Lehrgebiete.

Doch auch der Maschinenbauingenieur muss sich mit dem Begriff ‚Stoff' auseinandersetzen, wenn auch in anderer, nämlich in anwendungsbezogener Weise. Ihn werden hauptsächlich feste Stoffe mit technisch verwertbaren Eigenschaften interessieren, mit denen er als Ingenieur etwas ‚machen', etwas konstruieren und herstellen kann, er nennt sie *Werkstoffe*. Darunter versteht man Keramik, Metalle, Polymer- und Verbundwerkstoffe. Dagegen zählt nur eine geringe Anzahl an flüssigen und gasförmigen Stoffen zu seinem Themenkreis. Beispiele sind Wasserstoff, Sauerstoff, Stickstoff, Acetylen sowie Kraftstoffe und Schmierstoffe.

Ebenso dürfte die Durchführung der chemischen Umwandlungsverfahren, wie sie in → Abb. 1.1 angegeben sind und die dafür notwendigen chemischen Reaktionen kaum in seinen Aufgabenbereich fallen. Er wird aber mit chemischen Reaktionen, wie Minderung der Schadstoffe in Motorabgasen, Härtungsverfahren von Stahl, Verbrennungsreaktionen von Kraftstoffen u.v.a. während seines Studiums und – mit der einen oder anderen chemischen Reaktion – auch später im Beruf in Berührung kommen.

Das Interesse an Stoffen und an chemischen Reaktionen ist bei Chemikern und Maschinenbauingenieuren also sehr verschieden. Und dennoch soll kurz auf dieses allgemeine Kapitel über Stoffe und deren Umwandlungsverfahren eingegangen werden, weil der Student des Maschinenbaus daraus gleich zu Beginn seines Studiums den besonders engen Zusammenhang von Maschinenbau und den möglichen Studienrichtungen der mechanischen, thermischen und chemischen Verfahrenstechnik erfährt. Die Umwandlungsverfahren, die im Übersichtsschema der → Abb. 1.1 angegeben sind, im technischen Maßstab durchzuführen ist u.a. Aufgabe des Verfahrensingenieurs (s. → Abschn. 1.5). Dazu werden allerdings in der chemischen Verfahrenstechnik vertiefte chemische Kenntnisse benötigt.

Darüber hinaus eignet sich dieses Kapitel auf disperse Systeme einzugehen. Sie haben in der Technik bei vielen Verfahren und Produktionsgängen große Bedeutung, wozu die mechanische Verfahrentechnik die Grundlagen und das Wissen beiträgt. Nicht zuletzt kann ein disperses System zur Herstellung z.B. von keramischen Werkstoffen dienen. Im fertigen Werkstoff sind die Eigenschaften dann meist in gewünschter Weise verbessert gegenüber Werkstoffen, die nach anderen Herstellungsverfahren gewonnen wurden.

1.1   Was versteht man unter einem Stoff?

Die Welt, in der wir leben besteht aus natürlichen und künstlich hergestellten Stoffen.

Stoffe können anorganischer und organischer Natur sein und sie haben in ihren verschiedenen Erscheinungsarten bestimmte chemische und physikalische Eigenschaften, die unabhängig sind von Größe und Gestalt.

Beispiele:
Anorganische Stoffe sind Metalle, Oxide, Graphit, Wasser, Sauerstoff, Stickstoff u.a. Organische Stoffe sind Methan, Acetylen, Erdöl, Kunststoffe u.a. sowie die meisten Stoffe aus der Tier- und Pflanzenwelt.

Eigenschaften können sein: plastisch verformbar, magnetisch, hart, spröd, weich, flüssig, gasförmig, leicht brennbar, temperaturempfindlich usw.

Ein Stoff besitzt Masse und damit Gewicht. Er nimmt bei einer bestimmten Temperatur, z.B. bei 20 °C und Atmosphärendruck (1,013 bar), ein bestimmtes Volumen im Raum ein. Das Verhältnis von Masse zu Volumen bezeichnet man als Massendichte, meist nur Dichte genannt.

$$\text{Massendichte } \rho = \frac{m}{V} \qquad \begin{aligned} &\rho = \text{in kg} \cdot \text{m}^{-3} \text{ bzw. g} \cdot \text{cm}^{-3} \\ &m = \text{Masse in kg bzw. g} \\ &V = \text{Volumen in m}^{-3} \text{ bzw. cm}^{-3} \end{aligned} \qquad (1.1)$$

Das Gewicht ist eine Kraft, mit der ein Stoff beispielsweise zur Erde hingezogen wird.

$$\text{Gewicht} \quad F = m \cdot g \qquad \begin{aligned} &F = \text{force, Kraft in Newton N} \\ &\quad N = \text{kg} \cdot \text{m} \cdot \text{s}^{-2} \\ &g = \text{Erdbeschleunigung} = 9{,}81 \text{ m} \cdot \text{s}^{-2} \\ &\quad (\text{auf dem Mond} = 1{,}61 \text{ m} \cdot \text{s}^{-2}) \end{aligned} \qquad (1.2)$$

Für alle Stoffe unserer Welt stehen nur etwa hundert chemische Elemente zur Verfügung, die im Periodensystem der Elemente dargestellt sind s. → Abb. 3.15.

1.2 Einteilung der Stoffe

Eine erste grobe Einteilung (s. → Abb. 1.1) unterscheidet zwischen *heterogenen* und *homogenen Stoffen*, d.h. zwischen Stoffen, die meist schon sichtbar uneinheitlich oder sichtbar einheitlich aufgebaut sind. Der Begriff ‚Stoff‘ wird hier durch den Ausdruck *System* ersetzt und in der Verfahrenstechnik spricht man weniger von heterogenen Systemen, vielmehr von *dispersen Systemen*.

gr. heteros uneinheitlich, verschieden; gr. homoios gleich; gr. genos Art;
lat. dispergere zerteilen, zerstreuen.

Die homogenen Systeme werden weiter unterteilt in *homogene Gemische*, die im weitesten Sinne auch Lösungen genannt werden sowie in *reine Stoffe*.

Als reine Stoffe bezeichnet man die *chemischen Verbindungen* und die *chemischen Elemente*.

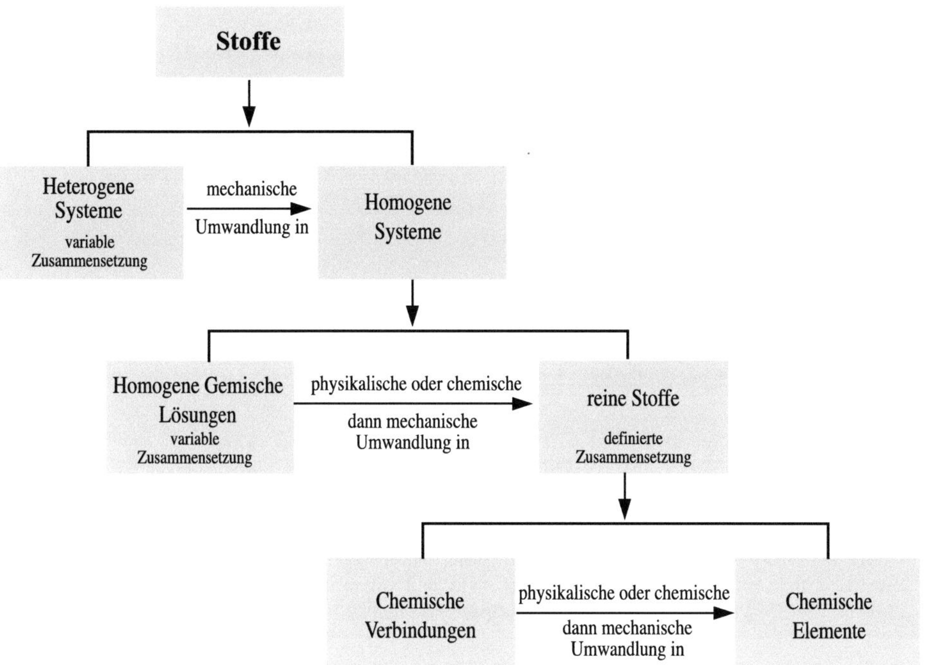

Abb. 1.1 Schema zur Einteilung der Stoffe und zu den Umwandlungsverfahren

1.3 Heterogene Systeme

1.3.1 Allgemeine Begriffe

Heterogene Systeme

Heterogene Systeme bestehen aus *mindestens zwei,* oftmals aus mehr als zwei verschiedenartigen *homogenen Komponenten* (s. → Abb. 1.2 und Tabelle 1.1). Der Ausdruck, ‚Komponente' wird verwendet, um anzuzeigen, dass es sich um einen ‚Bestandteil eines Ganzen' handelt.

Bei einem heterogenen System – man spricht auch von *heterogenem Gemisch* oder *Gemenge* – kann man die einzelnen Komponenten mit dem bloßen Auge oder gegebenenfalls noch mit dem Lichtmikroskop erkennen. Die Zusammensetzung ist variabel, das Massenverhältnis der einzelnen Anteile beliebig.

Die einzelnen Komponenten werden in einem heterogenen System auch *Phasen* genannt. Eine Phase ist in ihrer Zusammensetzung, Struktur und den Eigenschaften konstant, d.h. sie ist in sich einheitlich, homogen (s. → Abschn. 1.4). Die unterschiedlichen Phasen können im gleichen Aggregatzustand oder in verschiedenen Aggregatzuständen vorliegen, nämlich fest, flüssig oder gasförmig. Eine Phase ist von der anderen Phase durch eine *Grenzfläche,* eine *Phasengrenzfläche* getrennt.

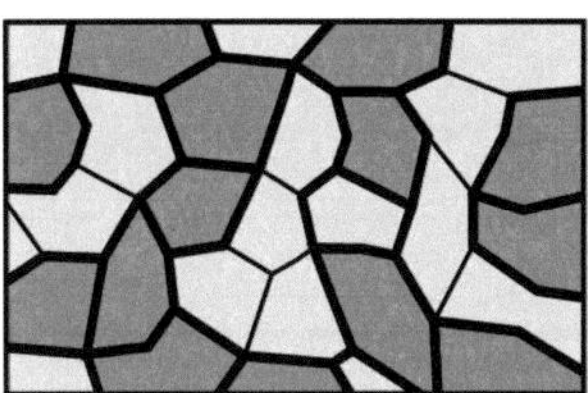

Abb. 1.2 Heterogenes Zweiphasensystem
Die Phasengrenzen lassen sich mit dem bloßen Auge oder gegebenenfalls noch mit dem Lichtmikroskop erkennen.

Anmerkung: Auf ein *System* trifft allgemein zu, was man unter *Synergie* versteht: Ein System ist mehr als nur die Summe der einzelnen Komponenten (Phasen). Ein System zeigt neue, meist überlegene Eigenschaften.

Beispiel:
Granit besteht aus den Komponenten Feldspat, Quarz und Glimmer. Die einzelnen Komponenten haben nicht die Eigenschaft zum harten Urgestein, wie sie es im Zusammenwirken als heterogenes System erreichen. Geschliffener Granit ist zusätzlich von besonderer Schönheit. Vgl.: Legierungen → Abschn. 4.4.

Disperse Systeme

Während die Bezeichnung ‚heterogenes System' auf die Zusammensetzung aus verschiedenartigen homogenen Komponenten hinweist, gilt die Bezeichnung ‚disperses System' zusätzlich für Systeme, die aus ein und derselben Komponente bestehen können. Diese muss dann allerdings in unterschiedlicher geometrischer Form oder in unterschiedlichem Aggregatzustand vorliegen. Ein Beispiel ist Eiswasser, das sind Eisstücke in Wasser.

Für disperse Systeme gibt es folgende Sprachregelung:

Tabelle 1.1 Beispiele für heterogene Systeme. Einteilung nach dem Aggregatzustand der Phasen

Aggregatzustand der Phasen	Beispiele für heterogene Systeme
fest – fest	Heterogenes Gemisch, Gemenge verschiedener fester Komponenten: Granit: Feldspat, Quarz und Glimmer Erze: metalloxid- oder metallsulfidführende Gesteine
fest – flüssig	Töpferton: Ton in Wasser aufgeschlämmt
fest – gasförmig	Rauch: Ruß und andere Partikel in Luft
flüssig – fest	Wassereinschlüsse in Mineralien
flüssig – flüssig	Milch: Milchfett (Sahne) in der wässrigen Phase der Milch
flüssig – gasförmig	Nebel: Wassertröpfchen in Luft
gasförmig – fest	Porensysteme: Kork
gasförmig – flüssig	Blasensysteme, Schaum z.B. Seifenschaum: Luftblasen in Seifenlösung
gasförmig – gasförmig	Diese Systeme sind immer homogen.

- Eine Phase,
  die disperse Phase, sie wird auch disperser Stoff, disperser Bestandteil, dispergierte Phase genannt,

- ist in der anderen Phase,
  im Dispersionsmittel, auch Dispersionsmedium, kontinuierliche (zusammenhängende) Phase genannt,

- fein verteilt, d.h. dispergiert.

» *Teilchengröße der dispersen Phasen*

Das wesentliche Unterscheidungsmerkmal der dispersen Systeme ist die Teilchengröße der dispersen Phase. Je nach *Zerteilungsgrad* (Dispersionsgrad) der dispersen Phase gibt man folgende Einteilung an:

- Grobdisperses System: mit dem Auge sichtbare Teilchen bis zu einem Durchmesser von etwa 10^{-7} m. Die Grenze von 10^{-7} m wurde gewählt, da die Erkennbarkeit von Teilchen unter dem Lichtmikroskop bei einem Durchmesser von etwa $2 \cdot 10^{-7}$ m liegt. Die Teilchen nennt man Partikel, Korn oder bei großen Partikeln auch Stücke.

- Kolloiddisperses System: mit einem Teilchendurchmesser von etwa 10^{-7} m bis 10^{-9} m. Kolloiddisperse Teilchen werden *Kolloide* genannt.

  Anstelle von m werden auch μm = 10^{-6} m oder nm = 10^{-9} m verwendet: 10^{-7} m = 0,1 μm.

  Kolloid gr. kolla Leim, gr. eidos Form, Aussehen. Bezeichnung nach einer Aufschlämmung von Tischlerleim in Wasser, die ein kolloidales System darstellt.

- Molekulardisperses System: mit einem Teilchendurchmesser $<10^{-9}$ m. Diese Größe entspricht bereits der Größenordnung von Atomen und Molekülen (nicht Makromolekülen), die echte, homogene Gemische (Lösungen) bilden.

Die untere Grenze von den kolloiddispersen Teilchen zu molekulardispersen Teilchen ist so festgelegt, dass bei den kolloiddispersen Teilchen noch eine Grenzfläche zwischen Teilchen und Dispersionsmittel vorhanden ist, d.h. es muss bei den Teilchen noch ein Unterschied zwischen Grenzflächenatomen und inneren Atomen zu unterscheiden sein.

Sowohl zwischen grobdispersen und kolloiddispersen als auch zwischen kolloiddispersen und molekulardispersen Systemen gibt es Übergangsbereiche, es gibt keine exakten Grenzen. Den Übergang zum molekulardispersen System, wenn die Grenzfläche verschwindet, bilden die *Cluster*. Sie bestehen aus einer Anhäufung von nur wenigen, direkt miteinander verbundenen Atomen bzw. Molekülen.

1.3.2 Spezielle Bezeichnungen für Dispersionen

Suspension lat. suspendere aufhängen, schwebend halten

Die Suspension ist eine Dispersion, bei der unlösliche Feststoffteilchen in einer flüssigen Phase fein verteilt, ‚schwebend' sind. Die Feststoffteilchen – *Partikel* – können grobdispers oder in kolloidaler Dimension vorliegen.

Bei einer grobdispersen Suspension setzen sich die suspendierten Partikel mit der Zeit am Boden ab. Die Stabilität einer grobdispersen Suspension wird durch Suspendierhilfen – auch Dispergatoren oder Dispergiermittel genannt – erhöht. Es sind grenzflächenaktive Substanzen (s. → Abschn. 4.2.7). *In kolloidaler Dimension* ist der Schwebezustand der Feststoffteilchen etwas stabiler, insbesondere wenn der Massendichteunterschied zwischen Feststoffteilchen und Dispersionsmittel gering ist. Die Stabilisierung kann hier auch durch so genannte Schutzkolloide erfolgen (s. → Abschn. 1.3.3).

Die Trennung der einzelnen Phasen einer *grobdispersen* Suspension bedeutet deren Aufteilung in homogene Phasen. Sie kann mit mechanischen Methoden durchgeführt werden, entweder aufgrund der unterschiedlichen Massendichten oder der unterschiedlichen Teilchengrößen. Grobe Partikel setzen sich entsprechend ihrer Größe mehr oder weniger schnell ab. Die entsprechenden Methoden sind das Sedimentieren (Absetzen lassen) oder das Zentrifugieren und anschließendes Dekantieren (Abgießen) bzw. Filtrieren der überstehenden Flüssigkeit. Zentrifugieren beschleunigt und verbessert den Trenneffekt.

Die Trennung einer hydrophilen, d.h. wasserlöslichen *kolloiddispersen* Suspension erreicht man durch Ausfällen zu einem Gel (s. → Abschn.1.3.3).

Emulsion lat. emulgere ausmelken, weil Milch eine Emulsion darstellt.

Eine Emulsion ist eine Dispersion aus nicht miteinander mischbaren Flüssigkeiten. Eine der flüssigen Phasen bildet die zusammenhängende Phase, das Dispersionsmittel, in der die andere Phase, die disperse Phase, in Form von kleinen Tröpfchen fein verteilt, d.h. dispergiert ist.

Die Stabilität, d.h. die Beständigkeit einer Makroemulsion hängt von der Größe der dispergierten Tröpfchen ab. Je kleiner sie sind, umso mehr kommt wegen der stark gestiegenen Verhältnisse von Grenzfläche zu Volumen die Grenzflächenspannung zur Geltung. Diese bestimmt den Arbeitsaufwand – die Grenzflächenenergie – die zur Bildung einer neuen, vergrößerten Grenzfläche erforderlich ist.

Anmerkung: Grenzflächenspannung/Grenzflächenenergie: In dispersen Systemen wird die Trennfläche zwischen zwei aneinander grenzenden, nicht mischbaren Phasen als Grenzfläche bezeichnet (s. → Abschn. 1.3.1). Die Bildung einer neuen Grenzfläche, d.h. die Vergrößerung der Grenzfläche bedeutet, dass Energie also Grenzflächenenergie aufgewendet werden muss. Die spezifische Grenzflächenspannung und die spezifische Grenzflächenenergie sind zahlenmäßig und dimensionsmäßig identisch:

Kraft pro Länge = Arbeit pro Grenzfläche

Eine Vergrößerung der Grenzfläche, d.h. die Verkleinerung eines Tropfens bedeutet die Erhöhung der Grenzflächenspannung bzw. der Grenzflächenenergie.
Eine Verkleinerung der Grenzfläche, d.h. die Vergrößerung der Tropfen bedeutet die Verringerung der Grenzflächenspannung bzw. der Grenzflächenenergie.

Die Gesamtgrenzfläche und damit die Grenzflächenenergie nehmen zu, wenn man einen (kugelförmigen) Tropfen einer Makroemulsion in viele kleine Tröpfchen aufteilt, die Stabilität (Beständigkeit) nimmt dadurch ab. Umgekehrt nimmt die Grenzflächenenergie ab, wenn zwei Tropfen sich zu einem einzigen Tropfen vereinen. Dabei verschwindet der kleinere auf Kosten des größeren Tropfens, weil der von der Grenzflächenspannung herrührende Normaldruck umgekehrt proportional zum Radius des Tröpfchens ist. Die Flüssigkeit wird also aus der kleineren in die größere Tröpfchenkugel hineingepresst. Dem System muss dann Energie – Schütteln, Schlagen, Rühren – zugeführt werden, um es wieder in kleine Tröpfchen aufzuteilen. Eine Makroemulsion ist stabiler, wenn der Massendichteunterschied zwischen den nicht mischbaren Flüssigkeiten gering ist. Das Zusammenfließen der Tröpfchen kann man durch Emulgatoren verhindern (grenzflächenaktive Substanzen s. → Abschn. 4.2.7).

Die Trennung der einzelnen, nicht miteinander mischbaren flüssigen Phasen einer Makroemulsion kann durch mechanische Methoden erfolgen aufgrund der unterschiedlichen Massendichten durch Abscheiden lassen bzw. Zentrifugieren.

Eine Mikroemulsion, eine *kolloiddisperse* Emulsion – sie erscheint meistens klar – wird hergestellt mit Hilfe von Kolloidmühlen (Homogenisieren) oder mit Ultraschall.

Die meisten Emulsionen zeigen jedoch eine uneinheitliche Größe der dispers verteilten Tröpfchen, sie sind *polydispers*.

Schaum

Schäume sind Gebilde aus gasgefüllten Zellen, die durch flüssige oder feste Zellstege begrenzt werden. Die Zellstege bilden ein zusammenhängendes Gerüst.

Im flüssigen Schaum sind also Gasbläschen in einem Gerüst einer Flüssigkeit, im festen Schaum sind Gasbläschen in einem Gerüst aus Feststoff fein verteilt. Im flüssigen Schaum sind die Gasblasen durch einen Flüssigkeitsfilm von kolloidaler Dicke voneinander getrennt. Dieser Zustand ist thermodynamisch instabil. Es besteht die Tendenz, Oberflächenenergie durch Verkleinerung der Oberflächen frei zu setzen, zu gewinnen. Flüssiger Schaum kann durch Schaumbildner stabilisiert werden (grenzflächenaktive Substanzen s. $\rightarrow$ Abschn. 4.2.7).

Aerosol lat. aer Luft; lat. solutio Lösung

Feststoffteilchen (bei einem festen Aerosol) oder Flüssigteilchen (bei einem flüssigen Aerosol) sind als Schwebeteilchen in einem gasförmigen Medium fein verteilt. Die Bezeichnung ‚sol' weist auf ein kolloiddisperses System hin, doch können durchaus auch größere Teilchen im gasförmigen Medium verteilt sein.

Aerosole sind instabil, da gasförmige Medien und Schwebeteilchen meist erhebliche Massendichteunterschiede aufweisen. Die Schwebeteilchen können sich absetzen oder sich durch Zusammenstöße vergrößern. Je höher konzentriert das Aerosol ist und je größer die Aerosol-Teilchen werden, umso rascher setzen sich die Teilchen ab. Aerosol-Teilchen können auch elektrisch aufgeladen sein.

Das bedeutendste natürliche Aerosol bildet die Lufthülle der Erde.

1.3.3 Kolloidale Lösungen

Kolloiddisperse Systeme gibt es in unterschiedlicher Art. Danach richten sich die Einteilungsmöglichkeiten, beispielsweise nach den Aggregatzuständen von disperser Phase und Dispersionsmittel (Suspension, Emulsion u.a.), nach anorganischen und organischen Kolloiden sowie nach der Form der Kolloide, wie kugelige (globuläre) oder lang gestreckte (fibrilläre) Kolloide. Eine besondere Bedeutung haben die kolloidalen Lösungen, sie beschreiben das Verhalten gegenüber dem flüssigen Dispersionsmittel.

Kolloidal (oder auch *kolloid*) bezeichnet einen Zustand, keine Stoffeigenschaft.

Suspensionen und Emulsionen in kolloidaler Dimension werden als *kolloidale Lösungen* bezeichnet. Es sind jedoch keine echten Lösungen, denn es sind Schwebeteilchen – fest oder flüssig – im flüssigen Dispersionsmittel fein verteilt.

Die Bezeichnung kolloidale ‚*Lösung*' ist darauf zurückzuführen, dass die Kolloide im Lichtmikroskop wie bei einer echten, molekularen Lösung nicht mehr sichtbar sind, so dass die kolloidalen Lösungen in vielem den echten Lösungen ähneln. Man kann sie jedoch von den echten Lösungen mit Hilfe der *Tyndall-Streuung (John Tyndall 1820–1893, engl. Physiker)* unterscheiden: durch die Streuung des Lichtes an den kolloiddispersen Teilchen wird ein scharf gebündelter Lichtstrahl beim Durchgang zu einem Lichtkegel verbreitert. Die *Tyndall*-Streuung wird beispielsweise bei aufgeblendetem Scheinwerferlicht eines Autos im Nebel erkennbar.

Man unterscheidet unabhängig von der Art des flüssigen Dispersionsmittels, das meist nicht ganz korrekt ‚Lösemittel' genannt wird:

- lyophile Kolloide, d.h. lösemittelfreundliche Kolloide (fest oder flüssig), die sich durch ‚Lösen' – durch Solvatation – bilden, d.h. sich mit dem Lösemittel über zwischenmolekulare Bindungskräfte (s. → Abschn. 4.2.7) umhüllen können.

- lyophobe Kolloide, lösemittelfeindliche Kolloide (fest oder flüssig), die nur in solchen flüssigen Medien herstellbar sind, in denen der betreffende Stoff ‚unlöslich' ist, d.h. wenn keine Solvatation stattfinden kann. Es bedarf bestimmter Kunstgriffe um sie als Kolloide herzustellen und zu erhalten, so z.B. mechanische Zerteilung und Schutzschichten (s. → Seite 10). gr. lyein lösen; gr. philos Freund; gr. phobos Scheu

Im speziellen Fall, wenn das ‚Lösemittel' Wasser ist, so unterscheidet man

- hydrophile Kolloide, die Teilchen umgeben sich über zwischenmolekulare Bindungskräfte mit einer stabilen Umhüllung aus fest adsorbiertem* Wasser. So bleiben sie als Schwebeteilchen fein verteilt und sind vor der Zusammenlagerung zu größeren Teilchen geschützt. Man bezeichnet dies als *Sol* (genauer Lyosol).

- hydrophobe Kolloide, die Teilchen tragen keine Wasserumhüllung. Damit sie sich nicht zu größeren Teilchen zusammenlagern, benötigen sie eine Schutzschicht, die sie als Sol stabilisiert. Einmal ausgefallen, lassen sie sich nicht mehr in ein Sol umwandeln *(irreversible Kolloide)*.

*lat. adsorbere an sich binden; an der Oberfläche adsorbieren; Unterschied zu lat. absorbere verschlingen; einen Stoff in sich aufnehmen, absorbieren.

Stabilisierung einer kolloidalen Lösung

Bei Produktionsgängen, für die die Herstellung einer stabilen kolloidalen Lösung erforderlich ist, muss die Zerstörung des kolloidalen Systems, d.h. das Zusammenlagern zu größeren Teilchen verhindert werden. Die Stabilisierung kann durch große Verdünnung oder Schutzschichten erfolgen.

Anmerkung: Kleine Feststoffteilchen sind gegenüber größeren Feststoffteilchen unbeständig, was für Flüssigteilchen im → Abschn. 1.3.2 bereits erörtert wurde. Große Feststoffteilchen wachsen auf Kosten der kleinen Teilchen, was beim Kristallwachstum deutlich sichtbar ist. Kleine Feststoffteilchen haben relativ große Grenzflächen mit nicht abgesättigten Restvalenzen, sie machen das Teilchen reaktionsfähiger, energiereicher und sind daher unbeständiger als große Teilchen. Dies äußert sich auch darin, dass man zu ihrer Herstellung ‚Zerkleinerungsenergie hineinstecken' muss. Kleine Feststoffteilchen haben das Bestreben in einen grenzflächenärmeren Zustand überzugehen. Das Bestreben als größeres Teilchen auszuflocken, ist groß.

» *Große Verdünnung*

Hydrophile Kolloide setzen sich beim Stehen nicht ab, wenn die Verdünnung hinreichend groß ist. Sie können durch die Wärmebewegung (Brownsche Bewegung) des Dispersionsmittels in der Schwebe gehalten werden.

Bei einem hydrophilen Kolloid kann aber das Bestreben zur Anlagerung von Wasser u.U. so groß sein, dass das Sol zu einer gelatineartigen, wasserreichen Masse, zu einem Gel, erstarrt. Die Kolloide fallen dann mit ihrer fest adsorbierten Wasserumhüllung aus. Unter einem Gel hat man sich ein weitmaschiges, unregelmäßiges Gerüst aus Kolloidteilchen vorzustellen, das mit Lösemittel durchtränkt ist und durch zwischenmolekulare Bindungskräfte zusammengehalten wird. Durch Hinzufügen von Wasser kann das Gel hydrophiler Kolloide wieder in ‚Lösung' gebracht, in Sol übergeführt werden *(reversible Kolloide)*. In speziellen Fällen erreicht man dies auch durch mechanische Einflüsse auf die zwischenmolekularen Bindungskräfte, z.B. durch Rühren oder Schütteln. Dann verflüssigt sich das Gel wieder und wandelt sich in ein Sol um.

Der Vorgang des Erstarrens zu einem Gel bezeichnet man Koagulation, die Herstellung eines Sols aus einem Gel bezeichnet man Peptisation. Der Vorgang ist reversibel.

lat. gelare zum Erstarren bringen; lat. coagulare gerinnen lassen; gr. pepsis Verdauung, bedeutet hier Auflösung.

$$\text{Sol} \underset{\text{Peptisation}}{\overset{\text{Koagulation}}{\rightleftharpoons}} \text{Gel}$$

Beispiel für ein *Gel-Sol-Gel-Verfahren:*
Das Phänomen der Thixotropie gr. thixis Berührung, gr. tropos Wandlung
Unter Thixotropie versteht man das unterschiedliche Fließverhalten (Viskosität) von konzentrierten lyophilen kolloidalen Lösungen beim Stehen bzw. Rühren oder Schütteln. Beim Stehen werden die kolloidalen Teilchen mit ihrer Umhüllung durch zwischenmolekulare Bindungskräfte miteinander verknüpft. Die kolloidale Lösung erstarrt zu einem Gel und zeigt eine hohe Viskosität. Es genügen meist schon geringe Kräfte (Rühren, Schütteln), um die Zusammenlagerung aufzuheben und das Gel in ein Sol überzuführen: die Viskosität verringert sich. Erneut zu Ruhe gekommen, erstarrt das Sol wiederum zu einem Gel. Das Fließverhalten beim Vorgang der Thixotropie bezeichnet man als Strukturviskosität.

Die Erscheinung der Thixotropie, wird z.B. bei nicht-tropfenden Lacken ausgenützt. Der Lack (Gel) lässt sich leicht verstreichen, d.h. durch Rühren und Pinseldruck zu Sol umwandeln. Er bildet aber keine Tropfen, sondern erstarrt zur Ruhe gekommen wieder zu Gel.

Hydrophobe Kolloide neigen auch bei großer Verdünnung dazu, sich abzusetzen. Eine Stabilisierung gelingt allenfalls dann, wenn der Massendichteunterschied zwischen Kolloid und Dispersionsmittel gering ist.

» *Schutzschichten*

Gleichnamige elektrische Ladungen

Hydrophobe Kolloide mit gleichnamigen elektrischen Ladungen stoßen sich gegenseitig ab und erreichen dadurch eine Stabilisierung. Neutralisiert man die elektrischen Ladungen, z.B. durch Zugabe von entgegengesetzten Ladungen, wie H^+- bzw. OH^--Ionen, so flocken die Kolloide aus. Der Punkt, an dem die elektrische Ladung des Kolloids gerade kompensiert ist, heißt *isoelektrischer Punkt*. Ausgeflockte hydrophobe

Kolloide lassen sich durch Zugabe von Wasser nicht mehr in eine kolloidale Lösung umwandeln.

Hydrophile Kolloide, die in sehr verdünnter wässriger Lösung hydratisiert vorliegen und beispielsweise sauer reagieren, können durch Zugabe von OH^--Ionen bis zum isoelektrischen Punkt als Gel ausgeflockt werden.

Beispiele:
Ein Sol-Gel-Verfahren bei Ausflockung am isoelektrischen Punkt: Herstellung von Keramik z.B. aus Aluminiumoxid Al_2O_3, Titandioxid TiO_2 oder Zirconiumdioxid ZrO_2. Das Verfahren wird im → Abschn. 4.1.7 beschrieben. Ein anderes Verfahren ist das Sol-Gel-Verfahren zur Herstellung von Beschichtungen mit Schichtdicken im Nanobereich.

Schutzkolloide

Eine weitere Möglichkeit der Stabilisierung von kolloidalen Lösungen ist die Zugabe eines Schutzkolloids. Schutzkolloide bestehen aus Molekülen mit zwei unterschiedlichen Gruppierungen. Die unpolare Gruppe orientiert sich zum hydrophoben Kolloid, die polare Gruppe orientiert sich zum Dispersionsmittel Wasser. Das hydrophobe Kolloid nimmt so den Charakter eines hydrophilen Kolloids an und kann in Wasser in der Schwebe gehalten werden. Derartige Schutzschichten können grenzflächenaktive Substanzen sein (s. → Abschn. 4.2.7).

Entsprechende Schutzkolloide können auch in nichtwässrigen Medien für lyophobe Kolloide eingesetzt werden.

Es gibt Polymere, die keramische Kolloide stabilisieren können. Ihre Wirkungsweise ist komplexer Art.

1.3.4 Beispiel für einen Produktionsgang, bei dem ein grobdisperses System in ein kolloiddisperses System übergeführt wird

Die Herstellung eines Magnetbands

Die Produktion von Magnetbändern s. → Abb. 1.3 beginnt mit der Dispersionsherstellung: für die magnetische Dispersion, die Vorstufe der Magnetschicht, wird meist Eisenoxid (γ-Fe_2O_3, s. → Abschn. 4.1.2) als Träger des Magnetismus und das polymere Bindemittel Polyurethan PUR (s. → Buch 2, Abschn. 5.3.2) in einem Lösemittelgemisch aus Tetrahydrofuran THF und Methylethylketon MEK (s. → Buch 2, Tabelle 1.4) dispergiert. Das Eisenoxid ist ein braunes Pulver, das aus mikroskopisch kleinen Nädelchen besteht. Bei einigen Bandtypen wird Chromdioxid (CrO_2) verwendet.

In großen, mit kugelförmigen Mahlkörpern gefüllten Mühlen werden die Agglomerate, die Zusammenballungen der Magnetteilchen, bis zum Entstehen einer sehr fein zerteilten Dispersion gemahlen. Jedes Magnetteilchen ist zuletzt von einem Film des Bindemittels PUR als Schutzschicht umgeben. Nach Filtrieren durch Zeolithe

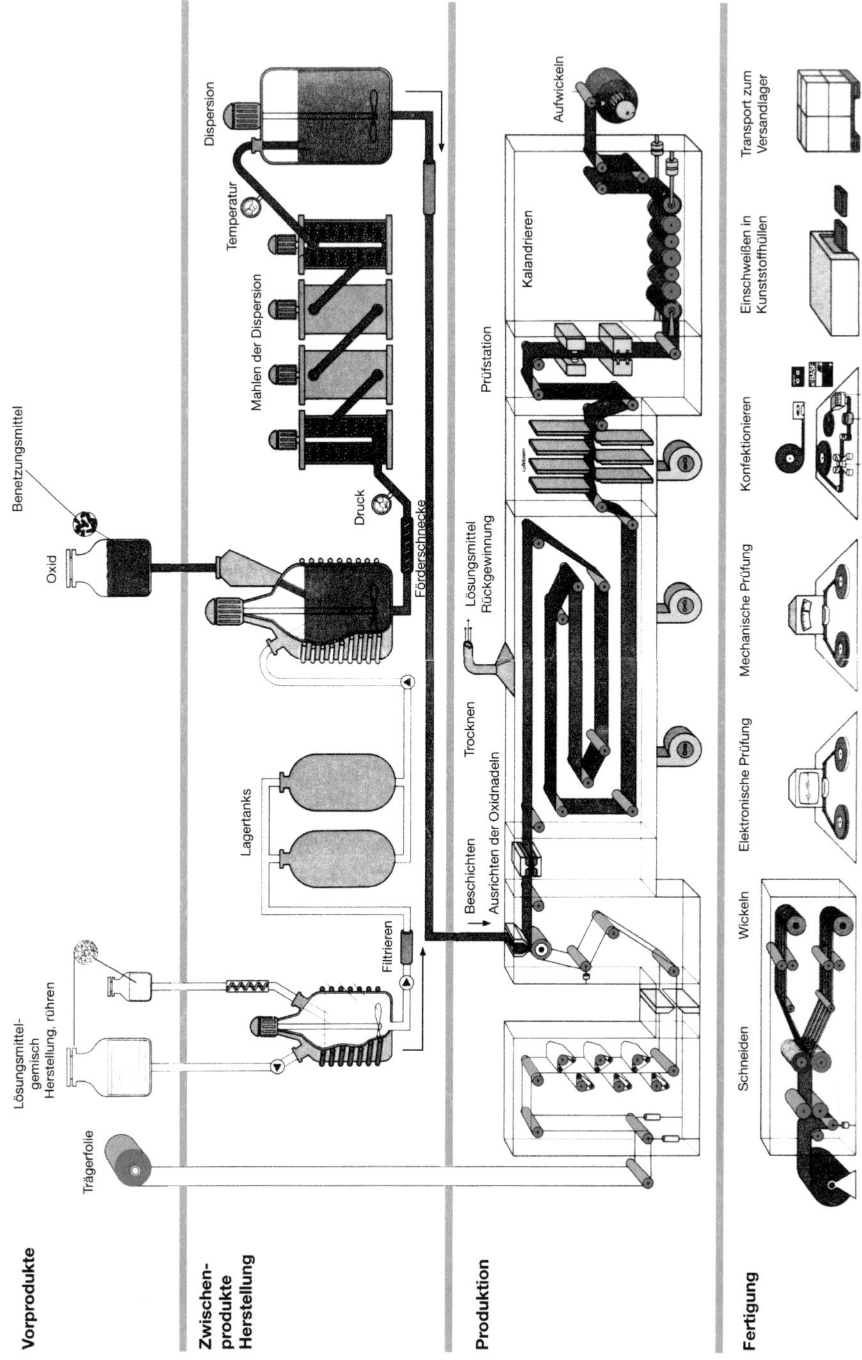

Abb. 1.3 Schema für den Produktionsgang zur Herstellung von Magnetbändern - Quelle BASF AG, Ludwigshafen/Rhein. Seit 1997 nicht mehr im Programm.

(Alumosilicate s. → Abschn. 4.2.8) wird schließlich auch die letzte Ungleichmäßigkeit aus der Dispersion entfernt. Die Größe der Magnetteilchen ist ausschlaggebend für die Qualität des Magnetbands. Je feiner die Teilchen, desto besser ist die Qualität.

Die Beschichtung von Polyesterbahnen (s. → Buch 2, Abschn. 5.3.2) mit der Magnetdispersion erfolgt in absolut staubfreien und klimatisierten Räumen. Der gleichmäßige Auftrag der Magnetschicht erfordert höchste Präzision der Beschichtungsmaschinen. Die Magnetschicht ist nicht stärker als 3 µm. Die Magnetteilchen werden durch einen Magneten ausgerichtet.

Es folgen Trocknungszonen, das Kalandrieren (Glätten und Verdichten der Oberfläche zwischen zwei gegenläufigen Walzen) und das Aufrollen der Bahnen zu dicken Rollen, den so genannten Blöcken. In der Fertigung werden die Blöcke zu Bändern geschnitten, geprüft und konfektioniert, d.h. das Magnetband wird auf die Verkaufsspulen aufgespult und entsprechend verpackt.

Aus dem Fließschema sind folgende Grundoperationen der Verfahrenstechnik zu entnehmen: Rühren, Filtrieren, Mahlen, Beschichten, Trocknen, Verdampfen und Kondensieren des Lösemittels (zur Rückgewinnung), Kalandrieren, Aufwickeln, Schneiden.

1.4 Homogene Systeme

Bei homogenen Systemen unterscheidet man zwischen *homogenen Gemischen* – die im weitesten Sinne auch *Lösungen* genannt werden – und *reinen* Stoffen. Homogene Systeme sind in ihrer Zusammensetzung durch und durch einheitlich und lassen mit der stärksten lichtmikroskopischen Vergrößerung keine Phasengrenzflächen erkennen. Ein homogenes System hat definierte chemische und physikalische Eigenschaften. Es kann fest, flüssig oder gasförmig sein.

1.4.1 Homogenes Gemisch, Lösung

Ein homogenes Gemisch besteht aus mindestens zwei verschiedenartigen Komponenten. Bei Lösungen im engeren Sinne ist meist die Flüssigkeit im großen Überschuss vorhanden, während der Begriff ‚Lösung' im weiteren Sinne auch feste und gasförmige Lösungen umfasst. Ein bestimmtes, homogenes Gemisch besitzt eine konstante Zusammensetzung und Struktur. Vom variablen Mischungsverhältnis der Komponenten hängen die Eigenschaften des homogenen Gemischs bzw. der Lösung ab.

Beispiel:
Eine konzentrierte Kochsalzlösung hat eine größere Massendichte als eine verdünnte Kochsalzlösung.

In der nachfolgenden → Tabelle 1.2 sind homogene Gemische bzw. Lösungen und zugleich Trennungsverfahren angegeben, mit deren Hilfe sie in reine Stoffe zerlegt werden können. Die erwähnten Verfahren und auch einige Begriffe finden erst in späteren Kapiteln eine Erklärung:

Tabelle 1.2 Homogene Gemische bzw. Lösungen und die Trennungsverfahren zu ihrer Zerlegung in reine Stoffe

Aggregatzustand der Komponenten	homogenes Gemisch, Lösung	Beispiele für Komponenten eines homogenen Gemischs	Trennungsverfahren für die Zerlegung in reine Stoffe
fest – fest	Mischkristalle	Cu–Ni-Mischkristall	fraktionierte Kristallisation[1]
fest – flüssig	Lösung im engeren Sinne: Die flüssige Phase ist gegenüber der festen Phase im Überschuss. Beispiel: Das polare Lösemittel Wasser[2] tritt in Wechselwirkung mit dem zu lösenden polaren festen Teilchen. Das feste Teilchen wird in die flüssige Phase aufgenommen, molekular gelöst. Es ist unter dem Mikroskop nicht mehr sichtbar. Entsprechendes gilt für die Lösung von unpolaren festen Teilchen in einem unpolaren Lösemittel[2].		
	Salzwasser	Natriumchlorid $Na^+ Cl^-$ in Wasser gelöst	Verdampfen und Kondensieren des Wassers; NaCl bleibt als fester Bestandteil zurück.
	Mehrere Metallsalze in Lösung	$NaCl$, $MgCl_2$, $AgNO_3$ in Wasser gelöst	Es gibt für jedes Metallion eine charakteristische chemische Fällungsreaktion[3]. Der schwer lösliche Niederschlag kann abfiltriert werden.
flüssig – flüssig	Gemisch bzw. Lösung aus verschiedenen Flüssigkeiten	Ottokraftstoff Dieselkraftstoff (Alkane)[4]	fraktionierte Destillation
flüssig – gasförmig	in Flüssigkeit gelöstes Gas	Kohlendioxid in Wasser	Erhitzen
gasförmig – gasförmig	Gasgemische	Luft: Volumenanteile Sauerstoff 21 %, Stickstoff 78 %, Kohlendioxid 0,03 %, Argon, Wasserdampf u.a. 1%	Verflüssigung der Luft nach dem Linde-Verfahren[5] und anschließende fraktionierte Destillation

[1] Mischkristalle s. → Abschn. 4.4.9
[2] polare und unpolare Lösemittel s. → Abschn. 4.2.7
[3] Auf charakteristische chemische Fällungsreaktion wird nicht näher eingegangen (Analytische Chemie)
[4] Alkane s. → Buch 2, Abschn. 1.1.2
[5] Linde-Verfahren s. → Abschn. 4.2.7

1.4.2 Reine Stoffe

Reine Stoffe werden weiter unterteilt in *chemische Verbindungen* und *chemische Elemente*. Beiden ist gemeinsam, dass sie kennzeichnende physikalische Eigenschaften, wie Schmelzpunkt, Siedepunkt und Massendichte besitzen. Insbesondere Schmelzpunkt und Siedepunkt werden als Reinheitskriterien für reine Stoffe herangezogen.

Beispiele für Kenngrößen:
Siedepunkt für Wasser 100 °C, Schmelzpunkt 0 °C,
Schmelzpunkt für Eisen 1535 °C,
Schmelzpunkt für Aluminium 660 °C.

Hinweis: Als Siedepunkt (Sdp.) bezeichnet man die Temperatur, bei der der Dampfdruck einer Flüssigkeit 1,013 bar (101,3 kPa) beträgt. Als Schmelzpunkt (Smp.) bezeichnet man die Temperatur, bei der die feste Phase unter einem Druck von 1,013 bar schmilzt.

Der Siedepunkt des Wassers wurde von *Celsius (Anders Celsius 1701–1744, schwedischer Astronom in Uppsala)* auf 100 °C, der Schmelzpunkt auf 0 °C willkürlich festgelegt. Es gibt andere Skaleneinteilungen. In den USA ist die Einteilung nach *Fahrenheit (Daniel Gabriel Fahrenheit 1686–1736, Physiker und Instrumentenbauer)* üblich mit der Festlegung: Eispunkt bei 32 °F (Grad Fahrenheit) und Dampfpunkt auf 212 °F.

Chemische Verbindungen

Die kleinste Einheit einer chemischen Verbindung ist das *Molekül* (lat. molecula kleine Masse). Bei einer Ionenverbindung spricht man von *Formeleinheit* (s. → Abschn. 4.1.1).

Eine chemische Verbindung hat eine definierte Zusammensetzung, die chemischen Elemente sind in konstanten Massen- und Mengenverhältnissen enthalten (s. → Abschn. 1.2).

Die Zerlegung einer Verbindung in die Elemente nennt man in der analytischen Chemie *Analyse*. Dabei handelt es sich um den Nachweis der einzelnen Elemente.

Die Herstellung einer Verbindung aus den Elementen durch eine chemische Reaktion nennt man *Synthese*.

Beispiele:
Für Moleküle: Wasser H_2O, Kohlendioxid CO_2, Acetylen C_2H_2,
für Formeleinheiten: Natriumchlorid NaCl, Aluminiumoxid (Dialuminiumtrioxid) Al_2O_3.

Chemische Elemente

Die kleinste Einheit eines Elements ist das *Atom* (gr. atomos unteilbar). Atome kann man nicht weiter zerlegen, ohne dass sie die Eigenschaft ‚Stoff‘ verlieren. Die für den Chemiker wichtigsten Bestandteile eines Atoms sind die Protonen, Neutronen und Elektronen.

Die Elemente sind im Periodensystem (s. → Abb. 3.15) dargestellt und haben besondere Symbole, die *Berzelius* 1811 eingeführt hat *(Jöns Jakob Freiherr von Berzelius 1779–1848, Medizin und Pharmazie, Stockholm Schweden).*

Beispiele:

Eisen Fe lat. ferrum, Aluminium Al lat. alumen bedeutet Alaun, ein Doppelsalz aus Al- und K-Sulfat, Kohlenstoff C lat. carbo, Sauerstoff O lat. oxigenium, Wasserstoff H lat. hydrogenium.

1.5 Hinweis auf die Verfahrenstechnik und das Chemieingenieurwesen, auf Stoffumwandlungsverfahren in der Technik

Viele in der Natur vorkommende Stoffe müssen für ihre Verwendung aufbereitet werden, d.h. sie müssen verschiedenen Umwandlungsverfahren unterworfen werden. Bei allen Umwandlungen spielen mechanische, physikalische und chemische Verfahren eine wichtige Rolle. Beispiele dazu wurden in → Abb. 1.1, → Tabelle 1.2 und im Text von → Abschn. 1.3.2 angegeben. Die Aufgabe des *Verfahrensingenieurs* ist, diese so genannten *Grundoperationen* vom Labor in die großtechnische Produktion zu transferieren. Hier trägt er die Verantwortung für die Durchführung des Verfahrens und zwar ökonomisch (u.a. Energieeinsparung), ökologisch (Reduzierung der Umweltverschmutzung) und auch im Hinblick auf Sicherheit. Große Bedeutung haben heute auch Umwandlungs- und Trennungsverfahren für Recycling-Verfahren erlangt: man versucht wertvolle Stoffe zurückzugewinnen.

Mechanische Verfahrenstechnik

Mechanische Verfahrenstechnik ist eine Partikeltechnik. Die Größe der Partikel zeigt eine große Bandbreite und reicht von grobdispersen bis kolloiddispersen Systemen, bis zu Durchmessern von 10^{-6} m (µm) u.U. bis 10^{-9} m (nm). Die Mechanische Verfahrenstechnik befasst sich vor allem mit der Änderung des Dispersitätszustandes der Partikel. Darüber hinaus hat sie es auch mit Systemen zu tun, bei denen keine unterscheidbaren Partikel vorkommen, sondern zusammenhängende Phasen einander durchdringen. Ein Beispiel sind Porensysteme, wie es z.B. ein wassergesättigter Schwamm darstellt.

Mit abnehmender Größe der Partikel treten die mechanischen Einwirkungsmöglichkeiten zurück gegenüber den thermischen, elektrischen und chemischen Einflüssen.

Thermische Verfahrenstechnik

Es handelt sich hauptsächlich um Umwandlungen von Aggregatzuständen und Austauschvorgängen zwischen verschiedenen Phasen. Neben den in → Tabelle 1.2 angegebenen Verfahren (Destillation, Kristallisation) kommen u.a. auch Extrahieren sowie Adsorbieren und Absorbieren in Frage.

Chemieingenieurwesen

Dazu gehören: Chemische Verfahrenstechnik, Chemie und Technik von Gas, Erdöl und Kohle, Umweltmesstechnik, Lebensmittelverfahrenstechnik, Bioverfahrenstechnik u.a.. Die maßgeblichen Umwandlungen sind chemische Reaktionen.

2 Die chemische Formel – Die chemische Reaktionsgleichung – Stöchiometrisches Rechnen

Der Student des Maschinenbaus kommt mit relativ wenigen chemischen Formeln und Reaktionsgleichungen aus. Auch hat das stöchiometrische Rechnen im Maschinenbau nicht die Bedeutung wie beispielsweise in der Chemie oder der chemischen Verfahrenstechnik. Dennoch sollte die Aussagekraft einer chemischen Formel und einer chemischen Reaktionsgleichung verstanden werden.

Historisches
Ableitung der chemischen Formel aus den chemischen Grundgesetzen (verkürzt):
Die chemische Formel wurde um die Jahrhundertwende 1800 aus den stöchiometrischen Gesetzen und den Volumengesetzen – man nennt sie chemische Grundgesetze – abgeleitet. Ihnen ging das Gesetz von der Erhaltung der Masse von *Antoine Laurent de Lavoisier (1743–1794, Frankreich)* voraus: 1785, bei chemischen Reaktionen in einem abgeschlossenen System bleibt die Gesamtmasse der an der Reaktion beteiligten Stoffe konstant. Es erfolgt nur eine Umgruppierung der Atome.

Stöchiometrische Gesetze (Erklärung des Wortes s. → Abschn. 2.4)
Joseph Louis Proust (1754–1826, Paris und Madrid), Gesetz der konstanten Massenverhältnisse (früher der konstanten Proportionen): 1799, in chemischen Verbindungen sind die beteiligten Elemente immer in konstanten Massenverhältnissen enthalten. Beispiel: 1 g Kohlenstoff verbindet sich immer mit 1,333 g Sauerstoff zu Kohlenstoffmonoxid CO und nicht mit davon abweichenden Massen.
John Dalton (1766–1844, England), Gesetz der vielfachen Massenverhältnisse (früher multiple Proportionen): 1803, bilden zwei Elemente verschiedene Verbindungen miteinander, so stehen die Massen der Elemente zueinander im Verhältnis kleiner, ganzer Zahlen. Beispiel:
1 g Kohlenstoff reagiert mit 1 · 1,333 g Sauerstoff zu Kohlenstoffmonoxid CO.
1 g Kohlenstoff reagiert mit 2 · 1,333 g Sauerstoff zu Kohlenstoffdioxid CO_2.

Chemische Volumengesetze
Louis Joseph Gay Lussac (1778–1850, Frankreich), Chemisches Volumengesetz: 1808, die Volumina der an einer chemischen Reaktion beteiligten gasförmigen Stoffe stehen im Verhältnis einfacher ganzer Zahlen. Es bestand zunächst die Annahme, dass das Volumenverhältnis chemisch miteinander reagierender gasförmiger Elemente direkt das Zahlenverhältnis der dabei in Reaktion tretender Atome wiedergibt.
Amadeo Avogadro (Lorenzo Romano Amadeo Carlo Avogadro, Graf von Quaregna und Ceretto, 1776–1856, Italien), Gesetz von Avogadro, Molekülhypothese: 1811, gleiche Volumina verschiedener idealer Gase enthalten bei gleichem Druck und bei gleicher Temperatur die gleiche Anzahl Moleküle.
Aus der Tatsache, dass bei der Reaktion von einem Volumenanteil Wasserstoff mit einem Volumenanteil Chlor zwei Volumenanteile Chlorwasserstoff entstehen, musste man zu dem Schluss kommen, dass die kleinsten Einheiten von Wasserstoffgas und von Chlorgas nicht einatomig vorliegen können, sondern zweiatomig als Moleküle vorliegen müssen. Dies ist aus der nachfolgenden graphischen Darstellung der Reaktion zu ersehen.
Die Volumenverhältnisse der reagierenden Gase geben direkt das Zahlenverhältnis der *Moleküle* an.

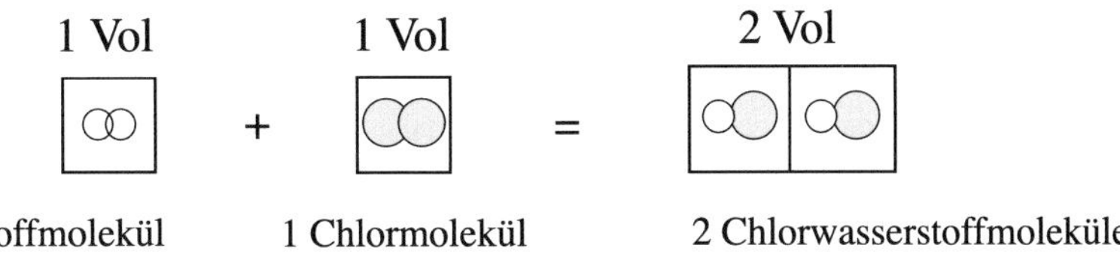

1 Wasserstoffmolekül   1 Chlormolekül   2 Chlorwasserstoffmoleküle

2.1 Die chemische Formel macht Aussagen über Massen und Stoffmengen

Die chemische Formel stellt aufgrund ihrer Ableitung aus den stöchiometrischen Gesetzen und den Volumengesetzen eine *Verhältnisformel* dar. Für die Aussage über Massen und Stoffmengen sind einige Definitionen erforderlich.

2.1.1 Die atomare Masseneinheit u

Atommassen eines chemischen Elements stellen viel zu kleine Größen dar, würden sie in den gebräuchlichen Masseneinheiten Kilogramm (kg) oder Gramm (g) angegeben, daher erschien es als zweckmäßig, ein Bezugssystem einzuführen, das im Prinzip willkürlich festgelegt werden kann.

Die Internationale Atommassenkommission der IUPAC (International Union of Pure and Applied Chemistry) hat im Jahre 1961 beschlossen, die Atommassen einheitlich auf das mit einem Massenanteil von 98,89 % im natürlichen Kohlenstoff enthaltene leichteste Kohlenstoffnuklid ^{12}C zu beziehen, das 12 Nukleonen* enthält. Damit wurden die bis dahin unterschiedlichen Bezugssysteme von Physikern und Chemikern abgelöst.

* Kernteilchen: 6 Protonen und 6 Neutronen s. → Seite 29

Die Atommasse des Kohlenstoffnuklids ^{12}C wurde auf 12,00000 festgesetzt.

Atommassen werden in der atomaren Masseneinheit u (dimensionslos) angegeben. Die atomare Masseneinheit u ist definiert als 1/12 der Masse eines Atoms des Kohlenstoffnuklids ^{12}C.

---
1 u = 1/12 der Atommasse ^{12}C
u bedeutet u̲nit, aus dem Englischen atomic mass unit

Damit wurde festgesetzt, dass ein u ungefähr der Masse eines Protons bzw. Neutrons entspricht. Die Masse eines Atoms ^{12}C beträgt also 12 u.

Die Atommasse eines Elements, die auf die Bezugsbasis des Kohlenstoffnuklids ^{12}C festgelegt ist, nennt man auch *relative Atommasse A_r* (früher Atomgewicht). Sie gibt an, wie viel die Masse eines bestimmten Atoms größer ist als 1/12 der gleich 12,00000 gesetzten Masse des Bezugsnuklids ^{12}C. Das Adjektiv ‚relativ' wird nicht angegeben.

Anmerkung: Berechnung der Atommasse in kg für das Kohlenstoffatom:
Da das Kohlenstoffnuklid ^{12}C sechs Protonen und sechs Neutronen enthält, müsste die Masse von 1 u dem zwölften Teil vom Mittelwert der Massen von sechs Protonen und sechs Neutronen entsprechen. Es sind dies die Bausteine des Atomkerns, die die Atommasse bestimmen.
Sechs Protonen: $6 \times 1,6725 \cdot 10^{-27}$ kg $= 10,0350 \cdot 10^{-27}$ kg
Sechs Neutronen: $6 \times 1,6748 \cdot 10^{-27}$ kg $= 10,0488 \cdot 10^{-27}$ kg
Zusammen mit
sechs Hüllenelektronen: $6 \times 0,00091 \cdot 10^{-27}$ kg $= 0,0055 \cdot 10^{-27}$ kg
erhält man eine
Gesamtmasse von $20,089 \cdot 10^{-27}$ kg.
Man misst aber nur $19,922 \cdot 10^{-27}$ kg. Dieser *Massendefekt* erklärt sich aus der Äquivalenz von Masse und Energie (s. → Abschn. 3.1.2).
Für die Masse von 1 u ergibt sich somit $1,6602 \cdot 10^{-27}$ kg. (kg ist eine SI-Einheit s. → Anhang)

2.1.2 Stoffmenge n(X), Mol

Im chemischen Labor und auch in der chemischen Industrie ist es notwendig und sinnvoll, einen Zusammenhang zwischen der atomaren Masseneinheit u und der praktischen Masseneinheit kg bzw. g zu finden. Die Frage ist: Wie groß ist die Anzahl der Kohlenstoffatome mit der atomaren Masse 12 u, damit sich eine Kohlenstoffmenge von der Masse 12 g ergibt? Diese Zahl von Kohlenstoffatomen dient als Maßeinheit für eine Größe, die Stoffmenge n genannt wird.

Die SI-Einheit der Stoffmenge n ist das Mol, das Einheitenzeichen ist mol.

Das Mol ist die Stoffmenge einer Substanz (Stoff) X, die aus so vielen Teilchen besteht, wie

Atome in 12 g des Kohlenstoffnuklids ^{12}C enthalten sind.

SI: $\underline{S}$ysteme $\underline{I}$nternational d'Unites s. $\rightarrow$ Anhang, Einheiten

---

Teilchen können sein: Atome (C, Na, Al, Fe, Ar, H, O, Cl u.a.), Moleküle (H_2, O_2, H_2O, Cl_2 u.a.), Ionen (H^+, O^{2-}, Cl^-, Na^+ u.a), Formeleinheiten (NaCl, Al_2O_3, Fe_2O_3 u.a.).

Untersuchungen des italienischen Physiker *Avogadro* haben ergeben, dass die Anzahl Teilchen in einem Mol stets $6{,}022 \cdot 10^{23}$ beträgt, unabhängig davon welche Teilchenart man betrachtet. Dieses Ergebnis wird als Avogadro-Konstante N_A bezeichnet.

Avogadro-Konstante $N_A = 6{,}022 \cdot 10^{23}\ \text{mol}^{-1}$

Während die *Avogadro-Konstante N_A* die Anzahl Teilchen angibt, die in einem Mol eines Stoffes enthalten sind, wird der *reine* Zahlenwert von $6{,}02217 \cdot 10^{23}$ Avogadro-Zahl Z_A genannt.

Unter einem Mol versteht man die Stoffmenge von
$6{,}022 \cdot 10^{23}$ Teilchen.

Die Stoffmenge n(X) gibt die Anzahl Mole einer Teilchenart X an.

Beispiele:

n(O)   = 1,0 mol: dies ist die Stoffmenge 1mol bezogen auf Sauerstoffatome.

n(O_2)   = 1,0 mol: dies ist die Stoffmenge 1 mol bezogen auf Sauerstoffmoleküle.

n(H_2O) = 0,5 mol: dies ist die Stoffmenge ½ mol bezogen auf Wassermoleküle.

n(Na)   = 1,0 mol: dies ist die Stoffmenge 1 mol bezogen auf Natriumatome.

n(Na^+)   = 1,0 mol: dies ist die Stoffmenge 1 mol bezogen auf Natriumionen.

n(NaCl) = 3,0 mol: dies ist die Stoffmenge 3 mol bezogen auf die Formeleinheit NaCl (Natriumchlorid).

2.1.3 Molare Masse, Molmasse M(X)

Die Masseneinheiten u und g stehen über die Teilchenzahl N_A miteinander in Beziehung: $N_A = 6{,}022 \cdot 10^{23}$ Teilchen (Atome, Moleküle, Ionen, Formeleinheiten) ergeben genau die Masse in Gramm, die ein Teilchen in atomaren Masseneinheiten u besitzt. N_A Atome des Kohlenstoffnuklids ^{12}C mit der atomaren Masse von 12 u bringen auf der Waage eine Atommasse von genau 12 g.

> Die molare Masse M einer Teilchenart X – abgekürzt Molmasse M(X) – ergibt sich aus der Masse m(X) zur Stoffmenge n(X): $M(X) = m(X) / n(X)$.
> Es ist die Masse von N_A Teilchen.
>
> Üblich ist die Angabe in g/mol. (SI-Einheit kg/mol)

Für eine chemische Verbindung kann nach der chemischen Formel des Moleküls die (relative) Molekülmasse (früher Molekulargewicht) als Summe aus den (relativen) Atommassen berechnet werden. Bei Ionenverbindungen (s. → Abschn. 4.1.1) bezeichnet man die kleinste Einheit als Formeleinheit. Konsequenterweise wäre daher hier die Bezeichnung Formelmasse anstelle von Molekülmasse.

Der Betrag der Atom-, Molekül-, Ionen- oder Formelmasse in u entspricht also der Molmasse in g pro mol s. dazu → Tabelle 2.1.

Tabelle 2.1 Beispiele für Atom-, Ionen, Molekül- und Formelmassen in u und in Molmassen in g/mol

Teilchenart	Atom-, Molekül-, Ionen- und Formelmassen in u	Molmassen (molare Massen) in g/mol
Wasserstoff H	1,008	1,008
Wasserstoffmolekül H_2	2,016	2,016
Sauerstoff O	15,999	15,999
Sauerstoffion O^{2-}	15,999	15,999
Wassermolekül H_2O	18,015	18,015
Chlor Cl	35,453	35,453
Chlorion Cl^-	35,453	35,453
Natrium Na	22,989	22,989
Natriumion Na^+	22,989	22,989
Natriumchlorid NaCl	58,442	58,442
Aluminium Al	26,982	26,982
Aluminiumion Al^{3+}	26,982	26,982
Aluminiumoxid Al_2O_3	101,961	101,961
Eisen Fe	55,845	55,845
Eisen Fe^{3+}	55,845	55,845
Kohlenstoff C	12,011	12,011
Argon Ar	39,948	39,948

In der Natur kommen nur wenige Elemente mit ganzzahliger Atommasse vor. Die meisten Elemente stellen Gemische dar aus Nukliden des Elements mit verschiedenen Nukleonenzahlen (Erklärung s. → Abschn. 3.1.2). Die Prozentanteile der verschiedenen Nuklide können sehr unterschiedlich sein, daher ist die Atommasse eines Elements, wie man sie in den Tabellen findet, fast nie eine ganze Zahl.

2.1.4 Molare Normvolumen, Molvolumen $V_m(X)$

Das molare Normvolumen V_m eines Stoffes X – abgekürzt Molvolumen $V_m(X)$ – ergibt sich aus dem Volumen V(X) zur Stoffmenge n(X): $V_m(X) = V(X) / n(X)$. Das Molvolumen eines idealen Gases beträgt nach DIN 22,4141 L/mol bei 0 °C und 1,013 bar Druck.

Üblich ist die Angabe in L/mol. (SI-Einheit m^3/mol, L oder l für Liter).

0 °C bei 1,013 bar (101,3 kPa) abgekürzt NTP normal temperature pressure.

Das Volumen von 1 m^3 im Normzustand wird in der Technik noch vielfach als Normkubikmeter Nm^3 bezeichnet.

Siehe Historisches
Nach der Molekülhypothese von *Avogadro* (1811) enthalten bei gleichem Druck und bei gleicher Temperatur gleiche Volumina von idealen Gasen die gleiche Anzahl von Molekülen.

2.1.5 Konzentrationsangaben

Stoffmengenkonzentration c(X)

Stoffmengenkonzentration c(X) – vereinfacht Konzentration genannt – gibt die Anzahl Mole einer gelösten Teilchenart X an, die in einem Volumen gelöst sind.

Üblich ist die Angabe in mol/L. (SI-Einheit mol/m^3)

Beispiel: c(NaCl) = 2 mol/L (auch mol/l), d.h. 116,884 g Natriumchlorid sind z.B. in einem Liter Wasser gelöst.

Massenkonzentration

Eine andere sehr häufige Konzentrationsangabe ist die Angabe des *Massenanteils* des gelösten Stoffs pro Gesamtvolumen der Lösung z.B. in Wasser: m(X) / V.

2.2   Welche Aussage macht die chemische Formel H$_2$O?

Die chemische Formel H$_2$O – sie wird auch *Summenformel* genannt – gibt über Folgendes Auskunft:

- die *Art der Elemente;*

Das Wassermolekül H_2O besteht aus zwei Wasserstoffatomen H und einem Sauerstoffatom O: 2 H und 1 O

- das *Stoffmengenverhältnis* der Elemente;
  1 mol H_2O besteht aus 1 mol H_2 und ½ mol O_2

  Anmerkung: In welchem Stoffmengenverhältnis sich Elemente verbinden, hängt von ihrer Ionenladung ab, die das Atom in einer Ionenverbindung trägt bzw. in einem Molekül tragen würde, wenn die Verbindung aus Ionen ‚gedanklich' aufgebaut wäre. Darauf wird erst in späteren Kapiteln eingegangen s. → Tabelle 4.1, 4.6 und 5.6.

- das Massenverhältnis der Elemente;
  In 1 mol H_2O verbinden sich $2 \times 1{,}008$ g Wasserstoff mit $1 \times 15{,}999$ g Sauerstoff. Die Atommassen müssen Tabellen entnommen werden.

Die chemische Formel gibt keine Auskunft über die Bindungsart oder die Struktur einer Verbindung, auch nicht über ihre Eigenschaften.

2.3   Die chemische Reaktionsgleichung

Die Teilchenarten – Atome, Moleküle, Ionen, Formeleinheiten – werden für die Aufstellung einer Reaktionsgleichung benützt. Der Chemiker gibt damit in der chemischen Reaktionsgleichung neben der Art der Elemente sowohl die Stoffmengen der beteiligten Teilchenarten an als auch deren Molmassen s. → oben und Abschn. 2.4 Stöchiometrie.

Die Reaktionsgleichung ist also eine

- *Stoffmengengleichung*: es werden die Stoffmengen n(X) einer Teilchenart in der Reaktionsgleichung angegeben.

- *Massengleichung*: die Molmassen erlauben, dass der Massenumsatz einer chemischen Reaktion berechnet werden kann. Nach *Lavoisier* bleibt bei chemischen Reaktionen in einem abgeschlossenen System die Gesamtmasse der an der Reaktion beteiligten Stoffe konstant (Gesetz von der Erhaltung der Masse). Es erfolgt nur eine Umgruppierung der Atome. Die Anzahl der beteiligten Atome auf der linken Seite der Reaktionsgleichung ist gleich der Anzahl der beteiligten Atome auf der rechten Seite. Daraus ergibt sich, dass der *theoretische* Massenumsatz bei einer chemischen Reaktion errechnet werden kann (s. → Kap. 5, Die chemische Reaktion, das chemische Gleichgewicht).

Die Reaktionsgleichung stellt auch eine

- *Energiegleichung* dar. Nach ihr kann der Energieumsatz einer Reaktion berechnet werden. Darauf wird erst im → Abschn. 5.1.2 unter Enthalpiegleichung eingegangen.

2.4 Stöchiometrisches Rechnen

Das Wort ‚Stöchiometrie' ist aus dem Griechischen abgeleitet: gr. stoicheia Elementarbestandteil, eine Einheit, die willkürlich festgelegt wird, gr. metron Maß. ‚Stöchiometrie' ist nicht auf das Rechnen unter Ausnutzung der chemischen Formel bzw. der chemischen Reaktionsgleichung fixiert. Es kann eine willkürliche Einheit festgelegt werden. Die Einheit mit der der Chemiker ‚misst', ist das Mol. Für den Chemiker ist dies eine praktische Größe, wie dies im vorangehenden Abschn. 2.3 dargestellt wurde.

Das stöchiometrische Rechnen basiert auf der quantitativen Ausnutzung der chemischen Reaktionsgleichung.

Als Beispiel wird der Stoffmengen- und Massenumsatz für die Wasserstoffverbrennung – die Knallgasreaktion – im Wasserstoffmotor bzw. in der Brennstoffzelle angegeben (die Atommassen werden gerundet):

Stoffmengengleichung:

$$2\,H_2 + O_2 = 2\,H_2O \tag{2.1}$$
$$2\,mol\,H_2 + 1\,mol\,O_2 \rightarrow 2\,mol\,H_2O$$

Massengleichung:

$$4\,g\,H_2 + 32\,g\,O_2 = 36\,g\,H_2O$$
$$4\,kg\,H_2 + 32\,kg\,O_2 = 36\,kg\,H_2O$$

Es ist unerheblich, ob man mit den Einheiten g, kg oder t rechnet, es handelt sich in der chemischen Reaktionsgleichung nur um Massenverhältnisse

Die Massengleichung lässt sich auch bei der Umkehrung einer Reaktion verwenden. Zum Beispiel können bei der Zerlegung der Wassermoleküle durch Elektrolyse die Stoffmengen und Massen der entstehenden Elemente Wasserstoff und Sauerstoff berechnet werden.

3 Atomaufbau und Periodensystem der Elemente

Im folgenden Kapitel wird der Atomaufbau sehr vereinfacht beschrieben. Es kann nicht Ziel der Chemie im Nebenfach sein, die Atommodelle mit allen historischen Experimenten und mathematischen Ableitungen zu behandeln (s. → Bücher der Physik). Eine anschauliche Darstellung soll die Anordnung der Elemente im Periodensystem verständlich machen und die Grundlagen für das → Kap. 4 schaffen: für die ‚Chemische Bindung und ihre Bedeutung für die Eigenschaften der Werkstoffe‘.

Am Schluss des Kapitels 3 (→ Abschn. 3.3) werden Verfahren angegeben, die aus der Kenntnis über den Aufbau der Atome eine Deutung bzw. Erklärung fanden oder sogar erst möglich wurden, wie beispielsweise die Anwendung des Lichtbogens in der Metallspektroskopie.

3.1 Aufbau eines Atoms

Atome sind die kleinsten einheitlichen Teilchen der chemischen Elemente und lassen sich mit den klassischen physikalischen und chemischen Methoden nicht weiter zerlegen. Alle Atome eines reinen Elements besitzen den gleichen Aufbau, daher auch die gleichen chemischen Eigenschaften. Atome verschiedener Elemente haben einen unterschiedlichen Aufbau und daher unterschiedliche Eigenschaften.

Historisches
Die griechischen Naturphilosophen Leukipp und Demokrit haben schon im 4. Jh. v. Chr. durch Überlegungen abgeleitet, dass es kleinste Teilchen geben müsse, die unteilbar ‚atomos‘ sind und die "für die Sinne unterschiedlich erscheinenden Dinge, wie unterschiedliche Größe und Gestalt verantwortlich sind".
Atomhypothese von John Dalton (1766–1844, England): 1808, chemische Elemente sind nicht bis ins Unendliche teilbar, sondern aus kleinsten, chemisch nicht weiter zerlegbaren Teilchen, den Atomen aufgebaut. Die Atome verschiedener Elemente unterscheiden sich voneinander, z.B. durch unterschiedliche Massen.

Unseren Vorstellungen über das Innere eines Atoms sind Grenzen gesetzt; z.B. darf nicht ohne weiteres angenommen werden, dass dort die Gesetze der klassischen Mechanik und Elektrodynamik genauso gelten, wie wir sie aus dem täglichen Umgang mit unserer Umgebung erfahren. Somit können die Verhältnisse im Atominnern nur näherungsweise angegeben werden. Zu diesem Zweck wurden anschauliche *Modelle* entwickelt, deren Aussagen die experimentell gemessenen Eigenschaften zwar möglichst genau wiedergeben; doch um anschaulich zu sein, vereinfachen Modelle oft den Sachverhalt und entsprechen dem, was sie darstellen sollen, nur unvollkommen. Damit hat jedes Modell nur eine bestimmte Aussagekraft sowie eine bestimmte Tauglichkeit und deshalb seine Grenzen. Je nach Kenntnisstand werden die Modelle verfeinert und erscheinen dann zunehmend abstrakter.

Wörtliche Wiedergaben erhalten doppelte Anführungszeichen.

3.1.1 Atommodelle
Historische Aufzählung

Unsere heutige Vorstellung vom Atomaufbau gründet auf verschiedene, stets weiterführende Atommodelle.

- Kugelmodell nach *Thomson um die Jahrhundertwende* 1900 *(Sir Joseph John Thomson 1856 − 1940, Cambridge England, Nobelpreis 1906)*: Atome sind kugelförmig.

- Atommodell nach *Rutherford (Sir Ernest Rutherford, Lord R. of Nelson 1871−1937, Cambridge England, Nobelpreis 1908)*: 1911, es gibt einen Atomkern und eine Elektronenhülle. Die Elektronen bewegen sich um den Atomkern wie die Planeten um die Sonne.

- Atommodell nach *Bohr (Niels Hendrik David Bohr 1885−1962, Kopenhagen Dänemark, Nobelpreis 1922)*: 1913, ausgewählte Kreisbahnen der Elektronen um den Atomkern sind Energieniveaus mit den Quantenzahlen $n = 1$ bis 7.

- Die Erweiterung zum Schalenmodell durch *Sommerfeld (Arnold Sommerfeld 1868−1951, München Deutschland)*: es gibt eine Feinstruktur der Spektrallinien.

- Orbitalmodell, das wellenmechanische Modell. Namen, die mit dieser Modellvorstellung verbunden sind:

  de Broglie (Louis-Victor Duc de Broglie 1892−1987, Paris Frankreich, Nobelpreis 1929): 1924, Materie- und Welleneigenschaften des Elektrons.

  Heisenberg (Werner Karl Heisenberg 1901−1976, Berlin, Göttingen, München Deutschland, Nobelpreis 1932): 1927, Quantenmechanik, Unschärferelation.

  Schrödinger (Erwin Schrödinger 1887−1961, Wien Österreich, mit Stationen in Stuttgart, Breslau, Zürich, Berlin, Oxford, Graz und Dublin, Nobelpreis mit Paul Adrien Maurice Dirac, brit. Physiker Cambridge 1933): 1926, mathematisches Modell.

  Pauling (Linus Carl Pauling 1901−1994, Pasadena USA, Nobelpreise 1954 und 1962): Hybridisierungsmodell.

- Zur Formulierung der Atommodelle bedurfte es der grundlegenden Erkenntnisse von *Planck (Max Planck 1858−1947, Physiker, Kiel, Berlin, Nobelpreis 1918)* und
  Einstein (Albert Einstein 1879−1955, Zürich, Berlin, Princeton USA, Nobelpreis 1921).

Die Experimente zu diesen Atommodellen geben uns zusammenfassend folgende Vorstellung (vereinfacht) vom Aufbau eines Atoms: Die Atome sind aus noch kleineren Teilchen aufgebaut. Die für den Chemiker wichtigsten Teilchen sind das *Proton p^+, das Neutron n und das Elektron e^-.*

Die positiv geladenen Protonen und die neutralen Neutronen bilden den *Atomkern* und werden Kernteilchen – *Nukleonen* (lat. nucleus Kern) – genannt. Beide haben etwa die gleiche Masse. Der Atomkern wird von den negativ geladenen Elektronen in der *Elektronenhülle* umgeben, sie gleichen die positive Ladung des Kerns aus. Atome sind also nach außen elektrisch neutral. Elektronen besitzen eine verschwindend geringe Masse. Sie bewegen sich mit hohen Geschwindigkeiten in bestimmten Raumbereichen um den positiv geladenen Atomkern nach ganz bestimmten Gesetzmäßigkeiten (s. → Abschn. 3.1.3). Der Durchmesser der Atome ist von der Größenordnung 10^{-10} m, der Durchmesser der Atomkerne ist von der Größenordnung 10^{-14} bis 10^{-15} m. Dies bedeutet, dass fast das gesamte Volumen des Atoms von der Elektronenhülle eingenommen wird, während die Atommasse im Kern konzentriert ist.

	Atomkern : Elektronenhülle		
Größenverhältnisse im Atom	1	:	10 000

3.1.2 Atomkern

Das maßgebliche Unterscheidungsmerkmal für die chemischen Elemente ist die Anzahl der Protonen in ihrem Atomkern. Die im Kern ebenfalls vorhandenen Neutronen haben Einfluss auf die Masse des Atoms. Während die Anzahl Protonen in den Atomen eines bestimmten Elementes immer konstant ist, kann die Anzahl der Neutronen variieren.

Protonenzahl, Kernladungszahl, Ordnungszahl

Die Kennzeichnung eines Elements erfolgt durch die Protonenzahl, man nennt diese auch – da Protonen Kernteilchen sind – Kernladungszahl. Nach ihr erfolgt die Anordnung der Elemente im Periodensystem (s. → Abschn. 3.2), was zu dem Ausdruck Ordnungszahl Z führte. Die Protonenzahl (Kernladungszahl, Ordnungszahl) wird links unten an das Elementsymbol angeschrieben. Im neutralen Atom ist die Protonenzahl gleich der *Elektronenzahl* (s. → Abschn. 3.2.1, Historisches).

Beispiele:

$_1H \quad _6C \quad _8O \quad _{13}Al \quad _{18}Ar \quad _{26}Fe$

Nukleonenzahl, Massenzahl

Die Masse des Atoms wird von der Summe aus Protonen und Neutronen, also von den Kernteilchen, den Nukleonen bestimmt. Die Nukleonzahl – auch Massenzahl genannt – gibt daher die Summe aus der Anzahl Protonen und Neutronen an und ist meist mehr als doppelt so groß wie die Protonenzahl. Sie wird für einen Kern links oben vor das Elementsymbol angeschrieben.

Beispiele:

$^1H \quad ^{12}C \quad ^{13}C \quad ^{14}C \quad ^{16}O \quad ^{54}Fe \quad ^{56}Fe \quad ^{57}Fe$

Nuklid

Eine Atomart (Atomkern mit Elektronenhülle) durch Protonenzahl und Neutronenzahl charakterisiert, nennt man *Nuklid*. Ein Nuklid wird durch das Elementsymbol und die Nukleonenzahl gekennzeichnet s.→ ^{1}H, ^{12}C usf. Zusätzlich kann die Protonenzahl unten links angegeben werden s.→ $^1_1$H, $^{12}_6$C usf.

Die Bezeichnung ‚Nuklid' wird allgemein dann angewendet, wenn man eine Atomart mit definierter Protonenzahl und Neutronenzahl charakterisieren will.

Isotope

Atome des gleichen chemischen Elements (gleiche Protonenzahl) mit verschiedener Neutronenzahl nennt man Isotope. Die Bezeichnung ‚Isotop' wird also auf Atome verschiedener Nukleonenzahlen angewendet, die zu ein und demselben Element gehören.

Isotope (s. → Abb. 3.1) lassen sich mit chemischen Methoden nicht voneinander trennen.

Isotope des Wasserstoffatoms:

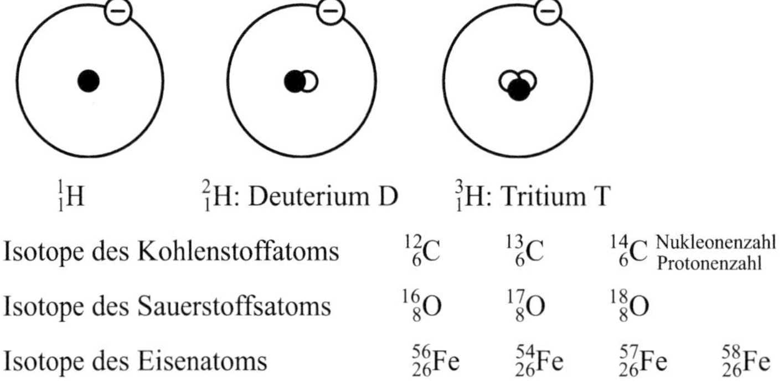

$^1_1$H $^2_1$H: Deuterium D $^3_1$H: Tritium T

Isotope des Kohlenstoffatoms $^{12}_6$C $^{13}_6$C $^{14}_6$C Nukleonenzahl
                                                                      Protonenzahl

Isotope des Sauerstoffsatoms $^{16}_8$O $^{17}_8$O $^{18}_8$O

Isotope des Eisenatoms $^{56}_{26}$Fe $^{54}_{26}$Fe $^{57}_{26}$Fe $^{58}_{26}$Fe

Abb. 3.1 Beispiele für Isotope.
Eine andere Schreibweise für ein Isotop ist: Wasserstoff 1 oder H 1, Kohlenstoff 12 oder C 12

Besteht ein natürlich vorkommendes Element aus einem Gemisch von Isotopen, deren Prozentanteile sehr unterschiedlich sein können, so erfährt die Atommasse – sie wird von der Nukleonenzahl bestimmt – teilweise große Abweichungen von der Ganzzahligkeit.

Beispiele:
Der natürlich vorkommende Wasserstoff besteht aus Massenanteilen von etwa 99,98 % aus $^1_1$H und etwa 0,02 % aus Deuterium $^2_1$H. Die (rel.) Atommasse für Wasserstoff wird in Tabellen mit 1,008 angegeben, da es Schwankungen in der Isotopenzusammensetzung geben kann. Tritium $^3_1$H kommt in der Natur nicht vor, es entsteht bei Kernreaktionen und zerfällt dann.

Der natürlich vorkommende Kohlenstoff besteht aus Massenanteilen von etwa 99 % aus $^{12}_{6}$C und etwa 1 % aus $^{13}_{6}$C. Die (rel.) Atommasse für Kohlenstoff errechnet sich daraus zu 12,011.

Isobare

Isobare sind Atome mit gleicher Nukleonenzahl, aber unterschiedlicher Protonenzahl. Isobare sind daher verschiedenartige Elemente und haben unterschiedliche chemische Eigenschaften. Isobare sind in der Kernchemie, nicht aber in der allgemeinen Chemie von Bedeutung.

Beispiele für Isobare: $^{14}_{6}$C $^{14}_{7}$N $^{56}_{26}$Fe $^{56}_{27}$Co

Reinelemente

Von 20 Elementen sind keine Isotopen bekannt, man nennt sie Reinelemente.

Beispiele sind ^{19}F ^{23}Na ^{27}Al

Massendefekt

Die absolute Masse eines Nuklids, die man mit den physikalischen Methoden der Massenspektroskopie messen kann, ist stets kleiner als die Summe der Massen von Protonen, Neutronen und Elektronen, die man für das Atom berechnen kann. s. → Anmerkung für das C-Atom Seite 20. Diese Massendifferenz, der *Massendefekt*, erklärt sich aus der Äquivalenz von Masse und Energie. Bei der Bildung des Kerns aus den Kernteilchen (Nukleonen) wird die Kernbindungsenergie ΔE frei und verlässt den Kern als γ-Strahlung, das ist eine energiereiche, elektromagnetische Strahlung. Nach dem Massen-Energie-Äquivalenzgesetz (*Einstein*, 1905) tritt ein Massendefekt Δm auf nach folgender Formel:

$$\Delta m = \frac{\Delta E}{c^2} \qquad \begin{aligned} c &= \text{Lichtgeschwindigkeit} \\ \Delta E &= \text{Kernbindungsenergie} \end{aligned} \qquad (3.1)$$

Die Größe der *Kernbindungsenergie* ist Ausdruck für die Stabilität eines Atomkerns. Die Kernbindungsenergie ist von der Nukleonenzahl abhängig. Bei höheren Nukleonenzahlen nimmt die Kernbindungsenergie pro Nukleon ab und somit auch die Stabilität der Kerne.

Natürliche Kernumwandlung, natürliche Radioaktivität, Radionuklide

In den sehr schweren Nukliden wird der Zusammenhalt zwischen den einzelnen Nukleonen immer schwächer: sie werden instabil und versuchen, spontan durch einen Kernumwandlungsprozess in einen stabileren Zustand überzugehen. Dabei wird Kernbindungsenergie frei, was sich auf verschiedene Weise äußert:

- Es werden bei der Kernumwandlung Kernbausteine, die als kinetische Energie – das sind entweder α-Teilchen, also zweifach ionisierte He-Kerne $^{4}_{2}$He^{2+} oder β^--Teilchen, also Elektronen – freigesetzt;

- Zum anderen wird γ-Strahlung direkt abgestrahlt, das ist energiereiche elektromagnetische Strahlung. Der Kern geht dadurch vom ‚angeregten' Zustand in den stabilen Grundzustand über.

Bei der α-Strahlung verringert sich die Nukleonenzahl des Kerns um 4, seine Ladungszahl um zwei positive Ladungen. Bei der β^--Strahlung entstehen Elektronen durch den Zerfall eines Neutrons in ein Proton und ein Elektron: $n \rightarrow p^+ + e^-$. Während das Elektron abgestrahlt wird, verbleibt das Proton im Kern und erhöht die Kernladungszahl um 1, die Nukleonenzahl bleibt unverändert.

Diese spontane *Kernumwandlung* nennt man *natürliche Radioaktivität* eines Elements. Nuklide, die radioaktiv sind, nennt man *Radionuklide*.

Beispiel:
Uran mit der Protonenzahl (Ordnungszahl) 92 ist im Periodensystem das schwerste natürlich vorkommende radioaktive Element. Es ist ein Gemisch aus den radioaktiven Isotopen ^{238}U (99,27 %), ^{234}U (0,005 %) und $^{235}Uran$ (0,72 %). Als (rel.) Atommasse ergibt sich 238,03.

Ein Maß für die Intensität der Kernumwandlung eines Radionuklids ist seine Halbwertszeit $t_{1/2}$. Es ist die Zeit, in der die Zahl der anfangs vorhandenen Atome durch Zerfall auf die Hälfte abgenommen hat. Die Halbwertszeit ist eine charakteristische Größe. Sie kann zwischen 10^{-9} und 10^{14} Jahren liegen.

Hinweis: Die Aktivität eines Radionuklids gibt man mit *Bq (Antoine Henri Becquerel 1852−1908, Paris Frankreich)* an. 1 Bq ist der Zerfall von einem Atomkern pro Sekunde. *Becquerel* hat 1896 entdeckt, dass Uranverbindungen spontan Strahlen aussenden.

Künstliche Kernumwandlung

Kernumwandlungen können erzwungen werden, wenn man stabile Kerne mit energiereichen Teilchen, wie α-Teilchen $^4_2He^{2+}$, Neutronen ^1_0n, Protonen $^1_1p^+$ oder Deuteronen $^2_1H^+$ beschießt. Hierbei entstehen meist instabile Radionuklide, die unter Emission von α-Teilchen bzw. β^--Teilchen oder γ-Strahlung wiederum in andere instabile oder stabile Kerne zerfallen. Emittierte Heliumkerne können, wenn der Beschuss hinreichend stark und lang genug war, als Gas nachgewiesen werden, für den Nachweis von β^-- und γ-Strahlung benutzt man Strahlendetektoren. Im Grunde kann man alle Elemente künstlich umwandeln.

Beispiel:
Durch künstliche Kernumwandlungen ist es gelungen, Elemente mit höheren Protonenzahlen als 92 (Uran) herzustellen – die Transurane – die in der Natur nicht vorkommen, weil sie instabil sind und wieder zerfallen, beispielsweise Plutonium aus dem Uranisotop ^{238}U.

In der Öffentlichkeit sind folgende künstlichen Radionuklide bekannt geworden, weil sie sich nach dem Reaktorunfall in Tschernobyl (26. April 1986) als Aerosol verteilt haben: Iod 131, Cäsium 137, Strontium 90.

Anwendung von Radionukliden in der Technik (s. → Abb. 3.2):

Künstliche Kernreaktionen mit der Bildung von Radionukliden können in der Technik von besonderer Bedeutung sein. Als Beispiel wird das Verfahren zum zerstörungsfreien Nachweis von Verschleißerscheinungen mit Radionukliden an Motorbauteilen aus Gusseisen oder Stahl angegeben.

Für den Nachweis werden am zu untersuchenden Motorbauteil in einer Beschleunigeranlage (Zyklotron) mit hochenergetischen Deuteronen geringe Mengen an vorhandenem ^{56}Fe in das isobare, radioaktive ^{56}Co* umgewandelt. ^{56}Co* ist ein γ-Strahler mit der Halbwertzeit 77 d (days, Tage).

$$^{56}_{26}\text{Fe} + {}^{2}_{1}\text{H} \rightarrow {}^{56}_{27}\text{Co*} + 2\text{n} \tag{3.2}$$

Kurzschreibweise $^{56}_{26}\text{Fe}$ (d, 2n) $^{56}_{27}\text{Co*}$

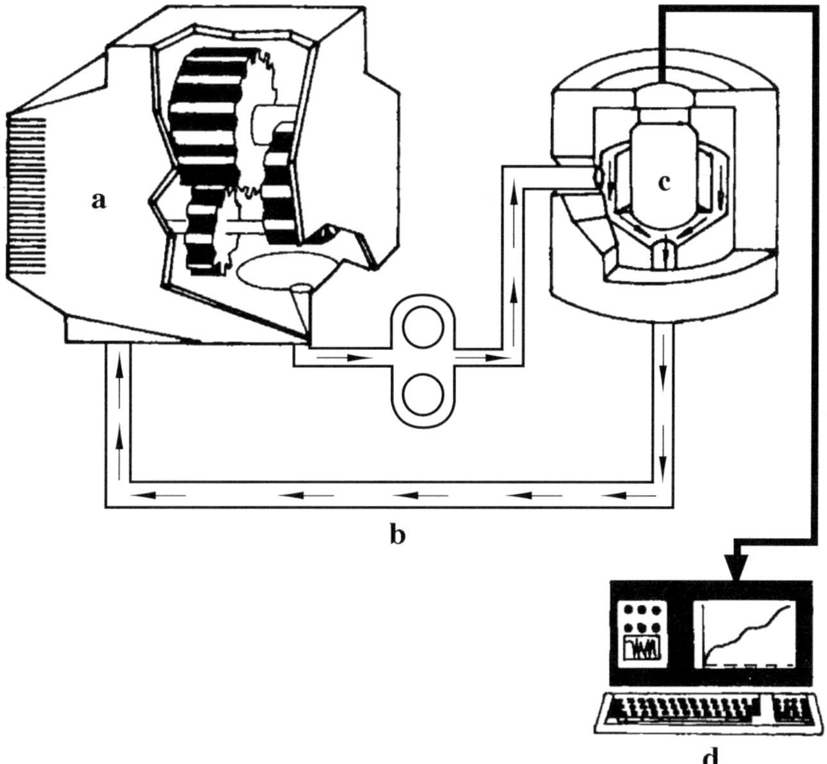

Abb. 3.2 Zerstörungsfreies Nachweisverfahren für Verschleißerscheinungen mit dem Radionuklid ^{56}Co* z.B. an Motorbauteilen aus Gusseisen oder Stahl nach dem Konzentrationsmessverfahren. Quelle: P. Fehsenfeld, Forschungszentrum Karlsruhe s. → Literaturverzeichnis. Zeichnung von Alwin Hertweck

a Motorbauteil, mit Radionuklid ^{56}Co* aktiviert und im Versuchsmotor eingebaut
b Ölkreislauf
c Strahlendetektor, der die radioaktiven Verschleißpartikel im Schmieröl misst
d Messwerterfassung

*Der Stern zeigt an, dass sich der gebildete Co-Kern im angeregten Zustand befindet. Bei der Kurz-schreibweise wird in der Klammer zuerst das umzuwandelnde Teilchen, dann das radioaktiv umgewan-delte Teilchen genannt.

Die Radioaktivität von ^{56}Co* kann als Indikator eingesetzt werden.

Das radioaktiv markierte Bauteil wird sodann in einen Versuchsmotor eingebaut. Am laufenden Motor lässt sich das Verschleißverhalten des radioaktiv markierten Bauteils kontinuierlich verfolgen, indem die Konzentration der radioaktiven Verschleißpartikel im Schmieröl mit einem γ-Strahlendetektor gemessen wird.

Die exponentielle Zeitabhängigkeit der Radioaktivität ist stets erfüllt und weder Temperatur noch Druck noch chemische oder mechanische Prozesse haben Einfluss darauf. Das Bauteil muss für den Nachweis von Verschleißerscheinungen nach dieser Methode nicht zerstört werden.

Die Verschleißmessung mit Radioisotopen ist um mehr als einen Faktor 100 emp-findlicher als konventionelle Verschleißmessverfahren.

3.1.3 Struktur der Elektronenhülle

An jeder chemischen Reaktion sind Elektronen beteiligt, dabei werden Bindungen zwischen den Atomen gelöst und wieder neu geknüpft. Elektronen sind also für die chemische Bindung verantwortlich und ebenso werden die meisten Eigenschaften von Stoffen vom Verhalten der Elektronen bestimmt. Der Atomkern nimmt an den chemi-schen Reaktionen nicht teil.

Die Elektronen sind im Atom jedoch nicht wahllos angeordnet. Um ihre Anordnung für die Vorgänge in der Chemie aussagekräftig zu machen, verwendet man hauptsäch-lich zwei Atommodelle, nämlich das *Atommodell von Bohr* und das *wellenmechani-sche Modell (Orbitalmodell)*.

Historisches
Dem Atommodell von Bohr gingen die Atommodelle von Thomson und Rutherford voraus:
Die Kugelvorstellung von Thomson um die Jahrhundertwende 1900 besagte, dass in dem etwa $1 \cdot 10^{-10}$ m großen ‚Atomkügelchen' die positive Ladung gleichmäßig verteilt ist und die punktförmigen Elektronen darin eingebettet sind. Doch dieses nach außen neutrale Atom konnte nicht erklären, warum in einem NaCl-Kristall ‚neutrale' Na- und Cl-Atome zusammenhalten sollten.
Der historisch bedeutsame Streuversuch von Rutherford 1911 mit α-Teilchen (Heliumkernen) an Goldfo-lie veranlasste Rutherford u.a. ein ‚Planetenmodell' anzunehmen: Die positive Ladung des Atoms ist mit seiner gesamten Masse im Kern, d.h. auf einem sehr kleinen Raum von weniger als 10^{-14} m Durchmesser konzentriert und die negativ geladenen Elektronen befinden sich in der Hülle um den Kern des insgesamt 10^{-10} m im Durchmesser großen Atoms. Die Elektronen können sich dort nur halten, wenn sie mit hohen Geschwindigkeiten auf Bahnen um den positiv geladenen Atomkern laufen, ähnlich den Planeten um die Sonne (*Kepler*-Bahnen).
Beide Modelle führten jedoch zu Widersprüchen mit der Erfahrung der Experimente.

Atommodell nach Bohr 1913
Lange schon war bekannt, dass die Elektronen für die Ausstrahlung von sichtbarem

und unsichtbarem, beispielsweise ultraviolettem Licht ursächlich verantwortlich sind. Zum anderen entdeckte man gewisse Regelmäßigkeiten im Spektrum des Lichts, das von Wasserstoffgas im Lichtbogen emittiert wird, also von dem einfachsten Atom überhaupt, welches nur ein Elektron enthält. Wenn man dieses Licht im Spektralapparat (s. → Abb. 3.17) z.B. mit einem Glasprisma nach Wellenlängen zerlegt, findet man ein aus einzelnen Linien bestehendes Linienspektrum und die Wellenlängen lassen sich durch eine relativ einfache Folge ganzer Zahlen darstellen. Es lag also nahe, ein Modell für das einfache Wasserstoffatom zu entwerfen und seine Tauglichkeit anhand des bekannten Linienspektrums zu testen.

Dies gelang *Bohr* mit seinem 1913 vorgestellten Entwurf. Allerdings musste er dabei einige Postulate einführen, deren Inhalte den bisherigen Anschauungen fremd waren, ja sogar im Widerspruch zu ihnen standen (die Widersprüche konnten erst später ausgeräumt werden). Wie beim Planetenmodell umkreist das Elektron den positiv geladenen Kern, Fliehkraft und elektrostatische Anziehung sind im Gleichgewicht. Nach *Bohr* werden jedoch nicht alle möglichen Kreisbahnen zugelassen, sondern nur diejenigen, auf denen der Bahndrehimpuls, also das Produkt aus Geschwindigkeit und Abstand des Elektrons vom punktförmigen Kern, ganz bestimmte Werte annimmt. Auf diesen ‚erlaubten' Bahnen mit unterschiedlichen Radien läuft das Elektron stabil, ohne Energie durch Abstrahlung zu verlieren.

Zu jeder Bahn gehört ein bestimmter Wert der Gesamtenergie des Atoms, bestehend aus kinetischer Energie der Umlaufgeschwindigkeit des Elektrons und seiner potentiellen Energie im Kraftfeld des Kerns. Infolge der Auswahl nach erlaubten Elektronenbahnen kann das System nicht alle beliebigen Energiewerte annehmen, sondern nur eine Reihe von ‚diskreten' Werten. Bei der Aufnahme (Absorption) von Strahlungsenergie – und analog umgekehrt bei der Emission – geht das Elektron von einer erlaubten stabilen Kreisbahn auf eine andere über, wobei Licht mit einer Energie E_v entsprechend der Differenz der diskreten Energiewerte auf beiden Bahnen absorbiert bzw. emittiert wird. Strahlungsenergie kann also nur in ‚Portionen', d.h. in ‚Quanten' aufgenommen oder abgegeben werden, genauer gesagt in Lichtquanten.

Die Energie des ausgetauschten Lichtquants E_v ist gemäß der *Planck-Einstein-Beziehung* durch die Frequenz v bzw. die Wellenlänge λ der absorbierten bzw. emittierten Lichtwelle auszudrücken:

Nach *Planck-Einstein* ist $E_v = h \cdot v$ (3.3)

$$E_v = h \cdot \frac{c}{\lambda}$$

E_v = Energie des Lichtquants in J
h = Plancksche Wirkungsquantum $6,626. \cdot 10^{-34}$ J s
c = $v \cdot \lambda$ Lichtgeschwindigkeit $2,99792 \cdot 10^8$ m s^{-1}
v = c/λ Frequenz des Lichtquants in s^{-1}
λ = Wellenlänge des Lichtquants in m

E_v ist nach dem oben gesagten identisch mit der Differenz der Energieniveaus der Kreisbahnen, auf denen sich das Elektron vor und nach dem Vorgang befindet.

Bohr hat nun den erlaubten Kreisbahnen bzw. den zugehörigen Energieniveaus eine *ganzzahlige Hauptquantenzahl n* zugeordnet. Beginnend mit der dem Kern nächstliegenden und energieärmsten Bahn, dem *Grundzustand* mit n = 1, folgen die *angeregten Zustände* des Atoms auf Niveaus mit höheren Energien und mit größeren Bahnradien des Elektrons, n = 2, 3, 4..... Die Ablösung des Elektrons vom Kern, d.h. die *Ionisation* des Atoms (s. → Abschn. 3.2.2), wird formal durch den Wert n → ∞ beschrieben.

Beim Übergang aus einem angeregten Zustand mit der Hauptquantenzahl n > 1 in den Grundzustand n = 1 gilt demnach:

$$E_v = E_{n > 1} - E_{n = 1} \tag{3.4}$$

Dabei wird ein Lichtquant mit der entsprechenden Wellenlänge λ emittiert:

$$\lambda = h \cdot \frac{c}{E_{n > 1} - E_{n = 1}} \tag{3.5}$$

Gemäß aller vorkommenden Werte von n > 1 erhält man eine ganze Serie von diskreten Werten von λ, also von Spektrallinien und damit ein *Linienspektrum*, wie die experimentelle Erfahrung lehrt.

In der → Abb. 3.3 ist vereinfacht dargestellt, wie durch Energiezufuhr (+E_v) das

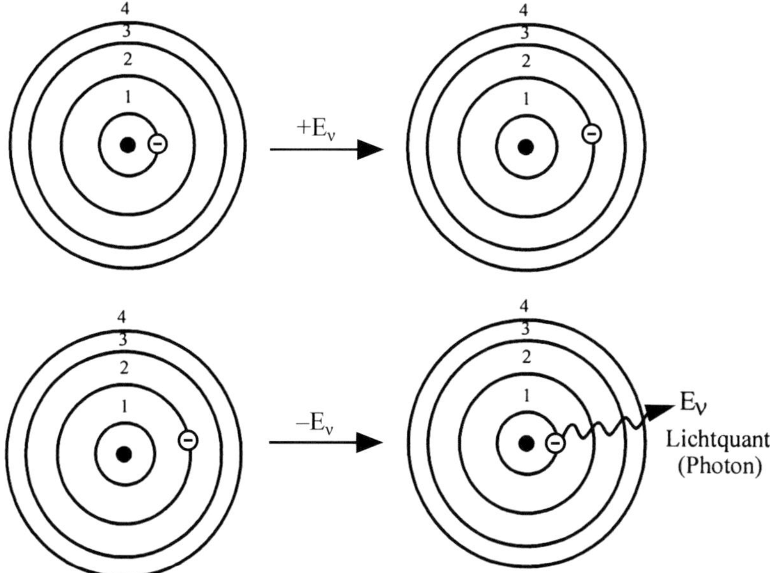

Abb. 3.3 Ebene Kreisbahnen n = 1, 2, 3, 4 usf. nach *Bohr* für das Elektron im Wasserstoffatom
Oben: Durch Energiezufuhr +E_v gelangt das Elektron beispielsweise auf die höhere Kreisbahn n = 2.
Unten: Das Elektron fällt in den Grundzustand auf n = 1 zurück unter Aussendung eines Lichtquants (Photons) E_v, was durch die Wellenlinie angezeigt ist.
Bei höherer Energiezufuhr gelangt das Elektron auf die höheren Bahnen n = 3, 4 usw. und sendet beim Übergang auf niedrige Bahnen die entsprechend energiereicheren Lichtquanten aus.

Elektron im Wasserstoffatom aus dem Grundzustand auf die höhere Kreisbahn n = 2 gelangt und dann unter Aussendung eines Lichtquants, eines Photons ($-E_v$), in den Grundzustand auf n = 1 zurückfällt.

Anmerkung zu Lichtquant bzw. Photon: Unter bestimmten experimentellen Umständen kann man das Verhalten von Lichtquanten auch so interpretieren, als wären sie materielle Teilchen mit Impuls und Energie. Man spricht dann von ‚Photonen', wenn man den korpuskularen Charakter der Lichtquanten hervorheben will.

Es ist das Verdienst von *Bohr*, dass er auf diese Weise und mit unkonventionellen Annahmen das Linienspektrum des Wasserstoffatoms deuten konnte. Sein *Modell*

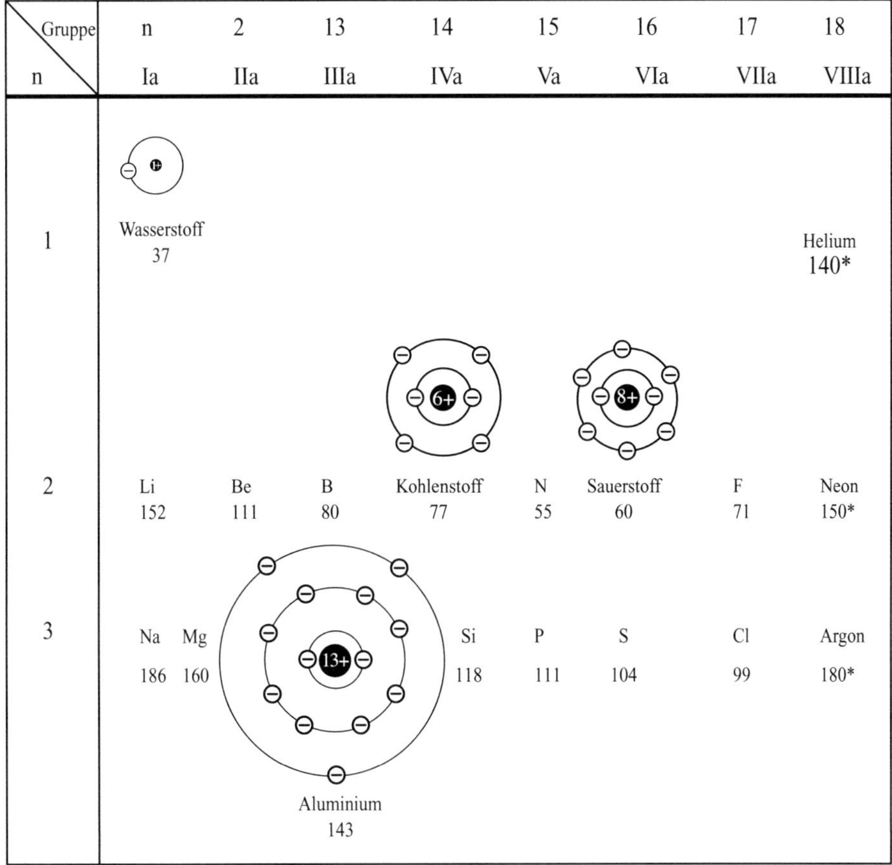

Abb. 3.4 Ebene Kreisbahnen der Elektronen nach *Bohr* für einige ausgewählte Atome: Wasserstoff H, Kohlenstoff C, Sauerstoff O, Aluminium Al.
Es werden die Kernladungszahlen und die Größenverhältnisse der Atome maßstäblich und mit Angabe der Atomradien in pm (Picometer = 10^{-12} m) berücksichtigt.
*Für die Edelgase mit vollbesetzter Außenschale s. → Tabelle 3.1 (He, Ne, Ar) sind die so genannten *van der Waals*-Radien angegeben, daher können sie nicht maßstäblich berücksichtigt werden. Zur Bestimmung der Atomradien von Elementen s. → Glossar.

genügte aber nicht, um die komplizierteren und linienreicheren Spektren von Elementen mit mehreren Elektronen zu deuten, es erlaubte auch keine Erklärung für den räumlichen Aufbau von Molekülen. Das Bild von ebenen Kreisbahnen (s. → Abb. 3.4) und die Angabe von bestimmten Geschwindigkeiten für die Elektronen erwiesen sich später als nicht haltbar.

Das *Atommodell von Bohr* kann dennoch als ein anschauliches Modell nicht nur für Wasserstoff, sondern auch für Mehrelektronenelemente dienen. Man kann damit beispielsweise die Ionenbindung und den Aufbau von Werkstoffen, denen eine Ionenbindung zugrunde liegt, verständlich machen (s. → Abschn. 4.1).

Schalenmodell nach Bohr-Sommerfeld

Ausgehend vom Wasserstoffmodell nach *Bohr* glaubte man zu einer Vorstellung über die Elektronenkonfiguration in Mehrelektronenelementen zu kommen und wollte damit versuchen, eine Interpretation der umfangreichen spektroskopischen Daten zu finden. Um für die zahlreichen Elektronen Plätze zu schaffen, lag es nahe, sie auf konzentrischen *Kugelschalen* unterzubringen, also in einem kugelförmigen Raum anstelle der ebenen Kreisbahnen des Einelektronensystems. Prinzipiell ist das Elektron nicht auf eine Ebene beschränkt, sondern auch zu einer räumlichen Bewegung fähig. Dies ist in → Abb. 3.5 schematisch gezeigt. Die dem Kern nächstliegende Schale ist die K-Schale (s. Historisches), es ist das Energieniveau, das nach *Bohr* durch die Hauptquantenzahl $n = 1$ festgelegt ist. Wegen der unmittelbaren Nachbarschaft zum Kern mit seiner positiven Ladung müssen die Elektronen der K-Schale am stärksten an das Atom gebunden sein. Nach außen folgen die größer werdenden Schalen, die L-Schale ($n = 2$), die M-Schale ($n = 3$) sowie die N-Schale ($n = 4$) usf. bis zur Q-Schale ($n = 7$), die nicht abgebildet sind.

Historisches
Die Bezeichnungen K, L, M, N, usf. stammen aus der Spektroskopie und wurden für bestimmte Spektrallinien schon vor dem Atommodell von Bohr verwendet. Diese empirisch-spektroskopische Bezeichnungsweise lief noch eine ganze Zeit neben der atomphysikalischen Terminologie einher. Der Zusammenhang mit den Hauptquantenbahnen wird nachfolgend angegeben:

Bezeichnung der Schalen:	K	L	M	N	O	P	Q
Nummerierung nach den Hauptquantenbahnen n:	1	2	3	4	5	6	7

Von der innersten K-Schale ($n = 1$) bis zur äußersten Q-Schale ($n = 7$) nimmt die Größe der Schalen zu, damit haben immer mehr Elektronen in einer Schale Platz. Die Anzahl Elektronen muss jedoch entsprechend der Größe der Schale begrenzt bleiben.

Sommerfeld versuchte im Weiteren die Feinstruktur der Spektrallinien im Atommodell nach *Bohr* zu deuten: Innerhalb eines Energieniveaus mit der Hauptquantenzahl n können sich Elektronen in ihrer Energie gegenüber dem Kern noch weiter unterscheiden. Er fügte für die Mehrelektronenelemente noch weitere Quantenzahlen hinzu: die Nebenquantenzahl l, die magnetische Quantenzahl m_l und die Spinquantenzahl ms, auf die hier nicht näher eingegangen wird.

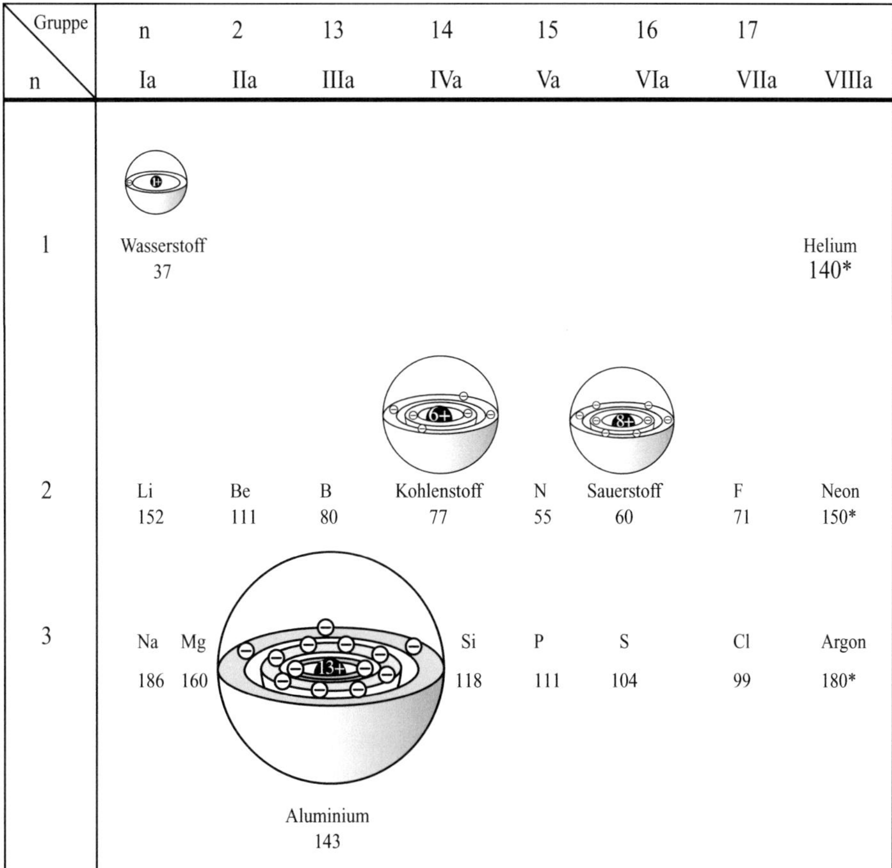

Abb. 3.5 Schematisches Schalenmodell nach Bohr-Sommerfeld für einige ausgewählte Atome: Wasserstoff H, Kohlenstoff C, Sauerstoff O, Aluminium Al.
Die Elektronen bewegen sich nicht auf Kreisbahnen, sondern in Schalen. Weitere Erklärungen s. → Abb. 3.4.
Quelle: BASF AG, Ludwigshafen/Rhein, Kunststoff-Werkstoffe im Gespräch. Aufbau und Eigenschaften.

Orbitalmodell, wellenmechanisches Modell

Wie verhalten sich die Elektronen, die zwar unterschiedliche Energieniveaus einnehmen, doch alle die gleiche negative Ladung tragen und sich daher nach den Gesetzen der klassischen Physik gegenseitig abstoßen? Dieser Widerspruch ist mit dem wellenmechanischen Modell, dem Orbitalmodell, ausgeräumt worden.

Zum wellenmechanischen Atommodell führte insbesondere die Erkenntnis von *de Broglie* 1924, dass Elektronen *Materie- und Welleneigenschaften* besitzen. Er führte den Begriff der Materiewellen (*De Broglie*-Wellen) ein, mit dem er die Quantenbedingungen von *Bohr* und das Auftreten stabiler Elektronenbahnen in den Atomen erklären konnte und gab damit den Anstoß zur Entwicklung der Wellenmechanik durch *Schrödinger*.

Materieeigenschaften: Elektronen besitzen Geschwindigkeit, Masse und daher Trägheit. Beim Aufprall von Elektronen hoher Geschwindigkeit auf eine Metalloberfläche kann ihre kinetische Energie zum Entfernen von kernnahen Elektronen aus der Elektronenhülle verwendet werden. Dieser Effekt wird bei der Metallspektroskopie ausgenützt, um ein metallspezifisches Spektrum aufzunehmen (s. → Abschn. 3.3.1). Zum anderen kann die kinetische Energie der Elektronen beim Aufprall auf eine Metalloberfläche in thermische Energie umgewandelt werden, was beim Lichtbogenschweißen oder Elektronenstrahlschweißen angewendet wird. (s. → Abschn. 3.3.2).

Welleneigenschaften: Elektronen kann man auch wie Lichtwellen an einem hinreichend engen Spalt beugen und sie dazu bringen, stehende Wellen auszubilden. Diese Welleneigenschaft ist allerdings erst dann von Bedeutung, wenn man räumliche Abmessungen von der Größenordnung der Wellenlänge betrachtet, welche die dem Elektron zugeordnete Materiewelle besitzt, das ist die oben schon genannte *de Broglie*-Wellenlänge $\lambda = h/m \cdot v$. Im Nenner steht das Produkt aus Masse und Geschwindigkeit, der Impuls des Teilchens.

Als wegweisend erwies sich die Entdeckung von de *Broglie*, dass das Postulat von *Bohr* bezüglich der Bahndrehimpulse auf erlaubten Bahnen identisch ist mit der Forderung, dass der Umfang der Kreisbahn ein ganzzahliges Vielfaches der Wellenlänge der Materiewelle des Elektrons auf dieser Bahn ist. Auf den erlaubten Bahnen – und nur dort – existieren somit stehende Wellen, also ein stationärer, d.h. zeitlich unveränderlicher Zustand. Es war daher nahe liegend, die bekannten Prinzipien der Wellenoptik des Lichtes auf die Materiewellen zu übertragen, um die Verhältnisse im Atominnern zu beschreiben.

Die entsprechende Wellengleichung wurde von *Schrödinger* 1926 formuliert. Sie ist das mathematische Instrument, um die Anordnung der Elektronen in den Hüllen von Atomen und Molekülen zu beschreiben – dies allerdings auf Kosten der Anschaulichkeit. Anstelle des klaren Bildes vom punktförmigen Elektron, das auf einer ‚Planetenbahn‘ den Kern umkreist, tritt die wenig anschauliche Aussage, das Elektron sei nicht mehr genau lokalisierbar, sondern befinde sich mit einer gewissen Wahrscheinlichkeit in einem bestimmten Raumbereich im Umkreis um den zentralen Kern. Dieser nicht scharf begrenzte Aufenthaltsraum wird *Orbital* oder *Elektronenwolke* genannt.

Hinweis: Orbital bedeutet eigentlich ‚Bahn‘ und ist daher streng genommen nicht ganz zutreffend für einen Raumbereich als möglichen Aufenthaltsort des Elektrons, also für eine Elektronenwolke.

Die Wahrscheinlichkeit, das Elektron an einer bestimmten Stelle anzutreffen, wird zahlenmäßig durch eine Wellenfunktion angegeben, die ihrerseits als Lösung der *Schrödinger*-Gleichung zu finden ist. Lösungen existieren allerdings nur für bestimmte, durch die Hauptquantenzahl n gekennzeichnete Beträge der Gesamtenergie, deren Zahlenwerte für das Wasserstoffatom exakt mit den Energieniveaus im Atommodell von *Bohr* übereinstimmen. Genau wie dort erfolgt auch die Aufnahme bzw. Abgabe von Energie nur quantenhaft, wenn nämlich das Elektron von einem diskreten Energiewert zu einem anderen wechselt.

Hinweis: Die wellenmechanische Behandlung des Verhaltens zweier gleichartiger, elektrisch neutraler Atome, beispielsweise im Fall von zwei Wasserstoffatomen (1928) war für die Theorie der Atombindung von besonderer Bedeutung. Im → Abschn. 4.2.1 wird versucht, eine anschauliche Darstellung der Atombindung zu geben.

In *Mehrelektronenatomen* benötigen mehrere Elektronen ihren Platz in einer Schale, nicht nur ein Elektron wie beim Wasserstoffatom. Mehrere Elektronen können sich aber nicht in den gleichen Raumbereichen einer Schale aufhalten. Es müssen also Unterschalen existieren, d.h. Orbitale, die jedem Elektron seinen Raumbereich und sein Energieniveau zuteilen.

Den unterschiedlichen Raumbereichen, den verschiedenen Orbitalen − man nennt sie auch Unterschalen − schreibt man unterschiedliche Gestalten zu, sie werden aus der Wellenfunktion abgeleitet. Die graphische Darstellung dieser Gestalten verwendet man für die Diskussion der chemischen Bindung.

Der energieärmste Raumbereich einer Schale hat stets kugelförmige Gestalt (s. → unten und Abb. 3.6). Man bezeichnet diesen Raumbereich, dieses Orbital, als s-Orbital. Das nächst höhere Energieniveau innerhalb einer Schale nennt man p-Orbital (s. → unten und Abb. 3.7). p-Orbitale stellt man als Hantelformen (Doppelkeulen) dar. Hantelformen lassen sich nach den drei Raumrichtungen ausrichten, daher gibt man drei p-Orbitale (p_x, p_y, p_z) an. Den wiederum nächst höheren Energieniveaus innerhalb einer Schale, den d-Orbitalen, wird Rosettenform zugeschrieben (s. → unten und Abb. 3.7) und den f-Orbitalen rosettenartige Strukturen (nicht dargestellt). Die Bezeichnungen der Symbole für die Orbitale stammen aus der Spektroskopie: s sharp (es sind besonders scharfe Spektrallinien), p principal (hauptsächlich), d diffus (zerstreut), f fundamental (grundlegend).

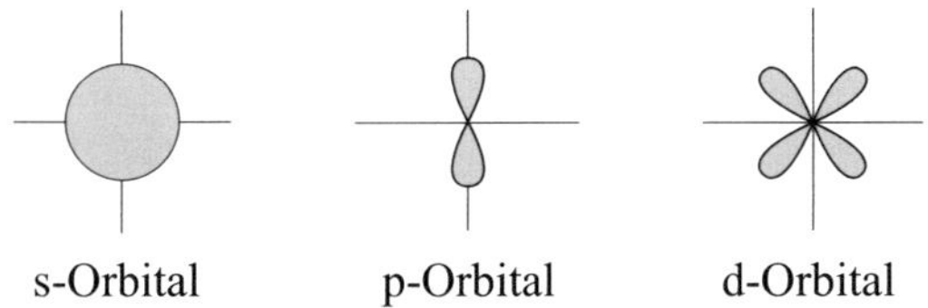

s-Orbital   p-Orbital   d-Orbital

Diese graphischen Darstellungen veranschaulichen die Raumbereiche, in denen sich das Elektron wahrscheinlich aufhält, also die räumliche Ladungsverteilung. Weil die p-Orbitale in drei Raumrichtungen ausgerichtet sein können, erhält man einen Hinweis, dass in einem Molekül die Atome unter verschiedenen Winkeln aneinander gesetzt sein können.

Mit Zunahme der Schalen (n = 1, 2, 3....7) nimmt die Größe der Orbitale zu. Das kugelförmige 2s-Orbital (s-Orbital in der 2. Schale) ist größer als das kugelförmige 1s-Orbital (s. → Abb. 3.6), die hantelförmigen 3p-Orbitale sind größer als die hantelförmigen 2p-Orbitale usw. Die 2p-Orbitale hat man sich innerhalb des Volumens des kugelförmigen 2s-Orbitals vorzustellen (s. → Abb. 3.8). Innerhalb des kugelförmigen 3s-Orbitals hat man sich die 3p-Orbitale und die 3d-Orbitale vorzustellen usw.

In den einzelnen Schalen kann nur eine maximale Anzahl von Elektronen erlaubt sein, sie ist durch die Beziehung $2 \cdot n^2$ angegeben, wobei die Hauptquantenzahl $n \geq 1$ ist (s. → Abb. 3.9).

Beispiele:
Im kernnächsten Energieniveau   n = 1 sind 2   Elektronen erlaubt,
                                  auf n = 2 sind 8   Elektronen erlaubt,
                                  auf n = 3 sind 18 Elektronen erlaubt usf.

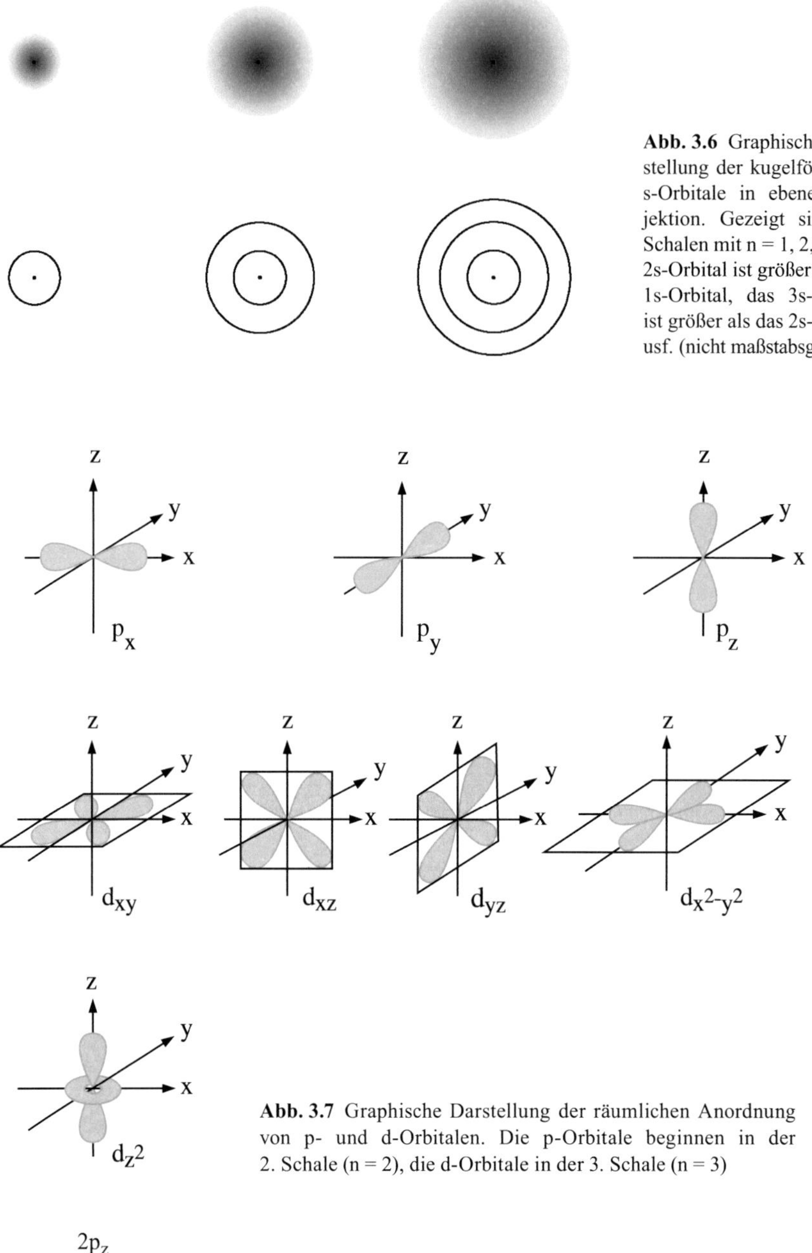

Abb. 3.6 Graphische Darstellung der kugelförmigen s-Orbitale in ebener Projektion. Gezeigt sind die Schalen mit n = 1, 2, 3. Das 2s-Orbital ist größer als das 1s-Orbital, das 3s-Orbital ist größer als das 2s-Orbital usf. (nicht maßstabsgerecht)

Abb. 3.7 Graphische Darstellung der räumlichen Anordnung von p- und d-Orbitalen. Die p-Orbitale beginnen in der 2. Schale (n = 2), die d-Orbitale in der 3. Schale (n = 3)

Abb. 3.8 Räumliche Darstellung der 1s-, 2s-, $2p_x$-, $2p_y$- und $2p_z$-Orbitale für das Neonatom.
Diese Darstellungsweise der Elektronenhülle wäre für Mehrelektronenatome unübersichtlich.

3.1.4 Elektronenkonfiguration der Elemente

Unter der Elektronenkonfiguration der Elemente versteht man die Verteilung der Elektronen auf die verschiedenen Orbitale im Raum.

Eine Möglichkeit der übersichtlichen Darstellung der Elektronenkonfiguration eines Elements ist ein Energieniveauschema in Kästchenschreibweise (s. → Abb. 3.9). Das Zeichnen der Orbitale wie in → Abb. 3.8 würde vor allem bei Mehrelektronenatomen zur Unübersichtlichkeit führen. Unter Verzicht auf die Gestalt der Orbitale (Kugel, Doppelkeule, Rosette) erlaubt die Kästchenschreibweise eine einfache, anschaulich-schematische Darstellung. Dabei bedeuten die Kästchen von links nach rechts die Besetzungsmöglichkeiten der Elektronen in den einzelnen Schalen. Ein Elektron wird in das Kästchen als Pfeil gezeichnet und die Besetzung der Schalen erfolgt dann in der Reihenfolge steigender Energie von unten nach oben.

Kästchenschreibweise für die Elektronenkonfiguration der Elemente

» *Elemente mit einer Elektronenzahl ≤ 20*

Für das *Wasserstoffatom H* ist die Elektronenkonfiguration und das entsprechende Energieniveau-Schema relativ einfach (s. → Abb. 3.9). Ein Wasserstoffatom besteht aus einem Proton im Kern (Protonenzahl, Ordnungszahl 1), dessen positive Ladung durch ein Elektron in der Elektronenhülle ausgeglichen ist, denn im neutralen Atom ist die *Protonenzahl gleich der Elektronenzahl.*

Das Elektron im Wasserstoffatom ist im Grundzustand – im energieärmsten Zustand – und wird im kernnächsten Energieniveau angeordnet. Dieses Energieniveau bezeichnet man mit 1s, das bedeutet, das Elektron befindet sich in der Schale 1 (Hauptquantenzahl n = 1) im s-Orbital. Die Kästchenschreibweise für das Elektron des Wasserstoffatoms ist $1s^1$.

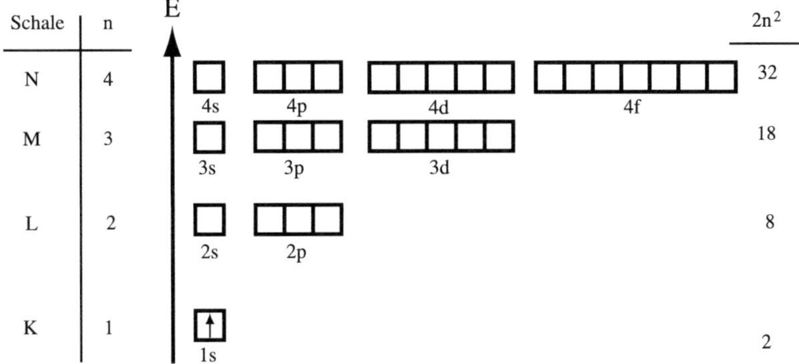

Abb. 3.9 Kästchenschreibweise für die Elektronenkonfiguration des Wasserstoffatoms $1s^1$
Die Zahl $2\,n^2$ gibt an, wie viel Elektronen in einer Schale Platz haben.

Die Orbitale einer jeden Schale (K, L, M usf.) sind in → Abb. 3.9 auf gleichem Energieniveau gezeichnet. Bei Mehrelektronenelementen nehmen die s-, p-, d- und f-Orbitale leicht unterschiedliche Energieniveaus ein (s. das Besetzungsschema in → Abb. 3.10 bis 3.13). Der Abstand zwischen der K- und L-Schale ist am größten, die Abstände zwischen den folgenden Schalen nehmen dann kontinuierlich ab.

Die Verteilung der Elektronen in die Orbitale bei Elementen mit mehr Elektronen erfolgt schrittweise. Man beginnt stets mit dem ersten, dem kernnächsten 1s-Orbital.

Für *Helium He* (s. → Abb. 3.10) mit der Protonenzahl zwei wird die Ladung im Kern durch zwei Elektronen in der Hülle ausgeglichen. Zwei Elektronen können sich jedoch in ein und demselben Orbital nicht vollständig gleich verhalten, d.h. die gleiche ‚Bahn' benützen und den gleichen Energiezustand einnehmen. Eine weitere Eigenschaft des Elektrons ist: es bewegt sich nicht nur um den Atomkern, sondern es hat auch eine Eigendrehbewegung, es rotiert ‚um sich selbst' mit zwei verschiedenen Möglichkeiten des Drehsinns, die in der Kästchenschreibweise mit Pfeilen ↑↓ angegeben sind. Diese Eigendrehung nennt man Spin. Der unterschiedliche Drehsinn wird durch die Spin-quantenzahl m_s beschrieben.

Pauli-Prinzip: In einem Atom ist es nicht möglich, dass zwei oder mehr Elektronen in allen Quantenzahlen übereinstimmen. Ein einzelnes Atomorbital kann maximal nur zwei Elektronen enthalten, die sich in ihrem Spin unterscheiden müssen. *(Wolfgang Pauli 1900–1958, Wien, Göttingen, Zürich, Nobelpreis 1945)*

Die Kästchenschreibweise der Elektronenkonfiguration für das Heliumatom ist $1s^2$. Damit ist nach der Beziehung $2 \cdot n^2$ die erste Schale abgeschlossen.

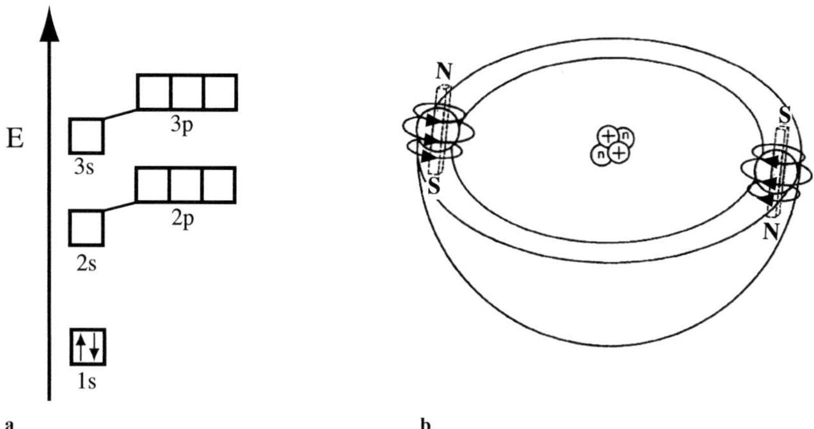

Abb. 3.10 a Kästchenschreibweise für die Elektronenkonfiguration des Heliumatoms $1s^2$. Die unterschiedlichen Energieniveaus n = 1, n = 2 usw. sind auch in den folgenden Bildern nur angedeutet und nicht im richtigen Maßstab gezeichnet.
b Zwei Elektronen mit entgegengesetztem Spin im 1s-Orbital des Heliumatoms, dargestellt im Schalenmodell nach *Bohr-Sommerfeld*. Quelle: BASF AG, Ludwigshafen/Rhein, Kunststoff-Werkstoffe im Gespräch. Aufbau und Eigenschaften.

Die Eigendrehung des Elektrons führt dazu, dass man das Elektron als kleinen Magneten betrachten kann. In → Abb. 3.10 ist das mit den Buchstaben N bzw. S angedeutet. Die magnetischen Eigenschaften eines Elements hängen also mit der Orbitalbesetzung zusammen. Einzeln besetzte Orbitale, d.h. ungepaarte Elektronen↑ führen zu paramagnetischen Eigenschaften. Sie erfahren in einem Magnetfeld eine Kraftwirkung. Bei voll besetzten Orbitalen ↑↓ hebt sich die magnetische Kraftwirkung auf, was zu diamagnetischen Eigenschaften des betreffenden Elements führt.

Kohlenstoff C (s. → Abb. 3.11) hat die Protonenzahl sechs und daher auch die Elektronenzahl sechs. Die Orbitale werden schrittweise mit sechs Elektronen aufgefüllt. Nach dem mit zwei Elektronen aufgefüllten 1s-Orbital folgt die Besetzung des nächst höheren Energieniveaus, des 2s-Orbitals. Ist dies ebenfalls mit zwei Elektronen unterschiedlicher Spinrichtung aufgefüllt, werden auf dem nächst höheren Energieniveau die p-Orbitale mit je einem Elektron gleicher Spinrichtung besetzt (Regel von *Hund*). Die Elektronenkonfiguration für das Kohlenstoffatom ist $1s^2\, 2s^2\, 2p^2$.

Für *Stickstoff N* mit der Protonenzahl sieben muss auch noch das dritte p-Orbital mit einem Elektron gleicher Spinrichtung aufgefüllt werden (nicht dargestellt). Die Elektronenkonfiguration ist $1s^2\, 2s^2\, 2p^3$.

Regel von *Hund (Friedrich Hund 1896−1997, Rostock, Leipzig, Jena, Frankfurt/ Main, Göttingen)*: Nach dieser Regel werden p-, d- und f-Orbitale der gleichen Hauptquantenzahl zunächst nur einfach mit Elektronen parallelen Spins besetzt. Erst die nächsten Elektronen werden mit den bereits vorhandenen zu Elektronenpaaren mit jeweils entgegen gerichtetem Spin kombiniert (s. → Abb. 3.11).

Sauerstoff O (s. → Abb. 3.11) mit der Protonenzahl acht hat somit acht Elektronen unterzubringen. Sind die drei p-Orbitale mit je einem Elektron gleicher Spinrichtung besetzt, erfolgt die Auffüllung durch das zweite Elektron mit entgegengesetzter Spinrichtung. Sauerstoff hat die Elektronenkonfiguration $1s^2\, 2s^2\, 2p^4$.

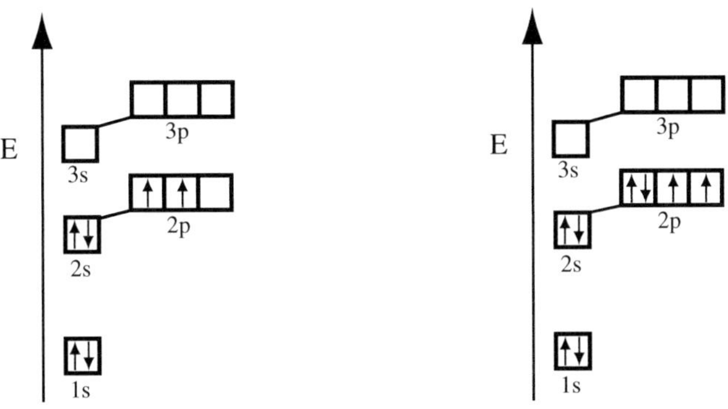

Kohlenstoffatom   Sauerstoffatom

Abb. 3.11 Kästchenschreibweise für die Elektronenkonfiguration des Kohlenstoffatoms $1s^2\, 2s^2\, 2p^2$ und des Sauerstoffatoms $1s^2\, 2s^2\, 2p^4$

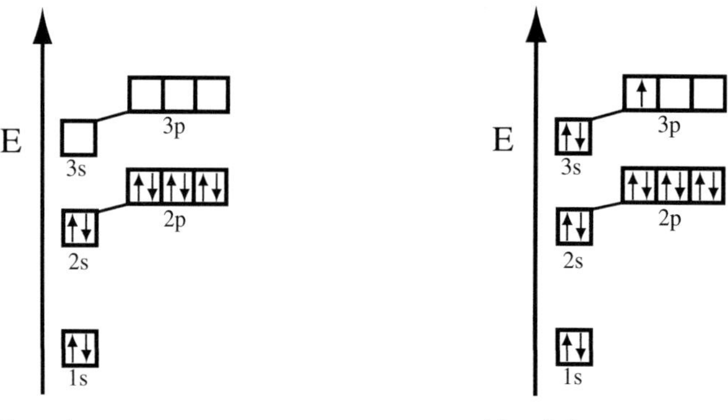

Neonatom   Aluminiumatom

Abb. 3.12 Kästchenschreibweise für die Elektronenkonfiguration des Neonatoms $1s^2\,2s^2\,2p^6$ und des Aluminiumatoms [Ne] $3s^2\,3p^1$

Beim Edelgas *Neon Ne* (Protonenzahl 10) sind die drei p-Orbitale mit sechs Elektronen voll aufgefüllt (s. → Abb. 3.12): $1s^2\,2s^2\,2p^6$. Die zweite Schale (n = 2) ist somit mit insgesamt acht Elektronen abgeschlossen. Dies ist eine besonders stabile Anordnung.

Für *Aluminium Al* (Protonenzahl 13) sind 13 Elektronen unterzubringen (→ Abb. 3.12). Nach der abgeschlossenen Edelgaskonfiguration von Neon wird mit dem Auffüllen der 3s- und 3p-Orbitale begonnen. Die Elektronenkonfiguration für Aluminium ist somit [Ne] $3s^2\,3p^1$. Die Schreibweise [Ne] benützt man, um sich das Ausschreiben der unteren Schalen bis zu dem vorangehenden Edelgas, hier Ne, zu ersparen.

Elemente, deren s- und p-Orbitale (auch in den höheren Schalen) aufgefüllt werden, nennt man *Hauptgruppenelemente*.

» *Elemente mit einer Elektronenzahl ≥ 21*

Als Beispiel wird die Kästchenschreibweise für Eisen Fe angegeben:

Wie Eisen haben auch die meisten Gebrauchsmetalle, beispielsweise Nickel Ni, Kupfer Cu, Zink Zn, Chrom Cr eine hohe Protonenzahl und somit eine hohe Elektronenzahl. Bei der Besetzung der Orbitale tritt eine Besonderheit ein.

Für *Eisen* mit der Protonenzahl 26 und der Elektronenkonfiguration [Ar] $3d^6\,4s^2$ werden die Elektronen, angefangen vom niedrigsten Energieniveau im 1s-Orbital wieder schrittweise eingezeichnet (s. → Abb. 3.13). Nach den 3p-Orbitalen werden jedoch nicht die 3d-Orbitale, sondern zunächst die 4s-Orbitale auf der äußersten Schale aufgefüllt. Dies hat energetische Gründe. Erst nach dem aufgefüllten 4s-Orbital folgen die 3d-Orbitale, die mit den restlichen sechs Elektronen besetzt werden.

Mit der Besetzung der 3d-Orbitale beginnen die *d-Elemente*. Man nennt sie *Nebengruppenelemente* im Gegensatz zu den Hauptgruppenelementen – und da sie zwischen den Hauptgruppenmetallen und den Nichtmetallen stehen – auch *Übergangsmetalle*.

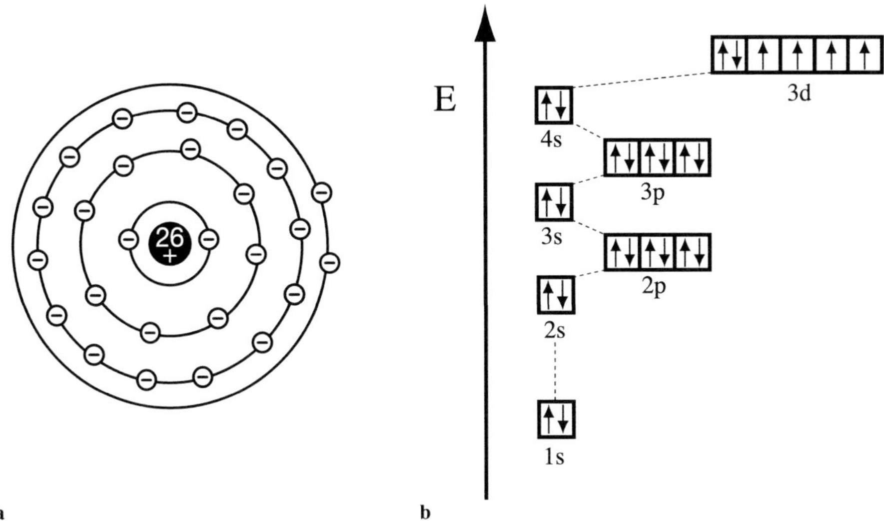

Abb. 3.13 Die Anordnung der Elektronen des Eisenatoms nach dem *Bohr*-Modell und in der Kästchen-schreibweise des Orbitalmodells. Der Atomradius für Eisen beträgt 126 pm.
a Atommodell nach *Bohr* für das Eisenatom
b Kästchenschreibweise für die Elektronenkonfiguration des Eisenatoms $1s^2\ 2s^2\ 2p^6\ 3s^2\ 3p^6\ 3d^6\ 4s^2$
Kurzschreibweise [Ar] $3d^6\ 4s^2$

Wie aus $\rightarrow$ Tabelle 3.1 abzulesen ist, beginnen die 3d-Elemente mit Scandium Sc (s. $\rightarrow$ Abb. 3.15 Ordnungszahl 21) und enden in dieser Schale (Periode), wenn zehn Elektronen in den fünf 3d-Orbitalen untergebracht sind, mit Zink Zn.

Die Nebengruppenelemente haben auf der äußersten Schale jeweils zwei Elektronen im s-Orbital. Für Eisen sind diese in der vierten Schale, daher die Schreibweise $4s^2$.

Bei Eisen tritt eine Unregelmäßigkeit ein. Bei chemischen Reaktionen kann es nicht nur die beiden $4s^2$ Elektronen abgeben, sondern zusätzlich ein weiteres Elektron aus dem 3d-Orbital. Die verbliebenen fünf d-Elektronen bilden eine stabilere Anordnung als sechs d-Elektronen (s. $\rightarrow$ Abb. 3.13). Daher gibt es Fe^{++}-Ionen und Fe^{+++}-Ionen, die beispielsweise in den Verbindungen des Rosts vorkommen. Die Verbindungen der Fe^{++}-Ionen wurden früher Ferroverbindungen, die der Fe^{+++}-Ionen Ferriverbindungen genannt.

Besetzungsschema für das Auffüllen der Orbitale (s. $\rightarrow$ Abb. 3.14)

Auf Eisen $_{26}$Fe folgen mit der Besetzung der 3d-Orbitale die Elemente $_{27}$Co, $_{28}$Ni, $_{29}$Cu und $_{30}$Zn. Mit $_{30}$Zn sind die 3d-Orbitale abgeschlossen. Nun folgt das Auffüllen der 4p-Orbitale mit Beginn bei Gallium Ga bis Krypton Kr. Es folgt Rubidium Rb mit dem Beginn des Auffüllens des 5s-Orbitals auf der äußersten Schale. Mit Strontium Sr ist das 5s-Orbital mit zwei Elektronen voll besetzt. Nun folgen erst die 4d-Orbitale in der vierten Schale mit Beginn bei Yttrium Y bis Cadmium Cd und dann die 5p-Orbitale mit Beginn bei Indium In bis Xenon Xe. Nach Barium Ba mit $6s^2$-Elektronen tritt wieder eine Besonderheit ein. Es folgt auf das 5d-Element Lanthan $_{57}$La [Xe] $5d^1\ 6s^2$

erst das Auffüllen der 4f-Orbitale mit Beginn bei Cer ($_{58}$Ce). Mit dem Auffüllen der 4f-Orbitale beginnt die Reihe der 14 Lanthanoide (auch Seltenerdenmetalle bzw. Seltene Erden genannt). Erst jetzt setzt sich die Besetzung der 5d-Orbitale mit Beginn bei Hafnium Hf bis Quecksilber Hg fort und dann erst die der 6p-Orbitale mit Beginn bei Thallium Tl bis Radon Rn. Auf der siebten Schale schieben sich nach Actinium Ac die Actinoiden durch Auffüllen der 5f-Orbitale dazwischen. f-Elemente werden auch *innere Übergangselemente* genannt.

Auch bei *Kupfer* (s. → Tabelle 3.1, s. → auch Chrom) tritt eine Unregelmäßigkeit ein. Kupfer mit der Elektronenkonfiguration [Ar] $3d^{10}4s^1$ hat beispielsweise nur ein $4s^1$ Elektron. Das zweite Elektron aus dem $4s^1$-Orbital hat vorzeitig die d-Orbitale auf 10 Elektronen aufgefüllt. Kupfer kann sowohl ein, als auch zwei Elektronen abgeben und daher Cu^+-Ionen und Cu^{++}-Ionen bilden.

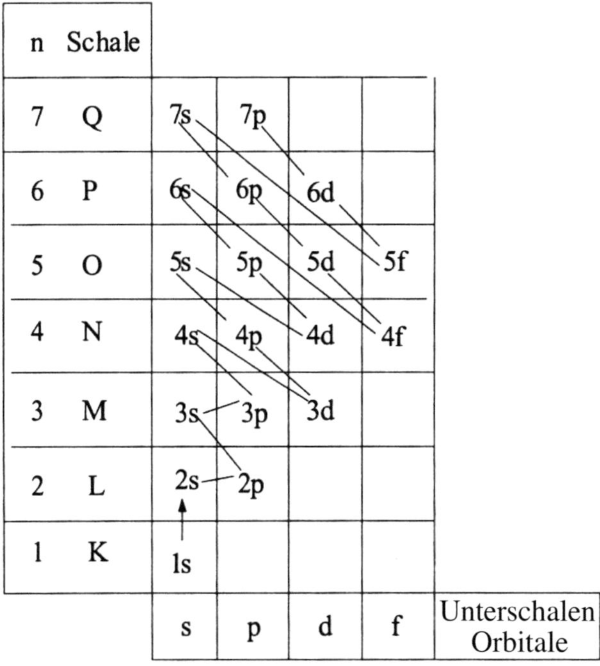

Abb. 3.14 Besetzungsschema der Orbitale vgl. → Tabelle 3.1. Die Verbindungsstriche geben die Reihenfolge der Besetzung an.

Zusammenfassende Übersicht über das Auffüllen der Orbitale

- Hauptgruppenelemente füllen die s- und p-Orbitale auf.

- Nebengruppenelemente, auch Übergangsmetalle genannt, füllen die d-Orbitale auf.

- Innere Übergangsmetalle (Lanthanoide und Actinoide) füllen die f-Orbitale auf.

- Für die chemische Bindung und für die Eigenschaften der Werkstoffe sind die Elektronen in den s- und p-Orbitalen der äußersten Schale entscheidend. Man nennt diese Elektronen *Valenzelektronen*. Die übrigen Elektronen bilden zusammen mit dem Atomkern den *Atomrumpf* (s. → Abschn. 4.3.1 Metalle). In Einzelfällen können auch Elektronen in den d-Orbitalen als Valenzelektronen an Reaktionen beteiligt sein oder es kann ein Valenzelektronen vorzeitig das d-Orbital auffüllen.

Tabelle 3.1 Elektronenkonfiguration der Elemente bis zur Ordnungszahl 31 für Gallium. (Ordnungszahl, Protonenzahl oder Kernladungszahl) *Unregelmäßigkeit

Ordnungszahl	Element	Elektronenkonfiguration						
2	Helium He	$1s^2$						
3	Lithium Li	$1s^2$	$2s^1$					
4	Beryllium Be	$1s^2$	$2s^2$					
5	Bor B	$1s^2$	$2s^2$	$2p^1$				
6	Kohlenstoff C	$1s^2$	$2s^2$	$2p^2$				
7	Stickstoff N	$1s^2$	$2s^2$	$2p^3$				
8	Sauerstoff O	$1s^2$	$2s^2$	$2p^4$				
9	Fluor F	$1s^2$	$2s^2$	$2p^5$				
10	Neon Ne	$1s^2$	$2s^2$	$2p^6$				
11	Natrium Na	$1s^2$	$2s^2$	$2p^6$	$3s^1$			
12	Magnesium Mg	$1s^2$	$2s^2$	$2p^6$	$3s^2$			
13	Aluminium Al	$1s^2$	$2s^2$	$2p^6$	$3s^2$	$3p^1$		
14	Silicium Si	$1s^2$	$2s^2$	$2p^6$	$3s^2$	$3p^2$		
15	Phosphor P	$1s^2$	$2s^2$	$2p^6$	$3s^2$	$3p^3$		
16	Schwefel S	$1s^2$	$2s^2$	$2p^6$	$3s^2$	$3p^4$		
17	Chlor Cl	$1s^2$	$2s^2$	$2p^6$	$3s^2$	$3p^5$		
18	Argon Ar	$1s^2$	$2s^2$	$2p^6$	$3s^2$	$3p^6$		
19	Kalium K	$1s^2$	$2s^2$	$2p^6$	$3s^2$	$3p^6$		$4s^1$
20	Calcium Ca	$1s^2$	$2s^2$	$2p^6$	$3s^2$	$3p^6$		$4s^2$
21	Scandium Sc	$1s^2$	$2s^2$	$2p^6$	$3s^2$	$3p^6$	$3d^1$	$4s^2$
22	Titan Ti	$1s^2$	$2s^2$	$2p^6$	$3s^2$	$3p^6$	$3d^2$	$4s^2$
23	Vanadin V	$1s^2$	$2s^2$	$2p^6$	$3s^2$	$3p^6$	$3d^3$	$4s^2$
24	Chrom Cr	$1s^2$	$2s^2$	$2p^6$	$3s^2$	$3p^6$	$3d^{5}*$	$4s^1$
25	Mangan Mn	$1s^2$	$2s^2$	$2p^6$	$3s^2$	$3p^6$	$3d^5$	$4s^2$
26	Eisen Fe	$1s^2$	$2s^2$	$2p^6$	$3s^2$	$3p^6$	$3d^{6}*$	$4s^2$
27	Cobalt Co	$1s^2$	$2s^2$	$2p^6$	$3s^2$	$3p^6$	$3d^7$	$4s^2$
28	Nickel Ni	$1s^2$	$2s^2$	$2p^6$	$3s^2$	$3p^6$	$3d^8$	$4s^2$
29	Kupfer Cu	$1s^2$	$2s^2$	$2p^6$	$3s^2$	$3p^6$	$3d^{10}*$	$4s^1$
30	Zink Zn	$1s^2$	$2s^2$	$2p^6$	$3s^2$	$3p^6$	$3d^{10}$	$4s^2$
31	Gallium Ga	$1s^2$	$2s^2$	$2p^6$	$3s^2$	$3p^6$	$3d^{10}$	$4s^2$ $4p^1$

3.2 Periodensystem der Elemente PSE

3.2.1 Die Anordnung der Elemente im Periodensystem

Im letzten Drittel des 19. Jahrhunderts hatte man erkannt, dass chemische Eigenschaften von Elementen sich periodisch wiederholen, wenn die Elemente nach ihren ‚Atomgewichten' – so nannte man früher die (rel.) Atommassen – angeordnet werden.

Das Orbitalmodell hat diese frühe Feststellung bestätigt: Beim Auffüllen der Atomorbitale mit Elektronen kommt es auf der äußersten Schale zu periodischen Wiederholungen gleicher Elektronenkonfigurationen. Elemente, deren Atome analoge Elektronenkonfigurationen besitzen, haben ähnliche Eigenschaften und können zu Gruppen zusammengefasst werden.

Die Elemente sind heute im Periodensystem der Elemente – abgekürzt PSE – nach der *Ordnungszahl Z* angeordnet. Sie gibt die von Element zu Element steigende Protonenzahl (Kernladungszahl) an.

Historisches

Das *1. Ordnungsprinzip 1869* basierte auf den Atomgewichten. *Dimitri Iwanowitsch Mendelejew (1834 – 1907, Prof. ab 1856 in St. Petersburg, Rußland)* und *Julius Lothar Meyer (1830 – 1895, Prof. 1868 bis 1876 in Karlsruhe)* haben unabhängig voneinander erkannt, dass sich Eigenschaften von Elementen periodisch wiederholen, wenn man sie nach ihren Atomgewichten anordnet. Beide trafen sich 1860 auf dem ersten Internationalen Chemiker Kongress, der in Karlsruhe stattfand unter der Leitung des ersten großen Chemielehrers am damaligen Polytechnikum in Karlsruhe *Carl Weltzien (geb. 1813 St. Petersburg, gest. 1870 Karlsruhe, Chemielehrer ab 1840, Lehrstuhl für Allgemeine Chemie 1850 – 1868). Lothar Meyer* wurde 1868 Nachfolger von *Weltzien.*

Im Wesentlichen wird auch heute noch das von *Mendelejew* und *Meyer* aufgestellte ‚System der Elemente' anerkannt.

Dem endgültigen Durchbruch der Aufstellung des ‚Systems der Elemente' von 1869 gingen schon seit 1817 viele Beobachtungen von verschiedenen Autoren voraus, die bei einigen Elementen eine chemische Verwandtschaft und auch eine Regelmäßigkeit in den Atomgewichten aufzeigen konnten. So legte beispielsweise 1864 *John Alexander Reina Newsland (1838 – 1898, England)* bereits die Zunahme der Atomgewichte als Ordnungsprinzip zugrunde und nahm an, dass jede Verwandtschaftsgruppe aus acht Elementen bestehen müsse, z. B. Li, Be, B, C, N, O, F, Na, entsprechend Mg, Al, Si, P, S, Cl, K, Ca usf. (Gesetz der Oktaven).

Hatten *Mendelejew* und *Meyer,* wie auch ihre Vorgänger, ihr ‚System der Elemente' mit horizontaler Anordnung der chemischen Familien geschrieben, so wählte man bald eine vertikale Anordnung mit zuerst sieben, dann – nach der Entdeckung der Edelgase 1894 – acht senkrechten Gruppen. In dieser Form findet man das Periodensystem noch heute als *Kurzperiodensystem.* Bald wurde eine Unterscheidung notwendig zwischen Hauptgruppenelementen mit der Bezeichnung Ia bis VIIIa sowie Nebengruppenelementen mit der Bezeichnung Ib bis VIIIb. 1905 kam von *Alfred Werner (1866 – 1919, Zürich)* ein neuer Vorschlag, die Anordnung der Elemente im *Langperiodensystem,* wie in der → Abb. 3.15 darzustellen.

Das *2. Ordnungsprinzip folgte 1913.* Das Grundprinzip des Aufbaus des PSE wäre nicht verstanden worden ohne die Deutung des Linienspektrums des Wasserstoffatoms von *Bohr* (→ Abschn. 3.1.3), der *Röntgen*spektroskopie an Mehrelektronenelementen von *Barkla 1913 (Charles Glover Barkla 1877 – 1944, engl. Physiker, Cambridge, Nobelpreis 1917)* und deren mathematischer Fundierung durch *Moseley 1913 (Henry Gwyn-Jeffreys Moseley 1887 – 1915, England)* sowie der Deutung der *Röntgen*spektren durch *Kossel 1914 (Walter Kossel 1888 – 1956, Professor in Kiel, Danzig und Tübingen).* Röntgenstrahlung (engl.: X-rays) ist die sehr kurzwellige, energiereiche, elektromagnetische Strahlung, die Fortsetzung des sichtbaren Lichts hin zu höheren Photonen-Energien. *Barkla* stellte fest, dass man für jedes Element eine charakteristische *Röntgen*-Linienstrahlung findet und dass die Frequenzen der vorkommenden

Spektrallinien und damit die Energie ihrer Photonen mit wachsendem Atomgewicht zunehmen. Er schlug vor, an Stelle der Atomgewichte eine Ordnungszahl für die Anordnung der Elemente im PSE zu benutzen. Dieser Sachverhalt wurde von *Moseley* bestätigt und war nur dadurch zu verstehen, dass die positive Ladung des Atomkerns ebenfalls mit wachsendem Atomgewicht zunahm. Es lag daher nahe, Ordnungszahl und Kernladungszahl einander gleich zu setzen. Mit der aus experimentellen Untersuchungen von Spektrallinien des Wasserstoffs im Sichtbaren abgeleiteten *Rydberg*-Konstanten *(Johannes Robert Rydberg 1854 – 1919, schwed. Physiker)* fand *Moseley 1913* dann einen sehr einfachen Zusammenhang zwischen den Frequenzen der charakteristischen *Röntgen*strahlung eines Elements und seiner Ordnungszahl Z nach folgenden Gleichungen:

- für die langwelligste Linie der K-Serie gilt:

$$\nu\,(K_\alpha) \;=\; 1/\lambda \;=\; R\,(Z-1)^2\,3/4 \tag{3.6}$$

λ = Wellenlänge der emittierten K_α- Linie

R = *Rydbergkonstante* $3{,}28984 \cdot 10^{15}\ s^{-1}$ die bei der Interpretation der Spektren des Wasserstoffatoms schon empirisch abgeleitet wurde.

Z = Ordnungszahl, Kernladungszahl, Protonenzahl

$(Z-1)$ = bedeutet: das 2. Elektron, das auf der K-Schale verblieben ist, schirmt ein Proton der Kernladung ab.

- für die langwelligste Linie der L-Serie gilt:

$$\nu(L_\alpha) \;=\; 1/\lambda \;=\; R\,(Z-7{,}5)^2\,5/36 \tag{3.7}$$

Mit diesen Formeln konnte die von *Barkla* gefundene charakteristische Strahlung und sein Vorschlag, an Stelle der Atomgewichte eine Ordnungszahl für die Anordnung der Elemente im PSE zu benutzen, bestätigt werden.

Von *Kossel 1914* stammt eine andere Schreibweise für die obigen Formeln, nämlich

$$\nu = R\,(Z-1)^2\,(1/1^2 - 1/2^2) \tag{3.8}$$

$$\nu = R\,(Z-7{,}5)^2\,(1/2^2 - 1/3^2)$$

Kossel gab damit die korrekte Deutung der bis dahin vorliegenden röntgenspektroskopischen Daten: die von *Barkla* entdeckte charakteristische Röntgenstrahlung war auf Elektronenübergänge im Sinne des Atommodells von *Bohr* zurückgeführt, was sich durch die Verwendung der *Rydberg*-Konstanten R bereits andeutete. Die K_α-Strahlung wird vom Elektronenübergang von der zweitinnersten (n = 2) auf die innerste (n = 1) Elektronenbahn (Schale) verursacht, wobei die Kernladungszahl aufgrund der Anwesenheit des zweiten Elektrons in der K-Schale um eine Ladungseinheit vermindert werden muss: daher muss $(Z-1)$ geschrieben werden (s. → Abb. 3.18). Die L_α-Linie ist auf den Elektronenübergang von der drittinnersten (n = 3) auf die zweitinnerste Elektronenbahn zurückzuführen und damit eine erheblich stärkerer Abschirmung der Kernladung auf (Z - 7,5) anzunehmen.

Das 2. Ordnungsprinzip gründet letztendlich auf der von *Barkla* experimentell gefundenen charakteristischen Röntgenstrahlung und der von *Moseley* empirisch abgeleiteten Gesetzlichkeit, die einen Zusammenhang zwischen der Kernladungszahl eines Elements und der Ordnungszahl Z ergab. Die Kernladungszahl konnte man der Ordnungszahl Z gleich setzen und danach die Elemente im PSE aufreihen. Das Ergebnis war ebenfalls eine periodische Wiederkehr der Eigenschaften von Elementen. *Moseley* bestimmte die Kernladungszahl der Elemente $_{13}Al$ bis $_{79}Gold$.

Auf die Anwendung der elementspezifischen optischen Metallspektroskopie und *Röntgen*-Fluoreszenzspektroskopie zum Nachweis und zur Konzentrationsbestimmung von Metallen wird im → Abschn. 3.3 näher eingegangen.

Das 3. Ordnungsprinzip, das sich nach dem wellenmechanischen Modell, dem Orbitalmodell (1924 bis 1926) ergeben hat, bestätigte die vorausgehenden Ordnungsprinzipien in eindrucksvoller Weise.

Zunahme des Nichtmetallcharakters ◄

Perioden	Hauptgruppen		Nebengruppen										Hauptgruppen					
	1 Ia s^1	2 IIa s^2	3 IIIb d^1	4 IVb d^2	5 Vb d^3	6 VIb d^4	7 VIIb d^5	8 VIIIb d^6	9 VIIIb d^7	10 VIIIb d^8	11 Ib d^9	12 IIb d^{10}	13 IIIa p^1	14 IVa p^2	15 Va p^3	16 VIa p^4	17 VIIa p^5	18 VIIIa p^6
1 1s	1 H																	2 He
2 2s 2p	3 Li	4 Be											5 B	6 C	7 N	8 O	9 F	10 Ne
3 3s 3p	11 Na	12 Mg											13 Al	14 Si	15 P	16 S	17 Cl	18 Ar
4 4s 3d 4p	19 K	20 Ca	21 Sc	22 Ti	23 V	24 Cr	25 Mn	26 Fe	27 Co	28 Ni	29 Cu	30 Zn	31 Ga	32 Ge	33 As	34 Se	35 Br	36 Kr
5 5s 4d 5p	37 Rb	38 Sr	39 Y	40 Zr	41 Nb	42 Mo	43 Tc	44 Ru	45 Rh	46 Pd	47 Ag	48 Cd	49 In	50 Sn	51 Sb	52 Te	53 I	54 Xe
6 6s4f5d6p	55 Cs	56 Ba	57 La*	72 Hf	73 Ta	74 W	75 Re	76 Os	77 Ir	78 Pt	79 Au	80 Hg	81 Tl	82 Pb	83 Bi	84 Po	85 At	86 Rn
7 7s 5f 6d	87 Fr	88 Ra	89 Ac**	104 Rf	105 Db	106 Sg	107 Bh	108 Hs	109 Mt	110 Uun	111 Rg	112 Uub	(113)	114 Uuq	(115)	(116)	(117)	(118)

Zunahme des Nichtmetallcharakters →

Zunahme des Metallcharakters →

Zunahme des Metallcharakters →

Lanthanoide * 4f-Elemente	58 Ce	59 Pr	60 Nd	61 Pm	62 SM	63 Eu	64 Cd	65 Tb	66 Dy	67 Ho	68 Er	69 Tm	70 Yb	71 Lu
Actinoide ** 5f-Elemente	90 Th	91 Pa	92 U	93 Np	94 Pu	95 Am	96 Cm	97 Bk	98 Cf	99 Es	100 Fm	101 Md	102 No	103 Lr

3.15 Periodensystem der Elemente PSE

Tabelle 3.2 Die chemischen Elemente nach steigenden Ordnungszahlen Z aufgelistet

Z	Elemente		Z	Elemente		Z	Elemente	
1	Wasserstoff	H	41	Niob	Nb	81	Thallium	Tl
2	Helium	He	42	Molybdän	Mo	82	Blei	Pb
3	Lithium	Li	43	Technetium	Tc	83	Bismut	Bi
4	Beryllium	Be	44	Ruthenium	Ru	84	Polonium	Po
5	Bor	B	45	Rhodium	Rh	85	Astat	At
6	Kohlenstoff	C	46	Palladium	Pd	86	Radon	Rn
7	Stickstoff	N	47	Silber	Ag	87	Francium	Fr
8	Sauerstoff	O	48	Cadmium	Cd	88	Radium	Ra
9	Fluor	F	49	Indium	In	89	Actinium	Ac
10	Neon	Ne	50	Zinn	Sn	90	Thorium	Th
11	Natrium	Na	51	Antimon	Sb	91	Protactinium	Pa
12	Magnesium	Mg	52	Tellur	Te	92	Uran	U
13	Aluminium	Al	53	Iod	I	93	Neptunium	Np
14	Silicium	Si	54	Xenon	Xe	94	Plutonium	Pu
15	Phosphor	P	55	Cäsium	Cs	95	Americium	Am
16	Schwefel	S	56	Barium	Ba	96	Curium	Cm
17	Chlor	Cl	57	Lanthan	La	97	Berkelium	Bk
18	Argon	Ar	58	Cer	Ce	98	Californium	Cf
19	Kalium	K	59	Praseodym	Pr	99	Einsteinium	Es
20	Calcium	Ca	60	Neodym	Nd	100	Fermium	Fm
21	Scandium	Sc	61	Promethium	Pm	101	Mendelevium	Md
22	Titan	Ti	62	Samarium	Sm	102	Nobelium	No
23	Vanadium	V	63	Europium	Eu	103	Lawrencium	Lr
24	Chrom	Cr	64	Gadolinium	Gd	104	Rutherfordium	Rf
25	Mangan	Mn	65	Terbium	Tb	105	Dubnium	Db
26	Eisen	Fe	66	Dysprosium	Dy	106	Seaborgium	Sg
27	Cobalt	Co	67	Holmium	Ho	107	Bohrium	Bh
28	Nickel	Ni	68	Erbium	Er	108	Hassium	Hs
29	Kupfer	Cu	69	Thulium	Tm	109	Meitnerium	Mt
30	Zink	Zn	70	Ytterbium	Yb	110	Ununnilium	Uun
31	Gallium	Ga	71	Lutetium	Lu	111	Roentgenium	Rg
32	Germanium	Ge	72	Hafnium	Hf	112	Ununbium	Uub
33	Arsen	As	73	Tantal	Ta	(113)	–	
34	Selen	Se	74	Wolfram	W	114	Ununquadrium	Uuq
35	Brom	Br	75	Rhenium	Re	(115)	–	
36	Krypton	Kr	76	Osmium	Os	(116)	–	
37	Rubidium	Rb	77	Iridium	Ir	(117)	–	
38	Strontium	Sr	78	Platin	Pt	(118)	–	
39	Yttrium	Y	79	Gold	Au			
40	Zirconium	Zr	80	Quecksilber	Hg			

Das Langperiodensystem wird mit der Gruppenbezeichnung 1 bis 18 angegeben, das Kurzperiodensystem mit der Gruppenbezeichnung Ia bis VIIIa für die Hauptgruppen und Ib bis VIIIb für die Nebengruppen.

Das Element Technetium Tc (Z = 43) ist instabil, es gibt verschiedene radioaktive Isotope. Sie werden unter den Spaltprodukten des Urans in den Kernreaktoren gefunden. Dasselbe gilt für Promethium Pm (Z = 61) bei den Lanthanoiden.

Die Elemente ab Polonium (Z = 84) enthalten radioaktive Isotope.

Die schwersten natürlich vorkommenden Elemente sind Thorium Th (Z = 90) und Uran U (Z = 92). Die Elemente ab Neptunium Np (Z = 93) – die Transurane – werden durch künstliche Kernumwandlung erzeugt. Bekannt ist Plutonium Pu (Z = 94), das durch Neutronenbestrahlung im Kernreaktor aus dem Uranisotop U 238 entsteht. Die schwersten der künstlich erzeugten Elemente haben keine praktische Bedeutung, da sie nur Bruchteile von Sekunden existieren. Man kann sie nur in kleinsten Mengen von einigen Atomen herstellen.

Für die noch nicht entdeckten Elemente sind die Ordnungszahlen in Klammern gesetzt.

Perioden

Elemente, die im PSE waagrecht von links nach rechts nebeneinander stehen, bilden eine Periode. Dabei nimmt die Ordnungszahl (Kernladungszahl, Protonenzahl) in dieser Richtung zu. Die Perioden werden von oben nach unten mit 1 bis 7 durchnummeriert. Die tiefere Bedeutung der Periodennummer ist, dass sie die Nummer der Außenschale angibt, in welcher sich die Valenzelektronen befinden.

In der ersten Periode stehen Wasserstoff und Helium. Damit ist die erste Periode, d.h. die erste Schale mit zwei Elektronen im 1s-Orbital abgeschlossen. In der zweiten und dritten Periode stehen je acht Elemente. Man nennt diese Perioden daher auch ‚erste und zweite Achterperiode‘. In der vierten und fünften Periode stehen je 18 Elemente, in der sechsten und siebten Periode je 18 + 14 Elemente (14 Lanthanoide bzw. 14 Actinoide).

Gruppen

Elemente, die im PSE senkrecht untereinander stehen bilden eine Gruppe. Sie haben eine analoge Elektronenkonfiguration auf der Außenschale, der Valenzschale, sie unterscheiden sich aber in der Periodennummer, also der Außenschale, in der sich diese Valenzelektronen befinden. Die Kommission der IUPAC (s. → Glossar) für die Nomenklatur der Anorganischen Verbindungen empfahl 1986 die Elementgruppen im Langperiodensystem von 1 bis 18 durchzunummerieren, wie in Abb. 3.15 angegeben.

Die vorherige Einteilung in Hauptgruppen Ia bis VIIIa und in Nebengruppen Ib bis VIIIb hatte allerdings praktische Vorteile. Bei den Elementen der Hauptgruppen Ia bis VIIIa bedeutete die Gruppennummer zugleich die Anzahl Valenzelektronen, d.h. die Anzahl Elektronen in den s- und p-Orbitalen. Z.B. haben die Elemente der Hauptgruppe IVa vier Valenzelektronen, zwei im s-Orbital und 2 im p-Orbital. Bei den Elementen in den Nebengruppen Ib bis VIIIb wusste man, dass zu den stets vorhandenen zwei Valenzelektronen s^2 (mit wenigen Ausnahmen) die d-Orbitale bzw. die f-Orbitale mit Elektronen aufgefüllt werden. In den beiden folgenden Tabellen werden beide Nummerierungsarten berücksichtigt.

Namen der Hauptgruppen:			Namen der Nebengruppen		
Gruppe			Gruppe		
1	Ia	Alkalimetalle	3	III b	Scandiumgruppe
2	IIa	Erdal kalimetalle	4	IV b	Titangruppe
13	IIIa	Borgruppe	5	V b	Vanadiumgruppe
14	IVa	Kohlenstoffgruppe	6	VI b	Chromgruppe
15	Va	Stickstoffgruppe	7	VII b	Mangangruppe
16	VIa	Chalkogene	8	VIII b	Eisengruppe
17	VIIa	Halogene	9	VIII b	Cobaltgruppe
18	VIIIa	Edelgase	10	VIII b	Nickelgruppe
			11	I b	Kupfergruppe
			12	II b	Zinkgruppe

3.2.2 Periodizität von Eigenschaften

Analog zur periodischen Wiederkehr von Elektronenkonfigurationen auf der Valenzschale nach einer bestimmten Abfolge von Elementen wiederholen sich auch bestimmte Eigenschaften der Elemente. Die Periodizität spiegelt sich beispielsweise im Gang der Atomradien, der Ionisierungsenergien und der Elektronenaffinitäten. Die beiden letztgenannten Eigenschaften charakterisieren in besonderer Weise, wie metallische und nichtmetallische Eigenschaften sowie stabile Elektronenkonfigurationen periodisch wiederkehren. Dies wird im Folgenden dargestellt.

Atomradien

Aus der → Tabelle 3.3 ist abzulesen, wie sich die Atomradien mit der Ordnungszahl – Kernladungszahl bzw. Protonenzahl – verändern.

Tabelle 3.3 Periodizität der Atomradien (in pm $= 10^{-12}$ m). Atome werden näherungsweise als starre Kugeln betrachtet und als Hartkugelmodelle behandelt. In Wirklichkeit gibt es keine exakte Begrenzung durch die Elektronenhülle. Die Atomradien nach Fluck und Heumann sind auf ganze Zahlen gerundet (s. → Glossar).

Perioden	Gruppen											
	1	2	3	4	bis	12	13	14	15	16	17	18
2												
Ordnungszahl	3	4					5	6	7	8	9	10
	Li	Be					B	C	N	O	F	Ne
Atomradien	152	111					80	77	55	60	71	150
3												
Ordnungszahl	11	12					13	14	15	16	17	18
	Na	Mg					Al	Si	P	S	Cl	Ar
Atomradien	186	160					143	118	111	104	99	180
4												
Ordnungszahl	19	20	21	bis		30	31	32	33	34	35	36
	K	Ca	Sc	3 d-		Zn	Ga	Ge	As	Se	Br	Kr
Atomradien	227	197	161	Elemente		134	122	123	125	116	115	190
5												
Ordnungszahl	37	38	39	bis		48	49	50	51	52	53	54
	Rb	Sr	Y	4 d-		Cd	In	Sn	Sb	Te	I	Xe
Atomradien	248	215	178	Elemente		149	163	141	145	143	133	210
6												
Ordnungszahl	55	56	57	bis		80	81	82	83	84	85	86
	Cs	Ba	La*	5 d-		Hg	Tl	Pb	Bi	Po	At	Rn
Atomradien	266	217	187	Elemente		150	170	175	155	167	145	–
			*4f-Elemente									
Ordnungszahl			58	bis		71	(14 Elemente)					
			Ce			Lu						
Atomradien			183			172	Lanthanoidenkontraktion					

Aus der → Tabelle 3.3 ist Folgendes abzulesen:

- In der *Periode von links nach rechts* nehmen die Radien der Elementatome mit der Ordnungszahl ab. Ausnahme machen die Edelgasatome mit vollbesetzter Valenzschale, es ist der *van der Waals*-Radius angegeben. Die wachsende Kernladungszahl bei gleicher Anzahl von Elektronenschalen kontrahiert die Elektronenhülle zunehmend stärker. Die Atomradien verkleinern sich, die Elektronendichte wird größer. In jeder Periode nehmen die Alkalimetalle (Gruppe 1) die größten Radien an.

- In der *Gruppe von oben nach unten* nehmen die Radien der Elementatome mit der Ordnungszahl zu. Es kommt mit jeder Periode eine weitere Elektronenschale hinzu. Die Volumenvergrößerung und damit die Radienvergrößerung werden durch die Kontraktion der ebenfalls wachsenden Kernladungszahl nicht ausgeglichen (s. → oben).

Eine *aperiodische* Eigenschaft ist die so genannte Lanthanoidenkontraktion. Bei den auf das Lanthan folgenden 14 Lanthanoiden (→ Tabelle 3.3) von Cer (Ce 183 pm) bis Lutetium (Lu 172 pm) wird die innere 4f Unterschale aufgefüllt. Dabei erfolgt eine stetige zusätzliche Abnahme der Radien, so dass die auf die Lanthanoide folgenden 5d-Elemente ab Hafnium (Hf 156 pm) bis Quecksilber (Hg 150 pm) annähernd gleiche Radien besitzen, wie die 4d-Elemente von Zirconium (Zr 159 pm) bis Cadmium (Cd 149 pm).

Der Lanthanoidenkontraktion entspricht die Actinoidenkontraktion bei den ab Thorium folgenden Elementen (s. → PSE Abb. 3.15). Die bis jetzt ermittelten Atomradien dieser Elemente nehmen in gleicher Richtung ab. Es wird die 5f Unterschale aufgefüllt.

Ionisierungsenergien

Ist ein Atom im Grundzustand, so befinden sich die Elektronen im energieärmsten Zustand. Wird dem Atom Energie zugeführt, beispielsweise durch thermische Energie oder Lichtenergie (Absorption von Photonen), wechseln die Elektronen auf höhere Energieniveaus. Will man ein Elektron aus dem Atomverband vollständig entfernen, z.B. durch Zusammenstöße mit energiereichen Teilchen (Elektronen im Lichtbogen), so ist eine Mindestenergie notwendig.

Die Mindestenergie, die notwendig ist, um ein Elektron aus dem Atomverband vollständig zu entfernen, nennt man 1. Ionisierungsenergie I_1. Der Verlust eines Elektrons bedeutet, dass eine positive Überschussladung im Atomkern entsteht, d.h. es entsteht ein einfach positiv geladenes Ion X^+:

$$X + I_1 \rightarrow X^+ + e^- \qquad (3.9)$$

Hinweis: In der Thermodynamik erhält eine Energie, die aufgewendet werden muss ein positives Vorzeichen. (s. endotherme Reaktion → Abschn. 5.1.2).

Ein Ion (gr. wanderndes Teilchen) ist ein elektrisch geladenes Teilchen, das aufgrund seiner elektrischen Ladung die Fähigkeit besitzt, in einem elektrischen Feld zu wandern. Positiv geladene Ionen wandern bei der elektrolytischen Abscheidung zur Katode (s. → Abschn. 5.4.2 Elektrolyse).

Die Entfernung eines zweiten Elektrons, eines dritten Elektrons usf. erfordert eine stets höhere Ionisierungsenergie I_2, I_3 usf., da die Elektronen von einem zunehmend positiv geladenen Atomrumpf stärker angezogen werden und mehr Energie zur Abspaltung benötigen.

Die Veränderung der Ionisierungsenergie I_1 mit der Ordnungszahl zeigt → Abb. 3.16 für das erste Elektron der Hauptgruppenelemente (Gruppen 1, 2 und 13 bis 18).

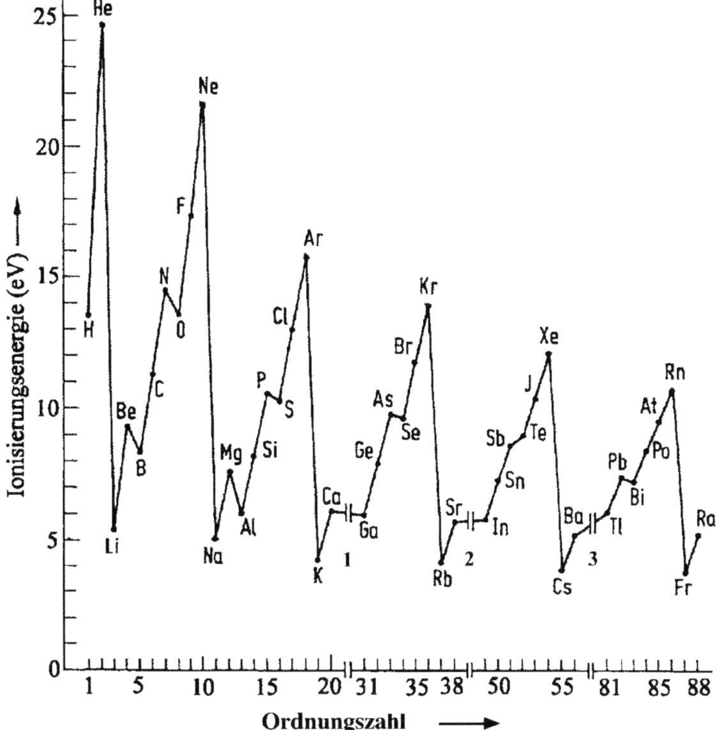

Abb. 3.16 Periodizität der Ionisierungsenergien I_1 in eV für die Hauptgruppenelemente. I_1 bedeutet, dass ein Elektron aus dem Atom entfernt wird. eV Elektronenvolt s. → Glossar und Maßeinheiten. Zeichnung von Dipl. Ing.(BA) Carsten Lanz.
1 Ordnungszahl 21 - 30, **2** Ordnungszahl 39 - 48, **3** Ordnungszahl 57 - 80

Die Ionisierungsenergie gibt an, wie fest ein Elektron gebunden ist.

- In der *Periode von links nach rechts, von He bis Rn* (Periode 1 - 6 s. → Abb. 3.15 PSE), nimmt die Ionisierungsenergie I_1 der Elemente mit der Ordnungszahl zu (Zickzack-Linien von unten nach oben). Die Bindungskraft zwischen zunehmender positiver Kernladung und der negativ geladenen Elektronenhülle der von links nach rechts kleiner werdenden Atome wird stärker, die Abgabe eines Elektrons erschwert.

- In der *Gruppe von oben nach unten z.B. von Li zu Cs* nimmt die Ionisierungsenergie I_1 der Elemente mit der Ordnungszahl ab. Der Abstand der Valenzelektronen zum Kern wird größer, die Valenzelektronen werden von den darunter liegenden aufgefüllten Schalen zusätzlich vom Kern abgeschirmt. Ihre Bindungskraft an den Kern wird dadurch geringer, die Abgabe eines Elektrons wird begünstigt.

- Der Kurvenverlauf der I_1 zeigt Unregelmäßigkeiten: besonders stabile Anordnungen der Elektronenkonfigurationen in den Orbitalen benötigen mehr Ionisierungsenergie als angezeigt wäre, z.B. Be und Mg mit einem aufgefüllten s^2-Orbital $\boxed{\uparrow\downarrow}$, sie haben eine höhere Ionisierungsenergie als B bzw. Al mit der Elektronenkonfiguration auf der Valenzschale von $s^2\,p^1$ $\boxed{\uparrow\downarrow}\,\boxed{\uparrow}\,\boxed{\ }$.

Die Spitze beim Stickstoff macht deutlich, dass die Elektronenkonfiguration der halbbesetzten $2p^3$ Orbitale $\boxed{\uparrow\downarrow}\;\boxed{\uparrow}\boxed{\uparrow}\boxed{\uparrow}$ mehr Ionisierungsenergie benötigt, als die Elektronenkonfiguration auf der Valenzschale von Sauerstoff von $2s^2\,2p^4$ $\boxed{\uparrow\downarrow}\;\boxed{\uparrow\downarrow}\boxed{\uparrow}\boxed{\uparrow}$. Entsprechendes gilt für Phosphor und Schwefel.

- Die höchste Ionisierungsenergie I_1 in jeder Periode benötigen die Edelgase von He bis Rn. Sie ist beispielsweise für He 24,6 eV, für Ar 15,8 eV. Dies weist auf eine stabile Anordnung der Elektronen. Bei Edelgasen zeigt jeweils die Valenzschale die Elektronenkonfiguration s^2p^6. Edelgase geben nur unter extremen Bedingungen Elektronen ab und gehen normalerweise keine Verbindungen ein. Ebenfalls hoch ist Ionisierungsenergie I_1 bei den Halogenen. Sie ist beispielsweise für Fluor 17,4 eV, für Chlor 13,0 eV. Ihre Elektronenkonfiguration s^2p^5 zeigt an, dass die Abgabe eines Elektrons erschwert ist. Dagegen ist das Bestreben die Edelgasschale durch Aufnahme von einem Elektron zu s^2p^6 sehr groß. Auch Wasserstoff hat eine relativ hohe Ionisierungsenergie von 13,6 eV, das bedeutet, dass die Abgabe eines einzigen Elektrons zum Proton H^+ erschwert ist.

- Die niedrigsten Werte für die Ionisierungsenergie I_1 in jeder Periode zeigen die Alkalimetalle von Li bis Fr, wobei Caesium Cs mit 3,9 eV unter den gebräuchlichen Elementen den geringsten Wert aufweist (s. Schraffierung in der → Abb. 3.15). Die Abgabe eines Elektrons führt bei den Alkalimetallen zu einer stabilen Edelgaskonfiguration von acht Elektronen s^2p^6.

Die Graphik zeigt also dass die Abgabe eines Elektrons bei den Elementen mit wenigen Valenzelektronen, die vornehmlich links im Periodensystem stehen, begünstigt ist. Je niedriger die Ionisierungsenergie I^1 ist, d.h. je leichter ein Elektron abgespalten werden kann, umso größer kann z.B. der Beitrag zur elektrischen Leitfähigkeit im größeren Atomverband sein. Die niedrige Ionisierungsenergie ist ein *Charakteristikum für den Metallcharakter* eines Elements. Ein positiv geladenes Metallion nennt man *Kation* (s. → Ionenbindung Abschn. 4.1.1).

Der Metallcharakter der Elemente nimmt in der Gruppe von oben nach unten zu und in den Perioden von links nach rechts ab.

Elektronenaffinitäten

Affinität bedeutet bedingte Anziehung, eine Neigung etwas aufzunehmen.

> Die Elektronenaffinität EA eines Atoms gibt die Energie an, die frei wird, wenn
> ein Elektron an ein Atom angelagert wird. Die Aufnahme eines Elektrons bedeutet,
> dass eine negative Überschussladung in der Atomhülle entsteht, es entsteht ein
> *negativ geladenes Ion Y^-*:
>
> $$Y + e^- \rightarrow Y^- + EA \tag{3.10}$$

Hinweis: Die Elektronenaffinität EA wird hier als positiver Wert + EA angegeben. In der Thermodynamik
erhält eine Energie, die frei wird ein negatives Vorzeichen. (s. exotherme Reaktion → Abschn. 5.1.2).

Negativ geladene Ionen wandern in einem elektrischen Feld zur Anode (s. → Abschn. 5.4.2 Elektrolyse).

Bei der Anlagerung eines zweiten Elektrons, um zur Edelgaskonfiguration zu kommen, wie z.B. für O^{2-}, muss stets Energie aufgewendet werden, denn das zweite Elektron wird gegen die abstoßende Wirkung des ersten Elektrons angelagert.

Die Veränderung der Elektronenaffinität EA mit der Ordnungszahl zeigt → Tabelle 3 4
für die Aufnahme von einem Elektron für die Hauptgruppenelemente (Gruppen 1, 2 und 13 bis 18).

Tabelle 3.4 Periodizität der Elektronenaffinität EA in eV.
Die Angabe von EA-Werten differieren in der Literatur. Die Tabelle soll zumindest den Trend angeben.
Edelgase, einige Erdalkali- sowie Stickstoffatome vermögen keine zusätzlichen Elektronen zu binden,
sie haben keine positive EA.

Perioden	**Gruppen**							
	1	2	13	14	15	16	17	18
1	H 0,75							He n. St.
2	Li 0,62	Be n. st.	B 0,28	C 1,26	N n. st.	O 1,46	F 3,40	Ne n. st.
3	Na 0,55	Mg n. st.	Al 0,43	Si 1,39	P 0,75	S 2,08	Cl 3,61	Ar n. st.
4	K 0,50	Ca 0,02	Ga 0,43	Ge 1,23	As 0,81	Se 2,02	Br 3,36	Kr n. st.
5	Rb 0,49	Sr 0,05	In 0,3	Sn 1,11	Sb 1,05	Te 1,97	I 3,06	Xe n. st.
6	Cs 0,47	Ba 0,14	Tl 0,2	Pb 0,36	Bi 0,95	Po 1,9	At 2,8	Rn n. st.
	n. st.: nicht stabil							

Die Elektronenaffinität gibt an, wie leicht ein Elektron angelagert werden kann.

- In der *Periode von links nach rechts* nimmt die Elektronenaffinität der Elemente tendenzmäßig zu, d.h. es wird kontinuierlich mehr Energie frei, wenn ein Elektron angelagert wird (Ausnahme Gruppe 15). Dies begünstigt zunehmend bis zu den Halogenen (Gruppe 17) die Ausbildung eines negativ geladenen Ions. Die Aufnahme eines Elektrons bedeutet für die Halogene mit sieben Valenzelektronen die Ausbildung einer Edelgaskonfiguration des folgenden Edelgases.

  Fluor F und Chlor Cl zeigen die höchsten Werte. Die Elektronenaffinität nimmt dann von den Halogenen nach links im PSE ab. Metalle zeigen wenig Neigung zur Aufnahme eines Elektrons.

- In der *Gruppe von oben nach unten* nimmt die Elektronenaffinität der Elemente tendenzmäßig ab. Die Bindungskraft der Elektronen wird durch den größeren Abstand zum Kern insgesamt geringer, so dass die Tendenz zur Aufnahme eines weiteren Elektrons abnimmt.

- Edelgase (Gruppe 18) haben eine Elektronenaffinität von ~ 0 eV. Sie nehmen kein Elektron auf. Auch hierin äußert sich, dass die Edelgaskonfiguration eine besonders stabile Anordnung bedeutet.

Aus der → Tabelle 3.4 ist also abzulesen, dass die Aufnahme eines Elektrons bei den Elementen mit vielen Valenzelektronen, die vornehmlich rechts im Periodensystem stehen, begünstigt ist. Die Aufnahme von Elektronen, um die Edelgaskonfiguration zu erreichen, ist ein *Charakteristikum der Nichtmetallatome*. Ein negativ geladenes Nichtmetallion nennt man *Anion* (s. → Ionenbindung Abschn. 4.1.1).

Der Nichtmetallcharakter der Elemente nimmt in der Periode von links nach rechts zu und in der Gruppe von oben nach unten ab.

Zusammenfassende Übersicht
Siehe → Abb. 3.15 PSE

- *Metalle* sind gekennzeichnet durch niedrige Werte von Ionisierungsenergie und Elektronenaffinität. Sie stehen links der eingezeichneten dicken Zickzack-Linie, d.h. links von den Elementen B, Si, Ge, Sb, At, vorzugsweise links unten im Periodensystem. Der metallische Charakter nimmt in der Gruppe von oben nach unten und in der Periode von rechts nach links zu. Metalle haben wenig Valenzelektronen und tendieren dazu diese abzugeben, um eine Edelgaskonfiguration zu erhalten. Cäsium hat die niedrigste Ionisierungsenergie der Gebrauchsmetalle (s. Schraffierung in der → Abb. 3.15).

  Die Hauptgruppenmetalle erreichen bei der Abgabe der Valenzelektronen die Edelgaskonfiguration $s^2 p^6$ auf der nächst unteren Schale. Die Nebengruppenelemente, die so genannten Übergangsmetalle (d-Elemente) geben die s^2-Valenzelektronen ab, die d-Orbitale bleiben mehr oder weniger aufgefüllt erhalten (s. → Tabelle 3.1. Entsprechendes gilt für die inneren Übergangsmetalle (Lanthanoide und Actinoide) für mehr oder weniger aufgefüllte f-Orbitale.

Etwa 4/5 der Elemente im Periodensystem sind Metalle.

- Ab Zn, Cd, Hg (strichpunktierte Linie) beginnt nach rechts der Übergang von den Metallen zu den weniger typischen Metalle, den *Metametalle* Zn, Cd, Hg, Ga, In, Tl, β-Sn, Pb und Bi. Darauf wird im → Abschn. 4.3.4 näher eingegangen.

- Im Bereich zwischen den schräg ausgezogenen dicken Linien gibt es Übergangsbereiche von Metametall zu Nichtmetall. Es sind dies die *Halbmetalle* B, Si, Ge, As, Sb, Se, Te, Po, sie stehen vor den Nichtmetallen. Auf sie wird ebenso im → Abschn. 4.3.4 eingegangen.

- *Nichtmetalle* sind gekennzeichnet durch hohe Werte von Ionisierungsenergie und Elektronenaffinität. Sie stehen rechts der gestrichelten Zickzack-Linie, d.h. rechts von B, Si, Se, Te, Po, vorzugsweise rechts oben im Periodensystem. Der nichtmetallische Charakter nimmt in der Periode von links nach rechts zu und in der Gruppe von oben nach unten ab. Nichtmetalle haben relativ viele Valenzelektronen, die stark gebunden sind. Es besteht die Tendenz durch Aufnahme von Elektronen die nächste Edelgaskonfiguration zu erreichen, sie ist bei Fluor am größten (s. Schraffierung in der → Abb. 3.15). Die meisten Nichtmetalle sind gasförmig oder haben die Tendenz dazu.

- Besonderheiten zeigen die Elemente C, Ga, Sn und P. Für Kohlenstoff gibt es die nichtmetallische Modifikation Diamant und das Halbmetall Graphit. Gallium kann aufgrund seiner Eigenschaften sowohl als Halbmetall als auch als Metametall bezeichnet werden. Für Zinn gibt es das Halbmetall α-Sn (graues Zinn), es wandelt sich oberhalb +13 °C in das metallische β-Sn (weißes Zinn, Metametall) um. Weißer und roter Phosphor sind Nichtmetalle, schwarzer Phosphor hat Halbmetalleigenschaften.

3.2.3 Einzelbesprechungen von Perioden und Gruppen

Der Atomaufbau eines jeden Elementes bestimmt seinen Platz im Periodensystem in einer bestimmten Periode und Gruppe. Während sich innerhalb einer Periode – von links nach rechts – die Eigenschaften der Elemente beträchtlich ändern, nämlich vom Metall zum Nichtmetall bzw. zum Edelgas, haben die Elemente innerhalb einer Gruppe – die untereinander stehen – vergleichbare Eigenschaften. Die folgenden Einzelbesprechungen sollen darüber einen Überblick geben, die Angaben werden auf einige prinzipielle Eigenschaften beschränkt.

Perioden

Wiederholung: Innerhalb einer Periode nimmt die Kernladungszahl (Protonzahl, Ordnungszahl), die für jedes Element charakteristisch ist, nach rechts zu. Mit der Zunahme der Kernladung werden die Elektronen stärker an den Kern gebunden. Die Atomradien verkleinern sich, die Elektronendichte wird größer.

Die *erste* Periode mit Wasserstoff und Helium nimmt eine Sonderstellung ein und wird am Ende des → Abschn. 3.2.3 besprochen.

Ab der zweiten Periode beginnt jede weitere Periode links mit einem Alkalimetall mit nur einem Valenzelektron (s^1); in Richtung nach rechts nehmen die Valenzelektronen zu und damit auch der Nichtmetallcharakter. Den Halogenen mit sieben Valenzelektronen ($s^2\,p^5$) folgen die Edelgase.

Nach jedem Edelgas beginnt eine höhere Periode, eine neue Schale kommt hinzu und damit ändern sich die Eigenschaften sprunghaft vom gasförmigen Edelgas zu einem Metall der Alkaligruppe. Ab der vierten Periode schieben sich die 3d-Elemente, ab der fünften Periode die 4d-Elemente, die Übergangsmetalle, dazwischen, ab der sechsten Periode die 4f- und die 5d-Elemente, die inneren Übergangsmetalle (Lanthanoidenkontraktion) und ab der siebten Periode die 5f- und die 6d-Elemente (Actinoidenkontraktion).

Gruppen

Wiederholung: Elemente, die eine Gruppe bilden, haben die gleiche Elektronenkonfiguration auf der jeweils äußersten Schale, der Valenzschale. Sie unterscheiden sich in der Periodennummer, d.h. in der Nummer der Schale, in der sich diese Valenzelektronen befinden. Mit der Zunahme der Schalen vergrößern sich die Atomradien, die Elektronen werden schwächer an den Kern gebunden, der Metallcharakter nimmt zu.

» *Gruppe 18 (Hauptgruppe VIIIa),* Edelgase He Ne Ar Kr Xe Rn

Historisches
Sir William Ramsay (1852–1916, Chemiker, England) und *Lord Rayleigh (John William Strutt 1842–1919, Physiker, England)* entdeckten Argon 1894 als Bestandteil der Luft. 1904 erhielten sie den Nobelpreis. *Ramsay* entdeckte auch die Edelgase Neon, Krypton und Xenon.

Die Elektronenkonfiguration der Edelgase ist auf der äußersten Schale $s^2\,p^6$, Helium macht eine Ausnahme mit einer voll besetzten Außenschale mit nur zwei Elektronen $1s^2$.

Es ist sinnvoll die Besprechung der Gruppen mit dieser Elementgruppe zu beginnen, denn mit acht Außenelektronen ist die Außenschale voll besetzt (bzw. mit 2 Elektronen bei Helium). Dies ist eine besonders stabile Elektronenkonfiguration, was durch die hohe Ionisierungsenergie und geringe Elektronenaffinität angezeigt wird.

Im Bestreben, stets eine stabile Edelgaskonfiguration mit acht Elektronen auf der Außenschale auszubilden, liegt für die Elemente die Art der chemischen Bindung und ihre Reaktionsbereitschaft begründet.

Historisches
Walter Kossel (1888–1956, Deutschland): Theorie über die Entstehung polarer Verbindungen durch Aufnahme bzw. Abgabe von Elektronen bis zur stabilen Edelgas-Anordnung.

Edelgase sind reaktionsträge, farb- und geruchlose Gase. Sie kommen unter normalen Bedingungen nur atomar vor und gehen mit sich und anderen Elementen keine Verbindungen ein, denn es besteht keine Tendenz, Elektronen abzugeben und es können keine weiteren Elektronen in die Valenzschale aufgenommen werden.

Helium wird hauptsächlich in den USA als Begleitsubstanz aus Erdgas gewonnen.

Es ist relativ teuer, es wird in Deutschland aus den USA eingeführt und kommt als verdichtetes Gas in Stahlflaschen in den Handel. Seine hervorstechende Eigenschaft ist, dass es auch mit Sauerstoff nicht reagiert, d.h. es brennt nicht. Verwendung findet es daher als Füllgas für Ballone, als Kühlflüssigkeit in der Tieftemperaturtechnik, seltener als Schutzgas bei Schweißverfahren (s. → Abschn. 3.3.2). Siedepunkt 4,1 K (−268,9 °C).

Neon wird in Leuchtstoffröhren durch elektrische Anregung zum Leuchten gebracht. Es strahlt ein charakteristisches rotes Licht aus.

Argon ist zu etwa einem Volumenanteil von 0,9 % im Luftgemisch vorhanden. Man gewinnt es neben Sauerstoff und Stickstoff bei der Luftverflüssigung nach dem Linde-Verfahren und anschließender fraktionierter Destillation. Es ist das meist verwendete Schutzgas z.B. beim Metall-Inertgasschweißen (MIG). Es schützt das Elektrodenende und die Schweißnaht vor der Einwirkung von Luftsauerstoff und Luftstickstoff. Es verhindert dadurch die Bildung von spröden Metalloxiden sowie Metallnitriden und den damit verbundenen Metallverlust. In elektrischen Entladungen von Leuchtröhren leuchtet es blau.

» *Gruppe 1 (Hauptgruppe Ia),* **Alkalimetalle Li Na K Rb Cs Fr**

Valenzelektronenkonfiguration s^1.

Die Alkalimetalle stehen als erste Gruppe links im Periodensystem. Es sind die Elemente mit der niedrigsten Ionisierungsenergie, was ihren metallischen Charakter begründet. Es besteht eine große Tendenz, das s^1 Valenzelektron abzugeben unter Ausbildung einer stabilen Edelgaskonfiguration. Dies äußert sich nicht nur im Atomverband durch die Abgabe des Valenzelektrons zum so genannten Elektronengas (s. → Abschn. 4.3.1), sondern auch in der Reaktionsfähigkeit mit anderen Elementen. Der Metallcharakter ist beim Cäsium am höchsten ausgeprägt, von ihm aus findet eine kontinuierliche Abnahme des Metallcharakters statt, sowohl in der Gruppe nach oben als auch in der Periode nach rechts s.→ Abb. 3.15.

Bei Abgabe des Valenzelektrons entsteht ein positiv geladenes *Kation*, es fehlt nun ein Elektron, um die positive Ladung im Kern auszugleichen.

Beispiel: $Na \rightarrow Na^+ + 1\ e^-$ $\hspace{4cm}$ (3.11)

Alkalimetalle sind weiche, silberweiße bis goldgelbe, niedrigschmelzende Metalle mit geringer Massendichte. Natrium hat eine Massendichte von 0,971 g/cm^3 und einen Schmelzpunkt von 98 °C. Die Massendichten nehmen zum Cäsium hin zu, die Schmelzpunkte ab. Alkalimetalle kommen wegen ihrer großen Reaktionsbereitschaft nicht elementar in der Natur vor, sie müssen aus ihren Verbindungen hergestellt werden.

Natrium kann nur unter Luftausschluss oder in Petroleum aufbewahrt werden. Es reagiert schon mit feuchter Luft. Ein frisch durchschnittenes Natriumstück ‚läuft schnell an' und wird mit einer Hydroxidschicht bedeckt.

Die Reaktionen mit Wasser und Chlor verlaufen sehr heftig unter starker Wärmeentwicklung:

$$2\,Na + 2\,H_2O \;\rightarrow\; 2\,NaOH + H_2 \tag{3.12}$$
$$\text{Natriumhydroxid} + \text{Wasserstoff}$$

$$2\,Na + Cl_2 \;\rightarrow\; 2\,NaCl \tag{3.13}$$
$$\text{Natriumchlorid}$$

Alkalimetalle und auch ihre Verbindungen zeigen eine charakteristische Flammen-färbung. Um Elektronen in einen angeregten Zustand überzuführen, genügt die thermische Energie einer Bunsenbrennerflamme. Darauf wird im → Abschn. 3.3.1 näher eingegangen.

» *Gruppe 17 (Hauptgruppe VIIa)*, Halogene F Cl Br I At

Valenzelektronenkonfiguration $s^2\,p^5$.

Die Halogene stehen rechts im Periodensystem als letzte Gruppe vor den Edelgasen. Es sind die Elemente mit dem höchsten Zahlenwert für die Elektronenaffinität. Dies äußert sich in ihrem Nichtmetallcharakter. Es besteht eine große Tendenz, ein Va-lenzelektron aufzunehmen unter Ausbildung einer Edelgaskonfiguration. Fluor, das rechts oben im PSE steht ist das reaktionsfähigste Nichtmetall. Von ihm aus findet eine kontinuierliche Abnahme des Nichtmetallcharakters, sowohl in der Periode nach links als auch in der Gruppe nach unten statt (s.→ Abb. 3.15).

Halogene sind der ‚extreme‘ Gegensatz zu den Alkalimetallen. Während die Alka-limetalle die Tendenz haben, ihr s^1 Valenzelektron abzugeben, um eine Edelgaskon-figuration zu erreichen, besteht bei den Halogenen die Tendenz, ihre Valenzelektro-nenkonfiguration $s^2\,p^5$ durch Aufnahme eines Elektrons zur Edelgaskonfiguration s^2 p^6 aufzufüllen. Bei Aufnahme eines Elektrons entsteht eine negative Überschussla-dung zum positiv geladenen Atomkern, es entsteht ein negativ geladenes Anion.

$$\text{Beispiel: } Cl + e^- \;\rightarrow\; Cl^- \tag{3.14}$$

Halogene und Alkalimetalle können in idealer Weise eine Bindung durch eine Elek-tronenübertragung eingehen (s. → Abschn. 4.1.1 Ionenbindung): Das Natriumatom gibt sein Elektron ab, das Chloratom nimmt das Elektron auf. Beide Ionen – Kation und Anion – haben nun eine Edelgaskonfiguration erreicht und liegen als stabile Teilchen in der weißen Substanz NaCl (Kochsalz) vor. Diese Reaktion verläuft, wie oben schon angegeben, sehr heftig unter Abgabe von Energie (E).

$$\begin{aligned} Na &\rightarrow Na^+ + 1\,e^- \\ Cl + e^- &\rightarrow Cl^- \\ \hline Na^+ + Cl^- &\rightarrow NaCl + E \end{aligned} \tag{3.15}$$

Fluor ist ein blassgelbes Gas.
Chlor ist ein gelbgrünes, stechend riechendes Gas.
Brom ist eine dunkelrotbraune Flüssigkeit und
Iod bildet grauschwarze Kristalle. Es ist leicht flüchtig und geht beim Erhitzen vom festen Zustand direkt in einen violetten Dampf über: es sublimiert.

Astat At ist ein sehr unbeständiges Element. An Spurenmengen kann man feststellen, dass es dem Iod sehr ähnelt. Am Metallglanz der Kristalle äußert sich der schon gegenüber Iod verstärkte metallische Charakter.

Halogene sind für den Menschen giftig. Sie kommen wegen ihrer großen Reaktionsbereitschaft nicht elementar in der Natur vor, sie müssen aus ihren Verbindungen hergestellt werden. Die Reaktionsfähigkeit nimmt vom Fluor zum Iod ab.

Chlor ist ein Chemiegrundstoff und findet in der Technik vielfältige Verwendungsmöglichkeiten: Es dient als Oxidationsmittel, als Bleich- und Desinfektionsmittel und wird in großen Mengen zur Herstellung von anorganischen und organischen Chlorverbindungen verwendet. Halogenverbindungen, insbesondere organische Halogenverbindungen sind in den vergangenen Jahren in der Öffentlichkeit ins Gerede gekommen, z.B. die FCKW Fluorchlorkohlenwasserstoffe als Ozon-Killer in der Stratosphäre sowie die verschiedenen krebserzeugenden, polychlorierten aromatischen Kohlenwasserstoffe (s. → Buch 2, Abschn. 1.3.1). Der Polymerwerkstoff PVC (s. Polyvinylchlorid → Buch 2, Abschn. 5.3.1) enthält Chlor und bildet bei der Verbrennung die toxischen Dioxine.

» *Gruppe 2 (Hauptgruppe IIa),* Erdalkalimetalle Be Mg Ca Sr Ba Ra

Valenzelektronenkonfiguration s^2.

Beryllium und *Magnesium* sind wichtige Leichtmetalle für die Technik.

In geringem Umfang verwendet man *Calcium* als Legierungskomponente. Von der Radioaktivität des *Radiums* macht man in der Medizin Gebrauch. *Strontium* und *Barium* finden hauptsächlich in Form ihrer Verbindungen Verwendung.

Auch Erdalkalimetalle zeigen eine charakteristische Flammenfärbung. Beryllium und Barium emittieren grünes Licht, Calcium und Strontium rotes Licht (s. → Abschn. 3.3.1.

» *Gruppe 13 (Hauptgruppe IIIa),* Erdmetalle oder Borgruppe B Al Ga In Tl

Valenzelektronenkonfiguration $s^2\,p^1$.

Bor ist ein Halbmetall. *Aluminium*, das in der Gruppe unter Bor steht, zählt zu den Metallen. Aufgrund seiner Eigenschaften stellt das elementare Aluminium ein wichtiges Nichteisenmetall dar (s. Nichteisenmetalle → Abschn. 4.3.7).

Gallium wird als Halbmetall/Metametall bezeichnet, *Indium, Thallium* als Metametalle (s. → Abschn. 4.3.4).

» *Gruppe 14 (Hauptgruppe IVa),* Kohlenstoffgruppe C Si Ge Sn Pb

Valenzelektronenkonfiguration $s^2\,p^2$.

Diese Elementgruppe steht in der Mitte der Hauptgruppen. Mit vier Valenzelektronen ist die Valenzschale gerade halb besetzt. In dieser Gruppe ist von oben nach unten der kontinuierliche Übergang vom Nichtmetall Diamant zu den Halbmetallen Graphit, Silicium, Germanium und α-Zinn und den Metametallen β-Zinn und Blei besonders ausgeprägt (s. → Abschn. 4.3.4).

Kohlenstoff kommt in den Modifikationen Diamant (Nichtmetall und Isolator) (s. → Abschn. 4.2.2), Graphit (Halbmetall, elektrisch leitend) und Fullerene C60, C70 u. a. (s. → Abschn. 4.2.4) vor. Kohlenstoff ist das Grundelement der organischen Chemie und der Polymerwerkstoffe.

Silicium und *Germanium* (Halbmetalle) finden als Halbleiter Verwendung. Silicium ist in Form von Silicaten und Quarz nach Sauerstoff (Massenanteil von 48,9 %) das zweithäufigste Element (Massenanteil von 27,2 %) in der Erdkruste. Es wird als Legierungskomponente in Aluminium- und Magnesiumlegierungen verwendet.

Zinn kommt in einer nichtmetallischen α- (Halbmetall) und einer metallischen β-Modifikation (Metametall) vor. Nichtmetallisches graues α-Zinn ist nur unterhalb 13 °C beständig. Der größere Radius und die Abschirmung der Valenzelektronen durch untere Elektronenschalen verstärken jedoch die Tendenz zur Abgabe der Valenzelektronen, d.h. zum metallischen Charakter. Metallisches weißes β-Zinn kann als Legierungselement, z.B. in der Bronze – eine Cu−Sn-Legierung – verwendet werden.

Blei mit typischer Metallstruktur (kubisch dichtester Kugelpackung) ist ein Schwermetall (s. Nichteisenmetalle → Abschn. 4.3.7). Bekannt ist der Blei-Akkumulator → Abschn. 5.4.3

» *Gruppe 15 (Hauptgruppe Va),* Stickstoffgruppe N P As Sb Bi

Valenzelektronenkonfiguration $s^2\,p^3$.

Stickstoff und *Phosphor* haben bereits ausgeprägten Nichtmetallcharakter, *Arsen* und *Antimon* sind Halbmetalle, *Bismut* ist ein Metametall.

Stickstoff ist mit einem Volumenanteil von 78 % Hauptbestandteil der Luft. Er ist ein farb-, geschmack- und geruchloses, nicht brennbares Gas, das elementar als zweiatomiges Molekül N_2 vorkommt. Durch starke Abkühlung lässt er sich zu einer farblosen Flüssigkeit kondensieren. Der Siedepunkt liegt bei −195,8 °C. Reiner Stickstoff kann nach Luftverflüssigung und anschließender fraktionierter Destillation gewonnen werden. Stickstoff kommt als verdichtetes Gas in Stahlflaschen in den Handel. Er findet u.a. als Tiefkühlmittel Verwendung, außerdem eignet er sich zum Transport von Erdöl in Pipelines (unter Druck).

Phosphor kommt in mehreren Modifikationen vor. Weißer Phosphor (P_4-Moleküle) ist giftig, sehr reaktionsfähig und bei Raumtemperatur leicht entzündlich, er reagiert mit Sauerstoff zu Phosphorpentoxid P_2O_5. Der rote Phosphor P_n entsteht aus weißem Phosphor durch Erhitzen unter Luftabschluss, er ist ungiftig, luftstabil und wird in den Reibflächen für Zündhölzer verwendet. Schwarzer Phosphor entsteht aus weißem Phosphor beim Erhitzen unter Druck. Er ist stabil, kristallisiert in einem Schichtgitter und hat Halbleitereigenschaften.

» *Gruppe 16 (Hauptgruppe VIa),* Chalkogene O S Se Te Po

Valenzelektronenkonfiguration $s^2\,p^4$

Sauerstoff und Schwefel sind Nichtmetalle, Selen und Tellur Halbmetalle, Polonium ähnelt dem Tellur und Bismut. Man kennt von Polonium 27 Isotope.

Sauerstoff, das häufigste Element der Erdkruste, kommt vor allem als Bestandteil der oxidischen Erze sowie in Silicaten, Carbonaten und im Wassermolekül vor. Mit einem Volumenanteil von 21 % ist er Bestandteil der Luft und dient als billiges Oxidationsmittel in der Technik. Sauerstoff ist ein farb- und geruchloses Gas, das elementar als zweiatomiges Molekül O_2 vorkommt. Durch starke Abkühlung lässt er sich zu einer hellblauen Flüssigkeit verdichten, welche bei $-183\,°C$ siedet und bei $-219\,°C$ zu hellblauen Kristallen erstarrt. Reiner Sauerstoff kann durch Luftverflüssigung und anschließender fraktionierten Destillation gewonnen werden. Eine andere Darstellungsmöglichkeit ist die Elektrolyse von Wasser. Er kommt als verdichtetes Gas in Stahlflaschen in den Handel.

Sauerstoff verbindet sich mit den meisten Elementen zu Oxiden, ausgenommen ist die Reaktion mit Edelgasen. Von besonderer Bedeutung sind die *Verbrennungsvorgänge,* die Oxidationsreaktionen von Wasserstoff, Kohle, Kohlenwasserstoffen bzw. Kohlenwasserstoffgemischen (Motorentreibstoffe, Heizöl), Erdgas, Stickstoff und Schwefel (s. → Abschn. 5.2.).

Reiner Sauerstoff wird beispielsweise beim Gasschmelzschweißen verwendet.

Ozon O_3 ist die dreiatomige, sehr reaktive und giftige Form des Sauerstoffs. Ozon bildet sich bei hohen Temperaturen, beispielsweise im Lichtbogen, sowie bei katalytischer Reaktion in der Atmosphäre (s. → Anhang Umweltprobleme).

Schwefel ist Bestandteil der sulfidischen Erze. Rein liegt er als gelber Feststoff in S_8-Molekülen vor. Unter anderem wird er als Vulkanisationsmittel für die Heißvulkanisation von Kautschuk in der Reifenproduktion verwendet (s. → Buch 2, Abschn. 5.5).

» *Gruppen 3 bis 12,* Nebengruppenelemente

Übergangsmetalle und innere Übergangsmetalle. (Nebengruppen III b bis VIII b und I b bis II b)

Übergangsmetalle und auch die *inneren Übergangsmetalle* haben stets 2 Valenzelektronen ($4s^2$ bzw. $5s^2$, $6s^2$ und $7s^2$). Es werden die d-Orbitale in der jeweils zweitäußersten Schale bzw. die f-Orbitale in der jeweils drittäußersten Schale aufgefüllt. Nach Abgabe der beiden Valenzelektronen unter Ausbildung eines Kations können die d- bzw. f-Orbitale mehr oder weniger aufgefüllt sein s. → Tabelle 3.1.

Zu den Nebengruppenelementen zählen die typischen *Gebrauchsmetalle,* sie werden im → Abschn. 4.3 unter Eisen und Nichteisenmetalle beschrieben. Die Metametalle Zn, Cd, Hg (Gruppe 12 (IIb)) stehen am Übergang von den Metallen zu den Halbmetallen und Nichtmetallen

Sonderstellung des Wasserstoffs

Valenzelektronenkonfiguration $1s^1$

Wasserstoff nimmt insofern eine Sonderstellung ein, als er im PSE über den Alkalimetallen angeordnet ist, doch keinesfalls metallische Eigenschaften anzeigt. Die Abgabe seines $1s^1$-Elektrons zu einem isolierten Proton p^+ ist mit einer chemischen Reaktion nicht möglich. Ein Proton p^+ besitzt keine stofflichen Eigenschaften mehr, es kommt z.B. in wässriger Lösung als H_3O^+-Ion vor (s. → Abschn.5.3.4).

Geeigneter ist daher der Vergleich mit den Nichtmetallen, den Halogenen. Sowohl dem Wasserstoffatom als auch den Halogenatomen fehlt ein Elektron, um zur vollbesetzten Schale eines Edelgases zu kommen. Wasserstoff erreicht dabei allerdings die nur mit zwei Elektronen vollbesetzte Schale des Heliums, während die Halogene die Elektronenkonfiguration des folgenden Edelgases ausbilden. Ein wesentlicher Unterschied zu den Halogenen besteht in der geringeren Reaktionsfähigkeit des Wasserstoffs.

Wasserstoff ist ein farb- und geruchloses, wasserunlösliches und ungiftiges Gas, das elementar als zweiatomiges Molekül H_2 vorkommt. Der Siedepunkt liegt bei $-252,9\,°C$. Wasserstoff hat die kleinste (rel.) Atommasse von 1,008 und ist von allen Gasen das spezifisch leichteste Gas mit der Massendichte von 0,0899 g/l. Er ist unter vergleichbaren Bedingungen etwa 14,4-mal leichter als Luft. Dementsprechend zeigt Wasserstoff in Luft eine Auftriebskraft und würde sich zum Füllen von Luftballons und Luftschiffen eignen (Vorsicht Knallgas!).

Nachteilig sind seine leichte Brennbarkeit und sein hohes Diffusionsvermögen. Wasserstoff hat von allen Gasen die größte Diffusionsgeschwindigkeit.

Die Herstellungsverfahren sowie die technisch wichtige *Knallgasreaktion* – die Reaktion von Wasserstoff und Sauerstoff – werden im → Abschn. 5.2.2 angegeben. Bei der Verbrennung von Wasserstoff entsteht nur Wasser. Dies bringt Umweltvorteile bei der Verwendung in der Brennstoffzelle.

Der Energieträger Wasserstoff lässt sich nicht wie Kohle, Erdöl und Erdgas fördern, er muss aus anderen chemischen Verbindungen unter Aufwand von Energie hergestellt werden. Man nennt Wasserstoff daher einen Sekundärenergieträger s. → Abschn. 5.2.2.

Herstellung von atomarem Wasserstoff H s. → Abschn. 3.3.2 Langmuir-Fackel.

Die Massendichte für flüssigen Wasserstoff beim Siedepunkt beträgt 0,07099 g/cm^3. 1 kg flüssiger Wasserstoff enthält ebensoviel Energie wie 2,1 kg Erdgas oder 2,8 kg Benzin. Die volumenbezogene Energiedichte von flüssigem Wasserstoff beträgt dagegen nur etwa 1/3 derjenigen von Erdgas und etwa 1/4 derjenigen von Benzin.

Die chemische Industrie benötigt Wasserstoff beispielsweise als Reduktionsmittel zur Darstellung bestimmter Metalle (W, Mo, Ge, Co), für die Ammoniaksynthese zur Herstellung von Düngemitteln sowie für Hydrierungen (Fetthärtung) u.a.

3.3 Verfahren, die aus dem Atomaufbau eine Erklärung und praktische Anwendung finden

Die Anwendung des Lichtbogens

Historisches

Schon vor der Jahrhundertwende 1900 – also noch vor der Deutung des Atomaufbaus durch das wellenmechanische Atommodell – war der Lichtbogen in der Spektroskopie bekannt. Zunächst interessierte man sich nur dafür, welche Aufschlüsse ein Linienspektrum über Elementatome geben könnte. Während das Linienspektrum eines Wasserstoffatoms mit nur einem Elektron (und auch von einfach ionisiertem Helium als Einelektronensystem) erwartungsgemäß am einfachsten zu interpretieren war und durch das *Atommodell von Bohr* (s. → Abschn. 3.1.3) seine Deutung fand, konnten die komplizierteren Spektren der Mehrelektronenatome, beispielsweise der Metalle, zunächst nicht verstanden werden.

Mit dem wellenmechanischen Atommodell (1924−1926) fanden Vorgänge bei der Anwendung eines Lichtbogens und im Lichtbogen selbst eine Deutung. Der Dualismus des Elektrons, seine Materie- und Welleneigenschaften machte sie verständlich (s. Historisches zu PSE → 3.2.1).

Beschreibung des Lichtbogens: Der Lichtbogen ist eine Leuchterscheinung, die beim Durchgang des elektrischen Stroms durch ein Gas oder einen Dampf entsteht. Das Gas befindet sich im Allgemeinen verdünnt in einer Glasröhre – Beispiel Leuchtstoffröhre. Der Strom wird durch zwei metallische Elektroden (Katode, Anode), zwischen denen eine elektrische Spannung liegt, zu- und abgeführt. Innerhalb des Gasvolumens wird der elektrische Strom ausgehend von der Katode durch freie Elektronen transportiert, die bei energiereichen Zusammenstößen mit den Gasteilchen diese anregen und zum Leuchten bringen, d.h. es wird Licht bestimmter Wellenlängen ausgestrahlt. Bei diesen Zusammenstößen werden auch durch Ionisation neue Elektronen erzeugt, welche die an den Elektroden und an den Gefäßwänden verloren gegangenen Elektronen ersetzen (selbständige Gasentladung). Bei hohen Stromdichten kommen die Elektroden zum Glühen, ein Effekt, der beim Lichtbogenschweißen (s. → Abschn. 3.3.2), wenn der Lichtbogen in freier Atmosphäre brennt, Verwendung findet.

In den folgenden Kapiteln werden als Anwendungen des Lichtbogens die Metallspektroskopie und das Lichtbogenschweißen angegeben. Dabei wird die kinetische Energie der energiereichen Elektronen dazu benützt, in Elementatomen des bekannten zugesetzten Gases oder Dampfes Elektronen anzuregen bzw. aus kernnahen Schalen herauszuschlagen oder auf einer Metalloberfläche in thermische Energie umgewandelt zu werden. Bei diesen Vorgängen wird die Materieeigenschaft des Elektrons (kinetische Energie) ausgenützt. Die Wellenlängen des ausgestrahlten Lichts, d.h. wenn bei angeregten Elementatomen Elektronenübergänge von einem höheren Energieniveau auf ein niedriges Energieniveau stattfinden, verdeutlichen seine Wellennatur.

3.3.1 Metallspektroskopie

Nach *Planck-Einstein* → Gl. (3.3) kann aus der Wellenlänge einer Spektrallinie die Energie des ausgestrahlten Lichtquants angegeben werden. Es ist die Energie, die frei wird, wenn ein Elektronenübergang von einem höheren Energieniveau auf ein niedriges Energieniveau stattfindet. Diese Energieniveaus und damit die Linienspektren sind elementspezifisch, denn jede Atomsorte hat eine bestimmte Kernladungs-(Protonen-)zahl. Mit der Änderung der Kernladungszahl ist eine Änderung der Anziehungskraft der Elektronen in der Elektronenhülle verbunden. Mit jedem Proton, das die Kernladungszahl verändert, ändern sich somit die Energiedifferenzen. Eine hohe Kernladungszahl zieht die Elektronen, insbesondere die kernnahen Elektronen stärker an, als eine niedrige Kernladungszahl. Linienspektren geben also Auskunft über den Aufbau der Atomhüllen und damit über die Art des Elements.

Die Spektroskopie befasst sich nun damit, ein Linienspektrum von Elementatomen in definierter Weise herzustellen und zu untersuchen. Sie kann als Analyseverfahren, als so genannte Spektralanalyse eingesetzt werden zum Nachweis und zur Konzentrationsbestimmung von chemischen Elementen.

Anmerkung: Für die Astrophysik ist die Spektralanalyse ein unentbehrliches Werkzeug geworden.

Optische Metallspektroskopie

Zum Nachweis und zur Konzentrationsbestimmung von Metallen wird die optische Metallspektroskopie in der so genannten *optischen Spektralanalyse* angewendet.

Meist werden Emissionsspektren gemessen. Die Substanz muss im gasförmigen Zustand vorliegen. Im Spektralapparat wird die Strahlung von äußeren Elektronen beobachtet, die beim Übergang von einem höheren Energieniveau auf ein niedriges Energieniveau emittiert wird, dabei werden Lichtquanten im sichtbaren bis ultravioletten Bereich mit Wellenlängen von 350 bis 830 nm ausgesandt. Für äußere Elektronen ist die Anziehung durch den größeren Abstand vom Atomkern abgeschwächt, wodurch sich die Energiedifferenzen verringern, im Gegensatz dazu hat man für innere Elektronen große Energiedifferenzen zu erwarten s. → Röntgenspektroskopie. Jedes angeregte Elektron liefert einen Beitrag zu einer Spektrallinie. So erhält man charakteristische Linienspektren mit vielen Linien von unterschiedlichen Wellenlängen und Intensitäten.

In → Abb. 3.17 wird das Schema eines Prismenspektralapparates für den Bereich des sichtbaren Lichtes, d.h. für die optische Metallspektroskopie gezeigt.

Die Wellenlängen der Spektrallinien lassen sich nach Eichung gegen eine bekannte Wellenlänge bestimmen. Die Strichstärke ist der Intensität einer Spektrallinie proportional. Aus diesen Intensitäten werden im Vergleichsprobenverfahren Konzentrationen bestimmt.

Das Linienspektrum des Eisenlichtbogens hat sich als Vergleichsspektrum für das gesamte sichtbare und ultraviolette Spektralgebiet bis herunter zu 180 nm bewährt. Man kann beispielsweise den Ausschnitt zwischen 530 bis 535 nm daraus zum Vergleich heranziehen.

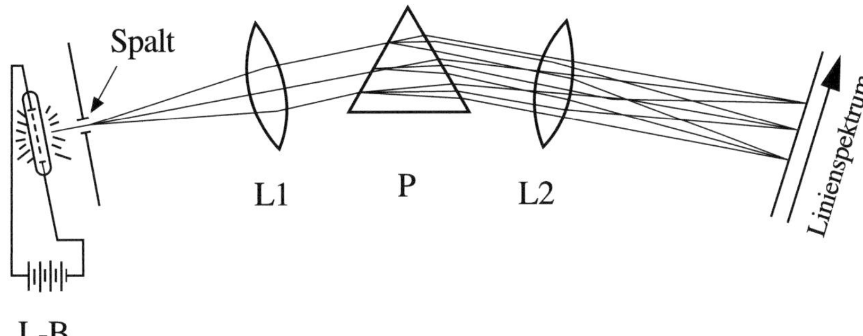

Abb. 3.17 Schema eines Spektralapparates
L-B   Stromquelle zur Erzeugung des Lichtbogens
         Spalt: in der Brennebene der Sammellinse L1, senkrecht zur Bildebene
L1   Linse zur Parallelisierung des Strahlenbündels
P   Prisma aus Glas, der Brechungsindex eines Stoffes hängt von der Wellenlänge des
         Lichts ab. Langwelliges Licht wird schwächer gebrochen als kurzwelliges Licht.
         Dies bezeichnet man als Dispersion des Lichts.
L2   Sammellinse zur Fokussierung auf dem Bildschirm
Pfeil: Abbildung des Spaltes auf dem Bildschirm oder einer Fotoplatte. Die Spektrallinien erscheinen
         dort als Bilder des Spaltes, ihre Wellenlänge nimmt in Pfeilrichtung zu.
Quelle: E. Macherauch s. → Literaturverzeichnis.

Absorptionsspektrum: Zur Beobachtung dient ein kontinuierliches Spektrum, bei dem man in den Strahlengang den zu untersuchenden Stoff bringt. Es entstehen im kontinuierlichen Spektrum dunkle Linien, denn die für die Anregung notwendige Lichtenergie wurde aus dem kontinuierlichen Spektrum absorbiert. Bekannt sind die *Fraunhofer*-Linien *(Joseph von Fraunhofer 1787 − 1826, Physiker und Glastechniker)* im kontinuierlichen Sonnenspektrum.

Die optische Metallspektroskopie ermöglicht es, in relativ kurzer Zeit und mit einer kleinen Materialprobe Art und Konzentration der Komponenten eines metallischen Werkstoffes zu bestimmen. Quantitative chemische Analysen sind dagegen sehr viel zeitaufwendiger, wenn auch genauer.

Die Zusammensetzung eines metallischen Werkstoffs (Metalle, Legierungen, Stähle) ist von grundsätzlicher Bedeutung für die Kenntnis der Eigenschaften, die eine Voraussetzung sind für die spätere Verwendung.

Qualitativer Nachweis von Metallen und deren Verbindungen

Für einen qualitativen Nachweis von bestimmten Metallen und deren Verbindungen kann auch die Flammenfärbung einer Bunsenbrennerflamme genügen. Die Temperatur der Flamme reicht für die Anregung der Elektronen in äußeren Schalen der Elektronenhülle aus. Die dadurch ermöglichte Strahlungsemission im sichtbaren Spektralbereich durch Rücksprünge der Elektronen in ihren Grundzustand zeigt charakteristische Färbungen.

Ein besonders bekanntes Beispiel ist der Nachweis von Natrium und Natrium-Verbindungen mit der Flamme des Bunsenbrenners. Sie emittieren ein gut sichtbares, gelbes Licht. Die intensive gelbe Spektrallinie des Natriums (D-Linie) ergibt sich aus dem Rücksprung des angeregten Valenzelektrons von 3p nach 3s. Das gelbe Licht wird in Gasentladungsröhren als kontrastreiches Licht für die Straßenbeleuchtung verwendet.

Kalium und Kalium-Verbindungen emittieren violettes Licht, Kupfer, Beryllium, Barium und deren Verbindungen grünes Licht, Strontium, Calcium und deren Verbindungen rotes Licht. Diese Farben werden bei Verwendung dieser Elemente in einem Feuerwerk eindrucksvoll sichtbar.

Röntgenspektroskopie

Bei den Elementen mit höherer Ordnungszahl, d.h. für Mehrelektronenatome kommt man in den Bereich sehr kurzwelliger Strahlung und die Energie der Lichtquanten kann dann sehr hoch sein. In diesen Wellenlängenbereich gehört die nach ihrem Entdecker benannte Röntgenstrahlung (engl.: x-rays). Sie hat wegen ihrer Fähigkeit das menschliche Gewebe zu durchdringen, eine besondere Bedeutung in der Medizintechnik gefunden. *(Wilhelm Conrad Röntgen 1845–1923, Professor in Straßburg, Gießen, Würzburg, München, Nobelpreis 1901).*

Im Energiebereich der Röntgenstrahlung findet man ebenfalls eine für jedes Metall charakteristische Linienstrahlung, die von *Barkla 1913* entdeckt wurde und für die *Moseley 1913* einen Zusammenhang zwischen Frequenz ν ($= 1/\lambda$) der K_α-Linie eines Elements und seiner Ordnungszahl Z gefunden hat. Dies wurde bereits im → Abschn. 3.2.1, (Historisches zum PSE) beschrieben. Die charakteristische Röntgenstrahlung wird mit einem Röntgenspektrometer vermessen.

Das Röntgenspektrometer ist analog zum optischen Spektralapparat in → Abb. 3.17 aufgebaut. Als Strahlungsquelle dient allerdings eine Röntgenröhre und zur Auflösung nach Wellenlängen wird hier die Beugung an den Gitterebenen eines ebenen Kristalls verwendet. Siehe → Lehrbücher der Physik.

Eine Röntgenröhre ist eine Hochvakuumröhre, in der die von einer Glühkathode emittierten Elektronen in einem elektrischen Gleichspannungsfeld auf hohe Energien beschleunigt werden, um dann auf eine Anode aus dem zu analysierenden metallischen Werkstoff aufzutreffen, wo sie die Röntgenstrahlung hervorrufen. Diese tritt dann durch ein spezielles Fenster, das möglichst wenig davon absorbiert, in die umgebende Atmosphäre zur Vermessung der entstandenen Röntgenstrahlen.

Die spektrale Verteilung der emittierten Röntgenstrahlung hat einen breitbandigen, vom Anodenmaterial unabhängigen Verlauf (primäre Röntgenstrahlung, Bremsstrahlung) der durch die plötzliche Abbremsung der Elektronen in der Anode entsteht. Diesem Bremsspektrum überlagert sich bei hinreichend hoher Elektronenenergie ein Linienspektrum, das im Gegensatz zum Linienspektrum im sichtbaren Bereich nur aus wenigen Linien besteht und charakteristisch ist für das Anodenmaterial. Diese scharfen Röntgenlinien entstehen, wenn die schnellen Elektronen tief in die inneren Schalen der Elektronenhülle der getroffenen Atome eindringen und dort ein Elektron herausschlagen, das sich auf einem niederen Energieniveau befindet. In die entstandene Lücke fällt ein Elektron aus einer höheren Schale und sendet dabei ein Photon (Lichtquant) mit einer für das Anodenmaterial charakteristischen Frequenz aus. Da die kernnahen Elektronen sehr fest gebunden sind, ist die Energie der freiwerdenden so genannten *Eigenstrahlung* sehr hoch. Man erhält bei Elementen ab der Kernladungszahl 20 sehr kurzwellige Strahlung von $\lambda \leq 0,33$ nm.

Röntgenfluoreszenzstrahlung

Man kann die gleichen Prozesse auch dadurch auslösen, dass man die Materialprobe direkt mit der Bremsstrahlung aus einer Röntgenröhre bestrahlt, deren Photonen (Lichtquanten) mindestens die gleiche Energie besitzen müssen, wie die herauszuschlagenden Elektronen in dem zu analysierenden Metall benötigen. Die so angeregte Eigenstrahlung bezeichnet man als Röntgenfluoreszenzstrahlung.

Wird ein Elektron aus der kernnächsten K-Schale (n = 1) herausgeschleudert, so tritt das gesamte elementspezifische Spektrum der K-Linien auf und wird mit dem Röntgenspektrometer erfasst. Am intensivsten ist die K_α-Linie. Sie rührt von einem Elektron her, das aus der unmittelbar benachbarten L-Schale (n = 2) auf die K-Schale fällt. Entsprechend werden mit K_β, K_γ usf. die Linien benannt, die von den nächst höher liegenden Schalen (n = 3, 4, usf.) nachrückenden Elektronen herrühren. Diese Vorgänge sind in → Abb. 3.18 für den Fall der Fluoreszenzstrahlung dargestellt. Befand sich das primär getroffene Elektron in der zweitnächsten Schale, der L-Schale n = 2, so entsteht nach gleichem Muster die L-Serie mit L_α-. L_β-Linie usf.

Der Zusammenhang zwischen K-, L-Schale usf. mit der Hauptquantenzahl n ist unter → Schalenmodell nach *Bohr-Sommerfeld* angegeben.

Mit zunehmender Kernladungszahl − Ordnungszahl Z − wird die K_α-Linie kurzwelliger. Diese sehr intensive Linie ist leicht mit dem Röntgenspektrometer zu vermessen. Die Z-Abhängigkeit nach der Formel von Moseley (s. → Abschn. 3.2.1, Gl. (3.6)) wird für die Analyse der untersuchten Metallprobe benützt.

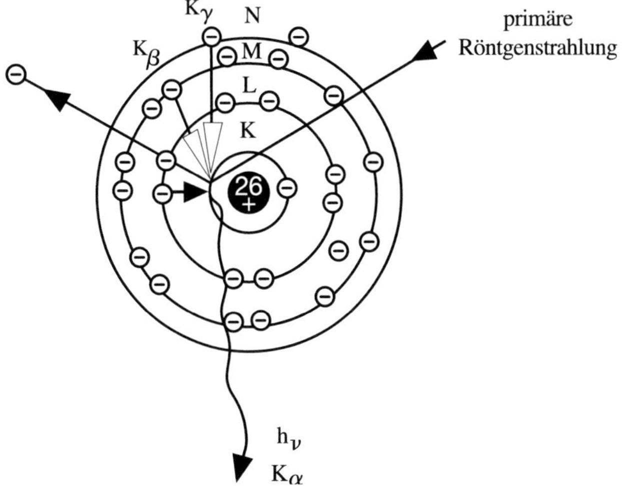

Abb. 3.18 Die K_α-Eigenstrahlung als Fluoreszenzstrahlung von Eisen. Die Entstehung der K_β- und K_γ-Eigenstrahlung ist angedeutet

3.3.2 Der Lichtbogen in freier Atmosphäre beim Lichtbogenschweißen

Ein Lichtbogen in freier Atmosphäre kann mit einer geeigneten Stromquelle durch kurzes Aufsetzen einer Elektrode (Katode) auf ein metallisches Werkstück (Anode) und anschließendes Abheben gezündet werden. Dies wird beim Schweißen in freier Luft unter Atmosphärendruck durchgeführt. Ein Funkenüberschlag leitet die Ionisierung der Luftstrecke ein und wird durch die Stromquelle aufrechterhalten. An der Katode werden durch Glühemission Elektronen emittiert, die in Richtung Anode – des zu schweißenden Werkstücks – eine Beschleunigung erfahren.

Bei diesem Vorgang interessieren sowohl die Vorgänge im Lichtbogen mit der ihn umgebenden Luft (Sauerstoff- und Stickstoff-Moleküle) bzw. mit den ihn umgebenden Schutzgasen (Helium He, Argon Ar, Kohlenstoffdioxid CO_2) als auch die hohe kinetische Energie der Elektronen, die beim Auftreffen auf das als Anode geschaltete Werkstück in thermische Energie umgewandelt wird. Sie kann für den Schmelzvorgang eines Metalls ausgenützt werden.

Das Plasma aus Sauerstoff und Stickstoff (Luft) sowie aus Schutzgasen

Die aus der Katode emittierten und beschleunigten Elektronen regen verschiedene Prozesse in der Luftstrecke an. Bei Zusammenstößen mit den Sauerstoff- und Stickstoffmolekülen kommt es zunächst zu Dissoziationsreaktionen, d.h. die O_2- und N_2-Moleküle werden durch Zufuhr von Energie E in Atome aufgespalten:

$$O_2 + E \leftrightarrow 2\,O \qquad N_2 + E \leftrightarrow 2\,N$$

Es folgen angeregte Zustände in den Atomen, und schließlich kommt es zur Abspaltung eines Elektrons aus dem Atomverband, zur Ionisierung I_1:

$$O + E \leftrightarrow O^+ + e^- \qquad N + E \leftrightarrow N^+ + e^-$$

Die bei der weiteren Ionisierung frei werdenden Elektronen werden ebenfalls in Richtung auf das Werkstück beschleunigt. Beim Auftreffen auf das Werkstück wird – wie schon angegeben – die kinetische Energie der Elektronen in thermische Energie umgewandelt.

Ein zumindest teilweise ionisiertes Gas mit positiven und negativen Ladungsträgern nennt man *Plasma*. Voraussetzung für den Lichtbogen ist daher, dass die aus der Katode emittierten Elektronen die Ionisierungsenergie der Gase im Plasma überschreiten und dass genügend Elektronen erzeugt werden.

Statt der Luftstrecke mit ihren Sauerstoff- und Stickstoffmolekülen kann auch ein inertes Gas, wie Argon Ar oder Helium He verwendet werden. Diese einatomigen Gase ionisieren unter den Bedingungen des Lichtbogens ebenfalls s. → Abb. 3.20, 3.22 und 3.23. Sie werden dann angewendet, wenn das Elektrodenende, der Lichtbogen, die erstarrende Schweißnaht bzw. der übergehende Metalltropfen vor unerwünschten chemischen Reaktionen mit dem Sauerstoff der umgebenden Luft geschützt werden sollen. Man nennt sie daher Schutzgase. Sie verhindern die Bildung von Metalloxiden.

Diese sind spröde und bedeuten nicht nur einen Materialverlust, sondern können auch die Ausbildung der Schweißnaht und damit die mechanischen Eigenschaften eines Werkstücks beeinträchtigen. In bestimmten Fällen wird ein Aktivgas aus Kohlendioxid CO_2 zugesetzt. Schutzgase verringern auch die Ozonbildung im Lichtbogen.

Im Plasma erfolgen jedoch nicht nur Dissoziations-, Anregungs- und Ionisierungsprozesse der Gasmoleküle durch die beschleunigten Elektronen, sondern es finden ebenso die entsprechenden Rekombinationsreaktionen statt: die positiv geladenen Atomrümpfe nehmen wieder Elektronen auf, es gibt Übergänge von den angeregten Zuständen in den Grundzustand, was sich durch Lichtemission äußert, und es erfolgt Atom- bzw. Molekülbildung unter Abgabe von thermischer Energie. Je höher der Ionisationsgrad war, desto höher ist die frei werdende Rekombinationsenergie, umso höher wird die Temperatur des Plasmas. So können nicht nur durch die mit hoher kinetischer Energie auf das Werkstück auftreffenden Elektronen hohe Schmelztemperaturen erreicht werden, sondern dies kann auch durch ein hocherhitztes Plasma selbst, wenn es als gebündelter Plasmastrahl auf das zu schweißende Werkstück ‚gezwungen‘ wird. Rekombinationsvorgänge der ionisierten Gase finden nicht nur im Plasma statt, sondern auch auf dem relativ kühlen metallischen Werkstück, denn die positiven Atomrümpfe sind nur bei sehr hohen Temperaturen beständig. Die dabei frei werdende Energie trägt ebenfalls zur Schmelzwärme bei.

Die für das Lichtbogenschweißen wichtigsten Eigenschaften der Gase sind das Dissoziieren der Moleküle, die angeregten Zustände der Atome, das Ionisieren und das Rekombinieren wieder bis in den Grundzustand der Atome bzw. der Moleküle sowie ihre gute Wärmeleitfähigkeit.

Kurze Beschreibung einiger typischer Verfahrensvarianten des Lichtbogenschweißens unter besonderer Berücksichtigung der chemischen Reaktionen

Für eine ausführliche Beschreibung der Schweißverfahren sowie die praktische Durchführung und auch für weitere Verfahrensvarianten wird auf Fachbücher verwiesen (s. → Literatur der Schweißtechnik).

» *Lichtbogenhandschweißen*

Das Lichtbogenhandschweißen (s. → Abb. 3.19) ist ein häufig eingesetztes Verfahren zum Schweißen von Stahl. Die Stabelektrode besteht aus einem abschmelzenden Metallkernstab mit einer mineralischen Umhüllung.

Metallkernstab

Wie vorangehend in → Abschn. 3.3.2 beschrieben, wird mit Hilfe einer entsprechenden Stromquelle ein Lichtbogen zwischen Elektrode und Werkstück gezündet. Die hohe Temperatur des Lichtbogens bewirkt ein örtlich begrenztes Aufschmelzen des Werkstücks wie auch der Spitze der Stabelektrode. Die chemische Zusammensetzung der Stabelektrode – des Elektroden-Metallkernstabs – muss der des Werkstücks möglichst gleich sein, da er beim Schweißen selbst abschmilzt und als Zusatzwerkstoff die Schweißnaht ausfüllt.

Mineralische Elektrodenumhüllung

Die Hauptaufgabe der mineralischen Elektrodenumhüllungen besteht darin, das Elektrodenende, den übergehenden Metalltropfen und die Schweißnaht vor dem Einfluss der Luft zu schützen.

Unter den verschiedenen Gesichtspunkten für die Anfertigung einer Schweißnaht, die hier nicht erörtert werden, stehen eine Vielzahl von Mineralien, d.h. in der Natur vorkommenden Verbindungen für Elektrodenumhüllungen zur Verfügung: Man unterscheidet sauer-, rutil-, basisch- und zelluloseumhüllte Elektroden, die einzeln oder als Mischtypen hergestellt werden. Es kommt auf das Mischungsverhältnis an, ob die Umhüllung sauer, basisch oder auch oxidierend ausgerichtet ist. Den Umhüllungen können Desoxidationsmittel zugesetzt werden, ebenso Alkali- und Erdalkaliionen, die zur Stabilisierung und besseren Zündfähigkeit des Lichtbogens beitragen. Während die Mineralien bei den hohen Temperaturen des Lichtbogens teilweise verdampfen und dadurch eine Schutzatmosphäre erzeugen, zersetzen sie sich und schlagen sich als Oxide, als inerte und dichte Schlacke auf der noch heißen Schweißnaht nieder. Die Schlackenbildung ist notwendig, um die Schweißnaht nicht nur vor dem Einfluss des Luftsauerstoffs, sondern auch vor zu schneller Abkühlung zu schützen.

Schlacke

Die Schlacke besteht zum größten Teil aus den Oxiden der Komponenten der mineralischen Elektrodenumhüllung. Die spezifisch leichtere Schlacke setzt sich über der

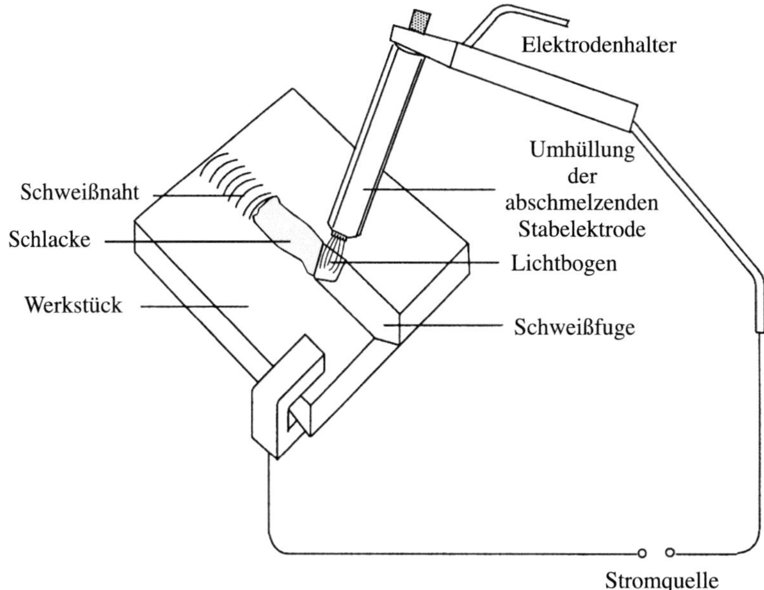

Abb. 3.19 Schema zum Lichtbogenhandschweißen

Metallschmelze ab und kann am Ende des Schweißvorgangs leicht entfernt werden. Für die bereits erwähnte Schutzwirkung vor Lufteinfluss und einer zu schnellen Abkühlung der Schmelze sind folgende Eigenschaften der Schlacke von besonderer Bedeutung: Schmelztemperatur, Massendichte, Viskosität, geringe Wärmeleitfähigkeit, thermischer Ausdehnungskoeffizient, doch auch Gasdurchlässigkeit für entstehende Gasbläschen und die Möglichkeit, im Stahl unerwünschte Begleitstoffe, wie Schwefel und Phosphor zu binden.

» *Schutzgasschweißen SG*

Bei diesem Verfahren werden Elektrodenende, Lichtbogen und erstarrende Schmelze gegen die Atmosphäre durch ein Schutzgas abgeschirmt. Es gibt zwei Varianten des Verfahrens: das Metall-Schutzgasschweißen MSG mit abschmelzender Elektrode und das Wolfram-Schutzgasschweißen WSG mit nichtabschmelzender Elektrode.

Metall-Schutzgasschweißen MSG mit abschmelzender Elektrode (s. → Abb. 3.20)

Der Lichtbogen brennt zwischen Werkstück und abschmelzender Elektrode, die von einer Spule ablaufend dem Schweißbrenner kontinuierlich zugeführt wird. Der Zusatzwerkstoff wird somit nicht getrennt geführt, wie beim nachfolgend angegeben Wolfram-Inertgasschweißen. Entsprechend dem verwendeten Schutzgas unterscheidet man Metall-Inertgasschweißen MIG und Metall-Aktivgasschweißen MAG:

Beim *Metall-Inertgasschweißen MIG* wird als Schutzgas das Edelgas Argon, seltener das teure Helium verwendet, auch unter Zugabe von bis zu einem Volumenanteil von 7 % Wasserstoff. Wasserstoff hat reduzierende Eigenschaften. Seine hohe Rekombinationsenergie und hohe Wärmeleitfähigkeit wirken sich günstig auf den Schmelzvorgang aus. Das MIG-Verfahren eignet sich, vor allem wenn die reduzierende Wirkung des Wasserstoffs hinzukommt, für hochlegierte Stähle, z.B. Chromnickelstähle und Werkstoffe aus Nichteisenmetallen (Al, Mg, Cu, u.a.).

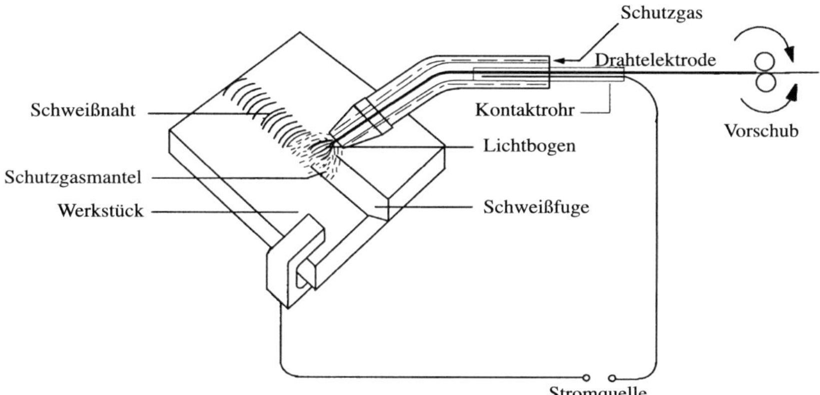

Abb. 3.20 Schema zum Metall-Schutzgasschweißen (MSG) mit abschmelzender Drahtelektrode. Der Strom wird durch ein Kontaktrohr auf die Drahtelektrode übertragen. In Europa wird hauptsächlich Argon verwendet.

Die inerten Schutzgase Argon und Helium können grundsätzlich für alle Verfahren verwendet werden. Unter den Bedingungen des Lichtbogens werden sie ionisiert (Helium braucht eine höhere Spannung als Argon) und rekombinieren unter Abgabe von Energie, die vom Lichtbogen auf das Werkstück übertragen wird und zur Schmelzwärme beiträgt. Aufgrund der gesättigten Elektronenkonfiguration von Helium und Argon auf der Außenschale (s^2 für Helium, s^2p^6 für Argon → Tabelle 3.1) gehen sie mit dem zu schweißenden Metall keine Verbindung ein. Helium hat eine hohe Wärmeleitfähigkeit, die von Argon ist geringer.

Inerte Schutzgase werden in Stahlflaschen mit einer besonderen Erkennungsfarbe angeboten.

Beim *Metall-Aktivgasschweißen MAG* wird ein Aktivgas verwendet. Dieses kommt als reines CO_2, wie auch als Mischgas, das aus Argon mit bis zu einem Volumenanteil von 40 % CO_2 bestehen kann, für unlegierte und niedrig legierte Stähle zur Anwendung. Das reine CO_2 ist das billigste Schutzgas und als Mischgas ist es billiger als die reinen Edelgase Argon und Helium. Das Mischungsverhältnis der Gase hängt von dem zu schweißenden Werkstück ab.

Unter den hier im Schweißgut zusammentreffenden Verbindungen von zugeführtem CO_2 bzw. sich bildendem CO und ausscheidendem C – letzterer ist auch im Stahl und in der abschmelzenden Drahtelektrode vorhanden – kann sich das *Boudouard-Gleichgewicht* einstellen s. → Abschn. 5.2.4.

Für Nichteisenmetalle ist Aktivgas nicht geeignet. Nichteisenmetalle bilden leicht hochschmelzende Oxide. Die Oxidbildung trifft auch für Legierungselemente aus Nichteisenmetallen bei hochlegierten Stählen zu. Sie bedeutet einen Verlust, einen Abbrand, daher kann das Verfahren bei hochlegierten Stählen nicht angewendet werden.

» *Wolfram-Schutzgasschweißen WSG mit nichtabschmelzender Elektrode*

Historisches
Urtyp des Schutzgasschweißens mit Wasserstoff stellt die *Langmuir*-Fackel dar (*Irving Langmuir 1881–1957, amerikan. Physiker und Chemiker, Nobelpreis für Chemie 1932*)

Das Verfahren beruht darauf, dass man zwischen zwei Wolframelektroden in einer aus einem Kranz feiner Düsen ausströmenden Wasserstoffatmosphäre einen Lichtbogen erzeugt und durch diesen einen scharfen Wasserstoffstrahl aus einer Düse bläst. Die Wasserstoffmoleküle dissoziieren bei den hohen Temperaturen des Lichtbogens H_2 → 2 H. Der sich bildende heiße, atomare Wasserstoff trifft auf die einige cm entfernte stromlose Metalloberfläche. Viele Metalle katalysieren die Rekombination zu Wasserstoffmolekülen. Die katalytische Wirkung nimmt in der Reihenfolge Platin, Palladium, Wolfram, Eisen, Chrom, Silber, Kupfer, Blei ab. Die dabei frei werdende Rekombinationswärme erzeugt intensive lokale Erhitzung. Man erreicht eine maximale Temperatur von etwa 4000 °C, mehr als mit dem Knallgasgemisch (s. → Abschn. 5.2.2).

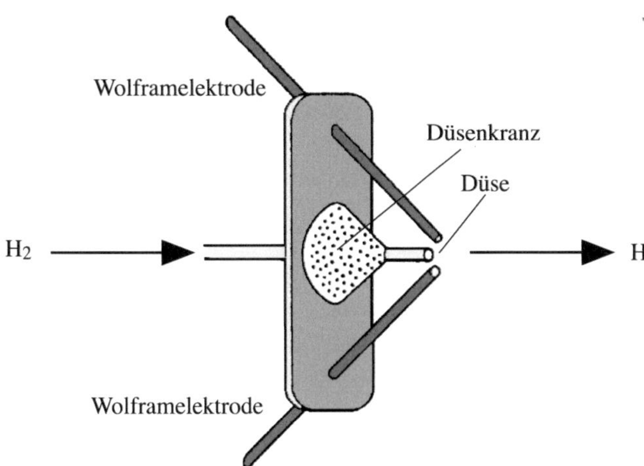

Abb. 3.21 Langmuir-Fackel zur Darstellung von atomarem Wasserstoff zum Schweißen von hochschmelzenden Metallen und Metallverbindungen 1924

Technisch hat das *Langmuir*-Verfahren beim Schweißen den Vorteil, dass der Wasserstoff zugleich eine Schutzatmosphäre bildet, so dass ein oxidativer Angriff auf die Schweißnaht durch den Sauerstoff der Luft ausgeschlossen ist. Wasserstoff selbst trägt aufgrund seiner hohen Wärmeleitfähigkeit zur guten Energieübertragung auf das relativ kalte Werkstück bei. Es lassen sich höchstschmelzende Stoffe, wie Wolfram (Smp. 3410 °C), Tantal (Smp. 3000 °C) u.a. schmelzen.Das Schutzgasschweißen nach *Langmuir* mit zwei Wolframelektroden und Wasserstoff als Schutzgas wurde 1925 in den USA unter dem Namen *Arcatom*-Verfahren eingeführt.

Man unterscheidet Wolfram-Inertgasschweißen WIG und Wolfram-Plasmaschweißen WP.

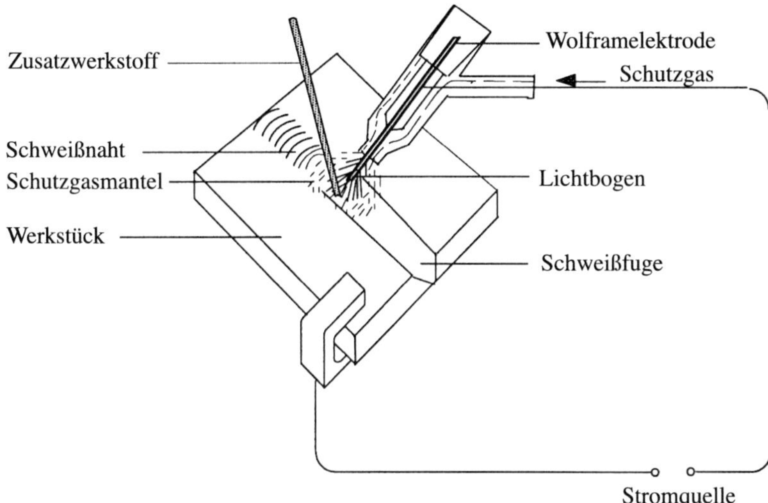

Abb. 3.22 Schema zum Wolfram-Inertgasschweißen WIG.
Wolfram hat den höchsten Schmelzpunkt von 3410 °C. Beim Schweißen ist die Schmelztemperatur der Elektrode nicht das Wesentliche, sondern die Wärmebilanz der Energiedichte am Werkstück.

Beim *Wolfram-Inertgasschweißen WIG* (s. → Abb. 3.22) brennt der Lichtbogen zwischen der nichtabschmelzenden Wolframelektrode und dem Werkstück. Die Elektrode ist meist mit Thorium-, Zirkoniumdioxid oder Lanthanoxid sowie Ceroxid legiert. Die Zusatzmetalle erleichtern die Elektronenemission und erhöhen die Lichtbogenstabilität. Als Schutzgas wird Argon, seltener auch das teurere Helium verwendet. Durch das Schutzgas werden Lichtbogen und Schmelze abgeschirmt. Es kann ein Zusatzwerkstoff stromlos zugegeben werden. Ob mit Gleichstrom (minusgepolte Elektrode) oder Wechselstrom geschweißt wird, richtet sich nach den Werkstücken.

Das WIG-Schweißen wird für Werkstoffe mit hoher Empfindlichkeit gegenüber Verunreinigungen verwendet, z.B. bei hochreinem Aluminium, Titan und seinen Legierungen sowie auch bei einigen Kupferlegierungen und bei Sondermetallen.

Beim *Wolfram-Plasmaschweißen WP* (s. → Abb. 3.23), kurz Plasmaschweißen genannt, wird die hohe Energiedichte des Plasmas zum Schweißen ausgenützt. Es wird eine meist mit Thorium legierte Wolframelektrode verwendet. Die durch Glühemission austretenden, zum Werkstück (Anode) beschleunigten Elektronen treffen auf dem Weg dorthin auf das Plasmagas, das aus Argon, auch aus einem Gemisch aus Argon (bzw. Helium) und Wasserstoff bestehen kann. Ihre Energie reicht aus, die Ionisierungsenergien der Gase zu überschreiten, so dass positive geladene Atomrümpfe z.B. Ar^+, Ar^{++}, He^+ und H^+ und die entsprechende Anzahl Elektronen entstehen können. Entsprechend hoch sind die frei werdenden Energiebeträge der Rekombinationsvorgänge, so dass das hocherhitzte Plasma (mit Temperaturen von ca. 10^4 K) direkt zum Schweißen verwendet werden kann.

In der → Abb. 3.23 ist die Anode eine Ringelektrode, die gekühlt werden muss. Durch den ringförmigen Lichtbogen wird das Plasmagas als Strahl zum Werkstück hindurch gezwungen. Ein Schutzgasring aus Argon umgibt den Schweißvorgang zusätzlich.

Das Plasmaschweißen findet z.B. zum maschinellen, vollautomatisch ablaufenden

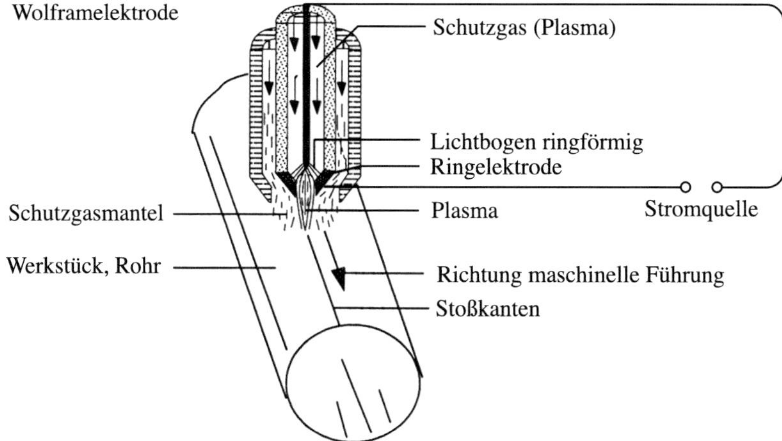

Abb. 3.23 Wolfram-Plasmaschweißen (WP), kurz Plasmaschweißen genannt

Verschweißen von Rohrnähten Anwendung. Die Stoßkanten müssen exakt anliegen. Das Verfahren läuft mit hoher Geschwindigkeit ab. Es können Stähle, auch Nichteisenmetalle wie Aluminium-, Kupfer-, Nickel-, Titan- und Zirconium-Werkstoffe geschweißt werden. Für unlegierte Werkstücke können als Plasmagas auch Argon-CO_2- oder Argon-O_2-Gemische verwendet werden.

Übersicht über die beschriebenen Schweissverfahren zum Lichtbogenschweißen

Tabelle 3.5

Schweißverfahren	Elektroden	Schutzgas
Lichtbogenhandschweißen	Stabelektrode bestehend aus abschmelzendem Metallkernstab mit mineralischer Umhüllung.	keines (mineralische Elektrodenumhüllung)
Schutzgasschweißen SG	Metall-Schutzgasschweißen MSG mit abschmelzender Drahtelektrode	Metall-Inertgasschweißen MIG Ar (He), evt. 7 % H_2 Metall-Aktivgasschweißen MAG Aktivgas CO_2 Mischgas Ar, CO_2, O_2
	Wolfram-Schutzgasschweißen WSG mit nichtabschmelzender Elektrode	Wolfram-Inertgasschweißen WIG Ar (He) Wolfram-Plasmaschweißen WP (Plasmaschweißen) Ar (He), H_2 oder einem Gemisch daraus.

3.3.3 Schweißen mit Elektronen- und Laserstrahlen

Die modernen Techniken zur Herstellung und Bündelung intensiver Strahlen von energiereichen Elektronen und Laser-Licht erlauben große Leistungsdichten und präzise Deposition großer Energienmengen in kleinen Volumina des Werkstücks. Damit wird das Schweißen in mikroskopisch kleinen Bereichen ermöglicht, z.B. das Punktschweißen mit Laser-Licht. Der Konzentration von Elektronen ist allerdings eine untere Grenze gesetzt, bedingt durch ihre gegenseitige elektrostatische Abstoßung.

Elektronenstrahlschweißen

Bei diesem Verfahren wird ein Elektronenstrahl direkt zum Schweißen verwendet. Die Elektronen werden in einer hochevakuierten Glühkathodenröhre erzeugt. Durch Anlegen eines elektrischen Feldes werden die Elektronen zur Anode (Werkstück) beschleunigt, auf der sie ihre kinetische Energie in Schmelzwärme (thermische Energie) umwandeln. Das Elektronenstrahlschweißen erfolgt vorwiegend im Vakuum oder auch unter Heliumgas in speziellen, dem Werkstück aufgesetzten Heliumkammern.

Schweißen mit Laserstrahlen

Historisches

Laser ist ein Kunstwort im Englischen: ‚light amplification by stimulated emission of radiation', zu Deutsch etwa: ‚Verstärkung von Licht durch induzierte Aussendung von Strahlung'. Der grundlegende Vorgang wurde bereits 1917 von Einstein vorausgesagt, aber erst in den Jahren 1950 bis 1960 in Russland und den USA experimentell realisiert (Nobelpreis 1964 an Townes, Basow und Procherow).

Stark vereinfacht lässt der Laser sich wie folgt beschreiben: in einem Medium mit anregbaren Molekülen oder Atomen (gasförmiges Plasma, Halbleiter) werden hinreichend viele Teilchen in einen überthermisch angeregten Zustand durch Energiezufuhr von außen (‚Pumpen') überführt. Durchläuft eine Lichtwelle mit einer Wellenlänge, die der Differenz der Energieniveaus zwischen angeregtem Zustand und Grundzustand entspricht (s. → Abschn. 3.1.3) das Medium, so werden die angeregten Elektronen derart in den Grundzustand zurück versetzt, dass die dabei emittierten Lichtwellen phasenrichtig mit der ursprünglichen Lichtwelle mitschwingen und sie dadurch verstärken. (In anderen Lichtquellen, z.B. in einer Glühlampe, passieren die Übergänge in den Grundzustand vollkommen unregelmäßig und unkoordiniert in der Zeit, die zugehörigen Lichtwellen sind ‚inkohärent'.) Zur Erhöhung der Verstärkung wird die Lichtwelle mehrmals durch das Medium hindurch geschickt, dies geschieht mit Hilfe gegenüberstehender, verspiegelter Endflächen: das Gefäß, in dem das Medium sich befindet, wird zum ‚Resonator'. Die Kohärenzeigenschaften des vom Laser ausgehenden Lichtstrahls sind verantwortlich für seine extrem gute Parallelität und Fokussierbarkeit. Von den infrage kommenden Molekül-Lasern ist der CO_2 Gas-Laser mit einer Emission bei der Wellenlänge 10,6 µm wegen der hohen, im Dauerbetrieb erreichbaren Gesamtausgangsleistungen von einigen zehn kW von besonderer Bedeutung.

4 Chemische Bindung – die Bedeutung für die Eigenschaften von Werkstoffen

Eigenschaften von Stoffen resultieren aus der Anordnung ihrer kleinsten Bausteine und den zwischen ihnen wirkenden Bindungskräften.

Die uns umgebenden Stoffe sind aus chemischen Elementen aufgebaut, die entsprechend ihrer Stellung im Periodensystem PSE verschieden starke Wechselwirkung aufeinander ausüben; demzufolge kommen Atome, Ionen oder Moleküle als kleinste Bausteine in diesen Stoffen vor. Von besonderer Bedeutung ist dabei die Möglichkeit der verschiedenen Atome, Elektronen mehr oder minder leicht abzugeben, aufzunehmen oder gemeinsam zu benutzen, was ihren Metall- bzw. Nichtmetallcharakter definiert. Die Bindungskräfte, die zwischen diesen kleinsten Bausteinen wirken sind von großer Bedeutung, insbesondere um Strukturen und Eigenschaften von Werkstoffen zu verstehen.

Unter Bindungskräfte versteht man die chemische Bindung mit folgenden Bindungsarten:

- Ionenbindung: die Bindung, die sich zwischen Metallatomen und Nichtmetallatomen ausbildet und die zu einem Ionenkristall führt.

- Atombindung: die Bindung zwischen Nichtmetallatomen; sie kann sowohl zu einem festen Atomkristall, als auch zu Molekülen im festen, flüssigen oder gasförmigen Aggregatzustand führen. Zwischen den Molekülen wirken die schwachen zwischenmolekularen Bindungskräfte.

- Metallbindung: die Bindung zwischen Metallatomen.

Die genannten Bindungsarten stellen Grenztypen dar, d.h. sie kommen in reiner Form nur bei einer begrenzten Anzahl von Verbindungen vor. Zwischen den Bindungsarten gibt es fließende Übergänge.

4.1 Ionenbindung

4.1.1 Beschreibung der Ionenbindung

Frühere Bezeichnungen waren heteropolare oder salzartige Bindung.

Eine Ionenbindung wird ausgebildet, wenn ein Metallatom mit einem Nichtmetallatom reagiert. Unter Berücksichtigung der Charakterisierung der Metalle und Nichtmetalle durch die Ionisierungsenergie bzw. Elektronenaffinität, wie im vorangehenden → Abschn. 3.2.2 beschrieben wurde, kann man formulieren: Vereinigt man ein Element mit vergleichsweise niedriger Ionisierungsenergie I_1 mit einem Element mit relativ hoher Elektronenaffinität EA, so kommt es zur Übertragung von Elektronen, es entstehen ionisch aufgebaute Verbindungen.

Wiederholung von → Abschn. 3.2.2:

Hauptgruppenelemente haben das Bestreben, eine stabile Edelgaskonfiguration anzunehmen. Dabei haben die Metalle, sie stehen links im PSE, die Tendenz Elektronen abzugeben (niedrige I_1) und erhalten dadurch eine positive Überschussladung. Aus dem neutralen Metallatom wird ein positiv geladenes Kation. Nichtmetalle, sie stehen rechts im PSE, haben die Tendenz Elektronen aufzunehmen (hohe EA) und erhalten dadurch eine negative Überschussladung. Aus dem neutralen Nichtmetallatom wird ein negativ geladenes Anion. Die Zahlennagaben von Ionisierungsenergie und Elektronenaffinität sind direkt nicht miteinander zu vergleichen, denn beide werden durch unterschiedliche Vorgänge bestimmt und sind daher für eine quantitative Aussage über Elektronenabgabe oder Elektronenaufnahme nicht geeignet. Geeigneter dazu ist die Elektronegativität s. → Abschn. 4.2.1.

Übergangsmetalle, darunter sind viele metallische Werkstoffe für den Maschinenbau, erreichen nach Übertragung der beiden Valenzelektronen im jeweiligen s-Orbital allerdings keine Edelgaskonfiguration. Es sind noch mehr oder weniger aufgefüllte d- oder f-Orbitale vorhanden.

Die Ionenbindung wird am Beispiel der Bildung von Natriumchlorid NaCl aus den Elementen Natriummetall und Chlorgas in → Abb. 4.1 dargestellt:

Bringt man in einem Glasrohr ein Stückchen Natriummetall zum Schmelzen und leitet darüber Chlorgas, so bildet sich unter Feuererscheinung und heftigem Knall weißes, festes Natriumchlorid NaCl. Die Reaktion ist unter Abgabe von Energie abgelaufen, das bedeutet, dass die entstandene Verbindung Natriumchlorid NaCl energieärmer ist als es die Ausgangsstoffe Natrium und Chlor waren.

Bei dieser Reaktion gibt Natrium sein Valenzelektron ab, dadurch erhält das entstandene positiv geladene Natrium-Kation Na^+ die stabile Elektronenkonfiguration

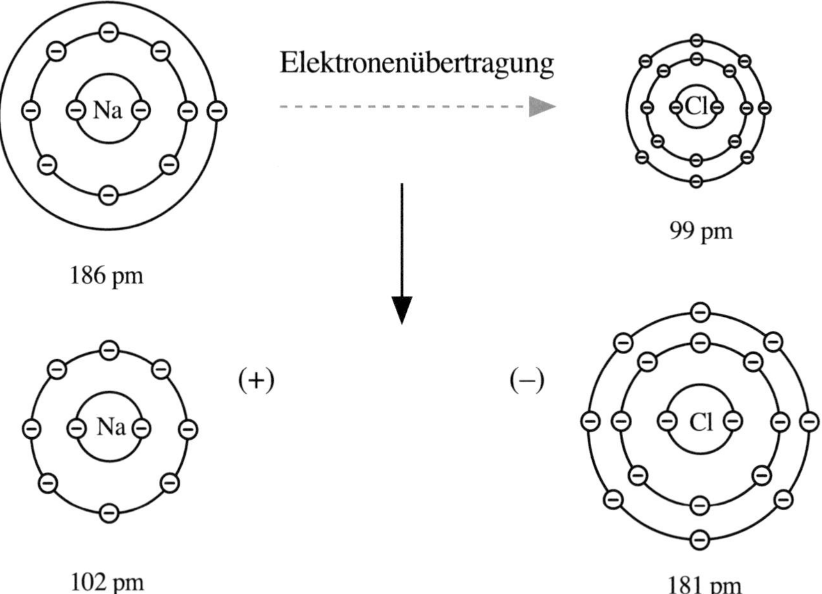

Abb. 4.1 Ausbildung einer Ionenbindung nach dem Atommodell von *Bohr*: Na + ½ Cl$_2$ → Na$^+$Cl$^-$ + E
Es sind die Atomradien und Ionenradien in pm angegeben.

von Neon:

$$Na \;\rightarrow\; Na^+ + e^-$$

$$[Ne]\,3s^1 \;\rightarrow\; [Ne] + e^-$$

Das Chloratom übernimmt das Elektron und füllt unter Ausbildung der Edelgaskonfiguration von Argon auf. Es entsteht das negativ geladene Chlor-Anion Cl^-, auch Chloridion genannt:

$$Cl + e^- \rightarrow Cl^-$$

$$[Ne]\,3s^2 3p^5 + e^- \rightarrow [Ne]\,3s^2 3p^6$$

$$[Ne]\,3s^2 3p^6 = [Ar]$$

In beiden Fällen liegen jetzt abgeschlossene Schalen mit Edelgaskonfiguration vor, was nichts anderes bedeutet, als dass die entstandenen Ionen stabile Teilchen sein müssen. Beide Ionen tragen entgegengesetzte elektrische Ladungen und ziehen sich gegenseitig an: sie bilden die Formeleinheit NaCl. Diese elektrostatische Wechselwirkung charakterisiert die Ionenbindung, Zugleich bilden die Ionen die kleinsten Bausteine der weißen, festen Substanz des *Kristalls* von Natriumchlorid.

Anmerkung: Ein Kristall ist ein dreidimensional-periodisch aufgebauter Festkörper s. $\rightarrow$ ausführlich in Abschn. 4.1.3.

Neben der Elektronenübertragung vom Natriumatom zum Chloratom hat auch eine Radienänderung stattgefunden. Das Kation wird durch die Abgabe des Elektrons kleiner als das neutrale Atom, es wird die nächst niedere Schale mit Edelgaskonfiguration erreicht. Durch die positive Überschussladung im Kern verstärkt sich die Anziehung der negativen Hülle, so dass der Radius sich hier von 186 pm auf 102 pm verkleinert. Dagegen ist das Anion durch das aufgenommene Elektron größer als das neutrale Atom. Dem überschüssigen Elektron steht keine positive Ladung im Kern gegenüber, damit vergrößert sich der Radius von 99 pm auf 181 pm.

4.1.2 Bildung eines Ionenkristalls

Die chemische Formel eines Ionenkristalls wie NaCl für den Natriumchloridkristall, gibt die wahren Verhältnisse über den Aufbau des Kristalls nicht richtig wieder. Die Formel definiert nur die kleinste Einheit für das Stoffmengenverhältnis von Na^+ und Cl^- im dreidimensional-periodisch aufgebauten Ionenkristall.

Ionenladung und Ionenradius

Entgegengesetzt geladene Ionen ziehen sich an, gleichnamig geladene Ionen stoßen sich ab. Ionenladung und Ionenradius bestimmen die Stärke der anziehenden und abstoßenden Kräfte zwischen den positiv und negativ geladenen Ionen im Kristall. Die Kraft für die elektrostatische Wechselwirkung zwischen geladenen Ionen wird durch das *Coulomb*-Gesetz beschrieben.

Für die Anziehungskraft gilt:

$$F \;=\; f \; \frac{Z^+e \cdot Z^-e}{r^2}$$

(4.1)

F	= force, Kraft, Coulomb-Kraft
Z^+e	= Ladungszahl des Kations
Z^-e	= Ladungszahl des Anions
e	= Elementarladung
r	= Abstand der Kerne zwischen Kation und Anion = Summe der Radien von Kation und Anion
f	= Proportionalitätskonstante, deren Zahlenwert sich nach den verwendeten Maßeinheiten für F, e und r richtet.

Das Gesetz sagt aus, dass die elektrostatische Anziehungskraft direkt proportional ist dem Produkt aus positiven und negativen Ladungen von Kation und Anion und umgekehrt proportional dem Quadrat des Abstands der Kerne zwischen Kation und Anion.

Als Beispiel für den Abstand r der Kerne zwischen Kation und Anion (Summe der Radien von Kation und Anion) für die *Coulomb*-Formel wird der Kernabstand r für das Ionenpaar Na^+Cl^- angegeben:

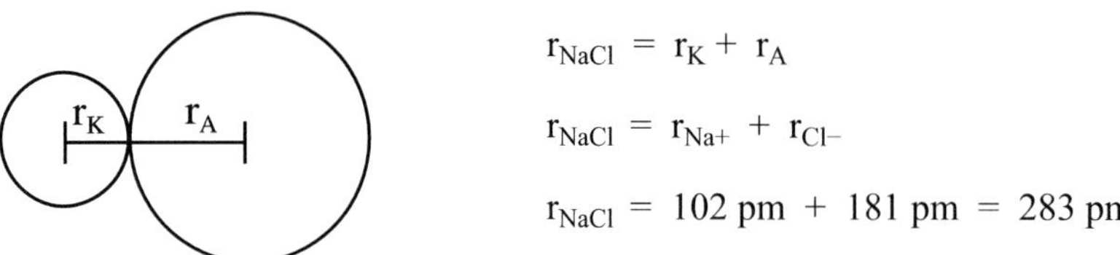

$$r_{NaCl} = r_K + r_A$$

$$r_{NaCl} = r_{Na^+} + r_{Cl^-}$$

$$r_{NaCl} = 102 \text{ pm} + 181 \text{ pm} = 283 \text{ pm}$$

» *Ionenladung*

Wie in → Abb. 4.1 dargestellt, haben beide Ionen Edelgaskonfiguration. Die Zahl der möglichen Ionenladungen lässt sich, wie aus der → Tabelle 4.1 ersichtlich, aus der Stellung des Elements im PSE angeben. Die ältere Bezeichnung mit römischen Ziffern für die Hauptgruppen Ia bis VIIa gibt an, wie viele Elektronen auf der Valenzschale vorhanden sind. Daraus ergibt sich, wie viele Elektronen zur nächst niederen Edelgaskonfiguration abgegeben bzw. wie viele Elektronen zur Auffüllung der nächst höheren Edelgaskonfiguration aufgenommen werden können.

Für die Nebengruppenelemente (Übergangsmetalle) gilt, wie aus → Abb. 3.15 PSE abzulesen ist, dass sie durch Abgabe der äußersten s^2-Elektronen hauptsächlich die Ionenladung 2+ tragen. Doch es gibt Unregelmäßigkeiten, wenn weniger stabile Anordnungen der d-Orbitale vorhanden sind und Elektronen aus d-Orbitalen abgegeben oder auch vorzeitig aufgenommen werden können, um zu stabileren Orbital-Anordnungen zu kommen. Beispiele: Es gibt Fe^{2+}- und Fe^{3+}- Ionen, Cu^+- und Cu^{2+}-Ionen u.a. (s. → Abb. 3.13 rechts und Tabelle 3.1)

Tabelle 4.1 Ionenladungen der Hauptgruppenelemente
Siehe dazu auch → Tabelle 5.6 Oxidationszahlen.

Elemente	Valenz-elektronen	Abgabe bzw. Aufnahme von Valenzelektronen	Ionen-ladung
Hauptgruppe Ia (Gruppe 1) Alkalimetalle	1	$Na \rightarrow Na^+ + 1\,e^-$	+1
Hauptgruppe IIa (Gruppe 2) Erdalkalimetalle	2	$Mg \rightarrow Mg^{++} + 2\,e^-$	+2
Hauptgruppe IIIa (Gruppe 13) Erdmetalle	3	$Al \rightarrow Al^{+++} + 3\,e^-$	+3
Hauptgruppe VIa (Gruppe 16) Chalkogene	6	$O + 2\,e^- \rightarrow O^{--}$	−2
Hauptgruppe VIIa (Gruppe 17) Halogene	7	$Cl + 1\,e^- \rightarrow Cl^-$	−1

» *Ionenradien*

Ionen werden in einem Ionenkristall in Näherung als starre Kugeln betrachtet mit einem definierten Radius. In Wirklichkeit haben Ionen in unterschiedlichen Ionenverbindungen auch unterschiedliche Radien, sie stellen also keine konstante Größe dar (s. → Glossar). Vereinfachend wird dies hier außer Acht gelassen.

Zunächst wird hier an die Abhängigkeit der Atomradien von der Ordnungszahl erinnert, wie in der → Tabelle 3.3 dargestellt ist. Atomradien nehmen in der Gruppe von oben nach unten zu und in der Periode von links nach rechts ab. Bei den Ionen nimmt zwar ebenfalls der Radius in der Gruppe von oben nach unten zu, doch in der Periode ist ein sinnvoller Vergleich der Ionenradien nicht möglich. Links stehen die Metalle, die Elektronen abgeben und das entstehende Kation besitzt einen kleineren Radius als das Metallatom; rechts stehen die Nichtmetalle, die Elektronen aufnehmen und das entstehende Anion besitzt einen größeren Radius als das Nichtmetallatom. Man vergleicht in einer Periode daher sinnvollerweise Ionen, denen die gleiche Edelgaskonfiguration zugrunde liegt.

In der folgenden → Abb. 4.2 sind für Ionen mit der Edelgaskonfiguration des Atoms Neon [Ne] die Ionenradien angegeben.

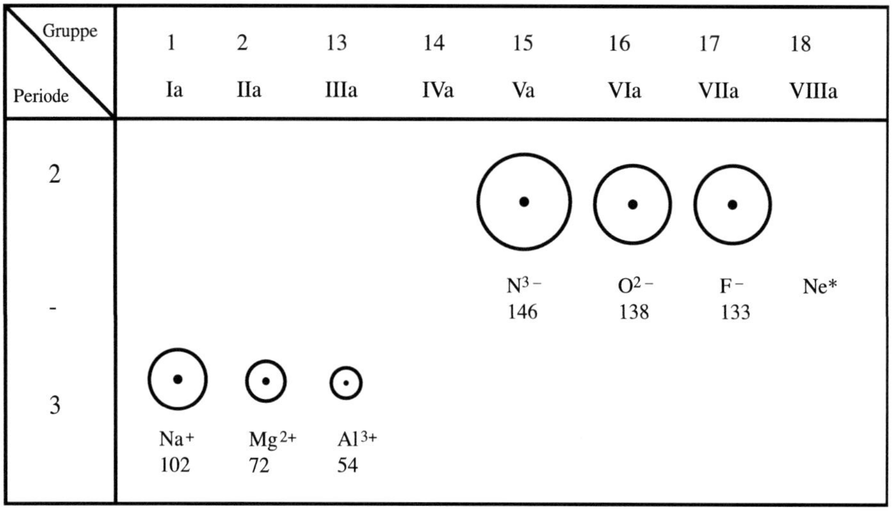

Gruppe / Periode	1	2	13	14	15	16	17	18
	Ia	IIa	IIIa	IVa	Va	VIa	VIIa	VIIIa
2					N^{3-} 146	O^{2-} 138	F^- 133	Ne*
3	Na^+ 102	Mg^{2+} 72	Al^{3+} 54					

Abb. 4.2 Ionenradien in pm für Ionen mit der Edelgaskonfiguration von Neon *[Ne] = [He]$2s^2 2p^6$

Die → Abb. 4.2 zeigt, dass der Ionenradius für N^{3-} mit 146 pm am größten ist, es stehen den drei negativen Überschussladungen keine ausgleichenden positiven Kernladungen gegenüber. Der Ionenradius nimmt zum F^- mit nur einer negativen Überschussladung auf 133 pm ab. Dagegen fehlen bei den Kationen von Na^+ bis Al^{3+} zunehmend Elektronen, so dass die überschüssigen Kernladungen den Radius der Elektronenhüllen von 102 auf 54 pm verkleinern. Al^{3+} hat den kleinsten Ionenradius der Ionen mit der Edelgaskonfiguration von Neon.

Gibt es von einem Element mehrere positive Ionen, so nimmt der Radius mit zunehmender positiver Ladung ab: $r_{Fe^{2+}} > r_{Fe^{3+}}$ und $r_{Pb^{2+}} > r_{Pb^{4+}}$

Einfluss der Ionenradien auf die Bildung eines Ionenkristalls

Wie in → Gl. (4.1) angegeben, wirkt zwischen positiv und negativ geladenen Ionen die starke, ungerichtet anziehende bzw. zwischen gleichnamig geladenen Ionen die abstoßende Coulomb-Kraft. Das jeweils von einem Na^+-Ion bzw. von einem Cl^--Ion − um beim einfachen Beispiel von NaCl zu bleiben − ausgehende elektrostatische Feld wirkt in allen Richtungen im Raum, es ist nicht in eine bestimmte Richtung orientiert. Ein einzelnes Na^+Cl^--Paar ist daher nicht existent. Denn sowohl das Na^+-Ion (Kation), als auch das Cl^--Ion (Anion) will sich räumlich in allen Richtungen mit Ionen der entgegengesetzten Ladung umgeben. Dabei muss der Ladungsausgleich gewahrt sein, denn Ionenverbindungen sind nach außen elektrisch neutral. Im Beispiel von NaCl umgibt sich das Na^+-Ion mit sechs Cl^--Ionen, und das Cl^--Ion umgibt sich mit sechs Na^+-Ionen, was sich im Raum zu einem *Ionenkristall* fortsetzt und damit zum Ladungsausgleich führt.

Die Anzahl der gleichweit entfernten, entgegen gesetzt geladenen Nachbarn eines Ions im Ionenkristall nennt man *Koordinationszahl KZ.* Sie ist für Na^+ und somit auch für Cl⁻ sechs. Der Koordinationszahl sechs entspricht eine ganz bestimmte Symmetrie des Kristallaufbaus, eine ganz bestimmte räumliche Anordnung (Koordination) der unmittelbaren Nachbarn des Ions: ihre Ladungsmittelpunkte besetzen die Ecken eines Polyeders, des *Koordinationspolyeders*. Im Falle der Na^+- bzw. Cl^--Ionen mit der KZ 6 ist dies ein Oktaeder, wie in → Abb. 4.3 dargestellt ist.

» *Radienquotient, Koordinationszahl und Koordinationspolyeder*

Die Natur tendiert zur Bildung energiearmer, stabiler Anordnungen. Diese energiearmen Anordnungen verlangen neben einem Ladungsausgleich auch einen hohen Grad an Symmetrie, die sich stets in gleicher Weise einstellt. Unter den Gegebenheiten von Ionenverbindungen, deren Kationen und Anionen in Abhängigkeit von der Stellung im PSE unterschiedliche Ionenradien annehmen, ist es leicht vorstellbar, dass es verschiedene Symmetrien, verschiedene Koordinationspolyeder geben muss. Da jedes Kation und jedes Anion mit seinem individuellen Radius in einem Ionenkristall stabile Bedingungen verlangt, werden folglich um ein kleines Kation weniger Anionen anzuordnen sein als um ein großes Kation. Welches Polyeder sich um ein Kation dann einstellt, hängt also von seinem Radius ab, genauer gesagt, vom Verhältnis der Radien von Kation r_K zu Anion r_A. Das Verhältnis der Radien nennt man *Radienquotient RQ*.

Übereinkunft ist, dass der Radius des kleineren Kations r_K im Zähler steht.

Nur in Ausnahmefällen, wenn das Anion kleiner als das Kation ist, wird der Radienquotient mit r_A/r_K angegeben. Somit ist der Zahlenwert des RQ stets < 1. Den Zusammenhang zwischen Radienquotient und Koordinationszahl nennt man *Radienquotientenregel*. Es ist nur eine Faustregel, es gibt Ausnahmen.

In → Abb. 4.3 ist der Zusammenhang zwischen Radienquotient, Koordinationszahl und Koordinationspolyeder dargestellt. Bei gleicher Größe von Kation und Anion, also beim Verhältnis $r_{Kation}/r_{Anion} = 1$, wäre die KZ am höchsten, denn es hätten am meisten Anionen um das Kation Platz, es würde sich die KZ 12 einstellen. Dazu muss man sich zu den sechs gezeichneten Kugeln in → Abb. 4.3 links noch je drei Kugeln unter und über der Papierebene vorstellen, die in drei Mulden (sog. Lücken) zwischen den Kugeln einrasten, also gleich weit entfernte nächste Nachbarn sind. Die KZ 12 trifft insbesondere für die gleichgroßen Atomrümpfe der Metallatome zu, dies wird im → Abschn. 4.3.2 erklärt.

Da in Ionenkristallen das Kation meist kleiner als das Anion ist, stellt sich die KZ 12 nicht ein, sonst würde sich, wie in → Abb. 4.3 dargestellt, ein offensichtlich instabiler Zustand um das kleinere Kation einstellen. Das elektrische Feld des kleineren Kations könnte die abstoßende Kraft zwischen den negativen Ladungen der umgebenden Anionen nicht mehr kompensieren oder – geht man vom Bild der starren Kugeln der Ionen aus – man könnte auch sagen, dass das Kation keinen Kontakt mehr zu den Anionen findet, was zu einer Instabilität führt. Eine stabile Lage erreicht ein kleineres Kation erst dann, wenn es sich mit weniger Anionen umgibt. Beim Verhältnis $r_K/r_A < 1$ verringert sich folglich die Zahl der Anionen um das Kation, d.h. die Zahl der Anionen, die das Kation koordinieren kann, fällt mit seinem Radius, die KZ wird kleiner.

Die Abb. 4.3 zeigt:

- Beim RQ zwischen 1 und 0,73 umgeben das Kation acht nächste Nachbarn, es stellt sich die KZ 8 ein. Die nächsten Nachbarn sind in den Ecken eines Hexaeders, das man auch Kubus oder Würfel nennt, angeordnet.

- Beim RQ von etwa 0,73 bis 0,41 stellt sich die KZ 6 ein. Die nächsten Nachbarn sind in einem Oktaeder angeordnet.

- Beim RQ zwischen 0,41 und 0,22 stellt sich die KZ 4 ein. Die nächsten Nachbarn sind in einem regulären Tetraeder angeordnet.

Bestimmte Radienquotienten ziehen also bestimmte Koordinationszahlen nach sich, und bestimmte Koordinationszahlen definieren ein bestimmtes Koordinationspolyeder. Koordinationspolyeder sind räumlich geometrische Anordnungen der Anionen um das Kation und umgekehrt. Das Koordinationspolyeder, die *Koordinationsgeometrie*, bestimmt letztendlich die Kristallstruktur, die *Koordinationsstruktur*. Siehe → Abschn. 4.1.4.

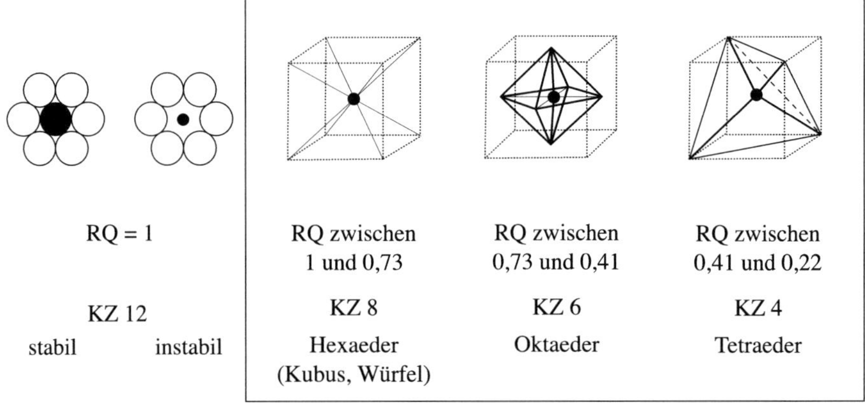

Abb. 4.3 Koordinationszahl und Koordinationspolyeder in Abhängigkeit vom Radienquotienten RQ
Die Koordinationspolyeder, die Koordinationsgeometrie für die Koordinationszahlen acht, sechs und vier sind Hexaeder (Kubus), Oktaeder und Tetraeder.
Das Kation ist in der obigen Zeichnung als schwarzer Punkt angedeutet. Die acht, sechs bzw. vier Ecken der Koordinationspolyeder geben die Koordinationszahlen acht, sechs und vier für das Kation an. In jeder dieser Ecke eines Polyeders ist der Mittelpunkt des entsprechenden Anions in jeweils gleichem Abstand zum Kation angeordnet. Die gepunkteten Linien deuten an, dass die KZ 6 und 4 in einem Kubus Platz haben (s. → Abschn. 4.1.4).

Ein Ionenkristall ist also aufgrund der hohen Symmetrie der Teilchenanordnung eine stabile, d.h. energiearme, elektrisch neutrale Substanz. Kationen und Anionen sind durch elektrostatische Kräfte und die ausgeglichenen Ladungsverhältnisse fest an ihre Positionen gebunden. Die Ionen ordnen sich zu einem regelmäßig-dreidimensional aufgebauten Kristall, der im festen Aggregatzustand vorliegt. Die chemische Formel NaCl für die Ionenverbindung gibt also nur die kleinste Einheit des Ionenkristalls an. Informativer wäre die Schreibweise $(Na^+Cl^-)_n$.

Für eine Ionenverbindung ist anstelle von molarer Molekülmasse die Bezeichnung molare Formelmasse folgerichtiger.

Molare Formelmasse für NaCl: 22,989 g (Na) + 35,453 g (Cl) = 58,442 g (NaCl)

Diese geometrischen Überlegungen vereinfachen die Vorstellung für die Bildung und Stabilität eines Ionenkristalls, denn die maßgebliche Größe dafür ist die nachfolgend angegebene Gitterenergie U, die frei wird, wenn sich der Gleichgewichtsabstand zwischen den Ionen einstellt.

Gitterenergie

Im → Abschn. 4.1.1 wurde erwähnt, dass die Bildung des Ionenkristalls Natriumchlorid aus den Elementen Natrium und Chlor unter Abgabe von Energie abläuft. Diese freiwerdende Energie wird auch Bildungsenthalpie ΔH^0 von Natriumchlorid genannt (s. → Abschn. 5.1.2), dazu liefert die Gitterenergie den größten Beitrag.

Die Gitterenergie U eines Ionenkristalls ist die Energie, die frei wird, wenn ein Mol der Ionenverbindung aus unendlich weit voneinander entfernten, gasförmigen Ionen gebildet wird. Es stellt sich schließlich ein Gleichgewichtsabstand r_0 (= r_K + r_A) zwischen den Ionen ein, wie es der hohen Symmetrie des jeweiligen Kristalls entspricht.

Beispiel:
Na^+ (gas) + Cl^- (gas) $\rightarrow$ Na^+Cl^- (fest) + U

Die Gitterenergie einer Ionenverbindung kann nicht direkt gemessen werden. Nachfolgend sind zwei Methoden zu ihrer Bestimmung angegeben. Vereinfachend kann man jedoch sagen, dass die Gitterenergie im Wesentlichen durch den Betrag der Coulomb-Energie bestimmt wird, die frei wird, wenn sich ein Mol eines Ionenpaars z.B. Na^+Cl^- bildet. Die dabei frei werdende Energie erhält ein negatives Vorzeichen:

$$U \text{ proportional } - N_A \cdot \frac{Z^+e \cdot Z^-e}{r_0} \qquad \text{s.} \rightarrow \text{Gl. (4.1)}$$

Nach dieser Formel ist es leicht einzusehen, dass der Betrag der frei werdenden Energie umso größer ist, je höher die Ionenladungen sind und je geringer der Abstand der Kerne zwischen Kation und Anion im Ionenkristall ist.

Hinweis: Den Zusammenhang zwischen Gitterenergie in Abhängigkeit von Ionenladung und Ionenradius sowie den daraus resultierenden Eigenschaften, wie Schmelzpunkt und Härte der Metalloxide wird im → Abschn. 4.1.6 angegeben.

» *Bestimmung der Gitterenergie U*

Für die genauere Berechnung der Gitterenergie U werden zur Coulomb-Energie zweier Ionen (Kation-Anion) noch die Energiebeträge berücksichtigt, die bei der Bildung frei werden bzw. durch alle benachbarten Ionen im Kristall, auch der entfernteren, aufgebracht werden müssen. Dies berücksichtigt die *Madelung*-Konstante α. Sie besitzt für jeden Strukturtyp einen charakteristischen Wert. *(Erwin Madelung 1881−1972, Münster und Frankfurt/Main)*

$$U = -N_A \cdot \alpha \cdot f \; \frac{Z^+e \cdot Z^-e}{r^0} \tag{4.2}$$

$$
\begin{aligned}
U &= \text{Gitterenergie pro Mol} \\
N_A &= \text{Avogadro-Konstante, Zahl der Moleküle in 1 Mol} \\
Z^+e \text{ bzw. } Z^-e &= \text{Ladungszahl von Kation und Anion} \\
r_0 &= \text{Abstand der Kerne von Kation und Anion. (Summe der} \\
&\quad\text{Radien von Kation und Anion.)} \\
f &= \text{Proportionalitätskonstante, deren Zahlenwert sich nach den} \\
&\quad\text{verwendeten Maßeinheiten für U, e und r richtet.} \\
\alpha &= \text{Madelung-Konstante: Sie ist die Summe einer unendlichen}
\end{aligned}
$$

Reihe die z.B. beim NaCl-Typ gegen den Wert 1,7476 konvergiert. Die unendliche Reihe bringt zum Ausdruck, dass ausgehend von den nächsten Nachbarn mit wachsendem Abstand die Anzahl positiver und negativer Ionen zunimmt und damit Anziehung und Abstoßung alternierend und mit abnehmender Wirkung erfolgen. Zahlenbeispiele für α stehen in der nachfolgenden Tabelle.

Strukturtyp s. → Abschn. 4.1.5	Stöchiometrie	*Madelung*-Konstante α
Cäsiumchlorid CsCl	AB	1,7627
Steinsalz, Natriumchlorid NaCl	AB	1,7476
Zinkblende (Sphalerit) ZnS	AB	1,6381
Wurtzit ZnS	AB	1,6413
Fluorit, Calciumfluorid CaF_2	AB_2	5,0388
Rutil, Titandioxid TiO_2	AB_2	4,816
Korund, Aluminiumoxid $\alpha\text{-}Al_2O_3$	A_2B_3	25,031

» *Ermittlung der Gitterenergie nach dem Born-Haber-Kreisprozess*

Die Berechnung der Gitterenergie nach dem *Born-Haber*-Kreisprozess ist nur dann möglich, wenn die Bildungsenthalpie ΔH^0 (s. → Abschn. 5.1.2) bekannt ist. Die Bildungsenthalpie ΔH^0 für das Beispiel

$$\text{Na} + \tfrac{1}{2}\,\text{Cl}_2 = \text{NaCl}$$

ist die Energie, die insgesamt bei der Bildung von NaCl aus den Elementen Natrium und Chlorgas frei wird. (Freiwerdende Energie erhält in der Thermodynamik ein negatives Vorzeichen.) Dieser Wert ist die Summe der Energiebeträge von einzelnen Teilreaktionen:

Sublimationsenergie für $\mathrm{Na_{fest}} \rightarrow \mathrm{Na_{gas}}$
Dissoziationsenergie für $\mathrm{Cl_2} \rightarrow 2\,\mathrm{Cl}$
Ionisierungsenergie für $\mathrm{Na} \rightarrow \mathrm{Na^+}$
Elektronenaffinität für $\mathrm{Cl} \rightarrow \mathrm{Cl^-}$
Gitterenergie für $\mathrm{Na^+}$ (gas) $+ \mathrm{Cl^-}$ (gas) $\rightarrow \mathrm{NaCl}$ (fest)

Sind die Energiebeträge der ersten vier Einzelreaktionen bekannt und mit dem (thermodynamisch) korrekten Vorzeichen aufsummiert, so lässt sich aus der bekannten Bildungsenthalpie die Gitterenergie ermitteln. Umgekehrt lässt sich die Bildungsenthalpie $\Delta \mathrm{H}^0$ einer Ionenverbindung bestimmen, wenn die Daten der obigen Teilreaktionen einschließlich der Gitterenergie bekannt sind.

Anmerkung: Die ‚Gitterenergie‘ müsste korrekterweise ‚Strukturenergie‘ bezeichnet werden, denn die Begriffe Struktur und Gitter haben unterschiedliche Bedeutung. Siehe dazu die Ausführungen zu ‚Kristallstruktur und Raumgitter‘ im $\rightarrow$ Abschn. 4.1.3.

Stoffgruppen mit Ionenbindung für den Studenten des Maschinenbaus

Für den Studenten des Maschinenbaus sind – neben einigen wenigen Salzen – vor allem die Metalloxide als Stoffgruppe mit Ionenbindung von besonderer Bedeutung. Bei der Aufstellung der Formel einer Ionenbindung ist auf den Ladungsausgleich von Kation und Anion zu achten, denn Ionenverbindungen sind nach außen elektrisch neutrale Verbindungen.

» *Metalloxide*

Aluminiumoxid $\alpha\text{-}\mathrm{Al_2O_3}$: $2\mathrm{Al^{3+}}3\mathrm{O^{2-}}$
Der systematische Name ist Dialuminiumtrioxid, der Name des Minerals ist Korund.
Zirconiumdioxid $\mathrm{ZrO_2}$: $\mathrm{Zr^{4+}}\,2\mathrm{O^{2-}}$
Titandioxid $\mathrm{TiO_2}$: $\mathrm{Ti^{4+}}\,2\mathrm{O^{2-}}$
Magnesiumoxid MgO: $\mathrm{Mg^{2+}}\,\mathrm{O^{2-}}$
Berylliumoxid BeO: $\mathrm{Be^{2+}}\,\mathrm{O^{2-}}$
Eisen(II)-oxid FeO: $\mathrm{Fe^{2+}}\,\mathrm{O^{2-}}$
Eisen(III)-oxid $\mathrm{Fe_2O_3}$: $2\,\mathrm{Fe^{3+}}\,3\mathrm{O^{2-}}$
Eisen(II, III)-oxid $\mathrm{Fe_3O_4}$: $\mathrm{FeO \cdot Fe_2O_3}$, $\mathrm{Fe^{2+}}\,2\mathrm{Fe^{3+}}4\mathrm{O^{2-}}$
Calciumoxid CaO: $\mathrm{Ca^{2+}}\,\mathrm{O^{2-}}$

» *Doppeloxide*

Ihre Formeln lassen nicht sofort erkennen, dass es Oxide sind:
Ilmenit, Eisentitanat $\mathrm{FeTiO_3}$: $\mathrm{FeO \cdot TiO_2}$ $\mathrm{Fe^{2+}}\,\mathrm{Ti^{4+}}\,3\mathrm{O^{2-}}$
Perowskit, Calciumtitanat $\mathrm{CaTiO_3}$: $\mathrm{CaO \cdot TiO_2}$ $\mathrm{Ca^{2+}}\,\mathrm{Ti^{4+}}\,3\mathrm{O^{2-}}$
Spinell, Magnesiumaluminat $\mathrm{MgAl_2O_4}$: $\mathrm{MgO \cdot Al_2O_3}$, $\mathrm{Mg^{2+}}\,2\mathrm{Al^{3+}}\,4\mathrm{O^{2-}}$

» *Salze*

Prototyp ist das Natriumchlorid NaCl, das als Steinsalz oder Kochsalz bekannt ist. Von ihm leitet sich der allgemeine Name ‚Salze‘ für diese Stoffgruppe ab. Ihre Bindungsart, die Ionenbindung wurde früher daher ‚salzartige Bindung‘ genannt.

Typische Vertreter sind die Salze der Halogene von Fluor, Chlor, Brom und Iod. Man nennt ihre Salze Halogenide, bzw. Fluoride, Chloride, Bromide oder Iodide. ‚Halogen' bedeutet Salzbildner.

Salze beschränken sich aber nicht nur auf die Alkalihalogenide, sondern ein Salz besteht allgemein aus einem

Metall-Kation Ca^{++} Al^{+++} Zn^{++} Fe^{++} Fe^{+++} u.a.

und einem

Nichtmetall-Anion bzw. aus einem Molekül-Anion:

F^- Fluoridion , Cl^- Chloridion, S^{2-} Sulfidion,
$CO_3{}^{2-}$ Carbonation, $SO_4{}^{2-}$ Sulfation u.a.

Einige technisch wichtige Salze werden in späteren Kapiteln besprochen, Beispiele sind Calciumcarbonat $CaCO_3$ und Bleisulfat $PbSO_4$.

Hinweis: Sulfide der Alkalimetalle sind ebenfalls Ionenverbindungen, als Werkstoffe im Maschinenbau haben sie keine besondere Bedeutung. In späteren Kapiteln wird Zinksulfid ZnS und Moybdänsulfid MoS_2 besprochen, sie haben eine andere Bindungsart.

4.1.3 Einige Begriffe aus der Kristallchemie

Die Kristallchemie ist ein Teilgebiet der Kristallographie.

Die *Kristallographie* ist die Wissenschaft vom kristallinen Zustand der Festkörper, worunter man den dreidimensional-periodisch geordneten Zustand versteht. Sie befasst sich u.a. mit dem strukturellen Aufbau der Kristalle aus den kleinsten Bausteinen sowie den Symmetrieeigenschaften eines Kristalls, aber auch mit dem Kristallwachstum und den physikalischen Eigenschaften von Kristallen.

Kleinste Bausteine können − wie am Anfang des → Kap. 4 angegeben wurde − Ionen (Kationen, Anionen), Nichtmetallatome (atomar oder im Molekül) und Metallatome (positiv geladene Metallatomrümpfe) sein.

Ein *Kristall* (kristallos gr. = Eis, Bergkristall) ist ein makroskopisch homogener, kristalliner Festkörper (→ unterscheide amorpher Festkörper, amorphos gr. = gestaltlos), bei dem die Anordnung der kleinsten Bausteine sich dreidimensional-periodisch in einem gitterhaften Aufbau wiederholt. Das lässt sich durch Strukturanalyse mittels Röntgen- Elektronen- oder Neutronenstrahlen feststellen. Mikroskopisch zeichnet sich der gitterhafte Aufbau dadurch aus, dass ein ideal ausgebildeter Kristall, ein so genannter *Einkristall* durch Symmetrieoperationen wie Verschiebungen und Verdrehungen immer wieder mit sich selbst zur Deckung gebracht werden kann. Die kristalline Ordnung der Bausteine ist über makroskopische Entfernungen nachweisbar, man spricht daher auch von einer *Fernordnung*. Ein Kristall hat *anisotrope*, d.h. richtungsabhängige physikalische Eigenschaften.

Die *Kristallchemie* behandelt u.a. den Aufbau von Kristallen in Abhängigkeit von der

Art der kleinsten Bausteine und ihren Bindungsarten, sie behandelt die Veränderungen der Kristalle, die durch die Zustandsbedingungen Druck und Temperatur, wie auch durch den Einbau von Fremdatomen entstehen können.

Die ***Kristallstruktur*** gibt die dreidimensional-periodische Anordnung der kleinsten Bausteine im kristallinen Aufbau eines Festkörpers an. Wird die Kristallstruktur − vereinfacht nur *Struktur* genannt (veraltet Raumstruktur) − eines Kristalls dargestellt, so werden die konkreten Radienverhältnisse der kleinsten Bausteine an ihren Positionen berücksichtigt. Beispielsweise wird bei der Kristallstruktur des NaCl-Kristalls in → Abb. 4.5 deutlich, dass das Kation Na^+ kleiner als das Anion Cl^- ist. Die kleinste Einheit, aus der sich die gesamte Kristallstruktur dreidimensional aufbaut, nennt man ***Elementarzelle***.

Für die große Anzahl der Kristallstrukturen erweist sich eine systematische Beschreibung nach ***Strukturtypen*** (s. → Abschn. 4.1.5) als hilfreich. Dafür wurden willkürlich gewählte Vertreter festgesetzt. Zwei kristalline Stoffe haben den gleichen Strukturtyp, wenn die kleinsten Bausteine in der Elementarzelle die gleichen Positionen besetzen, außerdem muss die Stöchiometrie übereinstimmen. Dagegen spielt die Art der kleinsten Bausteine, die Art der chemischen Bindung, die Abstände zwischen den kleinsten Bausteinen keine Rolle. Solche Kristallstrukturen bezeichnet man als *isotyp* und spricht von ***Isotypie***.

Es gibt Festkörper − wie schon erwähnt − deren Kristallstruktur von den Zustandsbedingungen Temperatur und Druck abhängt, d.h. sie kommen in ***polymorphen Formen*** vor. Man spricht dann von verschiedenen kristallinen *Phasen* bzw. verschiedenen festen *Zustandsformen* oder auch verschiedenen ***Modifikationen***. Damit verbunden ist meistens eine Verschiedenheit der Eigenschaften, z.B. der Massendichte, Härte, des Schmelzpunkts, auch der elektrischen Leitfähigkeit und Wärmeleitfähigkeit. Dies macht deutlich, dass nicht nur die individuellen Bausteine Einfluss auf die makroskopischen physikalischen und chemischen Eigenschaften eines kristallinen Festkörpers nehmen, sondern auch der mikroskopisch strukturelle Aufbau. *Diese Zusammenhänge äußern sich in den chemischen und physikalischen Eigenschaften von technisch wichtigen Werkstoffen.*

Das ***Raumgitter*** (s. → Abb. 4.4) − vereinfacht nur *Gitter* genannt (veraltet Gitterstruktur, Kristallgitter) − ist ein Hilfsmittel zur Beschreibung des gitterhaften Aufbaus der Kristallstruktur, d.h. es beschreibt die translationsperiodische Anordnung der kleinsten Bausteine. Translation bedeutet, dass man durch Parallelverschiebungen von Anordnungen der kleinsten Bausteine in einer definierten Richtung um einen definierten Betrag eine neue Lage erreicht, die sich von der Ausgangslage nicht unterscheiden lässt. Diese so genannte *Symmetrieoperation durch Translation* kann dreidimensional beliebig oft wiederholt werden. Zur abstrakten Beschreibung der Translationssymmetrie verwendet man also das Raumgitter: seine Gitterpunkte sind dreidimensional-periodisch angeordnet und können immer wieder durch Translation miteinander zur Deckung gebracht werden. Zur Beschreibung einer Kristallstruktur werden nun die Gitterpunkte im Translationsgitter oder anders ausgedrückt, im Raumgitter, angegeben. Dafür genügt es nur die kleinste, sich translationsperiodisch wiederholende Einheit zu beschreiben.

Diese kleinste Einheit eines Raumgitters, die ein Parallelepiped darstellt, nennt man *Gitterzelle* – auch *Einheitszelle* – vereinfacht nur Zelle (veraltet Grundgitter). Sie wiederholt sich translationsperiodisch im Raum.

Ein Parallelepiped ist ein geometrischer Körper im dreidimensionalen Raum, der sechs paarweise parallele Flächen hat. (epipedon gr. = Fläche)

Die Gitterzelle beschreibt nun das Raumgitter eindeutig hinsichtlich der Lage und des Abstandes der kleinsten Bausteine zueinander. Die drei Kanten der Zelle, ihre *Kristallachsen* (s. → Gitterkonstanten), werden als Basisvektoren dargestellt und ihre Länge mit a, b und c bezeichnet. Das Raumgitter stellt dann die Gesamtheit der Linearkombinationen r = ua + vb + wc mit ganzzahligen u, v und w dar.

Die Abstände zwischen zwei nächst benachbarten, äquivalenten Punkten auf den Kristallachsen bezeichnet man als *Gitterkonstanten* a, b und c (auch mit a_0, b_0 und c_0). Sie können in verschiedenen Winkeln zueinander stehen. Die *Achsenwinkel* werden mit α, β und γ bezeichnet. Die Gitterkonstanten a, b und c und die Achsenwinkel α, β, γ zwischen ihnen sind die *Gitterparameter* der Gitterzelle (vergl. dazu → Abb. 4.6d).

Die durch die Gitterparameter beschriebene Gitterzelle lässt sich einem der sieben *Kristallsysteme* zuordnen.

Kristallsysteme sind die Koordinatensysteme zur Beschreibung der verschiedenen Raumgitter. Sie unterscheiden sich durch symmetrisch bedingte Beschränkungen der Achsenwinkel und der Länge der Kristallachsen. Die sieben Kristallsysteme mit den Angaben für die Gitterparameter sind in der → Tabelle 4.2 angegeben, die geometrische Figuren der entsprechenden Gitterzellen sind in → Abb. 4.4 abgebildet. Beim kubischen sowie tetragonalen, rhombischen und monoklinen Kristallsystem gibt es verschiedene *Gittertypen*. Daraus leiten sich die insgesamt **14 *Bravais*-Gitter** ab, die in ihrer Symmetrie verschiedene Raumgitter darstellen. Unter Gittertyp versteht man somit die Kurzbezeichnung für die verschiedenen *Bravais*-Gitter.

Das kubische Kristallsystem hat den höchsten Grad an Symmetrie mit den Längen der Kristallachsen a = b = c und den rechten Achsenwinkeln $\alpha = \beta = \gamma = 90°$. Es gibt drei Gittertypen (1, 2 und 3), je nachdem, ob im einfachen Kubus mit acht Ecken noch die Raummitte oder die Flächenmitten mit Gitterpunkten besetzt sind. Man nennt die Gittertypen: 1 primitiv, 2 innen- oder raumzentriert und 3 flächenzentriert. Für den Studenten des Maschinenbaus ist außer dem kubischen Kristallsystem noch das hexagonale (4) und tetragonale Kristallsystem (6 und 7) von besonderer Bedeutung. Beim hexagonalen Kristallsystem gibt es nur einen Gittertyp, beim tetragonalen Kristallsystem zwei Gittertypen.

Eine *Gitterebene*, auch Netzebene genannt, kann eine mit den kleinsten Bausteinen besetzte ebene Schnittfläche durch das Gitter sein. Sie werden durch die *Millerschen* Indizes gekennzeichnet. Auf sie wird hier nicht näher eingegangen (siehe Literatur der Werkstoffkunde oder Kristallographie). *(William Hallowes Miller 1801–1880, britischer Kristallograph.)*

Tabelle 4.2 Kristallsysteme

Kristallsystem	Gitterparameter Gitterkonstanten Achsenwinkel	
Kubisch 1 primitiv (einfach) 2 innen(raum)zentriert 3 flächenzentriert	$a = b = c$	$\alpha = \beta = \gamma = 90°$
hexagonal primitiv 4	$a = b \neq c$	$\alpha = \beta = 90°\ \gamma = 120°$
rhomboedrisch* 5	$a = b = c$	$\alpha = \beta = \gamma \neq 90°$
tetragonal 6 primitiv 7 innen(raum)zentrierte	$a = b \neq c$	$\alpha = \beta = \gamma = 90°$
rhombisch 8 primitiv 9 basisflächenzentriert 10 innen(raum)zentriert 11 allseitig flächenzentriert	$a \neq b \neq c$	$\alpha = \beta = \gamma = 90°$
monoklin 12 primitiv 13 basisflächenzentriert	$a \neq b \neq c$	$\alpha = \gamma = 90°\ \beta \neq 90°$
triklin 14 primitiv	$a \neq b \neq c$	$\alpha \neq \beta \neq \gamma \neq 90°$

Anmerkung: Rhombus (gr. lat. Raute), ein Parallelogramm mit vier gleich langen Seiten, die Gegenwinkel sind gleich groß, gegenüber liegende Seiten sind parallel; die Diagonalen halbieren einander und stehen senkrecht aufeinander.
*Rhomboeder (gr. hedra Fläche, Rautenflächner), rhomboedrisch eine Form (Abteilung) des hexagonalen Kristallsystems s. $\rightarrow$ Abb. 4.4, Nr. 5

Beim Einbau der konkreten räumlichen Größen der kleinsten Bausteine in das Raumgitter erhält man die *Kristallstrukturen*. Die Positionen sind besetzt:

- im Ionenkristall mit Metall- und Nichtmetallionen, z.B. Na^+, Cl^- (s. $\rightarrow$ Abschn. 4.1.4),
- im Atomkristall mit Nichtmetallatomen, z.B. C im Diamant (s. $\rightarrow$ Abschn. 4.2.2),
- im Molekülkristall mit Molekülen, z.B. CO_2 (s. $\rightarrow$ Abb. 4.46),
- im Metallkristall mit positiven Metallatomrümpfen, z.B. Cu^+ (s. $\rightarrow$ Abschn. 4.3.2).

Reine Ionen-, Atom- und Metallkristalle sind Grenztypen, wenn die entsprechenden chemischen Bindungsarten in ihrer idealen Form vorliegen s. $\rightarrow$ NaCl, Diamant, CO_2, Cu. Zumeist existieren jedoch Übergänge zwischen den verschiedenen Bindungsarten, damit treten auch Strukturveränderungen ein.

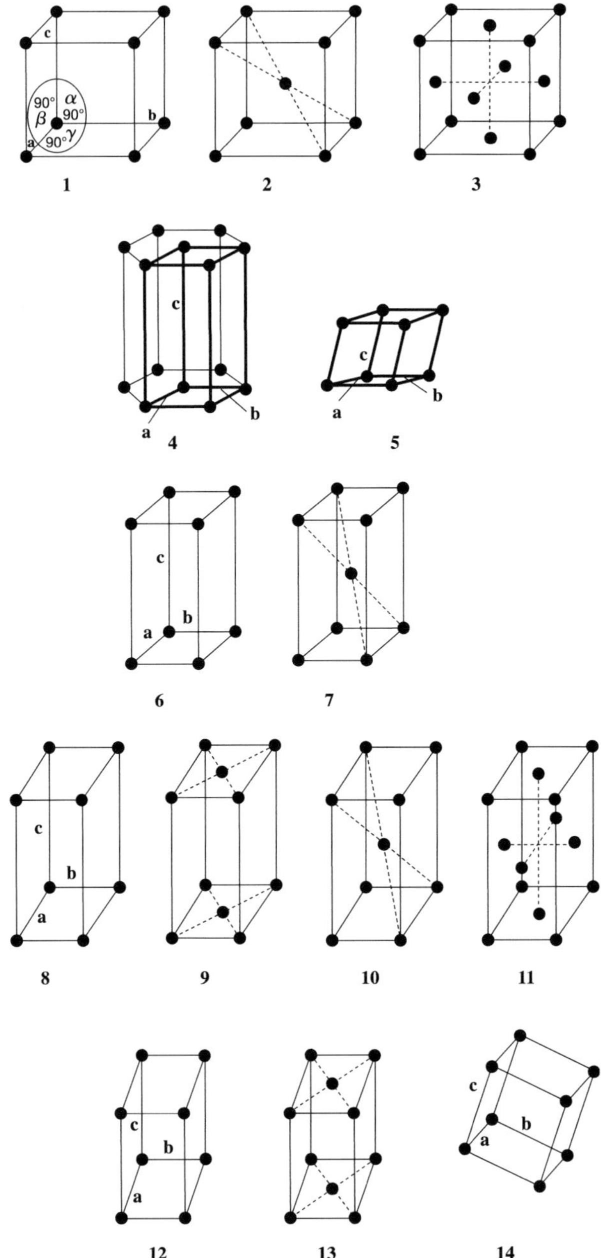

Abb. 4.4 Die Gitterzellen der vierzehn *Bravais-Gitter (Auguste Bravais 1811–1863, französischer Naturforscher)*. Die Nummerierung entspricht derjenigen in Tabelle 4.2

Die Achse **a** der Elementarzelle zeigt stets nach vorne, die Achse **b** nach rechts und die Achse **c** nach oben. Der Winkel α liegt zwischen der c und b Achse, der Winkel β zwischen der c und a Achse, der Winkel γ zwischen der a und b Achse.

Nr. 4: Das hexagonale Kristallsystem besteht aus drei gleichen rautenförmigen Zellen. Eine Zelle ist verstärkt eingezeichnet

Die Begriffe *Kristallstruktur*, abgekürzt *Struktur*, und *Raumgitter*, abgekürzt *Gitter*, haben − wie beschrieben − verschiedene Bedeutung:

Die *Kristallstruktur* gibt die dreidimensional-periodische Anordnung der kleinsten Bausteine im kristallinen Aufbau eines Festkörpers an, wobei die konkreten Radienverhältnisse und Positionen der Bausteine berücksichtigt werden. Die Kristallstruktur umfasst sämtliche Symmetrieoperationen eines Kristalls. Zusätzlich zur Translationssymmetrie werden noch andere Symmetrieoperationen berücksichtigt, nämlich die Drehung um eine Drehachse, die Spiegelung an einer Spiegelebene, die Drehspiegelung um eine Drehspiegelachse sowie Schraubenachsen und Gleitspiegelebenen. (Siehe dazu Bücher der Kristallographie).

Das *Raumgitter* umfasst nur die Translationssymmetrie allein. Es ist ein Hilfsmittel zur Beschreibung des gitterhaften Aufbaus der Kristallsstruktur und zeigt die exakte geometrische Anordnung der kleinsten Bausteine an.

Anmerkung: In der Literatur wird oftmals kein Unterschied zwischen dem Begriff ‚Struktur‘ und ‚Gitter‘ gemacht.

Am Beispiel des Ionenkristalls NaCl werden die Begriffe aus der Kristallchemie anschaulich erklärt:

In → Abb. 4.5a und b sind ein Ausschnitt aus der Kristallstruktur und die Struktur der Elementarzelle von Natriumchlorid NaCl dargestellt unter Berücksichtigung der richtigen Radienverhältnisse. Die Positionen werden von den kleinsten Bausteinen Na^+-Ionen bzw. Cl^--Ionen besetzt.

Den translationsperiodischen Aufbau eines NaCl-Kristalls darzustellen, ermöglicht hingegen das Raumgitter. Dazu ist die Gitterzelle in → Abb. 4.4 unter Nummer 3 dargestellt. Daraus lässt sich die geometrische Anordnung der Ionen, hier beispielsweise im kubisch-flächenzentrierten Gittertyp, übersichtlicher ablesen. Die richtigen Radienverhältnisse und die Angabe der Positionen von Kation und Anion gehen dabei verloren. Es sind lediglich die Gitterpunkte des kubisch-flächenzentrierten Gittertyps angegeben, die die Schwerpunkte, z.B. im Ionenkristall die Ladungsschwerpunkte der einzelnen Ionen andeuten. In → Abb. 4.6a ist der gitterhafte Aufbau der NaCl-Struktur dargestellt.

Eine weitere Möglichkeit der Darstellung besteht darin, die Ionen nicht maßstabsgerecht wie in den → Abb. 4.5a und b anzugeben, sondern sie verkleinert, jedoch im Verhältnis ihrer Radien in das Gitter einzuzeichnen. Durch diese gitterhafte Darstellung der Kristallstruktur wie in → Abb. 4.6a, wird der Betrachter an die unterschiedlichen Radien von Anion und Kation erinnert. Diese Art der Darstellung der Kristallstruktur wird im Weiteren angewendet. In → Abb. 4.6a ist auch die Fernordnung im NaCl-Kristall angedeutet, zugleich ist eine Elementarzelle verstärkt eingezeichnet.

Als nächstes ist in → Abb. 4.6b und c sowohl für die Cl^--Ionen als auch für die Na^+-Ionen die gitterhafte Darstellung ihrer Teilstruktur, meist nur Teilgitter genannt, getrennt angegeben. Beide Teilgitter gehören dem kubischen Kristallsystem an und liegen als kubisch-flächenzentrierter Gittertyp vor.

Anschaulich erklärt sind in der → Abb. 4.6d die Gitterparameter – nämlich die Kristallachsen – die Gitterkonstanten – mit den Längen a, b und c sowie die Achsenwinkel α, β und γ. Im NaCl-Kristall haben die Kristallachsen a, b und c jeweils den Betrag von 566 pm und die Achsenwinkel α, β und γ betragen 90°.

Die getrennt gezeichnete Elementarzelle (s. → Abb. 4.6e) macht noch einmal den gitterhaften Aufbau der NaCl-Struktur sichtbar und deutet auch die unterschiedlichen Radien von Cl^--Anion mit 181 pm (für die KZ 6) und Na^+-Kation mit 102 pm (für die KZ 6) an. Außerdem wird ersichtlich, dass die Teilgitter der Na^+- und Cl^--Ionen um eine halbe Kristallachse versetzt ineinander gestellt sind.

In → Abb. 4.6e ist eine Gitterebene in der Elementarzelle eingezeichnet.

Der *Ladungsausgleich* zwischen negativ geladenen Anionen Cl^- und positiv geladenen Kationen Na^+ ist mit 14 zu 13 in der abgebildeten Elementarzelle nicht vorhanden. Die Elementarzelle wird dennoch in dieser Weise angegeben im Gegensatz zu der angedeuteten Fernordnung in der → Abb. 4.6a: Bereits im → Abschn. 4.1.2 wurde beschrieben, dass die elektrostatische Coulomb-Anziehung zwischen den positiv und negativ geladenen Ionen ungerichtet ist, das bedeutet, dass sie in allen Raumrichtungen gleich wirksam ist. Aus den Elementen Natrium und Chlor entstehen daher nicht einzelne Ionenpaare Na^+Cl^-, sondern es bildet sich eine räumliche Struktur, ein Ionenkristall aus, was in den → Abb. 4.5a und 4.6a angedeutet ist. Erst das Zusammenfügen von vielen Elementarzellen zu einem makroskopischen Kristall ergibt in der Summe einen Ladungsausgleich. Restvalenzen an der Oberfläche sind praktisch unbedeutend. Siehe dazu → Abschn. 4.1.4, in einem cm^3 sind etwa 10^{21} Elementarzellen.

Die Bilder der Kristallmodelle im gesamten Kapitel 4 sind von Prof. Dr. Bernhard Ziegler mit Hilfe eines Computerprogrammes erstellt, das von ihm selbst entwickelt und berechnet wurde, und das die Bilder grafisch dargestellt hat.

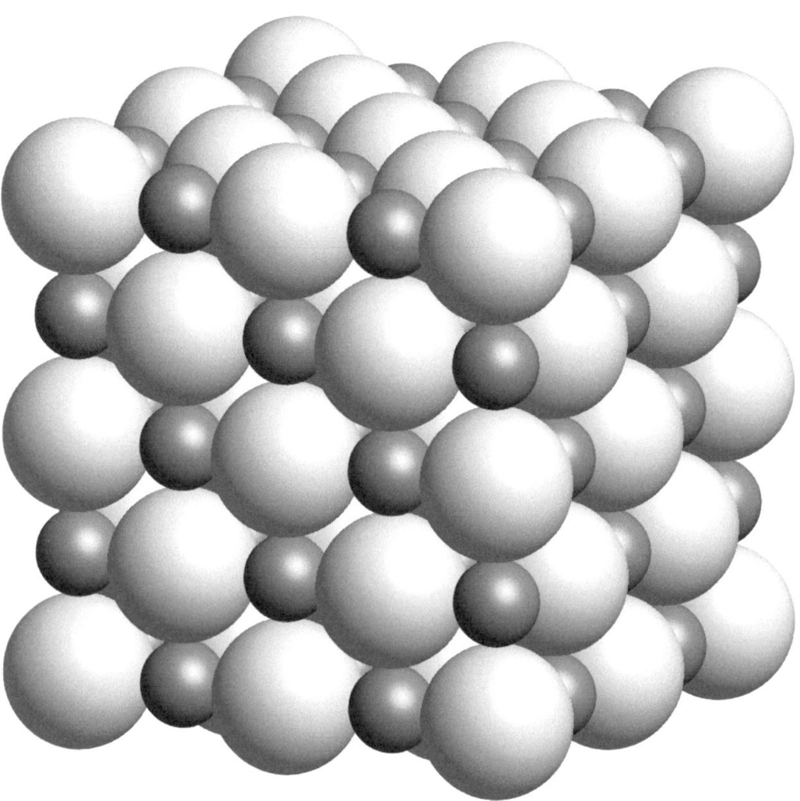

a Ausschnitt aus der Kristallstruktur von Natriumchlorid NaCl
Es sind 2^3 Elementarzellen dargestellt.

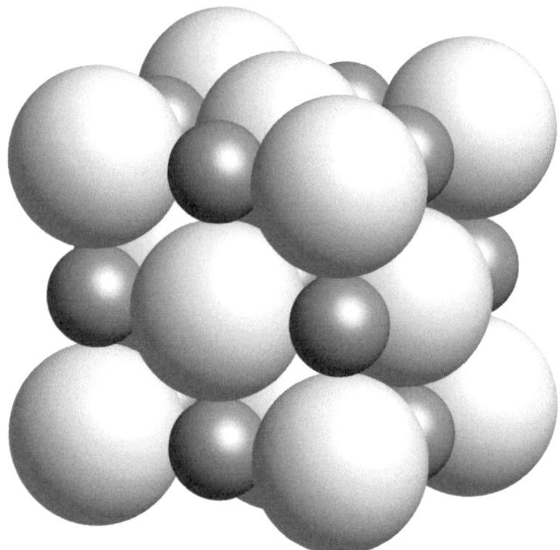

Cl^- große Kugeln, Na^+ kleine Kugeln.
Ionenradien: Cl^--Anion 181 pm,
Na^+-Kation 102 pm.

Der RQ 102/181 beträgt 0,56 und liegt
somit zwischen 0,73 und 0,41, d.h. die
Koordinationszahl KZ für das Kation ist
6. Da die Ladungen zwischen 1 Na^+ und
1 Cl^- bei 1 : 1 ausgeglichen sind,
hat auch das Anion die KZ 6.

b Elementarzelle

Abb. 4.5 Kristallstruktur von Natriumchlorid NaCl

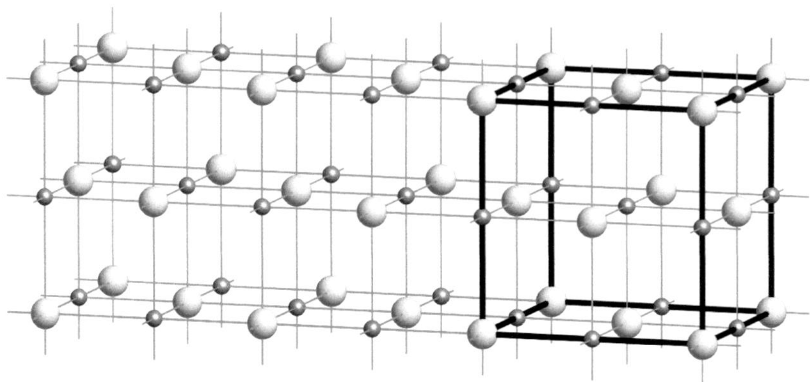

a Gitterhafte Darstellung von drei Elementarzellen der NaCl-Struktur
Eine Elementarzelle ist verstärkt eingezeichnet.
Der räumliche Aufbau des Kristalls, die dreidimensionale Fernordnung, wird durch die überstehenden Striche angedeutet.

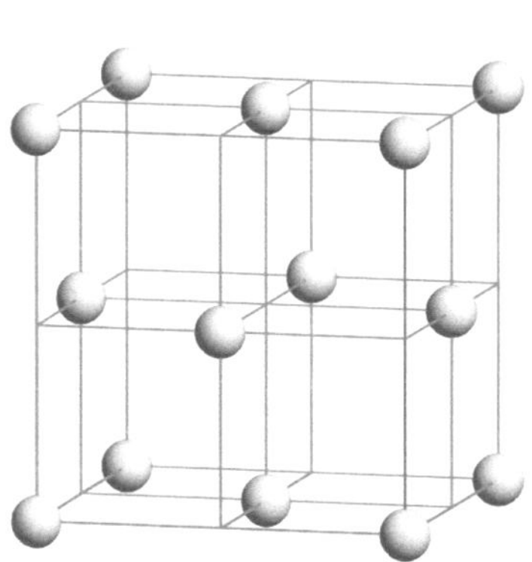

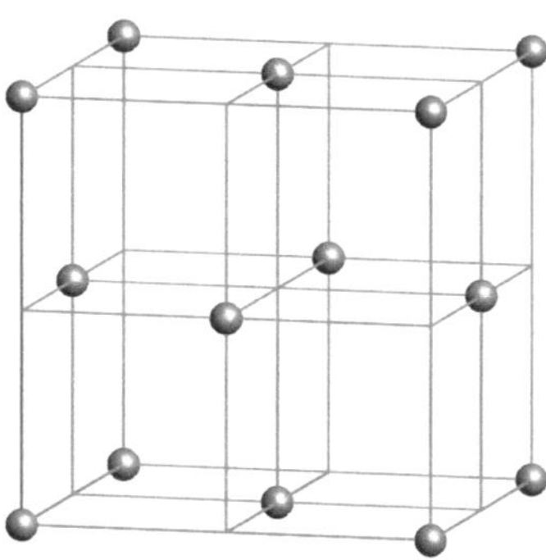

Gitterhafte Darstellung der kubisch-flächenzentrierten Teilstruktur für das
b Anion Cl^- **c** Kation Na^+

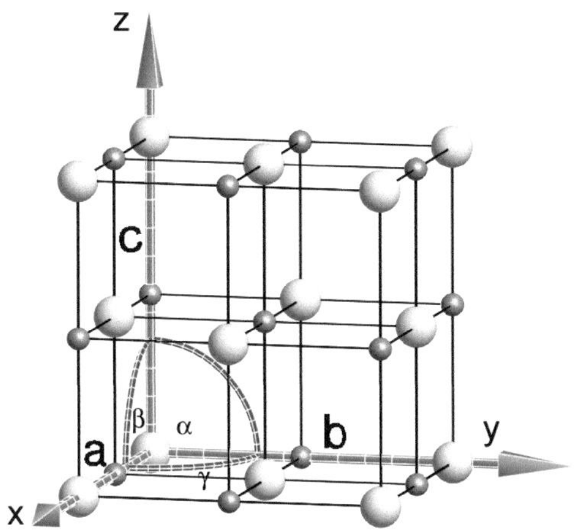

d Gitterparameter für die NaCl-Struktur:
   Gitterkonstanten $a = b = c = 566$ pm
   Achsenwinkeln $\alpha = \beta = \gamma = 90°$
   α: Winkel zwischen der c und b Kristallachse
   β: Winkel zwischen der c und a Kristallachse
   γ: Winkel zwischen der a und b Kristallachse
x, y und z sind die Achsen eines rechtwinkligen Koordinatensystems.

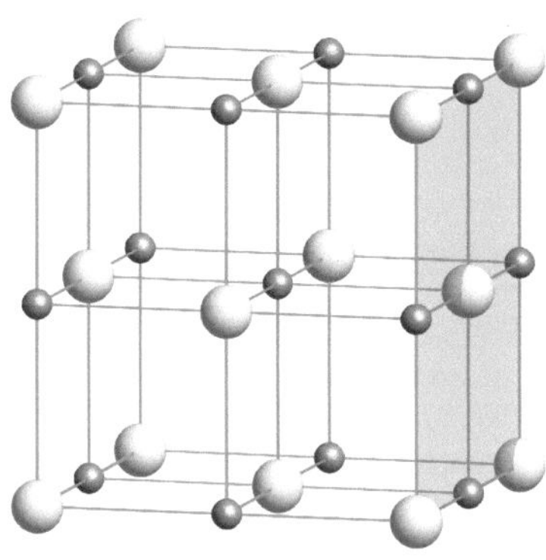

e Elementarzelle
Das Teilgitter der Na^+-Ionen ist um eine halbe Kantenlänge versetzt in
das Teilgitter der Cl^--Ionen hinein gestellt. Eine Gitterebene ist grau
eingezeichnet

Abb. 4.6 Einige Begriffe aus der Kristallchemie werden am Beispiel der gitterhaften Darstellung der
Kristallstruktur von Natriumchlorid NaCl erklärt.

In der nachfolgenden → Tabelle 4.3 sind die verwendeten Begriffe aus der Kristallchemie übersichtlich zusammengefasst.

Tabelle 4.3 Zusammenfassende Übersicht über einige Begriffe aus der Kristallchemie

Kristall	
Ein Kristall ist makroskopisch betrachtet ein homogener Festkörper, dessen kleinste Bausteine sich dreidimensional-periodisch in einem gitterhaften Aufbau wiederholen. Kleinste Bausteine können sein: Ionen (Kationen, Anionen), Nichtmetallatome (atomar oder im Molekül) und Metallatome (Metallatomrümpfe).	
Kristallstruktur	**Raumgitter**
Abkürzung: Struktur Die Struktur gibt die dreidimensional-periodische Anordnung der kleinsten Bausteine eines kristallinen Festkörpers an, indem sie die konkreten Radienverhältnisse der kleinsten Bausteine an den entsprechenden Positionen berücksichtigt und sämtliche Symmetrieoperationen des Kristalls umfasst.	Abkürzung: Gitter Das Gitter ist ein Hilfsmittel zur Beschreibung des gitterhaften Aufbaus der Kristallstruktur. Es stellt dreidimensional die Translationsperiodizität der Anordnung der kleinsten Bausteine dar.

Andere Bezeichnungen:
    Kristalline Phase,
    feste Zustandsform,
    Modifikation,
    bei Metallen auch Kugelpackung.
Gibt es von einem kristallinen Festkörper in Abhängigkeit von Temperatur und Druck verschiedene Kristallstrukturen, so spricht man von polymorphen Modifikationen.
	Andere Bezeichnung:
	
	Translationsgitter
	z.B. 14 Bravais-Gitter

———	Kristallsystem
	Es ist das Koordinatensystem zur Beschreibung der verschiedenen Raumgitter.
	Einzelne Bezeichnungen:
	    kubisches bzw. hexagonales,
	    tetragonales usf. Kristallsystem

Elementarzelle Es ist die kleinste Einheit, aus der sich die Struktur durch dreidimensionale Translation aufbaut.	Gitterzelle Es ist die kleinste Einheit, aus der sich durch dreidimensionale Translation ein bestimmter Gittertyp (siehe Seite 105) aufbaut, sie stellt für diesen Gittertyp die entsprechende Gitterzelle dar. Sie wird durch die Gitterparameter (siehe weiter unten) beschrieben.

Fortsetzung

	Abkürzung: Zelle
	Andere Bezeichnungen:
	    Elementarzelle
	    Einheitszelle
	    Parallelepiped.

———	Gitterparameter
	    es sind dies
	      – die Gitterkonstanten, sie werden als
	        Kristallachsen mit den Längen a, b, c
	        dargestellt und
	      – die Achsenwinkel α, β, γ.

Positionen Die kleinsten Bausteine besetzen Positionen in der Kristallstruktur.	Gitterpunkte Die Eckpunkte in der geometrischen Anordnung werden Gitterpunkte genannt.

Kurzbezeichung für Kristallstrukturen:
    Strukturtypen
        CsCl-Typ
        NaCl-Typ, Steinsalz-Typ
        CaF_2-Typ, Fluorit-Typ
        TiO_2-Typ, Rutil-Typ
        kubischer ZnS-Typ,
           Zinkblende-(Sphalerit-)Typ
        hexagonaler ZnS-Typ, Wurtzit-Typ
        Diamant-Typ
        Cu-Typ
        Mg-Typ
        W-Typ
        α-Al_2O_3-Typ, Korund-Typ
        u.a.
	Kurzbezeichung für Kristallsysteme:
	    Gittertypen
	      kubischer Gittertyp
	      hexagonaler Gittertyp
	      tetragonaler Gittertyp
	      u.a. $\rightarrow$ Abb. 4.4

Oktaederlücke s. $\rightarrow$ Abb. 4.9c Verbindet man in einer kubisch-flächenzentrierten Elementarzelle die in den Flächen zentrierten Positionen durch gerade Linien, so entsteht ein Oktaeder, dessen Mitte als Oktaederlücke bezeichnet wird. Tetraederlücke s. $\rightarrow$ Abb. 4.10c Eine Tetraederlücke liegt bei einer kubisch-flächenzentrierten Elementarzelle in der Mitte eines jeden der acht Teilwürfel, in die man die Elementarzelle aufteilen kann.	———

Kristallines Material in der Technik

Ein Kristall befindet sich – wie beschrieben – in einem dreidimensional-periodisch geordneten Zustand, d.h. in einer relativ energiearmen, stabilen Ordnung. Ein *Einkristall* stellt die ideale, perfekte Form dar, in dem es keine Korngrenzen gibt. Dieser Zustand kommt allerdings selten vor.

In der Technik wird vielmehr mit einem sehr viel einfacher herzustellenden, aus *Realkristallen* bestehenden polykristallinen Material gearbeitet. Realkristalle haben Baufehler in der Kristallstruktur, d.h. sie weichen mehr oder weniger von der perfekten Ordnung des Einkristalls ab.

Ein polykristallines Material besteht aus einer Vielzahl von kleinen kristallinen Bereichen, die man Kristallkörner oder *Kristallite* bezeichnet, sie sind verschieden groß und regellos angeordnet. Über die Korngrenzen sind sie zum *Gefüge* miteinander verbunden und stellen die Mikrostruktur des Materials dar. Das Gefüge kann feinkörnig oder grobkörnig anfallen, was vom Herstellungsverfahren abhängt.

Weniger regellos angeordnete sondern ausgerichtete Kristallite, eine *Textur*, erhält man bei bestimmten Behandlungsarten z.B. beim Walzen von Blechen. Die Kristallite werden dabei so ausgerichtet, dass ihre Kristallachsen in etwa parallel zu liegen kommen.

Die tatsächlich resultierenden Eigenschaften eines kristallinen Materials – eines kristallinen Werkstoffs – werden also nicht nur von der chemischen Zusammensetzung und dem strukturellen Aufbau sondern auch von den Kristallbaufehlern, dem Gefüge, der Textur und gegebenenfalls weiteren werkstoffkundlichen Behandlungsarten abhängen.

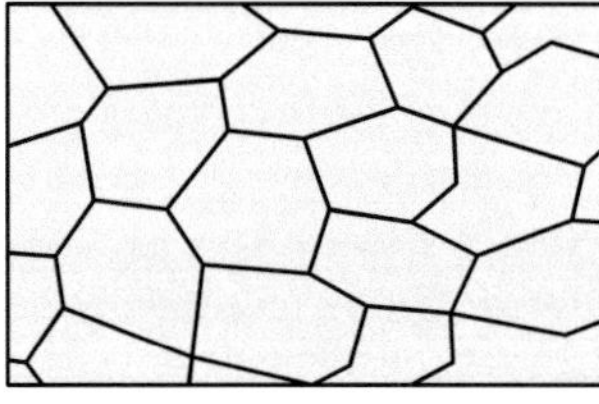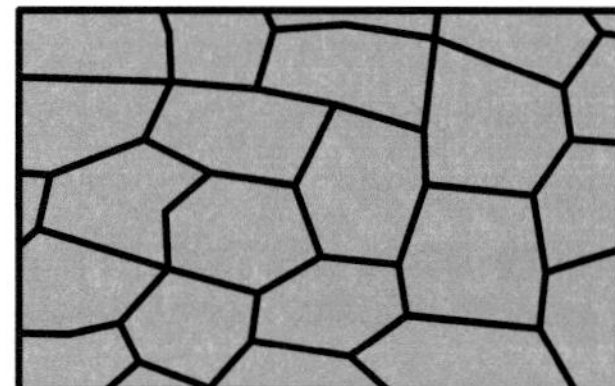

Abb. 4.7 Polykristallines Material für zwei unterschiedliche homogene Phasen (Komponenten)
Ungeachtet der eingezeichneten, unterschiedlich großen Kristallite (Körner), die durch *Korngrenzen* getrennt sind, ist polykristallines Material ein einheitliches, homogenes System. Es besteht nur aus einer einzigen Phase.
Vgl. heterogenes System in → Abb. 1.2. Im *heterogenen System,* das z.B. aus zwei homogenen Phasen zusammengesetzt ist, gibt es Phasengrenzen zwischen den verschiedenen homogenen Phasen (hell/dunkel) und *Korngrenzen (hell/hell und dunkel/dunkel).*

Amorpher Aufbau eines Materials

Grundsätzlich können feste Stoffe und daher auch Werkstoffgruppen nicht nur kristallin sondern auch amorph aufgebaut sein, und es kann Übergänge zwischen diesen beiden Ordnungszuständen geben. Der amorphe Zustand ist unabhängig von der Art der chemischen Bindung des Werkstoffs, es kann Ionenbindung, Atombindung oder Metallbindung vorliegen. Die kleinsten Bausteine sind dann nicht regelmäßig-dreidimensional wie in einer Kristallstruktur aufgebaut, die Fernordnung fehlt. Es liegt eine unterkühlte Schmelze (eingefrorene Flüssigkeit) vor, die sich aber wie ein Festkörper verhält. Amorphe Stoffe besitzen eine nur zwischen den nächsten Nachbaratomen bestehende Ordnung, eine *Nahordnung*. Sie sind isotrop, d.h. sie verfügen über keine physikalisch ausgezeichnete Richtung, und sie sind metastabil, d.h. sie können mehr oder weniger leicht, meist durch Erwärmen in den energieärmeren, stabilen, kristallinen Zustand übergeführt werden.

Ausführliche Beschreibung der amorphen Ordnung eines festen Körpers im → Abschn. 4.2.8 Glas, ein amorpher Festkörper.

4.1.4 Kristallstrukturen von Ionenverbindungen

Die folgenden Kristallstrukturen werden unter dem Gesichtspunkt der *Koordinationsstrukturen* behandelt. Diese leiten sich – wie im → Abschn. 4.1.2 und in → Abb. 4.3 dargestellt – aus den Größenverhältnissen der Ionenradien, dem Radienquotienten sowie der gegenseitigen Anordnung (Koordination) der Ionen und der daraus entstehenden Koordinationsgeometrie ab.

Es werden die Koordinationsstrukturen für die Formelstrukturen – Stöchiometrie – AB und AB_2 angegeben: A steht für das Kation, B für das Anion.

- Die Formelstruktur AB bedeutet, dass der Ladungsausgleich – der für einen nach außen elektrisch neutralen Kristall zwingend ist – zwischen A und B beim Verhältnis 1 : 1 erfüllt ist: sowohl A als auch B haben die gleiche Ladungszahl und somit die gleiche Koordinationszahl:

Beispiele:
Kristallstruktur von Cäsiumchlorid, CsCl-Struktur,
Kristallstruktur von Natriumchlorid, NaCl-Struktur,
Kubischer ZnS-Typ, Zinkblende-(Sphalerit-)Typ als Strukturtyp für Ionenverbindungen.

- Die Formelstruktur AB_2 bedeutet, dass der Ladungsausgleich zwischen A und B bei einem Verhältnis 1 : 2 erfüllt ist: A und B tragen unterschiedliche Ladungszahlen und nehmen damit unterschiedliche Koordinationszahlen an:

Beispiele:
Kristallstruktur von Calciumfluorid, CaF_2-Struktur,
Kristallstruktur von Titandioxid, TiO_2-Struktur.

Zunächst werden die Kristallstrukturen unter Berücksichtigung ihrer konkreten Gitterparameter und der richtigen Größenverhältnisse von Anion zu Kation gezeigt, um eine Vorstellung von den unterschiedlichen Größen ihrer Elementarzellen zu erhalten. Die Bedeutung dieser Kristallstrukturen besteht aber vor allem darin, dass die rein

geometrischen Anordnungen der Elementarzellen als *Strukturtypen* für isotype (s. →
Abschn. 4.1.3) Kristallstrukturen ausgewählt wurden. Diese wiederholen sich nicht nur
bei Ionenverbindungen sondern auch bei anderen Bindungsarten, wie sie bei Werkstoffen vorkommen, die in späteren Kapiteln besprochen werden. Als Typen sind sie
einheitlich groß und ohne Angabe von Gitterparametern im → Abschn. 4.1.5 dargestellt.

Anmerkung: Bei allen Kristallstrukturen wurde in den folgenden Abbildungen derselbe Abbildungsmaß-
stab für die Gitterkonstante und den Ionenradius benutzt, d.h. ein kleiner Kristall erscheint maßstäblich
verkleinert gegenüber einem größeren.

Kristallstruktur von Cäsiumchlorid, CsCl-Struktur

Cäsium steht in der 6. Periode des PSE, es ist ein relativ großes Atom mit sechs
Schalen, entsprechend groß ist auch sein Kation Cs^+. Es ist nur unwesentlich kleiner
als das Anion Cl^- auch Chloridion genannt. Nach der RQ-Regel $r_K/r_A = 174/181 = 0{,}96$*
liegt der Wert des RQ zwischen 1 und 0,73, d.h. die KZ ist in einer AB-Formelstruktur
sowohl für das Kation als auch für das Anion acht, damit ist auch der Ladungsausgleich
gewahrt. Das Polyeder für die KZ 8 ist der Kubus. Der Gittertyp für das Kation Cs^+
und auch für das Anion Cl^- ist kubisch-primitiv. In → Abb. 4.8a ist ein Teilausschnitt
aus der Kristallstruktur von Cäsiumchlorid dargestellt, in → Abb. 4.8b die Struktur der
Elementarzelle. Die gitterhafte Darstellung in → Abb. 4.8c ist übersichtlicher. Die beiden
kubisch-primitiven Teilgitter (→ Abb. 4.8d und e) sind für die CsCl-Struktur so ineinander
gestellt, dass das Cs^+-Ion genau in der Mitte des Cl^- Kubus zu liegen kommt und
umgekehrt (→ Abb. 4.8f). Die gitterhafte Darstellung der Elementarzelle s. → Abb. 4.8g.

*Für das Cs^+-Ion ist der Radius für die Koordinationszahl KZ 8 angegeben, für das Cl^--Ion für die KZ 6.
Anionen ändern ihren Ionenradius mit der KZ nur wenig.

CsCl-Typ s. → Abschn. 4.1.5

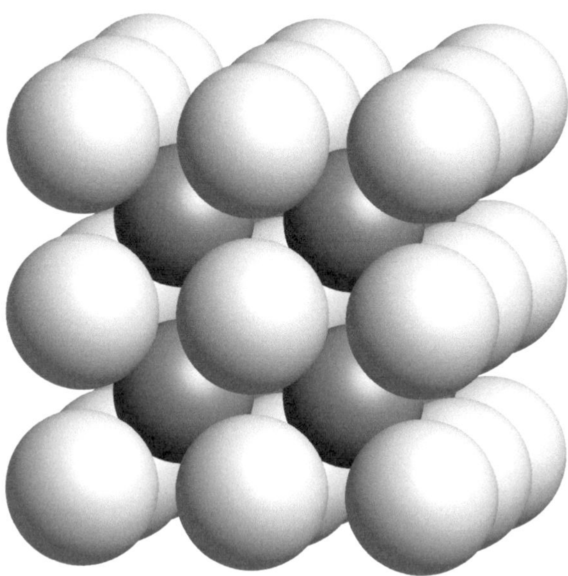

a Ausschnitt aus der Kristallstruktur von Cäsiumchlorid CsCl
   Es sind 2^3 Elementarzellen dargestellt.

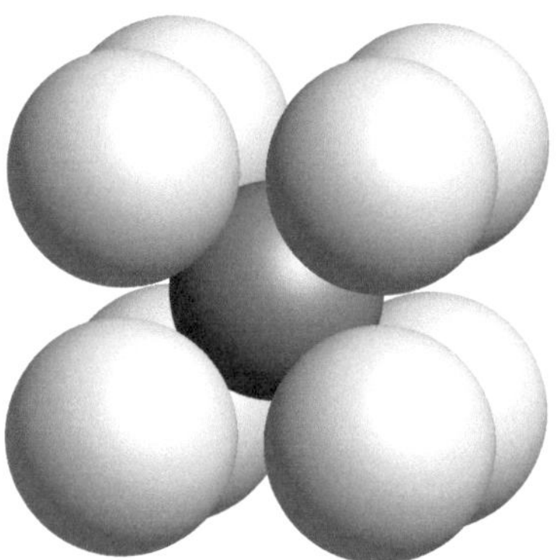

b Elementarzelle
Gitterkonstanten a = b = c = 412 pm
Achsenwinkel $\alpha = \beta = \gamma = 90°$
Cl^- helle Kugeln (Ionenradius 181 pm), Cs^+ dunkle Kugeln (Ionenradius 174 pm)

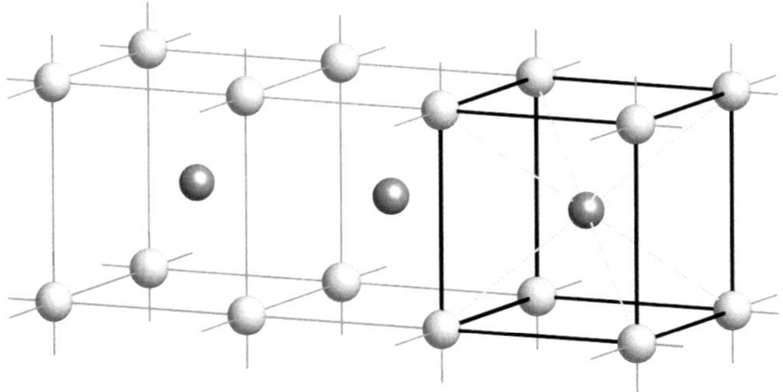

c Gitterhafte Darstellung von drei Elementarzellen der CsCl-Struktur
Eine Elementarzelle ist verstärkt eingezeichnet.

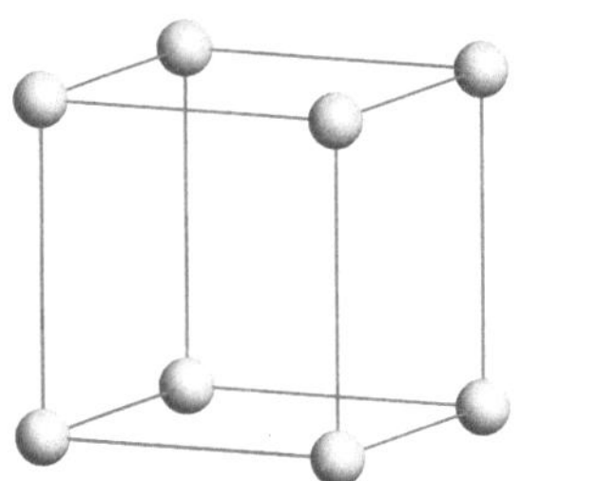
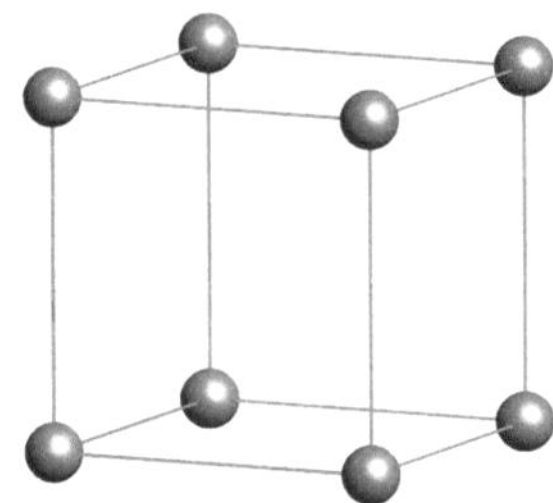

Gitterhafte Darstellung der kubisch-primitiven Teilstruktur für das
d Anion Cl^- **e** Kation Cs^+

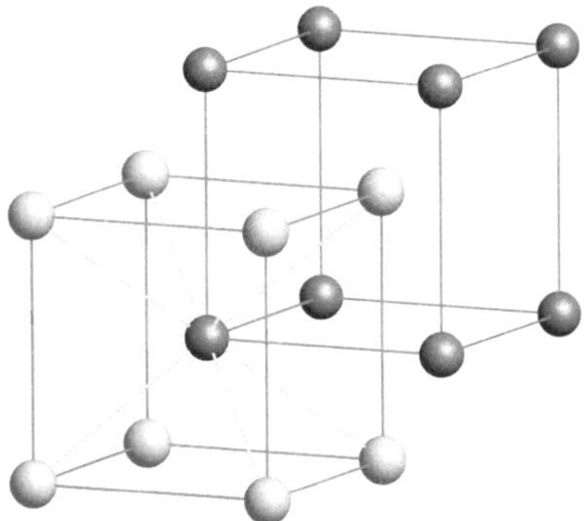
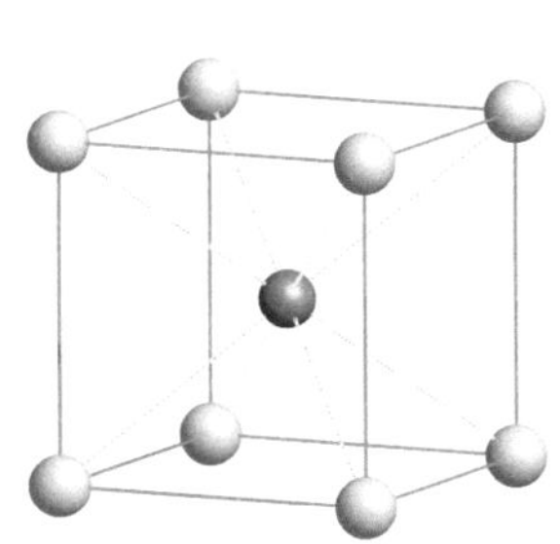

f Teilgitter von Anion und Kation   **g** Elementarzelle
ineinander gestellt

Abb. 4.8 Kristallstruktur von Cäsiumchlorid CsCl, Formelstruktur AB,
           KZ Kation : Anion 8 : 8.

Kristallstruktur von Natriumchlorid, NaCl-Struktur

Natrium steht in der dritten Periode des PSE, d.h. es ist kleiner als Cäsium, das in der 6. Periode steht, entsprechend unterscheiden sich auch die Kationen. Im Gegensatz zur CsCl-Struktur haben daher um das kleinere Kation Na^+ weniger Cl^--Anionen Platz. Nach der RQ-Regel r_K/r_A = 102/181 = 0,56* liegt der Wert des RQ zwischen 0,73 und 0,41, d.h. die KZ ist in einer AB-Formelstruktur sowohl für das Kation als auch für das Anion sechs, damit ist auch der Ladungsausgleich gewahrt. Das Polyeder für die KZ 6 ist das Oktaeder. Zeichnet man jeweils in den drei Raumrichtungen sechs Cl^--Ionen in Oktaederform um ein Na^+-Ion und sechs Na^+-Ionen in Oktaederform um ein Cl^--Ion, so erhält man für jedes Ion die kubisch-flächenzentrierte Struktur. Dies ist in den → Abb. 4.9a, b und c in der gitterhaften Darstellung gezeichnet. Ein Oktaeder verbindet stets die in der Mitte der Kubusflächen liegenden identischen Ionen. Die beiden flächenzentrierten Teilgitter für das Na^+-Ion und das Cl^--Ion sind, wie die Elementarzelle für die NaCl-Struktur zeigt (s. → Abb. 4.9d), um ½ Kantenlänge versetzt ineinander gestellt. In den drei Raumrichtungen existiert die gleiche periodische Folge von Na^+- und Cl^--Ionen.

*Für das Na^+-Ion und ebenso für das Cl^--Ion ist der Radius für die KZ 6 angegeben.

NaCl-Typ, Steinsalz-Typ s. → Abschn. 4.1.5.

» *Oktaederlücke*

Dem Begriff Oktaederlücke begegnet man auch in späteren Kapiteln, er kann mit der NaCl-Struktur erklärt werden.

In einer Betrachtungsweise, die das Koordinationspolyeder – das Oktaeder – in den Vordergrund stellt, kann folgendermaßen formuliert werden: verbindet man im Teilgitter der Cl^--Ionen die in den Flächen zentrierten Cl^--Ionen mit geraden Linien, so entsteht ein Oktaeder (s. → Abb. 4.9a), dessen Mitte zunächst leer ist. In → Abb. 4.9b ist dies in gleicher Weise auch für die Na^+-Ionen dargestellt. Betrachtet man die NaCl-Struktur insgesamt, so sieht man in → Abb. 4.9c, dass das kleinere Na^+-Ion stets die Oktaedermitte, die *Oktaederlücke* im kubisch-flächenzentrierten Teilgitter des größeren Cl^--Ions besetzt, und ebenso besetzt das Cl^--Ion die Oktaederlücke im kubisch-flächenzentrierten Teilgitter des kleineren Na^+-Ions. Meistens wird die Besetzung einer Oktaederlücke für das kleinere Teilchen angegeben, hier für das Na^+-Ion.

» *Dichteste Kugelpackung*

Eine weitere Betrachtungsweise für die NaCl-Struktur ergibt sich, wenn man die unterschiedlichen Größen von Anion und Kation in Betracht zieht. Die größeren ‚Kugeln‘ des Anions Cl^- füllen im Vergleich zu den kleineren Kationen Na^+ den Raum im Kristall am effektivsten aus. Die kubisch-flächenzentrierte Struktur des Anions Cl^- kann daher als ‚sehr dicht gepackt‘ angesehen werden, d.h. sie bildet eine ‚kubisch-dichteste (Anionen-)Packung‘ und das kleinere Kation Na^+ besetzt die Oktaederlücken. Nur in Ausnahmefällen bilden auch die Kationen eine kubisch-dichteste Packung, deren Lücken von Anionen besetzt sind.

Hinweis: Kubisch-dichteste Kugelpackung bei den Metallen s. → Abschn. 4.3.2.

Die Kristallstruktur von Natriumchlorid NaCl wurde bereits in $\rightarrow$ Abb. 4.5a und b abgebildet.

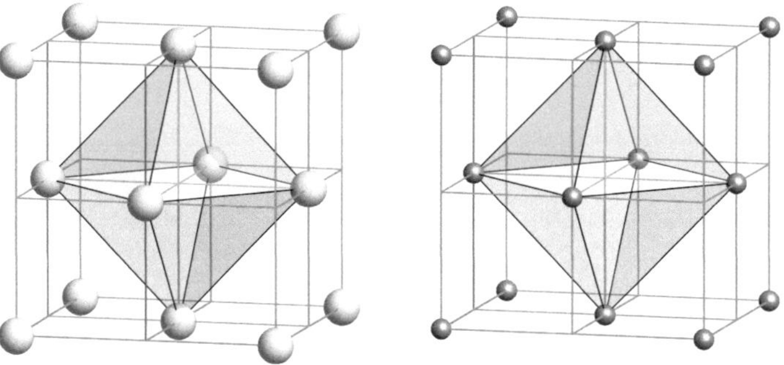

Gitterhafte Darstellung der kubisch-flächenzentrierten Teilstruktur für das
a Anion Cl^- **b** Kation Na^+

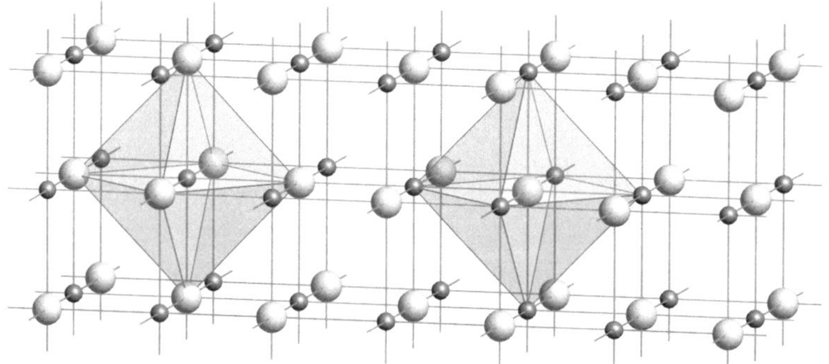

c Gitterhafte Darstellung von drei Elementarzellen der NaCl-Struktur. Das kleinere Na^+-Ion besetzt die Oktaederlücke im kubisch-flächenzentrierten Teilgitter des größeren Cl^--Ions und das Cl^--Ion besetzt die Oktaederlücke im kubisch-flächenzentrierten Teilgitter des kleineren Na^+-Ions.

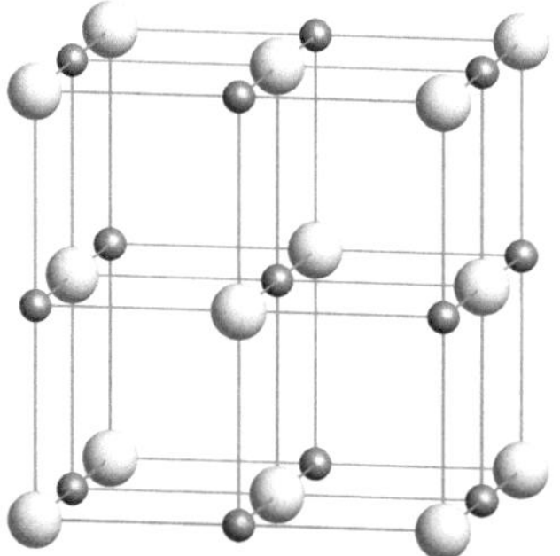

d Elementarzelle

Abb. 4.9 Gitterhafte Darstellung der Kristallstruktur von Natriumchlorid NaCl, Formelstruktur AB,
KZ Kation : Anion 6 : 6.

Kubischer ZnS-Typ, Zinkblende-(Sphalerit-)Typ als Strukturtyp für Ionenverbindungen

Die räumliche Anordnung des Zinkblende-Typs (s. → Abschn. 4.2.3) wird neben der CsCl- und NaCl-Struktur allgemein als eine dritte kubische Struktur für Ionenverbindungen mit der Formelstruktur AB behandelt. Die Zinkblende selbst stellt jedoch im Gegensatz zu CsCl und NaCl keine reine Ionenverbindung dar. Bei der Zinkblende-Struktur muss ein Anteil an Atombindung – kovalente Bindung – berücksichtigt werden. Darauf wird erst im → Abschn. 4.2.2 ausführlich eingegangen.

Zinkblende, kubisches ZnS, wird chemisch kubisches Zinksulfid genannt. Als Typ wird der Mineralname Zinkblende verwendet.

Der Zinkblende-Typ wird vor allem dann bei Ionenverbindungen genannt, wenn sehr unterschiedliche Ionenradien auftreten, d.h. wenn das Kation sehr viel kleiner als das Anion ist, d.h. der RQ zwischen 0,41 und 0,22 liegt (s. → Abb. 4.10a und b). In diesem Bereich liegt auch der RQ von ZnS, wenn man rein formal von den Radien eines Zn^{2+}-Ions und eines S^{2-}-Ions ausgeht: $r_K/r_A = 60/184 = 0,33*$. Dies deutet nach → Abb. 4.3 in einer AB-Formelstruktur auf die KZ vier sowohl für das Kation als auch für das Anion. Das Polyeder für die KZ vier ist das Tetraeder für beide Ionenarten. Tetraeder dreidimensional aneinander gereiht, führen zu einem kubisch-flächenzentrierten Gittertyp (s. → zeichnerische Darstellung beim Diamant → Abschn. 4.2.2). Stellt man die beiden flächenzentrierten Gitter von Zn und S um *eine Viertellänge* der Raumdiagonalen versetzt ineinander – (nicht um eine halbe Länge der Gitterkonstanten wie bei NaCl) – so ergibt es sich, dass in der Elementarzelle → Abb. 4.10e vier Zn-Atome tetraedrisch von S-Atomen umgeben sind. In der → Abb. 4.10c ist für ein Zn-Atom links unten ein Tetraeder eingezeichnet. Daneben ist ein Tetraeder um ein S-Atom angegeben. Hierzu muss man von einem S-Atom in einer Flächenmitte ausgehen.

Die Zinkblende-Struktur als Strukturtyp (s. → Abschn. 4.1.5) wird für die kubisch-flächenzentrierte Formelstruktur AB und die Koordinationszahlen 4 : 4 angegeben. Dieser Strukturtyp kommt nur bei einer begrenzten Anzahl von Ionenverbindungen vor. Zinkblende, kubisches ZnS war früher die bekannteste Verbindung mit dieser geometrischen Anordnung, obwohl andere Bindungsverhältnisse vorliegen. Siehe dazu → Abschn. 4.2.1.

*Für Zink ist der Ionenradius für die KZ 4 angegeben, für Schwefel für die KZ 6. Anionen ändern ihren Ionenradius mit der KZ nur wenig.

» Tetraederlücke

Eine Tetraederlücke liegt in einer kubisch-flächenzentrierten Elementarzelle in der Mitte eines jeden der acht Teilwürfel, in die man die Elementarzelle aufteilen kann. Insgesamt gibt es also acht Tetraederlücken. Beim Zinkblende-Typ sind nur vier Tetraederlücken besetzt (s. → Abb. 4.10c und e).

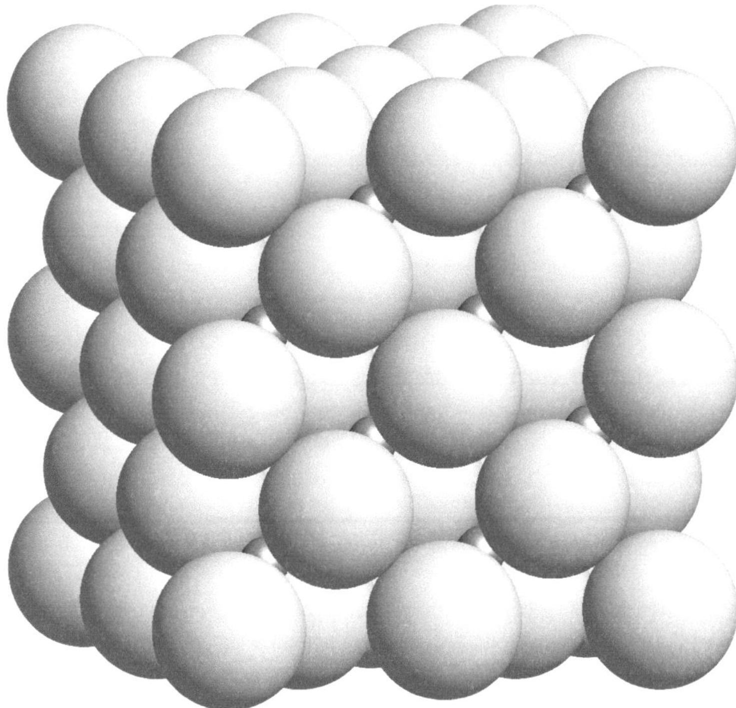

a Ausschnitt aus der Struktur eines kubischen Ionenkristalls mit der Formelstruktur AB bei einem sehr
kleinen Kation gegenüber dem Anion.
Es sind 2^3 Elementarzellen dargestellt.
Um die kleinen Zink-Ionen sichtbar zu machen, ist die Struktur nach rechts gedreht im Gegensatz zu
den anderen Strukturdarstellungen.

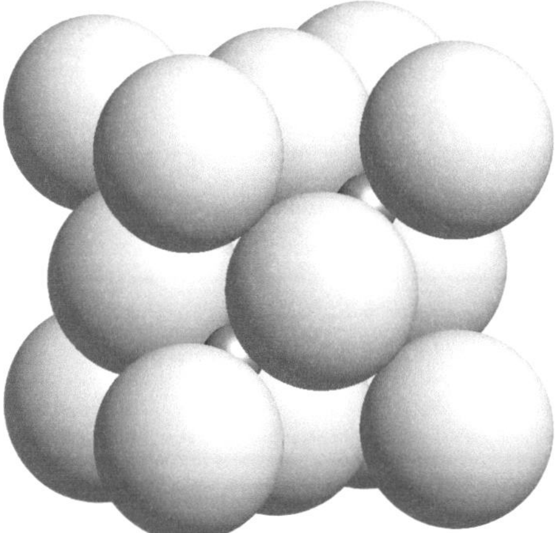

b Elementarzelle
Gitterkonstanten $a = b = c = 541$ pm
Achsenwinkel $\quad \alpha = \beta = \gamma = 90°$
S^{2-} große Kugeln (Ionenradius 184 pm), Zn^{2+} kleine Kugeln (Ionenradius 60 pm).
Von vier Zn^{2+}-Ionen sind bei dieser Drehung nur zwei Zn^{2+}-Ionen sichtbar.

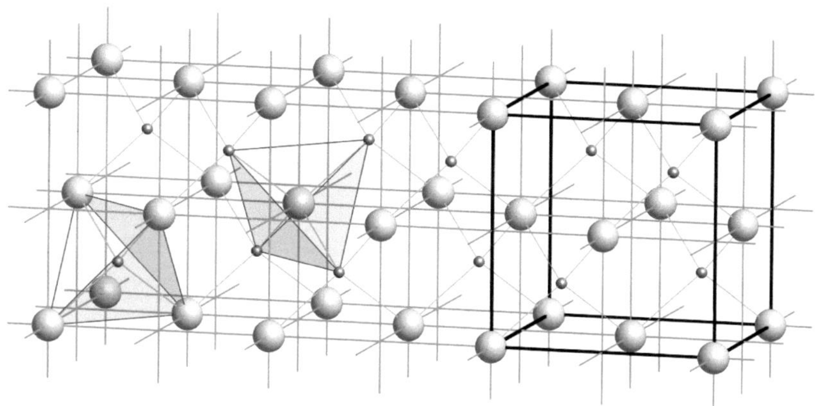

c Gitterhafte Darstellung von drei Elementarzellen, eine Elementarzelle ist verstärkt eingezeichnet. Beide Ionen haben die Koordinationszahl 4. Das Polyeder für die Koordinationszahl 4 ist das Tetraeder. Für das Kation (kleine Kugel) ist das Tetraeder in der linken unteren Ecke eingezeichnet. Die KZ 4 für das Anion wird erst deutlich, wenn man von einem Anion (große Kugel) in einer Flächenmitte ausgeht. Dazu ist es erforderlich, dass zwei Gitterzellen gezeichnet werden

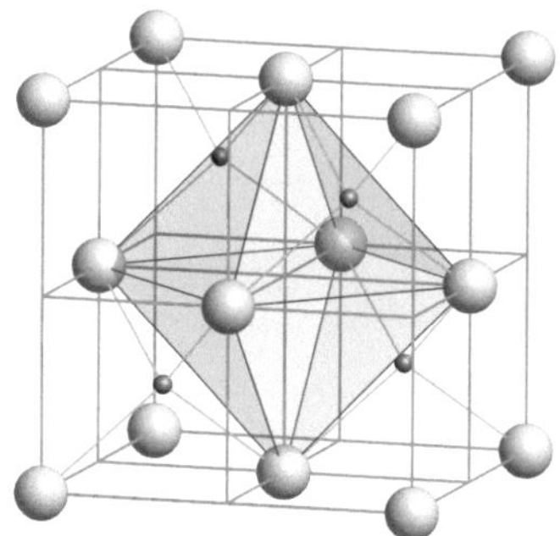

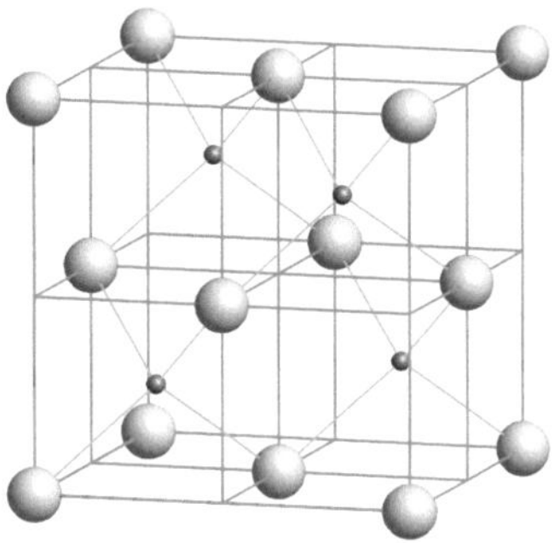

d Verbindet man die Anionen in der Mitte der Kubusflächen, so sieht man, dass die Oktaederlücke hier nicht besetzt ist

e Elementarzelle
Es ist nur die Hälfte der acht Tetraederlücken im Teilgitter der Anionen mit Kationen besetzt

Abb. 4.10 ZnS-Typ für Ionenverbindungen mit der Formelstruktur AB, KZ Kation : Anion 4 : 4

Kristallstruktur von Calciumfluorid, CaF₂-Struktur

Die Calciumfluorid-Struktur (s. → Abb. 4.11a) hat gemäß ihrer chemischen Formel eine AB_2-Formelstruktur, denn das Kation Ca^{2+} benötigt zum Ladungsausgleich zwei F^{1-}-Ionen (Fluoridionen). Dies hat zur Folge, dass für A und B unterschiedliche Koordinationszahlen auftreten.

Nach der RQ-Regel r_K/r_A = 112/133 = 0,84* liegt der RQ zwischen 1 und 0,73, d.h. die KZ für das kleinere Kation Ca^{2+} ist acht. Das Polyeder für die KZ 8 ist der Kubus, dies entspricht dem kubisch-primitiven Gittertyp. Das kleinere Kation Ca^{2+} ist also von acht Fluoridionen F^{1-} (acht negativen Ladungen) würfelförmig umgeben (s. → Abb. 4.11c). Dies wird erst deutlich, wenn man zwei Gitterzellen zeichnet. Um nun den Ladungsausgleich zu erreichen, kann ein F^{1-}-Ion nur von vier Ca^{2+}-Ionen (acht positiven Ladungen) umgeben sein. Das F^{1-}-Ion hat daher die KZ 4. Das Polyeder für die KZ 4 ist das Tetraeder. In einen der acht Teilwürfel, in die man eine kubische Elementarzelle einteilen kann, ist das Tetraeder in → Abb. 4.11c und d eingezeichnet. Die jeweils vier tetraedrisch angeordneten Ca^{2+}-Ionen um ein F^{1-}-Ion führen für das Kation Ca^{2+}, wie aus → Abb. 4.11c abzulesen ist, zu einem kubisch-flächenzentrierten Gittertyp, wenn man sich das verstärkt eingezeichnete Tetraeder in jedem der acht Teilwürfel des Kubus fortgesetzt vorstellt.

Im Gegensatz zum Zinkblende-Typ sind in der CaF_2-Struktur alle acht Tetraederlücken besetzt. Als Ausnahme bilden hier die kleineren Ca^{2+}-Ionen eine kubisch-flächenzentrierte Struktur und die größeren F^{1-}-Ionen besetzen alle acht Tetraederlücken.

*Für das Ca^{2+}-Ion ist der Radius für die KZ 8 angegeben, für das F^{1-}-Ion für die KZ 6. Anionen ändern ihren Ionenradius mit der KZ nur wenig.

CaF₂-Typ, Calciumfluorit- oder Flussspat-Typ s. → Abschn. 4.1.5.

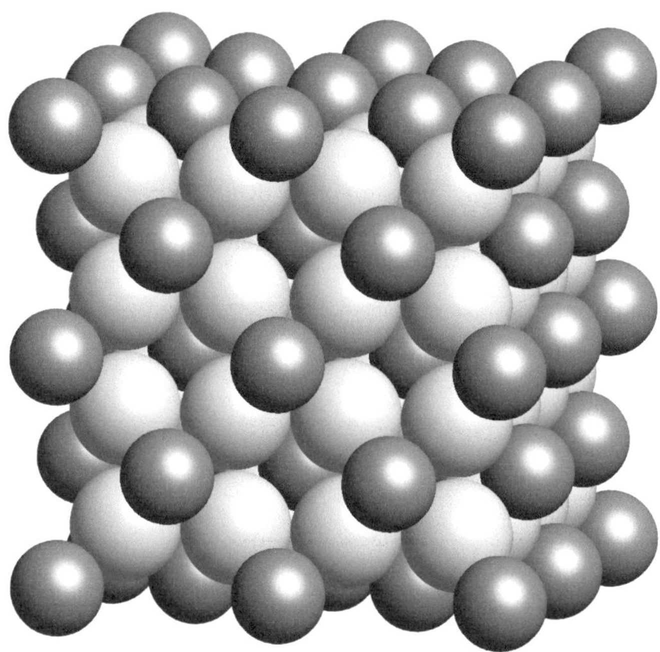

a Ausschnitt aus der Kristallstruktur von Calciumfluorid CaF_2
Es sind 2^3 Elementarzellen dargestellt

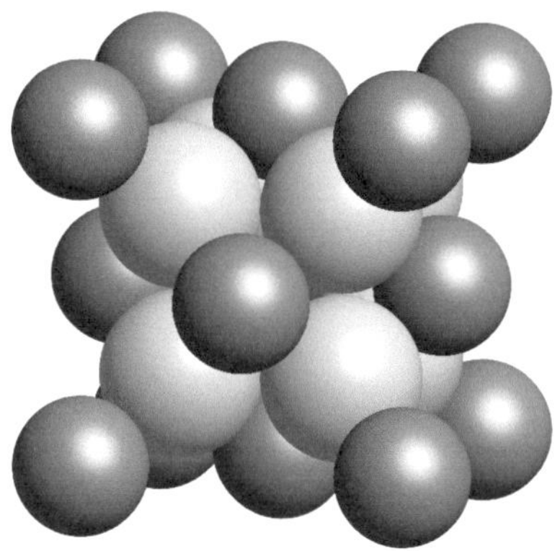

b Elementarzelle
Gitterkonstanten a = b = c = 546 pm
Achsenwinkel $\alpha = \beta = \gamma = 90°$
Ca^{++} kleine Kugeln (Ionenradius 112 pm), F^- große Kugeln (Ionenradius 133 pm)

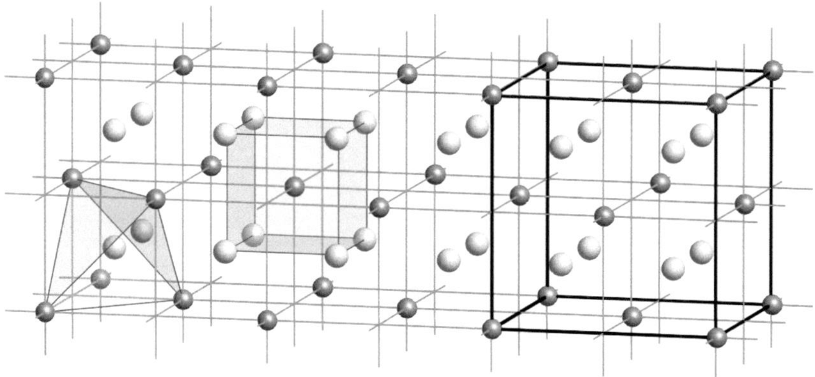

c Gitterhafte Darstellung von drei Elementarzellen der CaF_2-Struktur. Eine Elementarzelle ist verstärkt eingezeichnet.

Das Kation Ca^{2+} hat die KZ 8. Das Polyeder für die KZ 8 ist der Kubus. Die KZ 8 wird erst deutlich, wenn man von einem Ca^{2+}-Ion in einer Flächenmitte ausgeht. Es besetzt die Mitte des primitiven Kubus, den die acht F^{1-}-Ionen bilden.

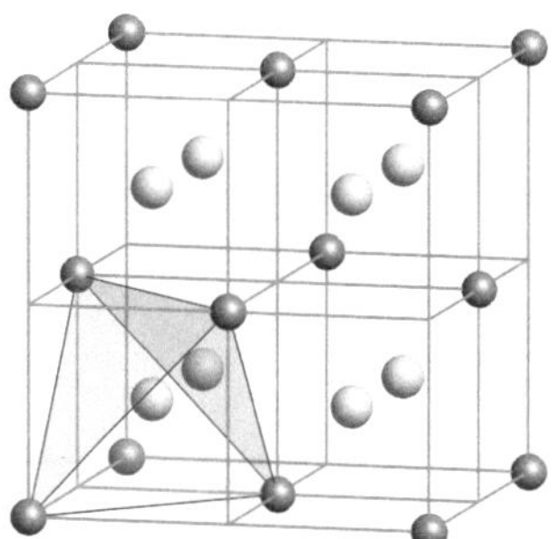

d Das Anion F^{1-} besetzt alle acht Tetraederlücken des kubisch-flächenzentrierten Teilgitters des Kations Ca^{2+}

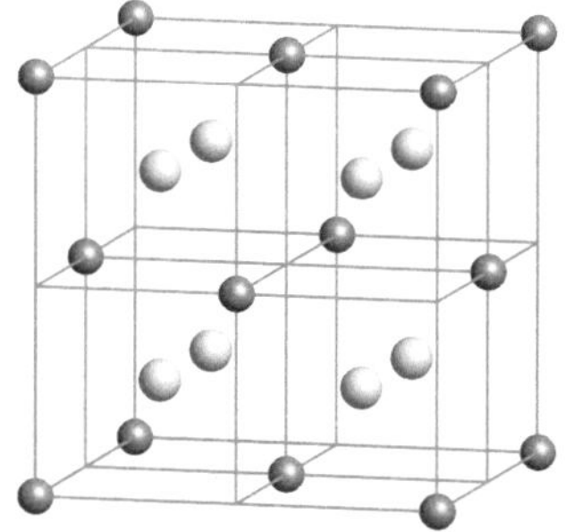

e Elementarzelle

Abb. 4.11 Kristallstruktur von Calciumfluorid CaF_2, Formelstruktur AB_2, KZ Kation : Anion 8 : 4

Kristallstruktur von Titandioxid, TiO₂-Struktur, Rutil-Struktur

Die häufigste Struktur mit den Koordinationszahlen 6 : 3 ist die tetragonale Kristallstruktur von Titandioxid TiO_2 s. → Abb. 4.12a und b.

Nach der RQ-Regel r_K/r_A = 61/138 = 0,44* liegt der RQ zwischen 0,73 und 0,41, d.h. die KZ für das kleinere Kation Ti^{4+} ist sechs. Das Polyeder für die KZ 6 ist das Oktaeder. Das Kation Ti^{4+} ist von sechs O^{2-}-Ionen umgeben (12 negative Ladungen), die die Ecken eines hier etwas verzerrten Oktaeders besetzen (s. → Abb. 4.12c und d), während jedes O^{2-}-Ion planar von drei Ti^{4+}-Ionen (12 positiven Ladungen) koordiniert ist, die sich in den Ecken eines fast gleichseitigen Dreiecks befinden (s. → Abb. 4.12 c und e).

*Für das Ti^{4+}-Ion und das O^{2-}-Ion ist der Radius für die KZ 6 angegeben.

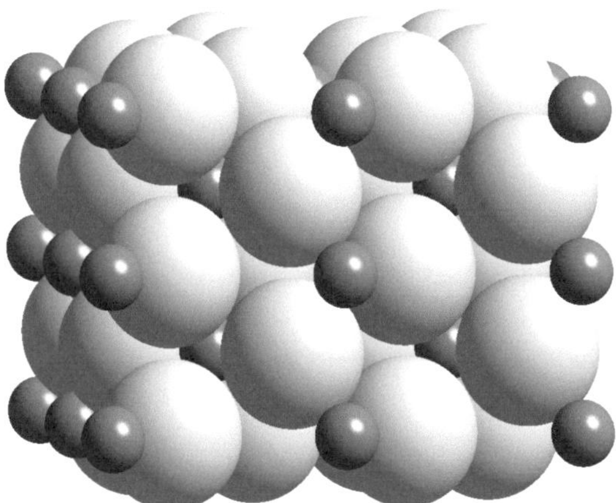

a Ausschnitt aus der Kristallstruktur von Titandioxid TiO_2. Es sind 2^3 Elementarzellen dargestellt.

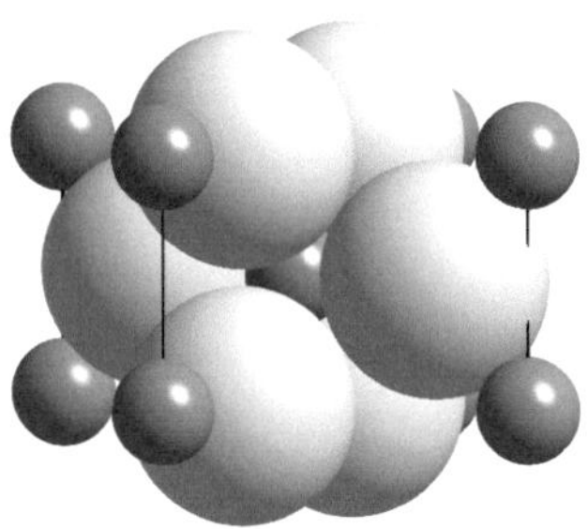

b Elementarzelle
Gitterkonstanten a = b = 459 pm. c = 296 pm
Achsenwinkel $\alpha = \beta = \gamma = 90°$
Ti^{4+} kleine Kugeln (Ionenradius 61 pm), O^{2-} große Kugeln (Ionenradius 138 pm)

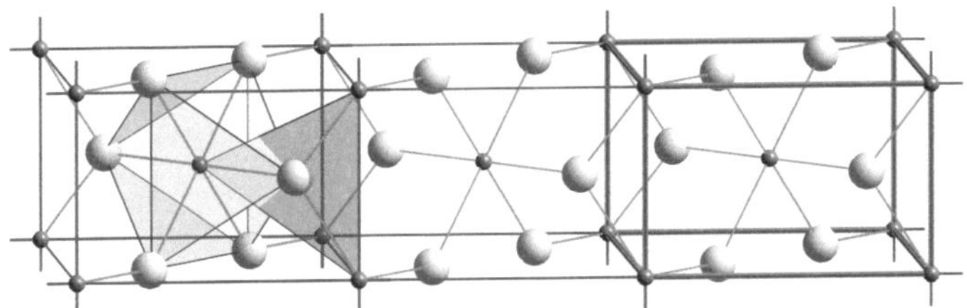

c Gitterhafte Darstellung von drei Elementarzellen der TiO_2-Struktur. Eine Elementarzelle ist verstärkt eingezeichnet. Die Verlängerung der Kanten zeigt die Fortführung der tetragonalen Geometrie an und nicht die Bindungsrichtung der Titan- bzw. Sauerstoffionen

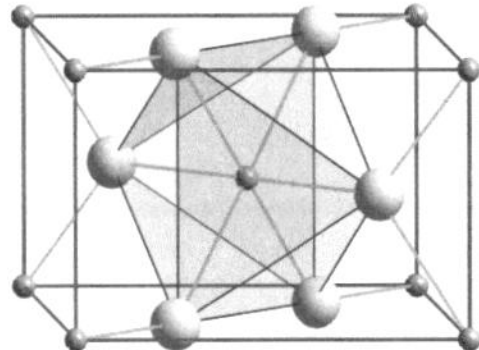

d KZ für das kleinere Kation Ti^{4+} ist sechs. Das Polyeder für die KZ 6 ist das Oktaeder.

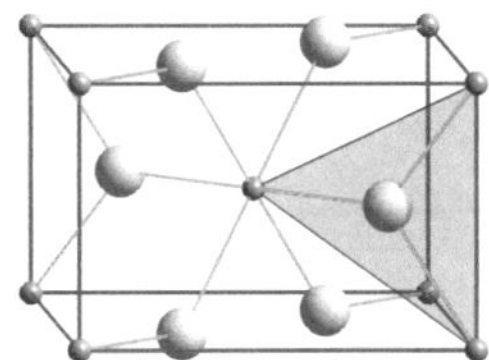

e Jedes O^{2-}-Ion ist planar von drei Ti^{4+}-Ionen koordiniert, die sich in den Ecken eines fast gleichseitigen Dreiecks befinden.

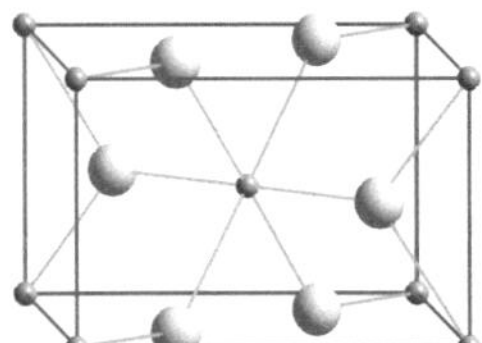

f Elementarzelle

Abb. 4.12 Kristallstruktur von Titandioxid TiO_2, Formelstruktur AB_2,
                  KZ Kation : Anion 6 : 3

Maßstabsgerechter Größenvergleich der Elementarzellen von NaCl, ZnS und CsCl (Formelstruktur AB)

In der → Abb. 4.13 werden die Elementarzellen mit der Formelstruktur AB in maßstäblicher Größe zum Vergleich dargestellt, im Unterschied zu den gleich groß gezeichneten Strukturtypen wie sie im Folgenden → Abschn. 4.1.5 zu sehen sind.

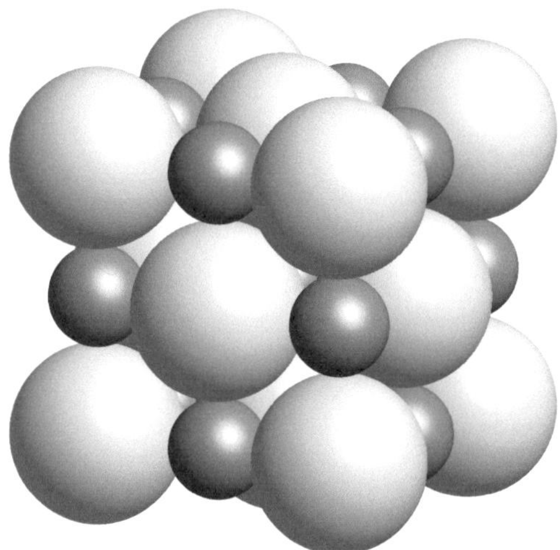

a Elementarzelle NaCl-Struktur

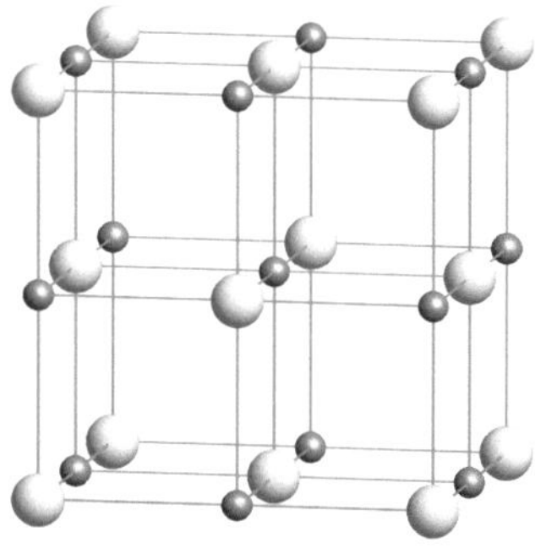

b Gitterkonstanten
a = b = c = 566 pm

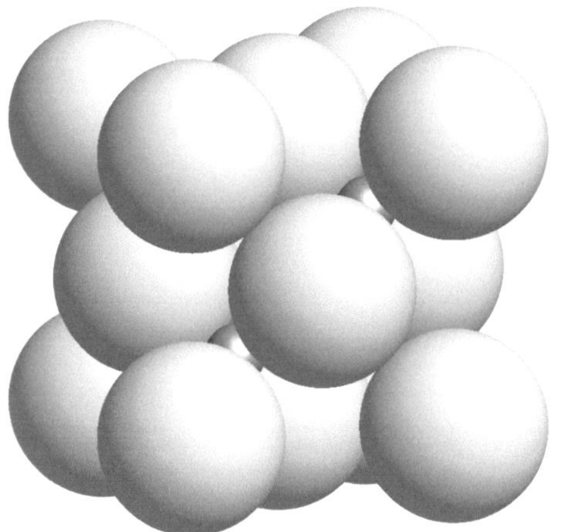

c Elementarzelle kubischer ZnS-Typ
(für Ionenverbindungen)

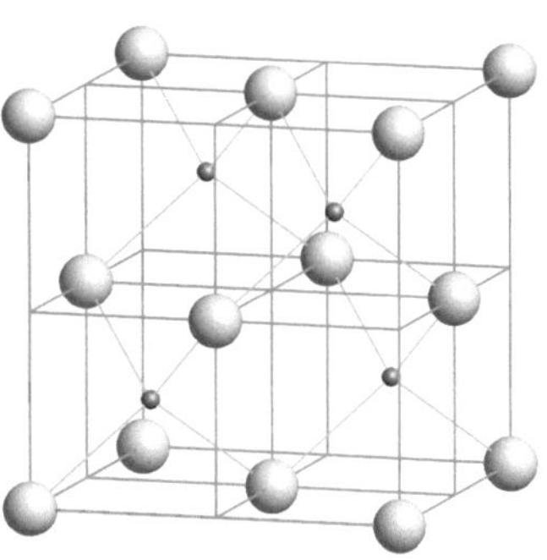

d Gitterkonstanten
a = b = c = 541 pm

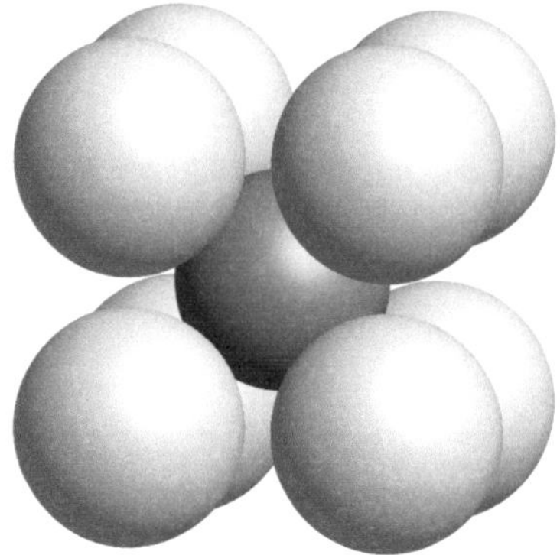

e Elementarzelle CsCl-Struktur

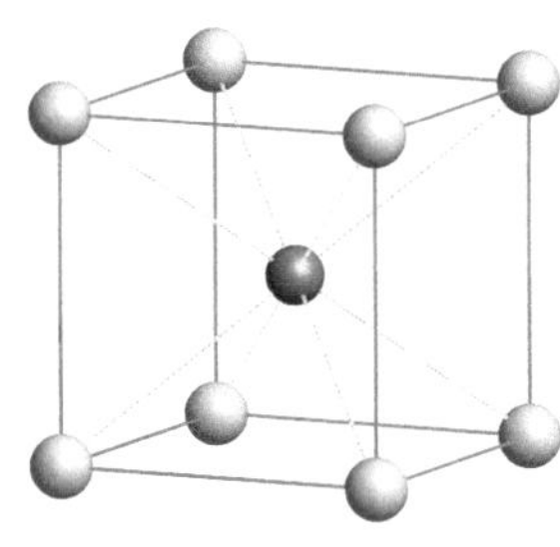

f Gitterkonstanten
a = b = c = 412 pm

Abb. 4.13 Die Kristallstrukturen von NaCl, ZnS und CsCl nach der Größe ihrer Gitterkonstanten angeordnet

Die unterschiedlichen Gitterkonstanten ergeben eine unterschiedliche Anzahl von Elementarzellen pro Volumeneinheit.

Berechnungsbeispiele:
L: Länge einer Gitterkonstanten in pm $(= 10^{-12}$ m).
V: Volumen einer Elementarzelle in m^3: $\quad V = L^3 \cdot (10^{-12})^3 \ m^3$
Z: Anzahl der Elementarzellen in einem m^3: $Z = 1/V$

Für NaCl:
$$L = 566 \text{ pm} \quad V = 566^3 \cdot 10^{-36} = 1{,}81 \cdot 10^8 \cdot 10^{-36}$$
$$= 1{,}81 \cdot 10^{-28}$$
$$Z = 1/1{,}81 \cdot 10^{-28} = 5{,}52 \cdot 10^{27}$$

Für ZnS:
$$L = 541 \text{ pm} \qquad V = 1{,}58 \cdot 10^{-28}$$
$$Z = 6.33 \cdot 10^{27}$$

Für CsCl:
$$L = 412 \text{ pm} \qquad V = 6{,}99 \cdot 10^{-29}$$
$$Z = 1{,}43 \cdot 10^{28}$$

Die Anzahl z pro cm^3 sind um den Faktor 10^6 kleiner, denn ein m^3 enthält $10^6 \ cm^3$.

Somit ergeben sich für die Anzahl Elementarzellen pro cm^3 für
NaCl: $\qquad z = 5{,}52 \cdot 10^{21}$
ZnS: $\qquad z = 6{,}33 \cdot 10^{21}$
CsCl: $\qquad z = 1{,}43 \cdot 10^{22}$

Diese Zahlen geben einen Einblick in die atomaren Größenverhältnisse.

4.1.5 Strukturtypen

Die geometrischen Anordnungen bestimmter Kristallstrukturen wiederholen sich bei anderen chemischen Bindungsarten. Daher wurden Vertreter für diese isotypen Strukturen ausgesucht und als Typen festgelegt. Diese stammen von besonders wichtigen oder schon früh untersuchten und bekannten Mineralien. Besondere Bedeutung haben die im → Abschn. 4.1.4 dargestellten Kristallstrukturen mit der Formelstruktur AB und AB_2 bei später zu besprechenden Werkstoffen.

Die Strukturtypen werden im Unterschied zu den maßstäblich gezeichneten Elementarzellen einheitlich groß und in der übersichtlichen gitterhaften Darstellung gezeichnet, also ohne auf konkrete Gitterparameter und Größen der kleinsten Bausteine einzugehen.

Weitere Strukturtypen s.→ Abschn. 4.2.3 und 4.3.3.

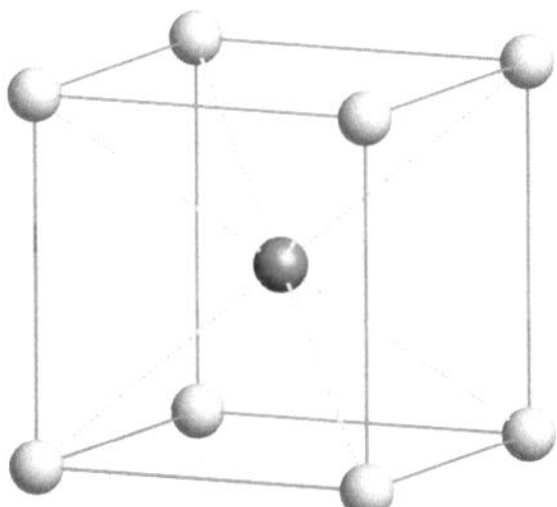

a Cäsiumchlorid-Typ, CsCl-Typ

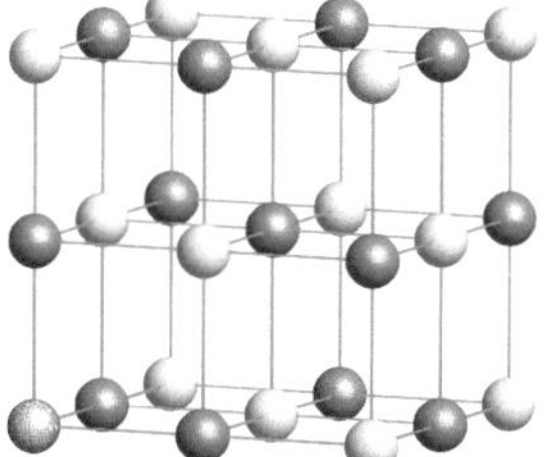

b Steinsalz-Typ, NaCl-Typ

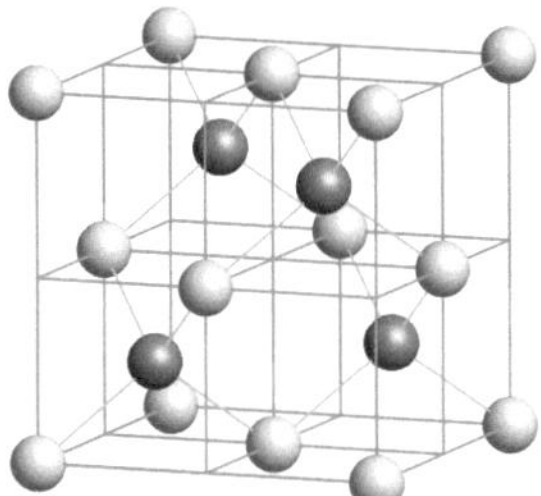

c Zinkblende- oder Sphalerit-Typ, kubischer ZnS-Typ

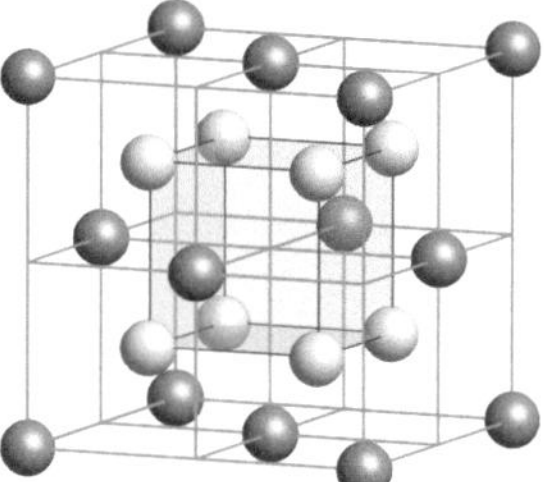

d Fluorit- oder Flussspat-Typ, CaF_2-Typ

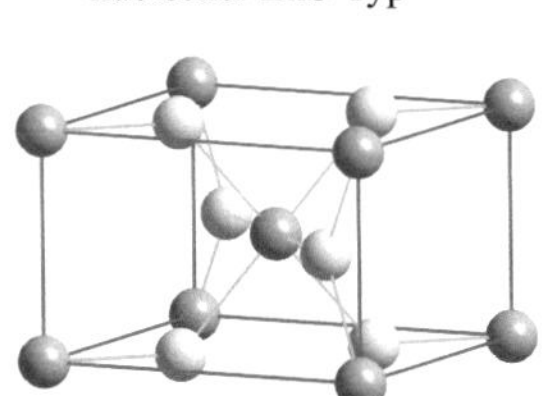

e Rutil-Typ, TiO_2-Typ

Abb. 4.14 Strukturtypen der Formelstruktur AB und AB_2

CsCl-Typ

Der CsCl-Typ – zwei ineinander gestellte kubisch-primitive Teilgitter für zwei verschiedene Atomarten A und B mit den Koordinationszahlen 8 : 8 – kommt z.B. bei den intermetallischen Phasen, den Zintl-Phasen vor (s. → Abschn. 4.4.3).

Steinsalz-Typ, NaCl-Typ

Nicht alle Strukturtypen kommen gleich häufig vor, dem NaCl-Typ kommt eine besondere Bedeutung zu.

Der NaCl-Typ stellt für das Atom A sowie für das Atom B je ein kubisch-flächenzentriertes Teilgitter dar, die um eine halbe Achsenlänge versetzt ineinander gestellt sind. Die Koordinationszahl für beide Atome ist sechs, das Koordinationspolyeder für beide Atome ist das Oktaeder. Wie im → Abschn. 4.1.4 erklärt und gezeigt wurde, kann das Gitter daher auch so beschrieben werden, dass ein Atom B, z.B. ein Fremdatom, die Oktaederlücken im kubisch-flächenzentrierten Teilgitter des Atoms A besetzt.

Im NaCl-Typ kristallisieren die Verbindungen CaO, MgO, FeO, CuO u.a. Die Besetzung von Oktaederlücken durch ein kleines Fremdatom wie C oder N findet sich bei den Einlagerungsstrukturen von Übergangsmetallcarbiden und Übergangsmetallnitriden s. → Abschn. 4.4.5.

Zinkblende- oder Sphalerit-Typ, kubischer ZnS-Typ

Der kubische ZnS-Typ lässt sich als ein kubisch-flächenzentriertes Gitter eines Atoms A beschreiben, in dem vier Tetraederlücken, d.h. die Hälfte der acht möglichen Tetraederlücken vom Atom B besetzt sind. Die Koordinationszahl für beide Atome ist vier, das Koordinationspolyeder für beide Atome ist das Tetraeder.

Im kubischen ZnS-Typ kristallisieren verschiedene Nichtoxidkeramiken, die so genannten nichtmetallischen Hartstoffe (s. → Abschn. 4.2.6). Es gibt kein Beispiel für einen Werkstoff mit Ionenbindung im ZnS-Typ.

Hinweis: Hexagonaler ZnS-Typ, Wurtzit-Typ s. → Abschn. 4.2.3.

Fluorit- oder Flussspat-Typ, CaF$_2$-Typ

Der CaF$_2$-Typ hat seiner chemischen Formel entsprechend eine AB$_2$-Formelstruktur, d.h. das Atom A benötigt zum Ladungsausgleich zwei Atome B. Die Koordinationszahl für das Atom A ist acht, für das Atom B vier, somit ist das Koordinationspolyeder für das Atom A das kubisch-primitive Gitter, für das Atom B das Tetraeder. Beim CaF$_2$-Typ bildet das Atom A ein kubisch-flächenzentriertes Gitter und das Atom B besetzt alle acht Tetraederlücken.

Im CaF$_2$-Typ kristallisiert das kubische Zirconiumdioxid ZrO$_2$. Die Zirconiumionen Zr^{4+} (anstelle von Ca^{2+}-Ionen) bilden ein kubisch-flächenzentriertes Teilgitter, die O^{2-}-Ionen (anstelle von F^{1-}-Ionen) ein kubisch-primitives Teilgitter. Die Besetzung von Tetraederlücken wiederholt sich bei den Legierungssystemen, z.B. bei den Zintl-Phasen s.→ Abschn. 4.4.3 und einigen Übergangsmetallhydriden wie NbH$_2$, TiH$_2$, NiH$_2$ s.→ Abschn. 4.4.8.

Rutil-Typ, TiO$_2$-Typ

Der tetragonale TiO$_2$-Typ hat ebenfalls eine AB$_2$-Formelstruktur. Die Koordinationszahl für das Atom A ist hier jedoch sechs, für das Atom B drei. Das Koordinationspolyeder für das Atom A ist ein etwas verzerrtes Oktaeder, das Atom B ist planar von drei Atomen A umgeben.

Im Rutil-Typ kristallisieren hauptsächlich Metalldioxide wie CrO$_2$, MoO$_2$, WO$_2$, PbO$_2$, SnO$_2$ u.a. sowie Magnesiumhydrid MgH$_2$ → Abschn. 4.4.8.

4.1.6 Allgemeine Eigenschaften von Ionenkristallen

Ionenkristalle werden von Ionenverbindungen, Metalloxiden und den Salzen gebildet (s. → Seite 93 u. Seite 106). Eigenschaften von Ionenkristallen resultieren aus der Anordnung von Kationen und Anionen im Kristall und den starken, ungerichteten, räumlich wirkenden elektrostatischen Coulomb-Anziehungskräften (Bindungskräften) zwischen ihnen. Die Gitterenergie, im Wesentlichen von der Coulomb-Energie bestimmt, ist ein Maß für die Stärke der Bindung zwischen den Ionen. Aus diesen allgemeinen Angaben lassen sich die meisten Eigenschaften ableiten.

Hoher Schmelzpunkt, Härte

Ionenkristalle zeichnen sich durch einen relativ hohen Schmelzpunkt und relativ große Härte aus (s. → Tabelle 4.4). Diese physikalischen Eigenschaften sind in der starken Bindung der Ionen in ihrer Kristallstruktur begründet. Doch es gibt graduelle Unterschiede, denn − wie im → Abschn. 4.1.2 abgeleitet − besteht ein Zusammenhang zwischen Ionenladung, Ionenradius und Gitterenergie. Der Zusammenhang wird deutlich, wenn man beispielsweise einen NaCl-Kristall mit einem im gleichen Strukturtyp kristallisierenden MgO-Kristall vergleicht. Nimmt man vereinfachend die Coulomb-Energie, die bei der Ausbildung eines Mols einer Ionenverbindung frei wird, als Maß für die Gitterenergie und damit für die Stärke der Ionenbindung, so kann man die in → Tabelle 4.4 etwa fünfmal höhere Gitterenergie für Magnesiumoxid MgO gegenüber Natriumchlorid NaCl allein aus der unterschiedlichen Ionenladung abschätzen. Das Produkt aus der Ionenladung von Na^{1+}Cl^{1-} ($1 \cdot 1 = 1$) und der von Mg^{2+}O^{2-} ($2 \cdot 2 = 4$) verhält sich wie $1 : 4$. Es kommt hinzu, dass der Abstand r der Kerne zwischen den entgegengesetzt geladenen Ionen im MgO kleiner ist als im NaCl.

Tabelle 4.4 Vergleich von Gitterenergie, Schmelzpunkt und Mohs-Ritzhärte zwischen NaCl und MgO. (Beide Verbindungen kristallisieren im NaCl-Typ)

Verbindung	Ionenladung Kation Anion	Summe der Ionenradien pm	Gitterenergie kJ/mol	Schmelzpunkt °C	*Mohs-*Ritzhärte
Na^{+}Cl^{-}	1+ 1−	283	−778	800	2,5
Mg^{++}O^{--}	2+ 2−	212	−3920	2642	6

Mit höherer Ionenladung und kleineren Ionenradien erhöht sich die Gitterenergie und damit auch der Schmelzpunkt und die *Mohs*-Ritzhärte (s. → Abschn. 4.2.5).

In diesem Zusammenhang ist α-Aluminiumoxid (α-Al$_2$O$_3$ Korund s. → Abschn. 4.1.7) als Werkstoff für den Maschinenbau besonders erwähnenswert. Al^{3+} hat bei einem sehr kleinen Ionenradius die hohe Ionenladung von +3 (s. → Abb. 4.2). Die daraus resultierende hohe Gitterenergie von -1511 kJ/mol und der hohe Schmelzpunkt von 2040 °C zeichnet α-Al$_2$O$_3$ als besonders harten, verschleißfesten, hochtemperaturfesten Werkstoff aus. Gleichzeitig hat α-Al$_2$O$_3$ einen gegenüber Metallen geringen Ausdehnungskoeffizienten (s. → Glossar).

Anmerkung: α-Al$_2$O$_3$ kristallisiert in einem anderen Strukturtyp, als die in der → Tabelle 4.4 angegebenen Verbindungen vom NaCl-Typ. Die Gitterenergie ist auch vom Strukturtyp abhängig (s. Madelung-Konstante → Abschn. 4.1.2), daher wird α-Al$_2$O$_3$ nicht in der Tabelle 4.4 aufgeführt.

Kompressibilität und thermische Ausdehnung

Die hohe Symmetrie und die starken elektrostatischen Kräfte halten die Ionen im Ionenkristall im Gleichgewichtsabstand. Es bedarf besonderer Kraftaufwendung, sowohl um die Ionen einander weiter zu nähern, als auch um sie weiter voneinander zu entfernen. Je stärker die Ionen in ihrer Struktur gebunden sind, umso geringer sind daher Kompressibilität und thermischer Ausdehnungskoeffizient.

Sprödigkeit

Beim Ionenkristall kommt es bei der Einwirkung einer Kraft zur Verschiebung von Gitterebenen, dadurch gelangen möglicherweise gleichartig geladene Ionen übereinander, was zur Abstoßung führt. Die Folge ist der erleichterte Bruch zwischen Gitterebenen, was sich makroskopisch als Sprödigkeit bemerkbar macht.

Die Sprödigkeit der Ionenkristalle ist als Werkstoffeigenschaft oftmals von Nachteil und schränkt die Anwendungsmöglichkeiten bei Stoßbelastung und schnellem Temperaturwechsel ein.

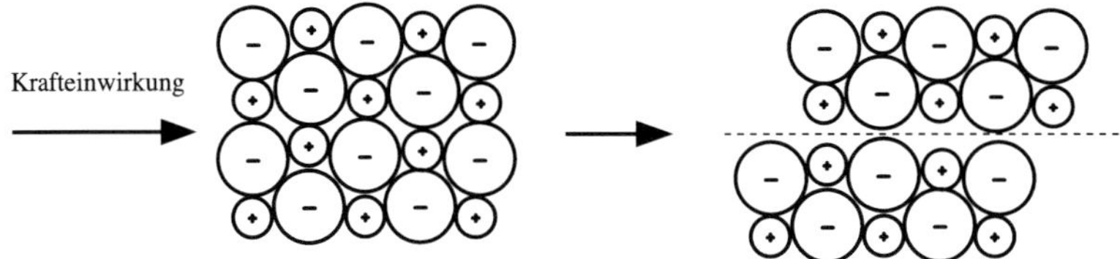

Abb. 4.15 Die Verschiebung von Gitterebenen führt im Ionenkristall zum Bruch

Korrosionsbeständigkeit

Die in der Technik verwendeten Metalloxide (s. → Abschn. 4.1.7) sind relativ stabile Verbindungen. Sowohl das Metallion als auch das O^{2-}-Ion haben Edelgaskonfiguration und gehen deshalb nur unter ganz bestimmten Bedingungen chemische Reaktionen ein. Metalloxide sind insbesondere bei hohen Temperaturen gegen Sauerstoff beständig und korrodieren im Gegensatz zu elementaren Metallen, wie z.B. Eisen unter denselben Bedingungen nicht. Dicht gesintert (s. → Abschn. 4.1.7) sind sie gegen Wasser, Säuren und Basen beständig.

Elektrische Isolatoren, Nichtleiter

Die Ionen können sich in einem stöchiometrisch gut ausgebildeten Kristall aufgrund der ausgeglichenen elektrostatischen Kräfte, der unterschiedlichen Größen von Kation und Anion und der hohen Symmetrie, die sich stets bei der Kristallbildung einstellt, nicht bewegen. Sie sind fest an ihre Positionen in der Kristallstruktur gebunden und stehen daher für eine Stromleitung nicht zur Verfügung. Anders verhält es sich mit einem technischen Material bzw. einem stöchiometrisch weniger gut ausgebildeten Kristall, z.B. ermöglichen Leerstellen im Kristall in gewissem Maße die Ionenleitung. Wird ein Ionenkristall geschmolzen oder lässt er sich in Wasser lösen, so können sich die Ionen bewegen und damit wird die Stromleitung möglich. (Ion, wanderndes Teilchen)

Beispiel:
Aluminiumoxid wird bei der Gewinnung von Aluminium geschmolzen, um eine gute elektrische Leitfähigkeit für die elektrolytische Abscheidung von Aluminium zu erreichen (Schmelzflusselektrolyse s. → Abschn. 4.3.7).

Wärmeleitfähigkeit

Die Wärmeleitung ist abhängig von der Zusammensetzung, der Bindungsart und der Struktur eines Festkörpers. Ionenkristalle sind nicht nur schlechte Leiter für den elektrischen Strom, sondern prinzipiell auch schlechte Wärmeleiter, denn die Elektronen sind fest gebunden. Einige Oxide, wie Magnesiumoxid und Berylliumoxid machen eine Ausnahme im Vergleich zu anderen Keramiken, ihre Wärmeleitfähigkeit ist erhöht (s. → Abschn. 4.1.7).

Der Transport von thermischer Energie in einem Festkörper, wird durch die spezifische Wärmeleitfähigkeit λ gekennzeichnet. λ wird in $W\,m^{-1}\,K^{-1}$ bei 20 °C angegeben.

Lichtdurchlässigkeit

Einkristalle von Ionenverbindungen, z.B. Al_2O_3 oder $NaCl$, sind glasklar. Sichtbares Licht kann mit den Ionen und Elektronen im Kristall aufgrund ihrer starken elektrostatischen Bindung nicht in Wechselwirkung treten, das Licht geht hindurch.

Normalerweise kommen Salze und Oxide als polykristallines Material vor, das Licht wird dann an den Korngrenzen gestreut.

Die Edelsteine Rubin (rot) und Saphir (blau) sind durch Spuren von Metalloxiden gefärbte Al_2O_3-Einkristalle.

Massendichte

Die Massendichte (s. $\rightarrow$ Gl. (1.1)) der hier zu besprechenden Metalloxide ist niedrig, sie liegt im Bereich von etwa 3 bis 6 g/cm^3.

4.1.7 Metalloxide – Oxidkeramik, oxidkeramische Hartstoffe, Werkstoffe für den Maschinenbau

In den vorangegangenen Kapiteln konnte gezeigt werden, dass Eigenschaften von Metalloxiden hohen technischen Anforderungen gerecht werden können. Einige haben für den Maschinenbau besondere Bedeutung und werden nachfolgend näher beschrieben.

Zur Verwendung der Metalloxide als Werkstoffe im Maschinenbau wird für die Herstellung der Bauteile eine besondere Herstellungstechnik angewendet, was in dem Wort ‚Keramik' zum Ausdruck kommt.

Was ist Keramik?

Keramik (gr. keramos, Topferton) ist ein Ausdruck, der sich von der Herstellungstechnologie der klassischen Silicatkeramiken, den Tonkeramiken herleitet. Diese Werkstoffe entstehen durch Glühen (Brennen) von pulverisierten, feinteiligen, meist feuchten, in eine gewünschte Form gebrachten Tonen bei Temperaturen von 1000 bis 1500 °C. Dabei wird nicht bis zur Schmelze erhitzt. Unter Schrumpfung entsteht ein mehr oder weniger dichtes Gefüge des Werkstücks von hoher Festigkeit und hohem Schmelzpunkt. Von besonderer Bedeutung sind u.a. die Tonminerale Kaolinit $Al_2(OH)_4[Si_2O_5]$, Montmorillonit $Al_2(OH)_2[Si_4O_{10}]$ und Talk $Mg_3(OH)_2[Si_2O_5]_2$. Beim Brennen geben sie Wasser ab, z.B. geht Kaolinit dabei in Mullit über, in $3\ Al_2O_3 \cdot 2\ SiO_2$. Andere Tonkeramiken enthalten auch Eisenoxid und Calciumoxid.

Anmerkung: Klassische Tonkeramiken sind das Tongut (Irdengut, poröse Keramik) und das Tonzeug (Sinterzeug, dichte Keramik). Aus Tongut, einem grobkeramischen Erzeugnis werden Ziegeleierzeugnisse sowie feuerfeste Erzeugnisse, beispielsweise Schamottesteine, Sillimanitsteine, Mullit, ebenso Töpferware u.a. hergestellt. Beim Tonzeug, einem feinkeramischen Erzeugnis, unterscheidet man zwischen Steinzeug und Porzellan.

In ähnlicher Weise erfolgt die Herstellung der Metalloxid-Keramik. Bei der so genannten Sintertechnik wird ein pulverisiertes, unter Zugabe von Sinterhilfsmitteln in die Form des Bauteils gebrachtes, jedoch trockenes und nach verschiedenen Verfahren gepresstes Metalloxid bis unterhalb der Schmelztemperatur erhitzt. Allerdings hat sich die Sintertechnik – ob ein grob- oder feinkörniges Gefüge (Mikrostruktur) entsteht, was für die Verwendung von besonderer Bedeutung ist – in den zurückliegenden Jahren immer weiter verfeinert, so dass die Eigenschaften des anzufertigenden Bauteils nicht nur von der chemischen Zusammensetzung allein abhängen sondern auch vom Herstellungsverfahren der Keramik. In gleicher Weise ist die Beschaffenheit des Ausgangsmaterials von Bedeutung. Aus ultrafeinem (nanokristallinem) Keramikpulver mit Teilchen der Größe vier bis acht nm (Nanometer 10^{-9} m) können maßgerechte Bauteile hergestellt werden, deren Sprödigkeit und Bruchanfälligkeit verringert ist. (s. $\rightarrow$ Sol-Gel-Verfahren bei Al_2O_3, Seite 132).

Nach dem Sintern ist die Bearbeitung nur noch mit Schneid- und Schleifwerkzeugen aus Diamant möglich.

Hinweis: Die Sintertechnik wird auch bei der nichtmetallischen (s.$\rightarrow$ Abschn. 4.2.6) sowie metallischen Hartstoffen (s. $\rightarrow$ Abschn. 4.4.5) angewendet. Bei den metallischen Hartstoffen ist dafür die Bezeichnung Pulvermetallurgie üblich. Weiterentwicklungen von keramischen Materialien sind:
Glas und Keramik $\rightarrow$ Glaskeramik $\rightarrow$ s. Abschn. 4.2.8.
Keramik und Metall $\rightarrow$ Cermets s. $\rightarrow$ Abschn. 4.3.7.

In der Technik ist die allgemeine Bezeichnung für Metalloxide, die nach der Sintertechnik hergestellt sind, *Oxidkeramik* oder oxidkeramische Werkstoffe und wegen ihrer Eigenschaften auch oxidkeramische Hartstoffe. Andere Bezeichnungen sind Strukturwerkstoffe oder *Konstruktionswerkstoffe* und Ingenieurkeramik. Diese letzteren Bezeichnungen schließen allerdings auch die Nichtoxidkeramiken mit ein s.$\rightarrow$ Abschn. 4.2.6.

Die keramischen Werkstoffe zeichnen sich durch geringe Dichte, große Härte, hohen Schmelzpunkt, hohe Korrosionsbeständigkeit sowie gute chemische, thermische und mechanische* Eigenschaften aus, wie sie für Flugzeug- und Kraftfahrzeugbauteile, Turbinen, Schneidwerkzeuge u.a. benötigt werden. Ein Nachteil ist ihre Sprödigkeit, die man versucht, durch verschiedene Verfahren zu reduzieren.

*Siehe Literatur der Werkstoffkunde.

α-Aluminiumoxid-, Zirconiumdioxid-Keramik und die im $\rightarrow$ Abschn. 4.2.6 zu besprechende Siliciumcarbid- und Siliciumnitrid-Keramiken sowie die im $\rightarrow$ Abschn. 4.4.5 angegebenen legierungsartigen Carbide, Nitride und Boride werden auch als *Hochleistungswerkstoffe* bezeichnet.

Im Gegensatz zu den Struktur-(Konstruktions-)werkstoffen stehen bei den *Funktionswerkstoffen* weniger die Festigkeit, Härte, Verschleißbeständigkeit im Vordergrund, als vielmehr Wärmeleitfähigkeit, elektrische und magnetische Eigenschaften bis hin zur Supraleitfähigkeit. Elektro- und Magnetkeramik sind hauptsächlich die Doppeloxide mit Perowskit-Struktur der allgemeinen Formel $A^{II}B^{IV}O_3$ z.B. Bariumtitanat $BaTiO_3$ sowie die Doppeloxide mit Spinell-Struktur der allgemeinen Formel $A^{II}B_2^{III}O_4$ z.B. $MgAl_2O_4$.

Einzelbesprechung einiger Oxidkeramiken

In der → Tabelle 4.5 sind einige Eigenschaften für technisch wichtige Oxidkeramiken zusammengestellt. Da in der Praxis kein hochreines, fehlerfrei kristallisiertes Material verwendet wird, sind die angegebenen Werte in der Tabelle 4.5 als Richtwerte anzusehen. Die Eigenschaften sind u.a. vom Herstellungsverfahren, von den Sinterhilfsmitteln, den Verunreinigungen und auch von der entstehenden Korngröße des Gefüges, also von der Mikrostruktur abhängig. Die Herstellerfirmen geben zu technischer Keramik detaillierte Angaben, die DIN-Normen (s.→ Glossar) entsprechen. Die Eigenschaften werden an genormten Prüfkörpern ermittelt.

Tabelle 4.5 Eigenschaften technisch wichtiger Oxidkeramiken
Es handelt sich um Richtwerte, da in der Technik keine hochreinen Keramiken verwendet werden.
Es wird anstelle von Schmelzpunkt ‚Schmelztemperatur Smt' angegeben. Quelle: Handbuch der Keramik.

Oxid-Keramik	Massen-dichte g/cm^3	*Mohs* Ritzhärte	Schmelz-temperatur °C (ca.)	spez. Wärmeleit-fähigkeit λ $W \cdot m^{-1} \cdot K^{-1}$ 20 °C	mittlerer thermischer Ausdehnungs-koeffizient α $10^{-6} \cdot K^{-1}$ 20 bis 1000 °C	spez. elektrischer Widerstand $\Omega \cdot$ cm 20 °C	Kristallstruktur des reinen Oxids
$\alpha\text{-}Al_2O_3$	3.7 –3,9	9	2040	30 (20°C), 13 (400 °C)	6–9		Korund-Typ hdP für O^{2-} mit 2/3 besetzten Oktaederlücken von Al^{3+}
ZrO_2 (Modifi-kationen, siehe Text)	monoklin 5,6 tetragonal 6,1 kubisch 6,3	6,5 7,9	 2700	2–3	9–11	Hoher elektrischer Widerstand ***	Fluorit-(CaF_2)-Typ
MgO	3,58	5,5	2830	50	13,5		NaCl-Typ
BeO (kovalente Bindung, siehe Text)	3,01 (bis 2030 °C)	8	2500	210	8,9		Wurtzit-Typ**
TiO_2	4,26	6,5	1840*	10	7,3		Rutil-(TiO_2)-Typ (siehe Text)
Al_2TiO_5 Al-Titanat	3,6–3,7		1860	1–3	0,5–3		Titanat-Struktur (siehe Text)

*Die Schmelztemperatur hängt von O_2-Partialdruck ab. Smt. bei 1892 °C unter erhöhtem Sauerstoffdruck.
** *Wurtzit*-Typ s. → Abschn. 4.2.2.
*** Reine Oxidkeramiken leiten den elektrischen Strom nicht s. → Text.

» *Aluminiumoxid-Keramik*

Eigenschaften s. auch → Tabelle 4.5

α-Aluminiumoxid, α-Al_2O_3 ist einer der wichtigsten oxidkeramischen Werkstoffe. Als Mineral wird es Korund genannt. α-Al_2O_3 wird nach dem Sinterverfahren hergestellt, daher auch die Bezeichnung Sinterkorund. Die Sintertemperatur beträgt etwa 1800 °C. Neben den Verunreinigungen Fe_2O_3, SiO_2 und auch Na_2O, kann der Anteil an α-Al_2O_3 etwa 94 % bis 99,7 % betragen. Es gibt dazu DIN-Normen. Neben dem gelblich-weißen, spröden Sinterkorund wird auch Elektrokorund hergestellt (s.→ Darstellung).

Die Härte und der hohe Schmelzpunkt von α-Al_2O_3 sind auf die hohe Gitterenergie von -1511 kJ/mol zurückzuführen und sind in der starken Bindung der Ionen in ihrer Kristallstruktur begründet. Al^{3+} hat bei einem sehr kleinen Ionenradius die hohe Ionenladung von +3, was für die besonders hohe Gitterenergie spricht. Dies wurde im → Abschn. 4.1.6 und Tabelle 4.4 näher erläutert.

Die Massendichte ist relativ gering. Der Sinterkorund zeichnet sich dadurch aus, dass er seine Kristallstruktur bis zur Schmelztemperatur nicht verändert, d.h. es tritt keine Modifikations-Umwandlung ein. (Vgl. dazu Zirconiumdioxid ZrO_2 mit drei Modifikationen). Somit treten bei Temperaturänderungen auch keine Eigenschaftsän-derungen ein. Da nur ein stöchiometrisch gut ausgebildeter Kristall von α-Al_2O_3 ein guter elektrischer Isolator ist, bleibt die elektrische Leitfähigkeit bei technischem Ma-terial stets gering. Die Wärmeleitfähigkeit ist bei Raumtemperatur mäßig und nimmt mit zunehmender Temperatur ab, was zu einer geringen Temperatur-wechselbestän-digkeit führt. Dicht gesintertes α-Al_2O_3 zeichnet sich durch Unlöslichkeit in Wasser und hohe Beständigkeit gegen Säuren, Basen und reduzierende Einflüsse aus. Nicht beständig ist es gegen heiße konzentrierte Säuren z.B. Schwefelsäure H_2SO_4 und Flusssäure HF sowie gegen Alkalischmelzen.

Anmerkung zur Struktur von α-Al_2O_3: die O^{2-} Ionen bilden eine hexagonal-dichteste Kugelpackung (s.→ Abschn. 4.3.2), in der die Oktaederlücken von Al^{3+}-Ionen zu 2/3 besetzt sind und zwar so, dass jedes Al^{3+} von 6 O^{2-} und jedes O^{2-} von 4 Al^{3+} umgeben ist (vgl. Abb. 4.68a).

Beispiele für die Verwendung

Die für den Maschinenbau besondere Bedeutung von Al_2O_3-Keramik beruht auf den oben beschriebenen Eigenschaften. Die hohe Härte ermöglicht die Herstellung von Schneidwerkzeugen und Schleifmitteln. Durch die hohe Korrosionsbeständigkeit, gute Temperaturbeständigkeit und als Ionenverbindung auch hohe Druckfestigkeit ist die Al_2O_3-Keramik anderen Werkstoffen an Verschleißfestigkeit und chemischer Bestän-digkeit sowie bei Gleit- oder Haftreibung zwischen festen Bauteilen überlegen. An-wendungsgebiete sind daher überall da, wo hohe Ansprüche an Werkstoffe mit einer Kombination von großen thermischen, korrosiven, mechanischen und tribologischen Beanspruchungen gestellt werden. Beispiele sind die Herstellung von Kolben und Zylindern in Pumpen und Motoren. Eine Einschränkung in der Anwendung der Oxid-keramik betrifft ihre Sprödigkeit. Man versucht, diese durch verschiedene Verfahren zu reduzieren (s. → Seite 139).

Tribologie: Wissenschaft von gegeneinander bewegten und aufeinander einwirkenden Oberflächen. Sie umfasst die Gebiete Reibung, Schmierung und Verschleiß und untersucht die auftretenden Grenzflächeneinwirkungen bei Beanspruchung eines festen Körpers durch Kontakt und Bewegung gegen einen festen, flüssigen oder gasförmigen Partner sowie die daraus resultierenden Schäden durch Oberflächenveränderungen und Materialverlust.

Als Komponente von hochfeuerfesten keramischen Baustoffen liegt Aluminiumoxid als Zweistoffsystem beispielsweise im Mullit vor ($3 \, Al_2O_3 \cdot 2 \, SiO_2 \rightarrow$ Abschn. 4.2.8). Es ist auch eine Komponente des Dreistoffsystems Cordierit mit der Zusammensetzung $2 \, MgO \cdot 2 \, Al_2O_3 \cdot 5 \, SiO_2$ (Magnesiumaluminiumsilicat, Glaskeramik im $\rightarrow$ Abschn. 4.2.8).

Eloxal (*E*lektrisch *ox*idiertes *Al*uminium) ist eine auf Aluminiumoberflächen durch anodische Oxidation (s. $\rightarrow$ Abschn. 5.4.2) künstlich erzeugte Al_2O_3-Schicht.

Die hohe Bildungsenergie (H_f^0 s. $\rightarrow$ Abschn. 5.1.2) von Al_2O_3 von -1677 kJ/mol wird im *Aluminothermischen Schweißverfahren* ausgenützt. Dabei entstehen Temperaturen über 2000 °C, die als Schmelzwärme ausgenützt werden können. Ausführliche Beschreibung im $\rightarrow$ Abschn. 5.4.1.

Fasern aus Al_2O_3 nutzt man ähnlich wie die leichteren Kohlenstofffasern zur Verstärkung von Metallen. Beispiele sind die Verstärkung von Aluminium für Hubschraubergehäuse oder von Blei für Pb-Akkus. Pleuelstangen aus Al_2O_3-faserverstärktem Aluminium (Massenanteil von 35 bis 50 %) sind um 35 % leichter und temperaturbeständiger als solche aus Stahl. Als Wärmedämmer kommen die Fasern in Form von Geweben, Matten u.a. zur Anwendung.

Vorkommen und Darstellung

α-Al_2O_3 kommt als Mineral mit der Bezeichnung Korund in großen Lagern in Frankreich, USA und vielen anderen Ländern vor. Eine durch Eisenoxid und Siliciumdioxid (Quarz) verunreinigte körnige Form des Korunds nennt man Schmirgel.

Technisch wird α-Al_2O_3 aus Bauxit hergestellt, ein mit Eisenoxid, Siliciumdioxid und kleinen Mengen Titandioxid verunreinigtes Gemenge aus Aluminiumhydroxid-Mineralien, für die man etwa die Formel AlO(OH) angibt. Der Bauxit ist das wichtigste Ausgangsmaterial nicht nur für α-Al_2O_3 sondern auch für das Metall Aluminium ($\rightarrow$ Abschn. 4.3.7). Die Abtrennung der Begleitstoffe für die Herstellung zunächst von $Al(OH)_3$ erfolgt nach verschiedenen Verfahren, auf die hier nicht näher eingegangen wird (s. $\rightarrow$ Abschn. 5.4.2). Aus $Al(OH)_3$ wird durch Glühen im Drehrohrofen bei Temperaturen von etwa 1300 °C α-Al_2O_3 hergestellt. Nach Bedarf wird es zerkleinert, in eine bestimmte Form gebracht und bei 1800 °C gesintert. Elektrokorund erhält man durch reduzierendes Schmelzen von Bauxit oder Tonerde bei 2000 °C mit Koks im elektrischen Lichtbogenofen. Es entsteht ein sehr hartes Produkt mit einem Anteil von etwa 99 % α-Al_2O_3.

Sol-Gel-Verfahren zur Herstellung von *Al_2O_3*

Eine *fehlerfreie Keramik von α-Al_2O_3* von außerordentlicher Härte und Festigkeit lässt sich aus γ-Al_2O_3 (siehe $\rightarrow$ unten) in einem Sol-Gel-Verfahren durch Ausflockung am isoelektrischen Punkt herstellen (s. $\rightarrow$ Abschn. 1.3.3). Sehr fein gemahlenes Aluminiumoxid-Pulver wird in Wasser suspendiert. In einer sehr verdünnten wässrigen Lösung entsteht amorphes $Al_2O_3 \cdot aq$, was auch als $Al(OH)_3 \cdot x \, H_2O$ (aus $Al_2O_3 + 3 \, H_2O =$

2 Al(OH)$_3$ in großer Verdünnung formuliert werden kann. Man gießt nun die ‚Lösung‘ in die Form eines gewünschten Bauteils und verändert den pH-Wert in den alkalischen Bereich bis zum isoelektrischen Punkt. Hier flockt das Aluminiumoxidhydroxid als Gel aus. Die nach einer bestimmten Art der Ausflockung erhaltene gipsartige Masse füllt jeden Winkel der vorgegebenen Form aus. Das Werkstück kann getrocknet und bei mehr als 1000 °C gebrannt werden. Es entsteht eine fehlerfreie Keramik von außerordentlicher Härte, Festigkeit und Reinheit.

Die Überführung in den alkalischen Bereich kann durch das Enzymsystem Harnstoff/Urease erfolgen. Bei erhöhter Temperatur wird die Urease aktiviert und setzt aus Harnstoff Ammoniak frei, der den pH-Wert in den alkalischen Bereich überführt. Dieses Verfahren kann ebenso zur Herstellung von Titandioxid TiO$_2$ oder Zirconiumdioxid ZrO$_2$ verwendet werden.

Wird das Wachstum der als Gel ausgefallenen Teilchen bei einer bestimmten Teilchengröße im Nanobereich (Durchmesser 10^{-9} m) gestoppt, so bildet sich feines Pulver, das anschließend gepresst werden kann. Das Material der sonst spröden Keramik zeigt nach dieser Herstellungsweise eine den Metallen entsprechend Plastizität.

Weitere Modifikationen von Aluminiumoxid

γ-Al$_2$O$_3$ ist ein weißes, in Wasser unlösliches, in starken Säuren und Basen lösliches, Wasser adsorbierendes Pulver. Es ist oberflächenreich und besitzt ein gutes Adsorptionsvermögen. Man nennt es daher ‚aktive Tonerde‘. Es wird durch vorsichtiges Erhitzen von γ-Al(OH)$_3$ (aus dem Mineral Hydrargillit) auf über 400 °C hergestellt. Erst beim starken Erhitzen auf etwa 1000 °C entsteht α-Al$_2$O$_3$. γ-Aluminiumoxid wird zusammen mit anderen Oxiden als Katalysator für zahlreiche technische Prozesse eingesetzt.

β-Aluminiumoxid ist nur als Natrium-β-Aluminiumoxid Na$_2$O · n Al$_2$O$_3$ beständig und wird bei einigen Hochtemperatur-Akkumulatoren als Festelektrolyt eingesetzt. Es ist ein guter Ionenleiter.

» *Zirconiumdioxid-Keramik*

Eigenschaften s. auch → Tabelle 4.5

Zirconiumdioxid ZrO$_2$ tritt in Abhängigkeit von der Temperatur in drei Modifikationen auf, eine für die technische Anwendung wenig angenehme Eigenschaft. Die erste Modifikationsänderung von der monoklinen in die tetragonale Struktur findet zwischen 1000 °C bis 1200 °C statt. Sie ist mit einer bemerkenswerten Massendichteänderung verbunden, die sich bei Abkühlung unerwünschte Volumenvergrößerung von etwa 9 % äußert, was leicht zur Bildung von Rissen und Sprüngen im Material führt.

	1000 bis 1200 °C		ca. 2300 °C		ca. 2700 °C	
ZrO$_2$ monoklin	⇌	ZrO$_2$ tetragonal	⇌	ZrO$_2$ kubisch	⇌	Schmelze
ρ = 5,6 g/c m³		ρ = 6,1 g/cm³		ρ = 6,3 g/cm³		

Eine weitere Modifikationsänderung von der tetragonalen zur kubischen (CaF$_2$-Typ)

Hochtemperatur-Phase findet bei etwa 2300 °C statt.

Das Sintern von ZrO_2 erfolgt in einem Temperaturbereich, in dem die kubische Phase vorliegt. Um Zirconiumdioxid bei tiefen Temperaturen verwenden zu können und um bei Abkühlung der Schmelze, die Rückumwandlung in die tetragonale und monokline Modifikationen zu vermeiden, bedarf es der Stabilisierung der Hochtemperatur-Modifikation durch Zusätze von Fremdoxiden (CaO, MgO, Y_2O_3, Ce_2O_3 u.a.). Diese bilden mit kubischem Zirconiumdioxid einen Mischkristall (s. → Abschn. 4.4.2), in dem Zr^{4+}-Ionen teilweise durch die Kationen Ca^{2+}, Mg^{2+}, Y^{3+} und Ce^{3+} u.a. ersetzt sind. Dadurch wird kubisches Zirconiumdioxid bei Abkühlung ab etwa 2400 °C nutzbar, ohne seine Eigenschaften zu verändern und die Volumenvergrößerung vermieden werden kann. Die vollstabilisierte ZrO_2-Keramik hat die Bezeichnung CSZ-Typ (<u>c</u>ubic <u>s</u>tabilized <u>z</u>irconia).

Für das so genannte teilstabilisierte Zirconiumdioxid ZrO_2 gibt es verschiedene Typen, der PSZ-Typ (<u>p</u>artly <u>s</u>tabilized <u>z</u>irconia) und der TZP-Typ (<u>t</u>etragonal <u>z</u>irconia <u>p</u>olycrystal). Relativ grob kristallines ZrO_2 erhält man bei der Teilstabilisierung mit MgO, das mit der Abkürzung Mg-PSZ (Mg-partly stabilized zirconia) bezeichnet wird, während sich mit Y_2O_3 ein feinkristallines tetragonales Gefüge aufbauen lässt, das Y-TZP (Y-tetragonal zirconia polycristal). Es besitzt gegenüber dem Mg-PSZ eine bedeutend höhere Festigkeit.

Es bedarf einer bestimmten Technik, damit teilstabilisiertes Zirconiumdioxid bei der Abkühlung von tetragonalem Zirconiumdioxid durch die Volumenvergrößerung derartige Druckspannungszentren im Gefüge bildet, dass weniger gefährliche Mikrorisse entstehen. Dadurch wird Zirconiumdioxid-Keramik beständig gegen Temperaturwechsel(‚-schocks‘). In ähnlicher Weise benützt man die Mikrorissbildung (s. → Abschn. 4.1.7) gezielt zur Verminderung der Sprödigkeit, beispielsweise von Al_2O_3-Keramik.

In Abhängigkeit von der Art und Konzentration der Fremdoxide und den verwendeten Sinterbedingungen lassen sich maßgeschneiderte ZrO_2-Werkstoffe mit erheblich verbesserten Eigenschaften für Konstruktionswerkstoffe herstellen. Sie sind u.a. gegen Wasser, weitgehend gegen Säuren (Ausnahme Flusssäure) und Basen sowie oxidierende und reduzierende Einflüsse beständig. Nicht beständig sind sie gegen Wasserdampf bei etwa 200 °C und heiße konzentrierte Schwefelsäure. Die Eigenschaften variieren zwischen den verschieden stabilisierten Formen. Im Allgemeinen sind es thermisch und mechanisch sehr widerstandsfähige Werkstoffe.

Beispiele für die Verwendung

Ein mit MgO teilstabilisiertes ZrO_2 (Mg-PSZ) wird für Maschinenbauteile im chemischen Apparatebau, z.B. für Lager und Ventile, für die Mahltechnik und die thermische Isolation verwendet. Die vergleichsweise geringe Wärmeleitfähigkeit erlaubt die Verwendung für Beschichtungen von Turbinenschaufeln sowie für die Wärmedämmung bei Brennkammern im Flugzeugbau und findet auch als Raketenwerkstoff Interesse. Zirconiumdioxid dient außerdem als Trägermaterial für Katalysatoren und wie Titandioxid als Weißpigment hauptsächlich für weißes Porzellan und als Druckfarbe.

Während die Ionenverbindung ZrO_2 unter Normalbedingungen ein Isolator ist, findet ein mit Y_2O_3 (Yttrium(III)-oxid) dotiertes Zirconiumdioxid als Anionenleiter Verwendung. Oberhalb 300 °C dient er als Festelektrolyt zur Bestimmung von O_2-Partialdrücken in Hochtemperatur-Brennstoffzellen (s. → Abschn. 5.4.3) sowie in der Lambda-Sonde, die dem Drei-Wege-Katalysator vorgeschaltet ist (s. → Abschn. 5.2.7). Festelektrolyt und Konzentrationskette s. → Abschn. 5.4.2.

Vorkommen und Darstellung

Zirconiumdioxid kommt in der Natur vor allem als Mineral Zirkonerde ZrO_2 vor. Die technische Gewinnung erfolgt aus dem Mineral Zirkon $ZrSiO_4$ (Australien, USA, Brasilien), aus dem nach Schmelzen mit Kalk und Koks (Reduktion von SiO_2) reines ZrO_2 gewonnen wird.

» *Magnesiumoxid-Keramik*

Eigenschaften s. auch → Tabelle 4.5

Durch Glühen von Magnesit $MgCO_3$ bei 600 bis 1000 °C erhält man weißes, lockeres, pulverförmiges, reaktionsfähiges, mit Wasser noch ‚abbindendes' Magnesiumoxid MgO*.

$$MgCO_3 \quad \xrightarrow{\text{600 bis 1000 °C}} \quad MgO + CO_2$$

*Abbinden bedeutet, dass MgO langsam von Wasser angegriffen wird unter Bildung von schwerlöslichem Magnesiumhydroxid $Mg(OH)_2$.

Erst bei Glühtemperaturen von 1700 bis 2000 °C bildet sich Sintermagnesia MgO, das mit Wasser nicht mehr reagiert und gegen starke Basen beständig ist, nicht jedoch gegen Säuren und gegen reduzierenden Einfluss bei Temperaturen oberhalb 1700 °C. Es besitzt hohes elektrisches Isoliervermögen bis zu 1000 °C, bei gleichzeitiger guter Wärmeleitfähigkeit. Im elektrischen Lichtbogen bei 2800 bis 3000 °C entsteht das totgebrannte Schmelzmagnesia.

MgO kristallisiert im NaCl-Typ, alle Oktaederlücken der kubisch-dichtesten Kugelpackung der O^{2-}-Ionen sind von Mg^{2+}-Ionen besetzt.

Beispiele für die Verwendung

Sintermagnesia wird u.a. zur Herstellung hochfeuerfester Steine (Magnesiasteine), zur Auskleidung metallurgischer Öfen in der Stahlerzeugung, als Wärmespeichermaterial und auch zu Tiegeln verwendet. Schmelzmagnesia findet als Isoliermaterial in der Elektrowärmeindustrie Anwendung.

Vorkommen und Darstellung

Die technische Darstellung von Magnesiumoxid MgO, der wichtigsten Magnesiumverbindung neben Magnesiumcarbonat $MgCO_3$, erfolgt hauptsächlich durch Glühen (Calcinieren) von natürlich vorkommendem Magnesit $MgCO_3$:

$$MgCO_3 \longrightarrow MgO + CO_2\uparrow$$

Ist der ebenfalls natürlich vorkommende Dolomit das Ausgangsmaterial, so wird eine Trennung von CaO und MgO erforderlich:

$$MgCa(CO_3)_2 \longrightarrow MgO + CaO + 2\,CO_2\uparrow$$
Dolomit

» *Berylliumoxid-Keramik*

Berylliumoxid BeO hat im Gegensatz zum Magnesiumoxid MgO nicht die NaCl-Struktur (KZ 6 : 6), sondern die Wurtzit-Struktur*, wobei die Hälfte aller Tetraeder-lücken der hexagonal-dichtesten Kugelpackung der Sauerstoffatome von Be besetzt werden (kovalente Bindung → Abschn. 4.2.3). Dennoch wird BeO-Keramik wegen der Eigenschaften − hohe Schmelztemperatur und chemische Beständigkeit − bei den oxidkeramischen Werkstoffen mit Ionenbindung besprochen.

*Wurtzit-Typen (ebenso Zinkblende-Typ) haben eine hohe Wärmleitfähigkeit.

Eigenschaften s. auch → Tabelle 4.5

BeO ist ein weißes, lockeres, in Säuren lösliches Pulver, es ist giftig. Beim Glühen oberhalb 800 °C wandelt es sich in die gesinterte Form um. Gesintertes BeO wird von Säuren und Basen kaum angegriffen. Es ist ein relativ teurer Werkstoff. Bei etwa 2030 °C erfolgt eine Modifikations-Umwandlung mit einer Volumenänderung von etwa 5 %, daher ist der Anwendungsbereich nur bis zu dieser Temperatur möglich. Das Schmelzen tritt bei etwa 2500 °C ein. Es besitzt unter allen keramischen Erzeugnissen die höchste Wärmeleitfähigkeit, was die Temperaturwechselbeständigkeit günstig beeinflusst. Die Wärmeausdehnung ist ähnlich der von Al_2O_3-Keramik, das elektrische Isoliervermögen relativ hoch.

Beispiele für die Verwendung

Berylliumoxid-Keramik findet Einsatz bei der Herstellung von Gussformen, für Tiegel zur Verwendung in Hochfrequenzöfen, für Flugzeugzündkerzen, sowie als Moderator für schnelle Neutronen in der Kerntechnik.

Vorkommen und Darstellung

Berylliumoxid selbst kommt als Mineral nicht vor, es wird aus dem Mineral Beryll $Be_3Al_2[Si_6O_{18}]$ in einem aufwendigen Verfahren über verschiedene Zwischenstufen zunächst als Berylliumhydroxid $Be(OH)_2$ isoliert. Anschließend gewinnt man BeO bei 400 °C als ein weißes, lockeres, in Säuren lösliches Pulver. Erst durch Glühen (Sintern) von geformten und gepressten BeO-Körnern in H_2-Atmosphäre entsteht Berylliumoxid-Keramik.

» *Titandioxid-Keramik*

Eigenschaften s. auch → Tabelle 4.5

Die Schmelztemperatur von gesintertem TiO_2 ist im Verhältnis zu den voran be-sprochenen Keramiken relativ niedrig. Es ist eine bei etwa 1840 °C unter erhöhtem

O_2-Partialdruck schmelzende Verbindung. Es löst sich in heißer, konzentrierter Schwefelsäure, in Salpetersäure und in Flusssäure. Durch Zusammenschmelzen von Titandioxid mit Metalloxiden erhält man Mischoxide unterschiedlicher Strukturen wie Ilmenit, Perwoskite, Spinelle, Titanate.

Beispiele für die Verwendung

Rutilbeschichtete Elektroden werden oftmals bei technischen Elektrolysen eingesetzt. Auf die rutilumhüllten Elektrode beim Lichtbogenhandschweißen wurde im → Abschn. 3.3.2 hingewiesen. Gesintertes Titandioxid wird für Fadenführer in der Textilindustrie verwendet. Es dient in der Modifikation des Anatas (s. unten) als Katalysator oder als Katalysatorträgermaterial. Sehr große Bedeutung hat das nicht giftige Titandioxid als Weißpigment. Aufgrund seiner guten dielektrischen Eigenschaften wird es in Kondensatoren verarbeitet.

Vorkommen und Darstellung

In der Natur kommt Titandioxid in drei Modifikationen vor, als stabile und häufigste Modifikation in Form von Rutil (Australien) (lat. rutilus rötlich), sowie als Anatas (gr. anatein emporstrecken) und Brookit (*H. J. Brook* 1771−1857). Rutil besteht zu 95 % aus TiO_2. Anatas und Brookit verwandeln sich, bevor sie schmelzen in die stabile Modifikation Rutil. Technisch wird TiO_2 in großem Maßstab vor allem aus Ilmenit $FeTiO_3$ nach einem Sulfat- oder einem Chloridverfahren gewonnen. Letzteres Verfahren wird auch zur Reinigung von TiO_2 genutzt. Das zunächst anfallende Titandioxid-Hydrat $TiO_2 \cdot x\, H_2O$ wird in Drehrohröfen bei 800 bis 1000 °C zu feinkörnigem Anatas, oberhalb 1000 °C zu grobkörnigem Rutil gebrannt. In Anwesenheit von Rutilkeimen entsteht bei dieser Temperatur feinkörniger Rutil.

Rutil-Typ s. → Abschn. 4.1.5

» *Aluminiumtitanat-Keramik*

Eigenschaften s. auch → Tabelle 4.5

Aluminiumtitanat mit der Formel Al_2TiO_5 ($Al_2O_3 \cdot TiO_2$) zeichnet sich durch eine geringe Wärmeleitfähigkeit, eine sehr niedrige Wärmeausdehnung und ein hohes elektrischen Isoliervermögen aus. Die Verwendung ist auf eine Temperatur bis etwa 750 °C begrenzt. Oberhalb dieser Temperatur zerfällt es wieder in die Ausgangsstoffe Al_2O_3 und TiO_2. Zusätzliche Zr^{4+}- und Mg^{2+}-Ionen erweitern den Anwendungsbereich auf etwa 900 °C. Die mechanische Festigkeit ist gegenüber den anderen Oxidkeramiken geringer.

Beispiele für die Verwendung

Aluminiumtitanat ist korrosionsbeständig gegenüber Nichteisenmetallschmelzen wie Al- und Cu-Legierungen. Hauptsächlich wird es für Auskleidungen von Abgasführungssystemen und als Beschichtung für Wärmedämmzwecke verwendet. Es erträgt schnelles Erwärmen und rasches Abkühlen (Schockbehandlung). Im Gegensatz zu Perowskiten und Spinellen kann es als elektrokeramischer Werkstoff nicht verwendet werden.

Darstellung

Titanate können durch Zusammensintern der entsprechenden Metalloxide mit TiO_2 hergestellt werden.

Weitere Keramiken

Sie finden weniger wegen ihrer mechanischen Eigenschaften Anwendung, sondern als Funktionswerkstoffe aufgrund ihrer elektrischen und magnetischen Eigenschaften.

» *Ilmenit*

Ilmenit, ein Mineral, mit der Formel $FeTiO_3$ ($FeO \cdot TiO_2$), auch Eisentitanat genannt, zeigt hohen elektrischen Widerstand. Die Ilmenit-Struktur leitet sich von der des Korunds (α-Al_2O_3) ab. Die O^{2-}-Ionen bilden eine etwas verzerrte hexagonal-dichteste Kugelpackung. Die Al^{3+}-Ionen in der Struktur des Korunds sind abwechselnd gegen Ti^{4+}- und Fe^{2+}-Ionen ausgetauscht. Die Ilmenit-Struktur unterscheidet sich von der Perowskit-Struktur, Fe kann ersetzt sein durch Ni und Co.

Verwendung z.B. zur Herstellung von Elektrokeramik (Dielektrika).

Vorkommen und Darstellung

Ilmenit, ein schwarzes körniges Titanerz kommt in USA, Kanada, Australien, Skandinavien und Malaysia vor. Er kann durch Zusammensintern von Eisenoxid mit Titandioxid hergestellt werden.

» *Perowskit*

Das in der Natur vorkommende Perowskit ist ein Calciumtitanat $CaTiO_3$ ($CaO \cdot TiO_2$).

Perowskite haben die allgemeine Formel $A^{II}B^{IV}O_3$. Die Summe der positiven Ladungen muss sechs betragen:

A^{2+}-Ionen können von folgenden Metallen stammen: Ca- als Calciumtitanat $CaTiO_3$, Sr- als Strontiumtitanat $SrTiO_3$, Ba- als Bariumtitanat $BaTiO_3$ u.a.

B^{4+}-Ionen können von folgenden Metallen stammen: Ti, Zr, Sn. Es gibt auch andere Kombination wie z.B. A^{3+} (Y, La) und B^{3+} (Al).

In der Perowskit-Struktur bildet das A^{2+}-Ion das Zentrum der kubisch-primitiven Zelle der O^{2-}-Ionen. Die kleineren B^{4+}-Ionen sind von sechs O^{2-}-Ionen, also oktaedrisch umgeben.

Perowskite (Elektrokeramik) haben ferroelektrische Eigenschaften (s. $\rightarrow$ Glossar).

» *Spinell*

Das in der Natur vorkommende Magnesiumaluminat $MgAl_2O_4$ ($MgO \cdot Al_2O_3$) wird als Spinell bezeichnet. Es ist der Strukturtyp für zahlreiche andere, analog zusammengesetzte Doppeloxide. Sie haben die allgemeine Formel $A^{II}B_2^{III}O_4$, wobei A und B verschiedene Ionenladungen tragen können. Die Summe der positiven Ladungen muss acht betragen.

A^{2+}-Ionen können von folgenden Metallen stammen: Mg, Fe, Cu, Zn u.a.

B^{3+}-Ionen können von folgenden Metallen stammen: Al, Ti, Cr, Fe u.a.

In der Spinell-Struktur bilden die O^{2-}-Ionen eine kubisch-dichteste (Anionen-) Kugelpackung, in der 1/8 aller vorhandenen Tetraederlücken mit A^{2+}-Ionen und die Hälfte aller vorhandenen Oktaederlücken mit B^{3+}-Ionen in der Weise besetzt sind, dass jedes O^{2-}-Ion verzerrt tetraedrisch von einem A^{2+}-Ion und drei B^{3+}-Ionen umgeben ist. Außer dieser normalen Spinell-Struktur gibt es noch inverse und defekte Spinell-Strukturen.

Spinelle (Magnetkeramik) haben ferromagnetische Eigenschaften.

Gefügeverstärkung für Oxidkeramik

Um den Anwendungsbereich der Hochleistungs-Oxidkeramik, z.B. von Al_2O_3-Keramik zu erweitern, wird durch verschiedene Maßnahmen versucht, ihre Sprödigkeit durch Gefügeverstärkung zu vermindern:

- So wird beispielsweise die bei Zirconiumdioxid eher unangenehme Eigenschaft der Volumenvergrößerung beim Abkühlen ausgenützt. Gibt man Zirconiumdioxid einem keramischen Werkstoff bei hoher Temperatur zu, so dehnen sich die eingelagerten ZrO_2-Teilchen beim Abkühlen aufgrund der Phasenumwandlung von der tetragonalen zur monoklinen Modifikation aus. Sie erzeugen rings um sich herum kleine Druckspannungszonen, wobei unter den gegebenen Bedingungen nur Mikrorisse entstehen. Diese breiten sich nicht weiter aus und schwächen das Gesamtgefüge nicht. Von außen einwirkende Stöße werden nun durch die entstandenen vielen Mikrorisse aufgefangen, ‚vernichtet, gestoppt‘, es bilden sich daher keine Makrorisse. So ist es möglich, Korund mit einem Anteil von etwa 15 % Zirconiumdioxid durch Umwandlungsverstärkung als Schneidkeramik für Metalle oder in der Papierindustrie einzusetzen.

- Verstärkung durch Fasern, beispielweise aus Aluminiumoxid, Kohlenstoff oder Siliciumcarbid.

- Verbesserung der Ausgangsmaterialen über die Nanotechnik (Sol-Gel-Verfahren) und die Sintertechnik.

Vorteile von Oxidkeramik gegenüber Metallen

Neben den im → Abschn. 4.1.6 erwähnten Eigenschaften der Oxidkeramiken wie Härte, Hochtemperatur-, Korrosions- und Druckbeständigkeit sowie hohe Verschleißfestigkeit neben guter chemischer Beständigkeit zeichnen sich die Rohstoffe für die Oxidkeramiken durch ihren relativ niedrigen Preis aus. Die Herstellungskosten dagegen sind hoch, doch teure Recycling-Verfahren entfallen. Die niedrigen Massendichten sind vergleichbar mit denen von Leichtmetallen und sparen daher Kraftstoff bei der Verwendung im Flug- und Fahrzeugbau ein. Technischer Vorteil ist, dass höhere thermische und mechanische Belastbarkeit kleinere Bauteile und höhere Wirkungsgrade ermöglichen. Zum ökonomischen Vorteil gehören längere Lebensdauer und gegebenenfalls auch längere Zeiten zwischen den Wartungen der Bauteile. Ökologisch vorteilhaft ist es, wenn Schmierstoffe z.B. bei Kolbenpumpen eingespart werden können.

4.2 Atombindung

4.2.1 Beschreibung der Atombindung

Andere Bezeichnungsarten sind kovalente Bindung oder Elektronenpaarbindung, eine ältere Bezeichnung ist homöopolare Bindung.

Anmerkung als Ausblick auf die Polymerchemie: Bei den Polymeren werden anstelle von Atombindung die Begriffe Hauptvalenzbindung, Hauptvalenzkräfte oder nur Hauptvalenz verwendet sowie primäre oder intramolekulare Bindung. Dadurch wird der Gegensatz zur Nebenvalenzbindung (Nebenvalenzkräfte, Nebenvalenz), die auch sekundäre oder intermolekulare Bindung genannt wird, stärker betont. Diese Bezeichnungsarten bringen ihren unterschiedlichen Einfluss auf die Eigenschaften der Polymerwerkstoffe besser zum Ausdruck.

Eine Atombindung wird ausgebildet, wenn Nichtmetallatome miteinander eine Bindung eingehen. Die Oktett-Regel besagt: Atome haben die Tendenz, eine stabile Aussenschale von acht Elektronen zu erreichen. Wendet man diese Regel auf die Reaktion von zwei Nichtmetallatomen an, so bereitet dies zunächst Schwierigkeiten.

Nichtmetallatome stehen rechts im PSE, es fehlen ihnen nur wenige Elektronen zu einer Edelgaskonfiguration. Während bei der Entstehung der Ionenbindung durch Elektronenübertragung vom Metall zum Nichtmetall das dabei entstehende Kation und Anion eine Edelgaskonfiguration erhalten, fehlt bei der Ausbildung der Atombindung zwischen zwei Nichtmetallatomen ein ‚Elektronenspender'.

Beispiel:
Chloratome haben sieben Valenzelektronen. Würde ein Chloratom auf ein zweites Chloratom ein Elektron übertragen, so hätte dieses Chloratom eine stabile Aussenschale; dem ersten Chloratom blieben nur sechs Valenzelektronen, was keine stabile Valenzelektronenkonfiguration darstellt.

Modell nach Lewis

Lewis 1916 (Gilbert Newton Lewis 1875–1946, Berkeley USA)

Lewis entwickelte die Vorstellung, dass der Zusammenhalt zwischen zwei Nichtmetallatomen durch ein Elektronenpaar erfolgt, das beiden Atomen gemeinsam angehört, Beide Nichtmetallatome benützen also gemeinsam Elektronen auf der äußeren Schale, der Valenzschale, um für jedes Atom die Edelgaskonfiguration zu erreichen.

» *Lewis-Formeln*

In den Lewis-Formeln werden die Elektronen durch Punkte dargestellt, die Elektronenpaare wurden nach *Langmuir* durch Striche ersetzt. Über ein gemeinsames Elektronenpaar aufgebaute Verbindungen bilden ein *Molekül*, z.B. das Wasserstoffmolekül oder das Chlormolekül. Für Moleküle gibt man die Summenformel an z.B. H_2, Cl_2.

Lewis-Formel	H : H	:Cl : Cl:
Valenzstrichformel	H − H	|Cl − Cl|
Summenformel	H_2	Cl_2

» *Bindigkeit*

Die Zahl der gemeinsamen Elektronenpaare, die ein Nichtmetallatom ausbilden kann, nennt man Bindigkeit (s. → Tabelle 4.6). Die Bindigkeit eines Nichtmetallatoms ist von der Stellung des Elementes im PSE abhängig. Die Oktett-Regel ist nur für die Nichtmetallatome der zweiten Periode (C, N, O, F) streng erfüllt, denn nach der 2 n^2-Regel haben nur acht Elektronen in der zweiten Schale Platz (s. → Abb. 3.9).

Die gemeinsamen Elektronenpaare nennt man *bindende Elektronenpaare* oder *Kovalenzen*. Davon haben sich die Bezeichnungen *Elektronenpaarbindung* bzw. *kovalente Bindung* (engl. covalent bond) abgeleitet. Üblicherweise nennt man diese Bindung *Atombindung*. Chlor hat sieben Außenelektronen und kann zur Auffüllung des Oktetts nur ein Elektron aufnehmen, d.h. nur eine Atombindung eingehen. Die am Chlor (s.→ oben) noch vorhandenen drei Elektronenpaare, die keine Bindung eingehen nennt man *freie oder nichtbindende Elektronenpaare.*

Im Gegensatz zur ungerichteten, in allen Richtungen im Raum wirkenden Coulomb-Kraft bei der Ionenbindung ist die Atombindung eine durch ein oder mehrere gemeinsame Elektronenpaare von Atom zu Atom *gerichtete Bindung.*

Wasserstoff steht in der ersten Periode, er ist einbindig und füllt seine Valenzschale zur Heliumkonfiguration $1s^2$ auf.

Für die Nichtmetallatome ab der dritten Periode (P, S, Cl) mit zusätzlich fünf d-Orbitalen, die zunächst noch nicht besetzt sind, werden auch höhere Bindigkeiten möglich. Diese so genannte *Hybridisierung* wird im → Abschn. 4.2.1 erklärt.

Tabelle 4.6 Bindigkeit der Nichtmetallatome in der zweiten Periode

Element in der zweiten Periode	Es fehlen zum Oktett	Bindigkeit
Kohlenstoff C Hauptgruppe IVa (Gruppe 14)	4 Valenzelektronen (→ Hybridisierungsmodell)	vierbindig
Stickstoff N Hauptgruppe Va (Gruppe 15)	3 Valenzelektronen	dreibindig
Sauerstoff O Hauptgruppe VIa (Gruppe 16)	2 Valenzelektronen	zweibindig
Fluor F Hauptgruppe VIIa (Gruppe 17)	1 Valenzelektron	einbindig

Orbitalmodell für die Atombindung

So anschaulich und praktisch die Vorstellung nach *Lewis* auch ist, sie gibt keine Antwort auf die Frage, warum sich zwei Elektronen, zwei negative Ladungen zu einem Elektronenpaar verbinden, sie gibt auch keine Erklärung über einen räumlichen Aufbau von Molekülen und ebenso nicht über den Bindungsabstand zwischen den Nichtmetallatomen im Molekül. Hier reichen die Gesetze der klassischen Physik nicht aus.

Das Orbitalmodell, das wellenmechanische Modell für den Atomaufbau (s. → Abschn. 3.1.3), ermöglicht eine Deutung der Atombindung. Dieses Modell hat für die Atombindung in Molekülen zu zwei verschiedenen Betrachtungsweisen geführt, zu der *Valenzbindungstheorie* (abgekürzt VB-Theorie) und der Molekülorbitaltheorie (abgekürzt MO-Theorie). Beide Theorien führen zu den gleichen Ergebnissen, sie gehen jedoch von verschiedenen Ansätzen aus (s. → Abb. 4.16).

Die VB-Theorie deutet die von *Lewis* angenommene Elektronenpaarbindung. Die Atomorbitale werden beibehalten und die Elektronenpaarbindung kann qualitativ mit dem ,Überlappen bestimmter dafür geeigneter Atomorbitale' erklärt werden. Die ungepaarten Bindungselektronen zweier Atome füllen dann gemeinsam den gesamten Raum eines so genannten Überlappungsorbitals aus, in welchem die Wahrscheinlichkeit des Aufenthalts der Elektronen, die Elektronendichte erhöht ist.

Dagegen halten sich bei der MO-Theorie die Elektronen, die zu einem bestimmten Kern gehören, nicht mehr in Atomorbitalen auf, sondern in Molekülorbitalen, die praktisch den beteiligten Atomen gleichzeitig gehören. Diese erstrecken sich somit über das ganze Molekül und befinden sich im Feld mehrerer Kerne. Es ist eine erweiterte mathematische Behandlung der Atomorbitale, Linear Combination of Atomic Orbitals, LCAO genannt.

Im Folgenden wird am Beispiel des Wasserstoffmoleküls die VB-Theorie erläutert, sie ist die anschaulichere Theorie, weil sie die Elektronenpaarbindung zugrunde legt. Sie besagt: Elektronen halten sich nicht stationär zwischen zwei positiven Atomrümpfen auf, wie es die *Lewis*-Vorstellung zum Ausdruck bringt; aufgrund ihrer Wellennatur bewegen sich die Elektronen mit hohen Geschwindigkeiten in einem Raumbereich, dem so genannten Atomorbital. Die bei der Annäherung zweier Atome zunächst ungünstig wirkende Abstoßung zwischen den beiden Elektronenhüllen und auch zwischen den Atomkernen wird ausgeglichen durch den energetisch günstigeren Zustand, in dem das Elektron eines jeden Wasserstoffatoms im Wasserstoffmolekül H–H nicht mehr nur von einem, sondern von zwei positiv geladenen Atomkernen angezogen wird. Die beiden Elektronen gehören als Elektronenpaar sowohl dem einen als auch dem anderen Wasserstoffatom an. Dadurch wird für jedes im Molekül vorhandene Wasserstoffatom die stabile Edelgaskonfiguration von Helium $1s^2$ erreicht. Im Wasserstoffmolekül durchdringen sich die Atomorbitale, man sagt die $1s^1$-Atomorbitale ‚überlappen‘. Durch die Überlappung kommt es zwischen den Atomen zur Erhöhung der Elektronendichte und zur Bindung aufgrund der Anziehung beider Elektronen durch die zwei positiv geladenen Kerne. In der ersten Periode ist die Schale bereits mit zwei Elektronen aufgefüllt und die stabile Elektronenkonfiguration des Edelgases Helium erreicht. Für die Überlappung der Atomorbitale ist der Begriff gemeinsames Elektronenpaar sehr anschaulich, die beiden Elektronen müssen antiparallele Spins haben (s. → Abb. 3.10). Das *Pauli*-Prinzip (*Pauli*-Verbot) besagt, dass ein Orbital nur mit zwei Elektronen entgegengesetzten Spins besetzbar ist.

Anschaulich gesprochen stellt sich in diesem Fall also ein Kompromiss ein: bei einem bestimmten Abstand der Kerne der beiden Wasserstoffatome herrscht Gleichgewicht zwischen anziehender und abstoßender Kraft. Die Bindung kommt dann zustande durch die Anziehung zwischen den beiden positiv geladenen Kernen und der negativ geladenen Elektronenwolke. Beim Abstand r_0 wird ein Maximum an Energie frei, die sogenannte Bindungsenergie.

Bindungsenergie

Bei der Bildung des Wasserstoffmoleküls H + H $\longrightarrow$ H$_2$ werden 436 kJ/mol Bindungsenergie frei. Das bedeutet, dass die Auffüllung der Valenzschalen, die Ausbildung der Edelgaskonfiguration in beiden Atomen zu einer Energieabgabe führt. Der Energiegewinn beim Übergang in einen energieärmeren Zustand erklärt die begünstigte *Molekülbildung*. Will man das Wasserstoffmolekül in die zwei Wasserstoffatome aufspalten, so müssen 436 kJ/mol aufgewendet werden.

Bindungsenergie und Bindungslängen s. → Anhang Tabellen.

Hinweis auf → Abb. 3.21: atomarer Wasserstoff kann mit der *Langmuir-Fackel* hergestellt werden. Die bei der Rückbildung in Wasserstoffmoleküle auf einer Metalloberfläche freiwerdende Rekombinationswärme – die *Bindungsenergie* – kann zum Schweißen und Schmelzen hochschmelzender Metalle verwendet werden.

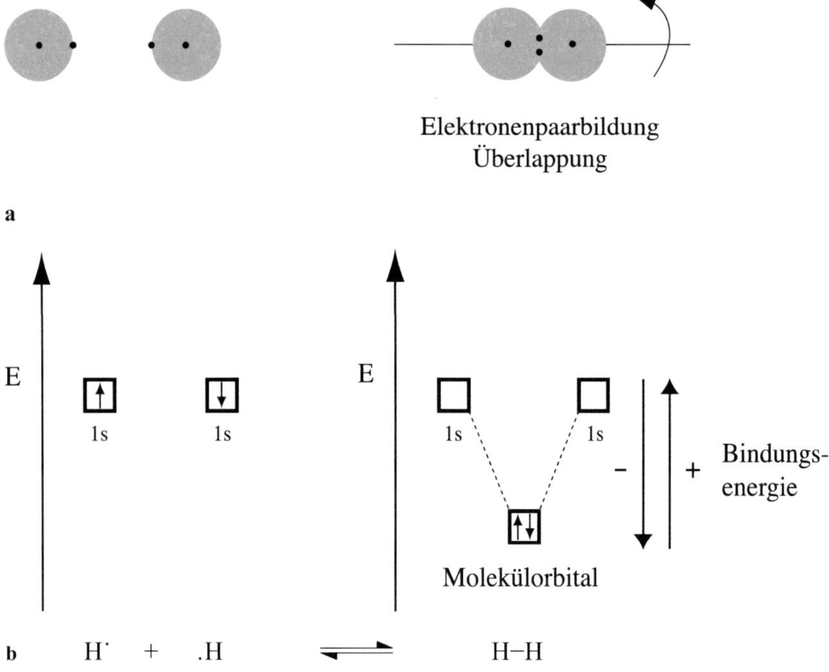

Abb. 4.16 Zwei Wasserstoffatome bilden ein Wasserstoffmolekül H–H bzw. H_2.
a Nach der VB-Theorie durchdringen sich die beiden Atomorbitale im Wasserstoffmolekül, man sagt die $1s^1$-Atomorbitale ‚überlappen'.
Der Pfeil deutet an, dass die Bindung H–H rotationssymmetrisch zur Verbindungsachse der Atomkerne liegt. (‚Rotationssymmetrisch' bezüglich einer Achse ist ein Gebilde dann, wenn es sich nach Drehung um diese Achse nicht vom ursprünglichen Zustand unterscheiden lässt.)
b Nach der MO-Theorie werden die Atomorbitale in ein gemeinsames Molekülorbital umgewandelt. Die Elektronen haben im Orbital entgegengesetzt gerichteten Spin. Dieser Vorgang ist hier in der Kästchenschreibweise veranschaulicht s. → Abschn. 3.1.4. Die MO-Theorie wird nicht weiter verfolgt.
Der große Pfeil nach unten bedeutet: die Bindungsenergie von 436 kJ/mol wird bei der Bildung eines Wasserstoffmoleküls aus zwei Wasserstoffatomen frei. Frei werdende Bindungsenergie bekommt in der Thermodynamik ein negatives Vorzeichen.
Der große Pfeil nach oben bedeutet: für die Aufspaltung des Wasserstoffmoleküls zu zwei Wasserstoffatomen muss die Bindungsenergie von 436 kJ/mol zugeführt werden. Diese Energie bekommt ein positives Vorzeichen.

Einfache Atombindung, σ-Bindung

In → Abb. 4.16 ist das Zustandekommen einer Elektronenpaarbindung, einer einfachen Atombindung oder σ-Bindung zwischen zwei H-Atomen schematisch dargestellt. Da sie zwischen zwei s-Orbitalen zustande kommt, nennt man dies nach der VB-Theorie eine s–s-Überlappung. Sie kann nur entstehen, wenn in zwei Atomen je ein einsames, ungepaartes Elektron im s-Orbital auf der äußersten Schale für eine Bindung zur Verfügung steht und die Richtungen ihrer Spins entgegengesetzt sind. In gleicher Weise kann ein einsames Elektron in einem äußeren p_x-Orbital mit einem einsamen Elektron in einem s-Orbital eines anderen Atoms eine einfache Atombindung

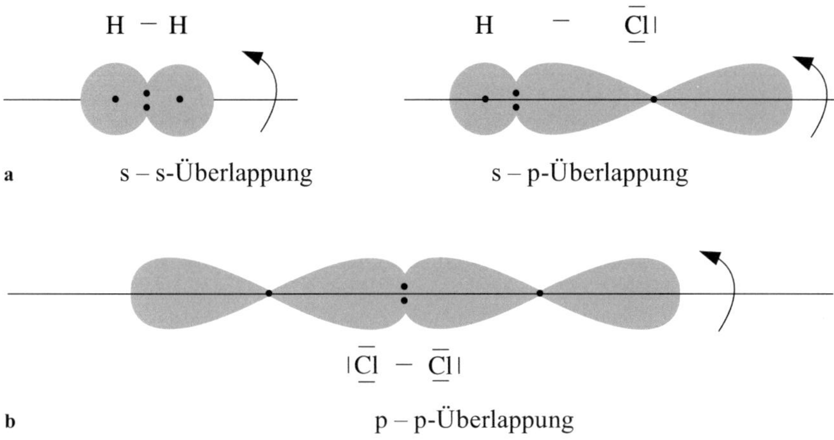

Abb. 4.17 Einfache Atombindung, σ-Bindung bei H_2, HCl und Cl_2.
Pfeil: Eine σ-Bindung liegt rotationssymmetrisch zur Verbindungsachse der Atomkerne.

eingehen, wenn ihre Spins entgegengerichtet sind. Man erhält dann entsprechend eine s–p-Überlappung z.B. beim Chlorwasserstoff HCl. Überlappen je zwei einsame Elektronen in p_x-Orbitalen zweier Atome, so erhält man eine p–p-Überlappung z.B. beim Chlormolekül Cl_2. Dies wird in der → Abb. 4.17 dargestellt.

Zusammenfassung:
Die einfache Atombindung – die σ-Bindung – ist eine relativ starke, von Atom zu Atom gerichtete Bindung. Die Atome sind

- nach Lewis durch ein gemeinsames Elektronenpaar,

- nach der VB-Theorie durch Überlappung von bestimmten Atomorbitalen und

- nach der MO-Theorie durch Ausbildung eines Molekülorbitals miteinander verbunden.

Von entscheidender Bedeutung ist die entgegengesetzt gerichtete Spin-Orientierung der beiden Elektronen, welche die Bindung veranlasst.

Zweifache Atombindung, Doppelbindung: eine σ- und eine π-Bindung

Sauerstoff mit zwei ungepaarten Elektronen im p-Orbital (s. → Abb. 3.11 und Tabelle 3.1) bildet im Sauerstoffmolekül zwei gemeinsame Elektronenpaare aus, um für jedes Sauerstoffatom ein Oktett zu erreichen. Diese beiden gemeinsamen Elektronenpaare sind nicht gleichwertig. Zur Überlappung der beiden p_y-Orbitale – σ-Bindung – kommt die Überlappung der beiden p_z-Orbitale hinzu. Da die Achsenrichtung des p_z-Orbitals senkrecht zur y-Achse orientiert ist (s. → Abb. 3.7), liegt die Überlappung der p_z-Orbitale der beiden Atome nicht mehr rotationssymmetrisch bezüglich der Verbindungsachse der beiden Atome vor. Diese Art der Überlappung nennt man π-Bindung.

Dreifache Atombindung: eine σ- und zwei π-Bindungen

Stickstoff mit drei ungepaarten Elektronen in den p-Orbitalen (s. → Tabelle 3.1) bildet im Stickstoffmolekül N_2 drei gemeinsame Elektronenpaare aus, um für jedes Stickstoffatom ein Oktett zu erreichen. Zur Überlappung der rotationssymmetrischen p_x-Orbitale – σ-Bindung (p-p-Überlappung → Abb. 4.17) – kommt die Überlappung der p_y- und der p_z-Orbitale hinzu. Da die Achsenrichtungen der p_y- und der p_z-Orbitale senkrecht zum p_x-Orbital und auch senkrecht zueinander orientiert sind s. → Abb. 3.7, liegen ihre Überlappungen nicht mehr rotationssymmetrisch vor, d.h. es haben sich zwei π-Bindungen gebildet.

Lewis-Formel	Ö::Ö	:N: :N:
Valenzstrichformel	$\overline{O}=\overline{O}$	|N≡N|
Summenformel	O_2	N_2

Abb. 4.18 Zweifache Atombindung – Doppelbindung – mit einer σ- und einer π-Bindung im Sauerstoffmolekül, dreifache Atombindung mit einer σ- und zwei π-Bindungen im Stickstoffmolekül.

Die *Bindungsenergie* nimmt von der Einfach- zur Zweifach- und Dreifachbindung zu:

Bindungsenergie für das H_2-Molekül 436 kJ/mol
Bindungsenergie für das O_2-Molekül 498 kJ/mol
Bindungsenergie für das N_2-Molekül 945 kJ/mol

Polare Atombindung
Übergang zwischen den Grenztypen Atombindung und Ionenbindung

Die Atombindung zwischen zwei identischen Nichtmetallatomen, wie in den Molekülen H_2, O_2, und N_2 bezeichnet man als symmetrisch angeordnete oder *unpolare* Atombindung. Sind dagegen verschiedene Atomarten im Molekül, so wird das gemeinsame, bindende Elektronenpaar von dem Partner stärker angezogen, der die größere Tendenz aufweist, Elektronen zur Auffüllung des Oktetts $s^2 p^6$ an sich zu ziehen (verdicktes Ende am Verbindungsstrich). Die Atombindung wird *polar*.

H – H   H ◀ \|$\overline{Cl}$
unpolar   polar

Die polare Atombindung bildet den Übergang zwischen Atombindung und Ionenbindung. Es gibt fließende Übergänge, zur völligen Übertragung von Elektronen, wie bei der Ionenbindung kommt es jedoch nicht.

Elektronegativität

Unter Elektronegativität EN versteht man die Fähigkeit eines Atoms, in einer Atombindung das bindende Elektronenpaar stärker an sich zu ziehen. Dazu gibt es Maßzahlen, die nach verschiedenen Verfahren (z.B. Bestimmung von Bindungsenergien) ermittelt wurden und zu geringfügig unterschiedlichen Werten führten.

Die Elektronegativität EN wird als dimensionslose Zahl angegeben. Nach einer

Scala nach *Fluck und Heumann* hat Fluor den höchsten Wert von 4,1. Man bezeichnet Fluor als das elektronegativste Element.

Tabelle 4.7 Elektronegativität EN für die Hauptgruppenelemente
Angaben auch für die Nebengrupenelemente im Periodensystem nach Fluck und Heumann
s. → Literaturverzeichnis

H 2,2						
Li 1,0	Be 1,5	B 2,0	C 2,5	N 3,1	O 3,5	F 4,1
Na 1,0	Mg 1,2	Al 1,5	Si 1,7	P 2,1	S 2,4	Cl 2,8
K 0,9	Ca 1,0	Ga 1,8	Ge 2,0	As 2,2	Se 2,5	Br 2,7
Rb 0,9	Sr 1,0	In 1,5	Sn 1,7	Sb 1,8	Te 2,0	I 2,2
Cs 0.9	Ba 1,0	Tl 1,4	Pb 1,6	Bi 1,7	Po 1,8	At 2,0

EN der Nebengruppenelemente: zwischen 1,0 und 1,8

Mit steigender Ordnungszahl Z nimmt innerhalb der Perioden von links nach rechts die Elektronegativität zu und innerhalb der Hauptgruppen von oben nach unten ab. Rechts oben im PSE stehen die ausgeprägtesten Nichtmetalle mit hoher Elektronegativität (Fluor 4,1), links unten stehen die typischen Metalle mit niedriger Elektronegativität (Cäsium 0,9). Vgl. Gang der Elektronenaffinität in → Tabelle 3.3.

Je höher der Zahlenwert für die Elektronegativität eines Elementes ist, umso stärker wird es das gemeinsame bindende Elektronenpaar an sich ziehen, umso größer wird der polare Anteil in einer Atombindung; dagegen wird umso mehr die unpolare Atombindung vorherrschen, je ähnlicher die Elektronegativität zwischen den Atomen ist. Man schreibt dem Element, das das gemeinsame Elektronenpaar stärker anzieht eine negative *Partialladung* δ^- an, denn es weist im Mittel eine negative Überschussladung auf. Entsprechend verbleibt dem anderen Bindungspartner ein positiver Ladungsüberschuss und man schreibt ihm eine positive *Partialladung* δ^+ an. Das Molekül besitzt damit einen permanenten Dipol. Die Partialladung ist eine echte Ladung. (Vgl. Formalladung in → Abb. 4.40).

Anmerkung: Ein Dipol ist ein Paar nahe benachbarter gleich großer, jedoch entgegengesetzter elektrischer Ladungen. Für Dipole gibt man das Dipolmoment an $\mu = Q \cdot l$ [Coulomb · m] Q ist die Ladung, l der Abstand der beiden Ladungen.

In der → Abb. 4.19 ist die negative Partialladung mit dem verdickten Ende des Striches, der das Elektronenpaar andeutet, zum elektronegativeren Element hin gekennzeichnet.

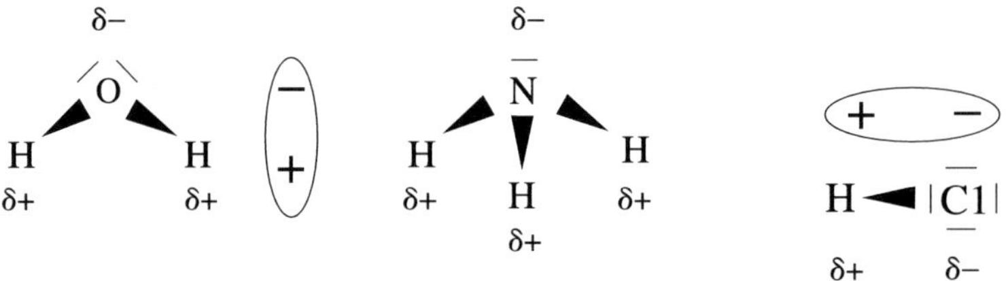

Abb. 4.19 Polare Atombindung im Wasser-, Ammoniak- und Chlorwasserstoff-Molekül

Will man eine Beurteilung (Abschätzung) treffen, ob eine Atombindung mehr oder weniger unpolar oder polar ist, so bildet man die Differenz der Zahlenwerte für die Elektronegativität:

- $\Delta EN < 0{,}5$ bedeutet, dass das Übergewicht bei der unpolaren Atombindung liegt,

- ΔEN 0,5 bis 1,8 bedeutet polare Atombindung,

- $\Delta EN > 1{,}8$ bedeutet das Übergewicht liegt bei der Ionenbindung.

Tabelle 4.8 Elektronegativität einiger polarer Bindungen
ΔEN bezieht sich stets auf das elektronegativere Element, dem in der obigen Darstellung das verdickte Ende zugewiesen wird.

H–F-Bindung	H–O-Bindung	H–N-Bindung	H–C-Bindung
EN F 4,1	EN O 3,5	EN N 3,1	EN C 2,5
H 2,2	H 2,2	H 2,2	H 2,2
ΔEN 1,9	ΔEN 1,3	ΔEN 0,9	ΔEN 0,3

ΔEN nimmt von der H–F- zur H–C-Bindung kontinuierlich ab. Die H–C-Bindung hat nur noch einen geringen elektronegativen Anteil, was z.B. für die Kohlenwasserstoff-Verbindungen (s. → Buch 2, Abschn. 1.2.1) von besonderer Bedeutung ist.

Nicht immer ist ΔEN ausschlaggebend, ob eine Bindung polar oder unpolar ist. Keine Dipol-Wirkung zeigen Moleküle mit polarer Atombindung dann, wenn die Ladungsschwerpunkte zusammenfallen. Beispielsweise ist das gestreckte Kohlendioxidmolekül CO_2 nach außen neutral. Die Polarität ist demnach auch von der Gestalt des Moleküls abhängig.

$$\delta^-\ \ \delta^+\ \ \delta^- \qquad\qquad \text{EN O } 3{,}5$$
$$O = C = O \qquad\qquad\qquad \text{C } 2{,}5$$
$$\text{kein Dipol} \qquad \text{obwohl} \qquad \Delta EN\ \ 1{,}3$$

Zinksulfid – eine Verbindung mit polarer Atombindung

Zinksulfid ZnS kommt als Mineral in zwei Modifikationen vor:

* Zinkblende, auch Sphalerit genannt,

* Wurtzit ist eine nach *Wurtz* benannte Hochtemperaturmodifikation der Zinkblende, die in der Natur allerdings nicht häufig vorkommt. Versucht man Wurtzit im Labor darzustellen, so ist die Verbindung nur bei höherer Temperatur beständig. *(Charles Adolphe Wurtz 1817–1884, französischer Chemiker)*

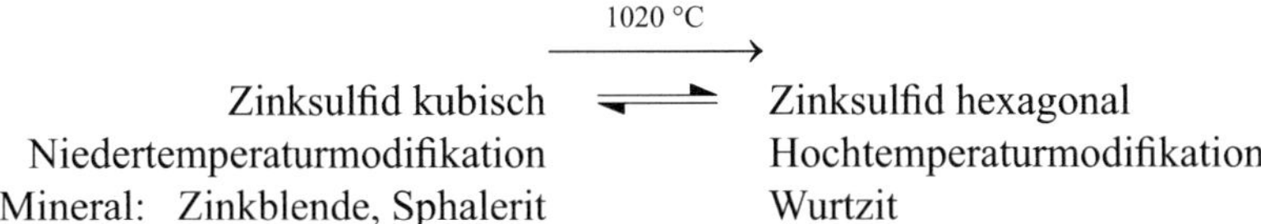

Zu Beginn des → Kap. 4 wurde angegeben, dass die chemischen Bindungsarten – Ionenbindung, Atombindung und Metallbindung – Grenztypen darstellen, d.h. sie kommen nur bei einer geringen Anzahl von Verbindungen in annähernd ‚reiner‘ Form vor. Zwischen diesen Bindungsarten gibt es fließende Übergänge.

Zunächst scheint es, dass die Verbindung ZnS aufgrund der Valenzelektronenkonfiguration von Zn und S eine Ionenverbindung $Zn^{2+}S^{2-}$ ausbilden könnte. Das Nebengruppenmetall Zn mit der Elektronenkonfiguration $[Ar]\ 3d^{10}\ \underline{4s^2}$ (s. → Tabelle 3.1) könnte seine beiden Valenzelektronen $\underline{4s^2}$ auf das Nichtmetall S mit der Elektronenkonfiguration $[Ne]\ 3s^2\ \underline{3p^4}$ übertragen und sowohl das entstehende Zn^{2+}-Ion $[Ar]\ 3d^{10}$, als auch das S^{2-}-Ion $[Ne]\ 3s^2\ \underline{3p^6} = [Ar]$ würden dadurch eine Edelgaskonfiguration erreichen. Diese Übertragung der Elektronen vom Metall auf das Nichtmetall erfolgt jedoch nicht vollständig. Einen Hinweis, dass Zinksulfid nicht vorwiegend als Ionenverbindung vorliegt, gibt die Differenz der Elektronegativität von S- und Zn-Atom:

EN S 2,5, Zn 1,6 ergibt ΔEN 0,9. Der Wert von ΔEN = 0,9 für die Verbindung ZnS weist auf einen Anteil an Atombindung hin.

Das Verhältnis zwischen Ionenbindungsanteilen und Atombindungsanteilen bestimmt weitgehend auch die Kristallstruktur. Die Strukturen von Zinksulfid – von Zinkblende und Wurtzit – s. → Abschn. 4.2.2.

Vierbindigkeit des Kohlenstoffs
Der räumliche Aufbau der Kohlenstoffverbindungen

Die Modellvorstellungen für die Atombindung nach *Lewis* und nach dem Orbitalmodell genügen nicht, um die Vierbindigkeit des Kohlenstoffs zu erklären, dazu wird das *Hybridisierungsmodell* angegeben. Dieses wird hier verkürzt und eher der Vollständigkeit wegen behandelt. Die Erklärung mit der *geometrischen Figur des regulären Tetraeders* ist wesentlich anschaulicher.

Die Vierbindigkeit des Kohlenstoffs ist von besonderer Bedeutung: Kohlenstoff ist das zentrale Element von organischen Verbindungen nicht nur in der Tier- und

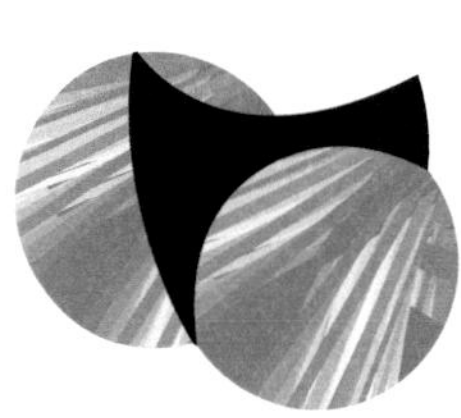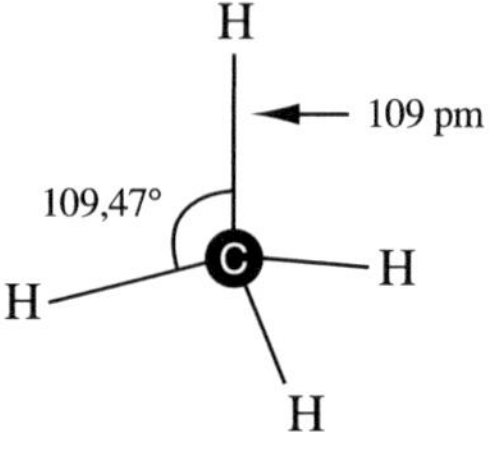

a   Kalottenmodell   b   Stäbchenmodell

Abb. 4.20 Der räumliche Aufbau des Methanmoleküls CH_4
a Das Kalottenmodell gibt eine Vorstellung von der Raumausfüllung im Methanmolekül, wenn man das Überlappen der Bindungsorbitale in Betracht zieht. Quelle BASF AG, Ludwigshafen/Rhein, Lit.: Kunststoff-Werkstoffe im Gespräch, Aufbau und Eigenschaften.
b Das Stäbchenmodell ist überschaubarer.

Pflanzenwelt, sondern auch für technische Produkte, wie beispielsweise für Polymer-Werkstoffe. Außerdem kommt das Element Kohlenstoff in der Natur elementar in den Modifikationen von Diamant und Graphit vor.

Warum der Kohlenstoff diese Bedeutung einnehmen kann, lässt sich aus seiner Stellung im Periodensystem erklären: Kohlenstoff steht in der vierten Hauptgruppe (Gruppe 14) in der zweiten Periode (erste Achterperiode) des Periodensystems. Kohlenstoff hat vier Elektronen d.h. die Hälfte der maximal acht möglichen Elektronen auf der äußersten Schale, der Valenzschale und ist ein relativ kleines Atom. Alle vier Valenzelektronen sind bindungsfähig. Welche Bindungsmöglichkeiten, welche Reaktionsmöglichkeiten und Strukturen sich aus diesen Vorgaben ableiten lassen, soll im Folgenden erörtert werden.

Das Methanmolekül mit der Summenformel CH_4 (s. → Abb. 4.20) wird zunächst zur Beschreibung der Vierbindigkeit des Kohlenstoffatoms herangezogen:

Methan kommt als Hauptbestandteil im Erdgas vor. Da alle in der Natur vorkommenden Verbindungen nach stabilen räumlich-symmetrischen Anordnungen streben und im energieärmsten Zustand vorliegen, lässt die Reaktionsträgheit des Methanmoleküls den Schluss zu, dass die Atombindungen zwischen dem Kohlenstoffatom und den vier Wasserstoffatomen eine stabile Symmetrie besitzen.

Unter Berücksichtigung der gegenseitigen Abstoßung zwischen den Elektronen in der Hülle des Kohlenstoffatoms sowie der Anziehung zwischen den Elektronen in der Hülle und der positiven Ladung im Kern gibt es für eine räumlich-stabile Anordnung der vier Atombindungen mit den vier Wasserstoffatomen um das Kohlenstoffatom nur die Symmetrie eines *regulären Tetraeders*. Im gebundenen Zustand, d.h. in einer Verbindung wie es das Methanmolekül darstellt, sind die vier Valenzelektronen des Kohlenstoffatoms in die Ecken eines regulären Tetraeders ausgerichtet, dort befinden sich die Mittelpunkte der H-Atome im gleichen Abstand vom C-Atom und sind auch gleichweit voneinander entfernt. Alle vier Atombindungen (Elektronenpaarbindungen) haben die gleiche Länge von 109 pm und alle Seitenflächen bilden gleichseitige Dreiecke. Der Tetraederwinkel beträgt 109,47° (s. → Abb. 4.20).

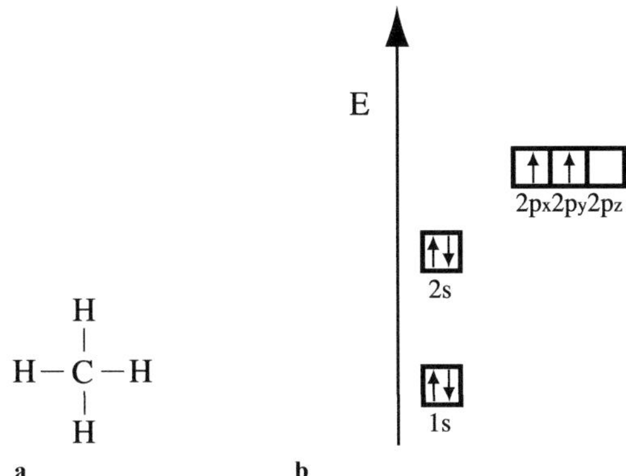

Abb. 4.21 Das Methanmolekül nach der Modellvorstellung von *Lewis* und das Kohlenstoffatom nach dem Orbitalmodell.

a Das Molekül ist nach *Lewis* in der Ebene angeordnet. Die Oktettregel ist zwar erfüllt, doch es entstehen nur rechte Winkel zwischen den H-Atomen.

b Das Orbitalmodell für das Kohlenstoffatom in der Kästchenschreibweise. Die $2p_x$- und $2p_y$-Elektronen zeigen eine Zweibindigkeit an. Sie stehen im rechten Winkel zueinander entsprechend den x- und y-Achsen in einem Koordinatensystem.

Wie anfangs schon erwähnt, geben weder die Vorstellung nach *Lewis*, noch das Orbitalmodell eine befriedigende Erklärung für den hier dargestellten räumlichen Aufbau des Methanmoleküls und die Vierbindigkeit des Kohlenstoffatoms. Nach *Lewis* wird zwar die Oktett-Regel erfüllt, aber das Molekül müsste in einer Ebene angeordnet sein und es gäbe nur rechte Winkel. Nach dem *Orbitalmodell* stehen für Kohlenstoff nur zwei ungepaarte Elektronen in den 2p-Orbitalen für eine Überlappung zur Verfügung, was eine Zweibindigkeit nach sich ziehen würde. Damit kann aber die Oktett-Regel nicht erfüllt werden (s. → Abb. 4.21). ‚CH_2'-Verbindungen sind nicht bekannt, ebenso wenig ein C_2-Molekül.

Hinweis: Nur formal scheint Kohlenstoff in Kohlenmonoxid CO zweibindig zu sein wie auch in einigen anderen anorganischen Verbindungen. In CO sind die Atome durch eine σ-Bindung und zwei π-Bindungen verbunden, wie folgende Formel zeigt: $|\overset{\ominus}{C}\equiv\overset{\oplus}{O}|$

» *Hybridisierungsmodell*

Der räumliche Aufbau des Methanmoleküls wird im Folgenden durch ein verfeinertes Modell, das *Hybridisierungsmodell* gedeutet. Mit ihm können auch die noch zu besprechende Diamant- und Graphit-Struktur sowie die Strukturen der organischen Verbindungen und ebenso ihre Reaktionsmöglichkeiten erklärt werden.

$2sp^3$ Hybridisierung: es bilden sich vier einfache Atombindungen, vier σ-Bindungen.

Kohlenstoff hat die Ordnungszahl 6, der Atomkern ist von sechs Elektronen umgeben. Bei der schrittweisen Auffüllung der Orbitale sind zwei Elektronen mit entgegengesetztem Spin im 1s-Orbital, zwei Elektronen mit entgegengesetztem Spin im 2s-Orbital und je ein Elektron mit gleichgerichtetem Spin im $2p_x$- und $2p_y$-Orbital untergebracht. Der Umstand, dass das Kohlenstoffatom im Methanmolekül CH_4 vier

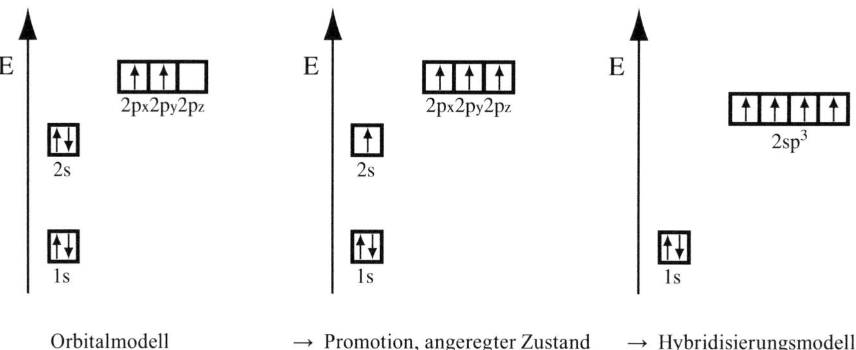

<table>
<tr><td>Orbitalmodell</td><td>→ Promotion, angeregter Zustand</td><td>→ Hybridisierungsmodell</td></tr>
</table>

Abb. 4.22 sp^3-Hybridisierung für das Kohlenstoffatom in der Kästchenschreibweise

gleichwertige ungepaarte Elektronen haben muss, führt gedanklich zu folgender Umformung (s. → Abb. 4.22): Durch Energiezufuhr, d.h. durch Anregung (Promotion) wird ein Elektron aus dem 2s-Orbital in das $2p_z$-Orbital formal angehoben. Doch diese Anordnung entspricht noch nicht der Erfordernis von vier energetisch gleichwertigen, ungepaarten Elektronen. So wird auch das 2s-Orbital mit dem noch verbliebenen Elektron auf das Energieniveau der 2p-Orbitale angehoben und mit ihnen kombiniert. Es entstehen vier völlig gleichwertige *Hybridorbitale* (Mischlinge, Hybrid hat hier die Bedeutung von ‚gemischt‘) aus einem 2s-Orbital und drei 2p-Orbitalen, daher die Bezeichnung $2sp^3$ Hybridorbitale. Ihre Energieniveaus liegen etwas unterhalb der ursprünglichen 2p Orbitale.

Mit der Hybridisierung ist eine tiefgreifende Veränderung der Form, der schematisch-bildlichen Darstellung der Orbitale verbunden. Die hantelförmigen, zueinander senkrecht in den Achsenrichtungen x, y und z stehenden Elektronenwolken der 2p-Orbitale (s. → Abb. 3.7) sind in vier keulenförmige Hybridorbitale umgeformt worden (s. → Abb. 4.23a), die sich in die Ecken eines *regulären Tetraeders* orientieren. Die Achsen der Hybridorbitale bilden zueinander den regulären Tetraederwinkel von 109,47°. Das Kohlenstoffatom befindet sich im Zentrum des Tetraeders. Das 1s-Orbital beteiligt sich nicht an der Hybridisierung.

Durch Hybridisierung werden unterschiedliche Orbitale eines Atoms zu gleichwertigen Orbitalen und ihrer Form nach zu gleichartigen Hybridorbitalen kombiniert. Die vier Elektronen in den auf gleichem Energieniveau befindlichen $2sp^3$-Hybridorbitalen veranschaulichen also vier gleichwertige, bindungsfähige Elektronen, die für vier Einfachbindungen zur Verfügung stehen. Im Methanmolekül (s. → Abb. 4.23a) überlappen die vier $2sp^3$-Hybridorbitale mit je eines Elektrons im 1s-Orbital der Wasserstoffatome. Man nennt eine C−H-Bindung eine $s–sp^3$-*Überlappung*. In → Abb. 4.23b wird auch eine C−C-Einfachbindung dargestellt. Man nennt dies eine $sp^3–sp^3$-*Überlappung*.

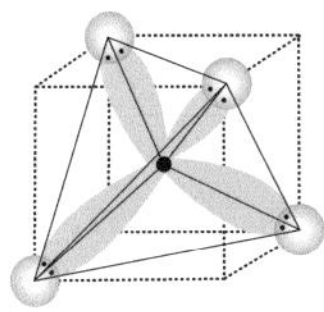 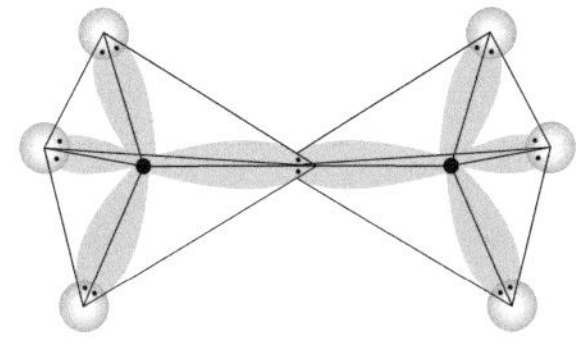

a   b

Abb. 4.23 Darstellung einer C–H und einer C–C-Einfachbindung
a Das Methanmolekül mit vier s-sp^3-Überlappungen. Das C-Atom befindet sich im Zentrum des Tetraeders, die vier C–H-Bindungen sind als keulenförmige Elektronenwolken dargestellt. Das 1s-Orbital von Wasserstoff hat die angedeutete kugelförmige Gestalt.
b Eine C–C-Einfachbindung mittels sp^3-sp^3-Überlappung. Es ist das organische Molekül C_2H_6.
Vgl. Eine andere räumliche Darstellung der C–C-Einfachbindungen → Abb. 4.25.

Die Hybridisierung ist nicht festgelegt auf die vier Kohlenstoff-Einfachbindungen, d.h. auf vier 2sp^3 Hybridorbitale. Es lässt sich mit diesem Modell auch die Fähigkeit des Kohlenstoffs zur Doppelbindung und zur Dreifachbindung deuten, wie nachfolgend beschrieben wird.

2sp^2-Hybridisierung: Es bilden sich drei σ-Bindungen und eine π-Bindung.

Beim Modell der 2sp^2-Hybridisierung (→ Abb. 4.24a) wird das 2s-Orbital mit nur zwei 2p-Orbitalen gemischt zu drei äquivalenten 2sp^2-Hybridorbitalen, die jeweils σ-Bindungen ausbilden. Ein Elektron im energetisch höher liegenden 2p$_z$-Orbital nimmt an der Hybridisierung nicht teil. Dieses Elektron hat somit eine größere Reaktionsfähigkeit und kann sich mit einem ebenso reaktionsfähigen, einzelnen Elektron eines anderen Kohlenstoffatoms überlappen. Dadurch entsteht eine π-*Bindung*, deren Elektronenwolke sich nicht in der Molekülebene der drei σ-Bindungen befindet, sondern aus der Molekülebene herausragt. Die drei 2sp^2-Hybridorbitale nehmen eine trigonal-ebene Gestalt an, die Bindungswinkel zwischen ihnen haben sich auf 120° verändert (s. → Abb. 4.26). Es liegen nun drei σ-Bindungen und eine π-Bindung vor, letztere führt zu einer C=C-Doppelbindung. Wird diese π-Bindung ausgebildet, so ist die räumliche Anordnung um die Doppelbindung festgelegt und es besteht keine freie Drehbarkeit mehr zwischen beiden C-Atomen.

Hinweis: Cis-trans-Isomerie (s. → Buch 2, Abschn. 1.1.2).

2sp-Hybridisierung: Es bilden sich zwei σ-Bindungen und zwei π-Bindungen.

Das 2s-Orbital wird hier mit nur einem 2p-Orbital gemischt zu zwei sp-Hybridorbitalen (s. → Abb. 4.24b). Zwei Elektronen in den energetisch höher stehenden 2p$_y$- und 2p$_z$-Orbitalen nehmen an der Hybridisierung nicht teil. Sie haben daher eine größere Reaktionsfähigkeit und können mit ebenso reaktionsfähigen, einzelnen Elektronen in den 2p$_y$- und 2p$_z$-Orbitalen eines anderen Kohlenstoffatoms überlappen. Es entstehen zwei π-Bindungen, die zueinander und auch zur Molekülebene senkrecht stehen und aus der Molekülebene herausragen. Die beiden 2sp-Hybridorbitale bilden nun einen Bindungswinkel von 180° und erstrecken sich entlang der Verbindungslinie zwischen den beiden C-Atomen (s. → Abb. 4.27).

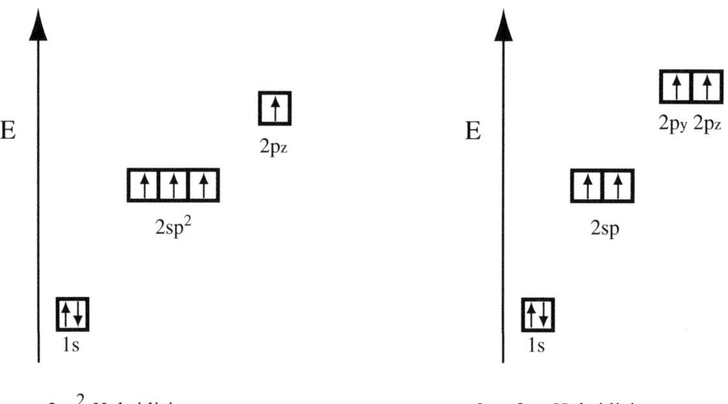

Abb. 4.24 sp²- und sp-Hybridisierung für das Kohlenstoffatom in der Kästchenschreibweise zur Ausbildung einer C=C-Doppelbindung und einer C≡C-Dreifachbindung.

Bei der 2sp-Hybridisierung liegen folglich zwei σ-Bindungen und zwei π-Bindungen vor, letztere führen zu einer C≡C-Dreifachbindung. Auch bei der Dreifachbindung ist die räumliche Anordnung festgelegt, es besteht keine freie Drehbarkeit mehr zwischen den beiden C-Atomen.

Anmerkung: Für die Nichtmetallatome ab der dritten Periode (P, S, Cl) mit zusätzlich fünf d-Orbitalen, die zunächst nicht besetzt sind, werden durch Hybridisierung höhere Bindigkeiten möglich (s. → Abb. 3.14).
Ab der dritten Schale können Elektronen aus den p- und s-Orbitalen durch Anregung (Promotion) und Hybridisierung, d.h. Mischung schrittweise in die unbesetzten d-Orbitale angehoben werden. Es befinden sich dann die s-, p- und d-Orbitale auf dem gleichen Energieniveau, was zum Ausdruck bringt, dass die Elektronen die gleiche Reaktionsfähigkeit aufweisen. Alle mit nur einem Elektron besetzten Orbitale können dann Bindungen eingehen. Die höchste Bindigkeit ist identisch mit der Gruppennummer.
Ein Beispiel soll dies deutlich machen: Schwefel in der dritten Periode hat sechs Außenelektronen. Werden nur die beiden einsamen Elektronen im p-Orbital benutzt, so ist Schwefel zweibindig. Durch schrittweise Anregung (Promotion) können die 3p- und dann die 3s-Elektronen auch die 3d-Orbitale besetzen, so kann Schwefel durch Hybridisierung dann vier- bzw. sechsbindig reagieren. Schwefel ist in Schwefelwasserstoff H_2S zweibindig, in schwefliger Säure H_2SO_3 vierbindig und in Schwefelsäure H_2SO_4 sechsbindig. Darauf wird nicht näher eingegangen.

» *Die Figur des regulären Tetraeders als Modell*

Um die Chemie des Kohlenstoffs für den Ingenieurstudenten nicht allzu abstrakt zu gestalten, sollen im Folgenden die Hybridisierungsmodelle anschaulicher erklärt werden, dazu dient die Figur des regulären Tetraeders selbst als Modell. Damit lassen sich die Vierbindigkeit des Kohlenstoffatoms, der räumliche Aufbau seiner Verbindungen und das Reaktionsverhalten ebenfalls darstellen und erklären.

Kohlenstoff-Einfachbindung

Wie bereits erwähnt können sich Kohlenstoffatome nicht nur mit Wasserstoffatomen (s–sp³-Überlappung), wie im Methanmolekül, sondern auch mit weiteren Kohlenstoffatomen (sp³–sp³-Überlappung s. → Abb. 4.23b) verknüpfen, die ihrerseits wieder ihre Vierbindigkeit mit Wasserstoff, Kohlenstoff oder auch anderen Nichtmetallatomen absättigen können (s. → Buch 2, Abschn. 1.2.1). Die Verknüpfung erfolgt immer über die starke, von Atom zu Atom ausgerichtete Atombindung.

Bildet sich eine Kohlenstoff-Kohlenstoff-Bindung (C–C-Bindung) aus, so kann man sich vorstellen wie sich zwei Tetraeder mit je einer Ecke treffen (s. → Abb. 4.23b und 4.25). Die C–C-Bindung wird so zu einer Kette weiter fortgesetzt.

Kohlenstoff ist ein Kettenbildner

Aus dem räumlichen Aufbau eines Tetraeders ergibt sich, dass eine C–C-Kette nicht eben, sondern räumlich aufzuzeichnen ist, wie es für den Kohlenwasserstoff Hexan in → Abb. 4.25a und b dargestellt ist. Dies lässt sich als Schreibweise für die Formeln in der Organischen Chemie nicht realisieren, daher wird vereinfacht, was in → Abb. 4.25 unter c und d angezeigt wird.

Hinweis auf die Organische Chemie: Die *kettenförmige Verknüpfung* von Kohlenstoffatomen über die fortlaufende, tetraedrische Ausrichtung der starken, gerichteten Atombindung ist das Grundmuster für die kettenförmigen *Alkane* (s. → Buch 2, Abschn. 1.2.1).

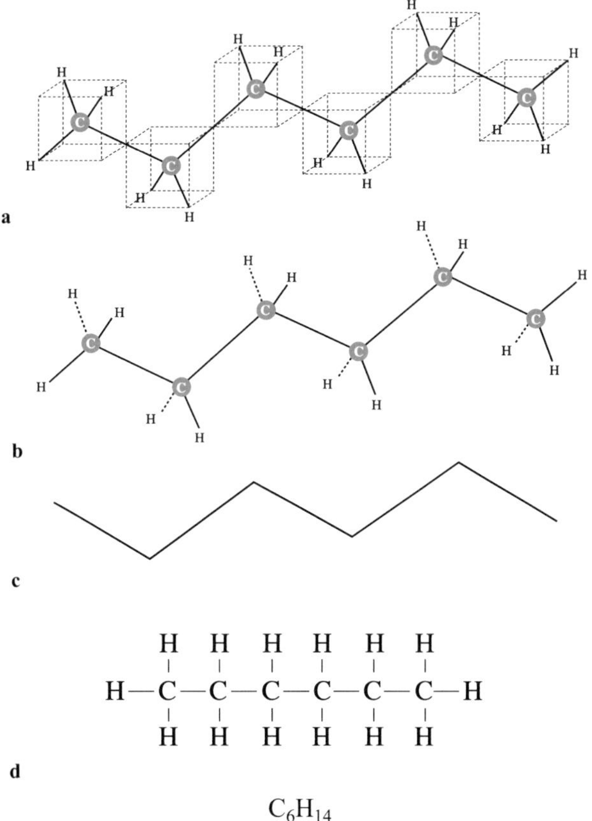

$$C_6H_{14}$$

Abb. 4.25 Kohlenstoff ist ein Kettenbildner
Beispiel: Die Kohlenstoffkette von Hexan, C_6H_{14} (s. → Buch 2, Abschn. 1.2.1). Es ist eine Kohlenstoffkette von sechs C-Atomen und 14 H-Atomen.

Zu Abb. 4.25

a Die Bildung einer C–C-Kette kann man sich aus der Verknüpfung über jeweils eine Ecke der Tetraeder vorstellen. Winkel im Tetraeder zwischen den H-Bindungen 109,5°. Die Tetraederkanten sind nicht eingezeichnet.

b Die Länge einer H–C-Bindung in einem Methanmolekül beträgt 109 pm, die Länge einer C–C-Bindung beträgt 154 pm.

c Eine Kohlenstoffkette lässt sich als räumliches Gebilde schwer darstellen. Daher wird vereinfacht und in die Papierebene projiziert, oft auch abstrahiert unter Verzicht der Bezeichnung von C- und H-Atomen.

d Strukturformel und Summenformel von Hexan, wie sie in der Organischen Chemie angegeben werden.

Kohlenstoff-Zweifachbindung, C=C-Doppelbindung

Nicht alle vier Valenzelektronen des Kohlenstoffatoms müssen eine H–C- oder C–C-Einfachbindung eingehen.

Kohlenstoff steht in der zweiten Periode (ersten Achterperiode), d.h. es ist ein relativ kleines Atom. Die Erfahrung zeigt, dass die Nichtmetallatome der zweiten Periode C, N, O zu Doppel- bzw. Dreifachbindungen neigen, wenn es die Anzahl der Valenzelektronen erlaubt. Diese Fähigkeit verringert sich bei den Nichtmetallatomen in der dritten Periode (zweite Achterperiode), beispielsweise bei den größeren Atomen Si, P und S.

Auch die C=C-Doppelbindung, die für das Kohlenstoffatom durch die $2sp^2$-Hybridisierung gedeutet wird, lässt sich anschaulich aus der Figur des Tetraeders ableiten: Man kann sich vorstellen, dass das reguläre Tetraeder durch Aufwendung von Energie (Bindungsenergie) verformt wird. Dazu nähert man zusätzlich je eine Ecke von zwei bereits miteinander verbundenen Tetraedern gegeneinander. Zwei verformte Tetraeder hängen nun entlang einer Kante (nicht mehr mit je einer Ecke) zusammen. Diese Verformung lässt sich mit einem Stäbchenmodell aus elastischem Material leicht nachvollziehen. Jede Ecke der beiden Tetraeder ‚bringt ein Elektron mit‘, demzufolge können zwei gemeinsame Elektronenpaare ausgebildet werden. Es entsteht eine Doppelbindung s. → Abb. 4.26.

Die Verformung des Tetraeders bedingt jedoch eine Spannung, eine gewisse ‚Reaktionsbereitschaft‘ mit der Tendenz, die ursprüngliche stabile, energetisch günstigere Symmetrie des regulären Tetraeders mit den vier C–C-Einfachbindungen wieder zurück zu gewinnen. Die Strichformel für eine C=C-Doppelbindung gibt also den Sachverhalt nicht richtig wieder. Die beiden Striche sind nicht gleichwertig, sie haben eine unterschiedliche Reaktionsfähigkeit. Eine Doppelbindung besteht aus einer stabilen, reaktionsträgen Einfachbindung, einer σ-Bindung und einer reaktionsfähigeren π-Bindung, die durch die Verformung entstanden ist.

Die freie Drehbarkeit ist bei einer Doppelbindung eingeschränkt. Eine C=C-Doppelbindung ist kürzer (135 pm) als eine C–C-Einfachbindung (154 pm).

Hinweis auf Alkene s. → Buch 2, Abschn. 1.2.2.

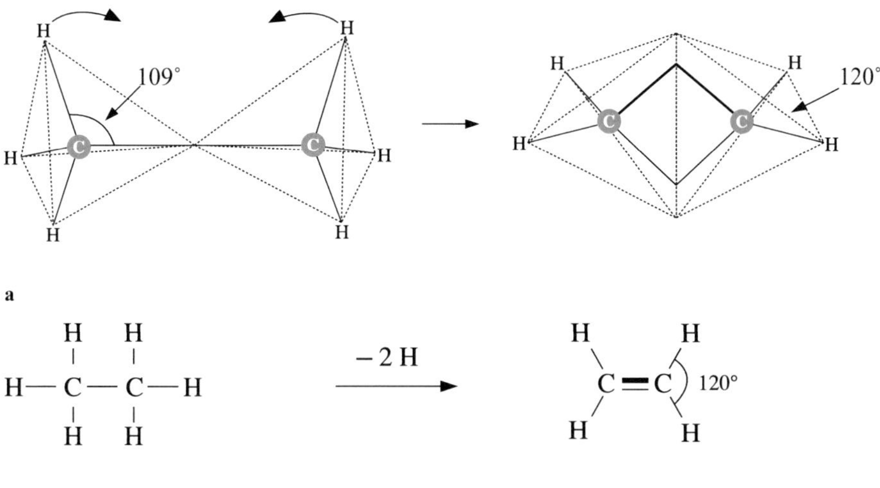

Abb. 4.26 Ausbildung einer C=C-Doppelbildung
Nach Methan CH_4 folgt Ethan C_2H_6 mit einer Kette aus zwei Kohlenstoffatomen. Es kann eine C=C-Doppelbindung ausbilden.
a Durch Verformung zweier Tetraeder entsteht eine trigonal-ebene Form. Dabei verändern sich die Bindungswinkel von 109° auf je 120°.
b Hier ist die Strukturformel von Ethen C_2H_4 mit einer C=C-Doppelbindung angegeben. Die drei σ-Bindungen liegen in einer Ebene, das verstärkt gezeichnete Elektronenpaar ist eine π-Bindung.

Kohlenstoff-Dreifachbindung, die C≡C-Bindung

Die trigonal-ebene Gestalt lässt sich gedanklich noch weiter verformen, so dass sich drei Ecken des Tetraeders treffen s. → Abb. 4.27. Die beiden Tetraeder berühren sich dann mit einer ganzen Dreiecksfläche. Daraus resultiert eine lang gestreckte *Hantel* mit einem Bindungswinkel von 180°. Jede Ecke der beiden Tetraeder ,bringt ein Elektron mit', demzufolge können drei gemeinsame Elektronenpaare ausgebildet werden. Es entsteht eine C≡C-Dreifachbindung. Die zusätzliche Verformung bedingt eine noch höhere Spannung, eine noch größere Reaktionsbereitschaft mit der Tendenz, über die trigonal-ebene Anordnung (Doppelbindung) die des regulären Tetraeders (vier Einfachbindungen) wieder zurück zu erhalten.

Die einfache Strichformel −C≡C− gibt auch hier den wahren Sachverhalt nicht richtig wieder. Die Bindungen sind nicht gleichwertig, die Dreifachbindung besteht aus einer reaktionsträgen σ-Bindung und zwei reaktionsfähigen π-Bindungen.

Es gibt keine freie Drehbarkeit um die Kohlenstoff-Dreifachbindung. Sie ist kürzer (120 pm) als die Kohlenstoff-Doppelbindung (135 pm).

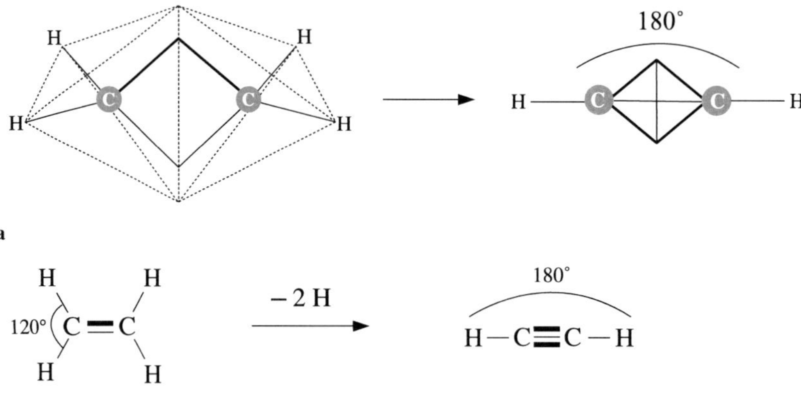

Abb. 4.27 Ausbildung einer C≡C-Dreifachbindung
a Aus der trigonal-ebenen Form entsteht durch weitere Verformung eine lang gestreckte Hantelform. Der Bindungswinkel ist jetzt 180°.
b Hier ist die Strukturformel von Acetylen mit einer C≡C-Dreifachbindung angegeben. Die verstärkt gezeichneten Elektronenpaare sind π-Bindungen.

Hinweis auf die Organische Chemie: Acetylengasschweißen s. → Buch 2, Abschn. 1.2.2.

Ausschluss eines ‚C_2-Moleküls' für den elementaren Kohlenstoff

Eine noch weitergehende Verformung des hantelförmigen Moleküls zu einem C_2-Molekül lässt die räumliche Form des Tetraeders nicht zu. Die vier Ecken von zwei Tetraedern lassen sich nicht gleichzeitig miteinander in Berührung bringen. Dies veranschaulicht, dass vier Hybridorbitale eines Kohlenstoffatoms mit den vier Hybridorbitalen eines zweiten Kohlenstoffatoms nicht überlappen können. Ein ‚C_2-Molekül' C≣C kann es daher nicht geben. Kohlenstoff hat sich während der geologischen Entwicklung der Erde zum Riesenmolekül im *Graphit (C_n)* bzw. unter ganz bestimmten Bedingungen (hoher Druck und hohe Temperatur unter Luftausschluss) zu der tetraedrisch aufgebauten kristallinen *Diamant-Struktur* orientiert.

4.2.2 Aufbau des Atomkristalls Diamant

In einem Atomkristall bilden Nichtmetallatome die kleinsten Bausteine, die durch die starke, von Atom zu Atom ausgerichtete Atombindung – kovalente Bindung – miteinander verbunden sind. Ein Atom hat so viele nächste Nachbarn im Kristall, wie seine Bindigkeit angibt. Die Bindigkeit ist somit zugleich Koordinationszahl KZ und bestimmt die Kristallstruktur.

Der Kohlenstoff in der kubischen Struktur des Diamanten und in der hexagonalen Struktur des Lonsdaleits – der auch hexagonaler Diamant genannt wird* – verwirklicht einen Atomkristall am vollkommensten, d.h. diese Strukturen stellen die Grenztypen für einen Atomkristall dar. Obwohl der Lonsdaleit nur in winzigen Kristallen z.B.

in Meteoriten gefunden wurde, soll an dieser Stelle aus prinzipiellen Erwägungen auf seine Struktur eingegangen werden. Denn sowohl vom Diamanten als auch vom Lonsdaleit lassen sich Strukturen ableiten (s. → Zinkblende- und *Wurtzit*-Typ, Abschn. 4.2.1 polare Atombindung).

*Unter ‚Diamant‘ im eigentlichen Sinne versteht man nur die kubische Struktur.

Kristallstruktur des Diamanten

Wie bereits angegeben, kann Kohlenstoff vier Atombindungen ausbilden (s. → Abb. 4.22 Hybridisierungsmodell). In der Struktur des Diamanten sind es vier C−C-Einfachbindungen, also vier sp^3−sp^3-Überlappungen. Der Vierbindigkeit, d.h. der KZ 4 entspricht das Tetraeder als Koordinationspolyeder. Jedes C-Atom ist somit tetraedrisch von vier anderen C-Atomen umgeben, diese Anordnung setzt sich im Raum fort. Der Tetraederwinkel beträgt 109,47°, die C−C Bindung ist 154 pm lang und der Abstand zwischen zwei gebundenen C-Atomen in den Tetraederecken beträgt 251 pm. Die Bindungsenergie einer C−C-Einfachbindung ist mit 348 kJ/mol relativ hoch. Es gibt keine nichtbindenden Elektronenpaare. Über die räumlichen Gebilde von Tetraedern entsteht so ein dreidimensional aufgebautes Riesenmolekül. In → Abb. 4.28a ist der tetraedrische Aufbau der Diamant-Struktur erkennbar.

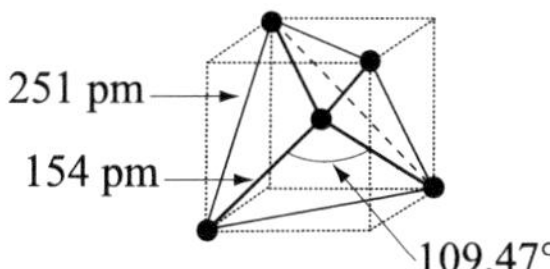

Da alle Kohlenstoffatome in der Diamant-Struktur gleich groß sind, könnte dies zu einer KZ von 12 führen (s. → Abb. 4.3). Die von Atom zu Atom gerichtete Atombindung verhindert dies. Ausschlaggebend ist die Bindigkeit, die Ausbildung eines Oktetts für jedes C-Atom, wobei jeweils die vier Elektronen auf der Valenzschale eines Kohlenstoffatoms gemeinsam benützt werden. Die Struktur nimmt die von der Bindigkeit diktierte Viererkoordination auf, sogar unter Verzicht auf eine gute Raumausfüllung. Dies wird in der → Abb. 4.29b erkennbar. Die Packungsdichte beträgt nur 34 %. Sie ergibt sich aus der Länge der Atombindung von 154 pm und deren ‚starren‘ Gerichtetheit bei einem Atomradius des Kohlenstoffs von nur 77 pm.

Das chemische Symbol für Diamant müsste mit C_n für ein unendlich großes Molekül angegeben werden, man schreibt aber nur C.

In der → Abb. 4.28a wird dargestellt, wie man sich den Zusammenhang zwischen dem aus Tetraedern aufgebauten Diamanten und der Bezeichnung ‚kubischer Diamant‘ vorzustellen hat. Als kleinste Einheit, aus der sich die Struktur durch dreidimensionale Translation aufbauen lässt, erhält man eine kubisch-flächenzentrierte Struktur, in der vier Tetraederlücken besetzt sind, das ist die Hälfte der acht möglichen Tetraederlücken.

Diese Struktur erlaubt eine weitere, eine rein geometrische Beschreibung der Diamant-Struktur. Diese Beschreibung geht davon aus, dass zwei kubisch-flächenzentrierte Gitter mit getrennt betrachteten Kohlenstoffatomen (dunkel/hell) so ineinander gestellt sind, dass sie um ein Viertel der Raumdiagonalen der Elementarzelle gegeneinander verschoben sind. Dies wird in → Abb. 4.28b dargestellt. Man erkennt, dass die gleiche kubisch-flächenzentrierte Struktur (dunkle Kugeln) mit vier besetzten Tetraederlücken (helle Kugeln) entstanden ist. Diese Betrachtungsweise wird vor allem bei Strukturen mit zwei unterschiedlichen Atomen, bei binären Strukturen mit einem hohen Anteil an Atombindung, z.B. bei der kubischen Zinksulfid-(ZnS-)Struktur übernommen. Ihre Struktur entspricht dem kubischen Diamant-Typ.

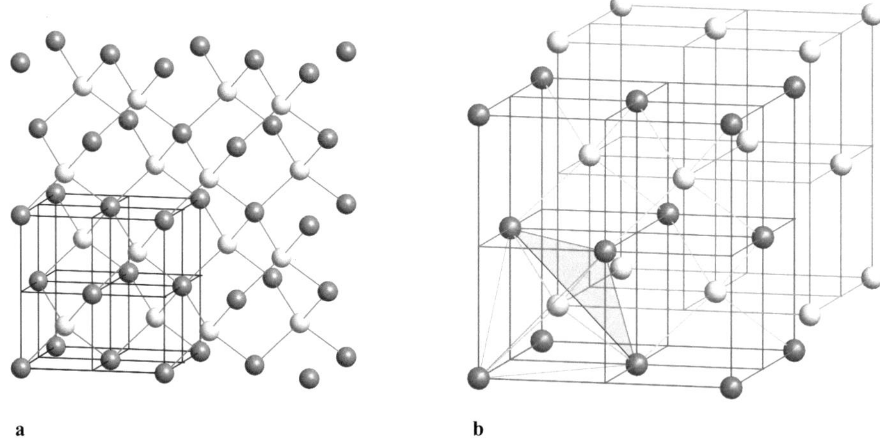

a   b

Abb. 4.28 Gitterhafte Darstellung der kubischen Struktur des Diamanten (die Größe der Gitterkonstanten ist nicht berücksichtigt)

a Zusammenhang zwischen dem dreidimensional tetraedrischen Aufbau der Kohlenstoffatome und der kubischen Struktur.

b Zwei kubisch-flächenzentrierte Gitter mit getrennt betrachteten C-Atomen (dunkel/hell) werden so ineinander gestellt, dass sie um ein Viertel einer Raumdiagonalen der Elementarzelle gegeneinander verschoben sind. Eine der vier, von den hellen Kugeln besetzten Tetraederlücken im flächenzentrierten Teilgitter der dunklen Kugeln, ist durch ein reguläres Tetraeder markiert.

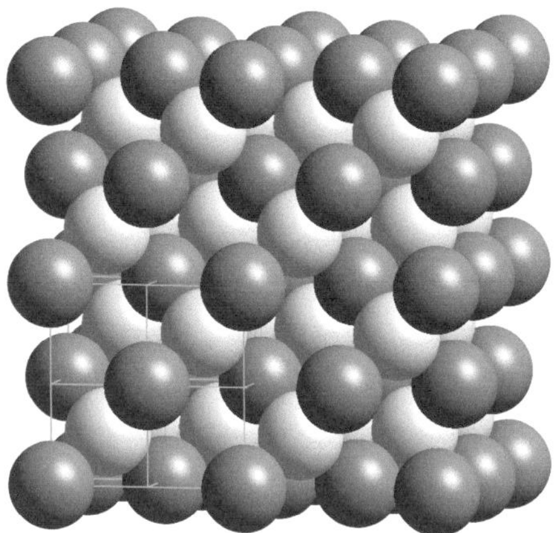

a Ausschnitt aus der Kristallstruktur des Diamanten
Es sind 2^3 Elementarzellen dargestellt. Bei dieser Drehung ist die geringe Raumausfüllung
nicht sichtbar. Die dunklen/hellen Kugeln werden beibehalten, obwohl es sich einheitlich um
Kohlenstoffatome handelt.

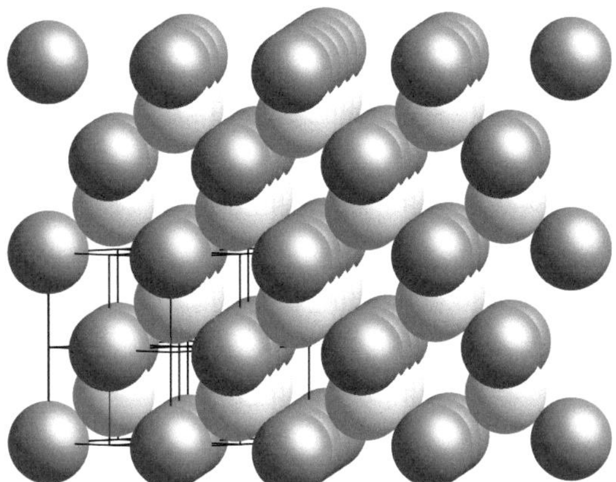

b Sicht entlang der Diagonalen einer der oberen quadratischen Würfelebene.
Die gerichtete ‚starre' Atombindung von 154 pm Länge verhindert eine dichte Kugelpackung bei
einem Atomradius des Kohlenstoffatoms von 77 pm.

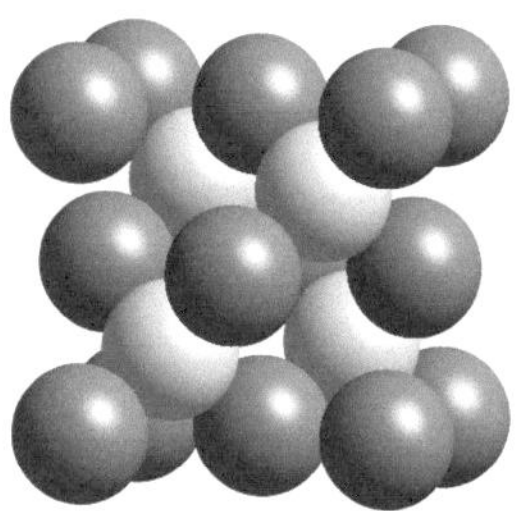

c Elementarzelle
Gitterkonstanten: $a = b = c = 357$ pm
Achsenwinkel: $\alpha = \beta = \gamma = 90°$

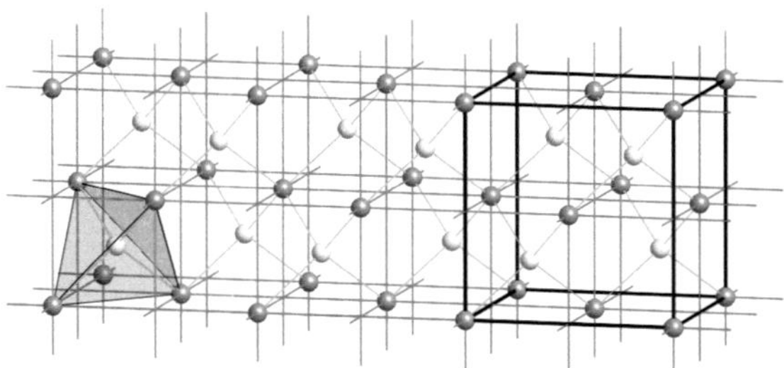

d Gitterhafte Darstellung von drei Elementarzellen der Diamant-Struktur. Eine Elementarzelle ist verstärkt eingezeichnet. Die Verlängerung der Würfelkanten zeigt die Fortführung der kubischen Geometrie an und nicht die Bindungsrichtung der Tetraederbindung des Kohlenstoffatoms.

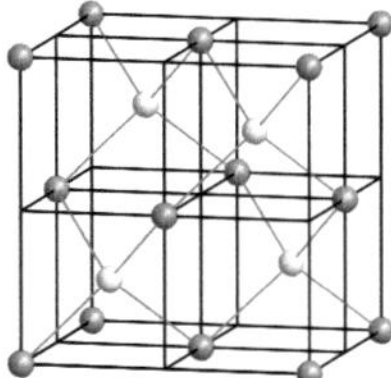

e Elementarzelle

Abb. 4.29 Kubische Struktur des Diamanten

In der Literatur wird für die Diamant-Struktur auch eine andere Darstellung angegeben. Diese Darstellung ergibt sich, wenn man entlang der Raumdiagonalen der Elementarzelle blickt. Nicht der Kubus, sondern eine abgewinkelte Sechseckringstruktur wird erkennbar. Die Sechseckringe zeigen eine *Sesselform*, die in → Abb. 4.30 durch die graue Färbung hervorgehoben ist.

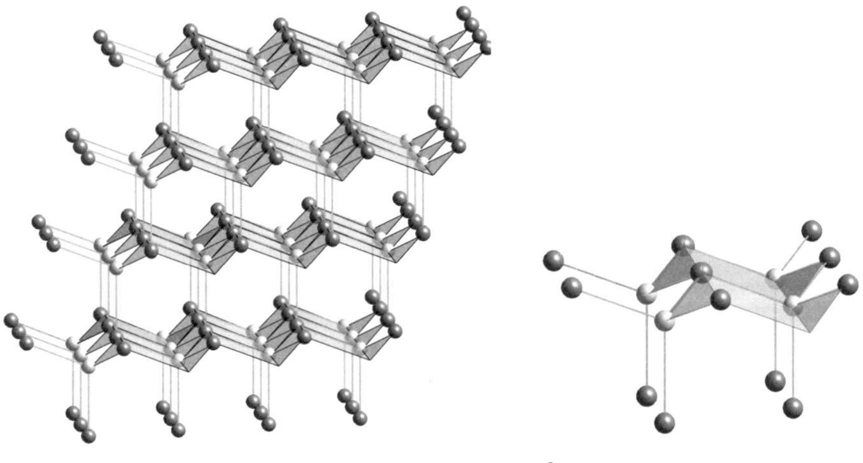

a

b

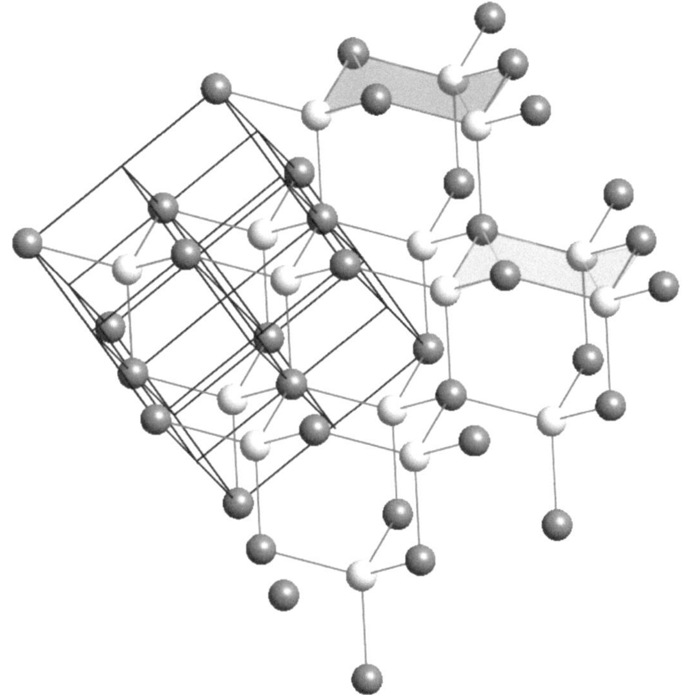

Abb. 4.30
a Diamant-Struktur aus der Sicht entlang der Raumdiagonalen der kubischen Elementarzelle.
b Ein vergrößerter Ausschnitt der Sesselform.
c Zusammenhang zwischen dem dreidimensional tetraedrischen Aufbau der Kohlenstoffatome, der kubischen Struktur und der Sesselform (vergrößert).

Hinweis: Diese Darstellungsform weist bereits auf die Organische Chemie, auf die Chemie des Kohlenstoffs. Es lassen sich die Zickzack-Ketten der Alkane und die energetisch stabile Sesselform der Cycloalkane erkennen, es sind dies die Grundformen der gesättigten aliphatischen Kohlenwasserstoffen (s. → Buch 2, Abschn. 1.2.1).

Kristallstruktur des hexagonalen Diamanten, des Lonsdaleits

Für die hexagonale Struktur des Lonsdaleits ist ebenfalls die tetraedrische Anordnung der C-Atome Grundvoraussetzung. Der Unterschied zwischen kubischer und hexagonaler Struktur beruht auf der verschiedenen Anordnung der Tetraeder. Aufgrund der freien Drehbarkeit von C–C-Einfachbindungen ist bei der hexagonalen Struktur im Vergleich zur kubischen Struktur ein Tetraeder gegen das andere um 180° gedreht wie am Beispiel mit zwei Tetraedern in → Abb. 4.31 gezeigt wird. Dabei erscheinen die nach vorne und hinten gerichteten gleichen Längen des Tetraeders perspektivisch verkürzt, daran lässt sich aber die Drehung z.B. des oberen Tetraeders in der → Abb. 4.31b erkennen.

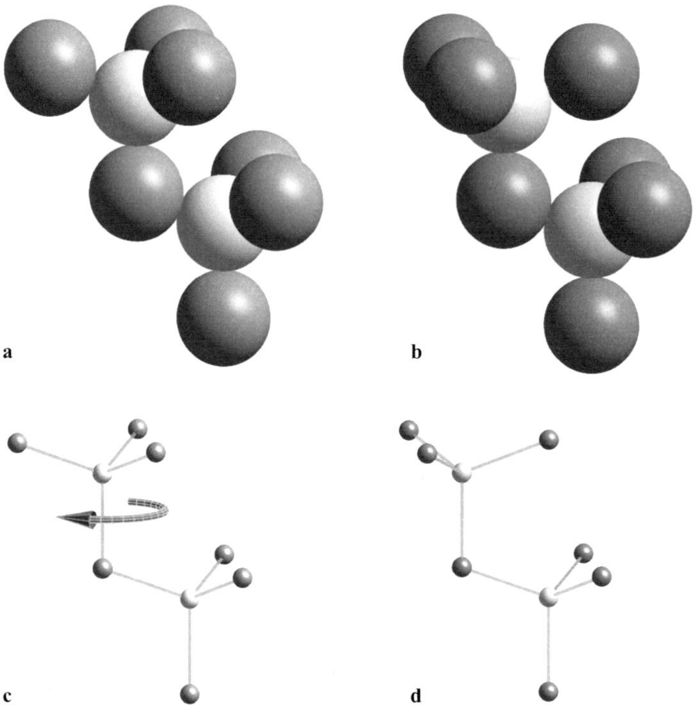

Abb. 4.31 a und **c** Anordnung der Tetraeder in der kubischen Struktur des Diamanten s. → Abb. 4.30b.
b und **d** Anordnung der Tetraeder in der hexagonalen Struktur des Lonsdaleits. s. → Abb. 4.33b.

Aus dieser Anordnung der Tetraeder resultiert beim dreidimensionalen Aufbau eine hexagonale Struktur s. → Abb. 4.32a und b. Als kleinste Einheit, aus der sich die Struktur durch dreidimensionale Translation aufbauen lässt, erhält man eine rautenförmige Elementarzelle (→ Abb. 4.32c). Die → Abb. 4.32d und e zeigen die gitterhaften Darstellungen der Lonsdaleit-Struktur. In Analogie zu der Darstellungsweise der kubischen Struktur des Diamanten werden drei Elementarzellen in Reihe angeordnet, und unter → Abb. 4.32f ist die sonst übliche Darstellung der hexagonalen Gitterzelle aus drei Rauten angegeben.

Wie die Diamant-Struktur kann die hexagonale Struktur des Lonsdaleits durch die Sicht entlang der Raumdiagonalen der Elementarzelle als eine Sechseckringstruktur dargestellt werden. Man erkennt, dass im Unterschied zur Diamantstruktur neben der Sesselform auch eine *Wannenform* existiert. Die Wannen sind in → Abb. 4.33a und b durch die graue Färbung hervorgehoben.

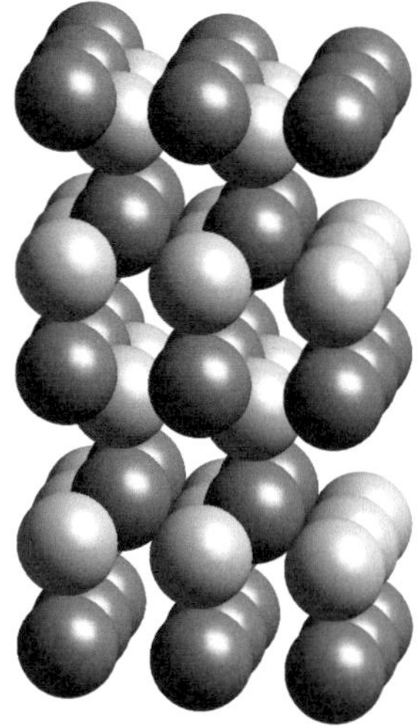

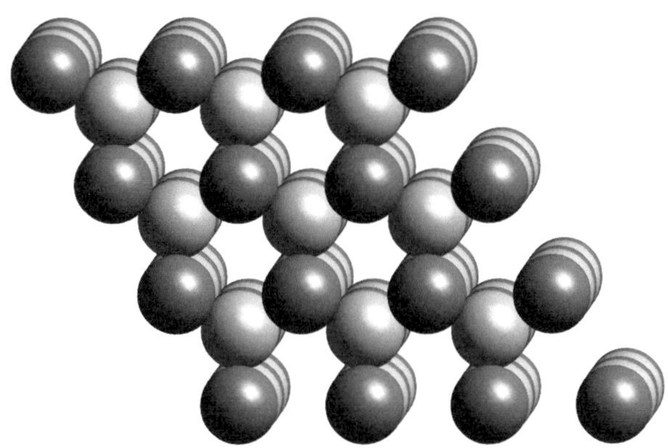

a Ausschnitt aus der Kristallstruktur des Lonsdaleits. Es sind 2^3 Elementarzellen dargestellt.

b Sicht von oben auf 3^3 Elementarzellen. Die Sechseckstruktur ist sichtbar.

Die gerichtete ‚starre' Atombindung von 154 pm Länge verhindert eine dichte Kugelpackung bei einem Atomradius des Kohlenstoffatoms von 77 pm.

Die dunklen/hellen Kugeln werden beibehalten, obwohl es sich einheitlich um Kohlenstoffatome handelt.

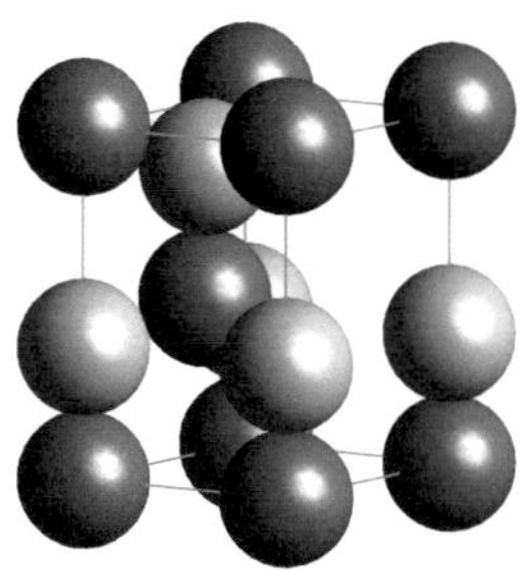

c Elementarzellec
Gitterkonstanten: a = b = 252 pm, c = 412 pm
Achsenwinkel: $\alpha = \beta = 90°$, $\gamma = 120°$

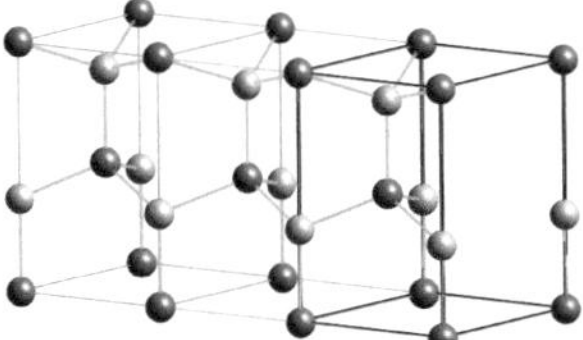 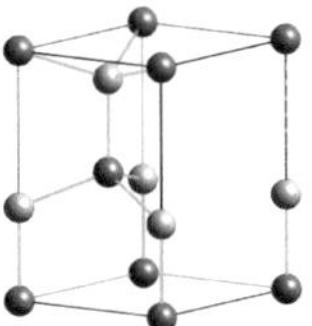

d Gitterhafte Darstellung von drei Elementarzellen (drei Rauten). Eine Elementarzelle ist verstärkt eingezeichnet.

e Elementarzelle

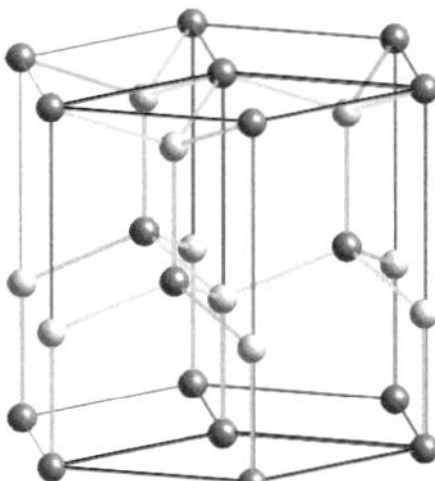

f übliche Darstellung einer hexagonalen Gitterzelle (vergrößert)

Abb. 4.32 Hexagonale Struktur des Lonsdaleits

Wie die kubische Diamant-Struktur kann die hexagonale Struktur durch die Sicht entlang der Raumdiagonalen der Elementarzelle als eine Sechseckringstruktur dargestellt werden. Man erkennt, dass im Unterschied zur kubischen Struktur neben der Sesselform auch eine *Wannenform* existiert. Die Wannen sind in → Abb. 4.33a und b durch die graue Färbung hervorgehoben.

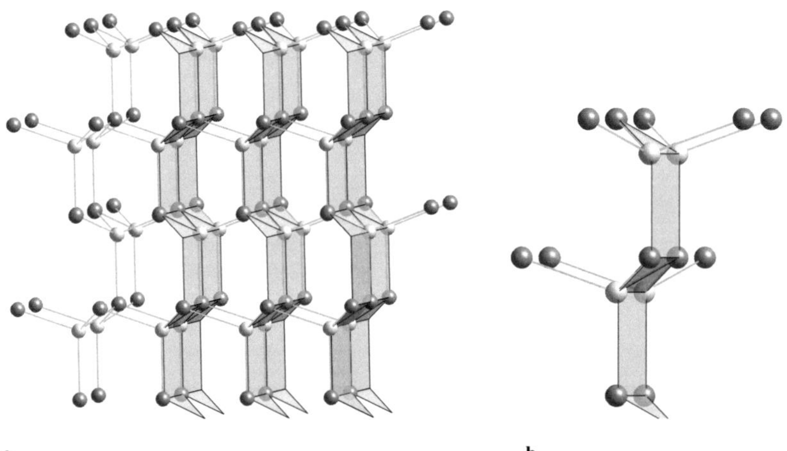

a   b

Abb. 4.33 a Lonsdaleit-Struktur in der Sechseckringstruktur. Es wird eine Wannenform erkennbar. **b:** Ein vergrößerter Ausschnitt der Wannenform

Hinweis: Auch diese Darstellungsform weist bereits auf die Organische Chemie. Es lässt sich hier die energetisch weniger stabile Wannenform der Cycloalkane erkennen (s. → Buch 2, Abschn. 1.2.1).

Diamantartige Strukturen bei binären Verbindungen

Im Folgenden werden als Beispiele von binären Verbindungen mit Atombindung die Strukturen von kubischem und hexagonalem Zinksulfid ZnS beschrieben. Die polare Verbindung ZnS (→ Abschn.4.2.1) hat einen hohen Anteil an Atombindung, die ihre Struktur weitgehend bestimmt. Sie entspricht daher der geometrischen Anordnung des kubischen Diamanten bzw. des hexagonalen Lonsdaleits. Da die Minerale des Zinksulfids – die kubische *Zinkblende* (oder Sphalerit) und der hexagonale *Wurtzit* – früher einen größeren Bekanntheitsgrad hatten, wurden sie als Typen in die Kristallchemie aufgenommen (s. → Abb. 4.34).

Kristallstruktur des kubischen Zinksulfids, der Zinkblende, auch Sphalerit genannt

Die rein geometrische Betrachtungsweise wie sie für den kubischen Diamanten in → Abb. 4.28b vorgestellt wurde, kann für die binäre Verbindung ZnS übernommen werden. Die Diamant-Struktur wurde folgendermaßen beschrieben: die Kohlenstoffatome nehmen die Positionen zweier getrennt betrachteter kubisch-flächenzentrierter Gitter ein, die so ineinander gestellt sind, dass sie um ein Viertel einer Raumdiagonalen der Elementarzelle gegeneinander verschoben sind. Da sowohl das Zn- als auch das S-Atom wie der Kohlenstoff die Koordinationszahl vier haben und jeweils tetraedrisch vom anderen Atom umgeben sind, kann man diese geometrische Betrachtung für das Zn-Atom und das S-Atom übernehmen. Daraus ergibt sich dann insgesamt eine kubisch-flächenzentrierte Struktur der Schwefelatome, in der vier Tetraederlücken, d.h. die Hälfte der acht möglichen Tetraederlücken von Zn-Atomen besetzt sind. Die Summe der gemeinsam benützten Valenzelektronen ist für jedes S- und jedes Zn-Atom gleich acht, die Oktett-Regel ist somit erfüllt.

Die Zinksulfid-Struktur unterscheidet sich von der Diamant-Struktur durch ihre Gitterkonstanten a = b = c = 541 pm im Vergleich zu a = b = c = 357 pm für Diamant.

In der Literatur wird für die kubische ZnS-Struktur ebenfalls die Sechseck-Sesselstruktur dargestellt, wobei sich Zn- und S-Atome abwechseln s. → Abb.4.30 hell/dunkle Kugeln.

Kristallstruktur des hexagonalen Zinksulfids, des Wurtzits

Die hexagonale Modifikation des Zinksulfids ZnS entspricht der geometrischen Anordnung der hexagonalen Struktur des Lonsdaleits. Die Positionen sind abwechselnd mit Zn- und S-Atome besetzt s. → Abb. 4.32 und 4.33 hell/dunkle Kugeln.

4.2.3 Strukturtypen

In der nachfolgenden → Abb. 4.34 sind Strukturtypen für Verbindungen mit Atombindung angegeben.

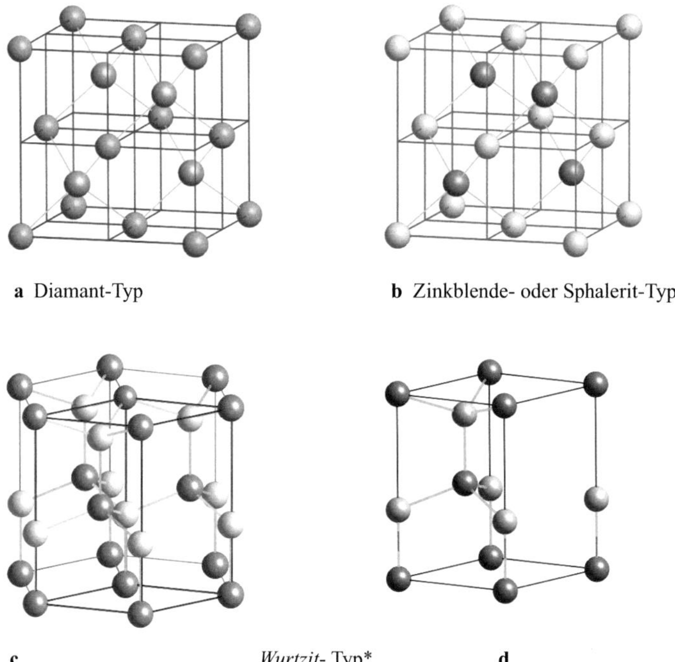

a Diamant-Typ   **b** Zinkblende- oder Sphalerit-Typ

c   *Wurtzit-* Typ*   **d**

Abb. 4.34 Strukturtypen für Verbindungen mit Atombindung
*Als *Wurtzit*-Typ wird weniger die Elementarzelle **d** angegeben, vielmehr die Struktur von drei
Elementarzellen (drei Rauten) im Kreis angeordnet, als hexagonale Gitterzelle **c**.
(Von *Bravais* im 19. Jh. aufgestellt)

Diamant-Typ

Die geometrische Anordnung der kubischen Diamant-Struktur wiederholt sich bei
Elementen der IV. Hauptgruppe (Gruppe 14), bei Silicium Si, Germanium Ge bis zum
nichtmetallischen grauen Zinn (α-Sn), das nur bis 13 °C beständig ist. Oberhalb 13 °C
liegt die metallische Modifikation des Zinns (β-Zinn) vor. Da die Bindungsstärke der
Valenzelektronen mit der Größe der Schalen abnimmt, d.h. im PSE in der Gruppe
von oben nach unten, werden die Valenzelektronen zunehmend weniger in bindenden
Elektronenpaaren (Orbitalen) lokalisiert. Dies äußert sich im Übergang zum metallischen Charakter bei β-Zinn und Blei.

Die geometrische Anordnung der hexagonalen Diamant-Struktur hat unter dem Namen ‚Lonsdaleit-Typ' in der Literatur keinen Eingang gefunden, der Lonsdaleit ist ein
wenig bekanntes Mineral. Silicium bildet – allerdings nur unter Einwirkung von sehr
hohem Druck – den Lonsdaleit-Typ aus.

Zinkblende-(oder Sphalerit-)Typ und Wurtzit-Typ

Der Zinkblende-Typ – von der gleichen geometrischen Anordnung wie der kubische
Diamant-Typ – wird für *Elementpaare* angegeben, bei denen die Summe der Valenzelektronen gleich acht ist. Es handelt sich um die IV/IV-, III/V-, II/VI- und I/VII-Ver-

bindungen wie β-SiC, GaAs, β-BN u.a. s. → Abschn. 4.2.6).

Der *Zinkblende-Typ* kann ebenso für Ionenverbindungen mit der Koordinationszahl für Kation und Anion von 4 : 4 angegeben werden s. → Abb. 4.10.

Der Wurtzit-Typ kommt ebenfalls bei den IV/IV-, III/V-, II/VI- und I/VII-Verbindungen vor, z.B. bei α-SiC, AlN, BeO u.a.

Werkstoffe für den Maschinenbau im Zinkblende- und *Wurtzit*-Typ s. → Abschn. 4.2.6 Nichtoxidkeramiken, nichtmetallische Hartstoffe.

4.2.4 Graphit

Im Graphit, der wie Diamant ebenfalls nur aus Kohlenstoffatomen besteht, ist eine andere Struktur verwirklicht, er bildet eine aus Sechsecken bestehende ‚wabenförmige‘, ebene Schichtstruktur (s.→ Abb. 4.35).

Genau genommen stellt die Graphit-Struktur keinen ‚reinen‘ Atomkristall dar, denn die Atombindung ist nur innerhalb einer Schicht, also zweidimensional ausgebildet. Zwischen den Schichten wirken die *van der Waals*-Kräfte, die elektrostatischen Ursprungs sind (s. → Abschn. 4.2.7). Dennoch wird die Graphit-Struktur in diesem Abschnitt behandelt, um die beiden Modifikationen des Kohlenstoffs − Diamant und Graphit − einander gegenüber stellen zu können.

Die durch Sechsecke darzustellende Schicht lässt sich mit der sp^2 Hybridisierung verstehen. Wie man sich das Aneinanderreihen von sp^2 hybridisierten C-Atomen vorstellen kann, zeigt die nachfolgende → Abb. 4.35. Demnach gehen von jedem C-Atom drei σ-Bindungen in einer trigonalen Anordnung mit Bindungswinkeln von 120° zu drei benachbarten C-Atomen. Das vierte Elektron, das an der Hybridisierung nicht teilnimmt, befindet sich in einem p-Orbital und steht für eine zusätzliche, allerdings nichtlokalisierte π-Bindung zu Verfügung. Die π-Elektronen sind im Graphit nicht an ein bestimmtes C-Atom gebunden und bewegen sich frei zwischen den ebenen Schichten. Diese delokalisierten Elektronen zeigen eine Beweglichkeit entsprechend dem Elektronengas bei Metallen. Sie ermöglichen die Stromleitung in den Schichten und verleihen dem Graphit durch ihre Wechselwirkung mit dem auffallenden Licht die schwarze Farbe sowie einen gewissen metallischen Glanz. In der → Abb.4.36 sind sie nicht eingezeichnet.

Der Abstand von 335 pm zwischen den Schichten ist mehr als doppelt so groß wie die Länge von 142 pm des C−C-Abstands in den Schichten.

Vgl.: Die Bindungslänge einer C–C-Einfachbindung im Diamant ist 154 pm, bei einer C=C-Doppelbindung 135 pm.

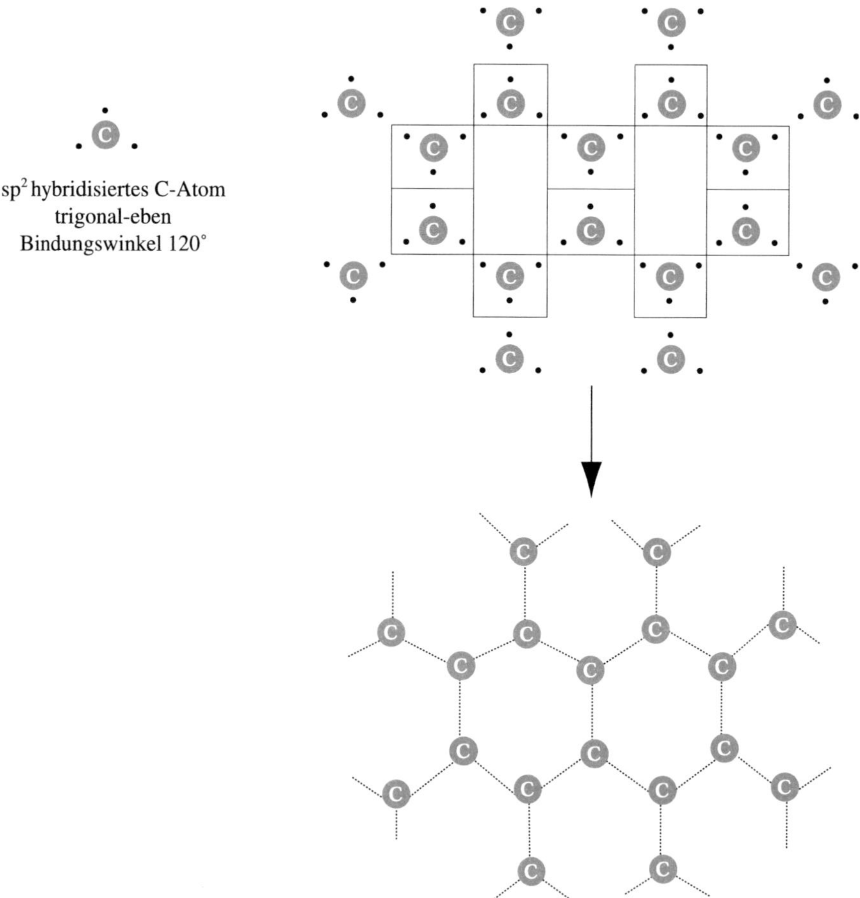

Abb. 4.35 Ausbildung einer Sechseckschicht

In der Graphit-Struktur liegen die ebenen Schichten so übereinander, dass die dritte, fünfte, siebte usw. Schicht genau über der ersten Schicht liegt. Die zweite, vierte, sechste usw. Schicht ist so versetzt, dass in der Mitte eines Sechsecks je ein C-Atom der darunter liegenden und der darüber liegenden Schicht zu liegen kommt. Man nennt dies auch eine ABAB.... Schichtenfolge.

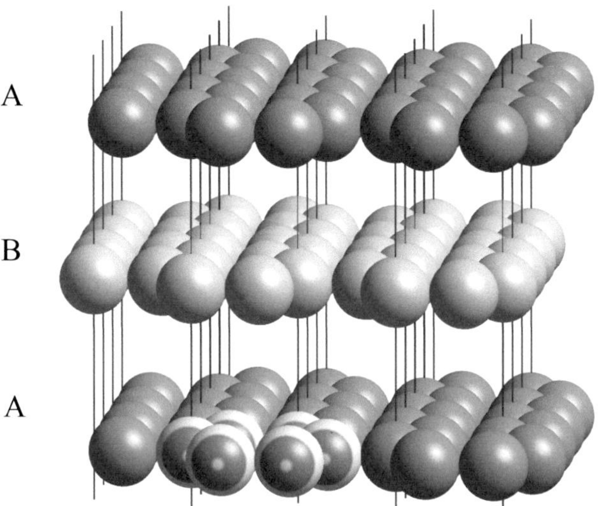

a Sechseckschichtstruktur des hexagonalen Graphits
Ein Sechsring ist mit gestreiften C-Atomen gekennzeichnet

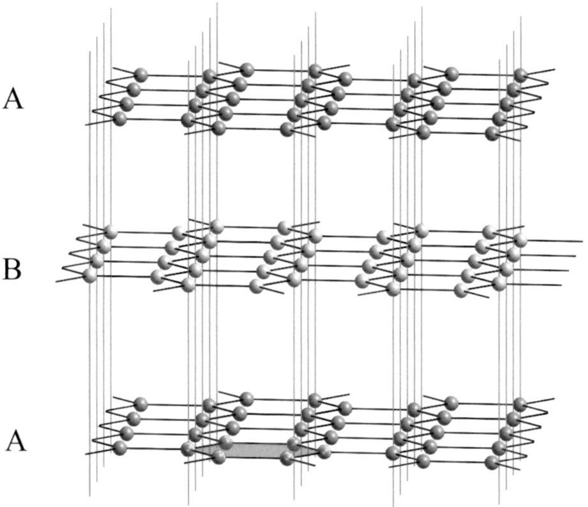

b Gitterhafte Darstellung der Sechseckschichtstruktur des Graphits

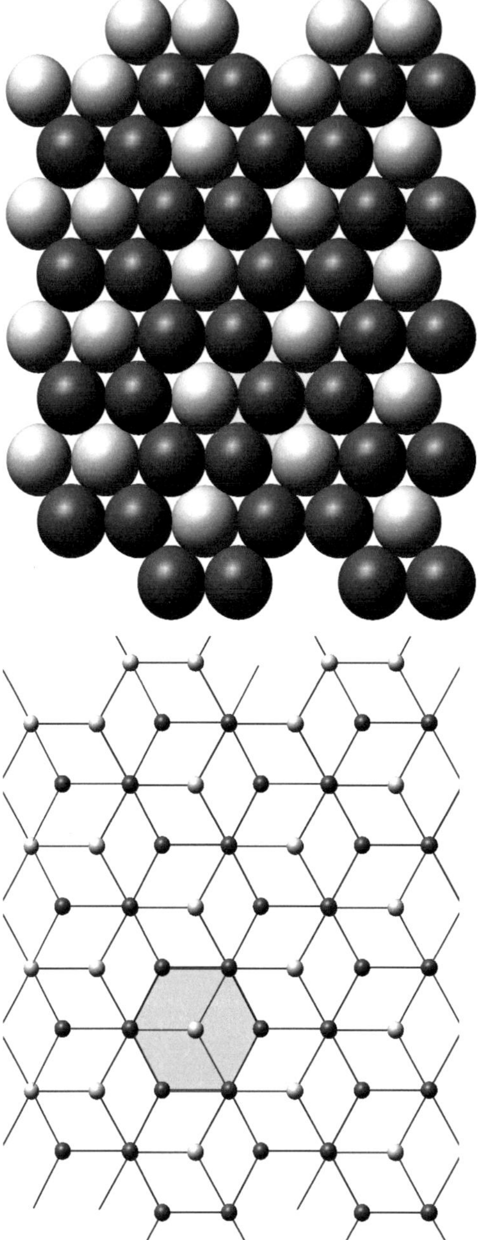

c Die Sechseckschichten sind gegeneinander versetzt. Von der darunter liegenden Schicht (helle Kugeln) erscheint eine Kugel in der Mitte eines Sechsecks der oberen Schicht.

d Gitterhafte Darstellung der gegeneinander versetzten Sechseckschichten

Abb. 4.36 Struktur des Graphits

Hinweis: Graphit bildet das Grundmuster für die *aromatischen Verbindungen der Organischen Chemie*, deren einfachster Vertreter das *Benzol* ist (s. → Buch 2, Abschn. 1.2.3).

Fullerene

Eine dritte Modifikation des Kohlenstoffs kommt in der Form der hohlkugelgestaltigen Fullerene vor, die erst 1985 entdeckt *(Richard Smalley, Harold Kroto in Houston Texas, 1996 Nobelpreis)* und 1990 zum ersten Mal in größeren Mengen synthetisiert wurde *(W. Krätschmer und Huffmann MPI für Kernphysik, Heidelberg)*. Es sind verschiedene Fulleren-Strukturen bekannt. Die bekannteste ist die fußballähnliche Käfig-Struktur von C_{60}, die aus zwölf Fünfringen und zwanzig Sechsringen mit insgesamt 60 C-Atomen besteht. Sechsringe allein können nur eine ebene Schicht ausbilden (s. → Graphit-Struktur) aber keine geschlossene Kugeloberfläche. Die C_{60} Struktur wird meistens begleitet von einer C_{70}-Struktur. Es gibt röhrchenförmige und weitere hohlkugelgestaltige Fullerene, die aus 76, 78, 82, 84, 86, 88, 90, 94 Kohlenstoffatomen bestehen können. Im Gegensatz zu Diamant und Graphit mit freien Valenzen an der Oberfläche, bilden Fullerene eine geschlossene Einheit und somit die reinste Form von Kohlenstoff. Fullerene sind stabile, lichtresistente und weiche Verbindungen.

C_{60} ist ein dunkelbraunes Pulver, sublimiert bei 400 °C und zerfällt erst oberhalb von 1000 °C. Es ist ein Isolator, in Benzol löslich, sehr stabil und hat eine Massendichte von 1,7 g/cm^{3*}. C_{60}-Moleküle bilden kubisch-flächenzentrierte Molekülkristalle. Die Bindungsart der Kohlenstoffatome siedelt man zwischen sp^3 und sp^2 hybridisiert an.

* Vgl.: Massendichte von Diamant 3,51 g/cm^2, von Graphit 2,26 g/cm^2.

Über die technische Verwendung wird in verschiedenen Richtungen geforscht.

Der Name ‚Fulleren' geht auf den amerikanischen Architekten *Richard Buckminster-Fuller (1895–1983)* zurück. 1967 baute er auf der Weltausstellung in Montreal einen kuppelförmigen Bau fast ganz aus ebenen sechseckigen Bauelementen. Wegen der Ähnlichkeit mit der fußballähnlichen Käfigstruktur von C_{60} nannten die Entdecker diese Kohlenstoff-Struktur zunächst etwas verniedlicht Buckyball, dann Buckminsterfullerene und schließlich Fullerene. Käfige aus Sechs- und Fünfringen sind stabile Anordnungen.

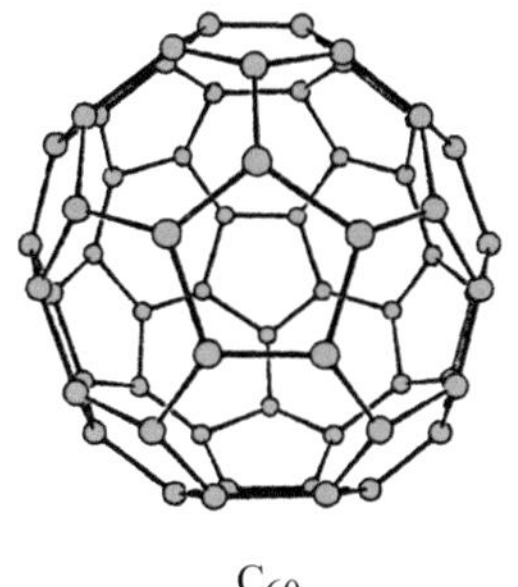
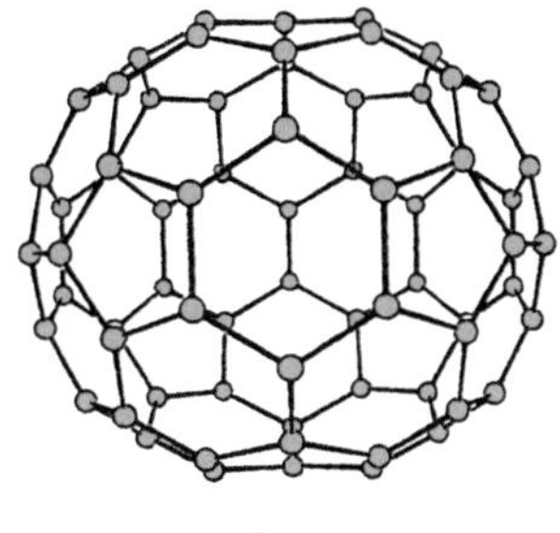

C₆₀   C₇₀

Abb. 4.37 Fullerene

4.2.5 Gegenüberstellung Diamant/Graphit

Die unterschiedlichen Strukturen von Diamant und Graphit äußern sich auch in ihren makroskopischen Eigenschaften.

Eigenschaften des Diamanten

» *Härte*

Kohlenstoff ist in der Modifikation des Diamanten der härteste in der Natur vorkommende Stoff und dies trotz der schlechten Raumausfüllung des Kristalls von nur 34 %. Im Gegensatz dazu beträgt die Raumausfüllung der Metalle in ihren Strukturen 75 % bzw. 68 %. Diese Härte beruht auf der Stärke und der ‚starren' Gerichtetheit der C−C-Atombindung, ausgedrückt durch die relativ hohe Bindungsenergie einer C−C-Einfachbindung von 345 kJ/mol. In der *Mohs*-Ritzhärteskala wurde Diamant die höchste Zahl 10 zugeordnet. Was die spezifische Festigkeit* anbetrifft, wäre Diamant ein idealer Werkstoff.

*Spezifische Festigkeit ist das Verhältnis von Festigkeit zur Massendichte. Massendichte 3,51 g/cm3.

Man nennt einen Stoff a härter als Stoff b, wenn b durch a leichter geritzt wird als umgekehrt. Man unterscheidet die folgenden 10 Härtestufen:

Mohs-Ritzhärteskala

Mineral	Formel	*Mohs*-Ritzhärte	Beispiele für die Härte
Talk	$Mg_3(OH)_2[Si_2O_5]_2$	1	
Gips	$CaSO_4 \cdot 2\,H_2O$	2	Ritzen mit Fingernagel möglich
Calcit (Kalkspat)	$CaCO_3$	3	Kupfer
Flussspat (Fluorit)	CaF_2	4	Reineisen
Apatit	$Ca_5(PO_4)_3(OH, F, Cl)$	5	Cobalt
Feldspat	$KAlSi_3O_8$	6	Silicium, Wolfram
Quarz	SiO_2	7	Tantal
Topas	$(Al_2(OH,F)_2[SiO_4]$	8	Chrom, gehärteter Stahl
Korund	$\alpha\text{-}Al_2O_3$	9	Saphir
Diamant	C	10	

Eine in der Technik viel benutzte Härteangabe ist auch die Vickershärte (VH) nach DIN 50133 (s. → Nachschlagewerke), genannt nach der metallverarbeitenden englischen Firma Vickers.

» *Sprödigkeit*

In gleicher Weise wie die Härte, beruht die Sprödigkeit des Diamanten auf der ‚starren' Gerichtetheit und der relativ hohen Bindungsenergie der C−C-Einfachbindung. Eine Verschiebung von Gitterebenen ist beim Diamanten nicht möglich. Erst bei hoher Krafteinwirkung brechen die Atombindungen, so dass es zum Bruch des Kristalls kommt.

» *Temperaturbeständigkeit*

Der Diamant ist die bis zu hohen Temperaturen metastabile Modifikation des Kohlenstoffs. Unter Sauerstoffausschluss geht er bei etwa 1500 °C in die stabile Modifikation des Kohlenstoffs, in Graphit über. Diamant verbrennt in Gegenwart von Luft (Sauerstoffgebläse) ab etwa 800 °C langsam zu CO_2.

» *Elektrischer Nichtleiter*

Im Diamanten sind weder freie Elektronenpaare noch freie Elektronen vorhanden. Die Elektronen sind in der relativ starken Atombindung gebunden. Der Diamant kann den elektrischen Strom nicht leiten.

» *Wärmeleitfähigkeit*

Diamant mit seiner sehr hohen Wärmeleitfähigkeit fühlt sich kalt an, da die Körperwärme abgeleitet wird.

» *Transparenz*

Da die Elektronen in der Atombindung fest gebunden sind, können die Wellenlängen von infrarotem bis ultraviolettem Licht mit der C–C-Einfachbindung nicht in Wechselwirkung treten. Sichtbares Licht geht also hindurch, falls keine Verunreinigungen oder polykristallines Material vorliegen, an deren Grenzflächen eine Beugung oder diffuse Streuung stattfinden kann. Diamant ist in reiner Form glasklar. Er zeigt eine starke Lichtbrechung mit sehr großer Dispersion.

Vgl.: Ursache für die Transparenz von Glas ist in gleicher Weise die starke Atombindung im Netzwerk der SiO_4-Tetraeder.

Verwendung des Diamanten

In der Technik werden aus Graphit künstlich hergestellte Industriediamanten verwendet. Wegen ihrer extremen Härte können sie zur Materialbearbeitung, zum Bohren, Sägen, Schleifen, Schneiden eingesetzt werden. Ein Beispiel ist das vollautomatische Fertigungsverfahren zum Blank- und Runddrehen von Kupferteilen bei der Herstellung kleiner Elektromotoren für den Fahrzeugbau. Weitere Verwendung finden sie als Achsenlager für Uhren und Präzisionsapparate sowie für Werkzeuge zum Ziehen von feinen Drähten aus hartem Metall.

Vorkommen: Große natürliche Diamant-Vorkommen gibt es im südlichen Afrika, Brasilien und Sibirien.

Eigenschaften des Graphits

» Spalt- und verschiebbare Schichten

Die ebenen Sechseckschichten im Graphit werden über die relativ schwachen *van der Waals*-Kräfte zusammengehalten. Dies erklärt, dass bei Krafteinwirkung diese Schichten gegeneinander verschoben werden können und Graphit parallel zu den Schichten spaltbar ist. Das Verschieben der Schichten ist eine richtungsabhängige, d.h. anisotrope Eigenschaft, die Verschiebung ist nur entlang der Schichten möglich, nicht senkrecht dazu.

» Mohs-Ritzhärte

Graphit ist weich, er hat die *Mohs*-Ritzhärte 1.

» Temperaturbeständigkeit

Als Werkstoff kann Graphit bis etwa 400 °C verwendet werden. Er ist schwer entflammbar.

» Elektrische Leitfähigkeit

Die delokalisierten Elektronen zwischen den Schichten ermöglichen die elektrische Leitfähigkeit, sie ist ebenfalls eine anisotrope Eigenschaft: senkrecht zu den Schichten ist die elektrische Leitfähigkeit bedeutend geringer.

» Anisotropie, Isotropie

Graphit wird in der Technik als polykristallines Material eingesetzt, dadurch verschwindet die anisotrope Eigenschaft der ‚elektrischen Leitfähigkeit‘, sie wird isotrop, d.h. in allen Achsenrichtungen gleich wirksam. Darauf beruht die Verwendung von Graphit als Elektrodenmaterial.

» Metallischer Glanz

Die delokalisierten Elektronen verleihen dem Graphit durch ihre Wechselwirkung mit dem auffallenden Licht die schwarze Farbe und den metallischen Glanz. Graphit hat eine gute

» Wärmeleitfähigkeit und eine hohe *chemische Beständigkeit.*

Verwendung des Graphits

Haupteinsatzgebiet ist die Verwendung als Elektrodenmaterial bei der Herstellung von Elektrostahl, Aluminium und in Brennstoffzellen. Weitere Anwendungsgebiete sind der chemische Apparatebau und die Kerntechnik. Graphit findet Verwendung als Kontaktstücke (Kohlebürsten) in Elektromaschinen, als Tiegelmaterial für Metallschmelzen, als Isoliermaterial, Hitzeschutz und als hitzebeständiger, fester Schmierstoff, sowie als Pigment und für Bleistiftminen. Es gibt Spezialgraphite, die feiner und härter sind als das Elektrodenmaterial. Graphit dient als Rohstoff für die Industriediamanten-Synthese.

Vorkommen: Es gibt natürliche Vorkommen von Graphit (Sri Lanka, Norwegen, Ostsibirien, auch bei Passau u.a.), doch der größte Teil wird heute synthetisch hergestellt.

Umwandlung Diamant ↔ Graphit

Über die Existenzbereiche der beiden Modifikationen des Kohlenstoffs Graphit und Diamant gibt das nachfolgende Zustandsdiagramm Auskunft (s.→ Abb. 4.38). Daraus ist abzulesen, dass Graphit unter Normalbedingung bei niederen Drücken auch bis zu hohen Temperaturen die beständige Modifikation darstellt. Dagegen ist Diamant insbesondere bei hohen Drücken die stabile Modifikation. Bei der Entstehung der Erde konnte sich Diamant unter den geologischen Bedingungen im Erdinneren (hohe Drücke) in großen Tiefen bilden. Unter Normalbedingungen ist Diamant metastabil (s. → Abschn. 5.1.5), er wandelt sich unter diesen Bedingungen nicht in Graphit um.

Die Umwandlung von Graphit zu Diamant ist nicht ohne weiteres möglich, die Reaktion erfordert insbesondere hohe Drücke und Luftausschluss. Eine ausreichende Umwandlungsgeschwindigkeit erreicht man bei 1500 °C und 60 kbar in Gegenwart von Katalysatoren. Aus der Sechseckschichtstruktur müssen fortlaufend die tetraedrisch ausgerichteten vier Atombindungen zur nächsten Schicht nach oben und unten ausgebildet werden. Dies verlangt, dass der Abstand der Schichten im Graphit von 335 pm etwa halbiert wird und die Längen der C−C-Bindungen von 142 pm einheitlich auf die Längen im Diamanten von 154 pm umgebildet werden. Diamant hat die größere Dichte.

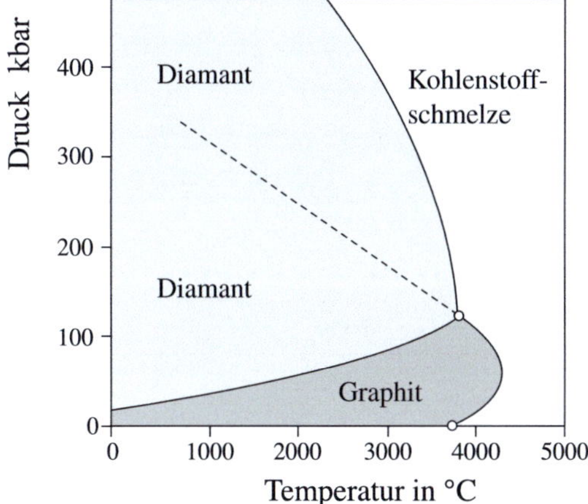

Abb. 4.38 Zustandsdiagramm Diamant/Graphit
Die gestrichelte Linie bedeutet den Übergang von schmelzendem Graphit zu festem Diamant. Bei nicht zu hohen Temperaturen, d.h. bei geringen Umwandlungsgeschwindigkeiten kann im Existenzbereich des Diamanten auch metastabiler Graphit und im Existenzbereich des Graphits auch metastibler Diamant existieren.

$$\text{Graphit} \xrightarrow[\text{Katalysatoren Fe, Co, Ni, Mn oder Pt}]{1500\ °C,\ 60\ \text{kbar, Luftausschluss}} \text{Diamant}$$

Synthetische Diamanten sind klein und werden als Industriediamanten für technische Zwecke verwendet.

Außer dem Hochdruckverfahren gibt es ein Niederdruckverfahren zur Herstellung dünner Schichten, die CVD-Diamant-Synthese (<u>C</u>hemical <u>V</u>apour <u>D</u>eposition). Die chemische Abscheidung von Methan in Gegenwart von Wasserstoff aus der Gasphase wird unter Normaldruck (oder im Vakuum) bei 2000 °C durchgeführt. Sie dient z.B. zur Erzeugung einer dünnen Diamantschicht auf Schneidwerkzeugen.

Die Umwandlung des metastabilen Diamanten unter Atmosphärendruck (1,013 bar) zur stabilen Modifaktion des Graphits ist nur möglich, wenn unter Luftabschluss Wärmeenergie zugeführt wird. Die Umwandlung bedeutet, dass der kubische Diamant zur Sechseckschichtstruktur des Graphits verändert werden muss.

$$\text{Diamant} \xrightarrow[\text{Luftausschluss}]{1500\ °C,\ 1{,}013\ \text{bar}} \text{Graphit}$$

Tabelle 4.10 Zusammenfassende Gegenüberstellung: Atomkristall Diamant und Sechseckschichtstruktur Graphit

Diamant	Graphit
Harte, spröde, wasserklare, stark lichtbrechende Kristalle	Graue bis grauschwarze, undurchsichtige, schuppige, leicht spaltbare Masse, die sich fettig anfühlt, schwachen Metallglanz aufweist und stark abfärbt.
Der Kohlenstoff benützt vier tetraedrisch ausgerichtete C–C-Einfachbindungen (Atombindungen kovalente Bindungen, σ-Bindungen, sp^3 hybridisiert) zur dreidimensionalen Verknüpfung zum Riesenmolekül.	Aus drei C–C-Einfachbindungen (sp^2 hybridisiert) entsteht eine Sechseckschichtstruktur. Das vierte Elektron ist delokalisiert, nicht an ein C-Atom gebunden. Zwischen den Schichten wirken *van der Waals*-Kräfte.
Länge der C–C-Bindung 154 pm Raumausfüllung 34 %	Länge der C–C-Bindung im Sechseck 142 pm. Diese Länge liegt zwischen einer C–C-Einfachbindung von 154 pm und einer C=C-Doppelbindung von 135 pm Abstand zwischen den Schichten 335 pm Raumausfüllung 22 %
Kubisch-flächenzentrierte Struktur	Hexagonale Struktur
Isotrope Eigenschaften	Anisotrope Eigenschaften. Polykristalliner Graphit hat isotrope Eigenschaften.
Elektrischer Nichtleiter	Elektrische Leitfähigkeit besteht parallel zu den Schichten (anisotrope Eigenschaft). Im polykristallinen Graphit ist die Leitfähigkeit isotrop.
Härtester in der Natur vorkommender Stoff, *Mohs*-Ritzhärte 10	Weich, *Mohs*-Ritzhärte 1, die Schichten lassen sich verschieben und spalten (Schmiermittel).
Massendichte 3,51 g/cm³.	Massendichte 2,26 g/cm³.
Sehr hohe Wärmeleitfähigkeit	Gute Wärmeleitfähigkeit
Niedrigster thermischer Ausdehnungskoeffizient	Niedriger thermischer Ausdehnungskoeffizient
Unter Normalbedingungen metastabile Modifikation	Unter Normalbedingungen stabile Modifikation
Umwandlung in Graphit bei etwa 1500 °C, 1,013 bar unter Luftausschluss	Umwandlung in Diamant bei etwa 1500 °C und 60 kbar unter Luftausschluss mit Katalysatoren
Verbrennt bei etwa 800 °C im Sauerstoffgebläse zu CO_2	Schwer entflammbar. Als Werkstoff bis etwa 400 °C zu verwenden.
Grundmuster für die gesättigten aliphatischen Kohlenwasserstoffe der organischen Chemie	Grundmuster für die aromatischen Kohlenwasserstoffe der organischen Chemie

4.2.6 Nichtoxidkeramik – nichtmetallische Hartstoffe, Werkstoffe für den Maschinenbau

Im Gegensatz zu der in → Abschn. 4.1.7 beschriebenen Metalloxidkeramik mit Ionenbindung liegt der hier zu behandelnden Nichtoxidkeramik die Atombindung – die kovalente Bindung – zugrunde. Verbindungen mit Atombindung bestehen aus Nichtmetallatomen, beispielsweise aus Kohlenstoff, Stickstoff und Silicium.

Die folgenden Abschnitte beschränken sich auf einige typische Beispiele für nichtoxidkeramische Werkstoffe mit Atombindung.

Die Bauteile werden, wie für Keramik typisch ist, sintertechnisch hergestellt.

Hinweis auf eine weitere Gruppe von Hartstoffen, auf die metallischen Hartstoffe im → Abschn. 4.4.5. Es sind dies beispielsweise die Carbide und Nitride einiger Übergangsmetalle (TiC, WC, TiN, Ta_2N u.a.). Es sind Legierungssysteme, eine genaue stöchiometrische Zusammensetzung fehlt.

Elementkeramiken

Wegen ihrer Herstellungsverfahren und Eigenschaften werden künstlich hergestellter Diamant und künstlich hergestellter Graphit zu den keramischen Werkstoffen gezählt.

» *Diamant*

Herstellung von Diamantüberzügen nach dem CVD-Verfahren s. → Abschn. 4.2.5.

» *Graphit*

Die Gewinnung von graphitischem Kohlenstoff wie künstlicher Graphit, Pyrokohlenstoff, Kohlenstoff-Fasern, Graphitfolie, Kohlenstoffglas, Koks, Ruß, Holzkohle und Aktivkohle erfolgt durch thermische Zersetzung aus Kohle bzw. Erdöl, Erdgas, Holz, Polymere u.a. nach unterschiedlichen Verfahren. Die Produkte unterscheiden sich durch die Anordnung der Schichtstruktur, die Größe der Graphitkristalle sowie die Verunreinigungen.

Eigenschaften von Diamant und Graphit s. → Tabelle 4.10

Binäre Nichtoxidkeramik – Nichtmetallcarbide und -nitride

Auch die hier zu besprechenden Nichtoxidkeramiken besitzen wie die Oxidkeramiken Eigenschaften zur Verwendung als *Konstruktionswerkstoffe*.

Während die Eigenschaften der Oxidkeramik auf der starken, ungerichteten Coulomb-Kraft zwischen den Kationen und Anionen im Kristall beruhen, liegt die Ursache bei der binären Nichtoxidkeramik in der relativ starken, von Atom zu Atom ausgerichteten Atombindung. Stets muss eine stabile Aussenschale von acht Elektronen erreicht sein (Oktett-Regel). Die resultierende Vierbindigkeit ist gleichzeitig Koordinationszahl und bestimmt die Kristallstruktur. Allerdings liegt bei den hier zu besprechenden Werkstoffen nicht immer eine rein unpolare Atombindung vor, denn die Nichtmetallatome unterscheiden sich in der Elektronegativität (s. EN → Abschn. 4.2.1), dies führt zur Ausbildung einer polaren Atombindung. Der Anteil der unpolaren Atombindung ist aber stets hoch.

Nicht nur die Struktur sondern auch die Eigenschaften der binären Nichtoxidkeramik sind mit denen des kubischen und hexagonalen Diamanten vergleichbar. Daher rührt die Bezeichnung diamantartige Carbide und Nitride. Ihre besonders hohe Härte führt zu der Bezeichnung nichtmetallische Hartstoffe. Im Unterschied zum Diamanten, der nur aus dem Element Kohlenstoff besteht, sind die hier zu besprechenden binären Nichtoxidkeramiken aus zwei verschiedenartigen Atomen, aus Elementpaaren (s. → Abschn. 4.2.3) zusammengesetzt. Sie haben eine AB-Formelstruktur und die KZ 4 : 4. Es liegen ihnen − allerdings mit Ausnahmen − der Zinkblende- und *Wurtzit*-Typ zugrunde.

Tabelle 4.11 Eigenschaften einiger Nichtmetallcarbide und -nitride
Es handelt sich um Richtwerte, da in der Technik kein hochreines Material verwendet wird. Die Eigenschaften sind u.a. vom Herstellungsverfahren, von den Sinterhilfsmitteln, den Verunreinigungen und von der entstehenden Korngröße des Gefüges abhängig. Es wird anstelle von Schmelzpunkt: die Schmelztemperatur Smt. angegeben. Quelle: Handbuch der Keramik.
Z Zinkblende-Typ, W Wurtzit-Typ

Binäre Nichtoxid-keramik g/cm^3	Massendichte	*Mohs-*Ritzhärte	Schmelz-temperatur °C (ca.)	Wärme-leitfähigkeit λ $W\cdot m^{-1}\cdot K^{-1}$ 20 °C	mittl. therm. Ausdehnungs-koeffizient α $10^{-6}\cdot K^{-1}$ 20 bis 1000 °C	spez. elektrischer Widerstand $\Omega\cdot cm$ 20 °C
Carbidkeramik:						
β-SiC kubisch (Z) <2000 °C α-SiC hexagonal (W) >2000 °C	2,6–3,2	9,6	Zers. ab etwa 2200 Smt. 2760	50–120	4,3–5	$1–10^{12}$
B_4C rhomboedrisch	2,5	9,3	2450	29	4,5–6	$1–10^5$
Nitridkeramik:						
α- Si_3N_4 hexagonal (W) <1700 °C β-Si_3N_4 hexagonal (W) > 1700 °C	3,2	9	Zers. ab 1900	10–30	2,9–3,6	10^{13}
β-BN kubisch (Z)	3,4		2700		3,8	$10^2–10^{10}$
AlN* (W)	3,2	9–10	Zers. ab 1850 Smt. 2400	29	6	10^{11}

*AlN wird aufgrund des *Wurtzit*-Typs und seiner Eigenschaften den nichtmetallischen Hartstoffen zugeordnet, obwohl Al zu den Metallen zählt.

Nichtoxidkeramik wird ebenfalls wie die Oxidkeramik durch Sintern des in die Form eines Rohlings gebrachten Pulvers mit Sinterhilfsmitteln hergestellt. Ihre Herstellungsverfahren sind allerdings aufwendiger und teurer, da unter Schutzgas, z.B. Argon und bei erheblich höherer Temperatur heiß gepresst oder unter erhöhtem Gasdruck gesintert werden muss. Die Eigenschaften werden dadurch graduell beeinflusst. Nichtoxidkeramik wie die Nichtmetallcarbide und -nitride sind bezüglich Festigkeit und Härte der Oxidkeramik überlegen, nicht jedoch hinsichtlich der Sauerstoffbeständigkeit.

Einzelbesprechung einiger Carbidkeramiken

» *Siliciumcarbid SiC, Carborundum* (lat. <u>carbo</u> Kohle, so hart wie Ko<u>rund</u> α-Al$_2$O$_3$)

Eigenschaften s. auch → Tabelle 4.11

Neben der kubischen β-SiC-Tieftemperaturmodifikation im Zinkblende-Typ, die nur unterhalb 2000 °C beständig ist, entsteht bei höheren Sintertemperaturen von etwa 2100 °C die hexagonale α-SiC-Hochtemperaturmodifikation im *Wurtzit*-Typ. Beide Modifikationen lassen sich aufgrund ähnlicher Eigenschaften verwenden. Der strukturelle Aufbau von SiC lässt sich nicht immer als reiner Zinkblende-Typ oder *Wurtzit*-Typ darstellen, es gibt unterschiedliche Typen mit unterschiedlichen Stapelfolgen, so genannten Polytypen, die man als Kombination beider Typen verstehen kann.

SiC hat einen hohe Atombindungsanteil (etwa 85 %, $\Delta EN = 0{,}7$). Es zeichnet sich durch eine geringe Massendichte, sehr hohe *Mohs*-Ritzhärte, thermische und chemische Beständigkeit sowie Verschleißbeständigkeit aus. Hohe Wärmeleitfähigkeit − höher als die der oxidischen Werkstoffe, jedoch niedriger als die der metallischen Werkstoffe − und eine geringe Wärmeausdehnung tragen zu einer guten Temperaturwechselbeständigkeit bei. Von den meisten Säuren einschließlich Flusssäure sowie von Chlor wird es nicht angegriffen. Seine Korrosionsbeständigkeit ist sehr gut. Es zersetzt sich allerdings in alkalischen Schmelzen in Gegenwart von Luft zu Silicat und Carbonat.

    Beispiele für die Verwendung

Siliciumcarbid hat als Konstruktionswerkstoff wegen seiner thermischen und chemischen Beständigkeit bis zu hohen Temperaturen große technische Bedeutung. Es eignet sich für Motoren-, Maschinen- und Turbinenbauteile, auch für Tiegel, Rohre und feuerfeste Steine. Weitere Anwendungsgebiete sind die Verwendung für tribologische Belastungen zur Minderung von Reibung und Verschleiß, für Gleitlager und Gleitringdichtungen sowie als Schleif- und Poliermittel.

Bei der Verwendung zu Heizwiderständen wird seine Halbleitereigenschaft ausgenützt. Es ist allerdings zu bedenken, dass sich bei Temperaturen oberhalb 1000 °C an der Oberfläche eine Schutzschicht aus Siliciumdioxid SiO$_2$ bildet. Dieses SiO$_2$ erleidet beim Abkühlen verschiedene Modifikations-Umwandlungen, die zu Rissen führen und das Gefüge beeinträchtigen. Häufiges Überhitzen verkürzt die Lebensdauer der Heizstäbe.

Brennerdüsen aus Siliciumcarbid machen die heutige Brennertechnologie für Ölfeuerungen in Haushalt und Industrie möglich, da sie bei hohen Temperaturen eingesetzt werden können. Nicht nur neue Brennerkonstruktionen (Low NO$_x$-Brenner*), sondern vor allem die hohe Temperaturbeständigkeit von Siliciumcarbid in Gegenwart von Luftsauerstoff macht eine optimale Energieausnutzung möglich. Es werden eine gleichmäßige Verbrennung erreicht und Rußablagerungen im Kesselbereich verhindert, die den Wärmeübergang verschlechtern.

*Low NO_x-Brenner: In der Industrie, z.B. in Kraftwerken werden oftmals mehrere Brenner, die Temperaturen von nur etwa 1000 °C liefern, hintereinander geschaltet, um insgesamt eine ausreichende Wärmeenergie zu erreichen. Dadurch ist es möglich, die NO_x-Bildung gering zu halten (s. → Abschn. 5.2.6).

Kohlenstoff-Faser verstärktes Siliciumcarbid (CMC <u>C</u>eramic <u>M</u>atrix <u>C</u>omposite) wurde für die Raumfahrt entwickelt. Es kann kurzfristig 2500 °C aushalten und eignet sich deshalb für die Außenhaut des Flugkörpers beim Eintritt in die Atmosphäre. Wegen seiner hohen Temperaturbeständigkeit, geringen Massendichte, dem hohen Verschleißwiderstand und niedrigem thermischen Ausdehnungskoeffizient eignet es sich auch für hohe mechanische Belastungen. Im Maschinenbau kann CMC überall da eingebaut werden, wo Maschinenbauteile hohen Temperaturen und Abriebbelastungen ausgesetzt sind, zum Beispiel in Bremsen, Triebwerken. Die Entsorgung kann durch Verbrennen erfolgen, dabei entstehen CO_2 und SiO_2 (Sand).

SiC-Fasern zeichnen sich ebenfalls durch eine geringe Massendichte, eine Temperaturbeständigkeit bis etwa 1500 °C und gute mechanische Eigenschaften aus. Ihre Herstellung ist kostenaufwendig.

» *Borcarbid B_4C* (Phasenbreite $B_{13}C_2$ bis $B_{12}C_3$)

Eigenschaften s. auch → Tabelle 4.11

Die extreme Härte des Borcarbids B_4C − es zählt wie das kubische Bornitrid (β-BN) und das Siliciumcarbid nach Diamant zu den härtesten Werkstoffen − bleibt bis etwa 1400 °C erhalten, die Wärmeausdehnung ist dabei niedrig. Der Atombindungsanteil ist sehr hoch (etwa 94 %, $\Delta EN = 0{,}5$). Neben einer geringen Massendichte besteht eine hohe chemische und thermische Widerstandsfähigkeit. Es wird von Salpetersäure und Basen nicht angegriffen. Unterhalb 1000 °C reagiert es nur langsam mit Sauerstoff und Chlor, oberhalb in stärkerem Umfang. In einer Alkalihydroxidschmelze entsteht in Gegenwart von Luft Borat und Carbonat.

Beispiele für die Verwendung

Das aus feinem schwarzem Pulver gesinterte Borcarbid findet Anwendung als Schleifmaterial und zur Herstellung von Sandstrahldüsen und Panzerplatten.

Einzelbesprechung einiger Nirtridkeramiken

» *Siliciumnitrid Si_3N_4*

Eigenschaften s. auch → Tabelle 4.11

Es gibt eine hexagonale α-Si_3N_4-Tieftemperaturmodifikation im *Wurtzit*-Typ und eine hexagonale β-Si_3N_4-Hochtemperaturmodifikation, ebenfalls im *Wurtzit*-Typ, jedoch mit einer von Kanälen durchzogenen Struktur und veränderten Gitterabständen. Die Tieftemperaturmodifikation α-Si_3N_4 wandelt sich oberhalb einer Temperatur von etwa

1700 °C irreversibel in die Hochtemperaturmodifikation β-Si$_3$N$_4$ um. Ab etwa 1900 °C tritt Zersetzung ein. Die Eigenschaften hängen vom Sinterverfahren ab (drucklos, heißgepresst, gasdruckgesintert u.a). Es gibt auch eine Hochdruckmodifikation γ-Si$_3$N$_4$ im Spinell-Typ mit einer Dichte von 3,9 g/cm^3 und hoher Härte

Siliciumnitrid (ΔEN = 0,7) zeichnet sich durch eine niedrige Massendichte, große Härte und hohe chemische und thermische Widerstandsfähigkeit bis über 1000 °C aus. Abhängig vom Herstellungsverfahren bleibt beispielsweise die hohe mechanische Festigkeit, der hohe Verschleißwiderstand wie bei Siliciumcarbid (SiC) bis etwa 1300 °C erhalten. Siliciumnitrid ist metallischen Werkstoffen überlegen, wenn es um den Dauerbetrieb bei hohen Temperaturen geht. Bei häufigem Temperaturwechsel ist zu bedenken, dass sich bei hohen Temperaturen in Sauerstoffatmosphäre SiO$_2$ an der Oberfläche bildet, das bei Abkühlung, verursacht durch Modifikationsänderungen, Korrosion entstehen lässt. Korrosionsbeständig ist Siliciumnitrid gegen Säuren (Ausnahme Flusssäure) und Nichteisenmetallschmelzen, nicht gegen alkalische Lösungen. Schmelzen mit Alkalihydroxiden zersetzen Siliciumnitrid zu Ammoniak und Silicat.

Beispiele für die Verwendung

Die Verwendung von Si$_3$N$_4$ erstreckt sich von Konstruktionsbauteilen für bewegte Teile bei Maschinen, Motoren und Turbinen bis zu Brenner- und Schweißdüsen, Kugel- und Gleitlagern, Schneidwerkzeugen, Schleifscheiben und Schmelztiegeln.

» *Kubisches Bornitrid β-BN, Borazon ‚anorganischer Diamant‘*

Borazon bedeutet: Es enthält Bor, az steht für Stickstoff, on steht für die Verwandtschaft zu carbon (Kohlenstoff).

Eigenschaften s. auch → Tabelle 4.11

Kubisches Bornitrid (ΔEN = 0,5), auch als β-BN bezeichnet, entspricht strukturell dem Zinkblende-Typ. Es entsteht aus α-BN (*Wurtzit*-Typ) bei Temperaturen von etwa 1500 bis 2000 °C unter hohem Druck und in Gegenwart eines Katalysators, beispielsweise Li$_3$BN$_2$. Es ist ein Material mit einer Massendichte von 3,45 g/cm^3 und nach Diamant der zweithärteste Werkstoff. Der Anteil an Atombindung ist hoch (75 %). Gegen oxidierenden Einfluss ist Bornitrid beständiger als Diamant, es kann bis etwa 1400 °C in Gegenwart von Luftsauerstoff eingesetzt werden. Es gibt Polytypen, die metastabil sind.

Der Abstand zwischen der B−N-Bindung beträgt 156 pm, der Abstand zwischen C−C im Diamant 154 pm. Die Gitterabmessungen im β-BN sind also praktisch die gleichen wie beim Diamanten.

Beispiele für die Verwendung

Kubisches Bornitrid wird insbesondere zur Herstellung von Schleifmitteln und Schneidwerkzeugen verwendet, die sich zur Bearbeitung von gehärteten Stählen, Werkzeugstählen, Superlegierungen und Chromnickelstählen eignen.

Bornitrid-Fasern werden zur Verstärkung von Polymerwerkstoffen und keramischen Werkstoffen verwendet. Dünne Schichten von kubischem BN lassen sich auf Oberflächen durch Gasphasenabscheidung (CVD-Verfahren) erzeugen.

» *Aluminiumnitrid, AlN*

Obwohl Aluminiumnitrid ($\Delta EN = 1,0$) eine metallische Komponente enthält (Al ist ein Metall der Gruppe 13), wird es aufgrund seiner Struktur im *Wurtzit*-Typ (KZ 4 : 4) und seiner Eigenschaften der Nichtoxidkeramik zugeordnet.

Eigenschaften s. auch → Tabelle 4.11

Gesintertes AlN zeichnet sich neben der geringen Massendichte durch eine hohe *Mohs*-Ritzhärte, eine hohe Wärmeleitfähigkeit, gutes elektrisches Isolationsvermögen und eine geringe Wärmeausdehnung aus. Während es gegen Säuren und Wasser beständig ist, zersetzt es sich mit konzentrierten Basen und reagiert bei hohen Temperaturen oberhalb etwa 1850 °C mit Luftsauerstoff zu Al_2O_3 und Stickoxiden.

Beispiele für die Verwendung

Neben seiner Verwendung als Werkstoff für Schmelztiegel, Gehäuse, Wärmetauscher elektronische Hochleistungsbauteile u.a. werden die Eigenschaften des AlN für die so genannte Nitrierhärtung ausgenützt. Beim Nitri(di)eren der Oberflächen von Bauteilen aus Eisenwerkstoffen, die mit Al legiert sind entstehen in feiner Verteilung die sehr harten AlN-Phasen. Sie verbessern die Oberflächenhärte, die Verschleißfestigkeit und Korrosionsbeständigkeit der Eisenwerkstoffe, während der Kern zäh bleibt.

Hinweis: Aluminiumnitrid ist zu unterscheiden von den Nitriden der Übergangsmetalle beispielsweise von TiN, TaN, ZrN u.a. (s. → Abschn. 4.4.5). Diese Verbindungen zählen zu der metallischen Nichtoxidkeramik und unterscheiden sich vom Aluminiumnitrid in ihrer Struktur und in einigen Eigenschaften.

Zweidimensionale Darstellungen der tetraedrischen Viererkoordination der Nichtmetallcarbide und -nitride

Die Abschätzung der Differenz der Elektronegativität ΔEN (s. → Abschn. 4.2.1) für die Nichtoxidkeramiken zeigt jeweils einen hohen Anteil an Atombindung. Auf jeden Fall ist eine Ionenbindung auszuschließen.

Al–N-Bindung	Si–N-Bindung	Si–C-Bindung	B–N-Bindung	B–C-Bindung

EN   N 2,5
    Al 1,5
	EN N 2,5
	    Si 1,8
		EN C 2,5
		    Si 1,8
			EN N 2,5
			    B 2,0
				EN C 2,5
				    B 2,0

ΔEN 1,0	ΔEN 0,7	ΔEN 0,7	ΔEN 0,5	ΔEN 0,5

Der große Anteil an Atombindung äußert sich auch in den Kristallstrukturen. Diese Verbindungen nehmen hauptsächlich Strukturen an, die für die Viererkoordination bei polarer Atombindung typisch sind, nämlich den Zinkblende-Typ und den *Wurtzit*-Typ. Für Verbindungen mit zwei verschiedenen Atomen (Formelstruktur AB) mit unterschiedlicher Anzahl von Valenzelektronen, deren Summe jedoch acht ist, bringt dies eine Schwierigkeit bei der Darstellung der dreidimensionalen Kristallstruktur in der Papierebene. Man versucht daher der Viererkoordination, der tetraedrischen Ausrichtung der Atombindungen und der Erfüllung der Oktett-Regel bei diesen Verbindungen durch eine Formalität gerecht zu werden.

Was bei der zweidimensionalen zeichnerischen Darstellung des reinen Atomkristalls Diamant und des Siliciumcarbids keine Schwierigkeit bereitet, nämlich die Viererkoordination – sie bedeutet zugleich die Vierbindigkeit – zu veranschaulichen und sie mit der Erfüllung der Oktett-Regel in Einklang zu bringen, erfordert bei den anderen Verbindungen der Carbide und Nitride ein formales Aufteilen der acht Elektronen.

Dies zeigen die folgenden → Abb. 4.39, 4.40 und 4.41.

» *Siliciumcarbid SiC*

Sowohl Silicium als auch Kohlenstoff sind vierbindig und haben daher die Koordinationszahl vier. Sie können sich in den Positionen abwechseln: jedes zweite C-Atom ist durch ein Si-Atom ersetzt. Für jedes Atom ist die Oktett-Regel erfüllt, was auch in der zweidimensionalen Darstellung zum Ausdruck kommt.

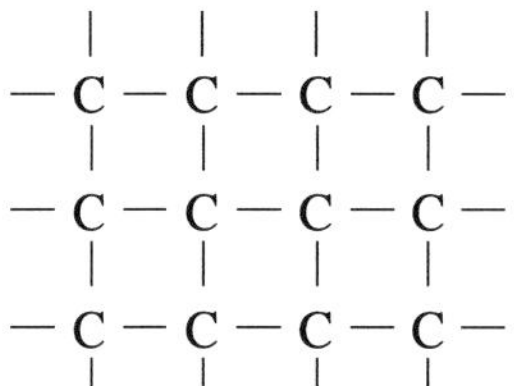

Zweidimensionale Darstellung der
Diamant-Struktur.
Kohlenstoff hat vier Valenzelektronen,
um jedes C-Atom ist die Oktett-Regel
erfüllt.

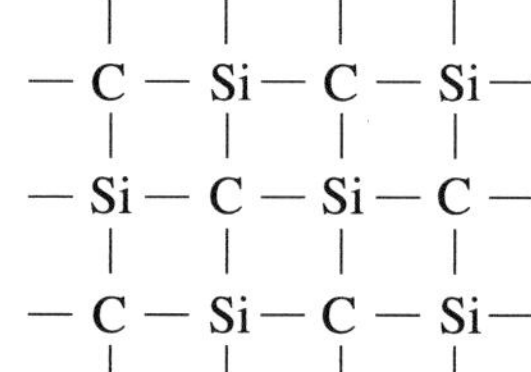

Zweidimensionale Darstellung der
Siliciumcarbid-Struktur
Silicium und Kohlenstoff haben je vier
Valenzelektronen. Für beide Atome ist
die Oktett-Regel erfüllt

Abb. 4.39 Zweidimensionale Darstellung von Diamant und Siliciumcarbid.
         KZ 4 : 4

» *Zinkblende und Wurtzit*

Im → Abschn. 4.2.1 wurde beschrieben, dass ZnS keine Ionenverbindung $Zn^{2+}S^{2-}$ ausbildet. Einen Hinweis gibt die Differenz der Elektronegativität $\Delta EN = 0{,}9$ einer S–Zn-Bindung, was auf einen hohen Anteil an Atombindung hinweist. Zn und S haben insgesamt acht Valenzelektronen, somit kann man Zn und S jeweils vier Elektronen zuweisen und damit auch die KZ vier. Das Koordinationspolyeder für beide Atome ist also das Tetraeder.

Um der Viererkoordination, d.h. der im Kristall tetraedrisch ausgerichteten Elektronen und gleichzeitig der zeichnerischen Darstellung in der Ebene gerecht zu werden, müssen *formal* vom S-Atom zwei Elektronen auf das Zn-Atom übertragen werden. So stehen jetzt jedem Atom vier Elektronen zur Verfügung, womit für beide Atome ‚auf dem Papier‘ eine Vierbindigkeit wie beim Kohlenstoffatom entsteht. Die zweidimensionale Darstellung für ZnS ergibt nun, dass dem Zn zwei Elektronen zu viel angeschrieben sind, man schreibt Zn^{2-}, und S zwei Elektronen zu wenig, man schreibt S^{2+}, wie in → Abb. 4.40 gezeigt ist. Dies sind keine echten Ladungen, sondern werden als *Formalladungen* bezeichnet.

$$
\begin{array}{cccc}
| & | & | & | \\
-\mathrm{Zn}^{2-} & \mathrm{S}^{2+}-\mathrm{Zn}^{2-} & \mathrm{S}^{2+}- \\
| & | & | & | \\
-\mathrm{S}^{2+}-\mathrm{Zn}^{2-} & \mathrm{S}^{2+}-\mathrm{Zn}^{2-} \\
| & | & | & | \\
-\mathrm{Zn}^{2-} & \mathrm{S}^{2+}-\mathrm{Zn}^{2-} & \mathrm{S}^{2+}- \\
| & | & | & |
\end{array}
$$

Abb. 4.40 Zweidimensionale Darstellung der Struktur von Zinkblende und *Wurtzit* KZ 4 : 4 mit Formalladungen.

» *Kubisches Bornitrid β-BN*

Kubisches Bornitrid kristallisiert im Zinkblende-Typ. Mit Bornitrid – ΔEN einer B–N-Bindung beträgt 0,5 – wird in gleicher Weise verfahren, wie für die Zinkblende gezeigt wurde. Bor hat drei Valenzelektronen ($2s^2\,2p^1$), die es – wie man annehmen könnte – zum B^{3+} abgibt und damit die Valenzschale von Stickstoff ($2s^2\,2p^3$) zur Edelgaskonfiguration ($2s^2\,2p^6$) auffüllt, womit N^{3-} entsteht. Doch dies erfolgt nicht. Um den in Wirklichkeit tetraedrisch ausgerichteten Elektronen in der Ebene zeichnerisch gerecht zu werden, muss nach Abzählen der Elektronen formal vom Stickstoff ein Elektron auf das Bor übertragen werden. Die zweidimensionale Darstellung von BN ergibt nun, dass Bor ein Elektron zu viel besitzt, daher ist die Schreibweise B^-, und Stickstoff ein Elektron zu wenig, daher ist die Schreibweise N^+, wie in → Abb. 4.41 abgebildet. Damit erhalten beide Atome formal eine Vierbindigkeit.

$$
\begin{array}{cccc}
| & | & | & | \\
-\mathrm{N}^+- & \mathrm{B}^-- & \mathrm{N}^+- & \mathrm{B}^-- \\
| & | & | & | \\
-\mathrm{B}^-- & \mathrm{N}^+- & \mathrm{B}^-- & \mathrm{N}^+- \\
| & | & | & | \\
-\mathrm{N}^+- & \mathrm{B}^-- & \mathrm{N}^+- & \mathrm{B}^-- \\
| & | & | & |
\end{array}
$$

Abb. 4.41 Zweidimensionale Darstellung der kubischen Bornitrid-Struktur KZ 4 : 4 mit Formalladungen.

» *Aluminiumnitrid AlN*

Die zweidimensionale Darstellung von AlN (*Wurtzit*-Typ) wird ebenfalls mit Formalladungen angegeben. Die Summe der Valenzelektronen beider Atome ist acht. In → Abb. 4.41 wird das B^- durch Al^- ersetzt.

» *Siliciumnitrid Si₃N₄ und Borcarbid B₄C*

Ihre Strukturen sind schwieriger darzustellen. Beispielsweise nimmt α- und β-Siliciumnitrid die hexagonale Struktur des *Wurtzit*-Typs an, die Positionen der Atome in der Struktur sind komplizierter angeordnet.

Borcarbid kristallisiert rhomboedrisch.

Hexagonales α-Bornitrid α-BN ‚weißer Graphit – anorganischer Graphit'

α-BN hat eine Sechsringschichtstruktur, die der des Graphits sehr ähnlich ist, die Stapelung der ebenen Schichten ist allerdings anders. Die Übereinanderlagerung der BN-Schichten erfolgt im Unterschied zu Graphit so, dass alle Sechsecke der Schichten deckungsgleich übereinander liegen, nicht versetzt wie im Graphit, wobei ober- und unterhalb jedes B-Atoms je ein N-Atom und ober- und unterhalb jedes N-Atoms je ein B-Atom der beiden Nachbarschichten angeordnet ist. Jedes N-Atom ist in Form eines gleichseitigen Dreiecks mit Winkeln von 120° von drei B-Atomen umgeben und jedes B-Atom in gleicher Weise von drei N-Atomen.

Dies entspricht der räumlichen Anordnung bei der sp^2 Hybridisierung beim Graphit. So ist auch die Bindung in BN ähnlich der im Graphit, doch es gibt einen wesentlichen Unterschied. Wie die Hybridisierungsmodelle zeigen, sind bei BN keine delokalisierten π-Elektronen vorhanden. Das p_z-Orbital im Hybridisierungsmodell bei Bor ist leer, das von Stickstoff ist mit zwei Elektronen voll besetzt. Dies hat zur Folge, dass BN im Unterschied zu Graphit elektrisch nicht leitend und außerdem weiß ist, es fehlen frei bewegliche Elektronen, mit denen das sichtbare Licht in Wechselwirkung treten könnte. Wegen der Ungleichartigkeit der Bindungspartner ist das nichtbindende Elektronenpaar $(2p_z)$ bevorzugt am elektronegativeren Stickstoff lokalisiert. Insgesamt wird die Oktett-Regel zwischen B und N jedoch erfüllt.

Die Gitterabmessungen im α-BN und Graphit sind einander ähnlich:

α-BN: B−N-Abstand 144 pm, Schichtenabstand 333 pm
Graphit: C−C-Abstand 142 pm, Schichtenabstand 335 pm

Die elektrische Leitfähigkeit von α-BN beginnt erst bei hohen Temperaturen. Aufgrund dieses Unterschieds zu Graphit findet α-BN Verwendungsmöglichkeiten, bei denen es auf elektrisch isolierende Eigenschaften ankommt. Es behält in Luft im Gegensatz zu den Festschmierstoffen Graphit und Molybdändisulfid seine Eigenschaften bis etwa 1000 °C bei. Unter Sauerstoffausschluss reicht der Anwendungsbereich bis etwa 2000 °C und darüber. Weitere Eigenschaften sind eine niedrige Massendichte von 2,27 g/cm³, sehr gute Wärmeleitfähigkeit, ein niedriger linearer thermischer Ausdehnungskoeffizient von $\alpha_{25\,\text{bis}\,1000\,°C} = 3,8 \cdot 10^{-6}\ K^{-1}$ und gute Korrosionsbeständigkeit. Von Wasserdampf wird es erst bei Rotglut zersetzt:

$$\text{BN} + 3\,\text{H}_2\text{O} \;\rightarrow\; \text{B(OH)}_3 + \text{NH}_3$$

Mit Fluor F_2 und Fluorwasserstoff HF reagiert es schon bei niedrigeren Temperaturen, mit Alkalihydroxiden nur in der Schmelze. Zwischen den Fingern fühlt sich α-BN talkähnlich an.

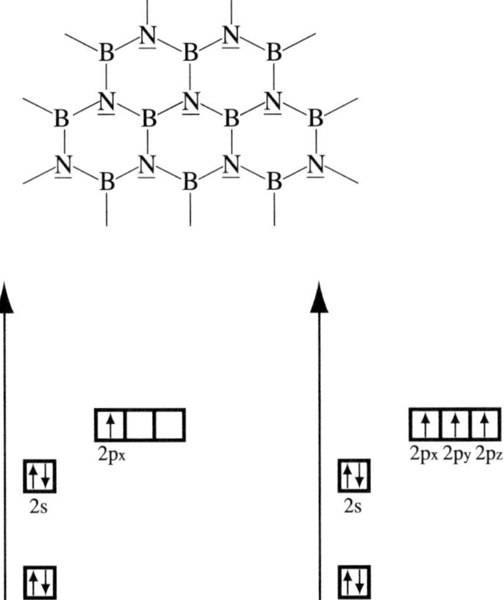

a

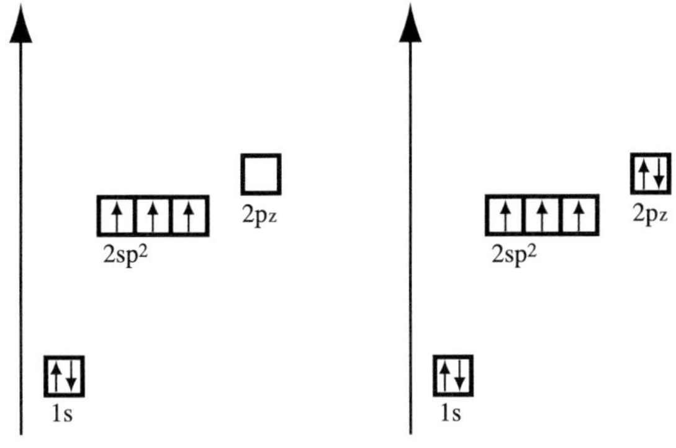

b Orbitalmodell des Boratoms   Orbitalmodell des Stickstoffatoms

c Hybridisierungsmodell des   Hybridisierungsmodell des
  Boratoms   Stickstoffatoms

Abb. 4.42 a Zweidimensionale Darstellung der Sechsringschichtstruktur des
α-Bornitrid α-BN ‚weißer Graphit – anorganischer Graphit'
b Orbitalmodell und **c** Hybridisierungsmodell des Bor- und Stickstoffatoms in
Kästchenschreibweise
Unterschied zu Graphit: die Schichtenfolge ist bei α-BN nicht versetzt.

4.2.7 Moleküle und die zwischenmolekularen Bindungskräfte

Moleküle sind über Atombindungen aufgebaute Verbindungen.

In den vorangehenden Abschnitten wurden der Diamant sowie die Nichtmetallcarbide und -nitride als harte, hochschmelzende kristalline Festkörper beschrieben. Sie bestehen aus Nichtmetallatomen und bilden über tetraedrisch ausgerichtete Atombindungen den dreidimensional-periodischen Aufbau einer Kristallstruktur. Ihre Formeln, beispielsweise C, SiC, BN, AlN (s. → Abschn. 4.2.6) geben nur die kleinste Einheit, die Formeleinheit, eines Kristalls an mit dem entsprechenden Mengenverhältnis der Elemente. Diese Kristalle könnte man im weitesten Sinn auch als *Riesenmoleküle* bezeichnen.

Es gibt jedoch Nichtmetallatome, die ein- bzw. zwei-, drei-, vier- oder auch höherbindig sind und ihre Bindigkeit nur in einem in sich abgeschlossenen Molekül absättigen. Moleküle zeigen also bemerkenswerte Unterschiede in ihrer Größe: H_2, O_2, N_2, Cl_2 sowie Methan CH_4 u.a. sind kleine Moleküle und im Normzustand gasförmig. Größere Moleküle, wie beispielsweise reine Schwefelsäure H_2SO_4 oder auch solche aus der Organischen Chemie (Alkane ab C_5H_{12}) sind unter diesen Bedingungen flüssig. Mit zunehmender Molmasse bis zu Makromolekülen können organische Moleküle fest oder sogar hart sein (s. → Buch 2, Tabelle 1.1 und Abschn. 5.3.2). Zwischen den Molekülen wirken die zwischenmolekularen Bindungskräfte.

Beschreibung der zwischenmolekularen Bindungskräfte
Die van der Waals-Kräfte

(Johannes Diderik van der Waals 1837–1923, holländischer Physiker, Amsterdam, Nobelpreis 1910).

Andere Bezeichnungsarten sind *van der Waals*-Anziehung oder *van der Waals*-Bindung.

Anmerkung als Ausblick auf → Buch 2, Teil 2: Bei den Polymeren werden anstelle von *van der Waals*-Kräfte die Begriffe Nebenvalenzbindung, Nebenvalenzkräfte oder nur Nebenvalenz verwendet sowie sekundäre oder *inter*molekulare Bindung. Dadurch wird der Gegensatz zur Hauptvalenzbindung (Hauptvalenzkräfte, Hauptvalenz, Atombindung), die auch primäre oder *intra*molekulare Bindung genannt wird, stärker betont. Diese Bezeichnungsarten bringen ihren unterschiedlichen Einfluss auf die Eigenschaften der Polymerwerkstoffe besser zum Ausdruck.

Die zwischenmolekularen Bindungskräfte – die *van der Waals*-Kräfte – wirken anziehend zwischen Molekülen und Edelgasatomen. Sie beruhen auf Coulomb-Wechselwirkungen wie sie zwischen Dipolen zustande kommen. Die Dipole entstehen dabei durch zeitliche und räumliche Abweichungen von der symmetrischen Ladungsverteilung in den Molekülen bzw. Edelgasatomen. Sie nehmen mit der Polarisierbarkeit, d.h. mit der Stärke des Dipols zu und mit dem Abstand r proportional $1/r^6$ bzw. $1/r^4$ ab. Sie wirken also nur bei kleinen Abständen, d.h. sie haben geringe Reichweiten. Zuführung von Wärmeenergie wirkt diesen Bindungskräften entgegen.

» *Dispersions-Kräfte*

Dispersions-Kräfte sind die einzigen Kräfte, die zwischen Edelgasatomen und

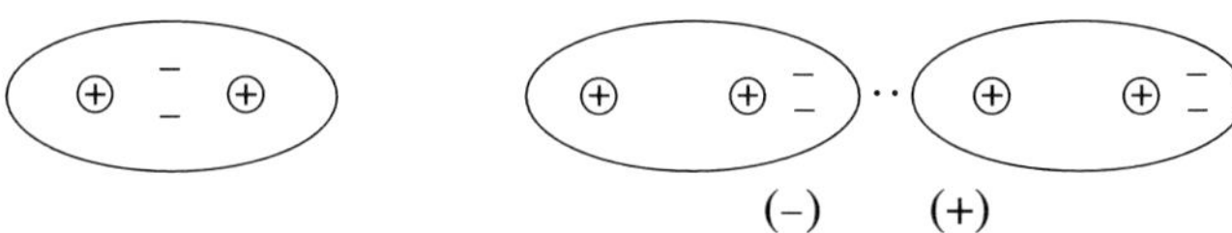

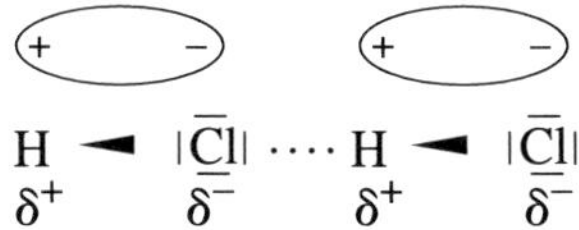

symmetrische Elektronenverteilung   zwischen zwei H_2-Molekülen verursachen momentan
im H_2-Molekül   unsymmetrische Elektronenverteilungen, einen Dipol $(-)(+)$

Abb. 4.43 Dispersions-Kräfte
Die schwachen und nur in geringer Reichweite wirkenden Anziehungskräfte sind mit zwei Punkten
dargestellt. $(+)$ positive Ladung des Atomkerns, $(-)$ negative Ladung des Elektrons.

zwischen *unpolaren Molekülen* wirken. Die Elektronen bewegen sich in den Elektronenhüllen mit hohen Geschwindigkeiten. Durch räumliche Schwankungen in der Elektronendichteverteilung entstehen momentane, zeitlich schnell variierende Dipole (s. → Abb. 4.43). Diese induzieren im benachbarten Molekül bzw. Edelgasatom im Takt der eigenen Bewegungsfrequenz ebenfalls Dipole, so dass kurzzeitig eine elektrostatische Anziehung bzw. Abstoßung entstehen kann.

Dispersions-Kräfte sind die schwächsten Bindungskräfte, es sind *ungerichtete*, elektrostatische Kräfte, entsprechend gering ist ihre Bindungsenergie. Nimmt die Anzahl der beweglichen Elektronen in den Atomen zu, so verstärkt sich auch die Dipol-Wechselwirkung, denn mit der Zunahme der Elektronenzahl ist eine Zunahme der Größe der Schalen sowie eine leichtere Verschiebbarkeit der Elektronen verbunden. Daher ist es leicht einzusehen, dass mit der wachsenden Anzahl von Atomen in einem Molekül, d.h. mit der Molmasse die Dispersions-Kräfte sich verstärken.

» *Dipol-Dipol-Kräfte*

Auch Dipol-Orientierungskräfte oder Richtkräfte genannt.

In einem Molekül mit verschiedenartigen Nichtmetallatomen kommt es aufgrund unterschiedlicher Elektronegativität (s. → Abschn. 4.2.1) zu partiellen Ladungsverschiebungen, zu δ^-- bzw. δ^+-Partialladungen (s. → Abb. 4.19). Das elektronegativere Atom zieht das gemeinsame Elektronenpaar mehr oder weniger stark auf seine Seite: es entsteht ein *polares Molekül* mit einem *permanenten elektrischen Dipol*. Zwischen den Dipolmolekülen wirken Dipol-Dipol-Kräfte. Die Anziehungskräfte zwischen polaren Molekülen sind im Vergleich zu den Dispersions-Anziehungskräften stärker, es sind von Molekül zu Molekül *gerichtete* Anziehungskräfte (s. → Abb. 4.44).

$$\underset{\delta^+}{H} \blacktriangleleft \underset{\delta^-}{|\overline{Cl}|} \cdots\cdots \underset{\delta^+}{H} \blacktriangleleft \underset{\delta^-}{|\overline{Cl}|}$$

Abb. 4.44 Dipol-Dipol-Kräfte zwischen Chlorwasserstoff-Molekülen HCl
Die stärkeren und weiter reichenden Anziehungskräfte sind mit vier Punkten dargestellt.

» *Wasserstoffbrückenbindung – auch Wasserstoffbindung genannt*

Eine besondere Form der Dipol-Dipol-Kräfte ist die Wasserstoffbrückenbindung.

Sie beschränkt sich auf die Wasserstoffverbindungen der besonders elektronegativen Elemente Stickstoff N, Sauerstoff O und Fluor F. Zwischen einem Wasserstoffatom mit δ^+-Partialladung beispielsweise im polaren Molekül H_2O (bzw. NH_3, HF) ($\rightarrow$ Abb. 4.19) und dem freien, nichtbindenden Elektronenpaar eines benachbarten Sauerstoffatoms (bzw. Stickstoffatoms, Fluoratoms) mit δ^--Partialladung bildet sich eine gerichtete Dipol-Dipol-Bindung aus. Über den Schwerpunkt der kleinen positiven Ladung des $H^{\delta+}$, dem die Elektronenhülle fast ganz entzogen ist und das so nicht existenzfähig ist, bildet sich eine Bindung, eine ‚Brücke' zum elektronegativen Schwerpunkt des Nachbarmoleküls.

Aus der $\rightarrow$ Abb. 4.45 ist ersichtlich, dass Sauerstoff mit zwei Wasserstoffatomen Atombindungen ausbildet. Die beiden freien, nichtbindenden Elektronenpaare des Sauerstoffs ermöglichen die Wasserstoffbrückenbindungen zu den Nachbarmolekülen über die positiven Partialladungen $H^{\delta+}$. Zur Beschreibung der sp^3-Hybridisierung des Sauerstoffatoms und des tetraedrischen Aufbaus des Wassermoleküls s. $\rightarrow$ Abb. 4.48.

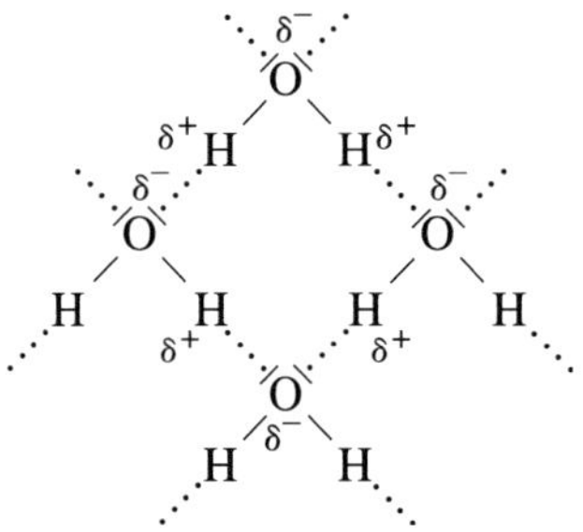

Abb. 4.45 Wasserstoffbrückenbindung zwischen Wassermolekülen. Der tetraedrische Aufbau ist in die Ebene projiziert.

Die Wasserstoffverbindungen der Nichtmetallatome der dritten Periode – es sind dies der Phosphorwasserstoff PH_3, Schwefelwasserstoff H_2S und Chlorwasserstoff HCl – sind nur zu sehr schwachen Wasserstoffbrückenbindungen fähig. Diese Atome sind größer, ihre Elektronenwolken diffuser und die negativen Partialladungen weniger lokalisiert.

» *Induktions-Kräfte*

Ein polares Molekül mit einem permanenten Dipol kann in einem zweiten, ursprünglich unpolaren Molekül einen Dipol induzieren oder auch einen im Molekül bereits vorhandenen Dipol verstärken. Dadurch können unpolare Moleküle in eine Dipol-Dipol-Bindung einbezogen werden. Dies geschieht durch schwache, gerichtete Kräfte mit geringer Reichweite.

Zwischenmolekulare Bindungskräfte und der Aggregatzustand

Der Aggregatzustand der Moleküle hängt von der Stärke der zwischenmolekularen, anziehenden Bindungskräfte ab, deren Wirkung in Konkurrenz zur Wärmebewegung der Moleküle steht.

» *Beispiele für die Wirkungsweise der Dispersions-Kräfte*

Einfluss auf den Aggregatzustand

Bei kleinen Molekülen mit unpolarer Atombindung, wie H_2, N_2, O_2, Cl_2, CO_2 u.a. mit wenigen Elektronen in der Hülle kommen die Dispersions-Kräfte im Normzustand kaum zur Wirkung. Diese Gase befinden sich im *idealen Gaszustand*. Ein ideales Gas liegt vor, wenn das Eigenvolumen der Moleküle – bei Edelgasen sind es Atome – gegenüber dem Gesamtvolumen des Gases vernachlässigbar ist. Die Wärmebewegung und der gegenseitige Abstand der Moleküle bzw. der Edelgasatome sind so groß, dass die zwischenmolekularen Bindungskräfte nicht zur Wirkung kommen. Im Allgemeinen sind die Bedingungen für ein ideales Gas erfüllt, wenn der Druck niedrig und die Temperatur hoch ist.

Wird mit abnehmender Temperatur die Wärmebewegung der Teilchen langsamer und verringern sich die Abstände so weit, dass sich die Teilchen eher treffen, dann sind die Dispersions-Kräfte nicht mehr zu vernachlässigen. Das Gas verhält sich jetzt abweichend vom idealen Gaszustand als *reales Gas*. Höherer Druck verstärkt den Effekt, der Abstand zwischen den Molekülen nimmt dadurch noch weiter ab. Bei sinkender Temperatur und auch höherem Druck geht das reale Gas schließlich in den *flüssigen* Aggregatzustand über bis die Beweglichkeit der Teilchen so weit eingeschränkt ist, dass sie sich zu einem *festen* Stoff, zu einem Kristall ordnen. Ideale Gase lassen sich erst bei tiefen Temperaturen verflüssigen bzw. in den festen Aggregatzustand überführen.

Übergänge von einem Aggregatzustand in den anderen hängen also nicht nur von den zwischenmolekularen Bindungskräften ab, sondern ebenso von Temperatur und Druck.

Einfluss auf den Siedepunkt

Beispielsweise erfordern das kleine He-Atom und das kleine H_2-Molekül extrem tiefe Temperaturen, bis sie zu einer Flüssigkeit kondensieren. Die Dispersions-Kräfte zwischen He-Atomen mit je *zwei* Elektronen und *einem* Atomkern sind am geringsten. Helium hat demnach den tiefsten Siedepunkt. Das Wasserstoffmolekül dagegen hat *zwei* Elektronen und *zwei* Atomkerne. Schwankungen in der Elektronendichteverteilung sind eher möglich. Der Siedepunkt liegt geringfügig höher als bei Helium.

In der nachfolgenden Tabelle sind Beispiele angegeben für den Anstieg des Siedepunkts mit zunehmender Anzahl der Elektronen in der Hülle von He, H_2, Ar (Argon mit 18 Elektronen) und auch mit Zunahme der Molmasse von Verbindungen wie der Kohlenwasserstoffe.

	He	H_2	Ar	CH_4	$C_{40}H_{82}$
Siedepunkt [°C]	-269	-253	-189	-161	Zersetzung
Schmelzpunkt [°C]					$+81$

Kohlenwasserstoffe (s. → Buch 2, Abschn. 1.2.1) ab 5 Kohlenstoffatomen (C_5H_{12}) sind bei 20 °C flüssig, etwa ab $C_{40}H_{52}$ sind sie wachsartig und werden mit Zunahme der Kettenlänge fest (Bitumen). Makromoleküle, wie sie bei Polymeren mit 10^3 bis 10^6

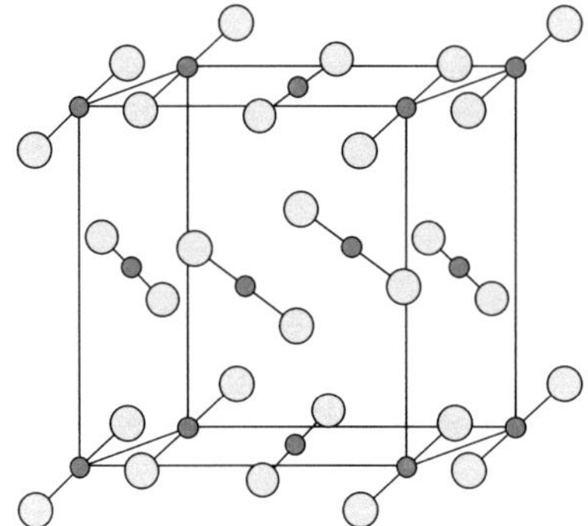

Abb. 4.46 Molekülkristall CO_2

und mehr Atomen vorliegen, befinden sich schon bei Raumtemperatur im festen Aggregatzustand und können relativ harte Stoffe bilden.

Der Molekülkristall Kohlendioxid CO_2

Während innerhalb des CO_2-Moleküls die starke, gerichtete Atombindung zwischen den Atomen ausgebildet ist, wirken zwischen den CO_2-Molekülen die schwachen Dispersions-Kräfte. CO_2 geht erst bei Abkühlung auf $-78\,°C$ in den festen Aggregatzustand über. Da alle CO_2-Moleküle als gleich groß betrachtet werden können, sind sie im Kristall ‚dicht gepackt' (s. → Abb. 4.46 kubisch-dichteste Kugelpackung). Die Positionen der Kristallstruktur sind jeweils mit dem Schwerpunkte des CO_2-Moleküls, also mit dem C-Atom besetzt.

Festes Kohlendioxid wird als Trockeneis verwendet. Entsprechend der geringen Gitterenergie von etwa 20 kJ/mol geht festes CO_2 beim Erwärmen vom festen Aggregatzustand direkt in den gasförmigen Zustand über, das heißt es *sublimiert.*

» *Beispiel für die Wirkungsweise der Dipol-Dipol-Kräfte*

Dipol-Dipol-Kräfte sind stärker als Dispersions-Kräfte, was zur Folge hat, dass mehr thermische Energie aufgewendet werden muss, um der Dipol-Dipol-Bindung entgegen zu wirken. Entsprechend höher liegt der Siedepunkt bei polaren Molekülen, z.B. bei Chlorwasserstoff HCl.

Vergleich des Siedepunkts von Wasserstoff und Chlorwasserstoff:

	H_2	HCl
Siedepunkt [°C]	-253 H——H	-84 H ◄ Cl
		$\overset{\frown}{\delta+ \quad \delta-}$
	unpolar	permanenter Dipol

» *Beispiele für die Wirkungsweise der Wasserstoffbrückenbindungen*

Vergleich der Siedepunkte der Wasserstoffverbindungen von C, N, O und F.

Vergleicht man den Siedepunkt des Wassers mit den Siedepunkten der Wasserstoffverbindungen der anderen Nichtmetallatome der zweiten Periode, so stellt man bemerkenswerte Unterschiede fest.

	CH_4	NH_3	H_2O	HF
Siedepunkt °C	−161	−33	+100	+20
ΔEN	H–C	H–N	H–O	H–F
	0,3	0,9	1,3	1,9

Erwartungsgemäß zeigt Methan CH_4 den tiefsten Siedepunkt. Er liegt bei −161 °C. Methan ist unpolar und es wirken nur Dispersions-Kräfte zwischen den relativ kleinen Molekülen. Die nächsten drei Verbindungen Ammoniak NH_3, Wasser H_2O und Fluorwasserstoff HF können Wasserstoffbrücken ausbilden (s. → Abb. 4.45 für das Wassermolekül H_2O). Es wird also mehr Wärmeenergie benötigt, um die Moleküle in den gasförmigen Zustand überzuführen. Die Siedepunkte der in der → obigen Tabelle angegebenen Verbindungen steigen an. Doch der Siedepunkt des Wassers H_2O von 100° C erscheint in der kontinuierlichen Reihe zum Fluorwasserstoff HF unnormal hoch.

Betrachtet man den ΔEN-Wert (s. → Tabelle 4.8) einer H−N-Bindung von 0,9 im Ammoniakmolekül, so ist er geringer als der einer H−O-Bindung von 1,3 im Wassermolekül. Die Polarität und damit die Stärke der Wasserstoffbindung im Ammoniakmolekül ist schwächer ausgeprägt als die im Wassermolekül und somit liegt sein Siedepunkt niedriger. Die H−F-Bindung im Fluorwasserstoff hat zwar den höchsten ΔEN-Wert von 1,9 und doch ist der Siedepunkt niedriger als der des Wassers. Ein Unterschied besteht darin, dass Fluorwasserstoff jeweils nur zwei Wasserstoffbrücken (eine über Atombindung, eine über Wasserstoffbrückenbindung) ausbilden kann, während Wasser bis zu vier Wasserstoffbrücken (zwei über Atombindungen, zwei über Wasserstoffbrückenbindungen) ausbildet und dadurch die Möglichkeit zu einem räumlichen Aufbau hat. Das Wassermolekül betätigt also Wasserstoffbrücken über die beiden $H^{\delta+}$-Atome und über die beiden nicht bindenden Elektronenpaare am Sauerstoffatom (s. → Abb. 4.45). Um diese Struktur aufzulösen und schließlich in den gasförmigen Zustand überzugehen, wird mehr Energie benötigt als bei den anderen Verbindungen

Vergleich der Siedepunkte der Wasserstoffverbindungen von O, S, Se und Te.

Besonders deutlich unterscheidet sich der Siedepunkt des Wassers von 100 °C von den Siedepunkten der Wasserstoffverbindungen, die wie Sauerstoff in der VI. Hauptgruppe (Gruppe 16) stehen: von Schwefelwasserstoff, Selen- und Tellurwasserstoff. Sie liegen alle unterhalb von 0 °C. Diese Verbindungen sind praktisch unpolare und bei Raumtemperatur gasförmig. (H_2Se und H_2Te sind unbeständige Verbindungen). Die in der Periode nach unten größer werdenden Radien der Elemente und die geringe, fast fehlende Polarität lassen eine Wasserstoffbrückenbindung nicht mehr zu. Dass die Siedepunkte von H_2S bis H_2Te leicht ansteigen, beruht auf der Zunahme der Elektronenzahl, deren momentane Dipolmomente und damit auch die Dispersions-Kräfte stärker werden.

	H_2O	H_2S	H_2Se	H_2Te
Siedepunkt °C	+100	−61	−41	−2
ΔEN	H–O	H–S	H–Se	H–Te
	1,3	0,2	0,3	0,0

Analog zum Siedepunkt liegt für Wasser auch der Schmelzpunkt (0,0 °C) anomal hoch, ebenso der Energiebedarf für das Verdampfen (40,65 kJ/mol bei 100 °C) und für das Schmelzen (6,01 kJ/mol bei 0 °C) sowie die spez. Wärmekapazität (bei konstantem Druck 4,185 J/g · K). Die Angaben gelten bei Atmosphärendruck 1,013 bar (101,3 kPa)

Der Molekülkristall Eis H_2O

Der Siedepunkt und andere thermische Daten für Wasser liegen, wie vorangehend ausgeführt, ungewöhnlich hoch. Gründe hierfür sind die relativ hohe ΔEN der polaren H–O-Atombindung und die Möglichkeit des Sauerstoffatoms zur Ausbildung von zwei Wasserstoffbrückenbindungen zusätzlich zu den beiden Atombindungen, wie in der → Abb. 4.45 gezeigt ist.

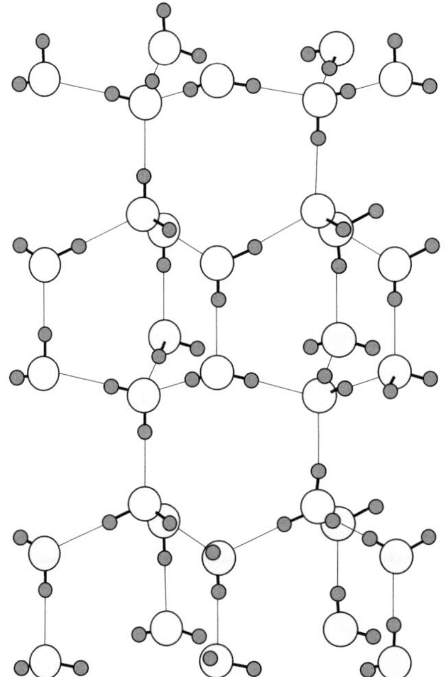

Abb. 4.47 Ausschnitt aus dem Molekülkristall Eis (H_2O)
Die langen, dünnen Verbindungsstriche im Eis-Kristall stellen die Wasserstoffbrückenbindungen dar.

Im Eiskristall ist das Sauerstoffatom das zentrale Atom. Wie schon für Kohlenstoff im → Abschn. 4.2.1 beschrieben, genügt das Orbitalmodell nicht, die Ausbildung eines räumlichen Aufbaus mit vier Bindungen zu erklären, dazu wird das *Hybridisierungsmodell* herangezogen: Das Sauerstoffatom mit der Ordnungszahl 8 hat insgesamt acht Elektronen. Diese werden auf die Orbitale mit zunehmender Energie verteilt. Das 1s-Orbital wird mit zwei Elektronen aufgefüllt, in der Außenschale sind im 2s- und 2p-Orbital noch sechs Elektronen unterzubringen s. → Abb. 4.48a. Bindungsfähig sind nur die beiden ungepaarten Elektronen in den $2p_y$- und $2p_z$-Orbitalen. Würden diese nach dem Orbitalmodell mit der Elektronenwolke des Elektrons im 1s-Orbital vom Wasserstoffatom überlappen, so wären rechte Winkel zwischen den beiden Wasserstoffatomen zu erwarten, wie ebenfalls in → Abb. 4.48a dargestellt ist. In Wirklichkeit sind die Winkel im Wassermolekül dem Tetraederwinkel von 109° näher.

Das Hybridisierungsmodell für das Sauerstoffatom ergibt nun folgendes (s. → Abb. 4.48b): Das 2s-Orbital wird auf das Energieniveau der 2p-Orbitale angehoben und mit den drei 2p-Orbitalen gemischt, so dass vier sp^3-Hybridorbitale entstehen. Auch freie, nichtbindende Elektronenpaare können in die Hybridisierung mit einbezogen werden. Hybridorbitale werden keulenförmig dargestellt und in die Ecken eines regulären Tetraeders orientiert (s. → Abb. 4.48b). Zum Kohlenstoffatom besteht jedoch ein Unterschied insofern, dass nur zwei der vier Hybridorbitale des Sauerstoffatoms mit einem ungepaarten, bindungsfähigen Elektron besetzt sind, die beiden anderen Hybridorbitale werden von den freien, nichtbindenden Elektronenpaaren eingenommen. Ihre etwas größeren Elektronenwolken verengen den regulären Tetraederwinkel von 109,47° auf 105,4°.

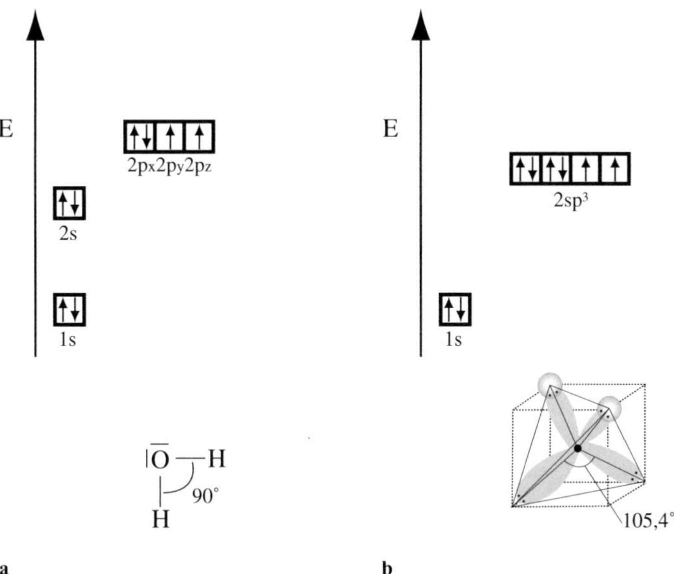

Abb. 4.48 a Das Wassermolekül nach dem Orbitalmodell für das Sauerstoffatom
b Das Wassermolekül nach dem Hybridisierungsmodell für das Sauerstoffatom

Im Wassermolekül können also zwei der vier Hybridorbitale des Sauerstoffatoms Atombindungen mit je einem 1s-Orbital eines Wasserstoffatoms (s. → Abb. 4.48b) bilden, die freien, nichtbindenden Elektronenpaaren ermöglichen die Ausbildung von zwei Wasserstoffbrückenbindungen zwischen den Wassermolekülen → Abb. 4.45.

Beim Übergang des Wassers in den festen Aggregatzustand – wenn sich Eis bildet – kann infolge des tetraedrisch-räumlichen Aufbaus der Wassermoleküls ein dreidimensionales Aneinanderreihen erfolgen (s. → Abb. 4.47). Es resultiert ein relativ geräumiges, großvolumiges, sechseckiges Röhrensystem. Die Wasserstoffbrückenbindung ist etwas länger als die Atombindung H–O.

Beim Schmelzen zerbricht die großvolumige Molekülstruktur, wobei die Wasserstoffbrücken nicht alle schlagartig aufbrechen, sondern schrittweise. Es spalten sich zunächst verschieden große Bruchstücke ab, so genannte Assoziate, die über Wasserstoffbrücken auch im flüssigen Zustand noch zusammenhalten. Mit zunehmender Temperatur werden die Assoziate kleiner und die großvolumige Struktur bricht zusammen. Das Wasser erreicht erst bei 4 °C seine größte Dichte. Man nennt dies die *Anomalie des Wassers*. Bei weiterer Erwärmung nimmt die Molekülbeweglichkeit zu, die Assoziate trennen sich, die Dichte nimmt ab bis im Dampfzustand die Wassermoleküle monomer vorliegen.

Die Anomalie des Wassers ist in der Natur von lebenswichtiger Bedeutung. Eis mit seiner geringeren Dichte schwimmt auf dem Wasser. Seen und Flüsse frieren von oben zu und unten bleibt der Lebensraum für Fische und Pflanzen erhalten.

Wasserstoffbrückenbindungen im Wassermolekül lassen sich durch Druck öffnen, dabei tritt eine Volumenverdichtung ein. Eine praktische Folge ist, dass beispielsweise Schnee unter dem Reifendruck der Autos schmilzt. Den gleichen Effekt erzielt der Druck des Schlittschuhfahrers: durch die Verflüssigung des Eises wird das Gleiten möglich. Auf die Druckempfindlichkeit der Wasserstoffbrücken lässt sich auch eine gewisse Plastizität von Schnee zurückführen (Schneeball, Schneeräumen u.a.): Druck öffnet zunächst die Wasserstoffbrücken und diese schließen sich dann wieder in der veränderten Form.

Die Volumenvergrößerung beim Übergang von Wasser zu Eis äußert sich bei der Verwitterung von Gesteinen, auch beim Sprengen von eingefrorenen Wasserleitungen.

Ohne Wasser mit seinem besonderen Aufbau über Wasserstoffbrückenbindungen und den daraus resultierenden Eigenschaften wäre kein Leben auf der Erde möglich.

Anmerkung: Wasserstoffbrückenbindungen beeinflussen lebensnotwendige Eigenschaften im Aufbau von räumlichen Strukturen im Tier- und Pflanzenreich. Wasserstoffbrückenbindungen in der Technik s. Polyamide → Buch 2, Abschn. 5.3.2.

Zwischenmolekulare Bindungskräfte und ihre technische Ausnutzung

» *Trennungsvorgänge aufgrund der Übergänge zwischen zwei Aggregatzuständen*

Der individuelle Aufbau der Moleküle aus unterschiedlichen Nichtmetallatomen unpolaren oder polaren Charakters und unterschiedlichen Molmassen bestimmt ihre individuellen thermischen Daten. Schmelz- und Siedepunkte lassen sich daher für Trennungsvorgänge ausnützen.

Beispiel:
Die Gewinnung der Gase Stickstoff, Sauerstoff und Argon aus Luft.

Die Luft besteht aus einem Gemisch aus Volumenanteilen von etwa 78 % Stickstoff N_2, 21 % Sauerstoff O_2 und 1 % Argon Ar. Um das Luftgemisch destillativ, d.h. über den Flüssig-/Gaszustand auftrennen zu können, wird es zunächst verflüssigt. Dies erreicht man nach dem *Linde-Luftverflüssigungs-Verfahren*. Die Gase N_2, O_2 und Ar werden auf den tiefsten der Siedepunkte des Gemischs, auf unter −196 °C, dem Siedepunkt des Stickstoffs in Stufen abgekühlt*. Bei den dazu erforderlichen tiefen Temperaturen und hohen Drücken liegt das Luftgemisch dann flüssig vor. Dazu wird im Gegenstrom-Wärmeaustauscher, beginnend bei 200 bar Druck die Luft schrittweise durch Komprimieren und wieder Entspannen abgekühlt bis schließlich Verflüssigung eintritt. Beim Entspannen auf einen geringeren Druck und bei dem dabei entstehenden größeren Volumen entfernen sich die Moleküle voneinander und müssen Arbeit gegen die *van der Waals*-Kräfte zwischen den Molekülen leisten. Diesen Arbeitsaufwand entnimmt die komprimierte Luft dem eigenen Wärmeeinhalt und kühlt dadurch ab (*Joule-Thomson*-Effekt).

Die Auftrennung des flüssigen Gemisches in die einzelnen Komponenten erfolgt anschließend durch fraktionierte Destillation über den Flüssig-/Gaszustand.

* Siedepunkt von Argon −189 °C und Sauerstoff −183 °C

» *Schichtstrukturen mit Schmier- und Gleitwirkung*

In den Schichtstrukturen von

- Graphit s. → Abschn.4.2.4
- hexagonalem α-Bornitrid s. → Abschn. 4.2.6
- Schichtsilikat Talk $Mg_3(OH)_2[Si_2O_5]_2$ s. → Abschn. 4.2.8 unter Silicate
- Molybdändisulfid s. → nachfolgend

ist die starke Atombindung nur innerhalb einer Schicht, also zweidimensional ausgebildet. Zwischen den Schichten wirken die schwachen *van der Waals*-Kräfte. Darauf lässt sich die Spaltbarkeit, Schmierwirkung und die Verwendung als Gleitmittel zurückführen.

Molybdändisulfid MoS_2

In der Natur kommt Molybdändisulfid als Molybdänglanz vor.
Molybdändisulfid hat einen hohen Anteil an Atombindung. Es bildet eine zweidimensionale Sechsringschichtstruktur, die so angeordnet ist, dass jedes Mo-Atom von sechs S-Atomen und jedes S-Atom von drei Mo-Atomen zum nächsten Nachbarn hat. Als kleinste Formeleinheit der Schicht ergibt sich MoS_2.

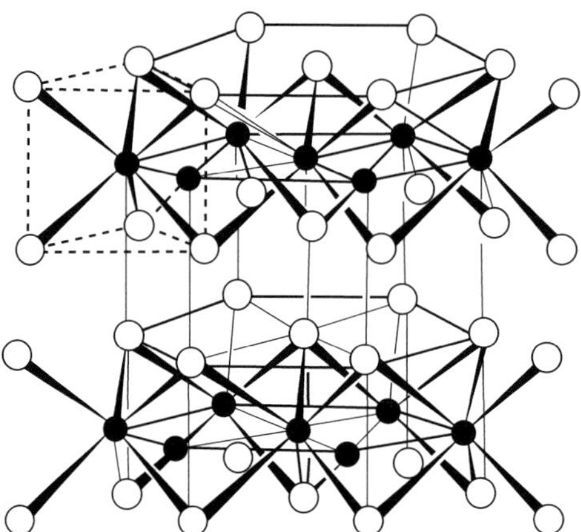

Abb. 4.49 Ausschnitt aus der Schichtenstruktur von Molybdändisulfid MoS_2

Molybdänsulfid ist weich, hydrophob, fettig anfühlend, auch bei hohen Temperaturen beständig und äußerlich dem Graphit ähnlich. Auf Papier zeigt es dunkle Farbe. Als Festschmierstoff hat es eine gute Haftfähigkeit auf Stahl und anderen Metallen. Es bildet einen starken, dauerhaften Film bis etwa 350 °C und widersteht chemischen Angriffen. Es wird auch als Suspension in Maschinenöl angewendet.

» *Löseverhalten von Stoffen*

‚Ähnliches löst sich in Ähnlichem‘: unpolare Stoffe lösen sich in unpolaren Lösemitteln, polare Stoffe lösen sich in polaren Lösemitteln. Eine echte Lösung, eine homogene Mischung (s. → Tabelle 1.2) kann nur dann erreicht werden, wenn die Anziehungskräfte zwischen den Molekülen des Lösemittels und den Komponenten des zu lösenden Stoffes von ähnlicher Größenordnung sind. Die beiden extremen Beispiele von Lösemitteln sind das Wasser mit polarem Charakter und die flüssigen Kohlenwasserstoffe (Alkane ab C_5H_{12}) mit unpolarem Charakter.

Anmerkung: Ein Maß für die Polarität einer Verbindung ist außer der Elektronegativität (EN) auch die Dielektrizitätskonstante. Sie ist für Wasser 80, für Kohlenwasserstoffe 2 (s. → Abschn. 5.3.2 und → Glossar).

Wasser löst also polare Moleküle, beispielsweise Chlorwasserstoff $HCl_{(g)}$ und solche, die Wasserstoffbrückenbindungen ausbilden wie Ammoniak NH_3, Alkohole (mit kurzer Kohlenwasserstoffkette), Zucker u.a. Wasser löst auch Stoffe mit Ionenbindung wie es die löslichen Salze sind, indem es die Ionen umhüllt (Ionen-Dipol-Kräfte) und aus dem Ionenkristall ablöst. Wasser kann mit seiner δ^+-Seite am negativen Ion angreifen und mit seiner δ^--Seite am positiven Ion. Diesen Vorgang nennt man *Hydratation*.

Kohlenwasserstoffe, beispielsweise Benzin lösen über Dispersions-Kräfte nur unpolare Stoffe wie Öle und Fette.

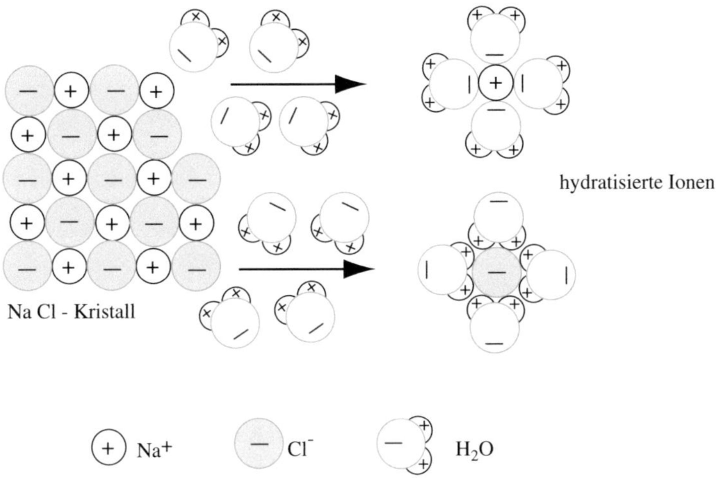

Abb. 4.50 Wasser löst den NaCl-Kristall

Organische Lösemittel wie Alkohole, Ketone, Aldehyde, Ester u.a. stehen zwischen den beiden Extremen Wasser und Kohlenwasserstoffe, sie enthalten sowohl eine polare Gruppe als auch eine unpolare Gruppe. Solange die unpolare organische Kohlenstoffkette nicht allzu lang ist, sind diese Lösemittel wasserlöslich und können selbst polare Stoffe lösen. Ist die Kohlenstoffkette verhältnismäßig lang, so verhalten sie sich wie unpolare Stoffe.

Hinweis: Makromolekulare Stoffe wie die Polymerwerkstoffe zeigen oftmals ein abweichendes Verhalten. Polyethylen ist ein unpolares Molekül. Dennoch wird es bei sehr hohen Molmassen von Benzin nicht gelöst, da das Lösemittel in die ‚Filzstruktur' der Makromoleküle nicht eindringen kann.

» *Grenzflächenaktive Substanzen, Tenside* (lat. tendere spannen)

Wirkungsweise der grenzflächenaktiven Substanzen

In dispersen Systemen (s. → Abschn. 1.3) wird die Trennfläche zwischen zwei aneinander grenzenden, nicht mischbaren Phasen, die fest, flüssig oder gasförmig sein können, als Grenzfläche bezeichnet. Substanzen, die an Grenzflächen wirken und sich an den Grenzflächen der sonst nicht miteinander mischbaren Phasen ansammeln können, nennt man grenzflächenaktive Substanzen oder Tenside (s. → Abb. 4.51). Sie verändern die Grenzfläche und damit deren physikalisch-chemische Eigenschaften. Die wichtigste Veränderung ist die Verminderung der Grenzflächenspannung.

Grenzflächenaktive Substanzen sind Stoffe, deren Moleküle aus zwei Teilen mit deutlich unterschiedlichen Eigenschaften bestehen. Der eine Molekülteil trägt eine hydrophile ‚wasserfreundliche' Gruppe und kann eine zwischenmolekulare Bindung über Dipol-Dipol-Kräfte oder Wasserstoffbrückenbindung eingehen. Der andere Molekülteil besteht aus einem *hydrophoben* ‚wasserfeindlichen', langkettigen Kohlenwasserstoffrest und geht Bindungen nur über Dispersionskräfte ein. Über die grenzflächenaktive Substanz verschwindet praktisch die Grenzfläche zwischen den

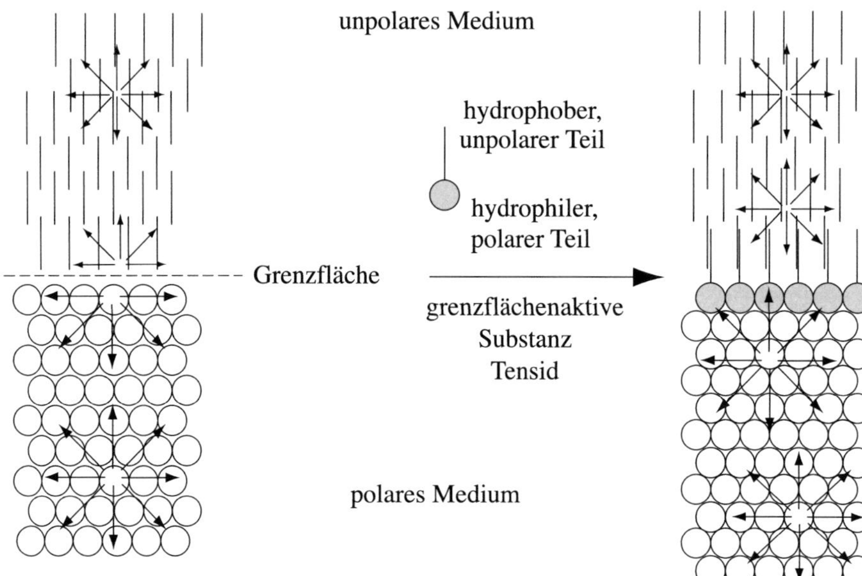

Abb. 4.51 Wirkungsweise grenzflächenaktiver Substanzen, der Tenside
Im unpolaren Medium wirken Dispersionskräfte, im polaren Medium wirken die stärkeren Dipolkräfte.

dispersen Phasen, die Grenzflächenspannung wird herabgesetzt. Grenzflächenspannung und Grenzflächenenergie s. → Abschn. 1.3.2.

Während ein Teilchen im Innern eines Mediums ringsherum durch nahewirkende Anziehungskräfte allseitig beherrscht wird, resultiert an den Teilchen an der Grenzfläche eine von der Grenzfläche nach innen gerichtete Kraft. Durch das Anlagern der Tenside wird diese Kraft und damit die Grenzfläche nahezu aufgehoben.

Im speziellen Fall der Grenzfläche zwischen einer flüssigen und einer gasförmigen Phase, spricht man von einer *Oberfläche* und nennt die grenzflächenaktive Substanz eine *oberflächenaktive Substanz* (s. → Abb. 4.52). Sie setzt z.B. die Oberflächenspannung des Wassers gegen Luft herab. Die oberflächenaktive Substanz reichert sich an der Oberfläche des Wassers an, indem sich die hydrophilen Gruppen zur Wasseroberfläche orientieren, die hydrophoben Gruppen zu den unpolaren Molekülen der Luft O_2, N_2, CO_2. Während die Wassermoleküle über die stärker polaren Wasserstoffbrückenbindungen miteinander verbunden sind, wirken zwischen O_2, N_2, CO_2, Ar nur die schwachen Dispersions-Kräfte.

Die Oberflächenspannung des Wassers gegen Luft hat im Vergleich zu anderen Flüssigkeiten einen relativ hohen Wert. Darauf beruht u.a. die Tropfenbildung des Wassers.

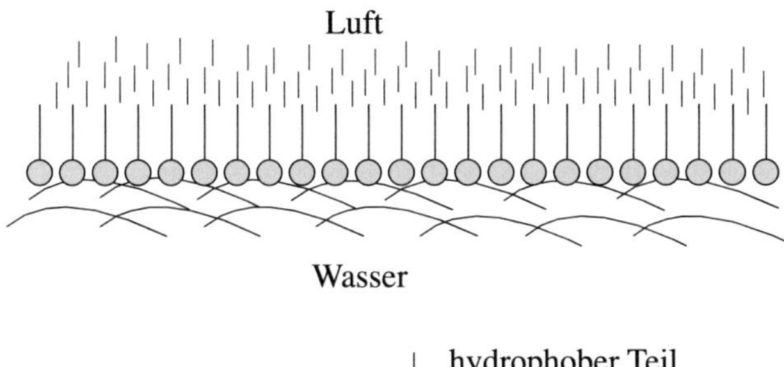

Abb. 4.52 Wirkungsweise einer oberflächenaktiven Substanz

	Oberflächenspannung 20 °C N/m
destilliertes Wasser	72,9
Benzol	29,0
Ethylether	17,0

Wirkungsweise der Tenside mit dispergierend stabilisierender Wirkung:

In einer *fest-fest-Dispersion* verhindern Tenside das Zusammenbacken der festen Teilchen und stabilisieren die Pulverform.

In einer *fest-flüssig-Dispersion* erleichtern sie das Dispergieren von Partikeln in einer Flüssigkeit und stabilisieren die Suspension.

Für *Dispergiermittel* sind synonyme Bezeichnungen im Gebrauch: Z.B. Additive, Absetzverhinderungsmittel, Suspendierhilfen.

Flüssig-flüssig-Dispersionen, so genannte Emulsionen werden durch *Emulgatoren* stabilisiert. Es gibt Öl-in-Wasser Emulsionen und Wasser-in-Öl-Emulsionen.

Eine Gas-flüssig-Dispersion wird von Schaumbildnern stabilisiert.

Schutzkolloide haben bei kolloidalen Lösungen ebenfalls eine dispergierend stabilisierende Wirkung (s. → Abschn. 1.3.3).

Wirkungsweise der Tenside mit trennender Wirkung:

Die häufigste Verwendung der Tenside mit trennender Wirkung ist im Reinigungsbereich. Tenside lagern sich an die hydrophoben Schmutzteilchen (fest oder flüssig) an und umgeben sie mit einer hydrophilen Hülle, so können sie vom Wasser weggeschwemmt werden.

Die *Seifen* sind die ‚klassischen' Tenside mit trennender Wirkung. Als Seifen werden die ‚wasserlöslichen' Alkalisalze (Li^+-, Na^+- und K^+-Salze) von langkettigen Fettsäuren bezeichnet (s. → Buch 2, Abschn. 1.3.1).

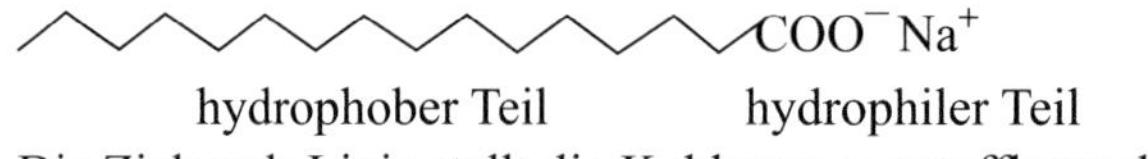

hydrophober Teil   hydrophiler Teil

Die Zickzack-Linie stellt die Kohlenwasserstoffkette dar.

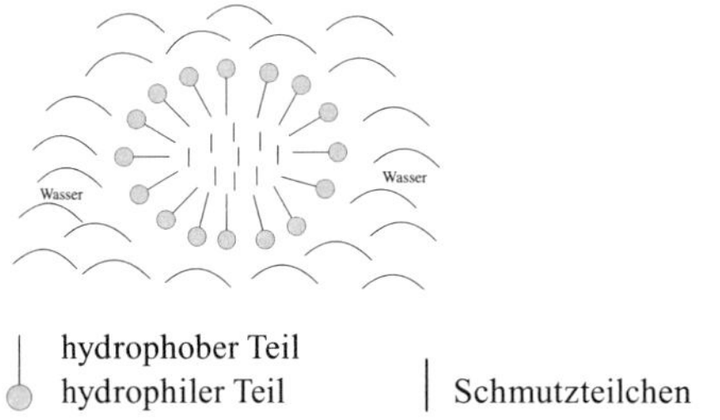

hydrophober Teil
hydrophiler Teil   Schmutzteilchen

Abb. 4.53 Micelle mit hydrophoben Schmutzteilchen

Die Wasserlöslichkeit der Seifen ist keine echte, molekulardisperse Lösung. Sie beruht darauf, dass Seifen in genügend konzentrierter Lösung kleine Aggregate, so genannte Micellen bilden (s. → Abb. 4.53). Der hydrophile Teil der Seifenmoleküle ist dem Wasser zugewandt, der hydrophobe Teil nach innen orientiert. Das hydrophobe Schmutzteilchen wird in die Micelle aufgenommen.

Im Gegensatz zu den Alkalisalzen der Fettsäuren sind die Erdalkalisalze der Fettsäuren in Wasser unlöslich, d.h. sie fallen in hartem Wasser (es enthält Ca^{++}- und Mg^{++}-Ionen) aus und setzen sich auf den Wäschestücken fest.

Unter *Detergenzien* versteht man moderne Wasch- Spül- und Reinigungsmittel. Sie enthalten neben den Tensiden zusätzliche Stoffe, die den Wasch- Spül- und Reinigungsvorgang verbessern. Diese Stoffe richten sich nach dem Einsatzbereich z.B. in Haushalt, Technik, Medizin u.a. Entsprechend enthalten sie schwach, stark schäumende oder schaumregulierende Zusätze, Bleichmittel, Weichmacher, solche gegen Korrosion u.a.

Netzmittel sind tensidhaltige Lösungen, die sich an hydrophoben Teilchen auf Oberflächen anreichern und die Schmutzteilchen dann fortschwemmen. Sie werden z.B. zur Reinigung von Metallflächen verwendet.

Verwendung von Tensiden

Es gibt fast keinen Bereich in Haushalt, Industrie und Technik, in denen Tenside keinen Eingang gefunden hätten. Sie ermöglichen Schaumbildung nicht nur für die Reinigung, sondern auch zur Feuerbekämpfung. Als Flotationsmittel trennen sie Erze von der Gangart, sie erhöhen die Ausbeute bei der Erdölförderung, sie stabilisieren kosmetische Emulsionen, verhindern das Zusammenbacken von Pulvern z.B. bei Zement und erleichtern hernach die Dispersion in Wasser.

Entsprechend den heutigen vielseitigen Einsatzgebieten der Tenside gibt es einige Hundert Stoffe mit grenzflächenaktiven Eigenschaften, die sehr unterschiedlich aufgebaut sein können. Es gibt als hydrophilen Teil kationische, anionische, zwitterionische und nichtionische Tenside. Der Kohlenwasserstoffteil kann aliphatisch, aromatisch oder auch aliphatisch-aromatisch sein. (s. → Buch 2, Abschn. 1.2)

4.2.8 Glas, ein amorpher Festkörper – Der Glaszustand

Unter Glas versteht man im üblichen und engeren Sinne die Silicatgläser. Sie stehen als Konstruktionswerkstoffe – wenn es um mechanische Eigenschaften geht – nicht im Vordergrund des Interesses, sieht man einmal davon ab, dass Glasfasern im Verbund mit Polymerwerkstoffen deren Festigkeit und Steifigkeit so erhöhen, dass Konstruktionsbauteile daraus hergestellt werden können. Bei silicatischen Gläsern sind vor allem die optischen Eigenschaften von Bedeutung, im Apparatebau schätzt man u.a. die Transparenz von Quarzglas.

Glas im weiteren Sinne – oder allgemeiner ausgedrückt – der *Glaszustand* ist von grundsätzlichem Interesse. Er beschränkt sich nicht auf das Fensterglas, das Trinkglas oder die Linse, vielmehr beschreibt er im Gegensatz zum dreidimensional-periodischen Aufbau der Fernordnung eines kristallinen Festkörpers eine zweite, weniger regelmäßige Art des Aufbaus von Festkörpern, die *amorphe Ordnung*.

Der Glaszustand

Der Glaszustand ist unabhängig von der Art der chemischen Bindung – ob Ionenbindung, Atombindung oder Metallbindung.

Bei hinreichend großer *Abkühlgeschwindigkeit* einer Schmelze auf Temperaturen unterhalb des Schmelzpunktes lässt sich praktisch jeder Stoff in den Glaszustand überführen. Wird beispielsweise eine Metallschmelze mit großer Geschwindigkeit abgekühlt, d.h. ‚abgeschreckt', kann die Kristallisation verhindert werden. Die positiven Atomrümpfe bleiben dann regellos angeordnet. Es entsteht der eingefrorene Zustand einer unterkühlten Schmelze – der Glaszustand – der sich wie ein Festkörper verhält. Im Gegensatz zum kristallinen Festkörper liegt hier die amorphe Ordnung vor. Es besteht nur in Bezug auf die nächsten Nachbaratome eine Ordnung, daher auch die Bezeichnung *Nahordnung*. Dieses Metallglas ist ausschließlich bei tiefen Temperaturen beständig, bei Erwärmung tritt Kristallisation ein, d.h. die amorphe Ordnung des Metalls ist der *metastabile Zustand* und geht dann bei Erwärmung in die stabile, kristalline Ordnung über. Beispiele für Legierungen mit gutem Glasbildungsvermögen sind Ti-Be, Zr-Be.

Anders verhält es sich bei der Herstellung von *Silicatgläsern,* also von ‚Glas' im engeren Sinne (s. → Abb. 4.57). Sie zeigen bei Abkühlung der Schmelze aufgrund der Netzwerkstruktur der Silicate (s. → Quarzglas) keine Neigung zur Kristallisation, auch bei Gebrauchstemperatur bleibt die amorphe Struktur des Netzwerks erhalten. Will man die amorphe Ordnung der Silicatgläser in die kristalline Ordnung überführen, sind Aktivierungsenergie (Erwärmen, Tempern) eine bestimmte Zeit und meistens auch Kristallisationskeime notwendig. Man nennt diesen Vorgang Entglasung, sichtbares Zeichen ist die Eintrübung.

Kristallisationskeime: Ein aus nur wenigen Formeleinheiten bestehender Kristallit.

Die Bezeichnung Glaszustand bzw. amorphe Ordnung umfasst und beschreibt allgemeine charakteristische Eigenschaften, die im Folgenden am Beispiel von Quarzglas beschrieben werden.

Der Glasbildner Quarz mit dem SiO$_2$-Bauteil

Quarz (SiO$_2$) kommt vor allem als Quarzsand vor. Natürliche Vorkommen von transparentem Quarz sind gut ausgebildete Quarzkristalle von Bergkristall, Amethyst, Rosenquarz u.a. Quarz ist eine Komponente zahlreicher Gesteine z.B. von Granit und Sandstein. Andere kristallinen Modifikationen von SiO$_2$ sind Tridymit und Cristobalit.

Quarz ist also eine kristalline Form von Siliciumdioxid SiO$_2$. Wird Quarzsand geschmolzen (Schmelzpunkt 1710 °C), so stellt sich beim Abkühlen die kristalline Ordnung nicht mehr ein, sondern die amorphe Ordnung, d.h. es entsteht das *Quarzglas*. Man nennt Quarz den *Glasbildner* oder *Netzwerkbildner* für die Silicatgläser.

» *Die Struktur des Glasbildners Quarz*

Silicium steht wie Kohlenstoff in der IV. Hauptgruppe (Gruppe 14). Die Valenzelektronenkonfiguration von Silicium ist 3s^{2}p^2. Sie unterscheidet sich von der des Kohlenstoffs 2s^{2}p^2 nur dadurch, dass sich die Valenzelektronen in einer höheren Schale befinden, das Si-Atom ist also größer als das C-Atom. Auch Silicium ist wie Kohlenstoff nicht zweibindig sondern bildet nach dem Hybridisierungsmodell vier Bindungen aus (sp^3 Hybridisierung s. → Abschn. 4.2.1). Die vier gleichwertigen Valenzelektronen orientieren sich in die Ecken eines Tetraeders.

Für die Chemie der beiden Elemente C und Si entstehen infolge ihrer unterschiedlichen Größen wesentliche Konsequenzen. Die → Abb. 4.26 und 4.27 zeigen, dass Kohlenstoff die Fähigkeit hat, Doppel- und Dreifachbindungen auszubilden. Diese Fähigkeit fehlt dem größeren Silicium. Reagiert Kohlenstoff mit Sauerstoff, so bildet sich das monomere CO$_2$ Molekül, das unter Ausbildung von Doppelbindungen eine gestreckte Form O=C=O einnimmt. Es ist ein unpolares, gasförmiges Molekül. Im Gegensatz dazu bildet Silicium mit Sauerstoff kein monomeres SiO$_2$-Molekül mit Doppelbindung, sondern jedes der *vier energetisch gleichwertigen Valenzelektronen des Siliciumatoms* kann mit je einem bindungsfähigen Elektron im 2p Orbital eines O-Atoms überlappen. Jedes Si-Atom ist also von vier O-Atomen umgeben. Das zweite bindungsfähige Elektron des O-Atoms orientiert sich zu einem anderen, benachbarten Si-Atom und ist somit mit zwei Si-Atomen verknüpft. Wie in → Abb. 4.54 dargestellt ist, entstehen [SiO$_4$]-Gruppen, die über die *räumliche Figur des Tetraeders* ein dreidimensionales Netzwerk aufbauen. Die Atombindung zwischen Sauerstoff und Silicium ist polar, der kovalente und der ionische Bindungsanteil sind etwa gleich groß.

Quarzglas

Quarzglas (,Kieselglas') besteht aus dem amorphen Netzwerk der [SiO$_4$]-Tetraeder (s. → Abb. 4.55b).

Natürliche Vorkommen der amorphen Modifikation von Siliciumdioxid finden sich in *Kieselgur* und auch in Schmucksteinen, wie beispielsweise dem Opal. Kieselgur ist ein kreideähnlicher Stoff. Er besteht aus den formenreichen Kieselsäure-Gerüsten mikroskopisch kleiner in Süß- und Salzwasser lebender Algen. Die Gerüste haben viele kleine Rillen, Vertiefungen, Kanäle. Daraus erklären sich die geringe Dichte und die Verwendung als Absorptionsmittel z.B. in Acetylen-Gasflaschen.

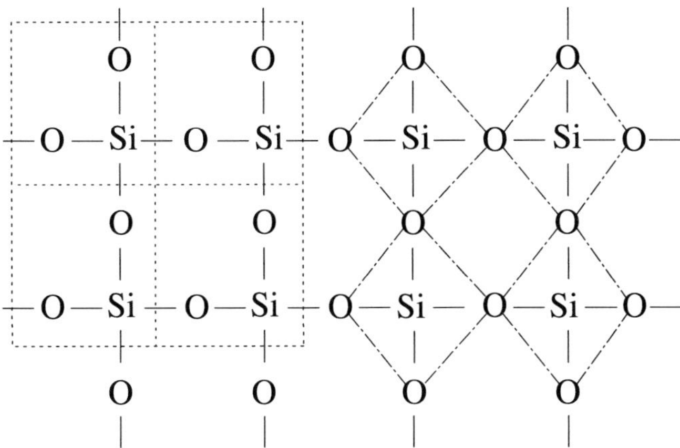

a

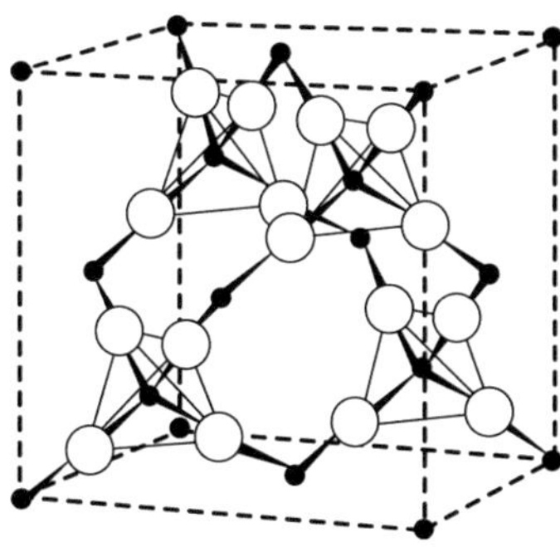

b

Abb. 4.54 Ausschnitte aus der zweidimensionalen und dreidimensionalen Darstellung von Quarz

a Über die räumliche Figur des Tetraeders kann ein dreidimensionales Netzwerk entstehen. Hier ist die in die Ebene projizierte Darstellung der tetraedrisch ausgerichteten [SiO$_4$]-Gruppen im kristallinen Quarz dargestellt.

——·——·—— diese Strichelung zeigt die in die Ebene projizierten [SiO$_4$]-Tetraeder an.

· · · · · · diese Strichelung zeigt die kleinste, sich immer wiederholende Einheit SiO$_2$ (Siliciumdioxid) im Quarz an.

b Dreidimensionale Darstellung der tetraedrisch ausgerichteten [SiO$_4$]-Gruppen im Quarz z.B. im Bergkristall

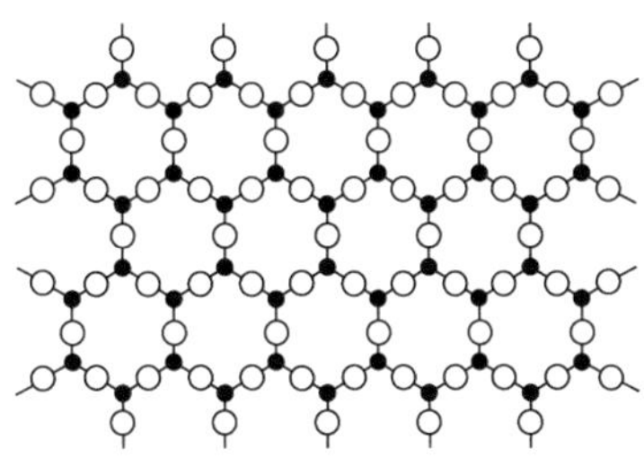

a Quarz (kristallin)   **b** Quarzglas (amorph)

Abb. 4.55 Ausschnitte aus der zweidimensionalen Darstellung einer kristallinen und einer amorphen Ordnung von [SiO$_4$]-Tetraedern.

● Silicium ○ Sauerstoff

Die zweidimensionale Darstellung zeigt das vierte Sauerstoffatom um das Siliziumatom nicht an.

Das Verhältnis der Ionenradien von Silicium mit 26 pm (KZ 4) zu Sauerstoff mit 138 pm (KZ 4) wurde in der Zeichnung durch die unterschiedliche Größendarstellung angedeutet.

» *Thermisches Verhalten von Quarzglas*

Bei *kristallinen* Stoffen findet der Übergang von der flüssigen Phase – bzw. Schmelze – in die feste, kristalline Phase bei einer bestimmten Erstarrungstemperatur statt, die meistens identisch ist mit der Schmelztemperatur T_s (Übergang von der festen in die flüssige Phase bzw. Schmelze). Damit ist nicht nur eine Phasenänderung in den festen Aggregatzustand verbunden, sondern auch eine *sprunghafte* Änderung der Eigenschaften (unterer Punkt in → Abb. 4.56), die sich bei weiterer Abkühlung nur noch geringfügig verändern.

Amorphe Stoffe haben dagegen keine definierte Erstarrungs- bzw. Schmelztemperatur T_s. Das Erstarrungs- und Schmelzverhalten eines amorphen und eines kristallinen Stoffes ist in → Abb. 4.56 schematisch, vereinfacht dargestellt.

Bei einer *Glasschmelze* beginnt ab der Temperatur T_s – es ist die Temperatur der verhinderten Kristallisation (oberer Punkt in → Abb. 4.56) – die *Bildung einer unterkühlten Schmelze*. Ab hier nimmt die Viskosität (Zähigkeit) der Schmelze zu. Das große Netzwerk der [SiO$_4$]-Tetraedern ist bei sinkender Temperatur nicht in der Lage, die regelmäßig-dreidimensionale Ordnung eines Kristalls aufzubauen. Eigenschaften wie Viskositätszunahme durch abnehmende Wärmebewegung der Atome, ändern sich bei Abkühlung noch etwa linear bis zum *Transformationsbereich*. Ab hier zeigt der Kurvenverlauf über einen bestimmten Temperaturbereich dann eine andere Neigung. Ebenso zeigt der Kurvenverlauf über einen bestimmten Temperaturbereich beim Erreichen des Transformationsbereichs eine andere Neigung, wenn man von tieferen Temperaturen aus den amorphen Festkörper erwärmt. Im Schnittpunkt der Tangenten oberhalb und unterhalb des Transformationsbereiches liegt der *Transformationspunkt* T_g, auch *Glasübergangstemperatur* genannt.

Bei weiterer Abkühlung einer Schmelze auf Temperaturen unter den Transformationspunkt T_g wird die Viskosität dann so hoch, dass keine Wärmebewegungen der Atome mehr stattfinden können; die unterkühlte Schmelze, die amorphe Ordnung wird ‚eingefroren‘. Unterhalb des Transformationsbereiches ist Quarzglas ein amorpher Festkörper und zeigt kaum mehr Eigenschaftsänderungen.

Beispiel:
Die Viskosität von Fensterglas ist im festen Aggregatzustand so hoch, dass auch bei Gebrauchstemperatur keine Verformung durch viskoses Fließen nachzuweisen ist.

Beim umgekehrten Vorgang, beim Schmelzen von Quarzglas, bricht die eingefrorene amorphe Ordnung im Transformationsbereich nur allmählich zusammen. Oberhalb T_g werden die Wärmebewegungen der Atome schließlich so groß, dass das Erweichen, das Schmelzen beginnt. Die Viskosität nimmt dann mit steigender Temperatur ab.

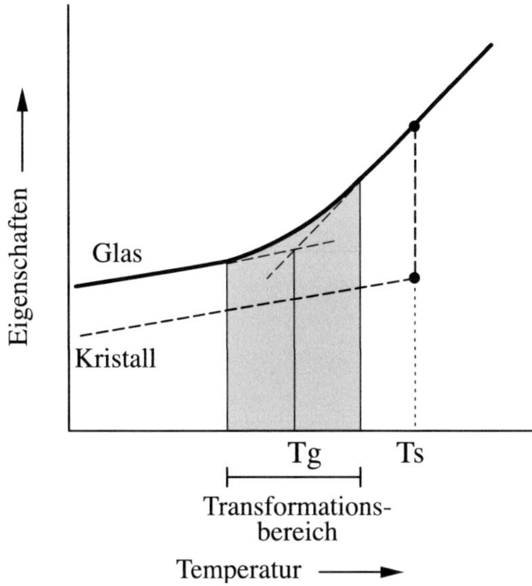

Abb. 4.56 Schema für das Erstarrungs- und Schmelzverhalten von Quarzglas und von kristallinem Quarz.

T_s: Erstarrungstemperatur bei Abkühlung, Schmelztemperatur bei Erwärmung der kristallinen Ordnung. Vom oberen zum unteren Punkt sprunghafte Änderung der Eigenschaften. Für die amorphe Ordnung ist T_s bei Abkühlung die Temperatur der verhinderten Kristallisation. Beginn der Zunahme der Viskosität. T_g Glasübergangstemperatur für die amorphe Ordnung. Unterhalb T_g verhält sich Glas wie eine ‚eingefrorene' Schmelze, wie ein amorpher Festkörper. Oberhalb T_g beginnt das Schmelzen, die Abnahme der Viskosität.

Das Schmelzen und Erstarren von Quarzglas ist ein reversibler Vorgang und trifft für alle Silicatgläser zu. Die Gläser mit unterschiedlicher chemischer Zusammensetzung unterscheiden sich jedoch in der Glasübergangstemperatur T_g sowie in ihren Eigenschaften und Anwendungsgebieten.

» *Eigenschaften von Quarzglas*

Besondere Eigenschaften von Quarzglas sind der niedrige thermische Ausdehnungskoeffizient und die hohe Temperaturbeständigkeit, woraus eine hohe Temperaturwechselbeständigkeit resultiert. Rotglühendes Quarzglas kann man in Wasser abschrecken, ohne dass es zerspringt. Die Glasübergangstemperatur T_g liegt über 1500 °C. Die hohe Glasübergangstemperatur macht die Verarbeitbarkeit schwierig. Quarzglas ist spröde und chemisch widerstandsfähig (außer gegen Flusssäure HF). Die Lichtdurchlässigkeit (Transparenz) für sichtbares und ultraviolettes Licht beruht darauf, dass wegen der starken Atombindung keine Wechselwirkung mit Licht stattfindet: das Licht geht durch das Netzwerk ungestört hindurch.

Bei *Lichtleitfasern* aus reinem Quarzglas nutzt man die Totalreflexion von Licht an den Grenzflächen von Stoffen mit unterschiedlichem Brechungsverhalten aus, z.B. von Glas und Luft. Die flexiblen Fasern ermöglichen auch das Umlenken von Licht (Endoskop), so dass schwerzugängliche Innenräume, z.B. von menschlichen Organen oder von Maschinen besichtigt werden können.

Anmerkung: Die Eigenschaft zum Netzwerkbildner haben auch Bortrioxid B_2O_3, Aluminiumoxid Al_2O_3, Phosphorpentoxid P_2O_5, Arsenpentoxid As_2O_5 sowie Germaniumdioxid GeO_2.

Silicate

Silicate sind die Salze, die sich von den *Kieselsäuren* ableiten.

‚Kiesel' ist die veraltete Bezeichnung für elementares Silicium, die von *Berzelius* 1823 eingeführt wurde und in den Namen Kieselsäure, Kieselgel und Kieselgur erhalten blieb.

Löst man amorphes Siliciumdioxid SiO_2 in Wasser, so entsteht – allerdings nur in großer Verdünnung – die schwache Monokieselsäure H_4SiO_4, auch Orthokieselsäure genannt. Eine andere Schreibweise ist $Si(OH)_4$ (s. → unten).

$$SiO_2(\text{amorph}) + 2\,H_2O \;\rightleftharpoons\; H_4SiO_4(\text{gelöst})$$

Die Orthokieselsäure ist unbeständig. Eine charakteristische Eigenschaft ist ihre Neigung zur *inter*molekularen Wasserabspaltung, d.h. zur Kondensation. Es entstehen Di-, Tri- usw. *Polykieselsäuren*. Bei Temperaturen über 1100 °C gehen sie unter weiterer H_2O-Abspaltung in das Endprodukt, das Riesenmolekül mit $[SiO_4]$-Gruppen über und – wie in → Abb. 4.54 gezeigt wird – mit Siliciumdioxid SiO_2 als kleinster Einheit. Eine andere, formale Bezeichnung ist daher auch hochmolekulares SiO_2.

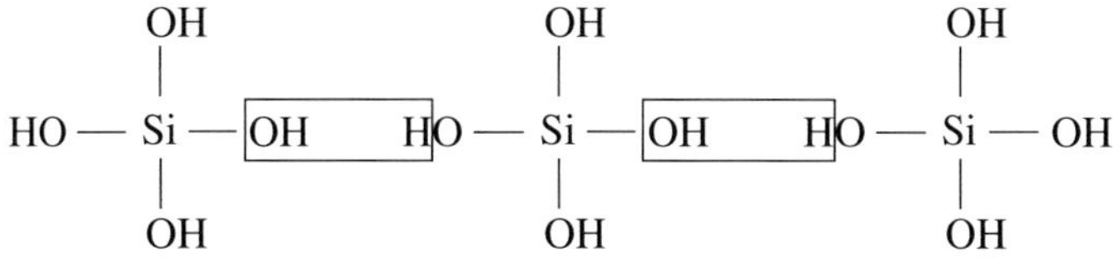

$$
\begin{array}{ccccc}
\text{OH} & & \text{OH} & & \text{OH}\\
| & & | & & |\\
\text{HO}-\text{Si}-\boxed{\text{OH}\quad\text{H}}\text{O}-\text{Si}-\boxed{\text{OH}\quad\text{H}}\text{O}-\text{Si}-\text{OH}\\
| & & | & & |\\
\text{OH} & & \text{OH} & & \text{OH}
\end{array}
$$

Kondensation der Orthokieselsäure z.B. aus drei Molekülen $Si(OH)_4$

Entsprechend dem Kondensationsgrad entstehen Ketten, Bänder, Ringe, Schichten oder ein dreidimensionales Gerüst. Nur in Gegenwart von Metall-Ionen (Me^{n+}) lassen sich einzelne Kondensationsstufen festhalten, wenn endständige OH-Gruppen zu -OMe reagieren können. In den Salzen der Kieselsäuren, den *Silicaten* liegen dementsprechend einheitlich gebaute Silicat-Anionen vor.

Ein Beispiel für ein Schichtsilikat ist *Talk* mit der Formel $Mg_3(OH)_2[Si_2O_5]_2$. Zwischen den Silikat-Schichten wirken *van der Waals*-Kräfte. Die Schichten bilden Gleitebenen, die leicht gegeneinander verschoben werden können, daher lässt sich Talk auch als Schmiermittel verwenden s. → Abschn. 4.2.7.

Kieselgel ist hochkondensierte, wasserreiche Polykieselsäure. Wird es entwässert so entsteht das Trockenmittel *Silicagel* mit einer großen Oberfläche zur Adsorption von Gasen und Dämpfen.

Silicatgläser

Die wichtigsten und am meisten bekannten Gläser sind Silicatgläser. Sie werden aus einer Schmelze, bestehend aus Quarzsand SiO_2 und basischen Metalloxiden wie Na_2O, CaO, K_2O u.a. hergestellt.

Metalloxide bilden selbst keine Gläser, sie lassen sich aber zu einem gewissen Prozentsatz in den *Netzwerkbildner* – das $[SiO_4]$-Netzwerk – einbauen. Diese so genannten *Netzwerkwandler* – auch *Glaswandler* genannt – brechen die Si–O-Bindungen auf. Sie vermindern dadurch den Vernetzungsgrad, setzen die Glasübergangstemperatur Tg und die Viskosität der Glasschmelze herab, was die Verarbeitung erleichtert. Mit Na^+ wird beispielsweise eine endständige Ionenbindung gebildet, während Ca^{++} die aufgebrochene Si–O-Bindungen über je eine Ionenbindung wieder schließt (s. $\rightarrow$ Abb.4.57a).

Die Verarbeitungstemperatur – die Temperatur im Transformationsbereich – der Silicatgläser liegt bei ungefähr 800 bis 1000 °C also deutlich unter der von Quarzglas. Die Glasübergangstemperatur T_g und der Viskositätsverlauf eines Glases sind für die Technologie (Glasschmelzen, Formgebung, Nachbearbeitung) von großer Bedeutung. Der relativ langsame Übergang der Glasschmelze vom zähflüssigen in den festen Zustand ermöglicht die Formgebung des Glases durch Gießen, Blasen, Ziehen und auch Pressen.

Es gibt kein stöchiometrisches Verhältnis zwischen Netzwerkbildner und Netzwerkwandler. Ihre Anteile können nach dem Verwendungszweck der Glasart verändert werden.

» *Natron-Kalk-Glas, Normalglas*

Diesem Glas wird etwa folgende Formel zugeschrieben $Na_2O \cdot CaO \cdot 6\,SiO_2$. Die Herstellung erfolgt aus Soda (Natron) Na_2CO_3, Kalk $CaCO_3$ und Quarzsand SiO_2. Beim Schmelzen entweicht CO_2 aus Na_2CO_3 und $CaCO_3$.

$$-O-\underset{|}{\overset{|}{Si}}-O-\underset{|}{\overset{|}{Si}}-O- \;+\; Na_2O \;\longrightarrow\; -O-\underset{|}{\overset{|}{Si}}-O^-\,Na^+ \;+\; Na^+\,{}^-O-\underset{|}{\overset{|}{Si}}-$$

$$-O-\underset{|}{\overset{|}{Si}}-O-\underset{|}{\overset{|}{Si}}-O- \;+\; CaO \;\longrightarrow\; -O-\underset{|}{\overset{|}{Si}}-O^-\,Ca^{++}\,{}^-O-\underset{|}{\overset{|}{Si}}-$$

a Der Einbau von Na^+ Ionen bzw.Ca^{++} Ionen in das $[SiO_4]$-Netzwerk

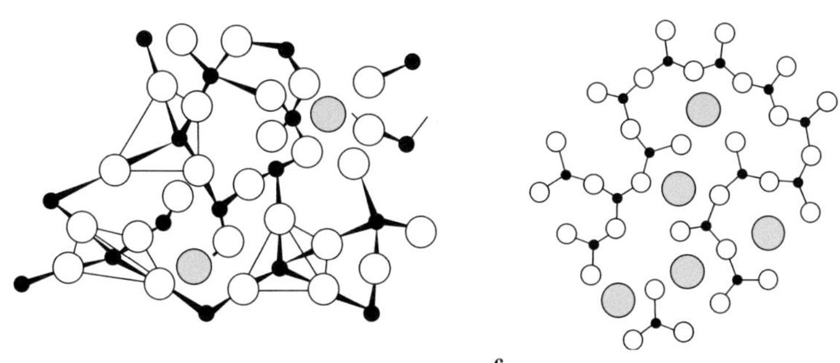

b   **c**

Abb. 4.57 Ausschnitt aus der dreidimensionalen **(b)** und zweidimensionalen **(c)** Darstellung von Alkalisilicatglas.

● Silicium, ◯ Sauerstoff, ◯ Na^+

Normalglas ist das älteste und bekannteste Glas. Es wird hauptsächlich als Fensterglas, Flaschenglas, für einfache Trinkgläser und vielerlei Glasbehälter verwendet. Es ist ein spröder Werkstoff mit einer Massendichte von 2,5 g/cm^3. UV Licht (Wellenlänge < 300 nm) wird im Gegensatz zu Quarzglas teilweise absorbiert.

Historisches
Primitive ‚Glasuren' gab es in Ägypten und Mesopotamien schon im 5. Jahrtausend v. Chr. Glasfabrikation im großen Stil setzte in Ägypten etwa um 1400 v. Chr. ein.

» *Kali-Kalk-Kristallglas*

Unter Kristallglas versteht man allegemein Glasarten mit erhöhtem Lichtbrechungsvermögen. Bei diesem Kristallglas ist Na_2O durch K_2O ersetzt. Die Formel entspricht etwa $K_2O \cdot CaO \cdot 8\,SiO_2$. Es ist schwerer schmelzbar als Normalglas und hat eine höhere Massendichte. Ein bekanntes Kali-Kalk-Glas ist das böhmische Kristallglas, es findet bei geschliffenen Gegenständen und optischen Geräten Verwendung.

» *Blei-Kristallglas*

Anstelle von CaO wird PbO oder auch BaO oder ZnO zugesetzt und Na_2O wird durch K_2O ersetzt. Bleikristallglas hat einen Mindestanteil von 24 % PbO. Es ist leicht schmelzbar, wird für geschliffene Gebrauchs- und Luxusgeräte verwendet, Massendichte 3,5 bis 4,8 g/cm^3.

» *Farbfernsehschirmglas*

Farbfernsehschirmglas enthält einen Anteil von 63 % an SiO_2-Netzwerkbildner sowie Anteile an Aluminiumoxid Al_2O_3 (3 %), Natriumoxid Na_2O (9 %), Kaliumoxid K_2O (8 %), Magnesiumoxid MgO (2 %) und Bariumoxid BaO (13 %). Der hohe Anteil an Barium dient zur Absorption der Röntgenstrahlen.

» *Optische Gläser*

Für die optischen Gläser sind vor allem der Brechungsindex und die Dispersion (Abhängigkeit des Brechungsindexes von der Wellenlänge) von Bedeutung. Dies wird sowohl über die Zusammensetzung beeinflusst, als auch über die Abkühlgeschwindigkeit bzw. durch eine thermische Nachbehandlung unterhalb Tg. Die Zusammensetzung besteht aus Anteilen von etwa 60 % SiO_2-Netzwerkbildner und wechselnde Anteile an B_2O_3, K_2O, CaO, BaO, PbO, Al_2O_3, SrO, La_2O_3.

» *Farbgläser*

Gefärbte Gläser werden durch Einbau von Metallionen mittels Zusatz von Metalloxiden in das Glasgefüge hergestellt. Einige Beispiele: Es färben Cu^{2+} schwach blau, Cr^{3+} grün, Cr^{6+} gelb, Mn^{3+} violett, Fe^{2+} blau-grün, Fe^{3+} gelb-braun, Co^{2+} intensiv blau und Co^{3+} grün.

» *Härtungsverfahren*

Ein thermisches Verfahren zur Härtung von Glas beruht darauf, dass nach Erhitzen des Glases bis nahe T_g seine Oberfläche durch Luft oder Flüssigkeit abgeschreckt wird (Sekurit®-Glas für Autoscheiben). Ein chemisches Verfahren beruht darauf, dass das

Glas in eine Kaliumsalzschmelze getaucht wird. Dabei werden an der Oberfläche Na^+-Ionen durch die größeren K^+-Ionen ausgetauscht. Bei Abkühlung entstehen auf der Oberfläche Druckspannungszonen um die größeren K^+-Ionen, die das Gesamtgefüge nicht schwächen, vielmehr werden größere Stöße durch die entstandenen Mikrorisse vernichtet (vgl. → Abschn. 4.1.7 Oxidkeramik).

Borosilicatgläser, Geräteglas

Unter Geräteglas versteht man die große Gruppe der Borosilicatgläser, die sich durch gute Temperaturwechsel- und Chemikalienbeständigkeit auszeichnen (s. auch → Quarzglas). Ihre Wärmeausdehnung ist gering. Sie werden im Apparatebau, vor allem als feuerfestes Glas verwendet. T_g liegt bei 530 °C.

Bei Borosilicatgläsern (s. → Abb. 4.58) wird das Netzwerk aus einem Anteil von etwa 80 % SiO_2-Bauteilen und 13 % Bortrioxid B_2O_3-Bauteilen gebildet. Als Netzwerkwandler dienen kleinere Anteile an Al_2O_3, Na_2O und K_2O. Bortrioxid wird als $[BO_3]^{3-}$-Gruppe anstelle einer $[SiO_4]^{4-}$-Gruppe eingebaut.

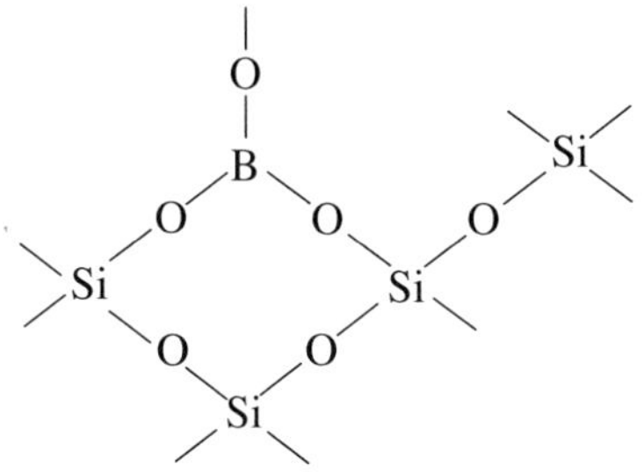

Abb. 4.58 Netzwerk von Borosilicatglas

Mit *E-Glas* werden alkalifreie Borosilicatgläser bezeichnet. Wegen der Abwesenheit von Alkaliionen besitzen sie eine besonders niedrige elektrische Leitfähigkeit. Sie werden für elektrotechnische Zwecke sowie zur Herstellung von *Glasfasern* verwendet.

Glaskeramik

Bei normalem Glas ist Kristallisation unerwünscht, bei Glaskeramik dagegen werden einige kristalline Bereiche angestrebt. Dies wird beispielsweise durch Zugabe von TiO_2 und ZrO_2 zur Glasschmelze erreicht. Sie bilden bei Abkühlung der Schmelze Kristallisationskeime, die beim Tempern (nachträgliche Wärmebehandlung) zu Kristalliten anwachsen können. Da die Kristallite eine andere (negative) Wärmeausdehnung haben als die amorphe Glasphase (positive Wärmeausdehnung), gelingt es insgesamt eine Wärmeausdehnung von praktisch Null zu erreichen. Eine ausgeklügelte Technologie erlaubt, dass die entstehenden Kristallite kleiner als die Wellenlängen des sichtbaren Lichts bleiben, dadurch bleibt die Transparenz der Glaskeramik erhalten.

Beispiele für die Verwendung der Glaskeramik: Herdplatten von Elektroherden, Kochgeschirr, Brandschutzverglasung u.a.

Cordierit ($2\,MgO \cdot 2\,Al_2O_3 \cdot 5\,SiO_2$ Mg-Aluminiumsilicat) erhält man durch nachträgliche, zur Teilkristallisation führende Wärmebehandlung. Er zeichnet sich durch eine sehr geringe Wärmeausdehnung und hohe Temperaturwechselbeständigkeit aus und dient daher als Katalysator-Trägermaterial für den Autokatalysator.

Alumosilicate

Aluminiumoxid Al_2O_3 kann sowohl als Netzwerkwandler wie als Netzwerkbildner dienen. Als Netzwerkbildner kann Al^{3+} ein Si^{4+} in der $[SiO_4]$-Gruppe ersetzen. Die Ladungskompensation erfolgt durch ein Na^+, wie in nachfolgender → Abb. 4.59 dargestellt ist. Dieses Na^+-Ion ist sehr viel beweglicher, als das in → Abb. 4.57a über Sauerstoff gebundene Na^+-Ion, es liegt in den Hohlräumen der Raumstruktur. In der Natur kommen Alumosilicate als Zeolithe, Feldspäte und Glimmer vor.

» *Zeolithe*

Die natürlich vorkommenden Zeolithe sind kristalline, hydratisierte Alumosilicate, die z.B. Alkalimetall- bzw. Erdalkalimetallkationen enthalten. In den Hohlräumen, die durch kleine Kanäle miteinander verbunden sind, befinden sich bewegliche Kationen und Wassermoleküle, die reversibel ausgetauscht werden können. Beispiel eines Zeoliths: $Na_{12}\,[Al_{12}Si_{12}O_{48}] \cdot 27\,H_2O$.

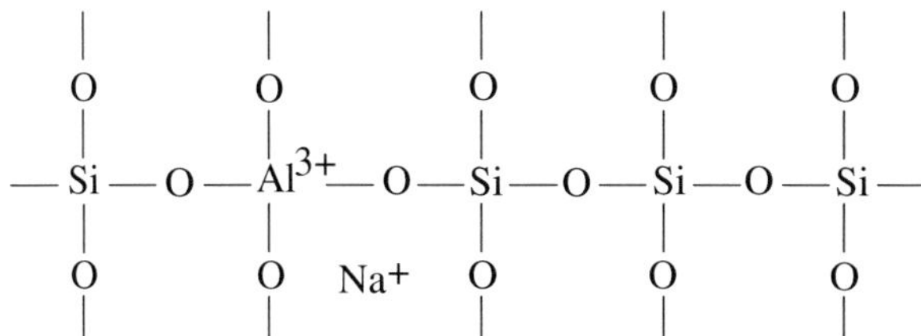

Abb. 4.59 Natriumalumosilicat

Künstliche Zeolithe werden mit mehr oder weniger weiten Kanälen und Hohlräumen synthetisiert, so dass sich kleine oder auch größere Ionen und Moleküle in dem Röhrensystem bewegen können. Daraus ergeben sich viele Verwendungsmöglichkeiten, z.B. zum Kationenaustausch beim Ionenaustausch-Verfahren (Permutite) für die Wasserenthärtung. Sie eignen sich ebenso als Adsorptionsmittel für H_2O und andere Moleküle sowie als Molekularsiebe zur Trennung von Molekülen verschiedener Größe.

Mullit

Zwischen Aluminiumsilicaten (s. → Silicate) und Alumosilicaten gibt es Grenzfälle. Ein Beispiel für einen Grenzfall ist das Feuerfestmaterial Mullit (Schmelztemperatur $> 1800\,°C$). Es stellt ein Al-Alumosilicat dar, allerdings mit unregelmäßiger Zusammensetzung ($3\,Al_2O_3 \cdot 2\,SiO_2$ bis $2\,Al_2O_3 \cdot SiO_2$).

4.3 Metallbindung

Etwa 75 % aller Elemente sind Metalle. Sie stehen im PSE links von den Elementen B, Si, Ge, Sb, At (s. → Abb. 3.15). Der metallische Charakter der Elemente – ihre Eigenschaft Valenzelektronen abzugeben – nimmt in der Periode von links nach rechts ab, in den Gruppen von oben nach unten zu.

Die wichtigsten *Gebrauchsmetalle* befinden sich zwischen den Gruppen 2 und 14 in der 3., 4., 5. und 6. Periode. Es sind hauptsächlich Nebengruppenelemente, die auch als Übergangsmetalle bezeichnet werden. Aus den Hauptgruppen sind vor allem Beryllium Be, Magnesium Mg, Aluminium Al und die Metametalle β-Zinn Sn und Blei Pb zu nennen.

4.3.1 Beschreibung der Metallbindung

Modell nach Drude und Lorentz

(Paul Drude 1863–1906, Berlin; Hendrik Antoon Lorentz 1853–1928, holländischer Physiker, Leiden, Nobelpreis 1902)

Um 1900 haben *Drude und Lorentz* ein anschauliches Modell für die Metallbindung und die elektrische Leitfähigkeit entwickelt.

Metallatome geben in einem großen Atomverband ihre Valenzelektronen ab. Diese sind dann nicht mehr an ein bestimmtes Metallatom fixiert, sie sind delokalisiert und zwischen den positiv geladenen Atomrümpfen frei beweglich. Daher wird der Vergleich zu Gasteilchen herangezogen, was zu der Bezeichnung ‚Elektronengas‘ geführt hat. Im Unterschied zu den Gasteilchen steht aber das Elektronengas in Wechselwirkung mit den positiv geladenen Metallatomrümpfen.

Die positiven Metallatomrümpfe sind in bestimmten, durch einen gitterhaften Aufbau beschriebenen Strukturen angeordnet und nur wenn diese großen dreidimensional-periodischen Verbände existieren, kann die Metallbindung wirksam werden. Der Zusammenhalt der Metallstruktur erfolgt durch die ungerichteten elektrostatischen Anziehungskräfte zwischen den frei beweglichen Elektronen und den ruhenden positiv geladenen Atomrümpfen.

Bändermodell (vereinfacht)

Das Orbitalmodell – eine Modellvorstellung über den Atomaufbau (s. → Abschn. 3.1.3) – wurde weiter entwickelt zum Bändermodell des metallischen, elektrisch leitenden Festkörpers. Vereinfacht lässt es sich folgendermaßen darstellen:

Die Valenzelektronen einzelner, isolierter Metallatome befinden sich in s- bzw. in s- und p-Orbitalen, bei Übergangsmetallen – in einigen Ausnahmen – auch in d-Orbitalen (s. → Tabelle 3.1).

Geht man über zu einem Verband aus sehr vielen gleichartigen Atomen in einer dreidimensional-periodischen Anordnung, so zeigt die quantenmechanische Rechnung, dass die diskreten Energieniveaus der Einzelatome in eine Vielzahl eng beieinander liegender Energiewerte aufspalten, die praktisch zu einem eng begrenzten Kontinuum verschmelzen, welches als *Energieband* bezeichnet wird. Die Valenzelektronen besetzen die niedrigsten Niveaus, das *Valenzband*. Beim Anlegen eines elektrischen Feldes können die frei beweglichen Elektronen kinetische Energie aufnehmen, sie gelangen dadurch auf höhere Energieniveaus, in das *Leitungsband* und leiten den elektrischen Strom. Bei Metallen überlappen Valenzband und Leitungsband. Der Metallcharakter bleibt in der Schmelze erhalten, geht aber in der Gasphase verloren, denn in der Gasphase liegen einzelne Atome vor und nicht mehr der große Atomverband von positiv geladenen Atomrümpfen und delokalisierten Elektronen.

Geht man im Periodensystem von den Metallen aus – sie stehen links im Periodensystem – weiter nach rechts, so tritt kein abrupter Übergang zu den Nichtmetallen ein (s. → Abb. 3.15). In der Chemie wird vielmehr noch zwischen Metametallen und Halbmetallen unterschieden. Während bei den Metametallen noch eine gewisse Überlappung von Valenzband und Leitungsband besteht, stehen die Halbmetalle mit einer geringfügigen Bänderüberlappung bzw. einer sehr schmalen Lücke zwischen Valenzband und Leitungsband den Nichtmetallen näher. Nichtmetalle weisen ein mit Elektronen besetztes Valenzband auf, das durch eine breite Bandlücke (verbotene Zone) vom energiereicheren, elektronenleeren Leitungsband getrennt ist. Bei Nichtmetallen können die Elektronen das Leitungsband nicht erreichen, es bleibt leer und beim Anlegen eines elektrischen Feldes findet keine Stromleitung statt. Nichtmetalle sind Isolatoren.

Vgl.: Die Elektronen sind in Ionenkristallen an das Anion und in Atomkristallen in der starken, gerichteten Atombindung (Elektronenpaarbindung, Überlappung) fest gebunden.

4.3.2 Metallstrukturen

Metallatomrümpfe betrachtet man angenähert als gleich große ‚Kugeln'. In Wirklichkeit gibt es bei den Atomrümpfen keine scharfe Begrenzung. Die Begrenzung eines Atomrumpfes bildet seine Elektronenhülle mit den nicht zum Elektronengas abgegebenen Elektronen. Die gleich großen ‚Kugeln' und die allseitig wirkenden elektrostatischen Anziehungskräfte zwischen positiven Atomrümpfen und Elektronengas ermöglichen im Kristall ein dichtes Zusammenlagern. So versteht man, dass Metalle hauptsächlich in ‚dichtesten Kugelpackungen' vorkommen.

Der größte Anteil der Metalle kommt in drei Kristallstrukturen vor. Es sind dies die
* <u>h</u>exagonal-<u>d</u>ichteste Kugel<u>p</u>ackung (hdp),

* <u>k</u>ubisch-<u>d</u>ichteste Kugel<u>p</u>ackung (kdp),

* <u>k</u>ubisch-<u>r</u>aum<u>z</u>entrierte Struktur (krz), die auch kubisch-innenzentrierte Struktur genannt wird. Hier liegt keine kubisch-dichteste Packung vor.

Wiederholung: Bei den Ionenkristallen gibt es ebenfalls Kristallstrukturen mit dichtester Packung. Sie wird von den größeren Anionen (mit Ausnahmen) ausgebildet und die kleineren Kationen besetzen Oktaederlücken bzw. Tetraederlücken. Bei den Atomkristallen gibt es keine dichteste Packung. Die von Atom zu Atom gerichtete Atombindung verhindert ein dichtes Zusammenlagern der Atome.

Die dichtesten Kugelpackungen und die Koordinationszahl 12

In → Abb. 4.3 wurde gezeigt, dass bei gleich großen Atomradien die höchste Koordinationszahl KZ von 12 erreicht wird. Betrachtet man in Näherung die Metallatomrümpfe als gleich große Kugeln, so haben in der Ebene um einen Atomrumpf (dunkel gezeichnet in → Abb. 4.60a Schicht A) sechs andere Kugeln in gleichen Abständen Platz (hellgrau). Dabei entstehen auch sechs ‚Lücken‘, das sind Mulden, die durch die Kugelform entstehen. Stapelt man nun eine weitere Schicht B sehr dicht auf die erste Schicht A, so rasten die Kugeln der Schicht B in die Lücken (Mulden) der Schicht A ein. Man stellt fest, dass nicht in jeder der sechs Lücken eine Kugel Platz hat, dazu liegen die Lücken viel zu eng nebeneinander. Die zweite Schicht B rastet also so ein, dass in → Abb. 4.60b nur drei der sechs Lücken um die dunkle Kugel aus der Schicht A besetzt werden. Die dunkel gezeichnete Kugel aus der ersten Schicht A erhält aus der zweiten Schicht B nur drei nächste Nachbarn. (Man könnte genauso gut auch mit den drei anderen Lücken beginnen.) Diese drei nächsten Nachbarn sind quer gestreift.

Es gibt nun zwei Möglichkeiten, eine dritte Schicht dicht anzuordnen:

- Man lässt die Kugeln ab der dritten Schicht so einrasten, dass sie genau über den Kugeln aus der Schicht A zu liegen kommen, es kommt zur Stapelfolge ABAB... usf.

- Man nimmt für die dritte Schicht eine andere Möglichkeit wahr, man lässt die Kugeln auf die anderen, in der Schicht B nicht benützten Lücken einrasten. Diese Kugeln sind in → Abb. 4.60c senkrecht gestreift und als Schicht C dargestellt. Die Stapelfolge ABC zeigt der Ausschnitt in → Abb. 4.60c rechts. Erst jetzt, nach der Schicht C, kann die Lückenbesetzung so erfolgen, dass die Kugeln über denen aus der Schicht A zu liegen kommen. Es kommt zur Stapelfolge ABCABC... usf.

Es gibt weitere Möglichkeiten die Stapelfolgen einer Metallstruktur in ihrer Periodizität zu variieren, dies führt zu *Polytypen*. Die beiden Stapelfolgen ABAB... usf. mit der Periodenlänge von zwei Schichten sowie ABCABC... usf. mit der Periodenlänge von drei Schichten sind die wichtigsten und kommen für Metallstrukturen am häufigsten vor. Sie resultieren in einer dichtesten Kugelpackung mit der Raumerfüllung von 74 %. Beide Stapelfolgen führen zu der KZ 12, wie in den Abb. → 4.61g und Abb. 4.62d erläutert wird.

Vgl.: Bei Ionenkristallen bestimmt der Ionenradius bzw. der Radienquotient die Koordinationszahl, bei Atomkristallen diktiert die Bindigkeit die Koordinationszahl.

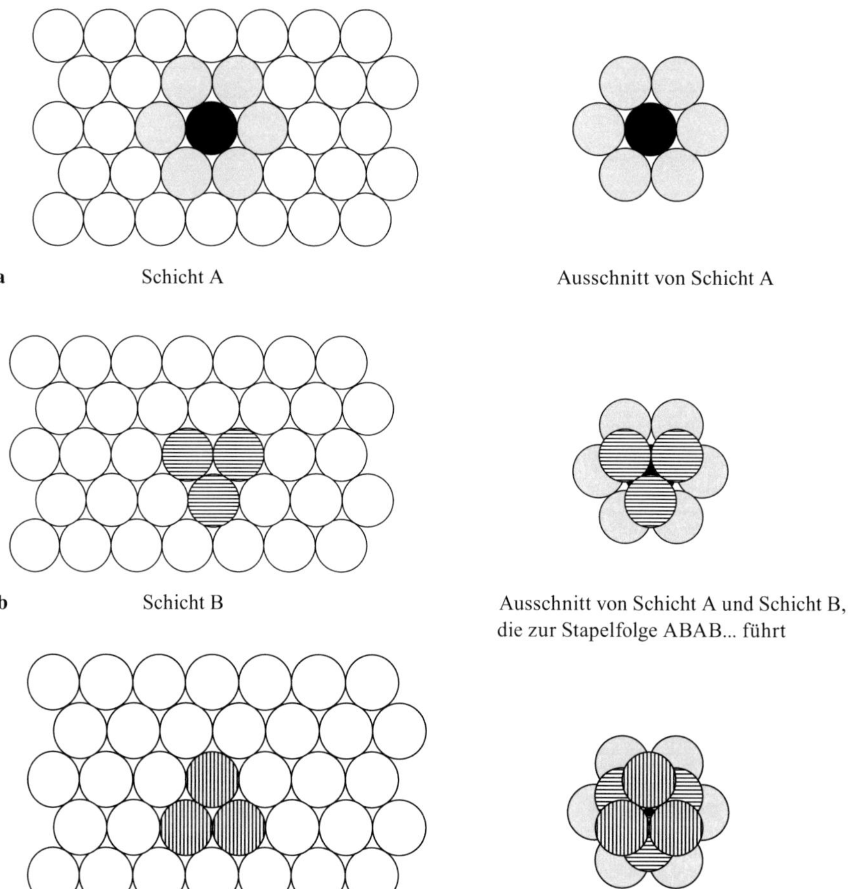

Abb. 4.60 Stapelfolgen für die dichtesten Kugelpackungen. Das Elektronengas ist nicht dargestellt.
a In einer Schicht mit gleich großen Atomrümpfen (helle Kugeln) hat jede Kugel im gleichen Abstand sechs nächste Nachbarn. Eine beliebige Kugel wurde dunkel gekennzeichnet. Rechts daneben ist der Ausschnitt für diese Kugel mit sechs nächsten Nachbarn aus der Schicht A gezeichnet.
b Die nächste Schicht B muss bei einer dichten Packung auf die Lücken (Mulden) der unteren Schicht A einrasten (quer gestreift). Der Ausschnitt rechts daneben zeigt die Stapelfolge AB für die dunkle Kugel, die bei Wiederholung zur Stapelfolge ABAB... usf. führt, s. → Abb. 4.61 b, d und e.
c Es gibt die Möglichkeit, dass in einer dritten Schicht C die Kugeln auf den anderen drei Lücken (Mulden) einrasten, die bei der Schicht B nicht benutzt wurden (senkrecht gestreift). Der Ausschnitt rechts daneben zeigt die Stapelfolge ABC für die dunkle Kugel, die bei Wiederholung zur Stapelfolge ABCABC... usf. führt, s. → Abb. 4.62 b und c.

Hexagonal-dichteste Kugelpackung (hdp)

engl. hexagonal closest packing (h.c.p.)

Die hexagonal-dichteste Kugelpackung hat die Stapelfolge ABAB... usf. Der wichtigste Vertreter ist *Magnesium*. Die hexagonal-dichteste Kugelpackung wird auch Magnesium-Typ genannt s. → Abb. 4.64.

Die → Abb. 4.61a zeigt einen Ausschnitt aus der Kristallstruktur der gleich großen positiven Metallatomrümpfe von Mg (Atomradius 159,9 pm). Es wird nur eine Lückenart benützt. Die erste, dritte und fünfte usf. Schicht nimmt jeweils die gleiche Lückenbesetzung ein, ebenso die zweite, vierte und sechste usf. Schicht.

Die dunkel hervorgehobene Kugel in der obersten Schicht A (s. → Abb. 4.61a) zeigt, dass sie von sechs Kugeln umgeben ist. Dies trifft für jede beliebig andere Kugel in jeder Schicht zu, auch in der Schicht B. Deshalb ist es unerheblich, in welcher Schicht mit A begonnen wird, jeder Atomrumpf hat die gleiche Koordinationszahl KZ. Wichtig ist die Stapelfolge der Schichten, die sich hier nach der zweiten Schicht wiederholt.

Dicht besetzte Schichten sind *Gitterebenen* und bei gleich großen Kugeln zugleich gute *Gleitebenen*.

In → Abb. 4.61 b, d und e wird senkrecht zur Schicht A die hexagonale Struktur, unter c auch die ‚Draufsicht‘ dargestellt. Doch lässt sich die KZ 12 in der Darstellung unter f und g besser erkennen. Die Elementarzelle, die eine Raute darstellt, ist unter h und i getrennt gezeichnet.

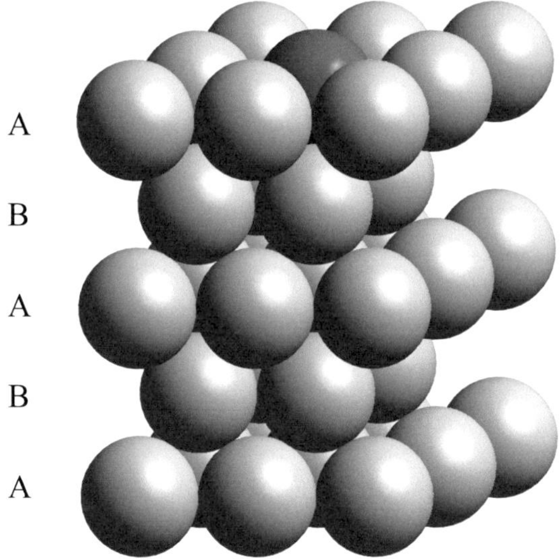

a Ausschnitt aus der hexagonal-dichtesten Kugelpackung, mit der Stapelfolge ABAB....usf. Es sind 2^3 Elementarzellen dargestellt.

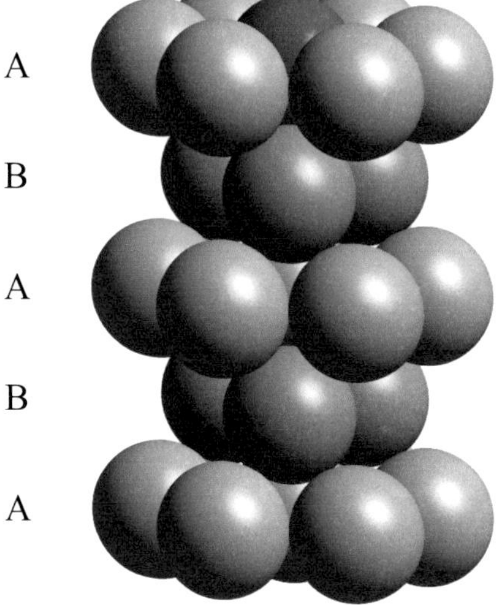

b   Ausschnitt senkrecht zur Schicht A

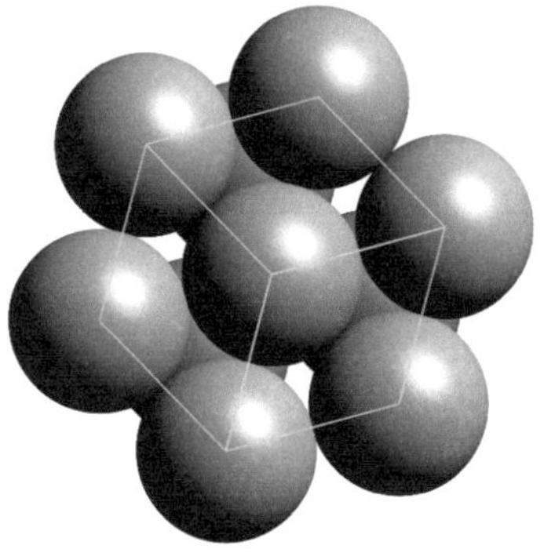

c Draufsicht auf die Schicht A. Es lassen sich die drei Rauten der im Kreis angeordneten Elementarzellen erkennen.

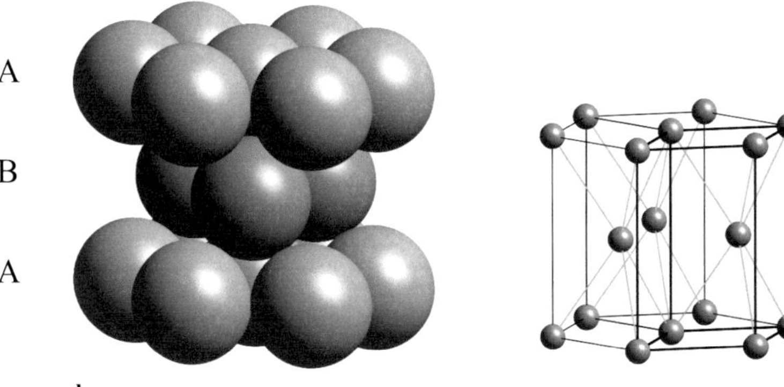

d   **e**

Ausschnitt senkrecht zur Schicht A, um die hexagonale Struktur anzuzeigen. Eine Elementarzelle ist in **e** verstärkt eingezeichnet.

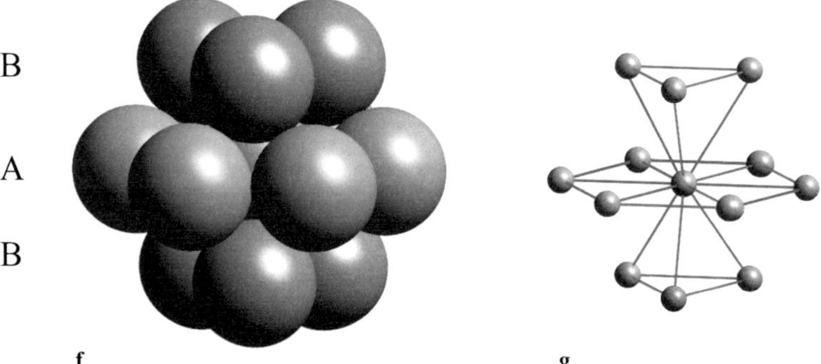

f   **g**

Ausschnitt, der die KZ 12 erkennen lässt, auch in der gitterhaften Darstellung **g**

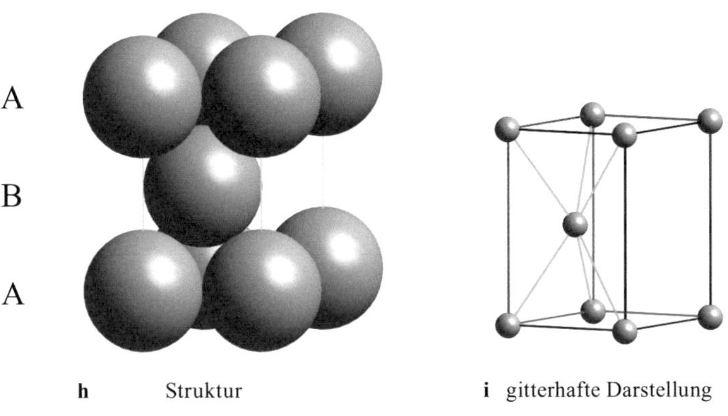

Abb. 4.61 Hexagonal-dichteste Kugelpackung (hdp) von Magnesium
Stapelfolge ABAB... usf.

Kubisch-dichteste Kugelpackung (kdp)

engl. cubic closest packing (c.c.p.)

Die kubisch-dichteste Kugelpackung hat die Stapelfolge ABCABC... usf. Der wichtigste Vertreter ist Kupfer. Die kubisch-dichteste Kugelpackung wird auch Kupfer-Typ genannt s. → Abb. 4.64.

Der Ausschnitt aus der Kristallstruktur der gleich großen, positiven Metallatomrümpfe von Cu (Atomradius 127,8 pm) lässt in → Abb. 4.62a folgende Zusammenhänge erkennen:

Der schräge Anschnitt stellt eine Schicht der ABCABC.... Stapelung dar. Eine beliebige Kugel (Atomrumpf, dunkel) ist in einer ebenen Schicht von sechs anderen Kugeln umgeben. Man kann jede Kugel in jeder parallel dazu liegenden Schicht betrachten, sie ist immer von sechs Kugeln umgeben. Daher ist es unerheblich, mit welcher Gitterebene begonnen und mit Schicht A bezeichnet wird. Wichtig ist die Stapelfolge der Schichten, die sich hier erst nach der dritten Schicht wiederholt. Gleichzeitig erkennt man die dichte Besetzung einer Schicht und dies gilt auch für alle anderen Schichten. Gitterebenen sind gute Gleitebenen.

In den → Abb. 4.62b und c wird für die dunkle Kugel die ABC Stapelung senkrecht zu den dicht besetzten Gitterebenen dargestellt. Die unterschiedliche Lückenbesetzung ist gut zu erkennen. Doch lässt sich die KZ 12 in den Darstellungen unter → Abb. 4.62d und e besser ablesen. Zugleich wird hier der Zusammenhang zwischen der ABC.... Stapelung und der kubisch-flächenzentrierten (kfz) Struktur erkennbar. Die ABC... Stapelung liegt diagonal in zwei kubisch-flächenzentrierten Zellen. In den → Abb. 4.62f und g ist die Elementarzelle abgebildet.

Die ABCABC.... Stapelung der Schichten kann also als Kubus dargestellt werden wie es in → Abb. 4.62a angedeutet ist. In der unteren linken Ecke ist eine flächenzentrierte Anordnung eingezeichnet.

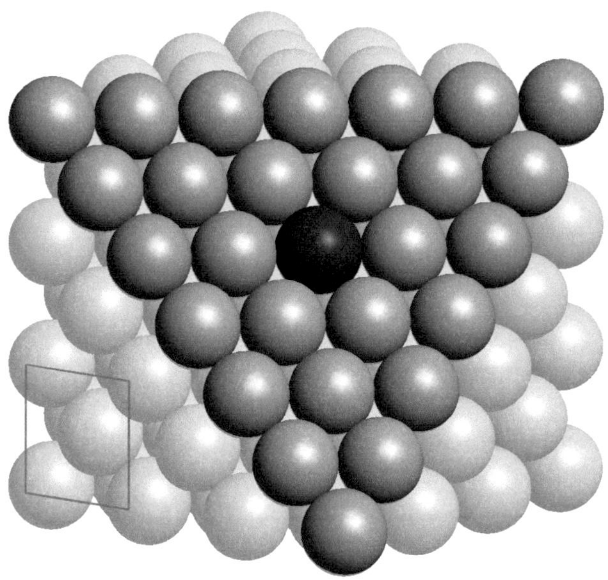

a Ausschnitt aus der kubisch-dichtesten Kegelpackung, mit der Stapelfolge ABCABC....usf. In der unteren linken Ecke ist eine flächenzentrierte Anordnung eingezeichnet.

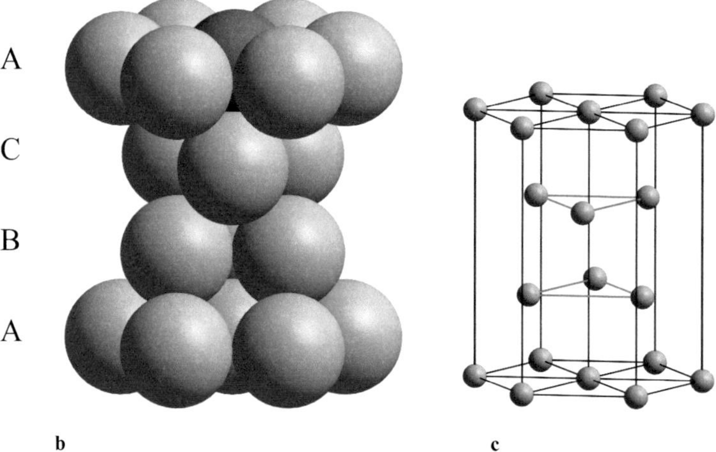

Ausschnitt senkrecht zur Schicht A, die die ABC.... Stapelung anzeigt.

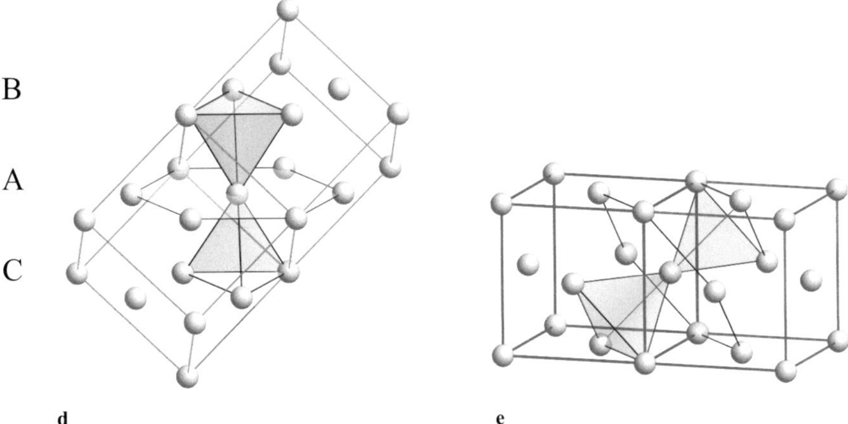

d   e

Stapelung, die die KZ 12 erkennen lässt. Zusammenhang der ABCABC.... Stapelung mit der kubisch-flächenzentrierten Struktur.

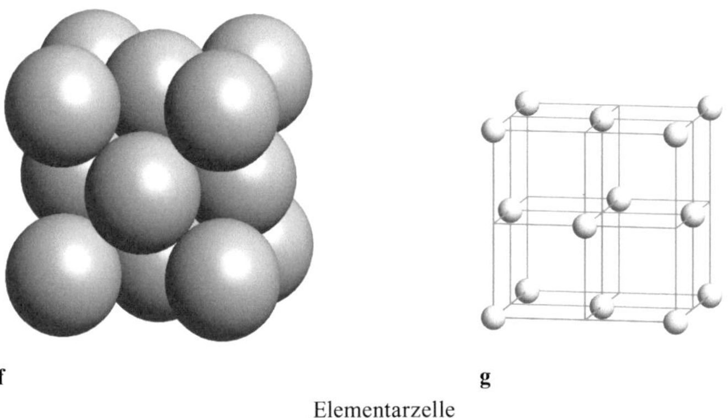

f   g

Elementarzelle

Abb. 4.62 Kubisch-dichteste Kugelpackung (kdp) von Kupfer
Stapelfolge ABCABC... usf.

Kubisch-raumzentrierte Struktur oder kubisch-innenzentrierte Kugelpackung

engl. body-centered cubic packing of spheres (b.c.c.)

Bei der kubisch-innenzentrierten Struktur beträgt die Raumerfüllung nur 68 %. Sie wird nicht als dichteste Kugelpackung bezeichnet. Der wichtigste Vertreter ist Wolfram (Atomradius 137 pm). Die kubisch innenzentrierte Struktur wird auch Wolfram-Typ genannt s. → Abb. 4.64.

Bei der kubisch-innenzentrierten Struktur (s. → Abb. 4.63a) hat eine Kugel acht nächste Nachbarn, die die Ecken eines Würfels besetzen. Es gibt zusätzlich noch sechs übernächste Nachbarn, die nur 15,5 % weiter entfernt sind. Letztere liegen allerdings in der Mitte der sich an die kubisch-innenzentrierte Zelle nach den drei Raumrichtungen anschließenden Würfel. Man spricht daher von einer KZ (8 + 6). Die sechs übernächsten Nachbarn bilden ein Oktaeder (s. → Abb. 4.63b und c). Es gibt nur eine dicht gepackte

Gitterebene, die auch eine relativ gute Gleitebene darstellt. Sie geht diagonal durch den Würfel.

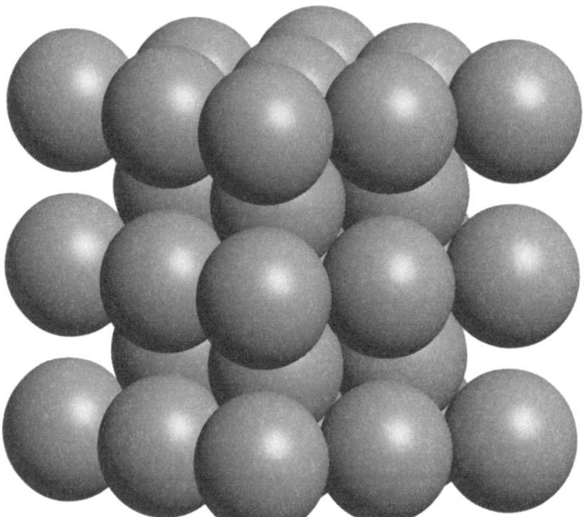

a Ausschnitt aus der innenzentrierten Struktur von Wolfram

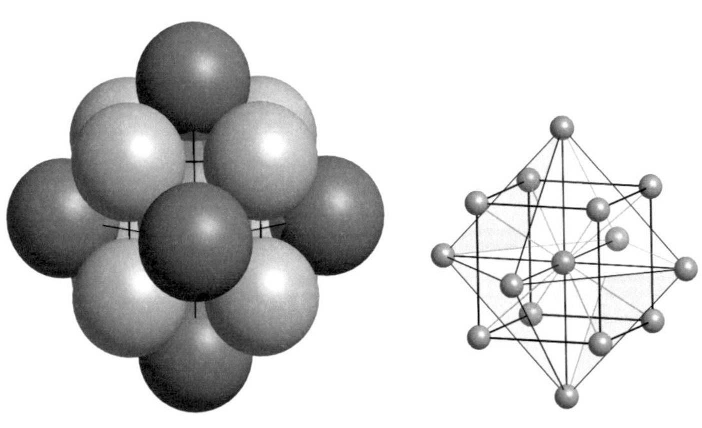

b Elementarzelle   **c**

Es sind zusätzlich die sechs 15,5 % entfernten Kugeln eingezeichnet (dunkle Kugeln).
Sie bilden ein Oktaeder.

Abb. 4.63 Kubisch-raumzentrierte Struktur (krz), auch kubisch innenzentrierte Struktur genannt von
Wolfram

Hinweis: Der Unterschied zwischen der kubisch innenzentrierten Elementarzelle der Wolfram-Struktur und dem Erscheinungsbild der Elementarzelle der Cäsiumchlorid-Struktur (s. → Abb. 4.8) besteht darin, dass Ionenkristalle aus zwei verschiedenartigen Ionen (Kation und Anion) bestehen, von denen jede den kubisch primitiven Gittertyp annimmt. Nur ineinander gestellt ergibt sich formal ein kubisch-innenzentriertes Gitter, das in diesem Fall nicht so bezeichnet werden darf. Metallstrukturen dagegen bestehen aus nur einer Atomsorte, für die die kubisch-innenzentrierte Struktur zutrifft.

4.3.3 Strukturtypen

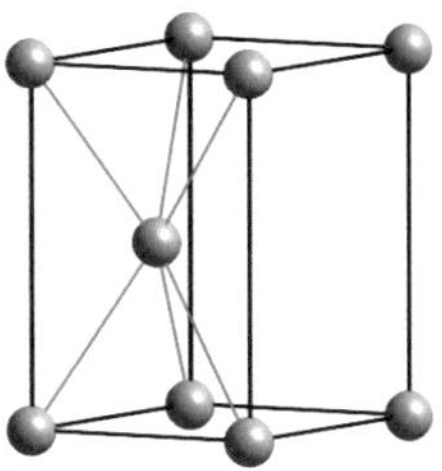

a Mg-Typ

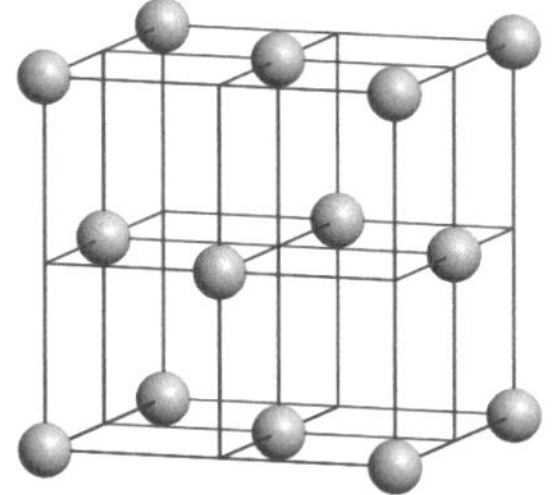

b Cu-Typ

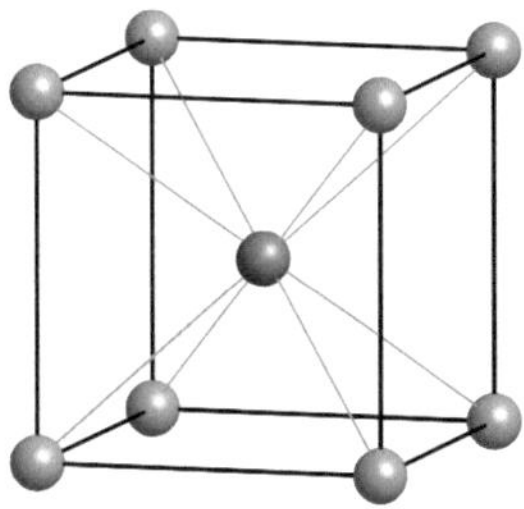

c W-Typ

Abb. 4.64 Strukturtypen für Metalle

Kristallstrukturen für ausgewählte Metalle

Tabelle 4.12 Kristallstrukturen für einige ausgewählte Metalle

Hexagonal-dichteste Packung Mg-Typ	Be, Mg, α-Ti, Zr, Zn, Cd, Co
Kubisch-dichteste Packung Cu-Typ	Cu, Ag, Au, Pt, Al, Ca, Sc, Ni, Pb, γ-Fe, β-Ti
Kubisch-innenzentrierte Struktur W-Typ	V, Nb, Ta, Cr, Mo, W, α-Fe, δ-Fe

Polymorphie

(polys gr. = viel; morphe gr. = Gestalt; Polymorphie = Vielgestaltigkeit)

Es gibt Metalle und andere Elemente sowie Verbindungen, die entsprechend den Zustandsbedingungen (Temperatur und Druck) in verschiedenen festen Zustandsformen – Kristallstrukturen, Modifikationen – vorkommen. Diese Erscheinung nennt man Polymorphie.

Beispiele für polymorphe Modifikationen:
α-, γ- und δ-Eisen (s. → Abb. 4.66), α- und β-Zinn (s. → Abschn. 4.3.7), Zinksulfid in der

Modifikation von Zinkblende und Wurtzit (s. → Abschn. 4.2.2), monoklines, tetragonales und kubisches Zirconiumdioxid (s. → Abschn. 4.1.7).

Man unterscheidet

- enantiotrope Modifikationen, wenn die verschiedenen Modifikationen wechselseitig umwandelbar sind (enantios gr. = entgegengesetzt). Ein Beispiel dafür ist die Umwandlung von α- und γ-Eisen.

- monotrope Modifikationen, wenn die verschiedenen Modifikationen nur einseitig, d.h. irreversibel umwandelbar sind (monos gr. = allein). Ein Beispiel dafür ist die Umwandlung von α- Siliciumnitrid in die Hochtemperaturmodifikation β-Siliciumnitrid. Nach Abkühlung bleibt die Modifikation von β- Siliciumnitrid erhalten.

Anmerkung: Von allotropen Modifikationen spricht man bei Elementen, wenn sie in verschiedenen Molekülgrößen vorkommen, z.B. sind die Schwefelmoleküle S_8, S_7, S_6 allotrope Modifikationen. Allotropie = Umwandlung in etwas anderes, allos gr. = ein anderes; trope gr. = Umwandlung.

4.3.4 Eigenschaften von Metallen, Metametallen und Halbmetallen

Eigenschaften von Metallen s. auch → Tabelle 4.13

» *Massendichte* (s. → Gl. (1.1))

Die Massendichten der Metalle zeigen eine große Spannweite. Sie ändern sich – allerdings mit Ausnahmen – periodisch mit der Ordnungszahl und nehmen jeweils vom Anfang einer Periode bis zum Ende einer Periode und ebenso in der Gruppe von oben nach unten zu.

- Unter Leichtmetallen versteht man Metalle, deren Massendichten kleiner 5 g/cm^3 sind. Beispiele aus → Tabelle 4.13 sind Beryllium, Magnesium, Aluminium und Titan. (Auf Alkali- und Erdalkalimetalle wird nicht eingegangen.)

- Die meisten Metalle haben Massendichten zwischen 6 und 9 g/cm^3.

- Schwermetalle mit Massendichten größer 10 g/cm^3 sind beispielsweise Blei, Molybdän, Palladium, Silber, Wolfram, Platin, Gold und Quecksilber.

» *Schmelzpunkte*

Die Schmelzpunkte (Smp. s. → Glossar) der Metalle reichen von $-39\ °C$ für Quecksilber bis 3410 °C für Wolfram. Die höchsten Werte haben Molybdän und Wolfram. Metalle sind mit Ausnahme von Quecksilber bei Raumtemperatur fest und nicht flüchtig.

Tabelle 4.13 Massendichten und Schmelzpunkte für einige ausgewählte Metalle nach Perioden geordnet.

Die Schmelzpunkte und Massendichten der Metalle hängen von ihrer Reinheit ab, dadurch gibt es Abweichungen bei den Angaben in der Literatur.

Periode	Ordnungs-zahl	Metall	Massendichte g/cm^3	Schmelzpunkt °C
Hauptgruppenmetalle				
2. Periode	4	Beryllium Be	1,85	1278
3. Periode	12	Magnesium Mg	1,74	649
	13	Aluminium Al	2,70	660
5. Periode	50	β-Zinn Sn	7,29	232
6. Periode	82	Blei Pb	11,34	328
Nebengruppenmetalle Übergangsmetalle				
4. Periode	22	Titan Ti	4,51	1660
	23	Vanadium V	6,09	1890
	24	Chrom Cr	7,14	1857
	25	Mangan Mn	7,44	1244
	26	Eisen Fe	7,87	1535
	27	Cobalt Co	8,89	1495
	28	Nickel Ni	8,91	1453
	29	Kupfer Cu	8,92	1083
	30	Zink Zn	7,14	420
5. Periode	40	Zirconium Zr	6,51	1852
	41	Niob Nb	8,58	2468
	42	Molybdän Mo	10,28	2617
	46	Palladium Pd	12,02	1554
	47	Silber Ag	10,49	962
6. Periode	72	Hafnium Hf	13,31	2227
	73	Tantal Ta	16,68	2996
	74	Wolfram W	19,26	3410
	78	Platin Pt	21,45	1772
	79	Gold Au	19,32	1064
	80	Quecksilber Hg	13,55	− 38,84 (Sdp +357)

Die nachfolgend beschriebenen Eigenschaften von Metallen lassen sich mit der Vorstellung der Metallbindung nach *Drude* und *Lorentz* zumindest qualitativ erklären.

» *Elektrische Leitfähigkeit, Elektronenleitung*

Die elektrische Leitfähigkeit bei Metallen beruht auf den regellos frei beweglichen, delokalisierten Elektronen im Leitungsband, den Leitungselektronen. Beim Anlegen einer Spannung wandern sie zum positiven Pol der Spannungsquelle, es fließt ein elektrischer Strom.

Mit steigender Temperatur wird die Eigenbewegung der Atomrümpfe in Form von Schwingungen um ihre Gleichgewichtslage heftiger, was die Driftbewegung der Elektronen zunehmend behindert, die Leitfähigkeit nimmt ab. Die elektrische Leitfähigkeit der Metalle hat einen negativen Temperaturkoeffizienten. Nach Silber leiten Kupfer und in einigem Abstand Aluminium den elektrischen Strom am besten.

» *Wärmeleitfähigkeit*

Bei guter elektrischer Leitfähigkeit liegt in der Regel auch eine gute Wärmeleitfähigkeit vor (Gesetz von *Wiedemann* und *Franz*). Die frei beweglichen Elektronen nehmen am Transport der Wärmeenergie teil, dieser ist gekoppelt mit den Schwingungen der positiven Atomrümpfe. Sowohl für die Metallatomrümpfe als auch für delokalisierten Elektronen ist die Beweglichkeit im Bereich höherer Temperatur heftiger als im Bereich niederer Temperaturen. Bei Zuführung von Wärme breitet sich folglich die Wärmeenergie nach und nach überall in Form von Schwingungsenergie aus.

Metalle sind gute Wärmeleiter. Ein Kupferdrahtnetz über einer Bunsenbrenner-Flamme leitet die Wärme so schnell ab, dass über dem Drahtnetz keine Flamme erscheint. Metalle werden als Wärmeaustauscher eingesetzt. Ein Beispiel ist die Wärmeübertragung von Kochplatte zu Kochtopf.

» *Festigkeit*

Je mehr Elektronen zum Elektronengas abgegeben werden, umso stärker ist die Coulomb-Wechselwirkung zwischen positiven Metallatomrümpfen und Elektronen. Es entstehen Strukturen mit entsprechend hoher Gitterenergie oder, anders ausgedrückt, mit entsprechend hoher Festigkeit. Ein Maß dafür sind die Schmelzpunkte, die bei vielen Metallen über 1000 °C liegen.

» *Plastische Verformbarkeit (Duktilität), Sprödigkeit*

Beim Einwirken einer Kraft (s. → Abb. 4.65) können dicht besetzte Gitterebenen bei dichtesten Kugelpackungen in alle Raumrichtungen verschoben werden. Da alle Metallatomrümpfe gleich groß sind, gibt es keine Hemmnisse beim Verschieben. Dicht besetzte Gitterebenen sind gute Gleitebenen. Der Zusammenhalt über die delokalisierten Elektronen bleibt vor und nach der Verschiebung gleich und führt nicht zur Abstoßung. Diese gute plastische Verformbarkeit äußert sich z.B. beim Ziehen, Walzen und Hämmern von Silber, Kupfer, Gold, Blei u.a.

Krafteinwirkung

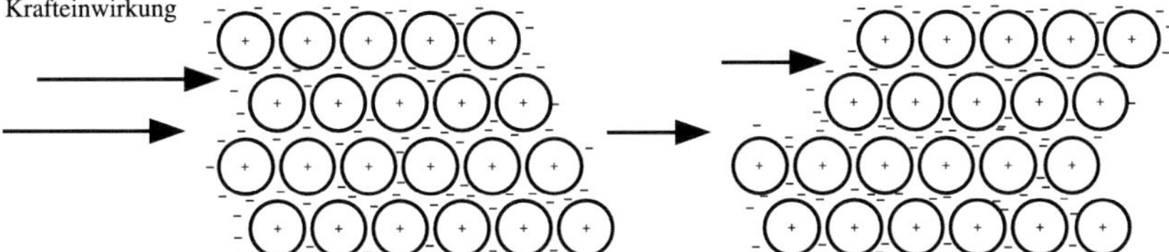

Abb. 4.65 Schema für die plastische Verformbarkeit der kubisch-dichtesten Packung von Metallen. Die Einwirkung einer Kraft führt nicht zur Abstoßung zwischen Gitterebenen wie bei den Ionenkristallen s. → Abb. 4.15.

Die Sprödigkeit, Härte und die hohen Schmelzpunkte der Metalle mit kubisch-innenzentrierter Struktur lassen sich mit der Struktur und der metallischen Bindung allein nicht erklären. Der extrem hohe Schmelzpunkt von Wolfram mit 3410 °C und ein relativ hoher Wert von 2,4 für die EN deuten auf einen Anteil Atombindung (kovalente Bindung) hin. Elektronen in den d-Orbitalen (hybridisiert) können eine starke, gerichtete Atombindung eingehen, die zur Metallbindung hinzukommt. Die Verschiebbarkeit von Gitterebenen, die plastische Verformung, wird dadurch eingeschränkt.

» *Metallischer Glanz*

Delokalisierte Elektronen absorbieren Licht aller Wellenlängen, was Ursache für die Undurchsichtigkeit der Metalle ist. Die Reflexion von Licht aller Wellenlängen lässt die Metalloberfläche grauweißlich bis silberglänzend erscheinen und verleiht ihr Glanz.

Vgl.: Diamant ist glasklar. Sichtbares Licht tritt mit den Elektronen in der starken, gerichteten Atombindung nicht in Wechselwirkung, das Licht geht hindurch.

Eigenschaften von Metametallen

Die Metametalle Zn, Cd, Hg, *Ga**, In, Tl, weißes β-Sn, Pb und Bi unterscheiden sich von ihren metallischen linken Nachbarn im PSE durch eine nur geringe Überlappung von Valenzband und Leitungsband. Es sind normale Elektronenleiter mit einem negativen Temperaturkoeffizienten, jedoch mit vergleichsweise geringer elektrischer und thermischer Leitfähigkeit. Wie die übrigen Metalle sind sie metallisch glänzend, plastisch verformbar (duktil), wenig flüchtig (Ausnahme Hg) und zeigen normales Schmelzverhalten. Unterscheidungsmerkmale sind niedrige Schmelzpunkte, kleinere Koordinationszahlen und weniger typische Metallstrukturen (Ausnahme Pb, KZ 12, kdp).

*siehe weiter unten ‚Unregelmäßigkeiten'

Eigenschaften von Halbmetallen und Halbleitern

Der Übergang von den Metametallen nach rechts im PSE zu den Nichtmetallen zeigt ebenfalls keine scharfe Grenze. Dazwischen stehen die Halbmetalle B, *Ga**, Graphit, Si, Ge sowie die grauen metallischen Modifikationen von α-Zinn, As, Sb,

Se und Te. Halbmetalle haben teils eine geringfügige Bänderüberlappung teils eine sehr schmale Bandlücke und sind ebenfalls Elektronenleiter. Im speziellen Fall, wenn die beiden Energiebänder durch eine nicht allzu breite Bandlücke getrennt sind, spricht man von elektrischen *Halbleitern*. Die elektrische Leitfähigkeit wächst bei Halbmetallen und Halbleitern mit steigender Temperatur, sie haben einen positiven Temperaturkoeffizienten.

Halbmetalle und Halbleiter zeigen mattgrauen Glanz, sind spröde (nicht plastisch formbar), wenig flüchtig. Die elektrische und thermische Leitfähigkeit der Halbmetalle ist größer als die der Halbleiter, jedoch geringer als die der echten Metalle. Sie bilden Raum- bzw. Schichtstrukturen mit mittleren Koordinationszahlen und unterscheiden sich in diesen Eigenschaften von den Metallen.

Die Halbmetalle Ge, Sb auch das metametallische Bismut schmelzen wie Eis, unter Volumenkontraktion, ebenso Ga, das zwischen dem Metametall Zn und dem Halbmetall Ge steht.

Klassische Halbleiter sind Si, Ge, graues Se und graues Te.

Unregelmäßigkeiten zwischen Metallen, Metametallen und Halbmetallen

Nicht immer sind alle Kriterien ideal erfüllt, es gibt Unregelmäßigkeiten.

Gallium zeigt Eigenschaften eines Metametalls und eines Halbmetalls. Auf ein Metametall weist die EN von 1,8, die vergleichsweise hohe elektrische Leitfähigkeit und der silberweiße Glanz. In seinem chemischen Verhalten hat Gallium Ähnlichkeit mit Aluminium. In trockener Luft und in Wasser ist es beständig unter Bildung einer schützenden Oxidhaut Ga_2O_3, die auch mit oxidierenden Säuren wie Salpetersäure entsteht. Auf ein Halbmetall weist die Sprödigkeit, die Härte sowie eine niedere KZ, es hat keine typische Metallstruktur, sondern eine Schichtstruktur, das Schmelzen erfolgt unter Volumenkontraktion (Smp. 29,78 °C). Galliumarsenid GaAs, das zu den $A^{III}B^V$-Halbleitern zählt, ist eine der bekanntesten Verbindungen.

Graphit (Halbmetall) zeigt parallel zu den Kohlenstoffschichten und bedingt durch die delokalisierten π-Elektronen metallische elektrische Leitfähigkeit mit negativem Temperaturkoeffizienten. Senkrecht zu den Schichten ist die Leitfähigkeit geringer und hat, wie für Halbleiter typisch, einen schwach positiven Temperaturkoeffizienten. Der metallische Charakter äußert sich in einer guten Wärmeleitfähigkeit, der starken Lichtabsorption und in einem, wenn auch schwachen metallischen Glanz. Graphit ist weich, die Schichtstruktur ermöglicht eine leichte Spalt- und Verschiebbarkeit der Schichten.

Betrachtet man die Gruppe 13 (Hauptgruppe IIIa) mit den Elementen B, Al, Ga, In und Tl, so stellt man fest, dass zwischen den Halbmetallen Bor und Gallium das Metall Aluminium steht mit typisch metallischen Eigenschaften, wie kubisch-dichtester Kugelpackung, hoher elektrischer Leitfähigkeit (2/3 von der des Kupfers), plastische Verformbarkeit und silberweißem Metallglanz.

	B	*Al*	Ga	In	Tl
	Halbmetall	*Metall*	Halb-/Metametall	Metametalle	
EN	2,0	*1,5*	1,8	1,5	1,4

Der Unterschied zwischen Bor und Aluminium äußert sich in den chemischen Eigenschaften und hängt mit der Elektronenkonfiguration dieser Elemente zusammen. Die Elektronegativität (EN), die sich von B zu Al erniedrigt, steigt zum Ga wieder an, um dann zu In und Tl entsprechend der Zunahme des metallischen Charakters in der Gruppe nach unten wieder abzufallen (s. → Tabelle 4.14).

4.3.5 Übergang zwischen den Grenztypen Atombindung und Metallbindung bei den Elementen der Hauptgruppe IVa (Gruppe 14) im PSE

Der Gang der Eigenschaften von C, Si, Ge, Sn, Pb

Die Hauptgruppe IVa (Gruppe 14, Kohlenstoffgruppe) steht etwa in der Mitte der Hauptgruppen, die Außenschale ist mit vier Elektronen gerade halb besetzt. Der Übergang vom Nichtmetall Kohlenstoff zum (Meta-)Metall Blei vollzieht sich in dieser Gruppe kontinuierlich von oben nach unten, von der 2. bis zur 6. Periode. Mit zunehmendem Atomradius – stets kommt eine neue Schale hinzu – kann man den Übergang zwischen den Grenztypen *Atombindung zur Metallbindung* vor allem durch die Veränderung der *Kristallstruktur* und der *elektrischen Leitfähigkeit* verfolgen.

In der 2. Periode steht das Nichtmetall Kohlenstoff. In der Modifikation des Diamanten bildet er einen Atomkristall aus (KZ 4) und ist ein elektrischer Isolator. In der Modifikation des Graphit wird Kohlenstoff als Halbmetall klassifiziert. Es folgen die Halbmetalle Silicium in der 3. Periode und Germanium in der 4. Periode, die ebenfalls im Diamant-Typ (KZ 4) kristallisieren und Halbleitereigenschaften aufweisen.

Ab der 3. bis 6. Periode sind die Valenzelektronen nicht mehr so stark in der Atombindung, in den bindenden Orbitalen lokalisiert. Dadurch entfernen sich die Valenzelektronen zunehmend vom positiv geladenen Atomkern und immer mehr mit Elektronen aufgefüllte Schalen schirmen die Valenzelektronen vom Kern ab. Die Tendenz zur Abgabe der Valenzelektronen wird dadurch größer, der metallische Charakter und die elektrische Leitfähigkeit nehmen zu.

In der 5. Periode steht das Halbmetall graues α-Zinn, es ist nur noch bis 13 °C beständig und liegt als Diamant-Typ vor. Oberhalb 13 °C besitzt die beständige tetragonale Modifikation des weißen β-Zinn bereits Eigenschaften eines Metametalls. Das in der 6. Periode folgende Blei ist ein sehr beständiges (Meta)-Metall mit der KZ 12 und einer kubisch-dichtesten Packung.

Die starke gerichtete Atombindung geht kontinuierlich vom Diamanten über die Halbmetalle Silicium, Germanium und α-Zinn (die Vierbindigkeit bestimmt hier die Struktur) zum β-Zinn (tetragonal) und Blei (kdp, kfz) mit Metallbindung über. Die elektrische Leitfähigkeit nimmt vom Nichtleiter Diamant über die Halbleiter zur metallischen Leitfähigkeit bei Blei zu.

Außer der *chemischen Bindung*, der *Kristallstruktur* und der *elektrischen Leitfähigkeit* verändern sich mit zunehmendem Atomradius auch andere Eigenschaften. Diamant ist *spröde*, während β-Zinn und Blei zunehmend plastisch verformbare Gitterebenen aufweisen. Die große *Härte* des Diamanten nimmt zum Silicium, Germanium und α-Zinn – obwohl im Diamant-Typ – kontinuierlich ab, β-Zinn sowie Blei sind relativ weiche Metalle. In gleicher Weise verändern sich *Temperaturbeständigkeit* und *Transparenz*. Graphit sublimiert unter Luftabschluss bei ca. 3370 °C, der Schmelzpunkt für Silicium liegt bei 1410 °C, für Germanium bei 937 °C, für β-Zinn bei 232 °C und für Blei bei 328 °C. Die Transparenz des Diamanten wird schon bei Silicium und Germanium nicht mehr erreicht. Diese Elemente sind undurchsichtig und glänzend wie auch β-Zinn und Blei. Das Licht kann in Wechselwirkung mit den nicht mehr so stark in der Atombindung gebundenen Elektronen treten.

4.3.6 Einteilungsmöglichkeiten der Metalle

Einteilung in echte Metalle, Metametalle und Halbmetalle.

Hierzu gibt die Elektronegativität (EN) einen Anhaltspunkt.

Tabelle 4.14 Schema zur Einteilung nach der Elektronegativität

	EN
Echte Metalle	< 1,6
Metametalle	etwa 1,6 bis 1,8
Halbmetalle	etwa 1,8 bis 2,5
Nichtmetalle	etwa 2,5 bis 4,0

Einteilung nach der Bezeichnung T_1-, T_2- und B-Elemente

Für Legierungssysteme, die im nächsten → Abschn. 4.4 besprochen werden, erweist sich eine Klassifikation nach der Bezeichnung T_1-, T_2- und B-Elemente als nützlich. Unter T_1 werden die typischen Metalle, die Alkali- und Erdalkalimetalle genannt, unter T_2 die Übergangsmetalle und unter B die Meta- und Halbmetalle.

Einteilung in Leichtmetalle und Schwermetalle nach der Massendichte

Die Grenzen sind eher willkürlich festgelegt s. → Abschn. 4.3.4.

Tabelle 4.15 Einteilung der Metalle für Legierungssysteme

Echte Metalle			B-Gruppe	
T_1	T_2		Metametalle	Halbmetalle
Li Be Na Mg K Ca Rb Sr Cs Ba	 Sc Ti V Cr Mn Fe Co Ni Cu Y Zr Nb Mo Tc Ru Rh Pd Ag La Hf Ta W Re Os Ir Pt Au		 Zn (Ga) Cd In β-Sn Hg Tl Pb Bi	B Graphit Si (Ga) Ge As Se α-Sn Sb Te

Einteilung in unedle und edle Metalle

Darauf wird im → Abschn. 5.4.2 – elektrochemische Spannungsreihe – eingegangen.

4.3.7 Ausgewählte Metalle – Werkstoffe für den Maschinenbau

Reine Metalle stehen für den Maschinenbau als Werkstoffe nicht immer im Vordergrund. Vielmehr werden die Eigenschaften der reinen Metalle absichtlich und gezielt durch Zugabe von Fremdatomen, den Legierungselementen zu *Metall-Legierungen* geändert (s. → Abschn. 4.4).

Neben Eisen in der Form von Gusseisen und Stahl sind einige Nichteisenmetalle von besonderer Bedeutung. Ihre Produktion beträgt allerdings nur einen Bruchteil der Gusseisen- und Stahlproduktion.

Eisen

Eisen ist einer der wichtigsten und preiswertesten metallischen Grundwerkstoffe mit vielen Vorzügen.

Eisen ist nach Sauerstoff, Silicium und Aluminium als vierthäufigstes Element mit einem Massenanteil von etwa 5 bis 6 % am Aufbau der Erdkruste (30 bis 40 km in die Tiefe) beteiligt, es ist nach Aluminium das zweithäufigste Metall. In der Lithosphäre (s. → Glossar) tritt es in Form von Oxiden, Sulfiden und Carbonaten auf. Beispiele sind Magneteisenstein (Magnetit) Fe_3O_4, ($FeO \cdot Fe_2O_3$), Roteisenstein (Hämatit, Eisenglanz) Fe_2O_3, Brauneisenstein $Fe_2O_3 \cdot xH_2O$, Spateisenstein (Siderit) $FeCO_3$, Eisenkies (Pyrit, Schwefelkies) FeS, Kupferkies (Chalkopyrit) $CuFeS_2$ u.a.

» *Gewinnung von Roheisen*

Zur Gewinnung von Roheisen werden die sulfidischen Erze zunächst durch einen Röstprozess im Luft- oder Sauerstoffstrom in oxidisches Erz umgewandelt. Die oxidischen Erze lassen sich dann mit Kohlenstoff (Koks) bzw. mit Kohlenmonoxid CO im Hochofen zu Roheisen reduzieren. Der Hochofenprozess wird im → Abschn. 5.2.4, Abb. 5.10 angegeben.

Roheisen enthält durchschnittlich einen Massenanteil von etwa 4 % an Kohlenstoff, ist spröde, daher nicht schmiedbar und schweißbar und schmilzt beim Erhitzen nicht allmählich, sondern plötzlich. Es enthält wechselnd geringe Mengen an Silicium (0,5–3 %), Mangan (0,5–6 %), Phosphor (bis 2 %) sowie Spuren von Schwefel (< 0,05). Ein kleiner Teil des Roheisens wird zu Gusseisen verarbeitet, der weitaus größere Teil, etwa 90 % zu Stahl. In beiden Fällen kommt es auf die Einstellung des Verhältnisses von Si zu Mn und auf die Abkühlgeschwindigkeit des Roheisens an.

» *Weiterverarbeitung zu Gusseisen*

Wird die Abkühlung des Roheisens sehr langsam durchgeführt, so scheidet sich im Falle eines höheren Siliciumanteils (ca. 2,5 %) gegenüber dem Mangananteil (ca. 0,8 %) der im Roheisen als Eisencarbid Fe_3C – Cementit genannt – vorhandene Kohlenstoff als Graphit aus und man erhält das graue Roheisen (Grauguss) mit grauer Bruchfläche. Nach nochmaligem Umschmelzen wird es zu Gusseisenerzeugnissen weiter verarbeitet, Smp. etwa 1200 °C.

Gusseisen enthält etwa 2 bis maximal 4 % Kohlenstoff, ist spröde, nicht warm umformbar, d.h. es kann nicht geschmiedet und geschweißt werden. Die Formgebung der Gusswaren erfolgt durch Gießen. Durch Änderung des Umschmelzvorgangs können die Eigenschaften des Gusseisens verändert werden. Sondergusseisen sind hoch legiert mit Si, Al, Cr u.a. (Für eine genauere Einteilung von Gusseisenwerkstoffen wird auf die Literatur der Werkstoffkunde verwiesen.)

» *Weiterverarbeitung zu Stahl*

Bei rascher Abkühlung des Roheisens und bedingt durch einen höheren Mangananteil (ca. 1,5 %) gegenüber dem Siliciumanteil (ca. 0,5 %) verbleibt der Kohlenstoff als Cementit Fe_3C im Roheisen. Das weiße Roheisen mit weißer Bruchfläche wird zu Stahlerzeugnissen weiter verarbeitet. Smp. etwa 1100 °C. Obwohl Eisencarbid nur bei hohen Temperaturen beständig ist, wirken das rasche Abkühlen und der höhere Mangananteil dem Zerfall und der Graphitausscheidung entgegen.

Zur Reduzierung des Kohlenstoffanteils im Roheisen wird das flüssige weiße Roheisen z.B. im *Sauerstoffaufblas-Verfahren*, auch *Windfrischen* genannt, in einem Konverter (Mischer) mit Sauerstoffgas ‚aufgeblasen‘. Oxidationen laufen exotherm ab, sie liefern die Energie, um die Temperatur für die Schmelze von etwa 1500 °C aufrecht zu erhalten. Der Sauerstoff verbrennt den Kohlenstoff des Roheisens zu CO und CO_2 bis ein gewünschter Anteil erreicht ist. Auch die vorhandenen Elemente P, S, Mn, Si werden dabei in ihre Oxide überführt, sie setzen sich auf der Metallschmelze als Schlacke ab und können so entfernt werden. Unvermeidlich ist bei diesem Prozess die Bildung von Eisenoxid Fe_2O_3. Solange Mn, P und Si noch vorhanden sind, wird es durch diese Elemente zu Eisen reduziert. Es gibt verschiedene Verfahrensvarianten, um einen möglichst hochwertigen, verunreinigungsarmen Stahl zu erhalten, u.a. wird beim Herdfrischverfahren Schrott, d.h. verrostetes Eisen zugesetzt, um die Sauerstoffzufuhr zu unterstützen und gleichzeitig Eisen zurück zu gewinnen.

Der Rohstahl wird nach verschiedenen Nachbehandlungen (Desoxidation, Entschwefelung, Entgasung, Umschmelzen u.a.) zu Fertigteilen oder Halbzeug weiter verarbeitet. Der Kohlenstoffgehalt ist im Stahl meist kleiner als 1%.

» *Reines Eisen*

Chemisch reines Eisen ist ein silberweißes, relativ weiches, dehnbares, sehr reaktionsfreudiges Schwermetall mit einer Massendichte von 7,87 g/cm^3 und einem Schmelzpunkt von 1535 °C. Wegen seiner geringer Zugfestigkeit (220−280 N/mm^2 s. → Glossar) ist es als Konstruktionswerkstoff nicht geeignet.

Eisen wird kaum in chemisch reiner Form hergestellt, allenfalls für Katalysatoren z.B. für das Haber-Bosch-Verfahren (s. → Abschn. 5.1.6 Historisches) und die Fischer-Tropsch-Synthese (s. → Buch 2, Abschn. 2.1.2). Seine Herstellungskosten sind relativ hoch. Darstellungsmöglichkeiten für reines Eisen sind die Reduktion von Eisenoxiden mit Wasserstoff zu Eisenpulver bei etwa 500 °C sowie die thermische Zersetzung von Eisenpentacarbonyl gemäß nachfolgender Reaktionsgleichung, wobei sehr reines Eisenpulver, das Carbonyleisen entsteht.

$$Fe(CO)_5 \rightarrow Fe + 5\ CO \quad \text{bei } 150°C\text{--}250\ °C$$

Eine weitere Methode ist die Elektrolyse einer Eisen(II)-chlorid- oder Eisen(II)-sulfat-Lösung mit einer Graphit-Anode bzw. mit einer Anode aus Eisenblech oder Gußeisen, die sich anodisch auflöst, so dass sich das reine Eisen an der Katode abscheidet.

Eisen ist polymorph, es kommt in drei enantiotropen (wechselseitig umwandelbaren) Modifikationen vor, deren Umwandlungstemperaturen bei 911 °C und 1392 °C liegen. In Wirklichkeit gibt es bei der Umwandlung eine thermische Hysterese, d.h. die Umwandlungstemperaturen hängen von der Richtung der Temperaturänderung ab: beim Schmelzen und Abkühlen zeigen sich geringe Unterschiede.

In → Abb. 4.66 ist die Polymorphie des Eisens dargestellt. Ferrit ist unterhalb der so genannten *Curie-Temperatur* von 768 °C ferromagnetisch, oberhalb dieser Temperatur paramagnetisch. Eine Strukturumwandlung findet dabei nicht statt. Austenit und δ-Eisen sind paramagnetisch.

Die Umwandlung von α-Eisen, dem *Ferrit*, in γ-Eisen, dem *Austenit*, ist technisch von besonderer Bedeutung:

Die kubisch-innenzentrierte Struktur des Ferrits und die kubisch-dichteste Kugelpackung (mit kubisch-flächenzentrierte Anordnung der Kugeln) des Austenit unterscheiden sich in der Möglichkeit der Lückenbesetzung. Während die kubisch-innenzentrierte Struktur nur erschwert eine Lückenbesetzung zulässt, ermöglicht die kubisch-flächenzentrierte Struktur die Besetzung von Oktaederlücken. In die Oktaederlücken können sich trotz der kubisch-dichtesten Kugelpackung des Austenits z.B. kleine C- und N-Atome einlagern. Auch ist der Austenit wegen seiner

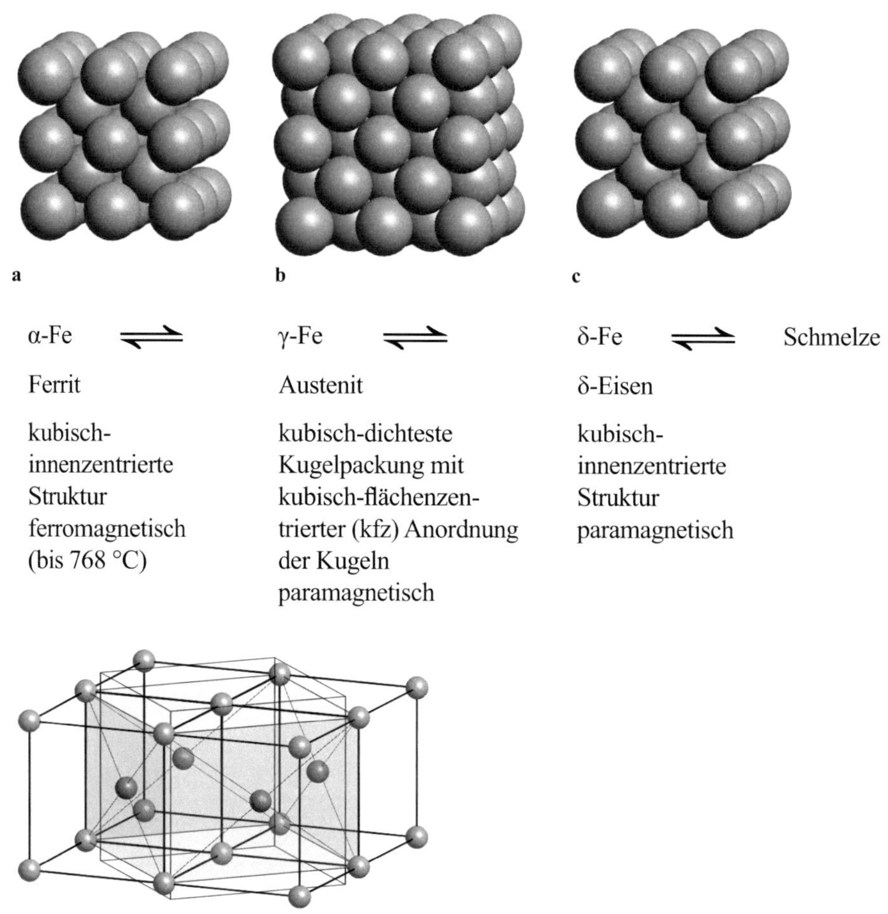

α-Fe $\rightleftharpoons$	γ-Fe $\rightleftharpoons$	δ-Fe $\rightleftharpoons$ Schmelze
Ferrit	Austenit	δ-Eisen
kubisch-innenzentrierte Struktur ferromagnetisch (bis 768 °C)	kubisch-dichteste Kugelpackung mit kubisch-flächenzentrierter (kfz) Anordnung der Kugeln paramagnetisch	kubisch-innenzentrierte Struktur paramagnetisch

Abb. 4.66 Polymorphie des Eisens
a, b, c die enantiotropen Modifikationen von Eisen
d Darstellung von vier kubisch-innenzentrierten Elementarzellen des α-Eisens. Man kann daraus eine flächenzentrierte Zelle ablesen.

guten Gleitebenen in allen Raumrichtungen leichter zu bearbeiten als der kubisch-innenzentrierte Ferrit mit nur einer dicht gepackten Gleitebene. Die plastische Verformung wird beim Austenit zusätzlich durch das polykristalline Material begünstigt. Die in unterschiedlichen Orientierungen vorliegenden Kristallkörner, die sich zwar durch Korngrenzen gegeneinander abgrenzen, sich aber gleichzeitig über die Metallbindung miteinander zum Gefüge verbinden, begünstigen die Plastizität. Es stehen beim Austenit Gleitebenen in allen Richtungen zur Verfügung.

Die beiden unterschiedlichen Kristallstrukturen von α-Eisen und γ-Eisen, die Löslichkeit des Eisens für C- und N-Atome sowie die Aufnahme von Legierungselementen bilden die Basis für eine große Eigenschaftsvielfalt. Der hohe Schmelzpunkt von 1535 °C und auch der von andere Eisenwerkstoffen wie sie im Eisen-Kohlenstoff-Phasendiagramm (s. → Seite 238) erwähnt werden, ist der Grund, dass diese Werkstoffe noch warmfest sind, wenn andere Gebrauchsmetalle wie Blei, Zink, Aluminium und Magnesium bereits flüssig vorliegen.

Die wichtigsten Oxidationszahlen für das Nebengruppenelement Eisen sind +2 und +3. Die Verbindungen des Fe^{2+} sind Reduktionsmittel, die des Fe^{3+} sind leichte Oxidationsmittel. Im Eisenpentacarbonyl $Fe(CO)_5$ hat Fe die Oxidationszahl 0.

Eisen rostet an feuchter und CO_2-haltiger Luft wie auch in O_2- und CO_2-haltigem Wasser unter Bildung von Eisen(III)-oxidhydrat mit der vereinfachten Formel von $FeO(OH)$ bzw. $Fe_2O_3 \cdot H_2O$ (s. $\rightarrow$ Abschn. 5.4.4 Korrosion). Besonders aggressiv verhält sich salzhaltiges Meerwasser oder SO_2-haltige Luft in Industriegebieten. Die auf diesem Weg gebildete Oxidschicht stellt keine zusammenhängende festhaftende Schutzschicht dar, sondern springt in Schuppen ab und legt dabei frische Metalloberfläche frei, so dass der Rostvorgang weiter fortschreiten kann.

Die Beständigkeit gegen konzentrierte Schwefelsäure und rauchende Salpetersäure beruht wie bei Aluminium auf der Ausbildung einer zusammenhängenden Oxid-Schutzschicht ($\rightarrow$ Passivierung), die das darunter liegende Metall vor weiterer Einwirkung schützt. Gefäße aus Stahl können daher zum Transport der genannten konzentrierten Säuren und trockenem Chlorgas verwendet werden.

Beim Erhitzen vereinigt sich Eisen dagegen leicht mit Chlor und vielen anderen Nichtmetallen wie S, P, C, Si, B. Insbesondere die Eisencarbidphase Fe_3C spielt in der Metallurgie des Eisens eine wichtige Rolle.

Eisen steht in der elektrochemischen Spannungsreihe über Wasserstoff (Standardpotential $-0,44$ V in saurem Milieu, $-0,878$ V in alkalischem Milieu s. $\rightarrow$ Abschn. 5.4.2), dementsprechend löst es sich in nichtoxidierenden Säuren wie Salzsäure, verdünnter Schwefelsäure und verdünnter Salpetersäure leicht unter Wasserstoffentwicklung und Bildung des entsprechenden Fe(II)-Salzes. Mit Salzsäure entsteht beispielsweise Fe(II)-chlorid und Wasserstoff:

$$Fe\ +\ 2\,HCl\ \rightarrow\ FeCl_2\ +\ H_2\uparrow$$

Fe(II)-Ionen oxidieren an der Luft leicht zu Fe(III)-Ionen.

Von Wasser wird Eisen oberhalb 500 °C nach folgender Reaktion angegriffen.

$$3\,Fe\ +\ 4\,H_2O\ \rightarrow\ Fe_3O_4\ +\ 4\,H_2\uparrow$$

Eisen in feinstverteiltem Zustand verbrennt beim Einblasen in eine Bunsenbrennerflamme zu Eisenoxid. In gittergestörter Form wird es schon bei gewöhnlicher Temperatur durch Luftsauerstoff unter lebhafter Wärmeentwicklung und Verglimmen oxidiert (pyrophores Eisen).

Wegen vieler Ähnlichkeiten der Elemente Eisen, Cobalt und Nickel $-$ sie stehen in einer horizontalen Reihe in der Nebengruppe VIIIb im PSE $-$ was beispielsweise ihre Dichten, Schmelzpunkte und Radien betrifft, werden sie als Eisengruppe zusammengefasst.

» *Charakteristische Phasen im Eisen-Kohlenstoff-Phasendiagramm*

Siehe ausführlich → Literatur der Werkstoffkunde

Ferrit, das α-Eisen ist unterhalb 911 °C beständig. Die Aufnahmefähigkeit von statistisch verteiltem Kohlenstoff zum α-Mischkristall (s. feste Lösung → Abschn. 4.4.2 und Abb. 4.67) ist relativ gering und beträgt bei einer Temperatur von 738 °C maximal nur 0,02 %. Sie nimmt sowohl bei Temperaturerhöhung als auch bei Temperaturerniedrigung wieder ab. Dieser sog. *ferritische Stahl* (meist nur Ferrit oder α-Ferrit genannt) ist eine weiche und gut formbare metallische Phase. Durch Zusatz von Legierungselementen wie Cr, Si, Al, Mo, V kann der Beständigkeitsbereich der Ferrit-Phase ausgedehnt werden. Beispielsweise kann eine Zugabe von 13 % Cr die Ferrit-Phase von 20 °C bis zum Schmelzpunkt stabil halten.

Austenit (nach Sir W. C. Roberts-Austen 1843–1902, England) das γ-Eisen ist oberhalb 911 °C bis zu einer Temperatur von 1392 °C beständig. Die Aufnahmefähigkeit von statistisch verteiltem Kohlenstoff zum γ-Mischkristall (feste Lösung) beträgt bei einer Temperatur von 1147 °C etwa 2,1 % und nimmt sowohl bei Temperaturerhöhung als auch bei Temperaturerniedrigung wieder ab. Die kubisch-flächenzentrierte Anordnung der Eisenatome kann die kleinen C-Atome in die Oktaederlücken (s. Zwischengitterplätze → Abschn. 4.4.2) aufnehmen, ohne die Struktur zu verändern. Der *austenitische Stahl* (meist nur Austenit genannt) kann aufgrund der guten Gleitebenen der kubisch-flächenzentrierten Strukur im festen Zustand in der Wärme verformt werden. Legierungselemente mit ebenfalls kubisch-dichtester Packung (kfz) wie Ni und Cu erweitern den Beständigkeitsbereich der Austenit-Phase. Dagegen wird der Beständigkeitsbereich durch Elemente wie Cr, Mo und W mit kubisch-innenzentrierter Struktur eher eingeengt. In einer Fe–Ni-Legierung mit einem Anteil an Ni von etwa 40 % ist die Austenit-Phase zwischen 20 °C und dem Schmelzpunkt von 1335 °C stabil, d.h. im Gegensatz zu reinem Eisen tritt keine Phasenumwandlung im festen Zustand ein.

Perlit entsteht, wenn man den γ-Mischkristall (austenitischer Stahl) abkühlen lässt. Der Beständigkeitsbereich des γ-Mischkristalls weitet sich aus, da der größere Kohlenstoffanteil die Umwandlung zu Ferrit hemmt. Zunächst fällt *Cementit* Fe_3C aus, dadurch erniedrigt sich der Kohlenstoffanteil des γ-Mischkristalls. Erst bei einer Temperatur von 723 °C, wenn sein Kohlenstoffanteil sich auf etwa 0,8 % erniedrigt hat, bricht die kubisch-flächenzentrierte Struktur des γ-Mischkristalls zusammen. Es entsteht ein sog. *eutektoides Gemisch aus zwei Phasen, aus α-Mischkristall* (Ferrit mit 0,02 % Kohlenstoff) und Cementit Fe_3C (6,69 % C), das man Perlit nennt. Perlit hat eine lamellenartige Struktur und ist perlmuttglänzend. Das entstehende Gefüge nennt man Eutektoid, es bildet sich aus der festen Phase des γ-Mischkristalls, die in zwei Phasen zerfällt.

Martensit (nach *A. Martens 1850–1914, Berlin)* entsteht, wenn der γ-Mischkristall mit hinreichend großer Geschwindigkeit auf Raumtemperatur abgekühlt, d.h. abgeschreckt wird. In dem so entstandenen Martensit ist der im Austenit gelöste Kohlenstoff nach dem Abschrecken in der Lösungsverteilung des Austenit verblieben, d.h. zwangsgelöst ('diffusionslose Umwandlung'), eine Cementit-Ausscheidung wird verhindert. Den Kohlenstoffatomen bleibt keine Zeit, den Austenit (kfz) zu verlassen, um Ferrit und Cementit zu bilden. Dieser zwangsgelöste Kohlenstoff hat eine Verzerrung, eine Fehlordnung des bei Raumtemperatur sonst beständigen kubisch-innenzentrierten α-Eisen nach leicht tetragonaler Struktur zur Folge. Martensit hat ein nadeliges Gefüge, ist hart und verschleißfest, jedoch spröde. Er ist nur unter 150 °C stabil. Wird Martensit bei 200 bis 300 °C getempert, so wandelt er sich in Ferrit und Cementit um. Die martensitische Härte wird zur Oberflächenhärtung von Stahl verwendet. Während nur eine dünne Schicht an der Oberfläche sehr hart ist, bleibt der Kern des Stahls zäh.

Ledeburit: Kühlt man eine *Eisenschmelze* mit mehr als 4,3 % Kohlenstoff langsam ab, so scheidet sich aus ihr Graphit bis zu einem Kohlenstoffanteil von insgesamt 4,3 % aus. Dann erstarrt die Schmelze bei einer Temperatur von 1147 °C. Es entsteht ein *eutektisches Gemisch aus zwei Phasen, aus γ-Mischkristall* (Austenit mit 2,1 % Kohlenstoff) *und Cementit* Fe_3C (sein C-Anteil beträgt 6,69 %), das man Ledeburit nennt. Insgesamt ergibt sich für das Gemisch ein Kohlenstoffanteil von 4,3 %. Eutektikum s. → Abschn. 4.4.4. Das Gefüge nennt man Eutektikum, es ist besonders feinkörnig und lässt sich gut verarbeiten.

Kühlt man andererseits eine Eisenschmelze mit einem Kohlenstoffanteil von weniger als 4,3 % ab, so kristallisiert aus ihr bei Abkühlung so lange der γ-Mischkristall (Austenit mit 2,1 % Kohlenstoff) aus, bis die Schmelze wiederum einen Kohlenstoffanteil von 4,3 % insgesamt enthält und bei einer Temperatur von 1147 °C als Ledeburit erstarrt. Die Temperatur von 1147 °C am eutektischen Punkt ist zugleich die tiefste Schmelztemperatur des Eisen-Kohlenstoff-Phasendiagramms.

» *Legierte Stähle*

Ist nur Kohlenstoff ($< 1,7$ %) das härtende Element, so spricht man von *unlegiertem Stahl*. Um die Eigenschaften des Stahls in gewünschter Weise zu verändern, werden durch Metall- oder Nichtmetallzusätze *legierte Stähle* hergestellt. Die *Legierungselemente* werden der Schmelze zugeschlagen. Zusätze allein oder in unterschiedlichen Kombinationen sind Al, B, Co, Cr, Cu, Mn, Mo, Ni, S, V, W u.a. (alphabetische Reihenfolge) neben einem variablen Kohlenstoffanteil.

Es gibt niedrig legierte Stähle (bis etwa 5 % Zusätze) und hoch legierte Stähle mit Anteilen an Legierungselementen von mehr als 5 %. Diese beeinflussen die Diffusion des Kohlenstoffs, die Umwandlungstemperaturen und dadurch den sonst üblichen beständigen Temperaturbereich der ferritischen und austenitischen Stähle sowie die Eigenschaften in unterschiedlicher Weise. Nickel erweitert nicht nur den Austenitbereich, er macht auch zäh. Chrom, mengenmäßig eines der wichtigen Legierungselemente erhöht die Härte, die Warmfestigkeit und die Korrosionsbeständigkeit. Chromnickelstähle zeichnen sich durch besondere Rost- und Säurebeständigkeit aus. Wolfram verhindert die Enthärtung bei hohen Temperaturen. Vanadium, Molybdän, Wolfram und Aluminium als Legierungselemente finden Verwendung als Nitrierstähle. Durch Nitrieren entsteht eine nur wenige zehntel Millimeter dicke Randschicht der extrem harten Metallnitride mit hoher Zunderbeständigkeit (s. → Abschn. 5.4.4). Für das umfangreiche Gebiet der Stähle wird auf die Literatur der Werkstoffkunde verwiesen.

Nichteisenmetalle

Kurzbezeichnung NE-Metalle

Nachfolgend wird auf folgende Nichteisenmetalle eingegangen:

Aluminium Al
Blei Pb
Kupfer Cu
Magnesium Mg
Nickel Ni
Titan Ti
Zink Zn
Zinn Sn
Zirkon Zr

Einige Eigenschaften sind in der → Tabelle 4.16 zusammengefasst:

Tabelle 4.16 Eigenschaften einiger ausgewählter Nichteisenmetalle

Metalle	Massendichte g/cm³ (20 °C)	Schmelzpunkt °C	*Mohs*-Ritzhärte	Struktur
Al	2,70	660	2,75	kdp (kfz)
Pb	11,34	328	1,2	kdp (kfz)
Cu	8,92	1083	2,5 − 3	kdp (kfz)
Mg	1,74	649	2	hdp
Ni	8,91	1453	3,8	kdp (kfz)
α-Ti* β-Ti	4,51 4,34	 1660	3 − 4	hdp kubisch-innenzentriert
Zn	7,14	420		hdp
β-Sn	7,29	232	1,8	tetragonal
α-Zr** β-Zr	6,51	 1852	7−8	hdp kubisch-innenzentriert

*Umwandlungstemperatur zu β-Ti bei 883° C
**Umwandlungstemperatur zu β-Zr bei 862° C

Nichteisenmetalle gewinnt man wie Eisen aus den in der Natur vorkommenden Erzen durch Abbau. Um ihre Ressourcen zu schonen, werden sie nach ihrer Verwendung oftmals Recycling-Verfahren unterzogen.

» *Aluminium Al*

Aluminium ist das wichtigste Nichteisenmetall und nach Eisen der am meisten verwendete metallische Werkstoff.

Eigenschaften (s. auch → Tabelle 4.16)

Das silberweiße Aluminium ist ein Leichtmetall. Seine geringe Dichte und vor allem seine Korrosionsbeständigkeit sind hervorstechende Eigenschaften.

Die Oxidationszahl für das Hauptgruppenelement Aluminium ist +3.

An der *Luft* bildet Aluminium mit Sauerstoff an der Oberfläche eine Oxid-Schutzschicht, auch *Passivschicht* genannt. Wird sie beschädigt, so schließt sie sich an der Luft wieder selbständig. Eine Oxid-Schutzschicht erhält man auch durch Einwirkung von konzentrierter Salpetersäure HNO_3. Diese Oxid-Schutzschicht schützt das darunter liegende Metall gegen weitere korrosive Einwirkungen, z.B. wird das darunter liegende Metall in einem wässrigen Medium im pH-Bereich zwischen 4,5 und 8,5 nicht angegriffen. Erst starke Säuren (Flusssäure, Salzsäure, Phosphorsäure) und starke Basen (Natron- und Kalilauge, Natriumcarbonat) haben Einfluss auf die Oxidhaut. Die Schutzschicht kann im *Eloxal-Verfahren* künstlich verstärkt werden (s. → Abschn. 5.4.2).

Wasser und schwache Säuren (Essigsäure) greifen Aluminium in der Kälte nicht an. Die Konzentration der Hydroxidionen OH^- (s. → Abschn. 5.3.4) ist in solchen Lösungen immer noch groß genug, um das Löslichkeitsprodukt (L) des sehr schwer löslichen Aluminumhydroxids $Al(OH)_3$ zu überschreiten. Es schützt das Metall vor weiterer Einwirkung des Wassers oder der schwachen Säure.

Weitere Eigenschaften: Aluminium ist gut umformbar, hämmer-, gieß-, schmied- und ziehbar, nicht magnetisch, thermisch und elektrisch gut leitend, doch relativ weich. Unter Schutzgas ist es schweißbar. Oberhalb 600 °C nimmt Aluminium eine körnige Struktur an (Al-Gries) und kann dann leicht zu Pulver gemahlen werden. In dieser Form wird es im aluminothermischen Schweißverfahren (Thermitschweißen) verwendet (s. → Abschn. 5.4.1).

Reines, d.h. schutzschichtfreies Aluminium ist ein relativ *unedles Metall*. In nichtoxidierenden Säuren wie HCl ist es unter Wasserstoffentwicklung löslich.

$$Al + 3\ HCl \rightarrow AlCl_3 + 1\frac{1}{2}\ H_2\uparrow$$

Beispiele für die Verwendung

Aluminium hat als Werkstoff besondere physikalische und chemische Vorteile. Die Anwendungsmöglichkeiten sind daher sehr vielfältig und reichen von Haushaltsgegenständen, Behältern, Kesseln, Getränkedosen, Folien für Verpackungs- und Isoliermaterial (Alufolie) bis zu Anwendungen bei der elektrischen Energieübertragung, zu

---

Erklärungen für nachfolgend verwendete Begriffe:
Oxidationszahl s. → Abschn. 5.4.1.
Legierungssysteme s. → Abschn. 4.4
Säuren, Basen, pH-Werte s. → Abschn. 5.3
Löslichkeitsprodukte L s. → Abschn. 5.3.3
Standardpotenziale, elektrochemische Spannungsreihe s. → Abschn. 5.4.2

Fassadenverkleidungen, in der Fahrzeugtechnik, chemischen und Nahrungsmittel-Industrie und in der Luft- und Raumfahrt. Das Verhältnis von Festigkeit zu Dichte ist günstig.

Al-Legierungen

Sie weisen gegenüber Reinaluminium größere Festigkeit bei hoher Korrosionsbeständigkeit, größere Härte, besserer Verarbeitbarkeit und geringere elektrischer Leitfähigkeit auf.

Die wichtigsten Legierungselemente für Aluminium sind Cu, Mg, Si, Mn, Li und Zn. Kleinere Zusätze sind Ni, Co, Cr, V, Pb, Zr u.a. Größere Konzentrationen können sowohl elementar aufgenommen werden als auch eine intermetallische Phase – *Aluminide* – bilden (s. → Abschn. 4.4.3). Beispiele sind Al_3Mg_2, Al_6Mn, $CuAl_2$. Aluminide sind Hochtemperatur-Werkstoffe mit hoher thermischer Stabilität bei gleichzeitig sehr guter Festigkeit und annehmbarer Zähigkeit. Titanaluminide TiAl werden für Leichtbaustrukturen bis etwa 750 °C eingesetzt.

Vorkommen und Darstellung von Aluminium

Reines Aluminium kommt wegen seines unedlen Charakters in der Natur nicht elementar sondern nur in Form seiner Verbindungen vor. Wichtigstes Ausgangsmaterial für die Aluminiumgewinnung ist der Bauxit (genannt nach dem ersten Fundort Les Baux in Südfrankreich 1821), ein mit Eisenoxid, Siliciumdioxid und kleinen Mengen an Titandioxid TiO_2 verunreinigtes Gemenge aus Aluminiumhydroxid-Mineralien. Man gibt für Bauxit die Formel AlO(OH) an. Er findet sich in großen Lagern in Frankreich, USA und vielen anderen Ländern. Die Darstellung von Aluminium nach der *Schmelzflusselektrolyse* wird → auf Seite 409 beschrieben.

» *Blei Pb*

Eigenschaften (s. auch → Tabelle 4.16)

Blei ist ein bläulich-graues, weiches, dehnbares Schwermetall mit relativ niedrigem Schmelzpunkt von 328 °C. Es lässt sich gut walzen und ziehen. Es steht in der elektrochemischen Spannungsreihe in der Nachbarschaft von Zinn und Nickel und hat wie diese an der Grenze zu den edlen Metallen ein nur sehr schwach elektronegatives Potenzial.

Die Oxidationszahlen für das Hauptgruppenelement Blei sind +2 und +4, wobei die Pb^{2+}-Verbindungen am häufigsten und beständigsten sind. Pb^{4+}-Verbindungen sind Oxidationsmittel wie z.B. Bleidioxid PbO_2.

Die stark glänzende Metalloberfläche von Blei ist nur bei frischer Schnittfläche zu sehen. Sie läuft an der Luft schnell mit einer mattblaugrauen, dünnen Schutzschicht aus Bleioxid an. Feinverteiltes Blei entzündet sich an der Luft von selbst schon bei Normaltemperatur (pyrophores Blei). Beim längerem Erhitzen und Schmelzen an der Luft erhält kompaktes Blei zunächst eine graue Oxidschicht, geht dann in die gelbe Bleiglätte PbO und schließlich in rote Mennige Pb_3O_4 über, das formal als Blei(II)-plumbat(IV) $Pb_2[PbO_4]$ aufgefasst werden kann. Auch mit anderen *Nichtmetallen* wie Halogene und Schwefel vereinigt sich Blei in der Hitze direkt zu den entsprechenden Verbindungen.

Destilliertes und luftfreies *Wasser* greift Blei nicht an. Normales Leitungswasser dagegen enthält Luftsauerstoff, so dass sich langsam das relativ schwerlösliche Blei(II)-hydroxid $Pb(OH)_2$ als Schutzschicht bilden kann:

$$Pb + 1/2\ O_2 + H_2O \longrightarrow Pb(OH)_2\downarrow$$

Das Löslichkeitsprodukt von $Pb(OH)_2$ sagt allerdings aus, dass sich in wässriger Lösung stets Pb^{2+}-Ionen im Gleichgewicht mit dem Niederschlag befinden. Daher sollte Blei für die Herstellung von Wasserleitungsrohre nicht verwendet werden, denn Bleiverbindungen sind giftig.

In stark kohlendioxidhaltigen Gewässern wird Blei langsam unter Bildung von Bleihydrogencarbonat aufgelöst:

$$Pb + 1/2\ O_2 + H_2O + 2\ CO_2 \longrightarrow Pb(HCO_3)_2$$

Gegenüber Säuren wie Salzsäure, Schwefelsäure und Flusssäure ist Blei beständig. Diese Säuren bilden auf der Metalloberfläche einen dünnen schwerlöslichen Überzug aus Bleichlorid, Bleisulfat bzw. Bleifluorid, die einen weiteren Säureangriff auf das Metall verhindern.

Beispiel:

$$Pb + H_2SO_4 \longrightarrow PbSO_4\downarrow + H_2$$

Säuren, die keinen schwerlöslichen Niederschlag bilden, greifen Blei an. Im Falle von oxidierender Säure wie Salpetersäure erfolgt die Auflösung rasch unter Bildung des Blei(II)-Salzes $Pb(NO_3)_2$, im Falle von nichtoxidierenden Säuren wie Essigsäure löst es sich erst bei Zutritt von Sauerstoff. Blei löst sich in heißem Laugen zu Plumbaten (IV), z.B. $Na_2[Pb(OH)_6]$.

Beispiele für die Verwendung

Da unlegiertes Blei sehr weich ist, wird es für Bauteile, die einer mechanischen Beanspruchung unterliegen, kaum benutzt. Seine Verwendung beruht auf der Korrosionsbeständigkeit gegenüber bestimmten Säuren, Salzen und atmosphärischen Einflüssen. Bedeutung haben auch seine leichte Verformbarkeit, der niedrige Schmelzpunkt, die hohe Massendichte und die geringe Härte. So dient es zur Herstellung z.B. von Behältern und Röhren für aggressive Flüssigkeiten und für spezielle Kabelummantelungen. Bekannt ist der Blei-Akkumulator als Starterbatterie im Automobilbau mit Bleiplatten in Schwefelsäure (s. → Abschn. 5.4.3).

Blei-Legierungen

Als härtende Elemente werden Antimon und Zinn zugesetzt. Besonders bekannte Bleilegierungen sind das Letternmetall (Schriftmetall Pb–Sb–Sn) und die Blei-Lagermetalle (Pb–Sb–Sn zum Teil mit geringen Mengen an Alkali- und Erdalkalimetallen). Im Unterschied zu Weichblei (reines Blei) nennt man durch Antimon gehärtetes Blei Hartblei.

Das rote Bleioxid Pb_3O_4, ist als Mennige bekannt und dient als Rostschutzfarbe.

Vorkommen und Darstellung von Blei

Das meist verbreitete Bleierz ist der Bleiglanz PbS. Daraus wird Blei durch Oxidation (Rösten) zu PbO umgesetzt und anschließend mit Koks bzw. mit dem bei der Reaktion entstehenden Kohlenmonoxid CO zu Blei reduziert. In einem anderen Verfahren wird nur ein Teil des PbS zu PbO oxidiert. Dieses wird dann mit dem noch verbliebenen PbS unter Luftabschluss erhitzt, wobei sich das Gemisch von PbS und PbO zu Blei und SO_2 umsetzt: $PbS + 2\,PbO \rightarrow 3\,Pb + SO_2$. Das nach diesem Verfahren erhaltene Werkblei enthält noch Verunreinigungen von Kupfer, Silber, Gold, Zink, Arsen, Antimon, Zinn und Schwefel. Der Silber- und Goldanteil kann bis zu 1 % betragen. Diese Metalle werden nach verschiedenen Verfahren abgetrennt. Blei kann auch auf elektrolytischem Wege gereinigt werden.

» *Kupfer Cu*

Eigenschaften (s. auch → Tabelle 4.16)

Reines Kupfer hat eine gelbrote Farbe (Buntmetall), ist glänzend, verhältnismäßig weich, zäh sowie kalt- und warmumformbar, löt- und schweißbar und kann wie Gold und Silber zu sehr dünnen Blättern und Fäden geformt werden. Nach Silber weist Kupfer die höchste elektrische und thermische Leitfähigkeit auf.

Die Oxidationszahlen für das Übergangsmetall Kupfer sind +1 und +2.

An der Luft oxidiert Kupfer langsam an der Oberfläche zu fest haftendem Kupfer(I)-oxid (Cu_2O) mit der bekannten dunkel-rötlichen Kupferfarbe. In feuchter Atmosphäre und in Gegenwart von CO_2 (in Städten), SO_2 (im Industriegebiet) oder chloridhaltigen Sprühnebel (an der Küste) bildet sich auf Kupfer allmählich ein Überzug aus grünem basischen Carbonat $CuCO_3 \cdot Cu(OH)_2$, bzw. basischem Sulfat $CuSO_4 \cdot Cu(OH)_2$ oder basischem Chlorid $CuCl_2 \cdot 3\,Cu(OH)_2$, den man Patina nennt und die das darunter liegende Metall schützt.

Während Kupfer in neutralen und alkalischen wässrigen Lösungen beständig ist, entsteht in Ammoniakwasser nach einigen Tagen blaues Tetraminkupferhydroxid $[Cu(NH_3)_4](OH)_2$. Mit Essigsäuredämpfen entsteht auf Kupfer basisches Kupferacetat, als Grünspan bekannt.

Entsprechend seiner Stellung in der elektrochemischen Spannungsreihe wird reines Kupfer von nichtoxidierenden Säuren wie Salzsäure HCl, verdünnter Schwefelsäure H_2SO_4 u.a. (in Abwesenheit von Sauerstoff) nicht gelöst, dagegen tritt mit oxidierenden Säuren z.B. Salpetersäure HNO_3 die Auflösung schnell ein:

$$3\,Cu + 8\,HNO_3 \rightarrow 3\,Cu(NO_3)_2 + 4\,H_2O + 2\,NO$$

Beispiele für die Verwendung

Kupfermetall eignet sich wegen seiner guten Wärmeleitfähigkeit für den Wärmeaustausch sowohl für Koch- als auch Kühlgeräte (Heizrohre und Kühlschlangen) und wegen der Bildung von Patina für Dacheindeckungen. Die gute plastische Verformbarkeit wird bei der Herstellung von Rohren, sehr feinen Drähten, dünnen Bändern, Profilen u.a. ausgenützt. Kupfergeräte sind sehr haltbar, auch unter Wasser und auf dem Meeresboden. Die gute elektrische Leitfähigkeit des Metalls macht Kupfer zum besonderen Werkstoff der Elektrotechnik.

Cu-Legierungen

Legierungselemente steigern die Festigkeit, die Härte und Korrosionsbeständigkeit von Kupfer. Die bekanntesten Kupferlegierungen sind: Messing, eine Cu–Zn-Legierung (s. → Abschn. 4.4.3) und die Bronzen. Als klassische Bronze gilt die Cu–Sn-Legierung, eine andere Bronze ist die Cu–Al-Legierung. Cu–Ni-Legierungen ('Konstantan') sind wichtige elektrische Widerstandswerkstoffe, ihr Widerstand ist unabhängig von der Temperatur. Cu–Zn–Ni-Legierungen ('Neusilber') finden für Essbestecke und in der Feinmechanik Verwendung. (Konstantan und Neusilber sind alte Handelsnamen)

Vorkommen und Darstellung von Kupfer

Kupfer kommt hauptsächlich als sulfidisches und oxidisches Erz vor. Von den sulfidischen Erzen sind der Kupferkies $CuFeS_2$ und der Kupferglanz Cu_2S zu nennen, als oxidische Erze das Rotkupfererz Cu_2O und der grüne Malachit $Cu_2(OH)_2(CO_3)_2$. In Deutschland gibt es den Mansfelder Kupferschiefer. Die technische Gewinnung des Kupfers aus den eisenhaltigen Kupfererzen, den Kiesen, erfolgt hauptsächlich schmelzmetallurgisch auf trockenem Wege. Zuerst wird Eisen abgetrennt und anschließend das im Kupfersulfid gebundene Kupfer zu metallischem Rohkupfer reduziert. Dazu lässt man zunächst Sauerstoff bei erhöhter Temperatur auf die Kupfer-Eisen-Sulfide einwirken – diesen Vorgang nennt man Rösten – dabei entstehen nur Eisenoxide, die mit Quarz (SiO_2) Eisensilicat-Schlacken bilden. Diese mischen sich im flüssigen Zustand nicht mit dem verbliebenen flüssigen Kupfer(I)-sulfid und können infolgedessen abgetrennt werden. Durch eine weitere Röstreaktion wird aus Kupfer(I)-sulfid bei erhöhter Temperatur metallisches Rohkupfer freigesetzt: $3\,Cu_2S + 3\,O_2 \rightarrow 6\,Cu + 3\,SO_2$. Die Reinigung (Raffination) von Rohkupfer zu Reinkupfer erfolgt durch katodische Abscheidung (s. → Abschn. 5.4.2).

» *Magnesium Mg*

Eigenschaften (s. auch → Tabelle 4.16)

Magnesium ist ein silberglänzendes Leichtmetall von geringer Härte, es lässt sich hämmern, gießen, zu Blech auswalzen und zu Draht ziehen. Von allen gebräuchlichen metallischen Werkstoffen hat Magnesium die geringste Massendichte von $1{,}74\ \text{g/cm}^3$ und auf die Festigkeit bezogen eine hohe spezifische Festigkeit. Die elektrische Leitfähigkeit beträgt etwa 1/3 der Leitfähigkeit des Kupfers und etwa 2/3 des Aluminiums.

Die Oxidationszahl für das Hauptgruppenelement Magnesium ist +2.

An der *Luft* überzieht sich Magnesium wie Aluminium sehr schnell mit einer dünnen, zusammenhängenden, mattweißen Oxidschutzhaut, die das darunter liegende Metall vor weiterem Angriff schützt. Liegt Magnesium in Band- oder Pulverform vor, so entzündet es sich oberhalb 450 °C und verbrennt in Luft mit blendend weißem Licht (reich an UV-Strahlung) zu Magnesiumoxid MgO, dabei entsteht auch Magnesiumnitrid Mg_3N_2. Die hohe Reaktionsfähigkeit mit Sauerstoff erfordert auch Schutzmaßnahmen gegen Selbstentzündung bei Temperaturen > 450 °C, z.B. beim Schmelzen und Gießen.

Wegen seiner großen Neigung, sich mit Sauerstoff zu verbinden dient Magnesium in der chemischen Industrie als starkes Reduktionsmittel. Es wird zur Herstellung von Metallen wie Be, Ti, Zr, Hf, U aus ihren Chloriden sowie als Desoxidationsmittel in der Stahlindustrie eingesetzt. Es hat reduzierende Wirkung auf die Gase CO, CO_2,

SO_2, NO und entzieht diesen Verbindungen den Sauerstoff, d.h. es brennt in deren Atmosphäre. Brennendes Magnesium kann Temperaturen bis 2400 °C erreichen. Während es von Wasser bei Raumtemperatur nicht angegriffen wird – es bildet sich eine schwerlösliche Magnesiumhydroxidschicht $Mg(OH)_2$ aus – zersetzt es sich bei hohen Temperaturen mit Wasser unter Bildung von MgO und H_2. Wasser ist daher kein geeignetes Löschmittel für brennendes Magnesium, dazu muss Sand verwendet werden.

Von Säuren wird das unedle Metall unter Salzbildung und Wasserstoffentwicklung leicht angegriffen. Gegen Basen ist es beständig. Magnesiumhydrid s. → Abschn. 4.4.8.

Beispiele für die Verwendung

Das reine Metall Magnesium hat als Konstruktionswerkstoff wegen seiner Reaktionsfähigkeit und geringen Festigkeit kaum Bedeutung.

Mg-Legierungen

Die Legierungselemente Al und Zn verbessern die Verformbarkeit des Magnesiums, Mangan die Korrosionsbeständigkeit, vor allem gegen Wasser. Mit Zirconium erreicht man eine Kornverfeinerung und damit eine Steigerung von Festigkeit und Verformbarkeit. Weitere Legierungselemente sind Ce und Si. Zur Bildung von intermetallischen Phasen, den Laves-Phase z.B. $MgCu_2$ s. → Abschn. 4.4.3. Mg-Legierungen werden im Flugzeug- und Fahrzeugbau (Getriebegehäuse, Felgen) und als Konstruktionsteile im Maschinenbau verwendet.

Vorkommen und Darstellung von Magnesium

Magnesium kommt in der Natur in Form von Dolomit $CaMg(CO_3)_2$, Magnesit $MgCO_3$ vor, in verschiedenen Silikaten und Sulfaten und als Chlorid (Carnallit) sowie zusammen mit Aluminium im Spinell $MgAl_2O_4$. Zur Reindarstellung wird zunächst Magnesiumchlorid hergestellt, danach wird Magnesium aus einer Schmelze elektrolytisch bei 700 bis 800 °C abgeschieden. Ebenso kann eine thermische Reduktion angewendet werden.

» Nickel Ni

Eigenschaften (s. auch → Tabelle 4.16)

Nickel ist ein silberweißes, zähes (kfz-Struktur), dehnbares, passivierbares Schwermetall, bis zur Curie-Temperatur von 360 °C schwach ferromagnetisch, oberhalb paramagnetisch, mit guter thermischer und elektrischer Leitfähigkeit. Es lässt sich ziehen, walzen, schweißen, schmieden und auch polieren.

Die wichtige Oxidationszahl für das Übergangsmetall Nickel ist +2. Andere Oxidationszahlen sind +3 und +4.

Die wichtigste chemische Eigenschaft des an sich unedlen Metalls ist die Korrosionsbeständigkeit gegen *Luft, Sauerstoff und Wasser*. Da es sich außerdem hoch polieren lässt, eignet es sich zum anodischen Vernickeln von Eisenteilen. Kompaktes Nickel verbrennt bei erhöhter Temperatur in Sauerstoff zu Nickeloxid NiO. Feinstverteiltes Nickel kann sich pyrophor verhalten: ein heißer Nickeldraht verbrennt in reinem Sauerstoff unter Funkensprühen. Von nichtoxidierenden *Säuren* wird Nickel bei Raumtemperatur nur langsam angegriffen, eine Ausnahme macht verdünnte Salpetersäure, sie löst Nickel sehr schnell. Dagegen greift konzentrierte Salpetersäure HNO_3 Nickel nicht an. Gegenüber *Alkalihydroxiden* ist Nickel bis zu Temperaturen von 300 bis 400 °C beständig. In der Hitze reagiert Nickel auch mit Halogenen, Schwefel, Phosphor, Silicium und Bor. 100 g Nickel können 500–800 ml Kohlenmonoxid aufnehmen. Die Verwendung von Nickel als Hydrierungskatalysator (Raney-Nickel) beruht darauf, dass feinverteiltes Nickel bei höherer Temperatur beträchtliche Mengen an Wasserstoff adsorbieren kann.

Beispiele für die Verwendung

Verchromte Eisengegenstände tragen oftmals zum besonderen Korrosionsschutz eine galvanisch aufgebrachte Zwischenschicht aus Nickel. So aufgebrachtes Nickel bildet eine porenfreie Schicht auf Eisen im Gegensatz zu der zwar sehr viel schöner aussehenden, hochglänzenden, galvanisch aufgetragenen Verchromung. Diese enthält mikroskopisch kleine Risse und Poren und ist daher allein als Korrosionsschutz für Eisen nicht wirksam. Nickel wird im Apparatebau, in Akkumulatoren, Batterien und auch für Katalysatoren verwendet.

Haupteinsatzgebiet für Nickel ist die Stahlindustrie. Als Legierungselement für Stahl zusammen mit Chrom mit unterschiedlicher Zusammensetzung in den Chromnickelstählen trägt es zur Erhöhung von Härte, Zähigkeit, Wärme- und Korrosionsbeständigkeit bei.

Ni-Legierungen

Beispiele sind Ni–Cu, Ni–Mo, Ni–Cr.

Nitinol ist eine korrosionsbeständige, hochfeste Ni–Ti-Legierung mit Anteilen an Nickel von etwa 55 %. Die zu etwa 8 % elastisch verformbare Legierung ist bis etwa 650 °C verwendbar. Massendichte 6,4 g/cm^3, Smp. 1240 bis 1328 °C. Sie zählt zu den *Formgedächnis-Legierungen*, d.h. sie zeigt einen Memory-Effekt, der sich z.B. zur Umwandlung von thermischer in mechanische Energie zum Antrieb von kleinen Maschinen nutzen lässt.

Vorkommen und Darstellung von Nickel

Ausgangsmaterial für die Nickel-Gewinnung ist Magnetkies, er enthält Nickel, Kupfer und Eisen in Form von Sulfiden sowie geringe Mengen an Edelmetallen. In einem Röstprozess entsteht zunächst Eisenoxid, das durch Verschlackung mit Quarz (SiO_2) abgetrennt wird. Die verbleibenden Sulfide von Kupfer, Nickel und von restlich vorhandenem Eisen nennt man Kupfer-Nickel-Rohstein. Das verbliebene Eisensulfid wird mit Luft oxidiert und noch einmal mit SiO_2 verschlackt. Zurück bleibt der Kupfer-Nickel-Feinstein bestehend aus NiS + Cu_2S. Er kann beispielsweise durch Oxidation (Rösten) in die Oxide und anschließender Reduktion mit Kohle direkt zu einer verwendungsfähigen Nickel-Kupfer-Legierung (Monelmetall) mit durchschnittlichen Anteilen an Ni von 70 % und an Cu von 30 % umgesetzt werden. Für die Gewinnung von reinem Nickel wird der Feinstein mit Natriumsulfid Na_2S umgesetzt. Dabei bildet das Cu_2S ein leicht schmelzendes Doppelsulfid, das dann vom Nickelsulfid NiS abgetrennt werden kann. Oxidation und nachfolgende Reduktion des entstandenen Oxids mit Kohlenstoff führt zum Rohnickel, das elektrolytisch zu Reinnickel raffiniert wird. Dabei fallen auch Silber, Gold und Platinmetalle an.

» *Titan*

In der Reihenfolge der Häufigkeit aller Elemente in der Erdkruste (etwa 16 km Tiefe) steht Titan nach Magnesium an 9. Stelle.

Eigenschaften (s. auch → Tabelle 4.16)

Reines Titan ist ein silberglänzendes, plastisch verformbares, schon in der Kälte zu Blechen auswälzbares, gut schmiedbares, die Wärme sowie den elektrischen Strom sehr gut leitendes Leichtmetall. Es zeichnet sich durch große mechanische Festigkeit bis etwa 426 °C, einen hohen Schmelzpunkt und geringe thermische Ausdehnung aus. Es ist nicht giftig. Geringe Anteile (< 0,5 %) an Wasserstoff, Sauerstoff, Stickstoff oder Kohlenstoff beeinflussen allerdings die Zähigkeit des Metalls, es wird spröder und ist dann nur noch bei Rotglut schmiedbar, was die Verarbeitung erschwert. Unter Normalbedingungen kommt Titan (α-Ti) in der hexagonal-dichtesten Packung, oberhalb 882 °C (β-Ti) in der kubisch-innenzentrierten Struktur vor.

$$\alpha\text{-Titan} \quad \xrightarrow{882°\,C} \quad \beta\text{-Titan}$$
$$\text{hdp} \qquad\qquad\qquad \text{kubisch-innenzentriert}$$

Die stabilste und technisch wichtigste Oxidationszahl für das Übergangsmetall Titan ist +4, z.B. in Titandioxid TiO_2, andere Oxidationszahlen sind +2 und +3.

Titan ist entsprechend seiner Stellung in der elektrochemischen Spannungsreihe ein unedles Metall, sogar unedler als Zink. Dennoch ist seine besondere Korrosionsbeständigkeit gegen *Wasser*, CO_2- und salzhaltige *Luft* (am Meer) hervorzuheben. Diese beruht darauf, dass es sich an der Luft und im Wasser mit einer dünnen, zusammenhängenden, fest haftenden und sehr resistenten Oxidschutzhaut überzieht (s. → Passivierung), die sich durch anodische Oxidation noch künstlich verstärken lässt. Die Oxidhaut schützt das darunter liegende Metall gegen den Einfluss von *kalten Säuren* wie verdünnte Salzsäure und Schwefelsäure, gegen Salpetersäure jeder Konzentration bis etwa 100 °C und bis 20 °C auch gegen Königswasser. Titan löst sich allerdings in heißer Salzsäure und auch in kalter Flusssäure. Durch geringe Anteile an Platin, Palladium und anderen Metallen lässt sich die Korrosionsbeständigkeit gegen starke Säuren wesentlich verbessern. Wässrige *Alkalihydroxide* (K- und Na-Lauge) greifen Titan selbst beim Erhitzen nicht an. Während die Passivschicht von Chrom- und Chrom-Nickel-Stählen durch Chloridionen zerstört wird, bildet Titan auch in chloridhaltigen Medien eine beständige Passivschicht, beispielsweise im Meerwasser.

Bei Erwärmung verbrennt Titan lebhaft mit *Sauerstoff* zu TiO_2, in fein verteiltem Zustand ist es pyrophor. Wärmebehandlungen und Schweißen müssen unter Schutzgas oder im Vakuum durchgeführt werden. Mit anderen *Nichtmetallen* vereinigt es sich erst bei höherer Temperatur, z.B. mit Wasserstoff zu TiH_2 (reversibel), mit Halogenen (Hal) zu $TiHal_4$, mit Schwefel zu TiS_2. Mit Bor, Kohlenstoff, Stickstoff und Silicium entstehen die entsprechenden metallisch leitenden Hartstoffe wie Titanborid TiB, Titancarbid TiC, Titannitrid TiN bzw. Titansilicid TiSi. (s. Einlagerungsstrukturen → Abschn. 4.4.3).

Beispiele für die Verwendung

Titanmetall vereinigt in sich die hervorragenden Eigenschaften von rostfreiem Stahl und Aluminiumlegierungen, es ist allerdings relativ teuer. Es kann dort eingesetzt werden, wo neben der hohen Korrosionsbeständigkeit, der geringen Massendichte und dem hohen Schmelzpunkt eine große mechanische Festigkeit und ein niedriger thermischer Ausdehnungskoeffizient gefragt ist. Titanelektroden werden u.a. bei der Chloralkali-Elektrolyse und in der Galvanotechnik eingesetzt. In der Medizin kommt reines Titan für Implantate zur Anwendung.

Titanhydrid TiH_2 mit metallischem Aussehen (Massendichte 3,76) zersetzt sich oberhalb 350 °C unter Wasserstoffabgabe. Die Struktur des TiH_2 entspricht dem Calciumfluorid-Typ, dabei besetzen die Wasserstoffatome die Tetraederlücken der kdp der Titanatome. Das Handelsprodukt ist ein graues, feinteiliges, bei Raumtemperatur luft- und wasserbeständiges Pulver. Es wird u.a. zur Herstellung von reinem Titanmetallpulver verwendet.

Ti-Legierungen

Legierungselemente wie Aluminium und Zinn vergrößern den Beständigkeitsbereich der Niedertemperatur-Struktur von Titan (α-Phase) nach höheren Temperaturen, während Vanadium, Chrom und Kupfer den Beständigkeitsbereich der Hochtemperatur-Struktur (β-Phase) nach niederen Temperaturen bis ca. 320 °C ausdehnen. Es gibt auch zweiphasige ($\alpha + \beta$) Legierungen mit einem Beständigkeitsbereich bis ca. 320 °C. Mit geringen Mengen an Al und Sn legiert, findet Titan Verwendung in der Luft- und Raumfahrt, in der Raketen- und Reaktor-Technik, in der Tiefseetechnik, im Schiffsbau sowie für chemische Industrieanlagen.

In der Stahlindustrie wird Titan als *Legierungselement* verwendet. Titanstahl ist besonders gegen Stöße und Schläge widerstandsfähig und dient daher zur Herstellung von Eisenbahnrädern und Turbinenschaufeln.

Vorkommen und Darstellung von Titan

Technisch wichtigstes Titanmineral ist neben Ilmenit $FeTiO_3$ und Perowskit $CaTiO_3$ der Rutil TiO_2 (s. → Abschn. 4.1.7). Titan wird aus Rutil TiO_2 in einem aufwendigen Verfahren zunächst in $TiCl_4$ übergeführt und dieses anschließend mit Magnesium zu Titan reduziert.
Weitere Vorkommen sind die oxidischen Minerale Anatas und Brookit, zwei weitere Modifikationen neben Rutil TiO_2, sowie der als Silikat vorkommende Titanit $CaTi[SiO_4]$.

» *Zink Zn*

Eigenschaften (s. auch → Tabelle 4.16)

Zink ist ein bläulich-weißes, niedrig schmelzendes (420 °C), ziemlich sprödes, relativ unedles Schwermetall. Zwischen 120 bis 150 °C wird es so weich und dehnbar, dass es zu dünnem Blech ausgewalzt und zu Draht gezogen werden kann. Oberhalb 200 °C wird es wieder spröde, dass es sich zu Pulver mahlen lässt. Zink ist nach Silber, Kupfer, Gold und Aluminium der fünftbeste Elektrizitätsleiter. Es bildet eine hexagonal-dichteste Packung, die in Richtung der sechszähligen Gitterachse gestreckt ist.

Die Oxidationszahl für das Übergangsmetall Zink ist +2.

Zink verändert sich an *trockener Luft* auch nach langer Lagerung nicht. Zink verbrennt beim Erhitzen an der Luft oberhalb 900 °C mit grünlich-blauer Lichterscheinung zu einem weißen Rauch von Zinkoxid ZnO. Es geht mit anderen *Nichtmetallen* wie Halogenen, Schwefel oder Phosphor lösliche Verbindungen ein, nicht dagegen mit Wasserstoff, Stickstoff oder Kohlenstoff, auch nicht in der Wärme.

An *feuchter Luft* überzieht es sich mit einer dünnen, festhaftenden Schutzschicht, die unter Einfluss von Sauerstoff und CO_2 aus schwerlöslichem Zink(II)-hydroxid $Zn(OH)_2$ und basischem Carbonat $2\,ZnCO_3 \cdot Zn(OH)_2$ besteht. Entsprechende Verbindungen entstehen mit SO_2 ($ZnSO_4$ bzw. das basische Salz $2\,ZnSO_4 \cdot Zn(OH)_2$) und mit Chlor ($ZnCl_2 \cdot 4\,Zn(OH)_2$ bzw. $ZnCl_2 \cdot 6\,Zn(OH)_2$). Zink ist daher gegen atmosphärischen Einfluss sehr beständig. Im Unterschied zur grünen Patina des Kupfers ist die Schutzschicht bei Zink farblos. Durch Säuren und starke Basen wird die Schutzschicht schnell aufgelöst. Mit *Säuren* entstehen die entsprechenden Zn-Salze, mit Laugen Zinkate z.B. $Na_2[Zn(OH)_4]$.

In Gegenwart von *Tau* und *Schwitzwasser* bei Abwesenheit von Sauerstoff und CO_2 kann an Zn-Oberflächen bei falscher Lagerung bzw. beim Transport lockeres, poriges und großvolumiges $Zn(OH)_2$ entstehen. Diese Schicht hat keine Schutzfunktion und wird Weißrost genannt. Eine Stapelung muss daher mit ausreichender Belüftung oder nach Oberflächenbehandlung z.B. Chromatieren erfolgen.

Als sehr unedles Metall löst es sich in nichtoxidierenden Säuren unter Wasserstoffentwicklung zu dem entsprechenden Salz:

$$Zn + 2\,HCl \longrightarrow ZnCl_2 + H_2\uparrow$$

Die Löslichkeit mit Alkalihydroxid beruht darauf, dass sich das schwerlösliche Zinkhydroxid im Überschuss von Alkalihydroxid nicht bilden kann, es reagiert weiter zu löslichem Zinkat und Wasserstoff, z.B. $Na_2[Zn(OH)_4]$ (s. $\rightarrow$ Zinn).

Die Beständigkeit in Wasser ist ebenfalls auf die Ausbildung einer schützenden, schwerlöslichen Hydroxidschicht zurückzuführen, so dass die Reaktion mit dem darunter liegenden Metall zum Stillstand kommt. Diese Schutzschicht bildet sich auch in verzinkten Wasserleitungsrohren.

$$Zn + 2\,H_2O \longrightarrow Zn(OH)_2\downarrow + H_2$$

Mit Säuren löst sich $Zn(OH)_2$ auf.

Reiner Zinkstaub ist sehr reaktionsfähig und zersetzt Wasser schon bei 20 °C.

Beispiele für die Verwendung

Zink hat gute Gießeigenschaften. Die Eigenschaft der Passivierung an der Luft wird für Dacheindeckungen und auch für das Verzinken von Eisenblech und Eisendraht ausgenützt. Verzinktes Eisen bildet bei Beschädigung der Zinkschicht keinen Rost, weil Zink unedler ist als Eisen und sich anstelle von Eisen auflöst. Für die Verzinkung von Eisenblech und Eisendraht gibt es verschiedene Verfahren z.B. Eintauchen in flüssiges Zink oder Besprühen mit flüssigem Zink (Metallspritzverfahren), Erhitzen mit gepulvertem Zink oder elektrolytische Verzinkung. Zinkweiß ZnO wird zur Herstellung von Farbe verwendet. Das *Leclanché*-Element (Trockenelement) ist eine Zink-Mangan-Zelle (s. → Abschn. 5.4.3).

Als Legierungselement s. → Abschn. 4.4.3 Messing

Vorkommen und Darstellung von Zink

Die bekanntesten Zinkerze sind die kubische Zinkblende (Sphalerit) und der hexagonale Wurtzit. Beide haben die Formel ZnS (Zinksulfid). Durch Oxidation (Rösten) wird ZnS in das Oxid ZnO übergeführt und kann daraus durch Reduktion mit fein gemahlener Kohle bzw. mit dem bei der Reaktion entstehenden Kohlenmonoxid CO zu Zink reduziert werden. Dieses Rohzink wird noch weiteren Reinigungsverfahren unterzogen, um von den Beimengungen von Cadmium, Blei und Eisen befreit zu werden. In einem nassen Verfahren wird das Zinkoxid in eine Zinksulfatlösung überführt und elektrolytisch als Elektrolytzink abgeschieden.

» *Zinn Sn*

Eigenschaften (s. auch → Tabelle 4.16)

Metallisches β-Zinn (Metametall) − ein silberweißes, glänzendes Schwermetall mit tetragonaler Struktur − ist nur oberhalb 13 °C beständig. Es erfordert allerdings eine lange Zeit der Unterkühlung, bis es sich in die nichtmetallische α-Form − graues Pulver, Diamant-Typ, mit Halbleitereigenschaften − umwandelt. Diese Umwandlung kann durch Spuren von α-Zinn beschleunigt werden, was unter dem Namen ‚Zinnpest' bekannt ist, da es sich wie eine ‚ansteckende Krankheit' ausbreitet. Die besonderen Eigenschaften von β-Zinn sind der niedrige Schmelzpunkt (232 °C), die geringe Festigkeit und Härte. Es ist gut verformbar, nicht giftig, lässt sich zu dünnen Folien (Stanniol) auswalzen sowie bei 100 °C zu Draht ausziehen. Beim Biegen gibt es ein eigentümliches Knirschen von sich, das als Zinngeschrei bekannt ist (Reibung der Kriställchen).

Die wichtigen Oxidationszahlen für das Hauptgruppenmetall Zinn sind +2 und +4, wobei die Sn^{4+}-Verbindungen die beständigsten sind. Die Sn^{2+}-Verbindungen haben reduzierende Eigenschaften.

Zinn ist bei Raumtemperatur gegen *Luft und Wasser* beständig. Es behält seinen Glanz fast unbegrenzt lange bei. Erst bei starkem Erhitzen verbrennt es mit intensiv weißem Licht zu Zinndioxid SnO_2 (Zinnasche).

Das unedle Metall ist bei Raumtemperatur nicht nur gegen Luft und Wasser resistent, sondern auch gegen schwache *Säuren und Basen*. Von starken Säuren und Basen wird es unter Bildung von Sn(II)- und Sn(IV)-Verbindungen angegriffen. Beispiele: Bildung von Zinn(II)-Chlorid bzw. Natriumhexahydroxostannat und Wasserstoff:

$$Sn + 2\,HCl \longrightarrow SnCl_2 + H_2$$

$$Sn + 4\,HOH + 2\,NaOH \longrightarrow Na_2[Sn(OH)_6] + 2\,H_2$$

Mit Halogenen (Hal) entstehen die Tetrahalogenide $SnHal_4$. Ebenso reagiert es mit anderen Nichtmetallen wie Schwefel und Phosphor.

Beispiele für die Verwendung

Sehr dünne Schichten von Zinn werden auf Eisenblech zum Korrosionsschutz galvanisch aufgetragen. Als Weißblech wird es für die Herstellung von Konservendosen verwendet, da es – solange es bleifrei ist – nicht giftig ist. Kleinere Oberflächen werden nach Reinigung des Eisenblechs mit verdünnter Schwefelsäure in geschmolzenes Zinn eingetaucht. Zinnfolie ist als Stanniol bekannt.

Zinn-Legierungen

Wichtige Zinn-Legierungen sind die Weichlote z.B. das Lötzinn (Anteile an Sn 64 %, an Pb 36 %), außerdem die Weißguss-Lagermetalle (Sn, Sb, Cu, Pb). Als Werkstoff (Sn, Sb, Cu) dient es für kunstgewerbliche Gegenstände. Als Legierungselement s. $\rightarrow$ Kupfer, Bronze.

Vorkommen und Darstellung von Zinn

Das wichtigste Zinnerz ist der Zinnstein SnO_2. Daneben kommt es noch als Zinnkies, ein Kupfer-Eisen-Zinn-Sulfid vor. Das Sulfid wird durch Rösten in das Oxid übergeführt. Aus dem Oxid erhält man durch Reduktion mit Koks das Rohzinn, das allerdings durch Eisen stark verunreinigt ist. Durch Erhitzen ganz wenig über den Schmelzpunkt von Zinn läuft dieses auf einer schrägen Unterlage ab, man nennt diesen Vorgang Seigern, während das schwerer schmelzbare Eisen zurückbleibt. Zinn kann elektrolytisch gereinigt werden.

» Zirconium Zr

Eigenschaften (s. auch $\rightarrow$ Tabelle 4.16)

Reines Zirconium ist ein silberglänzendes (ähnlich dem rostfreien Stahl) Schwermetall, verhältnismäßig weich, biegsam, walz-, hämmer-, zieh- sowie schmiedbar, leitet die Wärme und den elektrischen Strom gut, der Wärmeausdehnungskoeffizient ist gering. Bereits Spuren von Wasserstoff, Sauerstoff, Stickstoff bzw. Kohlenstoff machen das Metall spröde. Zirconium ist nicht giftig, möglicherweise aber cancerogen. Unter Normalbedingungen kommt Zirconium (α-Zr) in der hexagonal-dichtesten Packung vor, oberhalb 862 °C (β-Zr) in der kubisch-innenzentrierten Struktur. Zirconium ist chemisch dem Titan sehr ähnlich.

$$\alpha\text{-Zirconium} \xrightarrow{\ 862\,°C\ } \beta\text{-Zirconium}$$
$$\text{hdp} \qquad\qquad \text{kubisch-innenzentriert}$$

Bevorzugte Oxidationszahl des Übergangsmetalls Zirconium ist +4, andere Oxidationszahlen sind +1, +2, +3.

Ähnlich dem Titan, beruht seine Korrosionsbeständigkeit auf einer dünnen, zusammenhängenden, sehr dichten Oxidschutzhaut an der Oberfläche. Diese widersteht bei Raumtemperatur den Angriffen von *Wasser*, Meerwasser und *Säuren* wie Salzsäure, Schwefelsäure, Salpetersäure, Phosphorsäure und *Laugen*, dagegen wird es von Flusssäure (Raumtemperatur), Königswasser, heißer konzentrierter Schwefelsäure und geschmolzenen Alkalien angegriffen. Das kompakte Metall reagiert mit *Sauerstoff oder Stickstoff* unter Atmosphärendruck erst bei Weißglut (ab 600 °C). Unter erhöhtem Sauerstoffdruck erfolgt die Oxidation bei wesentlich niederen Temperaturen. In analoger Weise reagiert es in der Wärme mit anderen *Nichtmetallen* wie Wasserstoff zu ZrH_2 und Halogenen zu $ZrHal_4$. Mit Bor, Kohlenstoff, Stickstoff und Silicium entstehen die entsprechenden metallisch leitenden Hartstoffe Zirconiumborid ZrB_2, Zirconiumcarbid ZrC, Zirconiumnitrid ZrN, Zirconiumsilicid $ZrSi_2$ (s. Einlagerungsstrukturen $\rightarrow$ Abschn. 4.4.3).

Pulverförmiges Zirconium ist schwarz, an der *Luft* leicht entzündlich und verbrennt zu Zirconiumdioxid ZrO_2.

Brennendes Zirconium kann nicht mit Wasser oder Kohlendioxid gelöscht werden, es muss mit Sand abgedeckt werden.

Beispiele für die Verwendung

Zirconium wird wegen seiner überaus hohen Korrosionsbeständigkeit in der chemischen Verfahrenstechnik zur Herstellung von speziellen Apparateteilen verwendet wie Pumpen, Ventile, Spinndüsen, Rohre, Wärmeaustauscher u.a., in der Reaktortechnik wird es zu Brennelement-Umhüllungen eingesetzt. Als Getter (Fangstoff) beseitigt es Spuren von Sauerstoff und Stickstoff aus Glühlampen und Ultrahochvakuumanlagen. In der Metallurgie dient es zur Beseitigung von Spuren von Sauerstoff, Stickstoff sowie Schwefel aus Stahl.

Vorkommen und Darstellung von Zirconium

Zirconium kommt in der Natur hauptsächlich als Silicat $ZrSiO_4$ mit dem Mineralnamen Zirkon und als Dioxid ZrO_2, der Zirkonerde vor. Die technische Gewinnung erfolgt analog der Gewinnung von Titan in einem aufwendigen Verfahren aus ZrO_2(s. $\rightarrow$ Abschn. 4.1.7). Wird von $ZrSiO_4$ ausgegangen, so wird ein alkalisches Verfahren angewendet, um zunächst ZrO_2 herzustellen. ZrO_2 wird dann in $ZrCl_4$ übergeführt und dieses mit Magnesium zu Zirconium reduziert.

Cermets

Cermets (<u>cer</u>amics und <u>met</u>al<u>s</u>) bestehen aus einer keramischen und einer metallischen Komponente, die sich in ihren Eigenschaften unterscheiden. Die keramischen Anteile wie Oxid- und nichtmetallische Nichtoxidkeramik bewirken große Härte, hohen Schmelzpunkt, Wärmefestigkeit und Zunderbeständigkeit; die metallischen Anteile wie Aluminium, Zirconium, Kobalt, Chrom u.a. verbessern die Temperaturwechsel beständigkeit, Zähigkeit und Schlagfestigkeit. Mögliche Komponenten von Cermets sind Al_2O_3/Al, ZrO_2/Zr, SiC/Al u.a. Es sind hochtemperaturbeständige Werkstoffe und eignen sich auch als Überzugsmaterial für Schneidwerkstoffe. Sie entstehen durch Pressen und Sintern eines Gemisches von keramischem Pulver und Metallpulver.

4.4 Legierung, Legierungssystem

Die Eigenschaften von Metallen können absichtlich und gezielt durch Zusätze von *Fremdatomen* verändert werden. Die so entstehenden metallischen Legierungen bestehen also aus mindestens *zwei Legierungskomponenten*, auch als *Legierungselemente* bezeichnet. Die Veränderungen der Eigenschaften gehen in Richtung *härter, spröder, höhere Festigkeit, Steigerung der Korrosionsbeständigkeit und des Verschleißwiderstands*. Legierungen gelten daher als wichtige metallische Werkstoffe, als Konstruktionswerkstoffe.

Hinweis: Polymerlegierungen s.$\rightarrow$ Polymerchemie, die Komponenten bestehen aus unterschiedlichen Polymeren.

4.4.1 Allgemeine Angaben zum Aufbau einer Legierung

Die Zusammensetzung einer Legierung unterliegt nicht den Stöchiometrischen Gesetzen wie sie für die chemischen Formeln Gültigkeit haben. Da sich die Legierungskomponenten in unterschiedlichen Mengenverhältnissen mischen lassen, spricht man von einem *System*. Es ist stets ein *Mehrstoffsystem*.

Die *Veränderung der Eigenschaften* wird durch die *Strukturen* der beteiligten Legierungskomponenten bestimmt sowie durch die Art der Einordnung einer Komponente in die Struktur der anderen Komponente. Dabei kommt es auf verschiedene Gesichtspunkte an:

- Sind die Strukturtypen der Legierungskomponenten gleich oder unterscheiden sie sich?

- Wo stehen die beteiligten Legierungskomponenten im PSE? Mit der Ordnungszahl ändern sich folgende Faktoren:

Atomradien: Die Atomradien der Elemente ändern sich in Abhängigkeit von der Ordnungszahl in periodischer Weise. In der Periode stehen links die Metalle mit den jeweils größten Aromradien, diese nehmen nach rechts hin ab, denn die Anziehung zwischen der zunehmend positiven Ladung im Kern und der zunehmenden Zahl der negativ geladenen Elektronen in der Elektronenhülle wird stärker. In der Gruppe nehmen die Atomradien von oben nach unten zu, es kommen weitere Schalen hinzu, die stets größer werden.

Anzahl der Valenzelektronen: Von der Anzahl Valenzelektronen, die pro Atom zum Elektronengas abgegeben werden, hängt die Valenzelektronendichte ab.

Valelenzelektronendichte: Je mehr Valenzelektronen pro Atom zur Metallbindung abgegeben werden, umso höher ist deren Dichte.

Elektronegativität EN: Die EN der Elemente kann sehr unterschiedlich sein. Nach den in → Tabelle 4.14 angegebenen Anhaltspunkten gibt die EN an, ob ein Metall sich wie ein typisches Metall, ein Metametall, Halbmetall oder ein Nichtmetall verhält.

Unterscheidet sich die Elektronegativität der Komponenten zu sehr, so wird die reine Metallbindung nicht mehr vorliegen und es treten Übergänge zu einer anderen Bindungsart auf, zur Ionen- oder Atombindung.

Es gibt Grenzfälle und Ausnahmen.

Phasen der Legierungssysteme

In den nächsten Abschnitten werden verschiedene Phasen ausschließlich für *Zweistoffsysteme im festen Aggregatzustand* besprochen. Unter *Phase* versteht man hier eine bestimmte *Kristallstruktur* (nicht einen Aggregatzustand!), daher auch die Bezeichnung *kristalline Phase*.

Folgende Phasen können bei Legierungen unter Beteiligung von Metallen, Metametallen, Halbmetallen oder Nichtmetallen als Legierungskomponenten entstehen und den kristallinen Aufbau sowie die Eigenschaften in unterschiedlicher Weise beeinflussen:

- Mischkristalle s. → Abschn. 4.4.2

- intermediäre Phasen s. → Abschn. 4.4.3

- Eutektikum s. → Abschn.. 4.4.4

Liegt ein Gefüge aus einem Mischkristall, also aus nur einer Phase mit einer einheitlichen Kristallstruktur vor s. → Mischkristall, so nennt man dies eine *homogene Legierung*. Das Gefüge einer homogenen Legierung ist wie bei reinen Metallen, oxidischen und nichtoxidischen Werkstoffen aus Kristallkörnern aufgebaut, die durch Korngrenzen gegeneinander abgegrenzt sind. Besteht dagegen das Gefüge aus unterschiedlichen Phasen, sind verschiedene Kristallstrukturen vorhanden, so nennt man dies eine *heterogene Legierung* s. → Abschn. 4.4.3 $\alpha + \beta$-Phase von Messing. Unterschiedliche Phasen sind durch Phasengrenzen voneinander getrennt.

4.4.2 Mischkristalle

Mischkristalle sind *feste Lösungen*, d.h. die Struktur einer Komponente kann eine bestimmte Menge der anderen Komponente als Fremdatome auf reguläre Positionen oder auch in Zwischgitterplätzen aufnehmen – gewissermaßen ‚lösen'. Die Struktur ändert sich bei der Mischkristallbildung nicht, es gibt nur *eine* einheitliche kristalline Phase, es liegt eine homogene Legierung – eine ‚feste Lösung' – vor.

Man unterscheidet Substitutions-(Austausch-)Mischkristalle (s. → Abb. 4.67a) und Einlagerungsmischkristalle (s. → Abb. 4.67b).

Substitutionsmischkristalle

Welche Atome beim Substitutionsmischkristall ausgetauscht werden, ist nicht festgelegt. Man nennt dies eine lückenlose Mischbarkeit. Die Faktoren, die zur Ausbildung eines Substitutionsmischkristalls führen, sind folgende:

- Es müssen gleiche Strukturtypen der beteiligten Komponenten vorliegen (Isotypie),

- ihre Atomradien sollten etwa gleich groß sein, sich höchstens um etwa 14 % voneinander unterscheiden,

- jede Atomsorte gibt die gleiche Anzahl Valenzelektronen zur Metallbindung ab und

- die Elektronegativitäten müssen ähnlich sein.

Beispiele für Substitutionsmischkristalle:
Cu–Ni (siehe → Abb. 4.67)
Au–Ag, Mo–W, Fe–Cr.
In α-Messing kann Zn in der Cu-Struktur (kfz) nur bis etwa 37 % die Cu-Positionen substituieren. Die Bezeichnung dafür ist CuZn37 (s. → Messing).

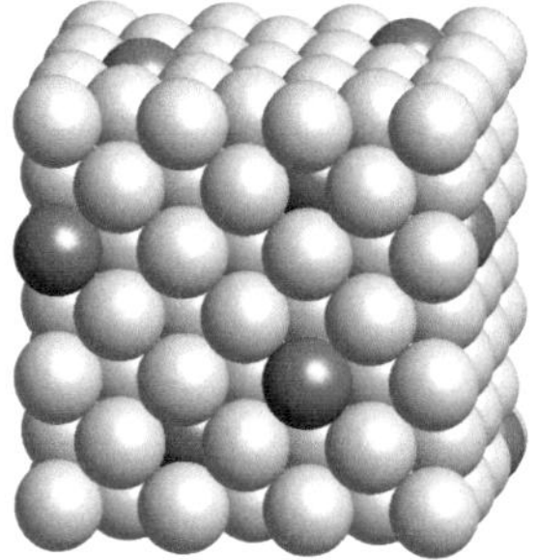 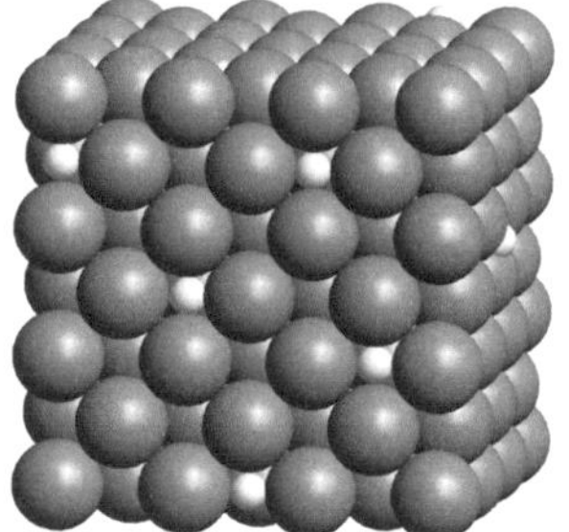

a   Substitutionsmischkristall   b   Einlagerungsmischkristall

Abb. 4.67 Mischkristalle
a Substitutionsmischkristall, z.B. Ni-Atome (dunkel) sind statistisch verteilt auf regulären Positionen von Cu-Atomen (hell). **b** Einlagerungsmischkristall, z.B. γ-Eisen (dunkel) kann maximal 2,1 % C-Atome (hell) auf Oktaeder-Zwischengitterplätzen einlagern und bildet den γ-Mischkristall

Die Fremdatome können völlig regellos, also *statistisch verteilt* sein, sie können unter bestimmten Voraussetzungen auch eine geordnete Verteilung annehmen, man spricht dann von *Überstruktur* oder Fernordnung (vgl. Fernordnung bei Ionenkristallen s. → Abschn. 4.1.3). Es gibt auch eine *Nahordnung* (vgl. Glas s. → Abschn. 4.2.8), bei der die Wirtsatome größere, zusammenhängende Bereiche bilden, die Fremdatome dagegen seltener direkt nebeneinander liegen. Eine vierte Möglichkeit ist, dass die gelösten Fremdatome in bestimmten Bereichen in größerer Konzentration, in einer so genannten *Zone* vorliegen.

Jede Änderung, sei es im Mischungsverhältnis oder in der Art der Einlagerung der Fremdatome zieht auch eine Änderung der Eigenschaften nach sich.

Einlagerungsmischkristalle

Von Einlagerungsmischkristallen spricht man dann, wenn kleine Nichtmetallatome sich statistisch auf Oktaeder- oder Tetraederplätzen verteilen ohne dass sich dadurch die Metallstruktur ändert. Es sind Plätze, die in der reinen Metallstruktur nicht besetzt sind, sie werden daher *Zwischengitterplätze* genannt (s. → Abb. 4.67b). Die technisch wichtigsten Einlagerungsmischkristalle werden hauptsächlich mit den Nichtmetallatomen H, B, C und N gebildet. Die Aufnahmefähigkeit ist unter der Bedingung, dass sich die Metallstruktur nicht ändert gering, sie ist bei Raumtemperatur meist < 1 %.

Werden Fremdatome mit einem erheblich kleineren Atomradius als dem des Metalls auf Zwischengitterplätze eingelagert, so nennt man dies *Interstition* und es entstehen interstitielle feste Lösungen oder *Einlagerungs- bzw. Interstitionsmischkristalle*. lat. interstitium Zwischenraum.

In der → Abb. 4.68 sind die Oktaeder- und Tetraeder-Zwischengitterplätze für die hexagonal-dichteste Kugelpackung, kubisch-dichteste Kugelpackung (kfz) und die kubisch-innenzentrierte Struktur angegeben.

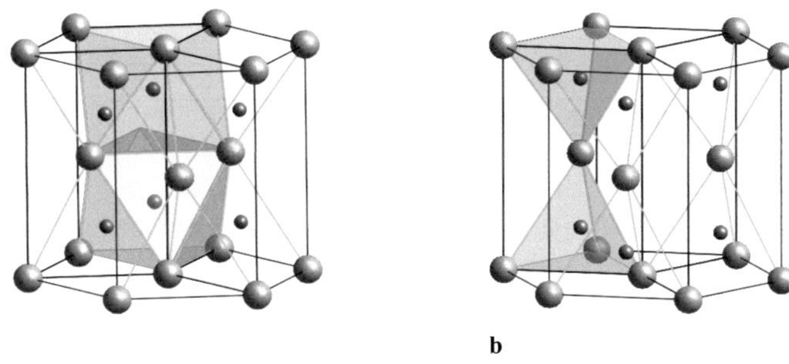

a b

hexagonal-dichteste Kugelpackung

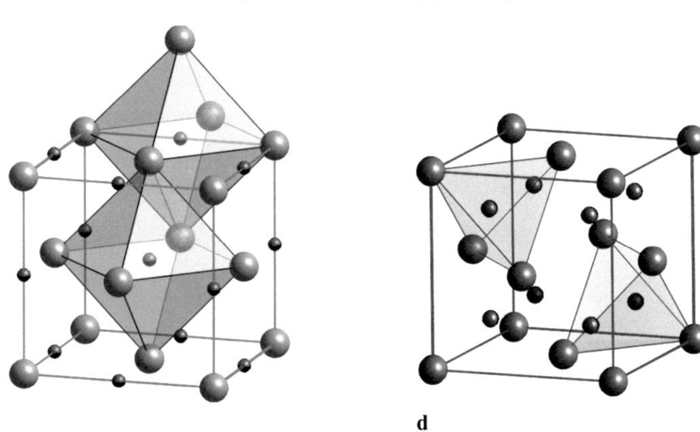

c d

kubisch-dichteste Kugelpackung mit kubisch-flächenzentrierter Anordnung

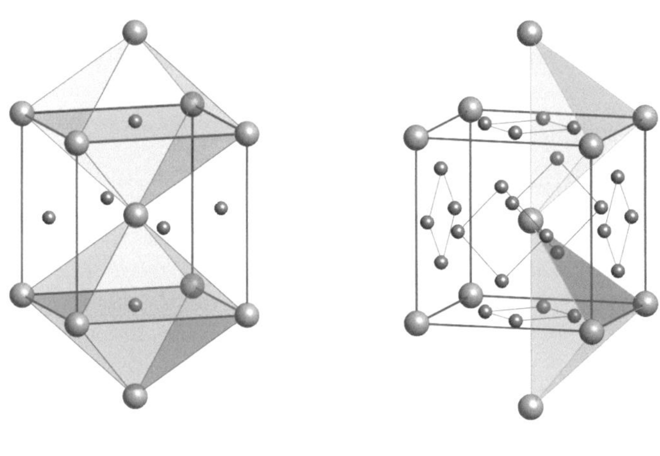

e f

kubisch-innenzentrierte Struktur

Oktaeder-Zwischengitterplätze Tetraeder-Zwischengitterplätze

Abb. 4.68 Zwischengitterplätze für Einlagerungsmischkristalle
Die Zwischengitterplätze sind alle durch kleine Kugeln gekennzeichnet. Von den zugehörigen Polyedern sind jeweils nur zwei Tetrader oder zwei Oktaeder transparent eingefärbt.
In **f** gibt es auf den sechs Seitenflächen jeweils vier Tetraeder-Mittelpunkte. Sie sind eingezeichnet und zur Kennzeichnung mit Linien verbunden.

4.4.3 Intermediäre Phasen

Es gibt Legierungssysteme, deren Komponenten keine Mischkristalle bilden, vielmehr entsteht aus den Legierungskomponenten eine neue Kristallstruktur, d.h. eine neue Phase. Neben der metallischen Bindung kann, wenn ein Metametall, Halbmetall oder ein Nichtmetall als Komponente beteiligt ist, eine andere Bindungsart, z.B. Atombindung oder Ionenbindung wirksam werden. Die Gesamtbindungsart liegt dann zwischen der reinen metallischen und der anderen chemischen Bindungsart, gewissermaßen ‚dazwischen liegend', daher *intermediäre Phase*. Intermediäre Phasen, vor allem diejenigen mit C, N, B und Si sind härter, oftmals schwerer schmelzbar und spröder als die reinen Metalle.

Die Formeln, die bei intermediären Phasen angegeben werden wie Cu_5Zn_8 Cu_5Sn, Mg_2Ge, TiC u.a. entsprechen nicht den stöchiometrischen Gesetzen, wie sie für Verbindungen mit Ionen- oder Atombindung Gültigkeit haben. Im Folgenden wird daher die Bezeichnung 'Verbindung' für intermediäre Phasen vermieden.

Sind nur Metalle bei einer intermediären Phasenbildung beteiligt, so spricht man von *intermetallischen Phasen*. Sind die Atome H, C, N sowie die Halbmetalle B und Si beteiligt, so spricht man von *Einlagerungsstrukturen*.

Intermetallische Phasen

Für die Beschreibung der intermetallischen Phasen kann die Einteilung der Metalle in die Gruppen T_1, T_2 und B verwendet werden. Nach der → Tabelle 4.15 stellen diese Bezeichnungen folgende Elementgruppen dar:

- T_1-Metalle sind die Hauptgruppenmetalle der Gruppen 1 und 2 im PSE (Alkali- und Erdalkalimetalle),

- T_2-Metalle sind die Übergangsmetalle, die Gruppen 3 bis 11 im PSE,

- In der B-Gruppe sind die Metametalle und Halbmetalle zusammengefasst.

Es werden drei Arten von intermetallischen Phasen beschrieben, die
Laves-Phasen *(Fritz Henning Laves 1906–1978, Mineraloge und Kristallograph),*
Zintl-Phasen *(Eduard Zintl 1898–1941, Chemiker) und*
Hume-Rothery-Phasen *(William Hume-Rothery 1899–1968, brit. Metallurge).*

» *Laves-Phasen*

Laves-Phasen werden hauptsächlich zwischen T_1- und T_2-Metallen ausgebildet. Bei ihrer Zusammensetzung AB_2 fällt weniger die Differenz der EN und die Anzahl Valenzelektronen ins Gewicht, sondern hauptsächlich der Unterschied zwischen den Atomradien der Komponenten A und B. Das Metall A hat den größeren Atomradius als das Metall B. Aufgrund der zu großen Radiendifferenz ist keine Mischkristallbildung möglich. Das Radienverhältnis r_A/r_B (160:128) von 1,25 beim Beispiel von $MgCu_2$ weicht nur wenig von einem Idealwert für *Laves*-Phasen von 1,22 ab. Es liegt die Metallbindung vor.

Beispiel:
$MgCu_2$
T_1-Metall Magnesium kristallisiert in der hexagonal-dichtesten Kugelpackung (hdp).
Atomradius 160 pm,
T_2-Metall Kupfer kristallisiert in der kubisch-dichtesten Kugelpackung (kfz), Atomradius 128 pm.

Laves-Phasen kommen in dichtgepackten Strukturen vor. Die Struktur von $MgCu_2$ ist eine komplizierte kubische Struktur.

Weitere *Laves*-Phasen werden gebildet von
  T_1-Metall mit T_1-Metall, Beispiel KNa_2
  T_2-Metall mit T_2-Metall, Beispiel $TiFe_2$

» *Zintl-Phasen*

Diese Phasen bilden sich zwischen den T_1-Metallen und den Elementen der B-Gruppe, den Metametallen und Halbmetallen aus. Die Differenz der Elektronegativität dieser Komponenten ist bereits so groß, dass sich eine Heteropolarität, ein Übergang zur Ionenbindung einstellt. *Zintl*-Phasen haben aber noch metallisches Aussehen und elektrisches Leitvermögen.

Beispiel Mg_2Ge:
Das T_1-Metall Magnesium kristallisiert in der hexagonal-dichtesten Kugelpackung, die EN beträgt 1,2, hat eine Metallbindung und einen Atomradius von 160 pm.
Das B-Halbmetall Germanium kristallisiert im Diamant-Typ, die EN beträgt 2,0, hat eine Atombindung und einen Atomradius von 122 pm.

Die sich neu bildende intermetallische Phase Mg_2Ge kristallisiert im Fluorit-Typ. Sie kann unzersetzt geschmolzen werden, man nennt dies *kongruentes Schmelzen*. Eine andere häufig vorkommende Struktur für *Zintl*-Phasen ist der CsCl-Typ.

Anmerkung: Es gibt intermetallische Phasen, die bei gleichzeitiger Zersetzung teilweise schmelzen, man nennt diese *inkongruent schmelzende Phasen* (Beispiel KNa_2). Der Zersetzungspunkt wird *Peritektikum* genannt. Eine andere Formulierung, wenn man von der *Bildung* einer inkongruent schmelzenden Phase ausgeht, lautet: den Punkt im Schmelzdiagramm eines Legierungssystems nennt man Peritektikum, der sich durch Phasenzusammensetzung und Temperatur dadurch auszeichnet, dass sich aus den Komponenten eine Verbindung mit inkongruentem Schmelzen bildet.

Beispiele:
Mg_2Sn, Mg_2Si u.a kristallisieren im CaF_2-Typ
MgTl, CaCd u.a. kristallisieren im CsCl-Typ
Es gibt kompliziertere Struktur-Typen, z.B. einen NaTl-Typ, auf den nicht näher eingegangen wird.

Je weiter das Fremdatom rechts im PSE steht, d.h. zu den Nichtmetallen übergeht, desto mehr nehmen die Eigenschaften metallisches Aussehen und elektrisches Leitvermögen ab, denn der Einfluss der Heteropolarität nimmt zugunsten der Ionenbindung zu. Die Nichtmetalle Sauerstoff, Fluor oder Chlor bilden mit T_1-Metallen dann reine Ionenverbindungen wie Oxide, Fluoride bzw. Chloride.

» *Hume-Rothery-Phasen*

Diese Phasen – sie werden auch messingartige Phasen genannt – bilden sich zwischen den T_2-Metallen und den Elementen der B-Gruppe, den Metametallen und Halbmetallen aus. Der die Phasen-(Struktur-)bestimmende Einfluss ist die Valenzelektronenkonzentration.

Beispiel:
Messing, das Cu–Zn-Legierungssystem.
Während Kupfer in der kubisch-dichtesten Kugelpackung (kfz) kristallisiert, ist die Kristallstruktur von Zn eine verzerrte hexagonal-dichteste Kugelpackung (hdp).
Bei Raumtemperatur entstehen in Abhängigkeit von der prozentualen Zusammensetzung von Kupfer und Zink neben zwei Mischkristall-Phasen (α- und η-Phase) verschiedene *Hume-Rothery*-Phasen mit unterschiedlichen Strukturen, die mit β, γ und ε bezeichnet werden.

Regel von Hume-Rothery: Die Zusammensetzung einer jeden der kristallinen β-, γ- und ε-Phase wird durch das Verhältnis der Anzahl der Valenzelektronen zur Anzahl der Atome bestimmt. Wird durch die Änderung der prozentualen Zusammensetzung ein bestimmtes Verhältnis der Anzahl der Valenzelektronen zur Anzahl der Atome überschritten, so bildet sich eine neue kristalline Phase.

In der folgenden → Tabelle 4.17 werden die β-, γ- und ε-*Hume-Rothery*-Phasen näher erläutert.

Tabelle 4.17 Die β-, γ- und ε-Hume-Rothery-Phasen von Messing

Phase Struktur	Anzahl Valenzelektronen Cu : Zn	Anzahl Atome	Verhältnis der Anzahl Valenzelektronen : Atome
β-Phase CuZn kubisch-innenzentriert	$1 + 2$	2	$3 : 2$ $(21 : 14)$*

γ-Phase Cu_5Zn_8
   kubisch kompliziert
   (Überstruktur von
   kubisch-innenzentriert)
	$5 + 16$	13	$21 : 13$

ε-Phase $CuZn_3$ hdp verzerrt	$1 + 6$	4	$7 : 4$ $(21 : 12)$*

*Die in Klammer gesetzten Zahlen ergeben sich als ganzzahliges Vielfaches des Verhältnisses der Anzahl Valenzelektronen zur Anzahl Atome für die β- bzw. ε-Phase in Messing. Diese Verhältnisse treffen auch auf andere intermetallischen Phasen zu.
Beispiel Cu_5Sn: $5 + 4 = 9$ Valenzelektronen und die Anzahl Atome ist $5 + 1 = 6$. So ergibt sich das Verhältnis $9 : 6$, das entspricht einem Verhältnis $3 : 2$ oder $21 : 14$, es ist eine β-Phase.
Kupfer kann ein oder zwei Valenzelektronen abgeben (→ Tabelle 3.1), Zn gibt 2 Elektronen ab.

Beschreibung der Phasen im *Phasendiagramm von Messing*:

Bis zu einem Anteil an Zn von 37 % (CuZn37) bildet sich ein *Mischkristall*, der die kdp des Kupfers beibehält. Es ist α-Messing.

Wird der Prozentsatz von etwa 37 % Zn überschritten, so liegt neben α-Messing ein Gemisch mit einer zweiten, neuen Phase, der β-Phase vor.

Die β-Phase (intermetallische Phase) hat die Zusammensetzung von etwa 45 bis 49 % Zn und wird mit CuZn angegeben. Sie nimmt die kubisch-innenzentrierte Struktur an.

Mit Anteilen an Zn bis etwa 58 % Zn liegt wiederum ein Gemisch aus zwei Phasen vor, aus β- und γ-Phase.

Die γ-Phase (intermetallische Phase) existiert bei einer Zusammensetzung von etwa 58 bis 67 % Zn und wird mit Cu_5Zn_8 angegeben. Sie nimmt eine kubisch komplizierte Struktur an.

Es folgt bis zu einem Anteil an Zn von etwa 78 % ein Gemisch aus zwei Phasen, γ- und ε-Phase.

Die ε-Phase (intermetallische Phase) mit Anteilen an Zn von etwa 78 bis 86 % hat bereits die hexagonal-dichteste Kugelpackung – jedoch verzerrte – Struktur von Zn angenommen. Die Zusammensetzung dieser neuen Phase wird mit $CuZn_3$ angegeben.

Bis zu einem Anteil an Zn von 98 % existiert wieder ein Zweiphasengemisch aus ε- und η-Phase.

η-Phase: Die Zn-Struktur kann Anteile an Cu von 2 % zum Mischkristall aufnehmen. Die hexagonal-dichteste Kugelpackung ist verzerrt.

Einlagerungsstrukturen

Eine wichtige Gruppe der intermediären Phasen sind die Einlagerungsstrukturen. Sie entstehen unter bestimmten Voraussetzungen, wenn die Atome H, C, N sowie die Halbmetalle B und Si auf Zwischgitterplätze einer Metallstruktur, also interstitiell eingelagert werden.

Während sich in den Einlagerungsmischkristallen die kleinen Nichtmetallatome regellos auf Zwischengitterplätze einer Metallstruktur verteilen, ohne dass sich die Metallstruktur verändert (Interstitionsmischkristalle s. $\rightarrow$ Abb. 4.67b), tritt bei den Einlagerungsstrukturen eine Phasenumwandlung in eine andere Metallstruktur ein. Die Einlagerungsstrukturen mit Wasserstoff, die Einlagerungshydride unterscheiden sich in den Eigenschaften von den nachfolgend zu besprechenden Einlagerungsstrukturen. Als Beispiel für ein Einlagerungshydride wird im $\rightarrow$ Abschn. 4.4.8 Magnesiumhydrid angegeben.

Für die Technik wichtige Einlagerungsstrukturen:

- Die C- und N-Atome bilden mit den Übergangsmetallen der 4. 5. und 6. Gruppe im PSE – mit Titan, Zirconium, Hafnium, Vanadium, Niob, Tantal, Molybdän und

Wolfram (ausgenommen Chrom) – Carbide und Nitride mit relativ einfachen Metallstrukturen.

- Die B- und Si-Atome bilden mit den oben genannten Übergangsmetallen Boride und Silicide mit komplizierten Metallstrukturen, die von der des Metalls beträchtlich abweichen können.

Dies trifft auch für die Carbide von Fe, Co, Ni (Gruppe 8 bis 10), sowie von Cr und Mn (Gruppe 6 bzw. 7) zu.

» *Allgemeine Eigenschaften*

Es ist anzunehmen, dass bei den neuen Strukturen neben der Metallbindung auch die Atombindung (kovalente Bindung) vom Nichtmetall zu den umgebenden Metallatomen wirksam wird und daraus eine für die Bindungsmöglichkeiten von Metall und Nichtmetall günstigere Struktur resultiert.

Tabelle 4.18 Atomradien einiger ausgewählter Metalle und Nichtmetalle
Atomradien nach Fluck und Heumann s. → Glossar.

Metalle		Atomradius pm
Gruppe 4	Ti	145
	Zr	159
	Hf	156
Gruppe 5	V	131
	Nb	143
	Ta	143
Gruppe 6	Cr	125
	Mo	136
	W	137
Gruppe 8	Fe	124
Gruppe 9	Co	125
Gruppe 10	Ni	125
Nichtmetalle		
	C	77
	N	55
	B	80
	Si	118

- Neben der Metallbindung verhindert die starke, gerichtete Atombindung das Gleiten von Gitterebenen und führt zu einer *Härte*, die der des Atomkristalls Diamant ähnlich wird. Aufgrund dieser Eigenschaft sowie der hohen Packungsdichte werden diese Einlagerungsstrukturen auch *metallische Hartstoffe* genannt (unterscheide Hartmetalle s. → Abschn. 4.4.7).

- Die metallischen Eigenschaften wie *elektrische und thermische Leitfähigkeit* bleiben erhalten, man bezeichnet sie daher auch als *metallartige Carbide, Nitride, Boride und Silicide.*

- Außer der Härte erhöhen sich *Schmelzpunkt, Verschleißfestigkeit, Korrosionsbeständigkeit* und *Sprödigkeit* gegenüber dem reinen Metall.

- Die nichtstöchiometrische Zusammensetzung führte zu der Bezeichnung *legierungsartige Carbide, Nitride, Boride und Silicide.*

Zahlenwerte für Massendichten, Schmelzpunkte u.a. Eigenschaften werden meist als Richtwerte angegeben, da es sich um keine exakten stöchiometrischen Zusammensetzungen handelt. Teilweise sind die Daten in der Literatur nicht angegeben und müssen bei den Herstellerfirmen abgefragt werden.

Ob die Einlagerungsstruktur eine einfache oder komplizierte Kristallstruktur annimmt, hängt ab vom Atomradienverhältnis Nichtmetall zu Übergangsmetall. Die wichtigsten Atomradien sind in der → Tabelle 4.18 angegeben.

4.4.4 Eutektikum

Bei bestimmten Legierungen lassen sich die Komponenten in der Schmelze in jedem Verhältnis miteinander mischen, nicht dagegen im festen Zustand, d.h. es werden weder Mischkristalle noch intermediäre Phasen gebildet. Bei diesen eutektischen Systemen erstarren die Komponenten jeweils in ihrer eigenen Kristallstruktur vollständig am *eutektischen Punkt* und bilden folglich ein *heterogenes*, jedoch sehr feinkörniges Gefüge. Für jedes eutektische System gibt es ein charakteristisches Mischungsverhältnis und eine charakteristische Erstarrungstemperatur. Die Legierung mit der eutektischen Zusammensetzung heißt *eutektische Legierung*, ihr Gefüge in Form eines mikroskopischen Gemenges der reinen Kristalle der Komponenten *Eutektikum* (gr. Schöngeformte, gut gebaut). Dieses lässt sich gut verarbeiten.

Beispiele:
Al-Si. s. → Abb. 4.71,
Fe-C als Ledeburit s. → Abschn. 4.3.7,
Al_2O_3 und Kryolith (Herstellung von Aluminium) s. → Abschn. 5.4.2

4.4.5 Übergangsmetallcarbide und -nitride – metallische Hartstoffe, Werkstoffe für den Maschinenbau

Übergangsmetallcarbide und -nitride werden pulvermetallurgisch, d.h. fein gemahlen verarbeitet und in einem Formkörper gesintert. Ihre gute elektrische und thermische Leitfähigkeit und der metallische Glanz unterscheidet sie von den im → Abschn. 4.2.6 beschriebenen nichtmetallischen Nichtoxidkeramiken.

Strukturen der Übergangsmetallcarbide und -nitride

Für die Bildung einfacher, stabiler Einlagerungsstrukturen wird ein empirischer Wert für das Radienverhältnis von Nichtmetallatom zu Metallatom angegeben:

$r_{\text{Nichtmetall}} : r_{\text{Metall}}$ liegt zwischen 0,43 und 0,59

Der Wert wird wie die nachfolgenden Berechnungsbeispiele zeigen, vor allem von den Übergangsmetallcarbiden und -nitriden der Übergangsmetalle der Gruppen 4, 5 und 6 (ausgenommen Chrom) eingehalten.

Beispiele:
für die Atomradien-Verhältnisse der Übergangsmetallcarbide und -nitride von Vanadium mit dem kleinsten Atomradius von 131 pm, von Wolfram mit einem Atomradius von 137 und Zirconium mit dem größten Atomradius von 159 pm:

Vanadiumcarbid	77 : 131	= 0,59
Wolframcarbid	77 : 137	= 0,56
Zirconiumcarbid	77 : 159	= 0,48
Vanadiumnitrid	70 : 131	= 0,53
Wolframnitrid	70 : 137	= 0,51
Zirconiumnitrid	70 : 159	= 0,44

Häufige Zusammensetzungen sind MX und M_2X, M_4X, wobei M Metall und X Nichtmetall bedeuten.

Unabhängig davon, in welcher Struktur das Metall zunächst vorlag, stellen sich für diese Übergangsmetallcarbide und -nitride folgende einfache Einlagerungsstrukturen ein, deren Oktaeder- oder Tetraeder-Zwischgitterplätze besetzt werden können, die

- hexagonal-dichteste Kugelpackung,

- primitive (einfache) hexagonale Struktur (Gitterzelle nach Bravais),

- kubisch-dichteste Kugelpackung.

Es werden stets gleiche Zwischengitterplätze – entweder die Oktaeder- oder Tetraederplätze – vollständig oder teilweise besetzt, jedoch immer an den äquivalenten Plätzen.

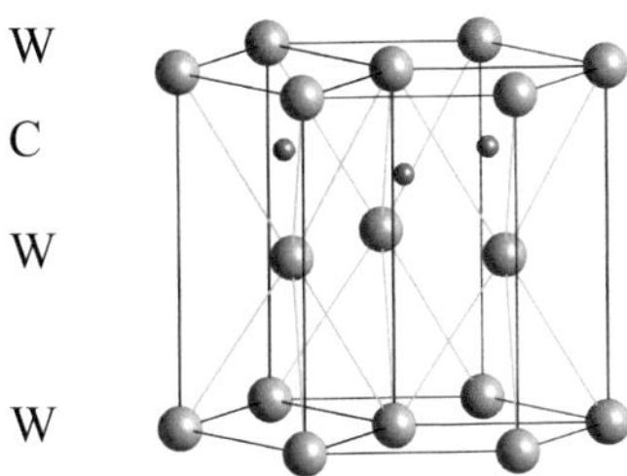

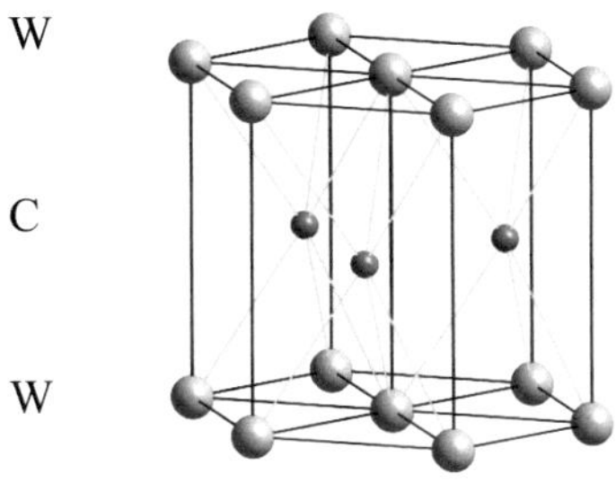

a Große Kugeln: Metallatome mit hexagonal-dichtester Kugelpackung.
Kleine Kugeln: die Hälfte der Oktaeder-Zwischengitterplätze sind von C- bzw. N-Atomen besetzt. Dies führt insgesamt zu einer hexagonalen Dreierschichtenfolge
 W W C W....
W_2C-Typ
Beispiele: W_2C, Mo_2C, V_2C, Nb_2C, Ta_2C, V_2N, Ta_2N, Cr_2N, Fe_2N
Vgl. → Abb. 4.68a, alle Oktaeder-Zwischengitterplätze sind besetzt.

b Große Kugeln: Metallatome mit primitiv (einfache) hexagonaler Struktur.
Kleine Kugeln: Oktaeder-Zwischengitterplätze sind von C- bzw. N-Atomen besetzt. Dies führt insgesamt zu einer hexagonalen Zweierschichtenfolge W C W....
WC-Typ
Beispiele: WC, MoC, NbN, TaN

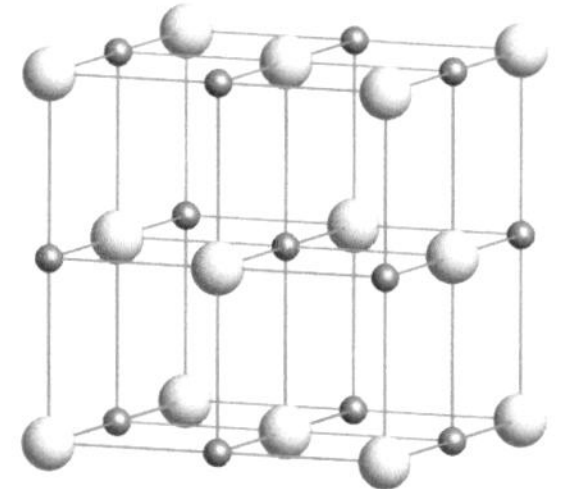

c Große Kugeln: Metallatome mit kubisch-dichtester Kugelpackung (kfz).
Kleine Kugeln: vollständige Besetzung der Oktaeder-Zwischengitterplätze von C- bzw. N-Atomen
Beispiele: TiC, ZrC, HfC, VC, NbC, TaC, TiN, ZrN, HfN, VN, NbN und TaN als Hochtemperatur-Modifikationen

Abb. 4.69 Einlagerungsstrukturen für Übergangsmetallcarbide und –nitride der Gruppen 4, 5 und 6 im PSE.

Eigenschaften der Übergangsmetallcarbide

Die *Massendichten* liegen zwischen 5 g/cm³ (für TiC, VC) und 15 g/cm³ (für TaC, WC), die *Schmelzpunkte* zwischen 2750 °C (für WC) und 3800 °C (für TaC). Sie gehören mit ZrC (3500 °C) zu den am höchsten schmelzenden Werkstoffen und werden für spezielle Hochtemperatur-Anwendungen eingesetzt. Die *Mohs*-Ritzhärte wird mit 8 bis 9 angegeben, der mittlere *thermische Ausdehnungskoeffizient* mit 6,3 bis 7,7 · 10^{-6} K^{-1}. Ihre Farbe ist meist metallisch grau.

Mit der Änderung der Zusammensetzung zwischen MX und M_2X ändern sich Struktur und Eigenschaften. Als Beispiel sind die Strukturen von W_2C und WC in der → Abb. 4.69a und b dargestellt. W_2C zeichnet sich gegenüber WC durch besonders hohe Härte aus, es hat eine höhere Massendichte von 17,15 g/cm^3 gegenüber 15,7 g/cm^3 und einen etwas höheren Smp., er beträgt etwa 2900 °C gegenüber 2750 °C von WC.

Für *Eisencarbid Fe$_3$C, Cementit* genannt, ergibt sich ein Atomradien-Verhältnis von 77 : 124 = 0,62, es ist also größer als 0,59. Es resultiert eine komplizierte und weniger stabile Struktur. Das C-Atom ist in trigonal-prismatischen Lücken einer hexagonal-dichtesten Kugelpackung des Eisens eingelagert. Cementit ist dunkelgrau und luftempfindlich, sowie hart und spröde. Er bildet sich bei höherer Temperatur aus Eisen und Kohlenstoff und zerfällt bei niederen Temperaturen, vor allem bei langsamer Abkühlung in Kohlenstoff (Graphit) und Eisen. Massendichte 7,69 g/cm^3, *Mohs* Ritzhärte 6, Smp. 1837 °C.

Cementit hat in der Eisentechnologie eine besondere Bedeutung.

Eigenschaften der Übergangsmetallnitride

Bei den Übergangsmetallnitriden überwiegen ebenfalls die Zusammensetzungen MX, M_2X. Die *Massendichten* liegen zwischen etwa 5 g/cm^3 (für TiN) und 16 g/cm^3 (für TaN, Hochtemperaturmodifikation), die *Schmelzpunkte* zwischen 2200 °C (für VN) und 3400 °C (für HfN). Die *Mohs*-Ritzhärte wird mit 8 bis 9 angegeben. Die große Härte wird für die Oberflächenhärtung von Stahl ausgenützt (s. → unten), wobei der Kern davon nicht berührt wird und zäh bleibt. Im Unterschied zu dem im → Abschn. 4.2.6 beschriebene AlN (Wurtzit-Typ) besitzen sie elektrische und thermische Leitfähigkeit sowie metallischen Glanz.

Da Eisennitride (Fe_2N, Fe_4N) ungewöhnlich spröde sind, werden unlegierte Stähle selten nitriert. In fein verteilter Form werden Legierungselemente wie Al, Cr, Ti und Mo zugegeben, die harte, chemisch und thermisch stabile Nitride an der Oberfläche bilden.

» *Nitri(di)erhärtung*

Die Nitri(di)erhärtung von Stahl kann nach verschiedenen Verfahren zwischen 400 °C und 590 °C durchgeführt werden. Als Beispiel wird die Nitri(di)erhärtung in einem gasdichten, von Ammoniak durchflossenen Kasten bei ca. 500 °C für 40 bis 90 Stunden genannt. Im Gegensatz zum Einsatzhärten (s. → Abschn. 5.2.4), das bei ca. 900 °C durchgeführt wird, verringern die niedrigeren Temperaturen das Entstehen von Verzugsproblemen der Bauteile und verhindern oftmals auch Modifikations-Umwandlungen. Zunächst entsteht auf der Metalloberfläche atomarer Stickstoff nach folgender Reaktion 2 NH_3 → 3 H_2 + 2 N. Dieser diffundiert anschließend in die Metalloberfläche ein und setzt sich mit den Legierungselementen zu Nitriden um. Ein Abschrecken nach der Nitri(di)erung ist nicht notwendig, dadurch entstehen keine Härterisse und eine gute Oberflächenbeschaffenheit bleibt erhalten.

Carbonitri(di)erung erfolgt, wenn die Randschicht eines Stahls mit Kohlenstoff und Stickstoff angereichert wird, es entstehen Carbonitride.

4.4.6 Übergangsmetallboride und -silicide – metallische Hartstoffe, Werkstoffe für den Maschinenbau

Im Vergleich zu den Übergangsmetallcarbiden und -nitriden sind die Strukturen der Übergangsmetallboride und -silicide vielgestaltiger und komplizierter. Das Atomradien-Verhältnis liegt größtenteils über 0,59.

Beispiele:
Vanadiumborid   80 : 131 = 0,61
Zirconiumborid   80 : 159 = 0,50
Vanadiumsilicid 118 : 131 = 0,90
Zirconiumsilicid 118 : 159 = 0,74

Eigenschaften der Übergangsmetallboride

Übergangsmetallboride kommen in den Zusammensetzungen, MX, M_2X, MX_2, MX_4 u.a. vor. Die Kristallstruktur der technisch interessanten Boride ist durch eine kettenartige Vernetzung der Bor-Atome untereinander charakterisiert. Diese geht bei höherer Borkonzentration (MX_6 und höher) in eine dreidimensionale Vernetzung über, in deren Lücken die Metallatome angeordnet sind.

Beispiele für Übergangsmetallboride sind TiB, ZrB_2, TiB_2, HfB_2: Die *Schmelzpunkte* liegen zwischen 2350 °C (für TiB) und 3200 °C (für HfB_2). Es sind äußerst *harte*, chemisch indifferente, hitzebeständige Stoffe mit metallischer Leitfähigkeit. Das als härtestes Metallborid bekannte TiB_2 (Smp. 2850 °C, Dichte 4,52 g/cm^3, Härte 9) ist fünfmal leitfähiger als das Metall Ti selbst. Der chemische Widerstand gegen Oxidation wächst mit dem Boranteil und die Säurebeständigkeit mit steigender Ordnungszahl der Metalle innerhalb einer Periode oder Gruppe. TiB_2 findet als Elektroden- und Tiegelmaterial Verwendung.

Eigenschaften der Übergangsmetallsilicide

Ihre Kristallstrukturen haben eine gewisse Ähnlichkeit mit denen der Boride. Ihre Schmelzpunkte liegen zwischen etwa 1550 °C (für $TiSi_2$, $ZrSi_2$, $HfSi_2$) und 2300 °C (für $TaSi_2$). Besondere Bedeutung hat das Molybdänsilicid $MoSi_2$ zur Herstellung von hochzunderfesten Schichten zur Oberflächenvergütung von Hochtemperaturwerkstoffen (s. → Glossar Verzundern). Es ist bis etwa 1700 °C beständig (Smp. etwa 2030 °C). Im Allgemeinen liegen Härte und Schmelzpunkt unter denen von Carbiden und Nitriden. Sie werden für Hartmetalle und Cermets verwendet.

4.4.7 Hartmetalle

Die bis jetzt besprochenen metallischen Hartstoffe haben als Basis für die Hartmetalle besondere Bedeutung. Unter Hartmetall versteht man den gesinterten Verbund aus einem harten, spröden, hochschmelzenden Übergangsmetallcarbid, insbesondere WC, TiC und TaC und einer metallischen Matrix, z.B. Cobalt. Der Cobalt-Anteil kann zwischen 5 und 17 % liegen. Durch die Metallmatrix werden die pulverisierten Carbide ‚gebunden' und sie wird daher auch ‚Bindemittel' bezeichnet. Beide Phasen werden pulvermetallurgisch verarbeitet und gut gemischt in einem Formkörper gesintert. Der Verbund weist insgesamt eine gewisse Zähigkeit auf. Anstelle von Cobalt können Fe, Ni, Cr u.a. als Matrix eingesetzt werden.

Eines der bekanntesten Beispiele ist *Widia*, was soviel bedeutet wie ‚hart wie Diamant'. Es ist der Verbund aus WC mit 10 % Co. Der Hartstoff WC ist der Träger der Härte, die an die von Diamant herankommt, während Co dem Verbund WC/Co die Zähigkeit verleiht und seine Sprödigkeit mindert. Massendichte 15,7 g/cm^3, Smp. etwa 2800 °C (Zersetzung). Andere Beispiele sind TaC/Co, TiC/Co.

Hartmetalle können auch aus einem Gemisch verschiedenartiger Carbide hergestellt werden, ihr Verschleißwiderstand lässt sich durch Beschichtungen z.B. mit TiC und TiN noch weiter erhöhen.

Die allgemeine Verwendung der Hartmetalle beruht auf den genannten Eigenschaften: diamantartige Härte, hohe Schmelzpunkte zwischen 3000 °C und 4000 °C, korrosions-, chemikalien- und hitzebeständig bei Erhalt der elektrischen und thermischen Leitfähigkeit. Hartmetalle werden u.a. zu verschleißfesten und hitzebeständigen Schneid- und Bohrwerkszeugen, zu Spikes und Mahlkugeln, zu verschiedenen Maschinenteilen wie Turbinenschaufeln, zur Oberflächenbeschichtung, zu Hitzeschilden, Raketenspitzen und Hochtemperaturelektroden verwendet.

4.4.8 Einlagerungshydride

Beschreibung der Einlagerungshydride

Wasserstoff lässt sich bei einigen Metallen in die Lücken der Kugelpackung kontinuierlich einlagern. Wie bei den Übergangsmetallcarbiden, -nitriden, -boriden und -siliciden ändern sich bei der Einlagerung des Wasserstoffs die Eigenschaften des Metalls deutlich. Es kommt dabei zur Strukturänderung (Phasenumwandlung), d.h. die Struktur im letztlich erhaltenen Hydrid ist nicht die gleiche wie die des reinen Metalls. Der Wasserstoffanteil ist variabel, die Zusammensetzung nicht stöchiometrisch.

Einlagerungshydride kennt man von den Elementen der Gruppe 3 bis 5, einschließlich der Lanthanoiden und Actinoiden, insbesondere von Chrom, Nickel und Palladium. Die für die Zusammensetzung MH_2 (M für Metall) typische Struktur ist eine kubisch-dichteste Kugelpackung von Metallatomen, bei der alle *Tetraederlücken* mit H-Atomen besetzt sind; dies entspricht dem Fluorit(CaF_2)-Typ. Die Übergangsmetallhydride zeigen metallischen Glanz und sind Halbleiter.

Magnesiumhydrid

Magnesium nimmt unter Druck Wasserstoff bis zur Zusammensetzung MgH_2 auf und gibt ihn bei Erwärmung wieder ab. Wasserstoff wird in die hexagonal-dichteste Kugelpackung von Magnesium eingelagert. Mit der Wasserstoffaufnahme zu MgH_2 erfolgt eine Phasenumwandlung zum Rutil-Typ.

Magnesiumhydrid wurde Mitte der 1980er Jahre als Wasserstoffspeicher für den Wasserstoff-Verbrennungsmotor und den Brennstoffzellenmotor diskutiert. Da Mg bzw. MgH_2 als Pulver in einem Röhrensystem untergebracht werden muss, eignet es sich wegen des großen Platzbedarfs und hohen Gewichts für Fahrzeuge nicht. Wenn Gewicht und Platzbedarf eine weniger kritische Rolle spielen, werden diese Speicher bereits verwendet: moderne deutsche Unterseeboote werden von Elektromotoren angetrieben, dabei kommt die elektrische Leistung aus Brennstoffzellen, die den Wasserstoff aus Magnesiumhydrid-Speichern beziehen.

Es gibt Einlagerungsstrukturen bei denen nur die Hälfte der Tetraederlücken symmetrisch mit Wasserstoff besetzt ist z.B. bei CrH, TiH und ZrH. Die Struktur entspricht dem Zinkblende-Typ. TiH zersetzt sich oberhalb 350 °C unter H_2-Abgabe. TiH_2 kristallisiert im Fluorit-Typ.

4.4.9 Das Schmelzdiagramm, das Zustands- oder Phasendiagramm für Metall-Legierungen

Ein Schmelzdiagramm gibt eine Übersicht über die in einer Legierung existierenden Phasen und deren Zusammensetzung in Abhängigkeit von den Zustandsgrößen Temperatur und Druck. Normalerweise wird unter Atmosphärendruck (1,013 bar bzw. 101,3 kPa) gearbeitet, so dass der Druck als konstant betrachtet werden kann und nicht gesondert erwähnt wird. Für Legierungen wird der Fest-/Flüssig(Schmelz)zustand dargestellt. Bei einem Zweikomponentensystem wird zu einer Komponente A eine zweite Komponente B in Massenanteilen von 0 bis 100 % zugegeben.

Im Folgenden werden zwei Typen von Schmelzdiagrammen für Zweistoffsysteme angegeben, aus denen Grundlegendes zu lernen ist.

- das Schmelzdiagramm Cu–Ni,

- das Schmelzdiagramm Al–Si.

Schmelzdiagramm Cu–Ni

Das Legierungssystem Cu–Ni bildet einen Substitutionsmischkristall. Es besteht eine lückenlose Mischbarkeit zwischen den Komponenten Cu und Ni sowohl in der Schmelze als auch im festen Zustand. Die Bedingungen für die Ausbildung eines Substitutionsmischkristalls sind im → Abschn. 4.4.2 beschrieben und in → Tabelle 4.19 angegeben.

Tabelle 4.19 Daten für die Ausbildung des Cu–Ni Substitutionsmischkristalls

	Cu	Ni	Unterschied
Schmelzpunkt °C	1083	1453	370
Atomradius pm	128	125	3 das sind 2,3 % bezogen auf Cu und 2,4 % bezogen auf Ni.
Elektronegativität EN	1,8	1,8	kein
Elektronen-konfiguration	$[Ar]3d^{10}\,4s1$	$[Ar]3d^8\,4s^2$	
Abgabe von Valenzelektronen	1 und 2*	2	kein
Struktur	kubisch-dichteste Kugelpackung (kfz)	kubisch-dichteste Kugelpackung (kfz)	kein

*Bei Kupfer ist das 3d Orbital vorzeitig auf 10 Elektronen aufgefüllt (s. → Tabelle 3.1, Unregelmäßigkeit). Es kann dieses Elektron als zweites Valenzelektron abgeben

Das in → Abb. 4.70 dargestellte Zustandsdiagramm gibt folgende Informationen:

Es gibt eine *Liquiduslinie* (obere Linie), die die Erstarrungstemperatur (E) der Schmelze in Abhängigkeit von ihrer Zusammensetzung anzeigt. Der Erstarrungsvorgang beginnt, wenn die Temperatur die Liquiduslinie unterschreitet. Für eine Schmelze der Zusammensetzung Cu(60%)-Ni(40%) beträgt nach → Abb. 4.70 die Erstarrungstemperatur 1280 °C (E_1).

Es gibt eine *Soliduslinie* (untere Linie), die die Schmelztemperatur der Legierung in Abhängigkeit von ihrer Zusammensetzung anzeigt. Nach → Abb. 4.70 beträgt die Schmelztemperatur einer Cu(60%)-Ni(40 %)-Legierung 1240 °C. Dies bedeutet auch, dass für eine Cu(60%)-Ni(40 %)-Schmelze bei *weiter sinkender Temperatur* die vollständige Erstarrung (1280 – 1240°C) erst 40 °C niedriger stattfindet.

Den Bereich zwischen Liquidus- und Soliduslinie nennt man *Erstarrungsbereich*. Schmelze S und feste Phase – der Mischkristall – existieren hier nebeneinander. Der Erstarrungsvorgang ist erst dann vollständig, wenn die Temperatur die Soliduslinie unterschreitet.

Oberhalb der Liquiduslinie liegt das System als *Schmelze* S mit lückenloser Mischbarkeit vor. Unterhalb der Soliduslinie existiert bei allen Zusammensetzungen nur eine feste Phase mit derselben Kristallstruktur, die als α-*Phase* oder α-*Mischkristall* bezeichnet wird.

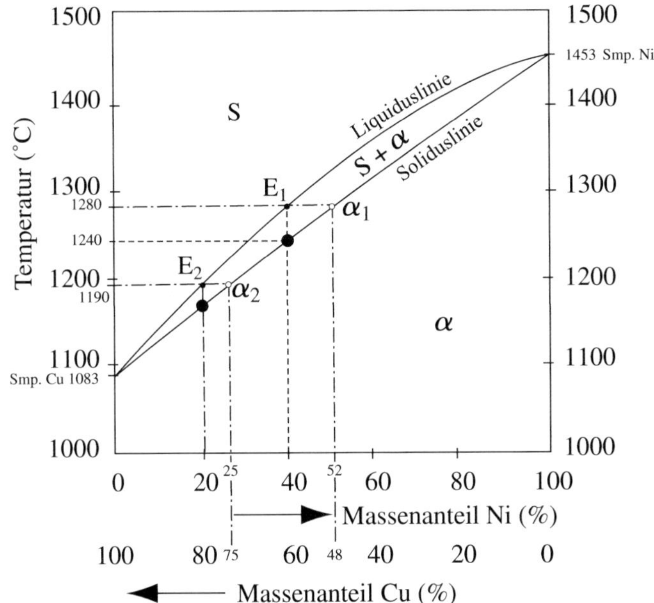

Abb. 4.70 Schmelzdiagramm für den Substitutionsmischkristall Cu–Ni.
S Schmelze, E_1 Erstarrungstemperatur bei höherer Temperatur, E_2 Erstarrungstemperatur bei niederer Temperatur, α_1 Mischkristall bei höherer Temperatur, α_2 Mischkristall bei tieferer Temperatur

Um eine Cu–Ni-Legierung bestimmter Zusammensetzung zu schmelzen, muss sie also über die Erstarrungstemperatur (auch Liquidustemperatur genannt) erhitzt werden. Umgekehrt dürfen Werkstoffe, die unter hohen Temperaturen zum Einsatz kommen, nicht über die Schmelztemperatur belastet werden.

Bei *konstant gehaltener Temperatur* von 1280 °C gibt der Punkt E_1 die Zusammensetzung der Schmelze bei der Erstarrung an und der Punkt α_1 die Zusammensetzung der festen Phase, die nach einiger Zeit – nach Gleichgewichtseinstellung – bei dieser Temperatur auskristallisiert. Die unterschiedlichen Schmelzpunkte der Komponenten haben zur Folge, dass aus der Schmelze einer Cu(60%)-Ni(40 %)-Legierung bei 1280 °C (Punkt E_1) bei konstant gehaltener Temperatur ein Mischkristall α_1 auskristallisiert mit Massenanteilen an Cu von 48% und an Ni von 52%. Es kristallisiert also ein Mischkristall aus, der eine von der Schmelze unterschiedliche Zusammensetzung hat und in dem die schwerer schmelzbare Komponente Ni angereichert ist. Ein weiteres Beispiel zeigt, dass aus einer Schmelze einer Cu(80%)-Ni(20 %)-Legierung bei 1190 °C (Punkt E_2) bei konstant gehaltener Temperatur ein Mischkristall α_2 auskristallisiert mit Massenanteilen an Cu von 75 % und an Ni von 25 %.

Infolge der Anreicherung von Nickel in der festen Phase verarmt die Schmelze an Nickel, dadurch sinkt die Erstarrungstemperatur und es kristallisieren immer Ni-ärmere Mischkristalle aus. Zuletzt kann Cu, die nieder schmelzende Komponente rein erhalten werden, wenn der Schmelzpunkt des Cu erreicht ist.

Bei jedem neuen Schmelzvorgang bei konstant gehaltener Temperatur bleibt ein Rest als Schmelze zurück, in dem der höher schmelzende Anteil größer ist.

Die so genannte fraktionierte Kristallisation, die stufenweise Trennung eines Gemischs mit lückenloser Mischbarkeit, wird durch diese Vorgehensweise möglich.

Die angezeigten Liquidus- und Solidustemperaturen in einem Schmelzdiagramm gelten nur dann, wenn die Zeit für das vollständige Erstarren oder Schmelzen ausreicht, wenn sich das Gleichgewicht einstellen kann. Manchmal ist dies absichtlich nicht erwünscht, das System wird vorzeitig ,abgeschreckt' (schnell abgekühlt). Die Legierung befindet sich dann in einem metastabilen Zustand, der allerdings oftmals recht dauerhaft sein kann. Die Eigenschaften einer Legierung im metastabilen Zustand weichen von denen im Gleichgewichtszustand ab.

Eine Cu–Ni-Legierung mit Massenanteilen an Cu von 5 bis 50 % ist ein säurebeständiger Werkstoff für chemische Geräte, Münzen, Schweißstäbe u.a. Mit einem Massenanteil an Ni von 5 bis 50 % wird die Legierung z.B. für Thermoelemente, auch zur Oberflächenbehandlung mit guten elektrischen, mechanischen und Korrosions-Eigenschaften verwendet. (Siehe Bücher der Werkstoffkunde)

Andere Systeme mit Mischbarkeit im flüssigen und festen Zustand sind Au–Ag, Mo-W, Fe–Ni, Fe–Cr, CuZn37 u.a.

Schmelzdiagramm Al–Si

Al und Si zeigen deutliche Unterschiede in allen Daten (s. → Tabelle 4.20). Sie sind zwar in der Schmelze in allen Verhältnissen miteinander mischbar, im festen Zustand besteht dagegen begrenzte Mischbarkeit.

Tabelle 4.20 Daten für die Ausbildung des Al–Si-Schmelzdiagramms

	Al	Si	Unterschied
Schmelzpunkt [°C]	660	1410	750
Atomradius [pm]	143	118	25 das sind 17,5 % bezogen auf Al und 21,2 % bezogen auf Si.
Elektronegativität EN	1,5	1,7	0, 2
Elektronen-konfiguration	$[Ne]\ 3s^2\ 3p^1$	$[Ne]\ 3sp^3$	
Abgabe von Valenzelektronen	3	4	1
Struktur	kubisch-dichteste Kugelpackung (kfz)	Diamant-Typ*	Metall- und Atombindung

*Silicium ist ein Halbmetall. Es hat in seiner reinen Form keine dichteste Packung, sondern kristallisiert im Diamant-Typ. Jedes Si-Atom ist tetraedrisch von vier anderen Si-Atomen über eine Atombindung umgeben (sp^3 hybridisiert).

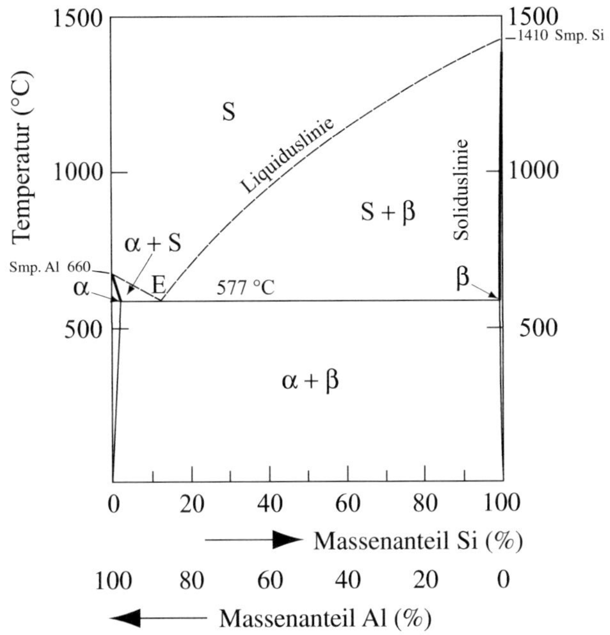

Abb. 4.71 Schmelzdiagramm für die Al–Si-Legierung
S Schmelze, α Mischkristall aus Al mit sehr kleinen Si-Anteilen, E Eutektikum, α + β Mischungslücke
(Nichtmischbarkeit im festen Zustand). β Mischkristall aus Si mit sehr kleinen Al-Anteilen.

Der Kurvenverlauf in → Abb. 4.71 macht folgendes deutlich:

Ein α-*Mischkristall* bildet sich mit geringen prozentualen Massenanteilen an Si in
Al. Bei der Temperatur von 577 °C ist die maximale Löslichkeit von 1,65 % Si in Al
erreicht (links, schmaler Bereich, Pfeil). Der α-Mischkristallbereich wird bei niederen
und höheren Temperaturen noch enger. Der Erstarrungsbereich liegt zwischen Liquiduslinie und Soliduslinie und bildet den Zweiphasenbereich von α + S (Pfeil).

Ein β-*Mischkristall* bildet sich mit sehr geringen prozentualen Massenanteilen an Al
in Si. Bei der Temperatur von 577 °C ist die maximale Löslichkeit von etwa 0,2 % Al in
Si (99,8 %) erreicht (ganz rechts, schmaler Bereich, Pfeil). Der β-Mischkristallbereich
wird bei niederen und höheren Temperaturen noch enger und ist daher in der → Abb.
4.71 nur angedeutet. Der Erstarrungsbereich liegt zwischen Liquiduslinie und Soliduslinie und bildet den Zweiphasenbereich von S +β.

Unterschiedliche feste Phasen werden der Reihe nach mit α-Phase (Mischkristall), β-Phase (Mischkristall) usw. bezeichnet.
Manche Autoren erwähnen im Al–Si Schmelzdiagramm den β-Mischkristall wegen seinem geringen
Massenanteil nicht. Somit wird in deren Schmelzdiagramm nicht S + β angegeben, sondern S + Si, und
anstelle von α + β steht α + Si.

Der tiefste Erstarrungspunkt des Systems ist der *eutektische Punkt E* bei 577 °C. Das
heterogene Gemisch der *eutektischen Legierung* (Eutektikum s. → 4.4.4) besteht aus etwa
87,4 % α-Mischkristall und 12,6 % β-Mischkristall.

Unterhalb des eutektischen Punkts E sind α- und β-Mischkristall nebeneinander beständig. Der Konzentrationsbereich, in dem die Phasen nebeneinander auftreten, wird

Mischungslücke bezeichnet. Die Mischung stellt in diesem Bereich eine *heterogene Legierung* dar.

Al–Si-Legierungen zeichnen sich vor allem durch vorzügliche Gießeigenschaften aus. Siehe Lehrbücher der Werkstoffkunde.

Reinaluminium ist stets mit Si verunreinigt. Lösen sich bei 577 °C noch 1,65 % Si (α-*MK*), so sind es bei 400 °C nur noch 0,3 % Si und bei 250 °C nur noch 0,05 % Si.

Nichtmischbarkeit im flüssigen und festen Zustand

Während die bis jetzt besprochenen Metallgemische sich in der Schmelze mischen, gibt es auch Metalle, die sich weder in der Schmelze noch im festen Zustand mischen, d.h. sie liegen immer getrennt nebeneinander vor. Ein solches System bildet Eisen/ Blei.

Tabelle 4.21 Daten für die Nichtmischbarkeit in der Schmelze und im festen Zustand für Eisen und Blei

	Fe	Pb	Unterschied
Schmelzpunkt [°C]	1535	327	1208
Atomradius [pm]	124	175	51 das sind 41,1% bezogen auf Fe und 29% bezogen auf Pb
Elektronegativität EN	1,6	1,6	0
Elektronen-konfiguration	[Ar] $3d^6\ 4s^2$	[Xe] $4f^{14}\ 5d^{10}$, $6s^2\ 6p2$	
Elektronenabgabe	2	4	2
Struktur	kubisch-innenzentrierte Struktur	kubisch-dichteste Kugelpackung (kfz)	unterschiedliche Packungsdichte, Raumausfüllung: 68 % 74 %
Massendichte g/cm^3	7,87	11,34	groß

Die Daten zeigen große Unterschiede. Geschmolzenes Eisen schwimmt auf der Bleischmelze. Kühlt man die Schmelze ab, so erstarrt das gesamte Eisen bei 1335 °C. Bei weiterer Abkühlung erstarrt das Blei, wenn dessen Schmelzpunkt von 327 °C erreicht ist.

Warum ist Eisen einer der wichtigsten metallischen Grundwerkstoffe mit vielen Vorzügen?

Bereits im → Abschn. 4.3.7 wurde auf die besonderen Eigenschaften des wichtigsten metallischen Grundwerkstoffs, des Eisens hingewiesen, der außerdem gegenüber Nichteisenmetallen relativ preiswert ist. Interessant ist die Vielfalt der Möglichkeiten zur *Veränderung der Eigenschaften*, wobei vor allem das Zusammenwirken mit Kohlenstoff von besonderer technischer Bedeutung ist. Es wird kurz zusammengefasst:

- Eisen hat bis zu seinem Schmelzpunkt von 1535 °C zwei Umwandlungstemperaturen, bei denen sich die Struktur und auch die Eigenschaften ändern:
    - Bei 911°C erfolgt die Umwandlung von α-Eisen zu γ-Eisen, d.h. aus *Ferrit* entsteht *Austenit*.
    - Bei 1392 °C erfolgt die Umwandlung von γ-Eisen zu δ-*Eisen*, d.h. aus Austenit entsteht δ-Eisen, das ebenfalls als Ferrit bezeichnet wird.

- Die Curie-Temperatur bei 768 °C steht mit den Strukturänderungen nicht im Zusammenhang. α-Eisen kann in Abhängigkeit von der Temperatur ferromagnetisch und paramagnetisch sein, γ-Eisen ist paramagnetisch.

- Eisen mit einem Massenanteil an Kohlenstoff von < 1,7 % nennt man *Stahl*. Er ist schmiedbar und schweißbar. Bei einem Massenanteil von etwa 2 bis 4 % liegt Eisen als *Gusseisen* vor. Es ist nicht schmiedbar und nicht schweißbar, es ist spröde und kann nur durch Vergießen in Form gebracht werden.

- Der Einfluss von Kohlenstoff:

Solange die Konzentration von Kohlenstoff bestimmte Grenzen nicht überschreitet, können *Einlagerungsmischkristalle* Fe–C vorliegen. α-Eisen (Ferrit) kann bis zu 0,02 % Massenanteile an C-Atome auf Zwischengitterplätzen einlagern und bildet den α-Mischkristall, der relativ weich ist; γ-Eisen (Austenit) kann bei höherer Temperatur bis maximal 2,1 % Massenanteile an C-Atome auf Oktaeder-Zwischengitterplätze einlagern unter Bildung des γ-Mischkristalls, der zäh ist. Die C-Atome sind dabei regellos in der Eisenstruktur auf Zwischengitterplätzen verteilt, ohne dass sich die Metallstruktur ändert. Die Einlagerungsmischkristalle behalten die Bezeichnung Ferrit bzw. Austenit bei.

Das Atomradienverhältnis von Kohlenstoff (77 pm) zu Eisen (124 pm) beträgt 0,62 und liegt somit im Grenzbereich von 0,59 (s. → Abschn. 4.4.5). Dies bedeutet, dass sich neben einem Einlagerungsmischkristall auch eine *Einlagerungsstruktur* bilden kann.

Als Einlagerungsstruktur bildet *Cementit* Fe_3C sowohl mit dem γ-Mischkristall als auch mit dem α-Mischkristall Gemische, die man *Ledeburit* bzw. *Perlit* nennt.

Eine *Eisenschmelze* mit insgesamt 4,3 % Massenanteile an Kohlenstoff erstarrt bei 1147 °C zu einem Gemisch, das *Ledeburit* genannt wird. Ledeburit besteht aus einem Gemisch aus γ-Mischkristall und Cementit (eutektisches Gemisch).

Perlit entsteht, wenn der γ-Mischkristall abgekühlt wird. Der Beständigkeitsbereich des γ-Mischkristalls weitet sich aus, da der größere Kohlenstoffanteil die Umwandlung zu Ferrit hemmt. Erst bei 723 °C entsteht das Gemisch aus α-Mischkristall und Cementit (eutektoides Gemisch).

Wird der γ-Mischkristall mit hinreichend großer Geschwindigkeit auf Raumtemperatur abgekühlt, so bleibt der Kohlenstoff zwangsgelöst, die Cementit-Ausscheidung wird verhindert. Der zwangsgelöste Kohlenstoff bewirkt eine Verzerrung der α-Eisen-Struktur. Das entstehende Gefüge nennt man Martensit, dieser ist hart und spröde.

- Cementit hat besonderen Einfluss auf die Härte des Stahls.

- Kohlenstoff als Graphit z.B. in Ferrit, Austenit und Gusseisen trägt wegen seiner Schichtstruktur wenig zur Härte bei.

- Unterschiedliche Wärmebehandlungen (langsames Anlassen, Tempern oder schnelles Abschrecken) haben ebenso Einfluss auf die Eigenschaften von Stahl, wie ein

- grob- und feinkörniges Gefüge.

- Technische Bedeutung hat auch der Einfluss von *Stickstoff* auf Stahl. Das Atomradien-Verhältnis von Stickstoff (55 pm) zu Eisen (124 pm) beträgt 0,44. Es liegt im Grenzbereich 0,43 (s. → Abschn. 4.4.5), daher sind mit Stickstoff sowohl Einlagerungsmischkristalle als auch Einlagerungsstrukturen möglich. Letztere haben ebenfalls Einfluss auf die Härte von Stahl.

- Gusseisen und Stahl können *Legierungselemente* aufnehmen. Nicht nur die Eigenschaften verändern sich, es verschieben sich auch die Beständigkeitsbereiche von kubisch-innenzentrierter Struktur und kubisch-dichtester Kugelpackung des Eisens.

5 Die chemische Reaktion –
Das chemische Gleichgewicht

Die Natur liefert uns die Stoffe nicht so, wie wir sie in der Technik und im täglichen Leben benötigen. Unser modernes Leben und der heutige hohe Lebensstandard verlangen in jeder Hinsicht hochveredelte Produkte. Rohstoffe müssen daher in vielfacher Weise bearbeitet werden. Neben mechanischen und physikalischen Umwandlungsmethoden entstehen neue Stoffe insbesondere durch chemische Umwandlung, d.h. durch chemische Reaktionen. Doch nicht nur bei der Herstellung von neuen Stoffen, sondern auch bei Recyclingverfahren, bei Energieumwandlungen und vielen anderen Prozessen laufen chemische Reaktionen ab.

Wir sind also in vielen Bereichen auf chemische Reaktionen angewiesen. Das Interesse richtet sich dabei meistens auf einen bestimmten *Stoffumsatz*, der ein gewünschtes Reaktionsprodukt liefern soll. Aber nicht immer liegt das Interesse auf dem Stoffumsatz allein, vielmehr gibt es chemische Reaktionen, bei denen der *Energieumsatz* die Hauptrolle spielt, z.B. wenn bei der Reaktion besonders hohe Energiebeträge freigesetzt werden. So steht bei der Oxidation (Verbrennung) von Kohlenstoff nicht die Gewinnung des Endprodukts Kohlendioxid im Vordergrund sondern die Wärmeenergie, die bei dieser Reaktion abgegeben wird. Ein anderes Beispiel ist die Oxidation von Wasserstoff, die Knallgasreaktion mit dem Endprodukt Wasser. Auch hier interessiert die Reaktionswärme, die chemische Energie allein, denn sie kann Metalle zum Schmelzen bringen, im Motor in mechanische Energie oder in der Brennstoffzelle direkt in elektrische Energie umgewandelt werden. Eine chemische Reaktion wird also auch dazu benützt, um einen bestimmten Energieumsatz zu erreichen.

$$C + O_2 \rightarrow CO_2 + \text{Energie}$$

$$2\,H_2 + O_2 \rightarrow 2\,H_2O + \text{Energie}$$

Wann reagieren Stoffe miteinander, wie reagieren sie? Was sagt eine Reaktionsgleichung aus, was kann sie nicht aussagen? Warum verbrennt eine Kohlehalde nicht mit dem Sauerstoff der Luft zu Kohlendioxid? Warum verbrennt Wasserstoff nicht momentan, wenn man gleichzeitig Sauerstoff zuströmen lässt? Warum reagieren Sauerstoff und Stickstoff, die Bestandteile unserer Atmosphäre nicht momentan zu Stickstoffoxiden? Auf all diese Fragen soll im Folgenden eine Antwort gefunden werden.

5.1 Grundlegende Gesetzmäßigkeiten für die chemische Reaktion – für das so genannte chemische Gleichgewicht

5.1.1 Das Massenwirkungsgesetz MWG

Ablauf und Ergebnis einer chemischen Reaktion werden durch das chemische Gleichgewicht zwischen den beteiligten Reaktionspartnern, den Ausgangsstoffen und den Reaktionsprodukten geregelt. Die mathematische Formulierung des chemischen Gleichgewichts ist das Massenwirkungsgesetz.

Historisches
Der Name Massenwirkungsgesetz stammt von *Guldberg* und *Waage*. Sie haben 1867 das Massenwirkungsgesetz rein empirisch, also durch Auswertung vieler Experimente abgeleitet. Anstelle der heutigen *Stoffmengenkonzentrationen* c verwendeten sie die Bezeichnung *wirksame Massen*. Ihr Ergebnis konnte später durch die Gesetze der Thermodynamik und der Reaktionskinetik bestätigt werden. *(Cato Maximilian Guldberg 1835–1902, Mathematiker und Peter Waage 1833–1900, Chemiker, Norwegen).*

Guldberg und *Waage* haben festgestellt, dass chemische Reaktionen, so wie sie in einer chemischen Reaktionsgleichung formuliert werden, nicht immer vollständig ablaufen. Dies ist sogar eher die Ausnahme. Viele chemische Reaktionen laufen nur unvollständig ab oder zunächst überhaupt nicht.

Läuft eine Reaktion unvollständig ab, dann können neben den erwarteten Reaktionsprodukten – auch *Endstoffe* genannt – noch unveränderte *Ausgangsstoffe* nachgewiesen werden. Um dies zuverlässig und reproduzierbar festzustellen, muss allerdings in einem System bei konstanter Temperatur gearbeitet werden, in dem kein Reaktionspartner entweichen kann. Nach einiger Zeit scheint die Reaktion zum Stillstand zu kommen. Es stellt sich ein Zustand ein, bei dem keine weitere Änderung in der Zusammensetzung des Stoffgemischs erfolgt. Die Reaktion scheint beendet, die *Hinreaktion* ist abgeschlossen. Es hat sich ein Gleichgewicht eingestellt zwischen den entstandenen Endstoffen und den nicht umgesetzten Ausgangsstoffen.

Die gleiche Zusammensetzung des Reaktionsgemisches erhält man, wenn unter denselben Bedingungen von den Endstoffen ausgegangen wird. Es entstehen bei der *Rückreaktion* wieder so viele Ausgangsstoffe, wie bei der Hinreaktion übrig geblieben sind: derselbe Gleichgewichtszustand hat sich mit der gleichen Zusammensetzung eingestellt.

Es kommt also bei unvollständig ablaufenden chemischen Reaktionen auf beiden Wegen, der Hin- und der Rückreaktion, zur Ausbildung eines Gleichgewichtszustandes, der durch eine bestimmte Zusammensetzung des Stoffgemischs aus Ausgangsstoffen und Endstoffen charakterisiert ist; es hat sich ein *chemisches Gleichgewicht* eingestellt.

Das chemische Gleichgewicht ist jedoch kein Ruhezustand, obwohl nach außen kein Umsatz mehr registriert werden kann. Es ist vielmehr ein *dynamisches Gleichgewicht,* denn die beiden entgegengesetzt ablaufenden Reaktionen, die Hinreaktion und die Rückreaktion, weisen im Gleichgewichtszustand die jeweils gleiche Geschwindigkeit auf (s. → Abschn. 5.1.5). In der Zeiteinheit entstehen und zerfallen also im Gleichgewichtszustand stets die gleichen Stoffmengen an Ausgangs- und Endstoffen.

Nur so kann der Gleichgewichtszustand aufrechterhalten werden. Bildung und Zerfall sind im chemischen Gleichgewicht bei einer bestimmten Temperatur gleich schnell.

Die Mathematische Fassung des chemischen Gleichgewichtszustands

Die Lage des chemischen Gleichgewichts wird durch das *Massenwirkungsgesetz MWG* beschrieben.

Betrachtet man eine allgemeine chemische Reaktion bei der a Moleküle einer Substanz A mit b Molekülen einer Substanz B zu d Molekülen einer Substanz D und e Molekülen einer Substanz E reagieren:

$$a\,A \;+\; b\,B \;\underset{\text{Rückreaktion}}{\overset{\text{Hinreaktion}}{\rightleftharpoons}}\; d\,D \;+\; e\,E$$

so lautet das Massenwirkungsgesetz für diese Reaktion:

$$\frac{c_D^d \cdot c_E^e}{c_A^a \cdot c_B^b} = K_c$$

c_D^d, c_E^e, c_A^a und c_B^b sind die Stoffmengenkonzentrationen (mol/l) der im Gleichgewicht vorhandenen Endstoffe und Ausgangsstoffe. Es wurde festgelegt, dass das Produkt der Stoffmengenkonzentration der Endstoffe stets im Zähler steht. Endstoffe und Ausgangsstoffe werden nach der Stöchiometrie der Reaktionsgleichung eingesetzt. Die Anzahl Moleküle (a, b, d, e) gehen in den Exponenten.

Für den Gleichgewichtszustand lautet somit das Massenwirkungsgesetz: Das Produkt aus den Konzentrationen der Endstoffe dividiert durch das Produkt der Stoffmengenkonzentration der Ausgangsstoffe ergibt für eine bestimmte Reaktionstemperatur einen charakteristischen Zahlenwert K_c. Dieser Zahlenwert wird *Gleichgewichtskonstante* oder Massenwirkungskonstante genannt. Sie ist von der Temperatur abhängig.

Die Formel für die Gleichgewichtskonstante ist eine Verhältnisformel. Welcher Einzelwert einer bestimmten Stoffmengenkonzentration im Gleichgewichtszustand daher zukommt, ist unerheblich. Das Verhältnis entspricht stets dem Zahlenwert der Gleichgewichtskonstanten.

Eine andere Schreibweise für das Massenwirkungsgesetz ist

$$\frac{[D]^d \cdot [E]^e}{[A]^a \cdot [B]^b} = K_c \quad \text{(bei konstanter Temperatur)}$$

Die Stoffmengenkonzentration c in mol/l kann durch eckige Klammern [ ] angegeben werden (s. auch → Abschn. 5.3 und 5.4).

Für Reaktionen zwischen *Gasen* ist es zweckmäßig die Partialdrücke p anstelle der Stoffmengenkonzentration c einzusetzen und die entsprechende Gleichgewichtskonstante K_p anzugeben. Der Gesamtdruck p setzt sich additiv aus den Partialdrücken p(A) + p(B) + p(C) ..... zusammen. K_c und K_p lassen sich mit Hilfe der allgemeinen Zustandsgleichung für ideale Gase ineinander umrechnen (s. → Anhang Umrechnungen).

Die Lage eines chemischen Gleichgewichts

Die Einstellung eines chemischen Gleichgewichts, die Lage des chemischen Gleichgewichts, wird also durch den Zahlenwert von K_c bzw. K_p beschrieben. Die Konstante gibt an, ob eine Reaktion bei einer *bestimmten Temperatur vollständig, unvollständig oder gar nicht abläuft.*

Große K-Werte (K $\gg$ 1) zeigen an, dass das chemische Gleichgewicht auf der Seite der Endstoffe (auf der rechten Seite der Reaktionsgleichung) liegt, die Reaktion läuft praktisch vollständig ab.

Ist K $\sim$ 1 so liegen Ausgangstoffe und Endstoffe etwa in gleichen Stoffmengenkonzentrationen vor.

Kleine K-Werte (K $\ll$ 1) bedeuten, dass das chemische Gleichgewicht bei den Ausgangsstoffen (auf der linken Seite der Reaktionsgleichung) liegt, die Reaktion läuft nicht ab.

Anmerkung: Auf die Bestimmung und Berechnung von K wird auf die Bücher der Physikalischen Chemie verwiesen.

Das chemische Gleichgewicht – die chemische Reaktion – wird mit einem Doppelpfeil $\rightleftharpoons$ angezeigt und dieser besagt, dass die chemische Reaktion grundsätzlich in beiden Richtungen ablaufen kann.

Im Weiteren werden Ausgangsstoffe auch *Edukte* (lat. educere herausführen), Endstoffe auch *Produkte* genannt.

Homogene Gleichgewichte

Bei homogenen Gleichgewichten liegen alle an der Reaktion beteiligten Stoffe im gleichen Aggregatzustand vor.

» *Knallgasreaktion*

$$2\,H_2(g) \;+\; O_2(g) \quad\rightleftharpoons\quad 2\,H_2O(g) \qquad \text{(g) gaseous gasförmig}$$

Wasserstoff + Sauerstoff $\qquad\qquad$ Wasserdampf

$$\frac{p^2_{H_2O}}{p^2_{H_2} \cdot p_{O_2}} = K_p \qquad\qquad K_p \gg 1 \text{ bei } 25\,°C$$

Bei 25 °C (Atmosphärendruck 1,013 bar bzw. 101,3 kPa) ergibt die Bestimmung von K_p für die H_2O-Bildung, dass K $\gg$ 1 ist. Der Zahlenwert sagt somit aus: das Gleichgewicht liegt vollständig auf der rechten Seite beim Produkt H_2O (im Zähler), die Reaktion läuft vollständig ab. Die Edukte Wasserstoff und Sauerstoff (im Nenner) sind in messbaren Partialdrücken nicht mehr vorhanden. Dies bedeutet auch, dass Wasser unter den Bedingungen auf unserer Erde beständig ist, d.h. sich nicht in Wasserstoff und Sauerstoff verflüchtigen kann.

» *Ammoniak-Synthese*

$$N_2(g) \; + \; 3\,H_2(g) \quad \rightleftharpoons \quad 2\,NH_3(g)$$

Stickstoff + Wasserstoff   Ammoniak

$$\frac{p_{NH_3}^2}{p_{N_2} \cdot p_{H_2}^3} = K_p \qquad\qquad K_p \sim 1 \text{ bei } 400\ °C$$

Bei 400 °C (Atmosphärendruck) stellt sich ein Gleichgewichtszustand ein, bei dem die Reaktion nicht vollständig abgelaufen ist. Das Produkt NH_3 (im Zähler) hat sich nur zu etwa 0,1 % gebildet.

» *Stickstoffmonoxid-Bildung*

$$N_2(g) \; + \; O_2(g) \quad \rightleftharpoons \quad 2\,NO(g)$$

Stickstoff + Sauerstoff   Stickstoffmonoxid

$$\frac{p_{NO}^2}{p_{N_2} \cdot p_{O_2}} = K_p \qquad\qquad K_p \ll 1 \text{ bei } 25\ °C$$

Bei 25 °C (Atmosphärendruck) ergibt die Bestimmung von K_p für die NO-Bildung, dass $K \ll 1$ ist. Der Zahlenwert sagt somit aus: im Gleichgewicht sind die Partialdrücke der Edukte (im Nenner) sehr hoch, Stickstoff und Sauerstoff liegen praktisch unverändert vor. Das Produkt NO (im Zähler) hat einen nicht messbaren Partialdruck. Dies bedeutet, dass die in unserer Atmosphäre enthaltenen Stickstoff- und Sauerstoffmoleküle bei üblichen Temperaturen keine Reaktion miteinander eingehen.

Heterogene Gleichgewichte

Bei heterogenen Gleichgewichten liegen die beteiligten Stoffe in verschiedenen Aggregatzuständen vor.

Bei fest-gasförmigen Systemen geht die feste Phase nicht in das MWG ein, es wird nur das gasförmige Edukt berücksichtigt. In welcher Menge die feste Phase vorliegt ist nicht von Bedeutung. Ausschlaggebend ist nur, dass sie im Überschuss vorhanden ist und für die Reaktion zur Verfügung steht, somit fällt eine Änderung ihrer Konzentration nicht ins Gewicht.

» *Oxidation (Verbrennung) von Kohlenstoff*

$$C(s) \; + \; O_2(g) \quad \rightleftharpoons \quad CO_2(g) \qquad\qquad (s) \text{ solid fest}$$

Kohlenstoff + Sauerstoff   Kohlendioxid

$$\frac{p_{CO_2}}{p_{O_2}} = K_p \qquad\qquad K_p \gg 1 \text{ bei } 25\ °C$$

Da die feste Phase von Kohlenstoff nicht in das MWG eingeht, hängt die Verbrennung von Kohlenstoff allein vom Sauerstoff-Partialdruck ab, direkt proportional entsteht Kohlendioxid CO_2.

» *Oxidation (Verbrennung) von Schwefel*

$$S(s) + O_2(g) \rightleftharpoons SO_2(g)$$

Schwefel + Sauerstoff   Schwefeldioxid

$$\frac{p_{SO_2}}{p_{O_2}} = K_p \qquad\qquad K_p \gg 1 \ \text{bei } 25\,°C$$

Da die feste Phase von Schwefel nicht in das MWG eingeht, hängt die Verbrennung von Schwefel allein vom Sauerstoff-Partialdruck ab, direkt proportional entsteht Schwefeldioxid SO_2.

» *Boudouard-Gleichgewicht*
(1905 untersucht von O. L. Boudouard 1872– 1923, franz. Chemiker)

$$C(s) + CO_2(g) \rightleftharpoons 2\,CO(g)$$

Kohlenstoff + Kohlendioxid   Kohlenmonoxid

$$\frac{p^2_{CO}}{p_{CO_2}} = K_p \qquad\qquad \begin{array}{l} \text{Bei } < \ \ 400°C: \quad K_p \ll 1 \\ \text{Bei } \sim \ \ 700°C: \quad K_p \sim 1 \\ \text{Bei } > 1000°C: \quad K_p \gg 1 \end{array}$$

In Gegenwart von einem Überschuss an Kohlenstoff (feste Phase) stellt sich bei Temperaturen zwischen 400 °C und 1000 °C ein bestimmtes Gleichgewicht zwischen den Partialdrücken von Kohlendioxid CO_2 und Kohlenmonoxid CO ein. Unter 400 °C tritt keine Reaktion ein, es bildet sich kein CO. Bei etwa 700 °C liegen CO_2 und CO mit vergleichbaren Partialdrücken vor. Oberhalb 1000 °C entsteht in Gegenwart von festem Kohlenstoff aus CO_2 vollständig CO (s. → Abschn. 5.2.4).

» *Kalkbrennen*

$$CaCO_3(s) \rightleftharpoons CaO(s) + CO_2(g)$$

Calciumcarbonat   Calciumoxid   Kohlendioxid
Kalkstein   gebrannter Kalk

$$p_{CO_2} = K_p \qquad\qquad \begin{array}{l} \text{Bei} < 900\ °C: \quad K_p \ll 1 \\ \text{Bei} > 900\ °C: \quad K_p \gg 1 \end{array}$$

Beim Kalkbrennen ist die Kohlendioxid-Bildung allein abhängig von der Temperatur. Sowohl Calciumcarbonat, als auch Calciumoxid liegen in der festen Phase vor und gehen in das MWG nicht ein.

5.1.2 Reaktionsenthalpie

Enthalpie Wärmeinhalt, gr. en in, inmitten, innerhalb; gr. thalpos Wärme, gr. thalpein erwärmen.

Bei jeder chemischen Reaktion, d.h. bei jedem Stoffumsatz, lösen sich Bindungen, es finden Umgruppierungen von Atomen statt und es werden neue Bindungen geknüpft. Wie am Anfang des → Kap. 5 bereits erwähnt, richtet sich das Interesse bei einer chemischen Reaktion nicht immer nur auf einen Stoffumsatz, sondern es gibt auch chemische Reaktionen, bei denen das größere Interesse auf der dabei frei werdenden Energie liegt. Andererseits gibt es chemische Reaktionen, bei denen Energie verbraucht wird, d.h. zugeführt werden muss, wenn ein Stoffumsatz zu einem bestimmten Produkt stattfinden soll.

Ein Stoffumsatz ist offensichtlich bei der Umgruppierung von Atomen, bei der Bildung neuer Verbindungen von einer Änderung der Energieinhalte der beteiligten Stoffe begleitet. Die Edukte haben also einen anderen Energieinhalt als die Produkte. Mit den energetischen Verhältnissen bei chemischen Reaktionen befasst sich die *Thermodynamik*. Hier wird eine vereinfachte Darstellung wiedergegeben. (Siehe chemische Thermodynamik, Lehrbücher der physikalischen Chemie.)

Die bei einer chemischen Reaktion frei werdende oder verbrauchte Wärmemenge heißt Reaktionswärme. Für quantitative Angaben der energetischen Verhältnisse wird anstelle von -wärme der Ausdruck –enthalpie verwendet*. Darunter versteht man die Wärmemenge, die bei konstantem Druck abgegeben oder verbraucht wird, die Bezeichnung für Reaktionswärme ist also *Reaktionsenthalpie*. Die meisten chemischen Reaktionen laufen im offenen Gefäß unter Atmosphärendruck ab.

*Siehe auch Hydratationsenthalpie, Verbrennungsenthalpie, Umwandlungsenthalpien wie Erstarrungs-, Verdampfungs-, Kondensations- und Sublimationsenthalpie u.a.

Definitionen

Das Symbol für Enthalpie ist H (h̲eat Wärme).

Da die Reaktionsenthalpie von den Zustandsgrößen Druck und Temperatur abhängig ist, wurde ein Standardzustand eingeführt, bei dem die Reaktionspartner vor und die Reaktionsprodukte nach der Reaktion unter gleichen Bedingungen vorliegen. Auch können von Elementen keine absoluten Wärmeinhalte angeben werden, obwohl damit nicht gesagt ist, dass sie bei chemischen Reaktionen tatsächlich Energie abgeben bzw. aufnehmen. Es muss also ein Nullpunkt willkürlich festgelegt werden.

» *Standardzustand*

Für den Standardzustand wurden ein Standarddruck von 1,013 bar (101,3 kPa, Atmosphärendruck) und eine Standardtemperatur von 25 °C (298 K) für den Anfangs- und Endzustand einer Reaktion festgelegt. Die Enthalpie im Standardzustand heißt *Standardenthalpie* und wird mit H^0 angegeben.

Hinweis: Die Temperatur im Standardzustand ist verschieden von der im Normzustand NTP normal temperature pressure (0°C, 1,013 bar).

» *Standardenthalpie der Elemente*

Für Elemente wird willkürlich die Standardenthalpie zu Null festgelegt, $H^0 = 0$, wenn sie im Standardzustand in stabiler Form vorliegen, z.B. Kohlenstoff als Graphit (nicht Diamant), flüssige Elemente (Hg, Br) im flüssigen Aggregatzustand, Gase (H_2, O_2, N_2 u.a.) im idealen Gaszustand.

» *Enthalpieänderungen ΔH^0*

Die Differenz des Wärmeinhalts vor und nach einer Reaktion, d.h. *Enthalpieänderungen* gibt man mit ΔH^0 an, wenn diese unter Standardbedingungen ablaufen.

» *Standardbildungsenthalpie ΔH^0_f*

Für chemische Verbindungen wird die Standardbildungsenthalpie angegeben. Man erhält sie aus der Reaktionsenthalpie, die sich bei der Bildung (formatio) von *1 mol einer Verbindung* unter Standardbedingungen (1,013 bar, 25 °C), sowohl im Anfangs- als auch im Endzustand aus den Elementen entwickelt oder aufgewendet werden muss. Sie wird in kJ/mol angegeben.

Beispiele:

$$H_2\,(g) \;+\; \tfrac{1}{2}\,O_2(g) \;\;\rightarrow\;\; H_2O(l) \qquad\qquad \Delta H^0_f = -286 \text{ kJ/mol}$$

$$\tfrac{1}{2}\,N_2(g) \;+\; \tfrac{1}{2}\,O_2(g) \;\;\rightarrow\;\; NO(g) \qquad\qquad \Delta H^0_f = +90,3 \text{ kJ/mol}$$

$$\tfrac{1}{2}\,N_2(g) \;+\; 3/2\,H_2(g) \;\;\rightarrow\;\; NH_3(g) \qquad\qquad \Delta H^0_f = -46,1 \text{ kJ/mol}$$

g gaseous gasförmig, l liquid flüssig. Für Bildung (fomatio) wird auch B angegeben. Negatives Vorzeichen: für ΔH^0_f bedeutet, dass Energie bei der Bildung freigesetzt wird, positives Vorzeichen:, dass Energie aufgewendet werden muss (s. $\rightarrow$ weiter unten).

Standardbildungsenthalpien können größtenteils direkt messtechnisch aus den Elementen im Kalorimeter bestimmt werden. Diejenigen, die nicht oder nur schwer experimentell bestimmbar sind, können nach dem Satz von *Heß* berechnet werden.

» *Der Satz von Heß 1840 (Germain Henri Heß 1802–1850, Schweizer Chemiker, gearbeitet in St. Petersburg, Russland)* besagt:

Bei gleichem Anfangs- und Endzustand ist die Reaktionsenthalpie unabhängig vom Weg zwischen Anfangs- und Endzustand, denn die Enthalpie ist eine Zustandsfunktion und daher für jeden Reaktionsweg gleich groß. Eine Reaktion und somit auch eine unbekannte Standardbildungsenthalpie kann folglich in verschiedene Teilschritte aufgeteilt, über Zwischenverbindungen formuliert und die gesuchte Standardbildungsenthalpie ΔH^0_f einer Verbindung aus deren gut messbaren Standardreaktionsenthalpien ΔH^0 (s. $\rightarrow$ nachfolgend) und bekannten Standardbildungsenthalpien berechnet werden.

Beispiel:
Die Berechnung der experimentell schwierig zu ermittelnden Standardbildungsenthalpie von Kohlenmonoxid CO.
Bekannt ist die Standardbildungsenthalpie von Kohlendioxid CO_2, man erhält sie aus der Reaktion von Kohlenstoff mit Sauerstoff bei einem Druck von 1,013 bar und einer Temperatur von 25 °C. Kohlenstoff muss in seiner stabilsten Form als Graphit vorlie-

gen, Sauerstoff gasförmig.

$$C(s)\ +\ O_2(g)\ \rightleftharpoons\ CO_2(g) \qquad \Delta H_f^0 = -393{,}5\ kJ/mol$$

Bekannt ist auch die Standardreaktionsenthalpie ΔH_f^0 für die folgende Reaktion:

$$CO(g)\ +\ \tfrac{1}{2}\,O_2(g)\ \rightleftharpoons\ CO_2(g) \qquad \Delta H_f^0 = -283{,}0\ kJ/mol$$

$$\Delta H_f^0\ \text{s. nachfolgend}$$

Daraus lässt sich die Standardbildungsenthalpie für Kohlenmonoxid CO berechnen:

$$C(s)\ +\ \tfrac{1}{2}\,O_2(g)\ \rightarrow\ CO(g) \quad zu \qquad \Delta H_f^0 = -110{,}5\ kJ/mol$$

Für viele Verbindungen ist die Standardbildungsenthalpie in Tabellen aufgelistet. Einige Beispiele gibt die → Tabelle 5.1 wieder.

Tabelle 5.1 Standardbildungsenthalpien ΔH_f^0 in kJ/mol für einige ausgewählte Verbindungen.
s solid fest, l liquid flüssig, g gaseous gasförmig

Verbindung	ΔH_f^0 kJ/mol (25 °C, 1,013 bar)
H_2O (g)	−241,8
H_2O(l)	−285,9
NH_3(g)	−46,1
CO(g)	−110,5
CO_2(g)	−393,5
NO(g)	+90,3
NO_2(g)	+33,8
SO_2(g)	−296,8
SO_3(g)	−395,7
FeO	−272,0
Fe_3O_4(s)	−1120
$\alpha\text{-}Fe_2O_3$(s)	−822,2
$\alpha\text{-}Al_2O_3$(s)	−1677,0
CaO(s)	−635,5
$CaCO_3$(s)	−1206,9
CH_4(g)	−74,8
C_2H_2(g)	+226,7
CH_3OH(g)	−201,2
CH_3OH(l)	−238,9

» *Standardreaktionsenthalpie* ΔH^0

Die Standardreaktionsenthalpie ΔH^0 ist die Reaktionsenthalpie, die bei einer chemischen Reaktion pro *Formelumsatz* unter Standardbedingungen (1,013 bar, 25 °C) im Anfang- und Endzustand entwickelt oder verbraucht wird. Sie wird auf ein Mol eines Reaktionspartners, dessen Formel in die Reaktionsgleichung ohne Faktor eingeht bezogen und in kJ/mol angegeben. Die festen Stoffe müssen in der reinen Phase in einer stabilen Modifikation, die flüssigen Stoffe in der reinen Phase im flüssigen Aggregatzustand und die Gase im idealen Gaszustand vorliegen.

Beispiele für einen Formelumsatz von 1 mol O_2 ergibt nach (1) 2 mole H_2O, nach (2) 2 mole NO und 1 mol N_2 ergibt nach (3) 2 mole NH_3:

(1)　　　　$2 H_2 + O_2 \rightleftharpoons 2 H_2O(l)$　　　$\Delta H^0 = -571{,}8$ kJ/mol

(2)　　$N_2(g) + O_2(g) \rightleftharpoons 2 NO(g)$　　　$\Delta H^0 = +180{,}6$ kJ/mol

(3)　$N_2(g) + 3 H_2(g) \rightleftharpoons 2 NH_3(g)$　　　$\Delta H^0 = -92{,}2$ kJ/mol

Wiederholung: Die Standardbildungsenthalpien (s. → Tabelle 5.1) werden jeweils auf *1 mol der Bildung einer Verbindung z.B.* von H_2O (−285,9 kJ/mol), NO (+90,3 kJ/mol) oder NH_3 (−46,1 kJ/mol) bezogen.

Da eine chemische Reaktion und somit die Reaktionsenthalpie vom Aggregatzustand, Druck und der Temperatur abhängig ist, müssen Abweichungen vom Standardzustand angegeben werden. Während meistens bei Atmosphärendruck (1,013 bar) gearbeitet wird, kann die Reaktion auch bei einer anderen Temperatur als 25°C ablaufen.

Die Standardreaktionsenthalpie ΔH^0 kann für eine chemische Reaktion aus den Standardbildungsenthalpien der Reaktionsteilnehmer berechnet werden. Sie ergibt sich aus der Differenz zwischen der Summe der Standardbildungsenthalpien der Produkte und der Summe der Standardbildungsenthalpien der Edukte der chemischen Reaktion.

Enthalpiegleichung: Berechnung der Reaktionswärme

$$\Delta H^0 = \Sigma \Delta H_f^0 \text{ Produkte} - \Sigma \Delta H_f^0 \text{ Edukte}$$

Ergibt die Enthalpiegleichung einen *negativen Wert für ΔH^0*, so wird bei der chemischen Reaktion Wärme frei. Die Produkte befinden sich dann in einem energieärmeren, stabileren Zustand als die Edukte. Energie, die das System verlässt, wird in der Thermodynamik mit einem *negativen Zeichen* versehen. Man nennt diese Reaktionen *exotherm*.

Ergibt die Enthalpiegleichung einen *positiven Wert für ΔH^0*, so wird bei der chemischen Reaktion Wärme verbraucht. Diese muss zugeführt werden oder sie wird der Umgebung entnommen, damit die Umgruppierungen von Atomen stattfinden können und ein Umsatz erfolgen kann. Die Produkte befinden sich dann in einem energiereicheren Zustand als die Edukte. Aufzubringende Energie wird in der Thermodynamik mit einem *positiven Zeichen* versehen. Man nennt diese Reaktionen *endotherm*.

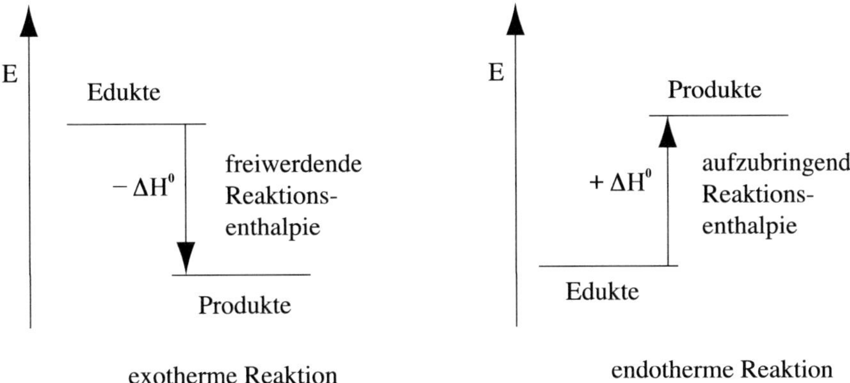

Abb. 5.1 Schema für die Standardreaktionsenthalpie ΔH^0 bei einer exotherm und einer endotherm ablaufenden Reaktion. gr. exo heraus, gr. endo hinein

Eine Zusammenfassung der exothermen und endothermen Reaktionen, auf die in diesem Buch besonders eingegangen wird, sind in → Tabelle 5.2 und Tabelle 5.3 angegeben.

Vertauscht man in der Reaktionsgleichung Reaktionspartner und Reaktionsprodukte miteinander (Rückreaktion), wird aus der exothermen Reaktion eine endotherme Reaktion, aus der endothermen Reaktion eine exotherme Reaktion. Der Betrag der Reaktionsenthalpie bleibt gleich, es ändert sich nur das Vorzeichen.

Enthalpiegleichungen

» *Molare Verbrennungsenthalpie ΔH_V^0 von Methan*

Als molare Verbrennungsenthalpie ΔH_V^0 einer Verbindung bezeichnet man die bei der vollständigen Reaktion von 1 mol eines Brennstoffs mit Sauerstoff im Standardzustand (Anfang- und Endzustand 25 °C, 1,013 bar) frei werdende Reaktionsenthalpie. Sie kann aus den Bildungsenthalpien (s. → Tabelle 5.1) berechnet werden.

Für *Methan* (Inhaltsstoff von Erdgas s. → Buch 2, Abschn. 1.2.1):

$$CH_4(g) + O_2(g) \longrightarrow CO_2(g) + 2\,H_2O(l)$$
Methan

$$\Delta H^0 = \Sigma \Delta H_f^0\,\text{Produkte}\ -\ \Sigma \Delta H_f^0\,\text{Edukte}$$

$$= \Sigma \Delta H_f^0\,(CO_2 + 2\,H_2O(l)) - \Sigma \Delta H_f^0\,(CH_4 + 2\,O_2)$$

$$= [-393,5\ \text{kJ/mol} + 2\,(-285,9\ \text{kJ/mol})] - (-74,8\ \text{kJ/mol} + 0)$$

$$= [-393,5\ \text{kJ} + (-571,8\ \text{kJ})] - (-74,8\ \text{kJ})$$

$$\Delta H_V^0 = -890,5\ \text{kJ/mol}$$

Bei der vollständigen Verbrennung von 1 mol Methan unter Standardbedingungen werden 890,5 kJ/mol frei.

» *Molare Verbrennungsenthalpie ΔH_V^0 eines Elements*

Die molare Verbrennungsenthalpie ΔH_V^0 eines Elements ist gleich der Bildungsenthalpie des Oxids dividiert durch die Anzahl Atome des Elements in der Formel für das Oxid. Aus der Bildungsenthalpie für α-Al_2O_3 (s. → Tabelle 5.1) wird die Verbrennungsenthalpie ΔH_V^0 für 1 mol des Elements Aluminium berechnet, indem durch 2 dividiert wird:

$$\Delta H_V^0 \text{ für Al(s)} = -1677 \text{ kJ} : 2 = -838,5 \text{ kJ/mol}$$

» *Brennwert und Heizwert*

Anmerkung: Brennwert früher oberer Heizwert H_o genannt, Heizwert früher unterer Heizwert H_u genannt.

Der in der Technik gebräuchlichere Begriff für die Verbrennungsenthalpie ΔH_V^0 (s. Methan) ist *Brennwert*. Er wird so angegeben, dass das Verbrennungsgas bei der vollständigen Verbrennung auf 25 °C abkühlt und der bei der Verbrennung entstehende Wasserdampf als Wasser kondensiert.

Hat der Wasserdampf unter den gleichen Bedingungen die Möglichkeit, ohne Kondensation abzuziehen, d.h. wird die Kondensationsenthalpie (s. → unten Verdampfungsenthalpie) nicht zusätzlich frei, so erfasst man den *Heizwert*. Er ist niedriger als der Brennwert.

» *Heizwert für Methan*

Nach der Berechnung $CH_4(g) + 2\,O_2(g) \longrightarrow CO_2(g) + 2\,H_2O(g)$
beträgt der Heizwert –802,3 kJ/mol s. → Abschn. 5.2.3.

Brennwerte und Heizwerte einiger Energieträger (s. → Anhang Tabellen) können über die Stoffmenge n Mol in kg oder Nm^3 (Norm-m^3) ausgerechnet werden.

Beispiel:
Das molare Normvolumen (V_m) eines Gases z.B. von Methan ist das Volumen, das 1 mol eines idealen Gases bei 0 °C und 1,013 bar einnimmt. Dies sind 22,4 l (NTP) und geben für den Brennwert von Methan 890,5 kJ ab. 1 l gasförmiges Methan wiegt 0,717 g, seine Molmasse beträgt 16,0 g. Ein m^3 Methan wiegt 717 g, das sind 44,8 mol (berechnet aus 717 g : 16 g).
44,8 mol geben somit bei der Verbrennung: $44,8 \cdot (-890,5) = -3,99 \cdot 10^4$ kJ ab (s. → Anhang Tabelle).

Für den Wirkungsgrad einer Heizungsanlage könnte der Brennwert, d.h. der höhere Wert der Verbrennungsenthalpie durchaus von Vorteil sein, d.h. wenn der Wasserdampf nicht durch den Schornstein abzieht, sondern in der Heizungsanlage kondensiert. Kondensierender Wasserdampf ist jedoch durch die säurebildende Reaktion mit den ebenfalls aus fossilen Brennstoffen entstehenden Nebenprodukten SO_2 und SO_3 und den aus der Luftverbrennung stammenden Stickoxiden NO_x (NO und NO_2 kurz

NO_x) Ursache für Korrosionsschäden im Feuerungsraum und Schornstein. Stickoxide entstehen aus der angesaugten Luft bei hohen Temperaturen. Die Bildung der Schwefel- und Stickstoffoxide sowie die Minderung der Korrosionsschäden im Feuerungsraum und Schornstein sind ausführlich in den → Abschn. 5.2.5 und 5.2.6 beschrieben.

Erdöl und Erdgas (Motorenkraftstoffe, Heizöl) mit den hohen *Heizwerten* der Kohlenwasserstoffe sind unsere wichtigsten Energieträger und haben in gleicher Weise wie Kohle und Wasserstoff in der Technik für unser Leben eine besonders große Bedeutung. Die freiwerdende Reaktionsenthalpie (thermische Energie, chemische Energie) kann in andere Energieformen wie in elektrische und mechanische Energie umgewandelt werden (s. → Buch 2, Kapitel 2).

Für ein Kraftwerk, das Kohle verstromt ist u.a. der Heizwert der eingekauften Kohle auch Richtwert für den Preis der Kohle.

» *Heizwert für Acetylen*:

$$2\,C_2H_2(g) \;+\; 5\,O_2(g) \;\longrightarrow\; 4\,CO_2(g) \;+\; 2\,H_2O(g)$$
Acetylen

$$\text{Heizwert} = \Sigma\Delta H_f^0 \text{ Produkte} - \Sigma\Delta H_f^0 \text{ Edukte}$$

$$= \Sigma\Delta H_f^0\;(4\,CO_2 + 2\,H_2O(g)) - \Sigma\Delta H_f^0\;(2\,C_2H_2 + 5\,O_2)$$

$$= [4\,(-393,5\,\text{kJ/mol}) + 2\,(-241,8\,\text{kJ/mol})] - [2\,(+226,7\,\text{kJ/mol}) + 0]$$

$$= [-1574,0\,\text{kJ} + (-483,6\,\text{kJ})] - 453,4\,\text{kJ}$$

$$= -2511,0\,\text{kJ}$$

$$\text{Heizwert} = -1255,5\,\text{kJ/mol}$$

Da Acetylen (s. → Buch 2, Abschn. 1.2.3) mit 2 mol in der Reaktionsgleichung enthalten ist, muss durch 2 dividiert werden, um den Heizwert für 1 mol Acetylen angeben zu können. Sie beträgt also 1255,5 kJ/mol. (Die Standardenthalpie von Sauerstoff ist definitionsgemäß gleich null.)

» *Verdampfungsenthalpie von Wasser*

Fällt bei einer chemischen Reaktion das Wasser im flüssigen Zustand (25°) an, so enthält die Reaktionsenthalpie auch die Kondensationsenthalpie (exotherm). Sie entspricht zahlenmäßig der Verdampfungsenthalpie (endotherm) des Wassers. Sie wird aus der Differenz der Bildungsenthalpie für den gasförmigen und den flüssigen Zustand berechnet.

Verdampfungsenthalpie für Wasser

$$\Delta H^0 = H_f^0\,(H_2O(g)) - H_f^0\,(H_2O(l))$$
$$\Delta H^0 = -241,8\,\text{kJ/mol} - (-285,9\,\text{kJ/mol})$$
$$\Delta H^0 = +44,1\,\text{kJ/mol}$$

» *Enthalpiegleichung für das aluminothermischen Schweißverfahren*

$$3\ Fe_3O_4(s)\ +\ 8\ Al(s)\ \longrightarrow\ 4\ Al_2O_3(s)\ +\ 9\ Fe(s)$$

$$\Delta H^0\ =\ \Sigma \Delta H_f^0\ \text{Produkte}\ -\ \Sigma \Delta H_f^0\ \text{Edukte}$$

$$\Delta H^0\ =\ \Delta H_f^0\ (4\ Al_2O_3)\ -\ \Delta H_f^0\ (3\ Fe_3O_4)$$

$$\Delta H^0\ =\ 4\ (-1677\ kJ/mol)\ -3\ (-1120\ kJ/mol)$$

$$\Delta H^0\ =\ -6708\ kJ\ -\ (-3360\ kJ)$$

$$\Delta H^0\ =\ -3348\ kJ$$

Die Enthalpie für die Elemente Eisen und Aluminium ist definitionsgemäß gleich null.

Die Standardreaktionsenthalpie ΔH^0 – berechnet aus den Bildungsenthalpien (s. → Tabelle 5.1) – für das aluminothermische Schweißverfahren mit dem obigen Formelumsatz von 3 mol Fe_3O_4 beträgt -3348 kJ. Die Reaktion ist stark exotherm und liefert die Schmelzwärme für das bei der Reaktion entstehende Eisen.

5.1.3 Entropie

Die bisherigen Angaben mögen den Anschein erweckt haben, dass die treibende Kraft für freiwillig ablaufende Reaktionen die Abgabe von Energie ist, d.h. die exotherme Reaktion mit $\Delta H^0 < 0$ unter Bildung von energieärmeren und damit stabileren Produkten. Tatsächlich gibt es aber auch spontan ablaufende endotherme Reaktionen. Man denke an das Verdunsten einer Flüssigkeit, z.B. Wasser beim Stehen an der Luft. Die entstehenden Gas- bzw. Dampfmoleküle haben einen höheren Energieinhalt als die Flüssigmoleküle, denen normalerweise Energie zugeführt werden muss, um in den gasförmigen Zustand überzugehen. Die Energie wird in diesem Falle nicht zugeführt sondern der Umgebung entzogen, die sich dabei abkühlt.

Die Änderung der Reaktionsenthalpie $\Delta H^0 < 0$ allein kann also nicht maßgeblich sein für den freiwilligen und spontanen Ablauf einer chemischen Reaktion. Um dies näher festzulegen, hat man eine weitere Zustandsgröße eingeführt, die *Entropie S* (gr. en-trepein, trope Wendung, Umkehr). Wie die Erfahrung lehrt, spielen sich die Vorgänge in einem abgeschlossenen System stets so ab, dass die Entropie niemals abnimmt $\Delta S \geq 0$.

Die Entropie ist eine wenig anschauliche Größe und wird aus der statistischen Mechanik (z.B. der kinetischen Gastheorie) wie auch aus der Thermodynamik näher erklärt. Sie gibt an, wie groß die *Wahrscheinlichkeit* ist, mit der ein bestimmter Zustand des Systems – unter vielen anderen möglichen – auftritt. (Sie ist direkt proportional dem natürlichen Logarithmus der Wahrscheinlichkeit.) Doch wie ist dann die Wahrscheinlichkeit für das Auftreten eines Zustandes definiert? Dazu betrachten wir noch einmal das obige Beispiel vom verdunstenden Wasser: das Nebeneinander von Dampf und Wasser ist der sehr viel wahrscheinlichere Zustand als der von Wasser allein ohne

Dampf. Denn es ist äußerst unwahrscheinlich, wenn auch nicht ausgeschlossen weil mit dem Energiesatz vereinbar, dass alle verdampften Wassermoleküle von sich aus auf einmal in den flüssigen Zustand zurückkehren und dabei ihre Verdampfungsenergie wieder zurückgeben. Das aber widerspricht der Erfahrung.

Die Entropie ist auch ein *Maß für die Unordnung eines Systems*. Der beim Verdunsten entstehende Wasserdampf mit frei beweglichen Wassermolekülen ist der ungeordnetere und daher begünstigte Zustand im Gegensatz zum flüssigen Wasser allein. Eine Reaktion läuft freiwillig erst dann ab, wenn die Unordnung des betrachteten Systems größer wird. Es kommt also für freiwillig ablaufende Reaktionen zum Prinzip vom Energieminimum nun das Prinzip vom Maximum der Entropiezunahme hinzu.

Die Entropie S ist eine *Zustandsgröße*, sie ist bestimmt durch den Ordnungsgrad eines Stoffs oder Systems: je geringer der Ordnungsgrad, je größer also die Unordnung, umso größer die Entropie. Am absoluten Nullpunkt nimmt die Entropie den Wert Null an. Als Standardentropie S^0 ist die Entropie von einem Mol einer reinen Phase bei 25°C und 1,013 bar festgelegt worden. Gase müssen als ideale Gase vorliegen. Mit Standardentropien können Entropieänderungen von Vorgängen bei Standardbedingungen berechnet werden. (Siehe Lehrbücher der physikalischen Chemie)

5.1.4 Freie Reaktionsenthalpie

Für den Ablauf einer chemischen Reaktion – für das Erreichen einer Gleichgewichtslage – ist also die Enthalpieänderung ΔH und die Entropieänderung ΔS verantwortlich. Beide werden zu einer neuen thermodynamischen Zustandsfunktion zusammengefasst, um den wechselseitigen Einfluss von ΔH und ΔS auf den Ablauf einer chemischen Reaktion auszudrücken. Für eine chemische Reaktion, die bei konstantem Druck und konstanter Temperatur T abläuft, verwendet man die *freie Reaktionsenthalpie G* nach *Gibbs. (Josiah Willard Gibbs 1839–1903, amerik. Physiker und Mathematiker):*

$$G = H - TS$$

bzw. für die Änderung in den Zuständen vor und nach Ablauf der Reaktion:

$$\Delta G = \Delta H - T\Delta S$$

Mit Hilfe der Funktion G nach *Gibbs* kann man den Ablauf einer chemischen Reaktion bei konstantem Druck und einer Temperatur T in Beziehung mit dem chemischen Gleichgewicht bringen:

- Eine chemische Reaktion läuft nur dann freiwillig ab, wenn die freie Reaktionsenthalpie abnimmt, d.h. wenn die Änderung der freien Reaktionsenthalpie negativ wird und folgende Beziehung erfüllt ist:

$$\Delta G = \Delta H - T\Delta S < 0$$

Das Gleichgewicht wird daher umso mehr auf der Seite der Produkte liegen, je mehr Reaktionsenthalpie frei wird und je mehr die Entropie zunimmt.

- Im Gleichgewichtszustand ist die Änderung der freien Reaktionsenthalpie gleich null, das *Gibbs*-Potenzial hat ein Minimum:

$$\Delta G = \Delta H - T\Delta S = 0$$

Die Reaktion kommt makroskopisch betrachtet zum Stillstand. In Wirklichkeit existiert ein dynamisches Gleichgewicht (s. → Abschn. 5.1.1).

• Eine Reaktion wird nicht ohne weiteres ablaufen, wenn ΔG größer null wird.

Für Prozesse bei *konstantem Volumen und konstanter Temperatur* T gilt die freie Energie F nach *Helmholtz (Hermann von Helmholtz 1821–1894, deutscher Physiker)*:

$$F = H - TS - Vp$$

bzw. $\quad \Delta F = \Delta H - T\Delta S - V\Delta p$

Für Reaktionen, die bei konstantem Volumen und der Temperatur T ablaufen, ist das Gleichgewicht gegeben durch das Minimum des *Helmholtz*-Potenzials $\Delta F = 0$. (Siehe Lehrbücher der physikalischen Chemie)

5.1.5 Die Reaktionsgeschwindigkeit

Bei technischen Prozessen ist die Zeit ein wichtiger Faktor. Es stellen sich die Fragen: wie schnell reagieren die beteiligten Reaktionspartner, mit welcher Reaktionsgeschwindigkeit erfolgt ein Stoffumsatz oder ein Energieumsatz? Und welcher Mechanismus ist für den molekularen Ablauf verantwortlich? In Wirklichkeit ist das ‚Reagieren' ein komplizierter Prozess.

Im Folgenden wird vereinfacht.

Chemische Reaktionen laufen mit unterschiedlichen Reaktionsgeschwindigkeiten ab, d.h. die Gleichgewichtslagen werden in unterschiedlichen Zeiten erreicht. So tritt bei der Reaktion von Wasserstoff mit Luftsauerstoff bei Raumtemperatur zunächst keine Reaktion ein, obwohl die Gleichgewichtskonstante $K \gg 1$ anzeigt. Das Gleichgewicht müsste somit auf der Seite des Produkts Wasser liegen. Man kann Wasserstoff durchaus in die Luft ausströmen lassen (Vorsicht, kein Zündfunke!) und bis das Blech eines Kotflügels durchrostet, dauert es Jahre. Andererseits wird im → Abschn. 5.3.2 gezeigt, dass gelöste Ionen, beispielsweise von Salzen oder Säuren und Basen sehr schnell reagieren können, meist momentan. Die Reaktionsgeschwindigkeit hängt offensichtlich von der *Art und den Eigenschaften der Reaktionspartner* ab und die Erfahrung zeigt, dass sie auch von der *Stoffmengenkonzentration c(X)* der Edukte und der *Temperatur* bestimmt wird.

Bei *heterogenen Gleichgewichten* z.B. bei den fest-gasförmigen Systemen – kommt hinzu, dass die Reaktionsgeschwindigkeit auch vom *Zerteilungsgrad* der festen Phase abhängt. Fein zerteilte Stoffe haben insgesamt eine größere Oberfläche als grobstückige und damit nimmt die Oberflächenspannung bzw. Grenzflächenspannung zu und die Beständigkeit ab, d.h. kleine Teilchen sind energiereicher und daher ist auch die Reaktionsgeschwindigkeit größer. (Es wurde Zerkleinerungsenergie ‚hineingesteckt'). Beispiele sind: zerkleinerte Kohle entzündet sich schneller, daher wird für Feuerungsanlagen die Zerkleinerung oft bis zum Kohlenstaub durchgeführt.

Definition der Reaktionsgeschwindigkeit

Abkürzung: RG

Beim Ablauf einer chemischen Reaktion verändern sich die Stoffmengen $n(X)$ bzw. die Stoffmengenkonzentrationen $c(X)$ der beteiligten Stoffe. Die Konzentrationen der Edukte nehmen ab, während die Konzentrationen der Produkte von Null ausgehend bis zur Beendigung der Reaktion ansteigen. Die RG wird als Veränderung der Stoffmengenkonzentration eines reagierenden Stoffes pro Zeiteinheit angegeben. Einheit mol l^{-1} min^{-1} oder mol l^{-1} s^{-1}.

Anmerkung: Die RG lässt sich experimentell messen z. B. an der Zunahme oder Abnahme der Konzentration einer der Komponenten, die mit einer physikalischen Methode (elektrische Leitfähigkeit, Druck, Farbe) verfolgt werden kann. Besonders einfach ist es, wenn das Volumen eines entstehenden Gases in verschiedenen Zeitabständen aufgefangen werden kann.

Reaktionsgeschwindigkeit in Abhängigkeit von der Art und den Eigenschaften der Reaktionspartner

Nicht jede Reaktion verläuft in einem einzigen Schritt ab, so dass beispielsweise durch den Zusammenstoß zweier Teilchen in einer bimolekularen Reaktion neue Teilchen entstehen. Der Ablauf einer Reaktion erfolgt sehr viel öfter durch eine Abfolge von Reaktionsschritten (s. Knallgasreaktion → Abschn. 5.2.2), dann bestimmt der langsamste Reaktionsschritt die Geschwindigkeit der Gesamtreaktion. Seltener müssen drei Teilchen im Dreierstoß aufeinander treffen, um reagieren zu können.

Es gibt auch Reaktionen bei denen ein Teilchen von selbst in ein anderes Teilchen oder in mehrere Teilchen zerfällt, dies nennt man eine unimolekulare Reaktion. Ein Beispiel hierfür ist der radioaktive Zerfall.

Auch die räumliche Orientierung der Reaktionspartner zueinander spielt eine Rolle. Extrem ausgeprägt kann dies bei biochemischen Reaktionen vorkommen, insbesondere bei Reaktionen mit den räumlich oft sehr kompliziert aufgebauten Proteinmolekülen. Reaktionen kommen dann nur zustande, wenn die Reaktionspartner wie der ‚Schlüssel in das Schloss‘ passen.

Reaktionsgeschwindigkeit in Abhängigkeit von der Stoffmengenkonzentration c(X) der Reaktionspartner

Je mehr Teilchen insgesamt vorhanden sind, umso öfter werden sie sich treffen und desto eher kann es zu einem erfolgreichen, reaktionsfähigen Zusammenstoß kommen. Oxidationsvorgänge mit reinem Sauerstoff laufen sehr viel schneller ab als in Luft, die nur einen Volumenanteil von 21 % Sauerstoff enthält. Ein Stück Eisen rostet in Sauerstoff-Atmosphäre schneller als in Luft.

Für eine allgemeine Reaktionsgleichung und den einfachsten und häufigsten Fall, dass zwei Teilchen A und B durch Zusammenstoß in einer so genannten bimolekularen Reaktion neue Teilchen D + E bilden, wird die RG der Hinreaktion in Abhängigkeit von den Stoffmengenkonzentrationen wie folgt angegeben:

$$A + B \rightleftharpoons D + E$$

$$RG_{hin}: \quad v_{hin} = k_{hin} \cdot [A] \cdot [B]$$

Die Reaktionsgeschwindigkeit RG der Hinreaktion steigt bei bimolekularen Reaktionen proportional zum Produkt der Stoffmengenkonzentrationen der Edukte (Ausgangstoffe). k_{hin} nennt man *Geschwindigkeitskonstante* der Hinreaktion. Sie ist für jede Reaktion eine charakteristische Größe.

Entsprechendes gilt für die Rückreaktion:

$$RG_{rück}: \quad v_{rück} = k_{rück} \cdot [D] \cdot [E]$$

Bei Gasreaktionen ist die RG in analoger Weise vom Partialdruck der Edukte abhängig. Viele Gasreaktionen laufen bei erhöhten Drücken (entspricht höheren Konzentrationen) schneller ab.

Reaktionsgeschwindigkeit in Abhängigkeit von der Temperatur

Die Reaktionsgeschwindigkeit ist nicht nur von der Art, d.h. den Eigenschaften der beteiligten Stoffe sowie der Stoffmengenkonzentration c(X) bzw. dem Partialdruck abhängig sondern auch von der Temperatur. Dies wurde von *Van't Hoff 1884 (Jacobus Hendricus Van't Hoff 1852–1911, Physicochemiker, Holland)* zunächst experimentell festgestellt, er formulierte folgende Faustregel: Eine Temperaturerhöhung um 10 K führt im Allgemeinen zu einer Verdopplung der Reaktionsgeschwindigkeit. Analog dazu führt eine Verminderung der Temperatur um 10 K zu einer Halbierung der RG.

» *Arrhenius-Gleichung*

Die Temperaturabhängigkeit der Reaktionsgeschwindigkeitskonstanten wurde von *Arrhenius 1889* mathematisch formuliert *(Svante Arrhenius 1859–1927, Physiker und Chemiker, Schweden)*:

$$k = k_0 \cdot e^{-E_A/RT}$$

Arrhenius stellte damit eine Beziehung her zwischen der Geschwindigkeitskonstanten k und einer bestimmten Mindestenergie, die die Teilchen zum erfolgreichen Zusammenstoß besitzen oder überschreiten müssen. Zwei Teilchen müssen beim Stoß in einen ,aktivierten Zwischenzustand' übergeführt werden, um reagieren und neue Bindungen eingehen zu können.

» *Aktivierungsenergie*

Die Mindestenergie, die zugeführt werden muss, um in den ,aktivierten Zwischenzustand' zu gelangen, bezeichnet man als *Aktivierungsenergie E_A* für ein Mol, bzw. e_A für ein Teilchen. Die auf ein Teilchen bezogene Mindestenergie wird dadurch bestimmt, dass man die Aktivierungsenergie E_A durch die Anzahl der Teilchen pro Mol (die *Avogadro*-Zahl N_A) dividiert.

Nicht nur die Geschwindigkeitskonstante k sondern auch die Aktivierungsenergie E_A sind für jede chemische Reaktion charakteristische Größen und können für verschiedene Reaktionen einen sehr unterschiedlichen Betrag aufweisen.

Die → Abb.5.2 veranschaulicht die Zuführung der Aktivierungsenergie E_A einer *exothermen* Hinreaktion, damit genügend Teilchen den reaktionsfähigen Zwischenzustand erreichen können. Je höher die Schwelle E_A ist, um zu einem erfolgreichen Zusammenstoß zu kommen, umso weniger Moleküle werden zunächst zur Reaktion fähig sein.

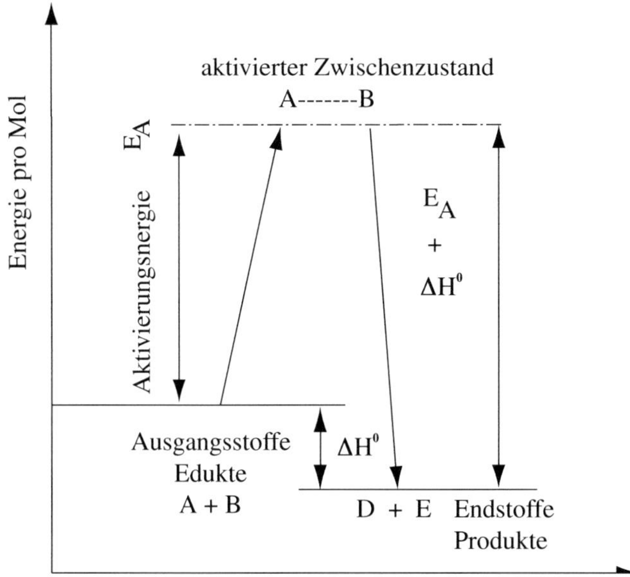

Abb. 5.2 Reaktionsweg (Richtung des Pfeils →) mit Zufuhr der Aktivierungsenergie bezogen auf ein Mol

Der Einfluss der Temperatur auf die Reaktionsgeschwindigkeit soll mit der Energieverteilung der Gasmoleküle bei verschiedenen Temperaturen in → Abb. 5.3 aufgezeigt werden. Nach der kinetischen Gastheorie ist die kinetische Energie E_{kin} – die Bewegungsenergie – der Teilchen nach folgender Gleichung ein Maß für die Temperatur des Gases:

$$E_{kin} = \tfrac{1}{2}\, mv^2 \qquad \begin{aligned} m &= \text{Masse des Teilchens} \\ v &= \text{Geschwindigkeit des Teilchens} \end{aligned}$$

Der über alle Gasteilchen gemittelte Wert der kinetischen Energie E_{kin} ist der Temperatur direkt proportional, je höher also die Temperatur des Gases ist, umso höher ist die mittlere kinetische Energie der Teilchen. Es ist jedoch nicht so, dass nun jedes Teilchen diese mittlere kinetische Energie besitzt, sondern es existiert für jede Temperatur eine Energieverteilung. Es gibt stets wenige Teilchen mit geringer kinetischer Energie, und es gibt auch stets wenige Teilchen mit hoher kinetischer Energie. Dazwischen ist ein hoher Anteil von Teilchen, die etwa die mittlere kinetische Energie besitzen.

Mit steigender Temperatur (-----) wird die Energieverteilung zu höheren Energien verbreitert. Damit steigt die Anzahl der Teilchen, welche die für die Reaktion erforder-

liche Aktivierungsenergie e_A (Mindestenergie) besitzen und damit wird die Reaktionsgeschwindigkeit erhöht. In → Abb. 5.3 wird der mit wachsender Temperatur ansteigende
Bruchteil reaktionsfähiger Teilchen durch verschiedene Schraffuren angezeigt.

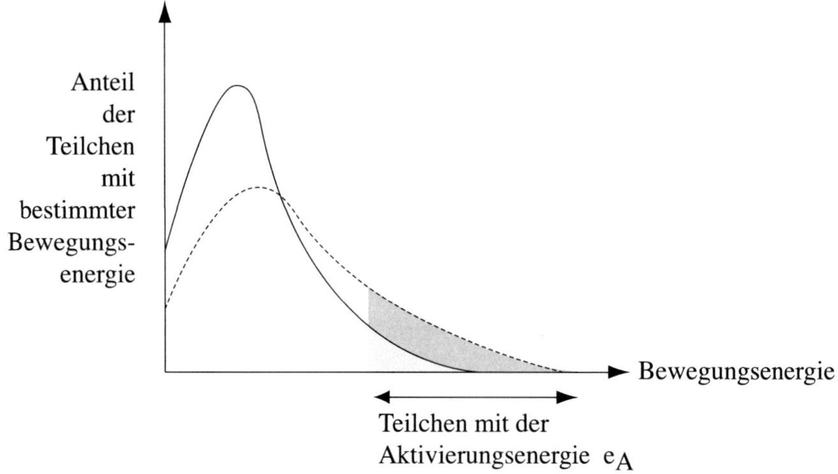

Abb. 5.3 Schematische Darstellung der Energieverteilung für Gasmoleküle bei einer tieferen (—––)
und einer höheren (---) Temperatur. Die Mindestenergie, die zugeführt werden muss, damit ein Teilchen
in den ‚aktivierten Zwischenzustand‘ gelangen kann, ist mit einem Pfeil angezeigt. Mit zunehmender
Temperatur steigt der Bruchteil reaktionsfähiger Teilchen an.
Anteil der reaktionsfähiger Teilchen mit der Aktivierungsenergie e_A bei niederer Temperatur ☐
Anteil der reaktionsfähigen Teilchen mit der Aktivierungsenergie e_A
bei höherer Temperatur ▨ + ☐

Für den Ablauf einer Reaktion sind also nicht nur die Lage des Gleichgewichts (die
durch den Zahlenwert der Gleichgewichtskonstanten K_c bzw. K_p angegeben ist) und die
freie Reaktionsenthalpie, sondern auch die Reaktionsgeschwindigkeit verantwortlich.
Für die RG ist die Größe der Aktivierungsenergie E_A ausschlaggebend.

**» *Zusammenhang zwischen der Temperaturabhängigkeit der Reaktionsgeschwindig-
keit RG und der Gleichgewichtskonstanten K_c bzw. K_p***

Hat sich ein chemisches Gleichgewicht eingestellt, so ist die Reaktionsgeschwindigkeit der Rückreaktion gleich der Hinreaktion (dynamisches Gleichgewicht s. → Abschn. 5.1.1):

$$v_{rück} = k_{rück} \cdot [D]^d \cdot [E]^e = v_{hin} = k_{hin} \cdot [A]^a \cdot [B]^b$$

nach Umformung der Gleichung erhält man:

$$\frac{[D]^d \cdot [E]^e}{[A]^a \cdot [B]^b} = \frac{k_{hin}}{k_{rück}} = K_c$$

Das Verhältnis des Produkts aus den Konzentrationen der Endstoffe (Produkte) zum Produkt aus den Konzentrationen der Ausgangsstoffe (Edukte) ist nichts anderes als die Gleichgewichtskonstante K_c. Diese kann man folglich auch als das Verhältnis der Geschwindigkeitskonstanten der Hinreaktion zur Rückreaktion angeben. Ist die Geschwindigkeitkonstante der Hinreaktion zu den Endstoffen k_{hin} größer als die der Rückreaktion $k_{rück}$ zu den Ausgangsstoffen, so wird K_c groß, d.h. das Gleichgewicht liegt bei den Endstoffen. Der umgekehrte Fall tritt ein, wenn k_{hin} zu den Endstoffen kleiner ist als $k_{rück}$ zu den Ausgangsstoffen, dann liegt das Gleichgewicht bei den Ausgangsstoffen.

Da *Arrhenius* zeigen konnte, dass die Geschwindigkeitskonstanten von der Reaktionstemperatur abhängen, wird verständlich, dass auch die Gleichgewichtskonstanten K_c bzw. K_p temperaturabhängig sind.

Der metastabile Zustand

Chemische Reaktionen, bei denen sich das Gleichgewicht z. B. bei Raumtemperatur nicht einstellt, obwohl dies die Gleichgewichtskonstante $K \gg 1$ anzeigt, nennt man metastabil. Es ist der Zustand vor der Aktivierung, d.h. es sind ‚nicht-echte' Gleichgewichte, so genannte ‚kinetisch gehemmte Systeme'. Die Reaktionspartner benötigen eine Aktivierungsenergie, die offensichtlich bei einer Temperatur von beispielsweise 25 °C nicht aufgebracht werden kann, d.h. der aktivierte Zwischenzustand wird nicht erreicht. Die RG reicht bei dieser Temperatur daher nicht aus, um das Gleichgewicht in messbarer Zeit zu erreichen, um die Reaktion ablaufen zu lassen.

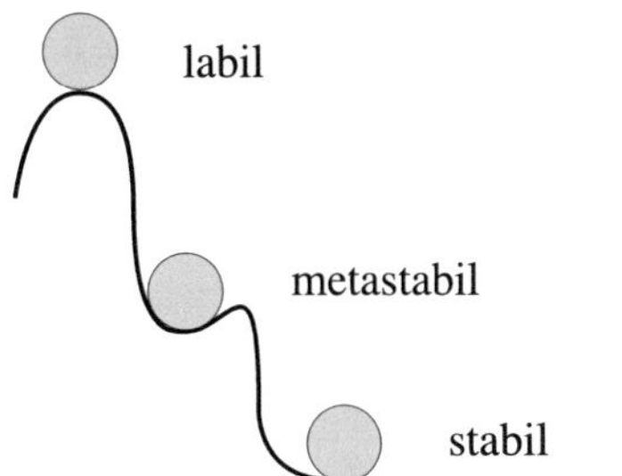

Abb. 5.4 Labile, metastabile und stabile Lage in einem Beispiel aus der Mechanik. Durch einmalige, aber ausreichende Energiezufuhr wird die Energiemulde im metastabilen Zustand überwunden und der stabile Zustand erreicht.

Beispiele:

Für exotherme Reaktionen, die bei 25 °C metastabil sind:

	metastabil		stabil
(1)	$2\,H_2 + O_2$	$\rightleftharpoons$	$2\,H_2O$
(2)	$C + O_2$	$\rightleftharpoons$	CO_2
(3)	$CH_4 + 2\,O_2$ Methan*	$\rightleftharpoons$	$CO_2 + 2\,H_2O$
(4)	$C_2H_2 + 2{,}5\,O_2$ Acetylen	$\rightleftharpoons$	$2\,CO_2 + H_2O$

*Siehe auch Kohlenwasserstoffgemische der Motorenkraftstoffe und von Heizöl.

Für endotherm gebildete Verbindungen, die bei Temperaturerniedrigung metastabil sind:

	stabil		metastabil
(5)	$C + CO_2$	$\rightleftharpoons$	$2\,CO$ *Boudouard*-Gleichgewicht
(6)	$N_2 + O_2$	$\rightleftharpoons$	$2\,NO$

Bei den Reaktionen (1) bis (4) genügt die Wärmezufuhr von etwa 600 °C, damit ein Bruchteil von Molekülen der Edukte die Aktivierungsenergie e_A aufzubringen vermag. Die bei dieser Startreaktion frei werdende Energie genügt, um weitere Edukte zu aktivieren usf. so dass sich das Gleichgewicht einstellen kann und die Reaktionsprodukte entstehen. Die einmalige Temperaturerhöhung (Zünden) trägt nur dazu bei, dass sich das Gleichgewicht entsprechend der Gleichgewichtskonstanten einstellt, es verändert die Zusammensetzung der Reaktionsprodukte nicht, es nimmt keinen Einfluss auf die Lage des Gleichgewichts.

Wiederholung: Im Unterschied dazu muss bei endothermen Reaktionen dauernd Energie zugeführt werden, um die Reaktion aufrechtzuerhalten. Die zugeführte Reaktionsenthalpie wird in den Produkten als chemische Energie gespeichert.

Das entsprechend dem *Boudouard*-Gleichgewicht (5) gebildete CO zerfällt in Gegenwart von Kohlenstoff und CO_2 nicht, obwohl es bei Temperaturerniedrigung zerfallen müsste. CO ist in Gegenwart von Kohlenstoff und CO_2 als metastabile Verbindung beständig und benötigt zum Zerfall einen Katalysator (s. → nächste Seite).

Entsprechendes gilt für die Reaktion (6). Das in endothermer Reaktion gebildete NO zerfällt durch schnelle Abkühlung (Abschrecken) unterhalb von 450 °C nicht in die Edukte Stickstoff und Sauerstoff, obwohl die Gleichgewichtkonstante $K_p \ll 1$ dies anzeigt. Dagegen reagiert es in Gegenwart von Sauerstoff in einer exothermen Reaktion spontan zu Stickstoffdioxid NO_2.

$$2\,NO + O_2 \longrightarrow 2\,NO_2 \qquad \Delta H^0 = -112\ kJ/mol$$

Die Katalyse (gr. Auflösung, Auflockerung)

Für viele technische Prozesse ist es von Nachteil, da zu kostspielig, ein metastabiles System durch Temperaturerhöhung zu aktivieren, damit sich das Gleichgewicht einer gewünschten chemischen Reaktion in angemessener Zeit einstellt.

Es wurden Stoffe entdeckt, die die notwendige Aktivierungsenergie verringern, diese Stoffe werden *Katalysatoren* genannt. Die Lage des Gleichgewichts (K_p, K_c) wird durch den Katalysator nicht verändert. Die Verringerung der Aktivierungsenergie bewirkt jedoch eine Erhöhung der Reaktionsgeschwindigkeit, ohne dass dabei der Katalysator selbst verbraucht wird. Die → Abb. 5.5 zeigt den Reaktionsweg einer nicht-katalysierten und einer katalysierten Reaktion.

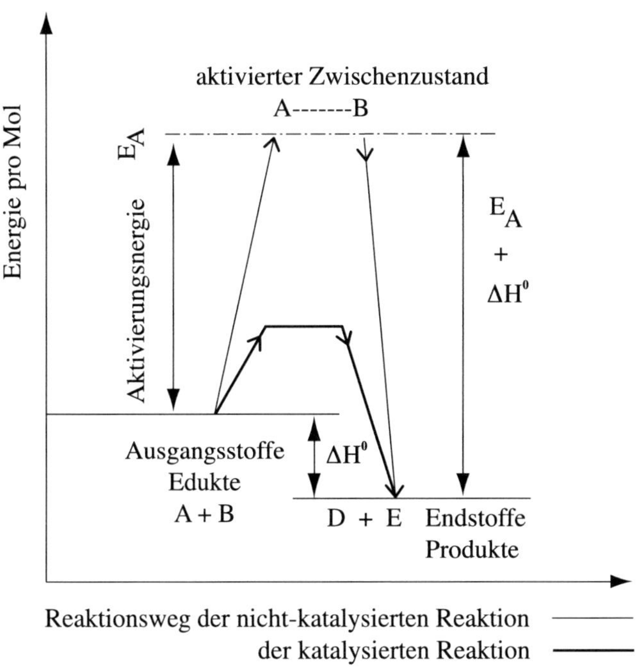

Abb. 5.5 Die katalysierte Reaktion benötigt eine geringere Aktivierungsenergie als die nicht-katalysierte Reaktion.

Homogene Katalyse

Bei der homogenen Katalyse liegen die Edukte und der Katalysator im gleichen Aggregatzustand vor. Ein Beispiel für eine homogene Katalyse (gasförmig/gasförmig) ist die Oxidation von Schwefeldioxid SO_2 zu Schwefeltrioxid SO_3 durch Stickstoffdioxid NO_2 bzw. durch Stickstoffmonoxid NO. Die RG der direkten Oxidation von Schwefeldioxid SO_2 mit Sauerstoff ist so gering, dass in absehbarer Zeit keine Reaktion stattfindet.

In Gegenwart von NO_2 bzw. NO kann man folgende Reaktionen formulieren:

$$SO_2 + NO_2 \longrightarrow SO_3 + NO$$
$$NO + \tfrac{1}{2}\,O_2 \longrightarrow NO_2$$

Bruttogleichung: $SO_2 + \tfrac{1}{2}\,O_2 \longrightarrow SO_3$
                            Schwefeldioxid   Schwefeltrioxid

NO verbindet sich sehr schnell (spontan) mit Luftsauerstoff zum reaktionsfähigen NO_2. Dieses reagiert mit SO_2 unter Oxidation zu SO_3 und bildet dabei selbst wieder NO, das eine neue Reaktion katalysieren kann usf. NO hat nur Überträgerfunktion, es wird nicht verbraucht. Die Teilreaktionen haben eine größere RG, da sie weniger Aktivierungsenergie benötigen als die direkte Reaktion.

Es gibt also Katalysatoren, die in den Reaktionsmechanismus eingreifen. Durch die Verringerung der Aktivierungsenergie beeinflusst der Katalysator die RG, so dass sich das Gleichgewicht schneller einstellt.

Heterogene Katalyse

Bei der heterogenen Katalyse liegen die Edukte und der Katalysator nicht im gleichen Aggregatzustand vor. Meist liegt der Katalysator in der festen Form vor. Feste Katalysatoren werden auch *Kontakte* genannt.

Die heterogene Katalyse hat große Bedeutung für viele technische Verfahren. Die *Auswahl eines Katalysators* für die heterogene Katalyse geschieht meist rein empirisch. Seine Wirkungsweise ist in vielen Fällen nicht in allen Einzelheiten bekannt.

Für die Schwefeltrioxid-Synthese aus gasförmigem SO_2 an Vanadiumpentoxid-Kontakten (V_2O_5) bei 400 bis 500 °C werden formal folgende Reaktionen formuliert:

$$V_2O_5 + SO_2 \longrightarrow V_2O_4 + SO_3$$
$$V_2O_4 + \tfrac{1}{2}\,O_2 \longrightarrow V_2O_5$$

Bruttogleichung: $SO_2 + \tfrac{1}{2}\,O_2 \longrightarrow SO_3$

Der Katalysator hat auch hier nur eine Überträgerfunktion für den Sauerstoff. Er geht nach der Oxidation von SO_2 zu SO_3 unverändert aus der Reaktion hervor und kann weitere Reaktionen katalysieren. Die Teilreaktionen haben eine größere RG, sie benötigen weniger Aktivierungsenergie als die direkte Reaktion.

Häufig verwendete Katalysatoren sind Platin, Palladium, Rhodium und auch die sehr viel billigeren Oxide von Eisen, Aluminium, Titan, Magnesium, Wolfram, Vanadium u.a. Auch metallorganische Verbindungen kommen zum Einsatz.

Die Katalyse findet an der Oberfläche des Katalysators statt. Wichtig sind daher große Oberflächen, z.B. poröse Festkörper, ‚schwammiges‘ Platin oder feinpulverisierte Oxide. Die katalytische Wirkung beginnt erst bei höherer Temperatur ab etwa 300 °C. Es besteht die Vorstellung, dass die Reaktionspartner locker an der Oberfläche adsorbiert werden, an so genannten. aktiven Zentren wie Ecken, Spitzen, Kanten oder Kristallgitterstörungen. Hier könnten die reaktionsträgen Teilchen aktiviert werden und einen energiereicheren, reaktionsfähigen Zwischenzustand einnehmen.

Beispiel:
Die H_2O-Bildung − die Knallgasreaktion − mit Platin als Katalysator.

Durch das Berühren der Wasserstoff- und Sauerstoffmoleküle mit einer ‚aktiven'
Stelle des Katalysators, z.B. an einem Platin-Draht gehen sie in einen reaktionsfähigen
Zwischenzustand über. Dabei wird die Bindungsenergie der H_2- bzw. O_2-Moleküle
geschwächt und der Zusammenhalt im Molekül gelockert. Es können nun Umgruppierungen und neue Bindungen eingegangen werden. Die Umgruppierung führt bei der
Reaktion von Wasserstoff mit Sauerstoff zum Produkt Wasser. Bei anderen Reaktionen
kann die Umgruppierung durchaus auch wieder zu den Edukten führen.

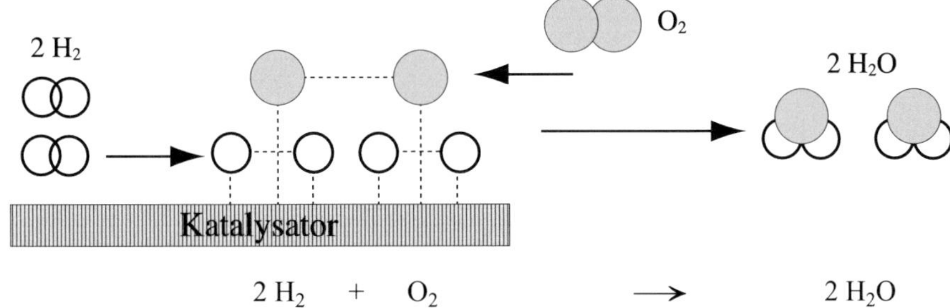

Abb. 5.6 Die H_2O-Bildung mit Platin als Katalysator

In der Praxis sind also Gleichgewichtslage *und* Reaktionsgeschwindigkeit für den
Ablauf einer chemischen Reaktion und damit für einen Stoffumsatz bzw. einen Energieumsatz von großer Bedeutung. Katalysatoren erhöhen die Reaktionsgeschwindigkeit, beschleunigen die Reaktion, indem sie die Aktivierungsenergie erniedrigen und
dadurch unnötig hohen Energieeinsatz einsparen. Das chemische Gleichgewicht – der
Umsatz – stellt sich schneller ein.

Die heterogene Katalyse hat für viele technische Verfahren große ökonomische und
ökologische Bedeutung.

Beispiele für heterogene Katalysen sind:
Entstickung der Rauchgase in Großfeuerungsanlagen s. → Abschn. 5.2.5
Abgasreinigung im Kraftfahrzeug s. → Abschn. 5.2.6
Kohleverflüssigung (*Fischer-Tropsch*-Verfahren) s. → Buch 2, Abschn. 2.1.2
Crack-Verfahren zur Gewinnung von Kraftstoffen für Ottomotor, Dieselmotor sowie
von Heizöl s. → Buch 2, Abschn. 2.2.1
Steamcracking, Steamreforming s. → Buch 2, Abschn. 2.2.1
Methanolgewinnung s. → Abschn. 5.1.6 und Buch 2, Abschn. 1.3.1
Ammoniak-Synthese s. → Abschn. 5.1.6

5.1.6 Beeinflussung einer chemischen Reaktion
Die Verschiebung des chemischen Gleichgewichts

In der Großindustrie geht es um möglichst hohe Erträge und um kostengünstiges
Produzieren; man will beispielsweise eine unvollständig ablaufende Reaktion möglichst weit in die Richtung des Endprodukts lenken, d.h. man will in kurzer Zeit einen
hohen Stoffumsatz erreichen. Um die Wirtschaftlichkeit eines Verfahrens zu erhöhen,
ist es wünschenswert, das chemische Gleichgewicht auf die Seite zum Produkt hin
zu verschieben. Verschiebungen des Gleichgewichts können auch dann von Vorteil
sein, wenn bei einem Verfahren einmal die Edukte, das andere Mal die Produkte zur
Anwendung kommen sollen (s. → *Boudouard*-Gleichgewicht). Man will also die chemische
Reaktion je nach Bedarf in einer bestimmten Richtung ablaufen lassen, einmal als
Hinreaktion, das andere Mal als Rückreaktion.

Prinzip von Le Chatelier-Braun
Qualitative Beschreibung der Verschiebung des Gleichgewichts

Während bis jetzt davon die Rede war, wie sich ein chemisches Gleichgewicht unter
bestimmten Bedingungen einstellt, sollen nun Möglichkeiten der Beeinflussung
der Gleichgewichtslage, d.h. zur Verschiebung des chemischen Gleichgewichts
angegeben werden. Dafür gibt es eine qualitative Beschreibung, nämlich das *Prinzip
von Le Chatelier-Braun 1888 (Henry Louis Le Chatelier 1850–1936, Paris und Karl
Ferdinand Braun 1859–1918, Straßburg)*. Es wird auch das *Prinzip des kleinsten
Zwangs* genannt:

Übt man auf ein System, das sich im Gleichgewicht befindet, durch Änderung der
äußeren Bedingungen einen Zwang aus, dann verschiebt sich das Gleichgewicht in
der Weise, dass es diesem Zwang ausweicht.

Ein Zwang auf ein Gleichgewicht kann ausgeübt werden

- durch Änderung der Temperatur,

- durch Änderung des Gesamtdrucks,

- durch Änderung der Konzentration bzw. des Partialdrucks der einzelnen Reaktionspartner.

Im Folgenden werden chemische Reaktionen zu Verfahren besprochen, auf die in
weiteren Kapiteln ausführlicher eingegangen wird.

Verschiebung des chemischen Gleichgewichts durch Temperaturänderung
» *Boudouard-Gleichgewicht*

$$C(s) + CO_2(g) \; \underset{< 400\,°C}{\overset{> 1000\,°C}{\rightleftharpoons}} \; 2\,CO(g)$$

$\Delta H^0 = +172,5 \text{ kJ/mol}$
endotherme Reaktion

$\Delta H^0 = -172,5 \text{ kJ/mol}$
exotherme Reaktion

Das *Boudouard*-Gleichgewicht ist in der Hinreaktion $\longrightarrow$ eine endotherme Reaktion. Erst bei Temperaturen über 400 °C beginnt die Bildung von Kohlenmonoxid CO. Zwischen 400 °C und 1000 °C stellen sich in Abhängigkeit von der Temperatur verschiedene Gleichgewichtszustände ein, wie das → Abb. 5.9 im Abschn. 5.2.4 veranschaulicht. Das System versucht dem äußeren Zwang einer Temperaturerhöhung auszuweichen, indem die Reaktion begünstigt wird, welche die zugeführte Wärmeenergie verbraucht. Das ist die endotherme CO-Bildung (rechte Seite der Reaktionsgleichung). Oberhalb > 1000 °C liegt in Gegenwart von Kohlenstoff praktisch nur noch CO vor.

Bei Abkühlung unter 1000 °C verschiebt sich das Gleichgewicht wieder über verschiedene Gleichgewichtszustände auf die linke Seite, allerdings nur in Anwesenheit eines Katalysators wie beispielsweise Metalle, Stahl u.a., denn CO ist metastabil. Dabei entsteht Kohlendioxid CO_2 und Kohlenstoff C, der sehr fein verteilt anfällt. Das Gleichgewicht versucht der Temperaturerniedrigung in dem Sinne zu entsprechen, dass die Reaktion eintritt, bei der die aufgenommene Energie wieder frei wird, das ist die exotherme Rückreaktion.

Eine zusammenfassende Darstellung der Gleichgewichtsverschiebung für das *Boudouard*-Gleichgewicht s. → Abschn. 5.2.4.

» *Stickstoffmonoxid-Bildung*

$$\frac{1}{2}\,N_2 + \frac{1}{2}\,O_2 \;\rightleftharpoons\; NO \qquad \xrightarrow{\;>1000\,°C\;} \qquad \Delta H_f^0 = +90{,}3\ \text{kJ/mol}$$

Die Stickstoffmonoxid-*Bildung* ist eine endotherme Reaktion. Wird *Luft* – ein Gemisch aus Stickstoff und Sauerstoff ($4\,N_2 + O_2$) – erhitzt, so beginnt die Reaktion merklich erst bei sehr hohen Temperaturen ab etwa 1000 °C. Das Gleichgewicht versucht

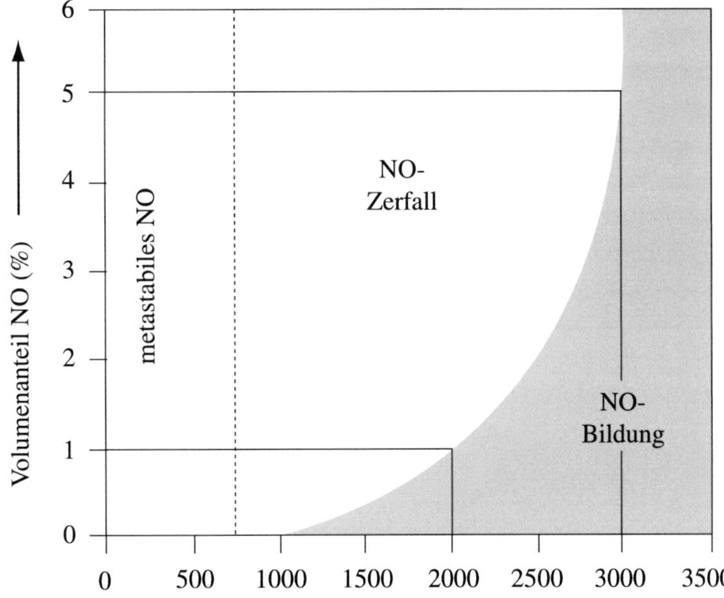

Abb. 5.7 Temperaturabhängigkeit der NO-Bildung beim Erhitzen von Luft.
Luft besteht etwa aus vier Teilen N_2 und einem Teil O_2.

dem äußeren Zwang der Temperaturerhöhung auszuweichen, indem die Reaktion eintritt, die die zugeführte Energie verbraucht, das ist die NO-Bildung (rechte Seite). Die NO-Bildung aus Luft in Abhängigkeit von der Temperatur ist in → Abb. 5.7 angegeben. Bei 2000 °C ist ein Volumenanteil von etwa 1 %, bei 3000 °C von etwa 5 % NO im Gleichgewicht mit N_2 und O_2.

Der Stickstoffmonoxid-*Zerfall* verläuft als exotherme Reaktion. Bei Temperaturerniedrigung zerfällt NO wieder über verschiedene Gleichgewichtszustände. Es tritt die Reaktion ein, die die aufgenommene Energie wieder frei geben kann, das ist die Rückreaktion. Erfolgt die Abkühlung durch Abschrecken (schnelle Abkühlung, ‚Einfrieren des Gleichgewichts‘), so kann NO unterhalb von etwa 450 °C als metastabile Verbindung erhalten werden.

Zusammenfassung:

Temperaturerhöhung begünstigt endotherme Reaktionen, sie verbrauchen die zugeführte Wärme. Bei tiefen Temperaturen sind exotherme Reaktionen begünstigt, da Reaktionswärme abgegeben werden kann. Oder anders formuliert: Temperaturerhöhung führt bei endothermen Reaktionen in Richtung der Produkte, bei exothermen Reaktionen in Richtung der Edukte. Temperaturerniedrigung führt bei exothermen Reaktionen in Richtung der Produkte, bei endothermen Reaktionen in Richtung der Edukte.

Die chemischen Reaktionen für technische Prozesse, auf die im Weiteren eingegangen wird, sind im Hinblick auf den Einfluss der Temperatur in → Tabelle 5.2 und → Tabelle 5.3 angegeben.

Tabelle 5.2 Verschiebung des Gleichgewichts bei exothermen Reaktionen in Abhängigkeit von der Temperatur.
Temperaturerniedrigung führt in Richtung ⟶ der Produkte,
Temperaturerhöhung in Richtung der Edukte ⟵

$H_2 + \tfrac{1}{2} O_2$ ⇌ $H_2O(g)$	$\Delta H_f^0 = -241{,}8$ kJ/mol
$C + \tfrac{1}{2} O_2$ ⇌ CO	$\Delta H_f^0 = -110{,}5$ kJ/mol
$CO + \tfrac{1}{2} O_2$ ⇌ CO_2	$\Delta H^0 = -283{,}0$ kJ/mol
$C + O_2$ ⇌ CO_2	$\Delta H_f^0 = -393{,}5$ kJ/mol
$CH_4 + 2 O_2$ ⇌ $CO_2 + 2 H_2O(g)$	$\Delta H^0 = -802{,}3$ kJ/mol
$C_2H_2 + 2{,}5 O_2$ ⇌ $2 CO_2 + H_2O(g)$	$\Delta H^0 = -1256{,}5$ kJ/mol
$NO + \tfrac{1}{2} O_2$ ⇌ NO_2	$\Delta H^0 = -56{,}5$ kJ/mol
$3/2 H_2 + \tfrac{1}{2} N_2$ ⇌ NH_3	$\Delta H_f^0 = -46{,}2$ kJ/mol
$S + O_2$ ⇌ SO_2	$\Delta H_f^0 = -296{,}8$ kJ/mol
$SO_2 + \tfrac{1}{2} O_2$ ⇌ $SO_3(g)$	$\Delta H^0 = -99{,}2$ kJ/mol
$CO + 2 H_2$ ⇌ CH_3OH	$\Delta H^0 = -90{,}7$ kJ/mol

Tabelle 5.3 Verschiebung des Gleichgewichts bei endothermen Reaktionen in Abhängigkeit von der Temperatur
Temperaturerhöhung führt in Richtung $\longrightarrow$ der Produkte,
Temperaturerniedrigung in Richtung der Edukte $\longleftarrow$

$C(s) + CO_2 \rightleftharpoons 2\,CO$		$\Delta H^0 = +172{,}5$ kJ/mol
$CH_4 + H^2O(g) \rightleftharpoons CO + 3\,H_2$		$\Delta H^0 = +206{,}2$ kJ/mol
$\tfrac{1}{2}\,N_2 + \tfrac{1}{2}\,O_2 \rightleftharpoons NO$		$\Delta H_f^0 = +90{,}3$ kJ/mol

Verschiebung des chemischen Gleichgewichts bei gasförmigen Edukten durch Änderung des Gesamtdrucks im geschlossenen System

» *Ammoniak-Synthese*

Die Ammoniak-Synthese ist das klassische Beispiel für eine Gleichgewichtsverschiebung durch *Erhöhung des Gesamtdrucks* eines Systems. Bei der Reaktion von Stickstoff mit Wasserstoff zu Ammoniak tritt eine Verringerung der Anzahl Mole ein. Aus vier Molen Edukten entstehen nur zwei Mole Produkte. Nach dem Prinzip von *Le Chatelier* wird durch Druckerhöhung ein Zwang auf das System derart ausgeübt, dass das Gleichgewicht sich in Richtung der geringeren Anzahl Mole (kleineres Volumen) verschiebt. Reaktionsbedingungen s. $\rightarrow$ Historisches.

$$N_2 + 3\,H_2 \rightleftharpoons 2\,NH_3 \qquad \Delta H^0 = -92{,}2 \text{ kJ/mol}$$
$$1 \text{ mol} + 3 \text{ mol} \longrightarrow 2 \text{ mol}$$

Historisches
Unter dem Eindruck der Hungersnöte im 19. Jh. und der Kriegsgefahr zum ersten Weltkrieg hat *Fritz Haber (1868–1934, Chemiker, Nobelpreis 1918)* im Jahr 1904 mit seinen intensiven Untersuchungen über Ammoniak an der Universität(TH) Karlsruhe begonnen. Luftstickstoff sollte über die Ammoniak-Synthese zu stickstoffhaltigen Düngemitteln (Ammoniumnitrat, Natriumnitrat, Kaliumnitrat, Ammoniumsulfat u.a.) umgewandelt werden, denn Pflanzen (außer Leguminosen) sind nicht in der Lage, Luftstickstoff für ihr Wachstum zu verwerten. Schon in den ersten Kriegsjahren wären die notwendigen Einfuhren von natürlichem Chilesalpeter (Natriumnitrat) und Salpeter (Kaliumnitrat aus Indien und anderen Ländern) schnell ausgefallen. Auch hätten diese natürlichen Vorkommen in Zukunft kaum ausgereicht, um genügend pflanzliche Nahrungsmittel für die wachsende Weltbevölkerung bereit zu stellen.
Es war wünschenswert, Ammoniak NH_3 aus dem reichlich zur Verfügung stehenden Luftstickstoff herzustellen. Da die Reaktion Stickstoff mit Wasserstoff (letzterer gewonnen aus Wassergas/Synthesegas s. $\rightarrow$ Organische Chemie) eine exotherme Reaktion ist, war zunächst anzunehmen, dass das Gleichgewicht bei tiefen Temperaturen (etwa 20 °C) begünstigt ist, d.h. auf der Seite der NH_3-Bildung liegt. In Wirklichkeit trat keine Reaktion ein, die Reaktionsgeschwindigkeit erwies sich unter diesen Bedingungen als nahezu gleich null. Versuchte man die Reaktionsgeschwindigkeit unter Verwendung eines Katalysators zu beschleunigen, so sind für seine Wirkung Temperaturen von mindestens 400 °C erforderlich. Doch bei Temperaturen von 400–500 °C und 1 bar beträgt die Ausbeute an Ammoniak nur 0,1 %, denn im aktivierten Zwischenzustand (s. $\rightarrow$ Abb. 5.5) können nicht nur die Produkte, sondern durch Zerfall auch wieder die Edukte entstehen. Für eine wirtschaftliche Ausbeute war es also unumgänglich zu hohen Drücken überzugehen.
Im Jahre 1905 erschien von *Fritz Haber* die erste Veröffentlichung über die Ammoniak-Synthese aus den Elementen Stickstoff und Wasserstoff. Der eigentliche Durchbruch stellte sich 1909 ein.

Die großtechnische Herstellung gelang gemeinsam mit *Carl Bosch (1874–1940, Chemiker bei der Firma BASF, Nobelpreis 1931)* nach Entwicklung und Anwendung eines Hochdruckverfahrens. Seit 1913 kann Ammoniak und damit künstlicher Dünger produziert werden, es gibt zumindest in der westlichen Welt keine Hungersnot mehr. Heute wird bei uns die Überproduktion an Agrarprodukten eingeschränkt, um u.a. eine Überdüngung und die damit im Zusammenhang stehende Gewässerverschmutzung zu vermeiden.

Die Reaktionsbedingungen für die Ammoniak-Synthese nach dem *Haber-Bosch-Verfahren* sind: Temperaturen von 400–500 °C, bei Drücken von 250–350 bar unter Verwendung eines Eisenkatalysators. Unter diesen Bedingungen entstehen etwa 18 % Ammoniak. Das gebildete NH_3 wird durch Kondensation abgetrennt und nicht umgesetzter Wasserstoff in den Reaktor zurückgeführt, um so den Gesamtertrag zu steigern.

In der Industrie sind Hochdrucksynthesen nicht beliebt. Sie erfordern immer einen höheren technischen Aufwand und einen höheren Sicherheitsstandard. In der Praxis geht man daher oftmals einen *Kompromiss* ein zwischen den verschiedenen Möglichkeiten zur Gleichgewichtseinstellung, den großtechnischen Möglichkeiten und dem kostengünstigen Ertrag.

» Methanol-Synthese

Die katalytische Methanol-Synthese aus Synthesegas soll bereits hier erwähnt werden, weil die Verhältnisse ähnlich gelagert sind wie bei der Ammoniak-Synthese:

$$CO + 2\,H_2 \;\rightleftharpoons\; CH_3OH \qquad\qquad \Delta H^0 = -91 \text{ kJ/mol}$$
$$1\text{ mol} + 2\text{ mol} \;\longrightarrow\; 1\text{ mol Methanol}$$

Aus drei Molen Edukten entsteht ein Mol Methanol. Die Reaktion ist exotherm. Ein Katalysator beschleunigt die Reaktionsgeschwindigkeit, um lange Reaktionszeiten zu vermeiden. Da der Katalysator erst bei höheren Temperaturen seine Wirkung entfaltet, wird die exotherme Reaktion dadurch bereits wieder zu den Edukten verschoben und nicht im gewünschten Sinne zum Produkt Methanol. Druckerhöhung (50 bis 100 bar) auf das Gesamtsystem begünstigt die Bildung von Methanol (s. → Buch 2, Abschn. 1.3.1).

» Boudouard-Gleichgewicht

Eine Verschiebung des *Boudouard*-Gleichgewichts nach rechts zur Bildung von CO ist nicht nur begünstigt durch Erhöhung der Temperatur, sondern – im *geschlossenen System* – auch durch *Verringerung des Gesamtdrucks*, da die Reaktion mit Volumenvermehrung verbunden ist.

$$C(s) + CO_2 \;\rightleftharpoons\; 2\,CO \qquad\qquad \Delta H^0 = +172{,}5 \text{ kJ/mol}$$
$$1\text{ mol} \;\longrightarrow\; 2\text{ mol}$$

Zusammenfassung:

Im geschlossenen System verschiebt sich das chemische Gleichgewicht durch Erhöhung des Gesamtdrucks dann zu den Reaktionsprodukten, wenn diese eine geringere Anzahl Mole bzw. ein geringeres Volumen aufweisen. Druckverminderung dagegen verschiebt das chemische Gleichgewicht zu solchen Reaktionsprodukten, die insgesamt eine höhere Anzahl Mole bzw. ein größeres Volumen aufweisen. Ändert sich die Zahl der Mole und damit das Volumen bei einer Reaktion nicht, so ist die Lage des Gleichgewichts vom Gesamtdruck unabhängig.

Verschiebung des chemischen Gleichgewichts durch die Anwendung des MWG

» *Die Änderung des Partialdrucks bzw. der Konzentration eines Reaktionspartners*

Nicht nur durch Zustandsänderung, d.h. durch Änderung von Temperatur und Druck im geschlossenen System, kann ein Gleichgewicht verschoben werden sondern auch aus dem MWG selbst lässt sich eine Verschiebungsmöglichkeit ableiten. Bereits im → Abschn. 5.1.1 wurde darauf hingewiesen, dass die mathematische Formulierung des MWG eine Verhältnisformel darstellt, somit haben absolute Beträge der Partialdrücke bzw. der Konzentrationen keinen Einfluss auf die Gleichgewichtskonstante.

Will man bei einer bestimmten Temperatur eine unvollständig ablaufende Reaktion zu einem höheren Stoffumsatz zwingen, so kann dies durch Erhöhung des *Partialdrucks* eines gasförmigen Edukts (bzw. der Konzentration eines Reaktionspartners) erreicht werden, d.h. es wird ein Ausgangsstoff im Überschuss dazu gegeben. Es tritt dann die Reaktion ein, die das Gleichgewicht so lange zum Produkt, d.h. nach rechts in der Reaktionsgleichung verschiebt, bis der Betrag der Gleichgewichtskonstanten erfüllt ist. In gleicher Weise kann man verfahren, wenn von den Produkten ausgegangen wird und das Gleichgewicht zu den Edukten verschoben werden soll.

Gleichgewichtsverschiebungen durch Änderung des Partialdrucks eines gasförmigen Reaktionspartners haben in der Praxis große Bedeutung, vor allem dann, wenn ein Ausgangsstoff sehr kostengünstig und leicht zugänglich ist, z. B. bei *Oxidations-Reaktionen* mit Luft.

» *Oxidation (Verbrennung) von Kohlenstoff*

Die Verbrennung von Kohlenstoff kann durch Erhöhung des Partialdrucks von Sauerstoff erhöht werden:

$$C(s) + O_2(g) \longrightarrow CO_2 \uparrow$$

$$K_p = \frac{p_{CO_2}}{p_{O_2}}$$

Die Verbrennung von Kohlenstoff wächst proportional zum Partialdruck des Sauerstoffs. Kann sich gleichzeitig CO_2 vom System entfernen, wird also sein Partialdruck ständig erniedrigt, so muss sich das Gleichgewicht stets neu einstellen, indem CO_2 ständig nachgebildet wird. Dies setzt sich so lange fort bis der vorhandene Kohlenstoff verbrannt ist.

Hinweis: Ein entweichendes Gas kann mit einem Pfeil nach oben $\uparrow$ angezeigt werden.

» *Boudouard-Gleichgewicht*

Ebenso kann das *Boudouard*-Gleichgewicht nicht nur durch Zustandsänderung (Änderung der Temperatur und des Gesamtdrucks), sondern auch durch Änderung des Partialdrucks von CO_2 oder CO bei einer Temperatur zwischen 400 °C und 1000 °C verschoben werden.

$$C(s) + CO_2(g) \rightleftharpoons 2\,CO$$

$$K_p = \frac{p_{CO}^2}{p_{CO_2}}$$

Bei Erhöhung des Partialdrucks z.B von Kohlendioxid CO_2 erhöht sich proportional der CO-Anteil, d.h. das Gleichgewicht wird auf die rechte Seite der Reaktionsgleichung verschoben. Erhöht man den Partialdruck von CO, so wird sich das Gleichgewicht nach links verschieben (bei Anwesenheit eines Katalysators). Neben der vermehrten CO_2-Bildung fällt dann auch fein verteilter Kohlenstoff an.

Zusammenfassung:

Bei Erhöhung des Partialdrucks bzw. der Konzentration eines Reaktionspartners wird das Gleichgewicht einer chemischen Reaktion in diejenige Richtung verschoben, in der dieser Stoff verbraucht wird; eine Erniedrigung des Partialdrucks bzw. der Konzentration eines Reaktionspartners verschiebt das Gleichgewicht in die Richtung, in der dieser Stoff nachgebildet wird.

5.2   Chemische Reaktionen – Chemische Gleichgewichte mit gasförmigen Reaktionspartnern

Im Folgenden wird die Aussagekraft einer Reaktionsgleichung und die im → Abschn. 5.1 erklärten chemischen Gesetzmäßigkeiten des Reagierens auf einige ausgewählte chemische Reaktionen angewendet.

Die Reaktionsgleichung gibt über den Verlauf einer chemischen Reaktion keine vollständige Auskunft. Man erfährt aus dem Formelansatz lediglich die molaren Stoffmengen, die als Grundlage für die Berechnung des Brutto-Massenumsatzes und des Brutto-Energieumsatzes dienen. Nicht jede chemische Reaktion läuft vollständig ab, wie es die Reaktionsgleichung vorgibt, oft sogar gar nicht. Wichtig ist es daher, die Lage des Gleichgewichts, d.h. die Gleichgewichtskonstante zu kennen, den exothermen oder endothermen Reaktionsverlauf, wie im → Abschn. 5.1.1 und → Abschn. 5.1.2 beschrieben wurde oder auch die Änderung der freien Reaktionsenthalpie ΔG (s. → Abschn. 5.1.4).

Doch die theoretischen Angaben scheinen in der Praxis nicht immer erfüllt zu werden. Oftmals reicht die Reaktionsgeschwindigkeit für einen momentanen Reaktionsbeginn nicht aus. Erst die Zuführung von Aktivierungsenergie, die durch einen Katalysator erniedrigt werden kann, erhöht die Reaktionsgeschwindigkeit. Darüber hinaus besteht noch die Möglichkeit, die Reaktion d.h. das chemische Gleichgewicht in eine bestimmte Richtung zu verschieben. Dafür kann für qualitative Überlegungen das Prinzip von *Le Chatelier* angewendet werden.

Gasförmige Reaktionspartner sind in der Technik weit verbreitet. Im Folgenden wird hauptsächlich auf die gasförmigen Reaktionspartner H_2, O_2, N_2, SO_2, SO_3, NO, NO_2, CO und CO_2 eingegangen. Die Kohlenwasserstoffe Acetylen C_2H_2 sowie Methan CH_4 und ausnahmsweise auch Alkangemische als *flüssige* Reaktionspartner (Motorenkraftstoffe, Heizöl) sind in diesem Abschnitt schon vorweg berücksichtigt (s. → Buch 2, Abschn. 1.2.1), weil die hier zur Diskussion stehenden Reaktionen ohne besondere Vorkenntnisse aus der Organischen Chemie auf sie übertragen werden können. Sie stellen wichtige Energieträger dar, deren stark exotherme Reaktionen der Ingenieur bei der Verbrennung – bei der Reaktion mit Sauerstoff – für verschiedene

Energieumwandlungs-Verfahren ausnützen kann.

Anmerkung: In diesem Kapitel werden die Reaktionsgleichungen nicht immer als Gleichgewichte formuliert. Die Pfeile geben die Richtung der Reaktion an wie sie unter den angegebenen Reaktionsbedingungen abläuft.

5.2.1 Verbrennung (Oxidation) von Kohlenstoff

Für die Verbrennung (Oxidation) von Kohlenstoff ergibt eine Zusammenfassung der Gesetzmäßigkeiten aus dem $\rightarrow$ Abschn. 5.1 folgendes:

Die Verbrennung von Kohlenstoff stellt ein heterogenes, fest/gasförmiges, chemisches Gleichgewicht dar mit einer Gleichgewichtskonstanten $K_p \gg 1$. Nur die gasförmigen Reaktionspartner gehen mit ihren Partialdrücken in das MWG ein, während der Kohlenstoff als fester Reaktionspartner im Überschuss zur Verfügung stehen muss. Eine Änderung seiner Konzentration darf nicht ins Gewicht fallen. Die Oxidation von Kohlenstoff hängt im abgeschlossenen System allein vom Sauerstoff-Partialdruck ab, die entstandene Menge Kohlendioxid CO_2 ist dem O_2-Partialdruck direkt proportional.

Die Erfahrung lehrt, dass sich eine Kohlehalde im Freien mit dem Sauerstoff der Luft nicht ohne weiteres entzündet, obwohl die Gleichgewichtskonstante $K_p \gg 1$ ist. Das bedeutet, dass bei dieser Reaktion die RG nicht ausreicht, um in absehbarer Zeit die Lage des Gleichgewichts zu erreichen, d.h. die Verbrennung in Gang zu setzen. Man spricht allenfalls von einer stillen Verbrennung oder der sehr langsam verlaufenden Autoxidation der Kohlehalde. Kohlenstoff und Sauerstoff bilden ein metastabiles Gleichgewicht. Ein einmaliges Zünden auf etwa 900°C, d.h. eine einmalige Zuführung von Aktivierungsenergie genügt, um der Startreaktion die nötige Reaktionsgeschwindigkeit zu verleihen. Da die eingeleitete Reaktion exotherm ist, ist für die Folgereaktionen stets die nötige Aktivierungsenergie vorhanden. Auf der stark exothermen Reaktion, $\Delta H_f^0 = -393{,}5$ kJ/mol, beruht die Verwendung der chemischen Energie als thermische Energie.

Arbeitet man mit einem Überschuss an Sauerstoff und kann das gebildete $CO_2\uparrow$ entweichen, so wird wegen der stetigen Verminderung des CO_2-Partialdrucks ständig das Gleichgewicht auf die Seite zu CO_2 verschoben, d.h. es wird ständig CO_2 nachgebildet. Die Reaktion läuft dann vollständig ab, solange Kohlenstoff vorhanden ist.

Nicht nur das stetige Entweichen von CO_2 aus dem chemischen Gleichgewicht, auch der dauernde Entzug der exotherm frei werdenden Energie verschiebt das Gleichgewicht und begünstigt den Ablauf der Reaktion bis zur vollständigen Verbrennung zu CO_2. Dies erfolgt beispielsweise bei der Dampferzeugung oder der Erwärmung von Räumen: es wird ständig Wärme abgeführt.

$K_p \gg 1$ und die hohe Bildungsenthalpie von CO_2 bedeuten auch, dass sich einmal gebildetes CO_2 nur unter Zuführung von hohen Energiebeträgen zu den Edukten Kohlenstoff und Sauerstoff zersetzen lässt. Die Dissoziation von CO_2 zu $CO + O$ beginnt erst bei Temperaturen über 1000°C und beträgt bei einer Temperatur von 2843°C etwa 78 %. Bei noch höheren Temperaturen > 2900°C erreicht man schließlich die Zersetzung zu $C + 2\,O$.

Für die Kohlenstoffverbrennung sind die Bruttogleichungen angegeben.

Unvollständige Verbrennung von Kohlenstoff

Stoffmengengleichung	$C(s) + \frac{1}{2} O_2(g) \longrightarrow CO(g)$
Massengleichung	$12\ g\ C + 16\ g\ O_2 = 28\ g\ CO$
Bildungsenthalpie	$\Delta H_f^0 = -110{,}5\ kJ/mol$ exotherme Reaktion
Formelansatz für die Gleichgewichtskonstante K_p	$2\ C(s) + O_2 \longrightarrow 2\ CO$ $\dfrac{p_{CO}^2}{p_{O_2}} = K_p \gg 1 \qquad 25\ ^\circ C$

Bei der unvollständigen Verbrennung von Kohlenstoff entsteht Kohlenmonoxid CO. Wegen seiner leichten Oxidierbarkeit zu CO_2 dient CO in der Technik bei erhöhter Temperatur als Reduktionsmittel, z.B. wird bei der *Kohlenmonoxid-Konvertierung* aus Wasser durch seine reduzierende Wirkung Wasserstoff gewonnen (s. → Seite 317).

Vollständige Verbrennung von Kohlenstoff

Stoffmengengleichung	$C(s) + O_2(g) \longrightarrow CO_2(g)$
Massengleichung	$12\ g\ C + 32\ g\ O_2 = 44\ g\ CO_2$
Bildungsenthalpie	$\Delta H_f^0 = -393{,}5\ kJ/mol$ exotherme Reaktion
Formelansatz für die Gleichgewichtskonstante K_p	$\dfrac{p_{CO_2}^2}{p_{O_2}} = K_p \gg 1 \qquad 25\ ^\circ C$

Bei der vollständigen Verbrennung von Kohlenstoff – er ist der Hauptbestandteil von Kohle – entsteht Kohlendioxid CO_2. Kohle wird heute hauptsächlich in Kraftwerken eingesetzt und die dabei freigesetzte chemische Energie wird zunächst in thermische Energie zur Erzeugung von Wasserdampf umgewandelt. Im Dampf ist die Wärmeenergie gespeichert und wird anschließend (teilweise) in kinetische Energie (Bewegungsenergie) eines Dampfstrahls umgesetzt. Dieser wirkt auf die Schaufelräder der Turbine und leistet dabei mechanische Arbeit, wobei die Temperatur des Dampfes absinkt. Die Turbine bewegt den Generator. Seine kinetische Energie liefert nun elektrische Energie. Insgesamt wird im Kohlekraftwerk die *Primärenergie Kohle* über thermische und kinetische Energie in *Sekundärenergie*, nämlich *elektrische Energie* umgewandelt.

Rauchgase von Kohlekraftwerken enthalten kaum CO, da man aus wärmewirtschaftlichen Gründen auf eine möglichst vollständige Verbrennung bedacht ist. Rauchgas-Entstickung und -Entschwefelung s. → Abschn. 5.2.6.

Eigenschaften von CO und CO$_2$

Kohlenmonoxid CO ist ein farb- und geruchloses, brennbares, sehr giftiges Gas. Es wird vom roten Blutfarbstoff Hämoglobin dreihundertmal fester gebunden als Sauerstoff und führt deshalb beim Einatmen zu einer Sauerstoff-Unterversorgung des Körpers. CO verbrennt an der Luft mit charakteristisch bläulicher Flamme unter starker Wärmeentwicklung zu CO$_2$.

$$CO + \tfrac{1}{2}\,O_2 \;\longrightarrow\; CO_2 \qquad \Delta H^0 = -283 \text{ kJ/mol}$$

CO in den Abgasen von Verbrennungsmotoren s. → Abschn. 5.2.7.

In der Technik stellt man Kohlenmonoxid CO als so genanntes Generatorgas her. Durch unvollständige Verbrennung von Kohle mit Luft entsteht ein Gemisch aus Kohlenmonoxid und Luftstickstoff.

Bruttogleichung:

$$\underset{\text{Luft}}{2\,C + O_2/4\,N_2} \;\longrightarrow\; \underset{\text{Generatorgas}}{2\,CO + 4\,N_2} \qquad \Delta H^0 = -221 \text{ kJ/mol}$$

Kohlendioxid CO$_2$ ist ein farb- und geruchloses, sehr beständiges Gas und hat einen etwas säuerlichen Geruch und Geschmack. Da es nicht weiter oxidiert werden kann, unterhält es die Verbrennung nicht. Daraus resultiert seine Verwendung als Feuerlöschmittel. Seine Dichte ist 1,5-mal höher als die der Luft, es sammelt sich daher in geschlossenen Räumen am Boden an und ist dann dort wegen des eintretenden Sauerstoffmangels eine Gefahr für den Menschen, insbesondere für Kinder. CO$_2$ lässt sich leicht verflüssigen. Bei 0 °C ist dazu ein Druck von 34,7 bar erforderlich. Kühlt man flüssiges CO$_2$ in einem geschlossenen Gefäß ab, so erstarrt es zu einer eisähnlichen Masse. Dieses feste CO$_2$ sublimiert bei −78,5 °C, d.h. es geht unter Auslassung des flüssigen Aggregatzustands unmittelbar in den gasförmigen Zustand über. Festes CO$_2$ ist als Trockeneis bekannt.

CO$_2$ wird heute als Hauptursache für den Treibhauseffekt vermutet (s. → Anhang).

5.2.2 Verbrennung (Oxidation) von Wasserstoff, die Knallgasreaktion

Für die Knallgasreaktion ergibt eine Zusammenfassung der Gesetzmäßigkeiten aus dem → Abschn. 5.1 folgendes:

Die Knallgasreaktion stellt ein homogenes Gleichgewicht, gasförmig/gasförmig, dar. Nach der Gleichgewichtskonstanten $K_p \gg 1$ für die Reaktion von Wasserstoff mit Sauerstoff liegt das Gleichgewicht auf der Seite des Produkts H$_2$O. Dabei werden pro Mol H$_2$O(g) 241,8 kJ frei. Unter diesen Bedingungen sollte die stark exotherme Reaktion momentan und vollständig ablaufen.

In Wirklichkeit tritt zunächst keine Reaktion ein, wenn man Wasserstoff und Sauerstoff nebeneinander aus ihren Gasflaschen ausströmen lässt. Die Reaktionsgeschwindigkeit reicht offensichtlich nicht aus, dass sich das Gleichgewicht einstellt, d.h. dass sich H$_2$O in messbarer Zeit bildet. Für dieses metastabile Gleichgewicht ist die hohe Bindungsenergie der Wasserstoff- (+436 kJ/mol) und Sauerstoffmoleküle (+498 kJ/mol) verantwortlich. Entsprechend muss zunächst einem Bruchteil dieser Moleküle Aktivierungsenergie zugeführt werden, um die Moleküle zu reaktionsfähigen Atomen aufzuspalten. Erst dann findet die Umgruppierung zu Wassermolekülen statt.

Die Aktivierungsenergie kann durch einen Katalysator z.B. Platin gesenkt werden (s. → Abb. 5.6).
Nach Beginn der Reaktion läuft diese dann freiwillig weiter, denn die Folgereaktionen sind exotherm
und sorgen dafür, dass immer mehr Wasserstoff- und Sauerstoffmoleküle die nötige Aktivierungsenergie
erhalten und reagieren können.

$K_p \gg 1$ bedeutet auch, dass sich das Wasser auf unserer Erde nicht ohne weiteres in einer Rückreaktion zu Wasserstoff und Sauerstoff zersetzt. Wasser ist unsere Lebensgrundlage. Nur unter Zuführung von Energie kann das Gleichgewicht wieder zu den Edukten Wasserstoff und Sauerstoff verschoben werden (s. → Elektrolyse)

Stoffmengengleichung	$H_2(g)\ +\ \frac{1}{2}\,O_2(g)\ \longrightarrow\ H_2O(l)$
Massengleichung	$2\ g\ H_2\ +\ 16\ g\ O_2\ =\ 18\ g\ H_2O(l)$
Bildungsenthalpie	ΔH_f^0 für $H_2O(l)\ =\ -285{,}9$ kJ/mol exotherme Reaktion
Formelansatz für die Gleichgewichtskonstante K_p	$2\ H_2\ +\ O_2\ \rightarrow\ 2\ H_2O$ $\dfrac{p_{H_2O}^2}{p_{H_2}^2 \cdot p_{O_2}}\ =\ K_p \gg 1 \qquad 25°C$

Der Reaktion von Wasserstoff mit Sauerstoff wird in Zukunft als umweltfreundlicher ‚Energielieferant' große Bedeutung zugeschrieben. Bei der stark exothermen Reaktion entsteht nur reines Wasser. Im Gegensatz dazu liefern die sog. fossilen Primärenergieträger Kohle, Erdöl und Erdgas bei ihrer Verbrennung das Treibhausgas Kohlendioxid CO_2 u.a. Schadstoffe sowie die Stickoxide NO_x (s. → Abschn. 5.2.6). Langfristig wird daher versucht, den Verbrauch von fossilen und nur in endlichen Ressourcen vorkommenden Primärenergieträgern schrittweise zu reduzieren. Im Zuge dieser Entwicklung wird Wasserstoff als Sekundärenergieträger – er lässt sich allerdings nur aus anderen Verbindungen unter Aufwand von Energie herstellen, z.B. durch Elektrolyse – eine wichtige Rolle zur Gewinnung von thermischer, mechanischer und elektrischer Energie zugeschrieben. Die Voraussetzung für eine angemessene Wirtschaftlichkeit der Gewinnung von Wasserstoff kann erst dann erreicht werden, wenn die Kosten zur Bereitstellung von Wasserstoff mit denen zur Bereitstellung der fossilen Energieträger in etwa vergleichbar werden, z.B. wenn letztere sich wegen der zunehmenden Verknappung erhöhen.

Die Knallgasreaktion, eine Radikalkettenreaktion

Die Knallgasreaktion, die Reaktion zwischen Wasserstoff und Sauerstoff kann nicht durch einfache Zweierstöße zwischen Molekülen erklärt werden. Die hohen Temperaturen, die man bei dieser Reaktion erreicht, haben ihre Ursache vielmehr in vielen exothermen Einzelreaktionen, die in einer Radikalkettenreaktion ablaufen. Um eine Explosion, d.h. einen unkontrollierten Ablauf der Reaktion zu verhindern, ist es unbedingt erforderlich, Wasserstoff und Sauerstoff in getrennten Zuleitungen der Verbrennung zuzuführen. Dies wurde schon 1830 mit dem *Daniell*schen Hahn durchgeführt.

Historisches
Der *Daniell*sche Hahn *(John Frederic Daniell 1790–1845, britischer Chemiker und Physiker, London)* ist

der Vorgänger des Knallgasbrenners, der heutigen Schweißpistole für das Gasschmelzschweißen (s. → Buch 2, Abschn. 1.2.2). Er besteht aus zwei ineinander gesteckten Röhren, Sauerstoff wird dem inneren und Wasserstoff dem äußeren Rohr zugeführt (s. → Abb. 5.8).

Durch einmaliges Zünden (etwa 600°C) oder durch die Anwesenheit eines Pt-Katalysators wird einem Teil der Moleküle die notwendige Aktivierungsenergie zugeführt, damit die Reaktion beginnen kann. Feinverteiltes Platin auf einer fasrigen Oberfläche kann Wasserstoff nicht nur mit reinem Sauerstoff, sondern allein schon mit dem in verdünnter Form vorliegenden Sauerstoff der Luft bei Raumtemperatur zur Entzündung bringen. Beim *Daniell*schen Hahn wird daher erst im Moment des Zündens der zur Verbrennung notwendige Sauerstoff zugemischt.

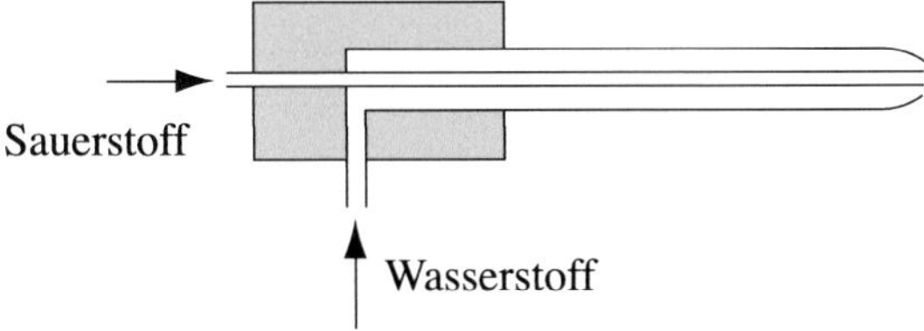

Abb. 5.8 *Daniell*scher Hahn

Eine Radikalkette setzt sich über *Radikale* fort, das sind Atome oder Molekülreste mit einem ungepaarten Elektron, z.B. H·, HO· oder mit mehreren ungepaarten Elektronen z.B. ·O·. Die Valenzschale ist bei Radikalen nicht zur Edelgaskonfiguration aufgefüllt, sie sind daher unbeständig und reagieren momentan mit einem weiteren Molekül, wieder unter Radikalbildung usf. Neben den einzelnen, radikalartig verlaufenden Reaktionsschritten können Radikalketten durch Vereinigung zweier Radikale abbrechen. Es können aber auch neue Radikalketten wieder starten.

Eine Radikalkettenreaktion ist gekennzeichnet durch

- Startreaktionen,

- Kettenwachstumsreaktionen,

- Kettenabbruchreaktionen.

» *Startreaktionen mit Zündung oder Katalysator*

Bildung von H· Radikalen: $H_2 \longrightarrow [H\cdot\!-\!\cdot H] \longrightarrow 2\,H\cdot$

» *Kettenwachstumsreaktionen*

Das besonders reaktionsfähige Wasserstoffradikal H· reagiert nun in einer exothermen Reaktion beispielsweise mit einem Sauerstoffmolekül O_2 unter Bildung eines Hydroxyl- und eines Sauerstoffradikals. Die Kette setzt sich dann, wie die nachfolgenden Reaktionen zeigen weiter fort. Da bei allen Einzelreaktionen Energie frei wird, genügte das einmalige Zünden, um die Radikalkettenreaktionen in Gang zu bringen.

$$H\cdot + O_2 \longrightarrow \cdot OH + \cdot O\cdot$$
$$\cdot OH + H_2 \longrightarrow H_2O + H\cdot$$
$$\cdot O\cdot + H_2 \longrightarrow \cdot OH + H\cdot$$

usw.

» *Kettenabbruchreaktionen*

Durch Vereinigung zweier Radikale können Ketten abbrechen:

$$\cdot OH \; + \; H\cdot \; \longrightarrow \; H_2O$$
$$H\cdot \; + \; \cdot H \; \longrightarrow \; H_2$$
$$\cdot O\cdot \; + \; \cdot O\cdot \; \longrightarrow \; O_2$$

Die mit hohen Geschwindigkeiten ablaufenden Reaktionen entwickeln sich explosionsartig nach der Zündung, wenn sich Wasserstoff und Sauerstoff unkontrolliert vermischen und die Reaktionswärme nicht schnell genug abgeleitet wird.

Hinweis auf andere Radikalkettenreaktionen:

- die Verbrennung von Kohlenstoff s. → Abschn. 5.2.1

- die Verbrennung von Acetylen beim Gasschmelzschweißen s. → Buch 2, Abschn. 1.2.2

- die Verbrennung von Alkanen und Alkan-Gemischen (Motorenkraftstoffe, Heizöl) s. → Abschn. 5.2.3

- die Polyethylen-Synthese s. → Buch 2, Abschn. 5.1.1

Anwendungen der Knallgasreaktion

In der Technik beruht die Anwendung der Knallgasreaktion auf ihrem stark exothermen Verlauf. Die chemische Energie, die dabei frei wird kann als thermische Energie verbraucht oder in mechanische und elektrische Energie umgewandelt werden. Dazu werden einige Beispiele angegeben.

» *Knallgasbrenner*

Die *thermische* Energie der Knallgasreaktion wird im Knallgasbrenner nach dem Vorbild des *Daniell*schen Hahns ausgenützt. Die Flamme erreicht Temperaturen bis etwa 3000 °C. Für Metalle, die sich bei diesen Temperaturen schmelzen lassen, wird im geschmolzenen Zustand das Zusammenschweißen von einzelnen Metallstücken möglich. Heute wird Acetylen anstelle von Wasserstoff verwendet. Beschreibung des Gasschmelzschweißens und Brennschneidens im → Buch 2, Abschn. 1.2.2.

» *Im Wasserstoff-Verbrennungsmotor für Fahrzeuge*

Die bei der Knallgasreaktion freiwerdende thermische Energie bewirkt hier eine Explosion im Zylinder analog zum Kraftstoff-Luft-Gemisch im konventionellen Ottomotor. Indem sich der Kolben bewegt, erfährt die thermische Energie eine Umwandlung in *mechanische Energie* und ein Übertragungssystem wirkt auf die Bewegung der Räder. Doch nicht nur die großtechnische, von fossilen Primärenergieträgern unabhängige und vor allem preisgünstige Gewinnung von Wasserstoffgas wirft einige Probleme auf, sondern auch die Bereitstellung in Wasserstoffgas-Tankstellen, der Transport dorthin und nicht zuletzt die raumsparende und sichere Speicherung mit hoher Energiedichte in einem Autotank.

Da im Wasserstoff-Verbrennungsmotor nicht reiner Sauerstoff, sondern Luft angesaugt wird, bilden sich mit Luftstickstoff bei den hohen Verbrennungstemperaturen neben H_2O auch Stickoxide NO_x. Diese erfordern eine Abgasnachbehandlung zur Reduzierung von NO_x zu Luftstickstoff N_2. In Konkurrenz zum erdgasbetriebenen Antriebsmotor besteht – wenn man einmal von der CO_2-Emmision bei der Verwendung von Erdgas absieht – auch der Nachteil, dass die volumenbezogene Energiedichte von Wasserstoffgas nur etwa ein Drittel von der des Erdgases beträgt. Äquivalente Energiemengen benötigen im Fall des Wasserstoffs daher ein größeres Volumen oder einen höheren Druck für die Speicherung.

Anmerkung: Massendichte von Wasserstoffgas 0,0899 g/l, von Flüssigwasserstoff 70,99 g/l, von Methan 0,717 g/l. Vgl auch die Heizwerte für Wasserstoff 10780 kJ/m^3, für Erdgas (Methan) 35880 kJ/m^3 (s. → Anhang Tabellen).

» *Als Raketentreibstoff*

In der Raumfahrt wird die Knallgasreaktion sowohl zum Raketenantrieb eingesetzt wie auch in der Brennstoffzelle. Mit der Brennstoffzelle steht den Astronauten elektrische Energie zur Verfügung sowie Wasser zu ihrem Verbrauch.

Historisches
Am 6.5.1937 hat eine Knallgasreaktion in Lakehurst USA das große Verkehrsluftschiff LZ 129 ‚Hindenburg' zerstört. In Deutschland war damals Helium als unbrennbares Füllgas nicht zu erhalten. (*Ferdinand Graf von Zeppelin 1838-1917,* Erfinder des lenkbaren Luftschiffs. Sein erstes lenkbares Luftschiff LZ 1 stieg am 2.7.1900 auf.)
Eine fehlerhafte Dichtung hat im Januar 1986 zum unkontrollierten Ablauf der Knallgasreaktion und damit zur Explosion der US-Raumfähre Challenger geführt.

» *In der Brennstoffzelle (Fuel Cell FC)*

Hier steht die chemische Energie der Reaktion $2\,H_2 + O_2 \rightarrow 2\,H_2O$ in einer so genannten ‚kalten Verbrennung' zur direkten Umwandlung in elektrische Energie zur Verfügung. Darauf wird in → Abschn. 5.4.3 näher eingegangen.

Gewinnung von Wasserstoff

Eigenschaften des Wasserstoffs s. → Abschn. 3.2.3.

In der Natur steht Wasserstoff gebunden im *Wassermolekül H_2O* in praktisch unbegrenzten Mengen in den Ozeanen, Seen und Flüssen zur Verfügung. Einen hohen Anteil an Wasserstoff enthalten auch *Erdgas* und *Erdöl*, die fossilen Rohstoffquellen. Wasserstoff kann aus Biomasse gewonnen werden und fällt bei einigen chemischen Verfahren an.

» *Aus Wasser*

Die Bindung von Wasserstoff und Sauerstoff im Wassermolekül ist sehr fest:

$$H_2O(g) \longrightarrow H_2 + \tfrac{1}{2}\,O_2 \qquad \Delta H^0 = +242 \text{ kJ/mol}$$

$$H_2O(l) \longrightarrow H_2 + \tfrac{1}{2}\,O_2 \qquad \Delta H^0 = +286 \text{ kJ/mol}$$

Hohe Energiebeträge in Form von thermischer, elektrischer oder chemischer Energie müssen zur Spaltung der Wassermoleküle aufgebracht werden:

Thermische Spaltung

Die Spaltung des Wassermoleküls bei Temperaturen von etwa 2200 °C beträgt nur rund 4 %, daher ist dieses Verfahren zur technischen Gewinnung von Wasserstoff wenig geeignet.

Elektrochemische Spaltung, die Elektrolyse

Die Elektrolyse von Wasser ist eine alte und relativ einfache Methode, um sehr reinen Wasserstoff (und auch Sauerstoff) herzustellen, sie wird im → Abschn. 5.4.2 ausführlich beschrieben. Der Energieverbrauch zur Herstellung von 1 m^3 (1 bar Druck, 20 °C Temperatur) Wasserstoff (und ½ m^3 Sauerstoff) beträgt etwa 5 kWh oder 18000 kJ.

Hochtemperaturelektrolyse

Bei diesem Verfahren wird die elektrochemische Wasserspaltung in der Dampfphase bei Temperaturen von 900 bis 1000 °C durchgeführt. Die thermische Energie ersetzt einen Teil der für die Spaltung erforderlichen elektrischen Energie und die für die Reaktion erforderliche Aktivierungsenergie ist in der Dampfphase niedriger. An Stelle einer Elektrolytflüssigkeit wird ein Feststoffelektrolyt aus Zirconiumdioxid-Keramik verwendet, die Elektroden bestehen aus edelmetallfreien Materialien. Doch insgesamt ist es ebenfalls ein energieaufwändiges Verfahren und ist nur in Ländern mit billiger Wasserkraft lohnend: in Norwegen, Kanada, Ägypten u.a. In Island kann Erdwärme ausgenützt werden. Die Gewinnung von Wasserstoff durch Hochtemperaturelektro-lyse zielt darauf ab, Strom aus Überkapazitäten konventioneller Kraftwerke zu nutzen und für die Verwendung von Solarstrom oder elektrischer Energie aus erneuerbaren Energien zur Verfügung zu stehen.

» *Aus Erdgas*

Die in der gegenwärtigen Technik meist angewendete Methode zur Gewinnung von Wasserstoff erfolgt aus gereinigtem Erdgas, d.h. aus Methan als dessen Hauptkompo-nente. Während bei den bis jetzt beschriebenen Verfahren Wasserstoff direkt in reiner Form gewonnen wird, sind bei den nachfolgend beschriebenen Verfahren zwei Reak-tionsschritte notwendig.

Reaktionsschritt 1: die *Gewinnung von Synthesegas* aus Methan nach dem Verfahren der *Dampfreformierung* (Steam-Reforming).

$$(1)\ CH_4 + H_2O(g) \xrightarrow{\text{Katalysator}} \underbrace{CO + 3\,H_2}_{\text{Synthesegas}} \qquad \Delta H^0 = +206\ kJ/mol$$

Methan

s. → Buch 2, Abschn. 2.3.2 Gl. (2.4)

Man erhält ein Synthesegas mit relativ hohem Anteil an H$_2$, das Verhältnis CO : H$_2$ beträgt 1 : 3.

Wasserstoff im Gemisch mit CO ist für nachfolgende katalytische Reaktionen nicht zu verwenden, CO wirkt z.B. auf Platin als Katalysator deaktivierend. Es muss eine *Kohlenmonoxid-Konvertierung* zu CO$_2$ folgen.

Reaktionsschritt 2: die *Kohlenmonoxid-Konvertierung* (*Shift-Reaktion*)

Mit Wasserdampf wird CO in Gegenwart von Katalysatoren in CO_2 und H_2 übergeführt. Bei dieser Reaktion stellt sich das so genannte *Wassergasgleichgewicht* ein, das von der Temperatur abhängig ist. Da die CO-Konvertierung als exotherme Reaktion (2) abläuft, verschiebt sich das Gleichgewicht mit abnehmender Temperatur auf die rechte Seite der Reaktionsgleichung. Unterhalb 500 °C liegt das Gleichgewicht praktisch vollständig auf der Seite von CO_2 und H_2. Bei der CO-Konvertierung hat sich aus dem Wassermolekül zusätzlich Wasserstoff gebildet. Über 1000 °C liegt das Gleichgewicht wieder bei CO und $H_2O(g)$.

Wassergasgleichgewicht:

$$>1000°C \leftarrow$$
$$(2)\ CO + H_2O(g) \underset{\longrightarrow\ <500°C}{\overset{Katalysator}{\rightleftharpoons}} CO_2 + H_2 \qquad \Delta H^0 = -41\ kJ/mol$$

Gesamtreaktion für die Gewinnung von Wasserstoff aus Erdgas:

$$(3)\quad CH_4 + 2\,H_2O \rightarrow CO_2 + 4\,H_2 \qquad \Delta H^0 = +165\ kJ/mol$$

Insgesamt müssen 165 kJ/mol aufgewendet werden.

Wird bei der Reaktion (1) gleichzeitig Wasserdampf im Überschuss zugefügt, so erhält man in einer Gesamtreaktion und bei relativ niederen Temperaturen ein Verhältnis von $1\ CO_2 : 4\ H_2$.

Reaktionsschritt 3: Entfernung von CO_2 aus dem Gasgemisch:

Dazu gibt es verschiedene physikalische und chemische Methoden. Die chemische Absorption z.B. wird mit einer wässrigen Kaliumcarbonat-(K_2CO_3)-Lösung durchgeführt. Diese bildet mit CO_2 wasserlösliches Kaliumhydrogencarbonat $KHCO_3$, somit bleibt CO_2 in Lösung.

$$K_2CO_3 + H_2O + CO_2 \rightarrow 2\,KHCO_3$$

» *Durch Kohlevergasung mit Wasserdampf*

Das Verfahren findet hauptsächlich in Ländern mit hohem Kohlevorkommen wie China, Südafrika u.a. Anwendung.

Alle Elemente, die sich leichter mit Sauerstoff verbinden als mit Wasserstoff, können das Wassermolekül spalten. Für ein technisches Verfahren eignet sich jedoch nur die Reaktion mit dem Nichtmetall Kohlenstoff.

Reaktionsschritt 1: *Kohlenstoff* z.B. in Form von Koks reduziert Wasserdampf unter Bildung von *Wassergas*.

Anmerkung: Die Bezeichnung *Wassergas* wurde zunächst speziell für die Reaktion Kohlenstoff mit Wasserdampf verwendet. *Synthesegas* siehe weiter unten unter ‚Aus Erdölfraktionen‘.

$$(1) \quad C(s) + H_2O(g) \; \underset{1000°C}{\overset{}{\rightleftharpoons}} \; \underbrace{CO + H_2} \qquad \Delta H^0 = +131 \text{ kJ/mol}$$

Wassergas

s. → Buch 2, Abschn. 2.1.2 Gl. (2.2)

Es entsteht ein Gemisch aus Kohlenmonoxid CO und Wasserstoff H_2 im Verhältnis 1 : 1.

Reaktionsschritt 2: Auch hier muss sich die *Kohlenmonoxid-Konvertierung (Shift-Reaktion)* zu Kohlenstoffdioxid CO_2 anschließen bzw. die Reaktion mit einem Überschuss an Wasserdampf durchgeführt werden.

Gesamtreaktion
für die Gewinnung von Wasserstoff durch Kohlevergasung mit Wasserdampf:

$$(3) \quad C(s) + 2\,H_2O(g) \; \longrightarrow \; CO_2 + 2\,H_2 \qquad \Delta H^0 = +90 \text{ kJ/mol}$$

Insgesamt müssen dafür 90 kJ/mol aufgewendet werden.

Als Gesamtreaktion erhält man bei einem Überschuss an Wasserdampf ein Verhältnis von 1 CO_2 : 2 H_2.

» *Aus Erdölfraktionen*

Weitere Möglichkeiten zur Herstellung von Wasserstoff bestehen darin, dass der Reaktionsschritt 1 – die Synthesegasbildung (s. → Buch 2, Gl. 2.4) – mit Erdgas oder auch mit Erdölfraktionen durchgeführt wird. Beispiele dazu sind: Propan und Butan (Flüssiggas, LPG Liquified Petroleum Gas), sowie höhere Fraktionen (~ C_5/C_{12}-Fraktion, ~ C_{12}/C_{20}-Fraktion) und Schweröl s. → Buch 2, Tabelle 2.1.

Der Energiebedarf für die endotherme Reaktion kann von außen durch Verbrennung von Kohle zugeführt (allotherme Reaktion) werden oder – insbesondere beim Einsatz von Schweröl – durch partielle Oxidation in einer autothermen Reaktion, also ohne eine externe Wärmequelle. Bei diesem Verfahren wird Sauerstoff zum verdampfenden Kohlenwasserstoff nur in dem Umfang zugeführt, dass die exotherme Oxidationsreaktion gerade so viel Wärme liefert wie für die endotherme Synthesegasbildung notwendig ist. Diese einstufige Reaktion wird bei Temperaturen zwischen 1200 °C und 1500 °C und einem Druck von 30 bis 40 bar ohne Katalysator durchgeführt. Das schwefelhaltige Schweröl kann ohne Entschwefelung des Schweröls eingesetzt werden.

Jeweils muss sich als Reaktionsschritt 2, die CO-Konvertierung (Shift-Reaktion) anschließen, dabei erhöht sich der Anteil an Wasserstoff.

» *Aus Biomasse*

Stroh und Holzschnitzel werden gehäckselt, gepresst, zu kleinen Pellets geformt und einer Vergasung zur Bildung von Synthesegas unterzogen. Auch hier muss sich die CO-Konvertierung (Shift-Reaktion) anschließen. Siehe auch → Buch 2, Abschn. 2.1.2 SunDiesel.

» *Bei der Chloralkali-Elektrolyse*

Größere Mengen an Wasserstoff fallen bei der Elektrolyse einer NaCl-Lösung an:

Gesamtreaktion:

$$2\,Na^+ + 2\,Cl^- + 2\,H_2O \quad \xrightarrow{\text{Elektrolyse}} \quad H_2\uparrow + Cl_2\uparrow + 2\,Na^+ + 2\,OH^-$$

Anmerkung: Na lässt sich in Wasser als Metall nicht abscheiden, es reagiert in Wasser unter Bildung von Wasserstoff und Natronlauge.

» *Bei erdölverarbeitenden Prozessen*

Der bei den verschiedenen erdölverarbeitenden Prozessen entstehende Wasserstoff wird größtenteils in den Raffinerien selbst für Hydrierungs-Reaktionen verbraucht oder in kleineren Mengen anderen Zwecken zur Verfügung gestellt. (s. → Buch 2, Abschn. 2.2.1 thermisches Cracken).

Gewinnung von Sauerstoff

Eigenschaften des Sauerstoffs s. → Abschn. 3.2.3.

Im Gegensatz zu Wasserstoff steht Sauerstoff als Luft-Inhaltsstoff mit einem Volumenanteil von 21% in großen Mengen für die Technik als billiges Oxidationsmittel zur Verfügung. Reiner Sauerstoff wird durch fraktionierte Destillation aus verflüssigter Luft großtechnisch bereitgestellt. Sehr reines Sauerstoffgas fällt ebenfalls bei der Elektrolyse von Wasser mit der Hälfte des Volumens von Wasserstoff an.

Speicher- und Transportmöglichkeiten von Wasserstoff

» *Speichermöglichkeiten*

Grundsätzlich gibt es drei Möglichkeiten, reinen Wasserstoff zu speichern: Druckspeicherung von gasförmigem Wasserstoff, die Speicherung von flüssigem Wasserstoff und die Metallhydridspeicherung.

Gasförmigen Wasserstoff in Druckflaschen für einen Wasserstoff-Verbrennungsmotor in einem Fahrzeug mitzuführen, ist ein Raum- und Gewichtsproblem.

Wasserstoff lässt sich mit 350 bar in Hochdrucktanks speichern; neuartige Tanks aus Kohlenstoff-Faser-Verbundwerkstoff mit dünnem Innenbehälter aus Aluminium halten doppelt so hohen Drücken stand. Stationäre Tanks haben meistens ein niedrigeres Druckniveau, daher können kostengünstigere Speicher verwendet werden. Große Mengen an Wasserstoff für die Energiewirtschaft werden in unterirdischen Kavernen, entsprechend den Erdgasspeichern bei einem Druck bis zu 50 bar gelagert.

Bei der Speicherung von *flüssigem* Wasserstoff ist die volumenbezogene Speicherdichte am höchsten. Wasserstoff wird bei −253 °C flüssig, er wird in einem Kryotank gehalten, um Verluste durch Erwärmung und Verdampfung möglichst gering zu halten. Der Platzbedarf bezogen auf den Energieinhalt ist für Flüssigwasserstoff-Tanks am geringsten.

In den ersten Entwicklungsstufen des Wasserstoff-Verbrennungsmotors wurde probeweise für Autospeicher die Eigenschaft einiger Metalle und Metall-Legierungen ausgenützt, reversibel Metallhydride zu bilden (s. → Abschn. 4.4.8). Vor allem Magnesium mit seiner geringen Massendichte eignete sich dafür. Es nimmt Wasserstoff unter leicht erhöhtem Druck bis zu einer Zusammensetzung MgH_2 auf und gibt ihn beim Erwärmen wieder ab. Die Betriebssicherheit ist mit Metallhydriden hoch. Bei Beschädigung des Speichers wird der Wasserstoff nicht sofort frei, sondern erst bei Erwärmung. Die Verwendung von gasförmigem Wasserstoff in röhrenförmigen Metallhydridspeichern im Fahrzeug kann mit der Größe und dem Gewicht eines entsprechenden Benzintanks aus Kunststoff mit gleichem Energieinhalt nicht konkurrieren.

Für Laborzwecke gibt es Metallhydridspeicher von ein bis fünf Kubikmeter Volumen. Der Wasserstoff ist von hoher Reinheit.

Alle drei Möglichkeiten zur Speicherung sind aufwändig und können nur unter Einsatz von Energie durchgeführt werden.

» *Transportmöglichkeiten*

Die Möglichkeiten, Solarkraftwerke in wärmeren Breitengraden z.B. in Spanien oder in den Gebieten am Äquator, doch auch die enorme Wasserkraft in Norwegen, Ägypten, Kanada und anderer Ländern sowie die Erdwärme in Island zur Wasserelektrolyse für die Gewinnung von Wasserstoff einzusetzen, verlangt entsprechende Transportmöglichkeiten zum Verbraucher. Der Transport von Wasserstoff ist prinzipiell in gasförmiger oder flüssiger Form möglich.

Gasförmiger Wasserstoff kann sowohl in mobilen Drucktanks als auch in Pipelines entsprechend den Erdgasleitungen transportiert werden. Beim Ferntransport in Pipelines unter Druck sind spezielle Stähle erforderlich, da Wasserstoff mit dem Kohlenstoff des Stahls reagiert.

Flüssiger Wasserstoff wird, solange es sich um kleine Mengen handelt in Containern mit Standardmaßen per LKW, Eisenbahn oder Schiff transportiert.

Der Energie- und Kostenaufwand insgesamt für die Herstellung von Wasserstoff durch Elektrolyse, die Verflüssigung, den Transport und die Verteilung sind wesentliche Probleme. Am Ende bleibt heute – ohne den Einsatz von erneuerbaren Energien – eine Ausbeute von etwa 30 % an elektrischer Energie, die der Wasserstoff noch liefert. Auch die Elektrolyse mit regenerativen Energien ist verlustreich und daher spricht Vieles für die direkte Verwendung der regenerativen Energien zur Erzeugung von elektrischer Energie an Ort und Stelle.

Sicherheit mit Wasserstoffgas

Das Gefahrenpotenzial von Wasserstoff unterscheidet sich von den flüssigen Energieträgern, von Kraftstoffen und Heizöl. Diese bilden Brandteppiche, in deren Flammen die Menschen gefährdet sind, Wasserstoff dagegen entweicht sehr schnell in die Atmosphäre, da er viel leichter ist als Luft. Doch es besteht eine höhere Explosionsgefahr in geschlossenen Räumen oder Tunnels, wenn der Wasserstoff nicht entweichen kann.

5.2.3 Verbrennung von **K**ohlen**w**asserstoffen (kurz KW oder HC hydrocarbon)

Kohlenwasserstoffe s. → Buch 2, Tabelle 1.1.

Die Verbrennung von Kohlenwasserstoffen kann als die ‚Summe' von Knallgasreaktion und Verbrennung (Oxidation) von Kohlenstoff betrachtet werden. Die Systeme sind metastabil: die Gleichgewichtslage ist zwar günstig, aber die Reaktionsgeschwindigkeit reicht für die Startreaktion zunächst nicht aus. Durch einmaliges Zünden (Zündtemperatur etwa 900 °C) wird die Aktivierungsenergie für die Startreaktion der exothermen Radikalkettenreaktion zugeführt.

Im Folgenden werden die Bruttogleichungen für die Verbrennung von einigen Kohlenwasserstoffen angegeben. Für den Ablauf der komplizierten Radikalkettenreaktionen sind wie bei der Knallgasreaktion u.a. die Radikale $H\cdot$, $HO\cdot$, und $\cdot O\cdot$ von Bedeutung. (Radikalkettenreaktion s. → Buch 2, Abschn. 1.2.1).

Vollständige Verbrennung von Methan

Stoffmengengleichung	$CH_4(g) + 2\,O_2(g) \;\longrightarrow\; CO_2(g) + 2\,H_2O\textbf{(g)}$ Methan
Massengleichung	$16\,g\,CH_4 + 64\,g\,O_2 \;=\; 44\,g\,CO_2 + 36\,g\,H_2O$
Heizwert → 5.1.2	Heizwert $=$ $[-393,5\,kJ + 2\,(-241,8\,kJ)] - (-74,8\,kJ)$ Heizwert $=$ $-802,3\,kJ/mol$ exotherme Reaktion
Formelansatz für die Gleichgewichtskonstante K_p	$\dfrac{p_{CO_2} \cdot p_{H_2O}^2}{p_{CH_4} \cdot p_{O_2}^2} \;=\; K_p \gg 1 \qquad\qquad 25\,°C$

Methan ist die Hauptkomponente von Erdgas, es wird in Feuerungsanlagen und im Verbrennungsmotor verwendet und wird auch für die Brennstoffzelle in Betracht gezogen. Bei Grubenexplosionen läuft die Radikalkettenreaktion von Methan mit Luftsauerstoff unkontrolliert und daher explosionsartig ab.

Vollständige Verbrennung von Acetylen

Stoffmengen-gleichung	$C_2H_2(g) + 2,5\,O_2(g) \;\longrightarrow\; 2\,CO_2(g) + H_2O\textbf{(g)}$ Acetylen
Massengleichung	$26\,g\,C_2H_2 + 80\,g\,O_2 \;=\; 88\,g\,CO_2 + 18\,g\,H_2O$
Heizwert → 5.1.2	Heizwert $=$ $[2\,(-393,5\,kJ) + (-241,8\,kJ)] - (+226,7\,kJ)$ Heizwert $=$ $-1256\,kJ/mol$ exotherme Reaktion
Formelansatz für die Gleichgewichtskonstante Kp	$2\,C_2H_2 + 5\,O_2 \;\rightarrow\; 4\,CO_2 + 2\,H_2O$ $\dfrac{p_{CO_2}^4 \cdot p_{H_2O}^2}{p_{C_2H_2}^2 \cdot p_{O_2}^5} \;=\; Kp \gg 1 \qquad\qquad 25\,°C$

Beim Gasschmelzschweißen mit Acetylen läuft die Radikalkettenreaktion aufgrund der besonderen Konstruktion des Schweißbrenners kontrolliert ab (s. → Buch 2, Abschn. 1.2.2).

Vollständige Verbrennung von Octan

Als Beispiel für einen höheren Kohlenwasserstoff, wie er im Kraftstoff des Ottomotors enthalten ist, wird Octan C_8H_{18} angegeben. Der Heizwert der höheren Kohlenwasserstoffe auch derjenigen von Dieselkraftstoff und Heizöl kann jeweils aus den Bildungsenthalpien berechnet werden s. → Tabelle 5.1. Die chemischen Formeln s. → Buch 2, Tabelle 2.1.

$$2\ C_8H_{18}\ (l) + 25\ O_2(g)\ \longrightarrow\ 16\ CO_2(g)\ +\ 18\ H_2O(g)$$
Octan

Unvollständige Verbrennung von Octan

$$C_8H_{18}(l)\ +\ 8\ \tfrac{1}{2}\ O_2(g)\ \longrightarrow\ 8\ CO(g)\ +\ 9\ H_2O(g)$$
Octan

Beim normalen Betrieb des Ottomotors und Dieselmotors entsteht durch unvollständige Verbrennung ein Anteil an CO von 1 bis 10 % im Abgas.

5.2.4 Das *Boudouard*-Gleichgewicht

Für das *Boudouard*-Gleichgewicht ergibt eine Zusammenfassung der Gesetzmäßigkeiten aus → Abschn. 5.1 folgendes:

Das *Boudouard*-Gleichgewicht stellt ein heterogenes Gleichgewicht fest/gasförmig dar. Nur in Gegenwart eines Überschusses an Kohlenstoff C(s) stellt sich bei Temperaturen zwischen 400°C und 1000°C ein von der Temperatur abhängiges Gleichgewicht zwischen Kohlendioxid CO_2 und Kohlenmonoxid CO ein. Unterhalb 400°C ist CO_2 beständig, über 1000°C liegt kein CO_2 mehr vor, das Gleichgewicht liegt auf der rechten Seite der Reaktionsgleichung bei CO. Unterhalb 1000°C verschiebt sich das Gleichgewicht mit fallender Temperatur kontinuierlich wieder nach links zu Gunsten von CO_2 und fein verteiltem C, sofern ein Katalysator (Metalle, Stahl) zugegen ist, CO ist eine metastabile Verbindung. Die Hinreaktion − die Bildung von CO − ist eine endotherme Reaktion mit Volumenvermehrung, die Rückreaktion − die Bildung von CO_2 und C(s) − ist eine exotherme Reaktion mit Volumenverringerung.

Die Gleichgewichtsreaktion

$$\Delta H^0\ =\ +172{,}5\ kJ/mol$$

$$>1000\ ^\circ C\ \longrightarrow \qquad \text{endotherme Reaktion}$$

$$C(s)\ +\ CO_2(g)\ \rightleftharpoons\ 2\ CO(g)$$

$$\longleftarrow\ <400\ ^\circ C \qquad \Delta H^0\ =\ -172{,}5\ kJ/mol$$

$$\text{exotherme Reaktion}$$

Stoffmengengleichung	$C(s) + CO_2(g) \rightleftharpoons 2\,CO(g)$
Massengleichung	$12\,g\,C + 44\,g\,CO_2 = 56\,g\,CO$
Standardreaktionsenthalpie	$\Delta H^0 = 2\,(-110{,}5\,kJ) - (-393{,}5\,kJ)$ $\Delta H^0 = +172{,}5\,kJ/mol$ endotherme Reaktion
Formelansatz für die Gleichgewichtskonstante K_p	$\dfrac{p_{CO}^2}{p_{CO_2}} = K_p \ll 1 < 400\,°C$ $K_p \sim 1 \sim 700\,°C$ $K_p \gg 1 > 1000\,°C$

Die in vorangehenden Abschnitten angegebenen Maßnahmen, um das *Boudouard*-Gleichgewicht zu verschieben, werden hier zusammengefasst:

» *Verschiebung des Gleichgewichts durch Temperaturänderung*

In → Abb. 5.9 gibt die ausgezogene Kurve das Gleichgewicht an zwischen den Volumenanteilen CO_2 und den Volumenanteilen CO in % in Abhängigkeit von der Temperatur.

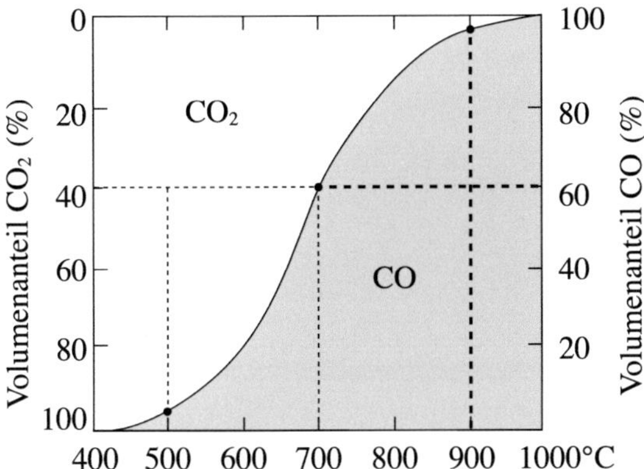

Abb. 5.9 Temperaturabhängigkeit des *Boudouard*-Gleichgewichts unter Atmosphärendruck (1,013 bar)

Verlässt man die gepunktete Gleichgewichtskurve beispielweise bei 700 °C (etwa 40 % CO_2 und 60 % CO) durch Temperaturerniedrigung auf 500 °C (man kommt waagrecht in das Feld von CO_2), so wird solange CO zerfallen bis sich das Gleichgewicht bei 500 °C mit etwa 95 % CO_2 und feinverteilten Kohlenstoff sowie etwa 5 % CO eingestellt hat (senkrecht nach unten). Das Gleichgewicht stellt sich bei sinkender Temperatur nur in Gegenwart eines Katalysators (Metalle, Stahl u.a.) ein. Bei Temperaturerhöhung beispielsweise von 700 °C (40 % CO_2 und 60 % CO) auf 900 °C (man kommt waagrecht in das Feld von CO), wird solange CO_2 mit Kohlenstoff reagieren, bis etwa 3 % CO_2 und etwa 97 % CO vorliegen (senkrecht nach oben).

Das Wechselspiel zwischen CO, CO_2 und feinverteiltem Kohlenstoff in einem weiten Temperaturbereich wird technologisch in verschiedener Hinsicht ausgenützt.

Anmerkung: Bei der *Verbrennung von Kohlenstoff* an der *Luft bzw. mit Sauerstoff* entsteht bei hohen Temperaturen nur CO_2 nicht CO.

» *Verschiebung des Gleichgewichts durch Änderung des Partialdrucks eines Reaktionspartners*

Arbeitet man bei konstanter Temperatur, so lässt sich die Reaktion bei einer Temperatur zwischen 400 bis 1000 °C durch den Partialdruck eines einzelnen Reaktionspartners z B. von CO oder CO_2 verschieben. Erhöht man den Partialdruck von CO, so bildet sich proportional CO_2 und fein verteilter Kohlenstoff scheidet sich ab. Erhöht man den Partialdruck von CO_2 bei konstanter Temperatur, so erhöht sich proportional der Partialdruck von CO infolge der Reaktion von Kohlenstoff mit CO_2 (s → Abschn. 5.1.6).

» *Verschiebung des Gleichgewichts durch Änderung des Gesamtdrucks*

Eine Reaktion mit Änderung der Stoffmenge der gasförmigen Reaktionspartner kann durch Veränderung das Gesamtdrucks beeinflusst werden. Eine Verringerung des Gesamtdrucks begünstigt eine Volumenvermehrung, d.h. bei der Reaktion $C(s) + CO_2 \rightleftharpoons 2\,CO$ verschiebt sich das Gleichgewicht auf die Seite von 2 CO. Dagegen verschiebt sich bei steigendem Gesamtdruck das Gleichgewicht auf die Seite von CO_2 (s → Abschn. 5.1.6).

Anwendungen des Boudouard-Gleichgewichts

» *Einsatzhärten durch Gasaufkohlung*

Das Einsatzhärten ist eine Oberflächenhärtung des Stahls. In dem speziellen Fall, dass nur Kohlenstoff ‚eingesetzt' wird, nennt man das Verfahren auch *Aufkohlung*. Andere Oberflächenhärtungsverfahren sind das *Carbonitrieren*, es wird Kohlenstoff und Stickstoff ‚eingesetzt', beim *Nitrieren* nur Stickstoff (s. → Abschn.4.4.5 Übergangsmetallnitride).

Unter Aufkohlung versteht man das Eindiffundieren von Kohlenstoff in oberflächennahe Bereiche eines Stahl-Werkstücks bei hinreichend hoher Temperatur mit anschließender martensitischer Härtung (s. → Abschn. 4.3.7).

Das *Boudouard*-Gleichgewicht (s. → Abb. 5.9) eignet sich in besonderer Weise im so genannten Gasaufkohlungsverfahren dafür, durch entsprechende Gleichgewichtsverschiebung einen fein verteilten und auch diffusionsfähigen Kohlenstoff zu bilden.

Bei diesem Verfahren wird zunächst unlegierter oder niedriglegierter Ferrit (α-Eisen, krz) in Austenit (γ-Eisen, kfz) umgewandelt (s. → Seite 236 bis 238). Austenit hat eine erhöhte Aufnahmefähigkeit an Kohlenstoff bis zu 2 % (γ-Mischkristall, feste Lösung), während Ferrit nur eine maximale Aufnahmefähigkeit von 0,02 % an Kohlenstoff (α-Mischkristall, feste Lösung) aufweist. Die Aufkohlung erfolgt bei Temperaturen zwischen 880 und 950 °C. Als Aufkohlungsgas verwendet man ein unvollständig verbranntes Abgas mit hohem CO-Anteil. Dieser muss dabei so hoch angesetzt sein, dass CO bei seinem Zerfall in $C + CO_2$ einen Kohlenstoffanteil von etwa 0,8 % in die

Randschicht des Stahls ‚einsetzen' kann. Das (metastabile) Kohlenmonoxid diffundiert in die Oberfläche des Stahls ein und zerfällt unter der katalytischen Wirkung des Stahls zu CO_2 und feinverteiltem Kohlenstoff entsprechend dem *Boudouard*-Gleichgewicht. Mit dem Kohlenstoff kann sich bei den hohen Temperaturen Austenit, der γ-Mischkristall bilden. Der Diffusionsvorgang benötigt etwa 3 bis 6 Stunden. Die Diffusionsgeschwindigkeit ist von Temperatur und Zeit abhängig.

Die anschließende martensitische Härtung beruht darauf, dass hinreichend schnell abgekühlt wird (Abschrecken) und der γ-Mischkristall der Randschicht in Martensit umgewandelt wird. Der herbeigeführte Spannungszustand in der Kristallstruktur des Austenits bewirkt die harte, dauer- und verschleißfeste Stahl-Randschicht, während der Kernbereich des Stahls zäh bleibt. Martensit ist nur unter 150 °C stabil.

Bei legierten Stählen, z.B. mit Cr, V können mit Kohlenstoff auch neue harte Phasen entstehen, nämlich die entsprechenden Übergangsmetallcarbide (s. → Abschn. 4.4.5).

» *Bildung von Generatorgas*

Zum *Boudouard*-Gleichgewicht bei der Bildung von CO als Generatorgas s. → Buch 2, Abschn. 2.1.2.

» *Hochofenprozess*

Ein Hochofen kann mit einer Höhe bis zu 30 m gebaut werden, sein Durchmesser erreicht an der breitesten Seite bis zu 14 m und sein Rauminhalt fasst bis zu einigen tausend m^3. Täglich können bis zu 12000 t Roheisen erzeugt werden.

Es wird hier ein vereinfachtes Schema für den Hochofenprozess wiedergegeben unter besonderer Berücksichtigung des temperaturabhängigen *Boudouard*-Gleichgewichts.

Der Hochofen wird von oben zuerst mit einer Koksschicht, dann abwechselnd mit oxidischem Erz (s. → Abb. 5.10) und Koks beschickt. Dem Erz werden Zuschläge beigemischt, welche die Erzbeimengungen, die so genannte Gangart während des Hochofenprozesses in eine leicht schmelzbare Schlacke umwandeln.

Die unterste Koksschicht wird entzündet und, um die Verbrennung in Gang zu halten, wird von unten mit Sauerstoff angereicherte, vorgewärmte Luft (etwa 900 °C) in den Hochofen eingeblasen. Mit einem Teilabbrand der Koksschicht zu CO_2 erreicht man an der Einblasstelle eine Temperatur von etwa 2300 °C.

$$C + O_2 \longrightarrow CO_2 \qquad \Delta H_f^0 = -393,5 \text{ kJ/mol}$$

Bei dieser hohen Temperatur und in Gegenwart eines Überschusses an Kohlenstoff aus darüber liegenden Koksschichten entsteht zunehmend nach oben nur noch Kohlenmonoxid CO. Dazu kann man zwei Reaktionen angeben:

Das *Boudouard*-Gleichgewicht liegt bei Temperaturen >1000°C auf der Seite von CO, es ist eine endotherme Reaktion:

$$(1)\ C + CO_2 \longrightarrow 2\,CO \qquad \Delta H^0 = +172,5 \text{ kJ/mol}$$

Die Reaktion von Kohlenstoff mit dem Sauerstoff der zuströmenden Luft bei einem Überschuss an Kohlenstoff ist exotherm:

$$2\,C + O_2 \longrightarrow 2\,CO \qquad\qquad \Delta H^0 = -221\,kJ$$
$$(\Delta H^0_{f\,(CO)} = -110{,}5\,kJ/mol)$$

Es stellt sich schließlich eine Temperatur von etwa 1600 °C ein. Das entstandene heiße CO reduziert beim Durchströmen nach oben im Schacht die darauffolgende Eisenoxidschicht, die an dieser Stelle hauptsächlich aus FeO besteht. Dabei entsteht Fe und CO_2.

$$(2)\ 2\,FeO + 2\,CO \longrightarrow 2\,Fe + 2\,CO_2 \qquad \Delta H^0 = -34{,}4\,kJ$$

In der darauffolgenden Koksschicht wandelt sich das entstandene CO_2 gemäß dem *Boudouard*-Gleichgewicht wieder in Kohlenmonoxid um:

$$(3)\ C + CO_2 \longrightarrow 2\,CO \qquad\qquad \Delta H^0 = +172{,}5\ kJ/mol$$

Solange die Temperatur sich etwa um 1000 °C hält, ist CO_2 neben Kohlenstoff nicht beständig. CO kann immer wieder von neuem als Reduktionsmittel für die von oben herab sinkenden Eisenoxid-Schichten wirken (2).

Insgesamt findet also mit Kohlenstoff (Koksschicht) und CO die Reaktion
$$2\,FeO + C \longrightarrow 2\,Fe + CO_2 \qquad\qquad \Delta H^0 = -138\,kJ/mol\ \text{statt.}$$
Die endotherme Reduktion von FeO zu Fe wird ‚direkte Reduktion' genannt.

Sinkt die Temperatur im Schacht nach oben auf etwa 900 bis 500 °C ab, verschiebt sich das *Boudouard*-Gleichgewicht zunehmend nach links unter Bildung von C und CO_2. Die Reduktion der als Fe_2O_3 und Fe_3O_4 in den oberen Schichten vorliegenden Eisenoxide ist nun von dem im Verhältnis von CO/CO_2 enthaltenen CO-Anteil abhängig. Fe_2O_3 (Eisen(III)-oxid) wird an dieser Stelle über Fe_3O_4 (Eisen(III/II)-oxid) zu Eisen(II)-oxid FeO reduziert. Diese Reduktion wird auch ‚indirekte Reduktion' genannt (s. → Abb. 5.10).

$$(4)\ 3\,Fe_2O_3 + CO \longrightarrow 2\,Fe_3O_4 + CO_2 \qquad \Delta H^0 = -47{,}3\ kJ/mol$$
$$Fe_3O_4 + CO \longrightarrow 3\,FeO + CO_2 \qquad \Delta H^0 = +36{,}8\ kJ/mol$$
$$(500 - 900\ ^\circ C)$$

FeO sinkt nach unten in die heißere Zone und wird dort zu Eisen reduziert (2). Eisen kann in dieser heißen Zone, der *Kohlungszone*, Kohlenstoff bis etwa 4,5% aufnehmen. Kohlenstoff senkt die Schmelztemperatur von Eisen von 1535 °C auf 1100 bis 1200 °C. In der unteren heißen Schmelzzone (1600 °C) tropft das Eisen durch die glühende Koksschicht und sammelt sich im *Gestell* unterhalb der sich ebenfalls hier ansammelnden leichteren, flüssigen Schlacke. Die Schlackenschicht schützt das flüssige Roheisen vor Oxidation. Man lässt sie oberhalb der flüssigen Roheisenschicht seitlich abfließen.

In den oberen kälteren Teilen des Schachts (300 bis 200 °C) findet keine Reduktion statt. Das von unten aufströmende Kohlenmonoxid-Kohlendioxid-Gemisch wärmt die frische Beschickung vor (Vorwärmzone) und strömt als Gichtgas ab.

Roheisen kommt mit 3,5 bis 4,5 % Kohlenstoff aus dem Hochofen. Es ist mit geringen Mengen an Silicium, Mangan, Phosphor und auch Spuren von Schwefel verunreinigt.

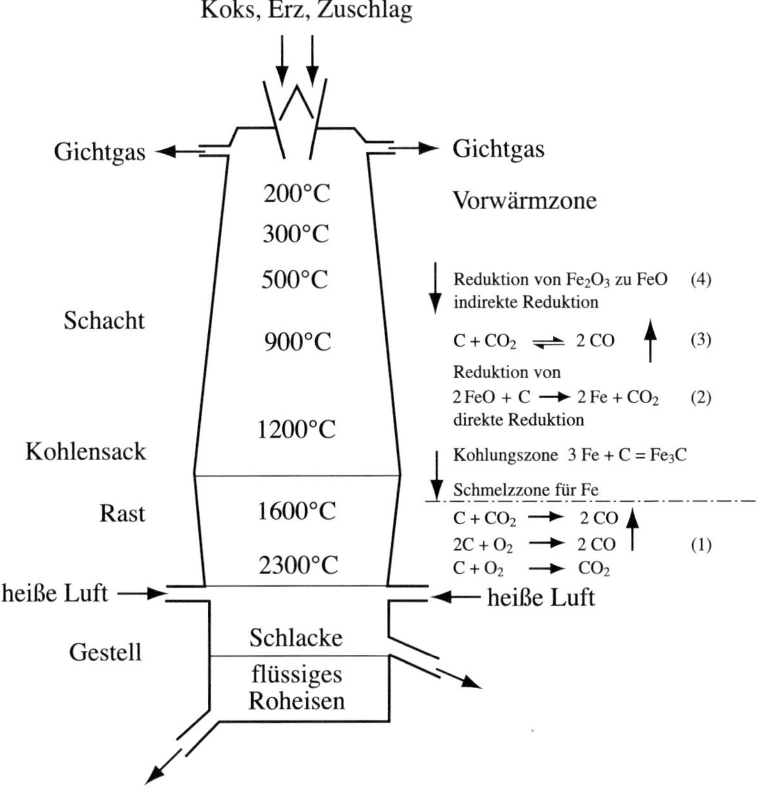

Abb. 5.10 Schematische Darstellung eines Hochofens für die Reduktion von oxidischen Eisenerzen zu Roheisen

5.2.5 Bildung von Stickstoffoxiden und Schwefeloxiden bei Verbrennungsvorgängen

Im letzten Viertel des 20. Jh. sorgten stickstoffoxid- und schwefeloxidhaltige Rauchgase nicht nur für erhebliche Korrosionsschäden in Feuerungsanlagen und Schornsteinen (s. auch Brennwert → Abschn. 5.1.2), sondern zusammen mit den zusätzlichen stickstoffoxidhaltigen Abgasen von Kraftfahrzeugmotoren waren sie Ursache für den sauren Regen. Außerdem sind Stickoxide für die Entstehung von troposphärischem Ozon verantwortlich, für den so genannten Sommersmog sowie für den Treibhauseffekt, wenn auch bei letzterem im Verhältnis zum CO_2 in geringem Maße (s. → Anhang).

Bildung von Stickstoffoxiden

Für die Bildung von NO bzw. NO_2 ergibt eine Zusammenfassung der Gesetzmäßigkeiten aus $\rightarrow$ Abschn. 5.1 das Folgende:

Gemäß der Gleichgewichtskonstanten $K \ll 1$ für die Reaktion von Stickstoff mit Sauerstoff in der Luft liegt das homogene Gleichgewicht gasförmig/gasförmig auf der linken Seite der Reaktionsgleichung, d.h. bei den Edukten $N_2 + O_2$. Die Stickstoffmonoxid-Bildung ist eine endotherme Reaktion und findet erst bei hohen Temperaturen merklich statt (s. $\rightarrow$ Abb. 5.7). Das Gleichgewicht versucht dem äußeren Zwang der Wärmezufuhr auszuweichen, indem diejenige Reaktion abläuft, welche die zugeführte Energie verbraucht. Bei 2000°C liegt dann NO mit einem Anteil von etwa 1 % vor. Wird schnell bis auf unter 450°C abgekühlt (abgeschreckt), so bleibt NO als metastabile Verbindung erhalten.

» *Bildung von Stickstoffmonoxid NO*

Stoffmengengleichung	$\frac{1}{2} N_2(g) + \frac{1}{2} O_2(g) \longrightarrow NO(g)$
Massengleichung	$14\,g\,N + 16\,g\,O_2 = 30\,g\,NO$
Bildungsenthalpie	$\Delta H_f^{\underline{0}} = +90{,}3\ kJ/mol$ endotherme Reaktion
Formelansatz für die Gleichgewichtskonstante K_p	$N_2(g) + O_2(g) \longrightarrow 2\,NO$ $\dfrac{p_{NO}^2}{p_{N_2} \cdot p_{O_2}} = K_p \ll 1 \qquad\qquad 25\,°C$

Bei jedem Verbrennungsvorgang, vor allem in Verbrennungsmotoren und Groß-feuerungsanlagen (Kraftwerken, Industrie und Müllverbrennungsanlagen), aber auch in privaten Heizungsanlagen wird Luft mit ihren Hauptbestandteilen Stickstoff N_2 (78 %) und Sauerstoff O_2 (21 %) angesaugt. Unter Einwirkung der bei der Verbrennung herrschenden hohen Temperaturen bildet sich – sogar bei jeder brennenden Kerze und bei Blitzschlag – neben den Verbrennungsprodukten CO_2 bzw. $CO_2 + H_2O$ auch Stickstoffmonoxid NO, das *thermische* NO. Bei einem Überschuss an Sauerstoff, der in den abkühlenden (< 650 °C) Rauch- und Abgasen immer noch vorhanden ist und vor allem beim Ausströmen in die Atmosphäre oxidiert NO in exothermer Reaktion spontan zu Stickstoffdioxid NO_2.

Anmerkung: Der Stickstoffgehalt der fossilen Brennstoffe (Massenanteil bis etwa 1,5 %, z.B. Heizöl bis etwa 0,03 %, schweres Heizöl bis zu 1 %) spielt im Verhältnis zur angesaugten Luftstickstoff-Menge für die Stickstoffmonoxid-Bildung eine untergeordnete Rolle. NO das aus dem Stickstoffgehalt des fossilen Brennstoffs stammt, nennt man ‚Brennstoff-NO‘, das aus der Luftverbrennung herrührende ‚thermisches NO‘.

» *Bildung von Stickstoffdioxid NO$_2$*

Stoffmengengleichung	$\frac{1}{2}$ N$_2$(g) + O$_2$(g) $\longrightarrow$ NO$_2$(g)
Massengleichung	14 g N + 32 g O$_2$ = 46 g NO$_2$
Bildungsenthalpie	ΔH_f^0 = +33,8 kJ/mol endotherme Reaktion
Formelansatz für die Gleichgewichtskonstante K$_p$	N$_2$(g) + 2 O$_2$(g) $\longrightarrow$ 2 NO$_2$(g) $\dfrac{p_{NO_2}^2}{p_{N_2} \cdot p_{O_2}^2}$ = K$_p$ > 1 $\qquad$ 25 °C

» *Oxidation von Stickstoffmonoxid zu Stickstoffdioxid*

Stoffmengengleichung	NO(g) + $\frac{1}{2}$ O$_2$(g) $\longrightarrow$ NO$_2$(g)
Massengleichung	30 g NO + 16 g O$_2$ = 46 g NO$_2$
Standardreaktionsenthalpie	ΔH^0 = ΔH_f^0 NO$_2$(g) − ΔH_f^0 NO(g) ΔH^0 = +33,8 kJ − (+90,3 kJ) ΔH^0 = −56,5 kJ/mol exotherme Reaktion
Formelansatz für die Gleichgewichtskonstante K$_p$	2 NO(g) + O$_2$(g) $\longrightarrow$ 2 NO$_2$(g) $\dfrac{p_{NO_2}^2}{p_{NO}^2 \cdot p_{O_2}}$ = K$_p$ > 1 $\qquad$ 25 °C

Neben NO$_2$ entstehen bei den Verbrennungsvorgängen auch Stickstoffoxide anderer Oxidationsstufen, es sind dies Distickstoffoxid (Stickstoff(I)-Oxid) N$_2$O, auch als Lachgas (Narkosegas) bekannt sowie Distickstofftrioxid (Stickstoff(III)-Oxid) N$_2$O$_3$. Sie werden zusammengefasst unter dem Namen *Stickoxide NO$_x$*.

Eigenschaften von NO und NO$_2$

Stickstoffmonoxid NO ist ein farbloses und giftiges Gas. Sein großes Bestreben, sich mit Sauerstoff zu verbinden, führt in Gegenwart von Luftsauerstoff zur spontanen Bildung brauner Dämpfe von NO$_2$. $\qquad$ NO + $\frac{1}{2}$ O$_2$ $\longrightarrow$ NO$_2$

Der schwierigste Schritt für die großtechnische Synthese von Salpetersäure (s. $\rightarrow$ Abschn. 5.2.6), nämlich NO kostengünstig und energiesparend durch Luftverbrennung zu produzieren, wird von den oben angegebenen Verbrennungsvorgängen, bei denen Luft angesaugt wird, in unerwünschter Weise geliefert. NO kann großtechnisch nicht über die Luftverbrennung, sondern nur über die Ammoniakverbrennung synthetisiert werden (Ostwald-Verfahren). Darauf wird nicht näher eingegangen.

Die Bildung von Stickstoffmonoxid NO, wie sie oben für die Stoffmengengleichung angegeben ist, stellt die Bruttogleichung für die Luftverbrennung dar. NO wird, wie schon erwähnt, merklich erst bei hohen Temperaturen gebildet.

Stickstoffdioxid NO₂ ist ein braun(rot)es, charakteristisch riechendes, äußerst korrosives und stark giftiges Gas. Es ist wegen der leichten Abgabe von Sauerstoff $2\,NO_2 \rightarrow 2\,NO + O_2$ oberhalb 650 °C ein Oxidationsmittel. Es kann gegenüber starken Oxidationsmitteln auch als Reduktionsmittel wirken und bildet dabei das Nitration NO_3^-. NO_2 hat mit insgesamt 17 Elektronen ein ungepaartes Elektron und daher Radikalcharakter. Bei niederen Temperaturen geht es in das farblose, dimere N_2O_4 über und verliert dadurch seinen Radikalcharakter.

In Gegenwart von Wasser und Luft bildet NO_2 Salpetersäure HNO_3:

$$3\,NO_2 + H_2O \longrightarrow 2\,HNO_3 + NO$$
$$NO + \tfrac{1}{2}\,O_2 \longrightarrow NO_2$$

usf.

Bruttogleichung:
$$2\,NO_2 + H_2O + \tfrac{1}{2}\,O_2 \longrightarrow 2\,HNO_3$$
bzw.
$$N_2O_4 + H_2O + \tfrac{1}{2}\,O_2 \longrightarrow 2\,HNO_3$$

Bildung von Schwefeloxiden

Für die Bildung von SO_2 bzw. SO_3 ergibt eine Zusammenfassung der Gesetzmäßigkeiten aus → Abschn. 5.1 Folgendes:

Schwefeldioxid SO_2 entsteht in exothermer Reaktion bei der Verbrennung von Schwefel. Auch die Weiteroxidation von SO_2 zu SO_3 ist eine exotherme Reaktion, doch dieser Reaktionsschritt ist so langsam, dass in absehbarer Zeit kein SO_3 nachzuweisen ist. Bei 400°C liegt das Gleichgewicht zwar theoretisch zu 98 % auf der Seite von SO_3, doch es dauert einige Stunden, bis sich das Gleichgewicht einstellt. Will man die Reaktion durch höhere Temperaturen (etwa 600°C) beschleunigen, so verschiebt sich das Gleichgewicht der exothermen Reaktion bereits wieder zu Gunsten der Edukte. Die Herstellung von SO_3 kann nur katalytisch (homogene oder heterogene Katalyse) durchgeführt werden s. → Seite 300.

» *Die Bildung von Schwefeldioxid SO₂*

Stoffmengengleichung	$S(s) + O_2(g) \longrightarrow SO_2(g)$
Massengleichung	$32\,g\,S + 32\,g\,O_2 = 64\,g\,SO_2$
Bildungsenthalpie	$\Delta H_f^0 = -296{,}8\ kJ/mol$ exotherme Reaktion
Formelansatz für die Gleichgewichtskonstante K_p	$\dfrac{p_{SO_2}}{p_{O_2}} = K_p \gg 1$ 25 °C

» *Die Bildung von Schwefeltrioxid SO₃*

Stoffmengengleichung	$S(s) \; + \; 1½\,O_2(g) \; \longrightarrow \; SO_3(g)$
Massengleichung	$32\,g\,S \; + \; 48\,g\,O_2 \quad = \quad 80\,g\,SO_3$
Bildungsenthalpie	$\Delta H_f^0 \; = \; -396{,}0\;kJ/mol$ exotherme Reaktion
Formelansatz für die Gleichgewichtskonstante K_p	$2\,S \; + \; 3\,O_2 \; \longrightarrow \; 2\,SO_3$ $\dfrac{p_{SO_3}^2}{p_S^2 \cdot p_{O_2}^3} \; = \; K_p \; \gg \; 1$ $\qquad\qquad\qquad 25\,°C$

» *Die Oxidation von Schwefeldioxid zu Schwefeltrioxid*

Stoffmengengleichung	$SO_2(g) \; + \; ½\,O_2(g) \; \longrightarrow \; SO_3(g)$
Massengleichung	$64\,g\,SO_2 \; + \; 16\,g\,O_2 \; = \; 80\,g\,SO_3$
Standardreaktionsenthalpie	$\Delta H^0 \; = \; \Delta H_f^0\,SO_3(g) \; - \; \Delta H_f^0\,SO_2(g)$ $\Delta H^0 \; = \; -396{,}0 \; - \; (-296{,}9)$ $\Delta H^0 \; = \; -99{,}1\;kJ/mol$ exotherme Reaktion
Formelansatz für die Gleichgewichtskonstante K_p	$2\,SO_2 \; + \; O_2 \; \longrightarrow \; 2\,SO_3$ $\dfrac{p_{SO_3}^2}{p_{SO_2}^2 \cdot p_{O_2}} \; = \; K_p \gg 1$ $\qquad\qquad\qquad 25\,°C$

Kohle, Erdöl und Erdgas enthalten aufgrund ihrer geologischen Entstehungsgeschichte aus organischen Substanzen geringe Anteile an Schwefelverbindungen (s → Buch 2, Abschn. 2.1, 2.2, 2.3). Kohle hat einen Schwefelgehalt von etwa 1 %, Erdöl von 0,3 bis 3 %, Erdgas enthält geringe Anteile an Schwefelwasserstoff (H_2S). Wenn auch die *Erdölprodukte* (Kraftstoffe und Heizöl) in den Raffinerien heute zum großen Teil entschwefelt werden, so lassen sich geringe Anteile im ppm-Bereich nicht vollständig entfernen. Bei der Verbrennung dieser Energieträger entstehen daher Schwefeloxide.

Rauchgase aus der Verbrennung von *Kohle* enthalten – da der Schwefelgehalt vor der Verbrennung nicht entfernt werden kann – neben NO_x auch immer merkliche Anteile an Schwefeldioxid SO_2. Dieses wird in Gegenwart von NO_2 in homogener Katalyse mit dem Sauerstoff der Luft zu Schwefeltrioxid SO_3 oxidiert (s. → Seite 330). Außerdem kann die Oxidation auch durch heterogene Katalyse erfolgen, denn in Kohle und auch in Erdölprodukten sind stets Schwermetallspuren vorhanden, z.B. Eisen und Vanadium. Diese werden beim Verbrennungsvorgang ebenfalls oxidiert zu Eisenoxid Fe_2O_3 bzw. Vanadiumpentoxid V_2O_5 und wirken dann als Kontakte (Katalysatoren) zur Sauerstoffübertragung für die SO_3-Bildung.

Eigenschaften von SO_2 und SO_3

Schwefeldioxid SO_2 ist ein farbloses, stechend riechendes, giftiges, nicht brennbares und die Verbrennung nicht unterhaltendes Gas, das sich leicht in Wasser zu schwefliger Säure $H_2 SO_3$ löst (s. → Abschn. 5.2.6). Es hat unter bestimmten Bedingungen reduzierende und daher korrodierende Eigenschaften, dabei wird es zu SO_3 oxidiert und bildet im wässrigen Medium Schwefelsäure H_2SO_4. SO_2 ist relativ leicht erhältlich. Man gewinnt es durch Verbrennen von Schwefel oder durch Erhitzen (Rösten) von schwefelhaltigen Eisen-, Kupfer- u.a. Erzen. Dabei entstehen die entsprechenden Metalloxide und SO_2.

Das Schwefeltrioxid SO_3 des Handels ist fest und stellt ein Gemisch aus zwei Modifikationen dar. Dieses Gemisch schmilzt bei 32 bis 40 °C, es raucht an feuchter Luft, da es flüchtig ist und mit der Feuchtigkeit der Luft Schwefelsäure bildet, die sofort zu kleinen Tröpfchen kondensiert. In Wasser eingeleitet, vereinigt sich SO_3 unter starker Wärmeentwicklung und heftigem Zischen zu verdünnter Schwefelsäure (s. → Abschn. 5.2.6).

Die Oxidation von SO_2 zu SO_3 in Gegenwart eines Vanadiumpentoxid-Katalysators, im so genannten *Kontakt-Verfahren* wird großtechnisch zur Herstellung von Schwefelsäure durchgeführt. Als praktikable Reaktionsbedingung hat sich eine Temperatur von 400 °C erwiesen. Das Gleichgewicht stellt sich in kurzer Zeit ein, wenn mit einem Sauerstoff-Überschuss gearbeitet wird. Was bei der großtechnischen Schwefelsäure-Synthese durchaus erwünscht ist und nur durch einen ausgeklügelten Kompromiss zwischen günstigem chemischen Gleichgewicht, hoher Reaktionsgeschwindigkeit und kostengünstigem Produzieren möglich wird, findet bei der Verbrennung von schwefelhaltiger Kohle und schwefelhaltigen Erdölprodukten als unerwünschte Reaktion statt.

5.2.6 Stickstoffoxide und Schwefeloxide in Rauchgasen und deren Minderung

Wie bereits erwähnt, enthalten die bei der Verbrennung von fossilen Brennstoffen (Kohle, Erdölprodukte, Erdgas) entstehenden Rauchgase neben CO_2 und H_2O auch die Stickstoffoxide NO/NO_2 sowie die Schwefeloxide SO_2 und SO_3. In Gegenwart von Wasser (gasförmig oder kondensiert) bilden sowohl die Stickstoffoxide als auch die Schwefeloxide Säuren:

Das entstehende NO oxidiert in Gegenwart von Sauerstoff spontan zu NO_2, das mit Wasser Salpetersäure bildet:

$$NO \ + \ \tfrac{1}{2} O_2 \ \longrightarrow \ NO_2$$

$$3\,NO_2 \ + \ H_2O \ \longrightarrow \ 2\,HNO_3 \ + \ NO$$
$$\text{Salpetersäure}$$
$$\text{usf.}$$

Das entstehende SO_2 bildet mit Wasser schweflige Säure:

$$SO_2 + H_2O \longrightarrow H_2SO_3$$
$$\text{schweflige Säure}$$

SO_2 oxidiert in Gegenwart von Sauerstoff zu SO_3, das mit Wasser Schwefelsäure bildet:

$$SO_2 + \tfrac{1}{2} O_2 \longrightarrow SO_3$$
$$SO_3 + H_2O \longrightarrow H_2SO_4$$
$$\text{Schwefelsäure}$$

Diese Säuren (s. auch → Abschn. 5.3.5) verursachen Korrosionsschäden im Feuerungsraum und im Schornstein. Setzt die Abkühlung der Rauchgase vor dem Verlassen des Schornsteins unterhalb der azeotropen Siedetemperatur von 338 °C (azeotrope Siedetemperatur s. → Glossar) ein, so wird die Kondensationstemperatur der Schwefelsäure unterschritten; das bedeutet, dass die entstandene kondensierte Schwefelsäure nicht mit den Rauchgasen abziehen kann. Insbesondere die Elektrofilter, die in den Schornsteinen der Großfeuerungsanlagen zur elektrostatischen Abscheidung von Ruß und Staubpartikel eingebaut sind, sind dann der Korrosion ausgesetzt.

Wegen des relativ hohen Schwefelgehalts von Kohle wurden Großfeuerungsanlagen z.B. für Kraftwerke teilweise auf Heizöl oder Erdgas umgestellt, da deren Schwefelgehalt in den Raffinerien zwar nicht vollständig entfernt, jedoch stark reduziert wird. Um Korrosionsschäden zu verhindern und um die säurebildenden Gase vor dem Ausströmen in die Atmosphäre zurückzuhalten, sind Großfeuerungsanlagen mit Entstickungs- und Entschwefelungsanlagen neben zusätzlichen verbrennungstechnischen Maßnahmen (Primärmaßnahmen, s. unten) ausgerüstet worden.

In Privathaushalten mit Ölfeuerung werden heute Niedertemperatur-Heizkessel aus korrosionsbeständigen Werkstoffen eingebaut und der Querschnitt der Schornsteine verkleinert, damit die Verbrennungsgase ohne Kondensation schnell abziehen. Wenn dadurch auch die Korrosionsschäden reduziert werden, so sind doch die abziehenden Schadstoffe verantwortlich für den *sauren Regen und den Sommersmog* mit hohen Ozonwerten (regionale Umweltschäden) und tragen auch teilweise zum Treibhauseffekt bei (s. → Anhang).

Rauchgasentstickung in Großfeuerungsanlagen

Die entstehenden Stickoxide NO_x können in Großfeuerungsanlagen durch verschiedene Maßnahmen reduziert werden:

Unter *Primärmaßnahmen* versteht man die Verminderung der NO_x-Bildung durch Stufenmischbrenner, so genannte Low-NO_x-Brenner. Es werden verschiedene Brenner mit geringer Betriebstemperatur (1000 °C) und Wärmeleistung hintereinander geschaltet, um die endotherme NO-Bildung möglichst gering zu halten, doch andererseits eine ausreichende Wärmeenergie für die Dampferzeugung zu gewährleisten. Den NO_x-Gehalt (berechnet als NO_2) der Verbrennungsgase kann man dadurch von etwa 1200 mg/m^3 auf 800 mg/m^3 zurückführen.

Unter *Sekundärmaßnahmen* versteht man die katalytische Rückverwandlung von NO_x (NO/NO_2) in den Rauchgasen mit Ammoniak NH_3 zu den lufteigenen Stoffen N_2 und H_2O in Entstickungsanlagen.

Das wichtigste Verfahren ist die selektive katalytische Reduktion SCR (<u>s</u>elective <u>c</u>atalytic <u>r</u>eduction), das mit Katalysatoren aus Titandioxid TiO_2/Vanadiumpentoxid V_2O_5 bzw. anderen Metalloxiden bei Temperaturen zwischen 280–400 °C arbeitet. Die chemischen Reaktionen für die Umsetzung von NO und NO_2 können in Anwesenheit von Luftsauerstoff folgendermaßen formuliert werden:

$$4\,NO + 4\,NH_3 + O_2 \longrightarrow 4\,N_2 + 6\,H_2O$$
$$6\,NO + 4\,NH_3 \longrightarrow 5\,N_2 + 6\,H_2O$$

Eine zu geringe Dosierung von NH_3 begrenzt den maximal möglichen Umsatz an Stickstoffoxiden, ein Überangebot führt dagegen zum NH_3-Austritt am SCR-Katalysator (man nennt dies Schlupf). Man erzielt NO_x-Umsätze von 80 bis über 90 %.

Nach diesem Prinzip arbeitet auch das DEnox-Verfahren zur selektiven katalytischen Reduktion (SCR) von NO und NO_2 zu Stickstoff und Wassersdampf mittels einem Eisenoxid/Chromoxid-Katalysator. Dieses Verfahren wird bei der Rauchgasreinigung (s. → Abb. 5.11) von Kraftwerken und Müllverbrennungsanlagen angewandt und ebenso für die Minderung von NO_x in Dieselmotor-Abgasen bei Magerbetrieb diskutiert. Dazu erfolgt in einem kontinuierlichen Prozess nach den obigen Gleichungen bei Anwesenheit von O_2 und NH_3 die Reduktion von NO bzw. NO_2 zu N_2.

Rauchgasentschwefelung in Großfeuerungsanlagen

In der Regel leitet man dem nach oben strömenden Rauchgas, bevor es in den Schornstein und in die Atmosphäre gelangen kann, eine Suspension von fein gemahlenem Kalk $CaCO_3$ entgegen. Bei der Reaktion mit SO_2 entsteht Calciumsulfit $CaSO_3$ und Kohlendioxid CO_2:

$$SO_2 + CaCO_3 \longrightarrow CaSO_3 + CO_2$$
$$\text{Calciumsulfit}$$

Anschließend wird mit durchströmender Luft das Calciumsulfit zu Calciumsulfat $CaSO_4$ oxidiert, es entsteht Gips (pH-Werte 4,8 bis 5,3), der in Wasser suspendiert abfließt:

$$CaSO_3 + \tfrac{1}{2}\,O_2 \longrightarrow CaSO_4$$
$$\text{Calciumsulfat}$$

Nach Aufbereitung kann der entstandene Gips $CaSO_4 \cdot 2\,H_2O$ in der Bauindustrie verwendet werden.

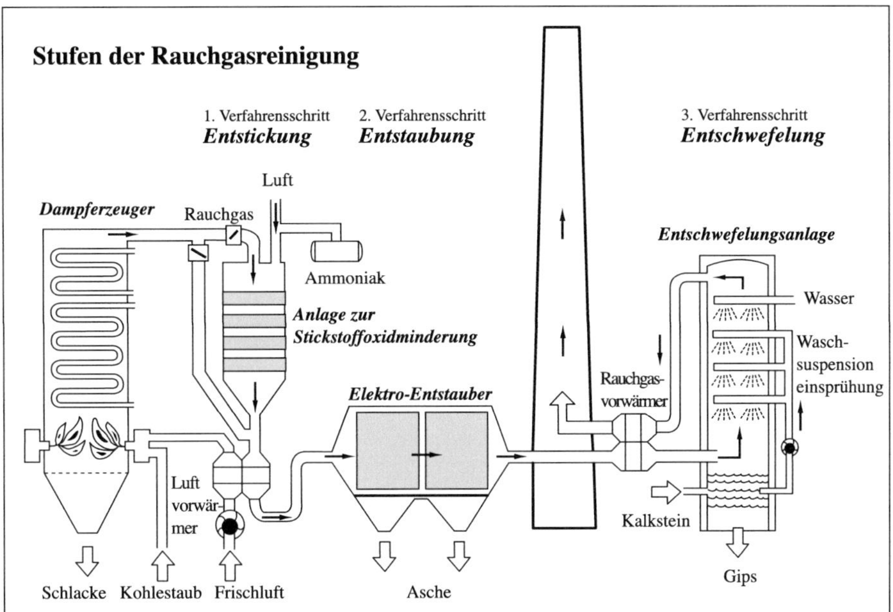

Abb. 5.11 Schema für eine Rauchgasreinigungsanlage
Quelle: VDEW: Lernsequenzen, Heft 6: Energie und Umweltschutz, S. 8

5.2.7 Bildung von CO, NO$_x$ und HC im Verbrennungsmotor und deren Minderung

Wenn man auch grundsätzlich die Verbrennungsvorgänge in Ottomotoren (mit Fremd-zündung) und in Dieselmotoren (mit Selbstzündung) unterscheiden muss, so sind doch beide weltweit die Hauptemittenten von Stickoxiden NO$_x$ – hauptsächlich NO und NO$_2$ – die aus dem angesaugten Luftstickstoff N$_2$ bei den hohen Verbrennungstempe-raturen des Kraftstoffs entstehen. Daneben bilden sich aus dem Kraftstoff nicht bzw. unvollständig verbrannte Kohlenwasserstoffe, die großzügig als HC (<u>h</u>ydro<u>c</u>arbons) zusammengefasst werden, sowie CO und das als Treibhausgas bekannte Kohlendioxid CO$_2$ und Wasserdampf H$_2$O(g).

Wünschenswert wäre sowohl beim Ottomotor, wie auch beim Dieselmotor ein Ab-gas, das neben CO$_2$, H$_2$O und N$_2$ allenfalls noch geringste Anteile an Schwefeldioxid SO$_2$ enthält. Die Absenkung von SO$_2$ kann nur durch die Raffinerien erfolgen, indem sie den Schwefelgehalt im Kraftstoff weiter verringern.

Emissionsgrenzwerte für schwefelarmen Kraftstoff s. → Anhang.

Abgasreinigung bei Ottomotoren mit $\lambda = 1$

Bei Ottomotoren wird die Abgasreinigung auf $\lambda = 1$ geregelt.

Eine wesentliche Reduzierung der in den Abgasen von Ottomotoren emittierten Schadstoffe, die man aus chemischer Sicht vereinfacht als die drei Komponenten CO, NO_x und HC angibt, konnte durch die Einführung des Autoabgaskatalysators erreicht werden. Im Gegenzug führte allerdings die allgemeine Fahrleistungssteigerung seit dieser Zeit zu einer Erhöhung des CO_2-Ausstoßes.

» *Dreiwegeverfahren*

Die Umwandlung der Schadstoffe erfolgt nach dem so genannten Dreiwegeverfahren. Die Schadstoffe werden katalytisch in die drei lufteigenen Verbindungen CO_2, N_2 und $H_2O(g)$ umgewandelt. Der Autoabgaskatalysator ist in der Öffentlichkeit allgemein bekannt als *Dreiwegekatalysator*.

Nichtstöchiometrischer Umsatz für die Abgasreinigung durch den Dreiwegekatalysator:

$$CO + NO_x + C_nH_m + O_2 \xrightarrow{\text{Dreiwegekatalysator}} CO_2 + N_2 + H_2O$$

C_nH_m bedeutet eine allgemeine Formel für die Kohlenwasserstoffe mit unterschiedlicher Anzahl von C-Atomen (n) und H-Atomen (m), wie sie im Kraftstoff enthalten sind s. $\rightarrow$ Buch 2, Abschn. 1.2.1.

Die Reaktionsprodukte bei der Verbrennung des Kraftstoffs im Motor sind vielfältig. Z.B. entstehen kurzfristig ungesättigte, cyclische, aromatische und oxidierte Kohlenwasserstoffe (Aldehyde, Ketone und Carbonsäuren s. $\rightarrow$ Buch 2, Abschn. 1.3.1), außerdem können Kohlenwasserstoffe unter den gegebenen Bedingungen auch Wasserstoff abspalten. Es entsteht also eine Vielzahl von Verbindungen, die zusätzlich zu Sekundärreaktionen führen, doch letzten Endes katalytisch zu CO_2, H_2O und N_2 abgebaut werden müssen.

Aus der Vielzahl der möglichen Reaktionen werden nachfolgend einige typische Einzelreaktionen angegeben:

$$(1)\ \text{Oxidation} \qquad 2\,CO + O_2 \xrightarrow{\text{Pt/Pd}} 2\,CO_2$$

$$(2)\ \text{Reduktion von NO} \quad 2\,CO + 2\,NO \xrightarrow{\text{Rh}} 2\,CO_2 + N_2$$

$$(3)\ \text{Oxidation} \qquad C_nH_m + (n + m/4)\,O_2 \xrightarrow{\text{Pt/Pd}} n\,CO_2 + m/2\,H_2O$$

$$(4)\ \text{Reduktion} \qquad C_nH_m + 2\,(n + m/4)\,NO \xrightarrow{\text{Rh}} n\,CO_2 + (n + m/4)\,N_2 + m/2\,H_2O$$

$$(5)\ \text{Reduktion} \qquad 2\,NO + 2\,H_2 \xrightarrow{\text{Rh}} N_2 + 2\,H_2O$$

Die obigen Reaktionsgleichungen machen deutlich, dass nicht nur Oxidations-Reaktionen (Gln. (1) und (3)), sondern auch Reduktions-Reaktionen (Gln. (2), (4), (5)) für die Abgasreinigung durchzuführen sind. Während den Katalysatoren Platin Pt und Palladium Pd als Hauptfunktion die oxidative Umsetzung von CO und HC zugeschrieben wird, kommt Rhodium Rh die besondere Bedeutung zu, die Reduktion von NO durch das anwesende CO (2) bzw. durch die vorhandenen HC (C_nH_m) (4) sowie durch den entstandenen Wasserstoff (5) zu lufteigenem N_2 katalytisch zu beeinflussen. Oxidation und Reduktion sind zwei gegenläufige Reaktionen und gegenläufig vom im Abgas noch vorhandenen Luftsauerstoff, d.h. von der Luftmenge abhängig. Die Reaktionen (1) und (3) laufen umso vollständiger ab, je mehr Luftsauerstoff vorhanden ist; doch indem sich der CO-Gehalt verringert, steht er zur Reduktion von NO nicht mehr zur Verfügung. Es muss also ein Kompromiss gefunden werden, was den Luftsauerstoffgehalt im Abgas anbetrifft.

» *Die Luftzahl Lambda* λ

Der Wert λ bezeichnet das Verhältnis der tatsächlich zugeführten Luft – sie enthält Volumenanteile von 21 % an Sauerstoff – zum Luftbedarf der für eine vollständige Verbrennung des Kraftstoffs notwendig ist. Der Luftbedarf kann bei der Kraftstoffherstellung beeinflusst werden. Durch die Vorgaben der Kraftstoffnorm (Dichte, Energiegehalt u.a.) ergibt sich ein ziemlich konstanter Luftbedarf von etwa 14,7 kg Luft je 1 kg Ottokraftstoff, wie die Erfahrung zeigt.

(Umrechnung der Luft in Volumen über die Dichte $\rho = m/V$, Dichte von Luft · 1,06 kg/m³).

Oft spricht man bei diesem Verhältnis auch von einer ‚Stöchiometrie‘, doch Stöchiometrie bedeutet hier nicht, wie in der Chemie üblich, dass es sich um ein *molares* Verhältnis handelt, sondern das Verhältnis 14,7 : 1 wird als ‚Einheit‘ festgelegt. Die Lambda-Sonde misst die Stöchiometrie für den jeweiligen Kraftstoff.

Es bedeuten

$\lambda < 1$ die vorhandene Luftmenge ist kleiner, als dies für einen vollständigen Umsatz des Kraftstoffs notwendig ist. Man nennt dieses Kraftstoff-Luftgemisch ein *fettes Gemisch;*

$\lambda = 1$ die tatsächlich vorhandene Luftmenge ist gleich der Luftmenge, die für einen *vollständigen Umsatz* notwendig ist;

$\lambda > 1$ die vorhandene Luftmenge ist größer, als dies für einen vollständigen Umsatz notwendig ist. Man nennt dieses Kraftstoff-Luftgemisch dann ein *mageres Gemisch.*

Die gegenläufige Abhängigkeit der emittierten Schadstoffe vom ansteigenden Luftverhältnis, d.h. von wachsenden λ-Werten ist in → Abb. 5.12 dargestellt. Sie äußert sich im Motor ohne Katalysator so, dass bei

$\lambda < 1$ einem fetten Gemisch, eine unvollständige Verbrennung stattfindet, d.h. nur ein relativ geringer Anteil von CO und unverbrannten HC wird zu CO_2 bzw. $CO_2 + H_2O$ oxidiert. Es steht daher noch genügend CO zur Verfügung, um gebildetes NO zu reduzieren. Der Anteil von emittiertem NO_x ist gering.

In Abhängigkeit von der zunehmenden Luftmenge wird nun die Gegenläufigkeit der Anteile von CO und HC zu NO_x besonders deutlich:

$\lambda = 1$ bedeutet in etwa vollständige Verbrennung von CO und HC. Die Emission von CO und HC erreichen also ein Minimum, während bei der hohen Verbrennungstemperatur der NO- bzw. NO_x-Anteil zu einem Maximum zugenommen hat. CO und HC stehen zur Reduktion von NO nicht zur Verfügung.

$\lambda > 1$ bedeutet, dass bei einem mageren Gemisch die Emission von CO und HC gering bleibt, sie werden fast vollständig durch den Überschuss an Sauerstoff verbrannt. Da CO und HC nicht zur Reduktion von gebildetem NO zur Verfügung stehen und die Verbrennungstemperatur relativ hoch ist, bleibt die Bildung von NO_x begünstigt.

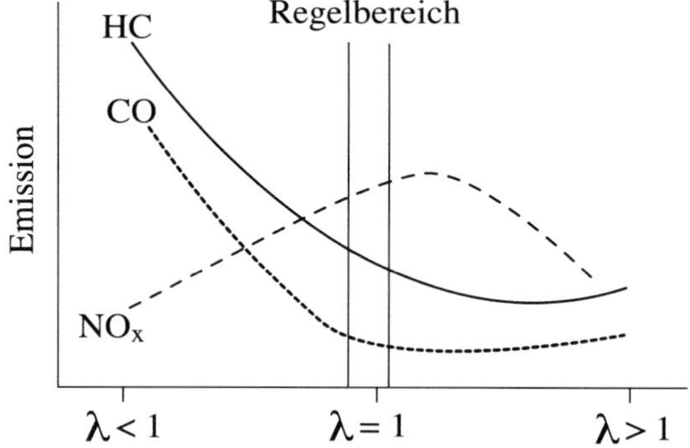

Abb. 5.12 Emission der drei Schadstoffe Kohlenmonoxid CO, Kohlenwasserstoffe HC und Stickoxide NO_x in Abhängigkeit von der zugeführten Luftmenge bei Ottomotoren *ohne* Katalysator.

Die Autoindustrie hatte zunächst das *Magermotor-Konzept* mit $\lambda > 1$ verfolgt sowie eine *Abgasrückführung* zur vollständigen Verbrennung von CO und HC. Doch heute wird für Ottomotoren neben dem Magermoter-Konzept (s. weiter unten) hauptsächlich die *katalytische Umwandlung* der giftigen Schadstoffe CO, HC und NO_x in einem engen Bereich um $\lambda = 1$, im λ-Fenster bevorzugt (s. → Abb. 5.14).

» *Der geregelte Dreiwegekatalysator*

Der geregelte Dreiwegekatalysator besteht aus einem Gehäuse von etwa 20 cm Länge und einem Durchmesser von 15 cm aus oxidationsbeständigem und hochwarmfesten reinen Chrom- oder Chrom-Nickel-Stahlblech.

Im Gehäuse befindet sich ein Keramikkörper aus Mg-Aluminiumsilicat in der Modifikation des Cordierit ($2\,MgO \cdot 2\,Al_2O_3 \cdot 5\,SiO_2$, s. Glaskeramik → Abschn. 4.2.8), der sich durch eine sehr geringe Wärmeausdehnung auszeichnet. Dieser Keramikkörper – das Trägermaterial – in der Technik auch Monolith bezeichnet, ist mit vielen (etwa 10000) Längskanälen durchzogen, die parallel zur Abgasrichtung verlaufen und eine möglichst große Oberfläche für eine hohe Katalysatorwirkung darstellen. Bevor die katalytisch wirksamen Edelmetalle Platin Pt, Palladium Pd und Rhodium Rh aufgebracht werden, taucht man den Keramikkörper in eine γ-Al_2O_3-Lösung, der Anteile von Cer(III)-oxid Ce_2O_3 und Zirkonium(III)-oxid Zr_2O_3 zugegeben sind. Auf den Wandungen der Kanäle bleibt davon eine dünne Schicht der Oxide zurück,

Washcoat (dünner Überzug) genannt. Der poröse Washcoat (20 bis 100 µm Dicke) vergrößert die chemisch aktiven Kanaloberflächen des Monolithen um einen Faktor zwischen 1000 bis 3000 gegenüber der geometrischen Oberfläche. (s. → Abb. 5.13 b). Die Pt-, Pd- und Rh-Kontakte können nun an dieser vergrößerten Oberfläche sehr fein verteilt aufgebracht werden, dadurch entstehen viele aktive, hoch effizient wirksame Zentren. Die Pt-, Pd- und Rh-Kontakte werden aus entsprechenden Salzlösungen direkt auf dem Washcoat durch einen Reduktions-Vorgang erzeugt. Üblicherweise genügen etwa 2 g Edelmetalle auf ein Volumen des Monolithen von 1000 cm^3 (1 Liter). Zwischen Platin/Palladium und Rhodium muss ein bestimmtes Verhältnis (5:1 bis 10:1) eingehalten werden.

Als Faustregel gilt: Auf 1 Liter Hubraum bedarf es 1 Liter Katalysator-Volumen.

Da Bleiablagerungen aus verbleitem Kraftstoff deaktivierend auf den Edelmetall-Katalysator wirken, muss bleifreies Benzin verwendet werden.

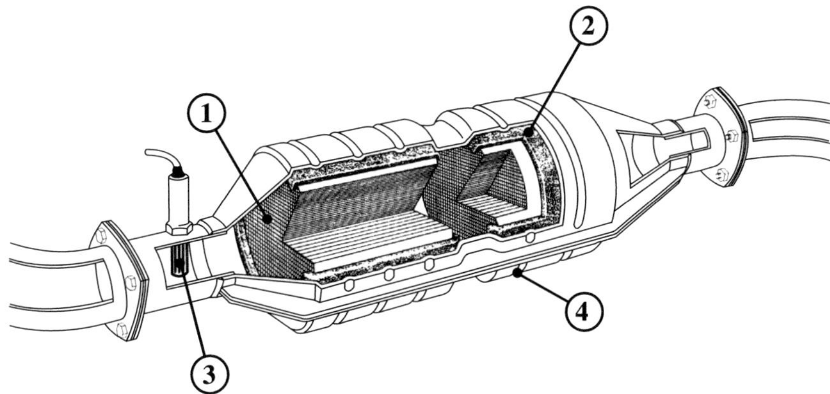

a Dreiwegekatalysator mit λ-Sonde
1 Keramikmonolith aus Cordierit mit Washcoat und den Pt-, Pd- und Rh-Kontakten (Katalysatoren)
2 Elastische Lagermatte aus Keramikfaser mit Blähglimmer, dieser ist ein Gemisch aus verschiedenen Glimmer-Mineralien. Glimmer sind Alumosilicate s. → Abschn. 4.2.8.
3 Lambda-Sonde
4 Edelstahlgehäuse aus Cr- bzw. Cr-Ni-Stahlblech, oxidationsbeständig und hochwarmfest

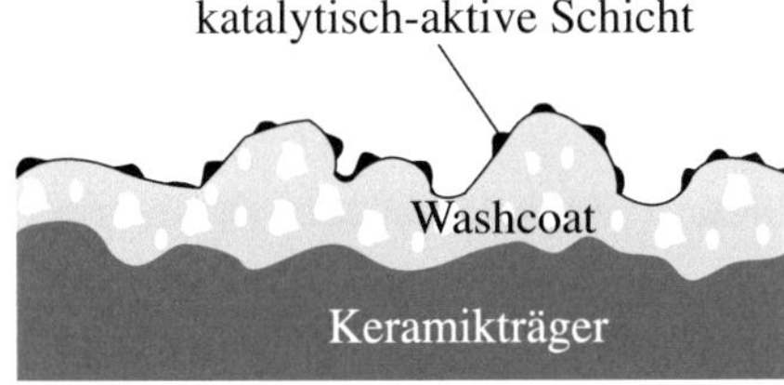

b Washcoat, vergrößerte Ansicht
Er besteht aus einer γ-Al$_2$O$_3$-Schicht, die auf das Keramikträgermaterial Cordierit zur Vergrößerung der Katalysator-Oberfläche aufgebracht wird. An den Pt/Pd- und Rh-Kontakten, der katalytisch-aktiven Schicht laufen die Reaktionen (1) bis (5) ab.

Abb. 5.13 Der Dreiwegekatalysator für den Ottomotor. Quelle Tenneco Automotive, Edenkoben

Problematisch bei der katalytischen Schadstoffminderung ist, dass der Katalysator erst bei Temperaturen ab etwa 300 °C wirksam wird. Um diesen Temperaturbereich einhalten und vor allem in der Warmlaufphase des Motors möglichst schnell erreichen zu können, ist der richtige Abstand Motor ←→ Katalysator (40 cm bis 80 cm) für die Zuleitung des Abgases von besonderer Bedeutung (s. → Abb. 5.15). Das Abgas erreicht den Katalysator im Fahrbetrieb, je nach Rohrlänge zwischen Motor und Katalysator mit einer Temperatur ab etwa 300 bis 400 °C. Bei länger anhaltenden höheren Temperaturen wird der Katalysator thermisch geschädigt.

Der Umwandlungsgrad in % für die drei Schadstoffe durch den Dreiwegekatalysator für Ottomotoren in Abhängigkeit von λ ist aus nachfolgender → Abb. 5.14 ersichtlich: Sie zeigt einen engen Bereich um $\lambda = 1$, dem λ-Fenster, in dem der Umwandlungsgrad aller drei Schadstoffanteile gleichzeitig etwa 85 % beträgt. Es ist daher unbedingt erforderlich, vor dem Katalysator das stöchiometrische Kraftstoff-Luftverhältnis für das λ-Fenster einzuhalten, dessen Messung und Regelung erfolgt mit Hilfe der Lambda-Sonde.

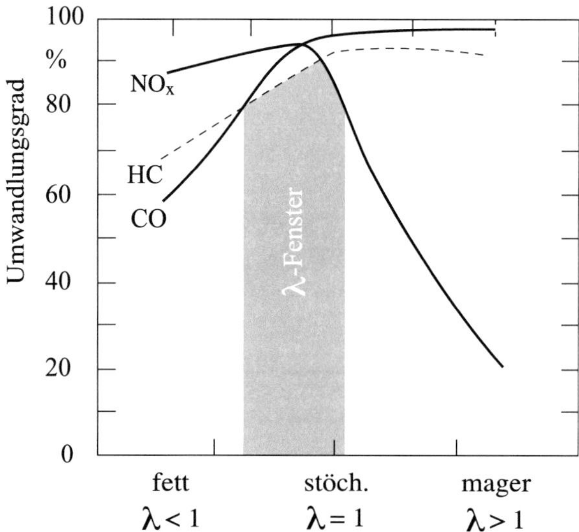

Abb. 5.14 Umwandlungsgrad in % für die Schadstoffe Kohlenmonoxid CO, Kohlenwasserstoffe HC und Stickoxide NO_x durch den Dreiwegekatalysator bei Ottomotoren in Abhängigkeit von der Luftmenge λ. Quelle Tenneco, Automotive, Edenkoben

» *Autokatalysator und Umwelt*

Über die Verteilung der aus den Automobil-Katalysatoren emittierten Platingruppenelemente Pt, Pd und Rh in der Umwelt und vor allem in straßennahen Ökosystemen ist noch wenig bekannt. Hauptsächlich interessiert der Einfluss auf das Wachstum und die Entwicklung von Nutzpflanzen.

» *Die Lambda-Sonde*

Die Lambda-Sonde ist ein Messfühler in der Größe einer Zündkerze. Sie misst das Verhältnis der vorhandenen Luftmenge zur Luftmenge, die verbraucht wird vor dem

Einströmen in den Katalysator. Die Lambda-Sonde stellt eine Konzentrationskette (s. → Abschn. 5.4.2) dar mit einem Fest-elektrolyten und mit Platin-Elektroden. Der Fest-elektrolyt besteht aus Zirkoniumdioxid ZrO_2, das mit Yttriumtrioxid Y_2O_3 dotiert ist. Er wirkt oberhalb 300 °C als guter Leiter für O^{2-}-Ionen. Um die Arbeitstemperatur > 300 °C möglichst schnell zu erreichen, wird die Sonde in der Regel elektrisch beheizt. Ihre optimale Betriebstemperatur liegt bei 400 bis 600 °C, die Temperatur von 850 °C sollte nicht überschritten werden. Es wird die Konzentration des Sauerstoffgehalts des Abgases verglichen mit der Konzentration des bekannten Sauerstoffgehalts der Luft. Unterschiede in den Sauerstoffkonzentrationen erzeugen eine elektrische Spannung, die als Signal an die Motorsteuerung/Einspritzanlage des Motors geschickt wird. Mit diesem Signal wird für eine exakte Einstellung des Luftmenge-Kraftstoff-Verhältnisses $\lambda = 1$ gesorgt, da hier die Konvertierungsrate des Katalysators am größten ist.

Emissionsgrenzwerte für Ottomotoren-Pkw s. → Anhang.

» *Abgasanlage für den Ottomotor*

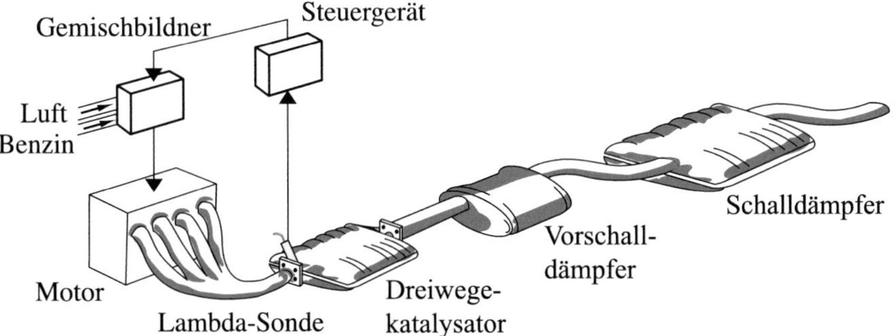

Abb. 5.15 Vereinfachtes Schema einer Abgasanlage für den Ottomotor mit dem Dreiwegekatalysator im λ-Fester bei $\lambda = 1$ zur Minderung der Schadstoffe CO, HC und NO_X. Quelle: Tenneco Automotive, Edenkoben

Abgasreinigung bei Dieselmotoren

Dieselmotoren geben im Abgas insgesamt weniger Kohlendioxid CO_2, Kohlenmonoxid CO, Kohlenwasserstoffe HC und Stickoxide NO_X ab als Ottomotoren *ohne* Katalysator. Dies gilt nicht mehr, seit bei Ottomotoren mit dem Dreiwegekatalysator die Abgas-Emissionen drastisch gesenkt werden konnten. Für den Dieselmotor kamen nicht nur die höhere Stickstoffoxid-Emission in die Kritik, sondern vor allem die Emission von feinen Rußpartikeln, die je nach Größe beim Einatmen in die Lunge aufgenommen werden und an denen noch die bei unvollständiger Verbrennung des Dieselkraftstoffs entstehenden Kohlenwasserstoffe wie z.B. die polycyclischen aromatischen Kohlenwasserstoff PAK (s. → Buch 2, Abschn. 1.2.3) sowie andere Verbindungen haften. Inzwischen gibt es auch Abgasrichtlinien für Dieselfahrzeuge, die stetig bis zum Jahr 2008 verschärft werden.

Emissionsgrenzwerte für Diesel-Pkw und Nutzfahrzeuge → Anhang.

Beim Dieselmotor als direkteinspritzender Motor mit Magerbetrieb bei $\lambda > 1$ werden die Abgase aufgrund ihrer anderen Zusammensetzung – es ist ein Luftüberschuss vorhanden – anders behandelt als bei Ottomotoren mit $\lambda = 1$. Für den Dieselmotor werden drei verschiedene Techniken zur Abgasreinigung angegeben und nachfolgend aufgezeigt.

» Nur bedingte Möglichkeiten zur Reduzierung der Schadstoffemissionen durch innermotorische Maßnahmen

Neben der Reduzierung von CO und HC ist beim Dieselabgas – wie oben angeführt – vor allem ein Augenmerk auf die Rußpartikel- und die NO_x-Emission zu richten. Zunächst kann zu ihrer Reduzierung an innermotorische Maßnahmen gedacht werden, das sind die Abgasrückführung, die Verweilzeit des Kraftstoff/Luft-Gemischs im Brennraum, die Brennraumgeometrie und auch die Beeinflussung des Zündvorgangs. Werden beispielsweise die innermotorischen Maßnahmen auf hohe Temperaturen eingestellt, dann bedeutet dies, dass durch eine ausreichende Zufuhr von Sauerstoff ($\lambda > 1$) CO und HC vollständig verbrennen und dadurch weniger Rußpartikel emittiert werden; doch gleichzeitig erhöht sich dabei die NO_x-Bildung, denn diese ist bei hohen Temperaturen begünstigt (s. → Abb. 5.7). Werden die innermotorischen Maßnahmen auf niedrige Temperaturen eingestellt, so entsteht zwar weniger NO bzw. NO_x, doch reicht die geringere Zufuhr von Sauerstoff ($\lambda < 1$) zur vollständigen Verbrennung von CO und HC nicht aus und führt zur Russbildung. Diese Maßnahmen können also nur zu einem Kompromiss führen. Nicht zuletzt ist für diese Technik die Verbesserung des Dieselkraftstoffs von Bedeutung, dazu zählen ein schwefelfreier und aromatenfreier Kraftstoff.

Anmerkung: Das Reaktionsschema zur Rußbildung aus Kohlenwasserstoffen, wird im → Buch 2, Abschn. 1.2.1 angegeben.

» Reduzierung von Kohlenmonoxid CO, Kohlenwasserstoffe HC und der Rußpartikel

Anteile von CO und HC im Abgas eines Dieselmotors können durch einen oxidierenden Katalysator – Oxidationskatalysator (Oxi-Kat) bezeichnet – abgesenkt werden. Ihre Konzentration ist relativ gering, da im Abgas bei Magerbetrieb noch ein vergleichsweise hoher Sauerstoffgehalt zu ihrer Oxidation zur Verfügung steht. Der Aufbau des Oxidationskatalysators ist grundsätzlich dem Aufbau des Dreiwegekatalysators im Ottomotor ähnlich: Monolith mit Washcoat und Katalysatorschicht in einem Edelstahlgehäuse mit Lagermatte, die die thermische Ausdehnung zwischen Edelstahlgehäuse und Monolith ausgleicht (s. → Abb. 5.16, Oxidationskatalysator schon kombiniert mit Rußpartikelfilter).

Eine Möglichkeit, die Emission der Rußpartikel im Abgas zu reduzieren, ist die Abtrennung durch ein Rußfilter, auch Rußpartikelfilter genannt. Dazu wurde ein wabenförmiger, poröser Keramikkörper konstruiert, dessen Kanäle wechselweise an den Enden verstopft sind. Somit muss das Abgas die porösen Kanalwände durchströmen bevor es austritt, wodurch die Rußpartikel zurückgehalten werden (s. → Abb. 5.16). Als Material eignet sich vor allem Siliciumcarbid SiC (s. → Abschn. 4.2.6) oder auch Cordierit (s. → Abschn. 4.2.8). Nach 400 bis 1000 km ist es notwendig, die Rußpartikel aus dem

Filter zu entfernen. Die abgelagerten Rußpartikel mit den evtl. noch anhaftenden HC müssen erhitzt werden bis sie sich zusammen mit dem Sauerstoff im Abgas umsetzen zu CO_2 bzw. CO_2 und H_2O. Dieser Umsatz setzt bei Abgastemperaturen von 600 bis 650 °C ein. Um diese Temperaturen zu erreichen, muss – neben besonderen technischen Maßnahmen für den Motor – der Rußpartikelfilter nahe dem Motor angebracht sein. Den Gehalt an Stickoxiden NO_x kann diese Anordnung nicht vermindern.

Der Oxidationskatalysator mit Rußpartikelfilter und thermischer Regeneration für die Abgasanlage eines Dieselmotors kommt heute bereits zum Einsatz.

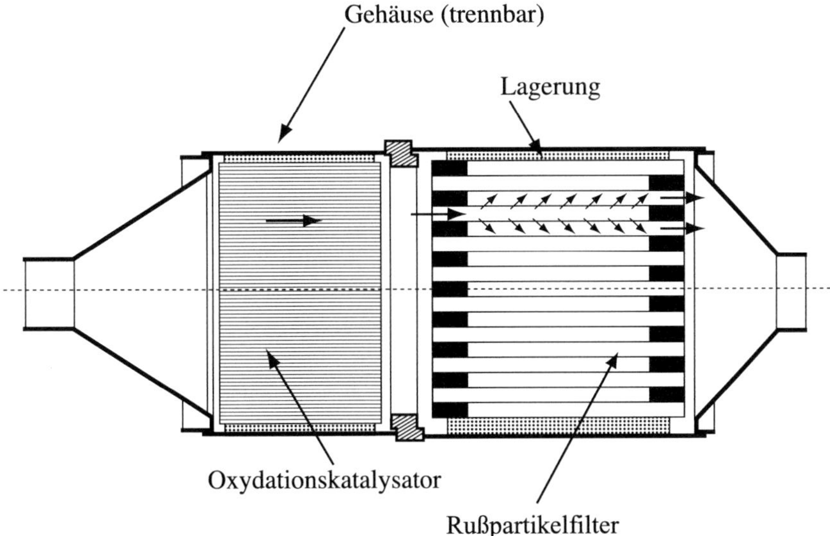

Abb. 5.16 Oxidationskatalysator mit Rußfilter für die Abgasanlage eines Dieselmotors
Quelle Tenneco Automotive, Edenkoben

» *Möglichkeiten zur Reduzierung der Stickoxide NO_x*

Wiederholung: Unerwünscht sind Stickoxide aus mehreren Gründen. Sie reizen bei einer bestimmten Konzentration die Atemwege, schädigen Pflanzen durch die Entstehung des sauren Regens und tragen schließlich zur Ozonbildung und damit zum Sommersmog bei (s. → Anhang).

Zur Nachbehandlung der Stickoxide stehen zwei Verfahren zur Debatte:

- Die diskontinuierliche Abgasnachbehandlung mit einem $\underline{N}O_x$-$\underline{S}$peicher$\underline{k}$atalysator (NSK) bei 350 °C, in den die Stickoxide eingelagert werden: Das Verfahren ist sehr effizient, allerdings ist der Temperaturbereich relativ eng. Der Speicherkatalysator muss nach bestimmten Zeitabständen regeneriert werden.

- Die selektive katalytische Reduktion SCR (von $\underline{s}$elektive $\underline{c}$atalytic $\underline{r}$eduction) der Stickoxide mit Ammoniak, das aus dem thermischen Zerfall von Harnstoff entsteht: Diese kontinuierliche Technologie ist zwar aufwändig, zeigt aber innerhalb eines ausreichend großen Temperaturbereichs das beste Ergebnis zur Minderung der Stickoxide.

Beschreibung der Nachbehandlung der Stickoxide:

1. Verfahren: Die diskontinuierliche Abgasnachbehandlung mit einem NO_x-Speicherkatalysator

Die Funktion mit dem NO_x-Speicherkatalysator basiert auf zwei aufeinander folgenden Schritten (a und b): Der eigentlichen Reduktion zu lufteigenem Stickstoff geht eine Oxidation von NO – das bei den herrschenden Abgastemperaturen hauptsächlich vorliegt – zu NO_2 durch den bei einem mageren Kraftstoff/Luftgemisch noch im Abgas enthaltenen Sauerstoff voraus.

Die Oxidation von NO zu NO_2 erfolgt also unter mageren Abgasbedingungen ($\lambda > 1$) beim Durchströmen des NO_x-Speicherkatalysators. Dieser entspricht dem Oxidationskatalysator, dem Dreiwegekatalysator s. → Abb. 5.16. Neben den Pt-/Pd- und Rh-Kontakten sind jedoch zusätzlich noch basische Oxide, wie beispielsweise Bariumoxid BaO, bzw. andere Erdalkalioxide (von Mg, Ca, Sr) oder Alkalioxide (von K, Na, Rb, Cs) eingebracht. Das reaktionsfreudige saure Oxid NO_2 reagiert mit den basischen Oxiden, z.B. mit BaO zu Bariumnitrat $Ba(NO_3)_2$. Diese Reaktion wird ebenfalls katalytisch durch die Edelmetall-Kontakte unterstützt. Das gasförmige NO_2 wird somit als feste Substanz als Nitrat auf dem Washcoat konzentriert, gewissermaßen ‚gespeichert‘.

Ist die Speicherkapazität erschöpft, leitet die Motorsteuerung eine Regeneration ein. Es folgt somit der zweite Schritt, die Reduktionsphase von Nitrat NO_3^- zum lufteigenen Stickstoff N_2. Dazu wird kurzfristig durch innermotorische Maßnahmen auf ein fettes Gemisch ($\lambda < 1$), das hohe Anteile an HC, CO und auch H_2 als Reduktionsmittel enthält, umgestellt. Die Nitrate werden bei entsprechend hohen Temperaturen an den Rh-Kontakten zu Stickstoff N_2 reduziert, während HC, CO und H_2 sich dabei zu CO_2 und H_2O oxidieren (s. → Gln. (2), (4) und (5) unter Dreiwegeverfahren). Bei unvollständiger Reduktion kann das narkotisch wirkende Lachgas N_2O und bei zu weit gehender Reduktion Ammoniak NH_3 entstehen. Ammoniak wird in einem nachgeschalteten SCR-Kat gespeichert und zur Reduzierung von NO_x verwendet (s. → Seite 334).

Wiederholung: Ein fettes Gemisch hat nur geringe Anteile an NO_x, s. → Abb. 5.12.

Allerdings verhält sich das im Abgas noch vorhandene SO_2 in analoger Weise: Oxidation zu SO_3, Reaktion mit dem im Washcoat vorhandenen BaO unter Bildung von Bariumsulfat $BaSO_4$. Diese Sulfate belegen die Speicherplätze des Bariumnitrats und die Speicherung der Nitrate verliert an Effizienz. Die Reinigung von Sulfaten erfolgt in gleicher Weise mit einem einige Minuten dauernden fetten Motorbetrieb bei sehr hoher Temperatur. Die Sulfate sind jedoch stabiler als die Nitrate, was Probleme bereitet. Im Idealfall werden sie zu SO_2 reduziert. Bei zu weit gehender Reduktion könnte der giftige Schwefelwasserstoff H_2S entstehen.

Chemische Reaktionen mit einem NO_x-Speicherkatalysator:

Schritt a

Oxidation beim Betrieb $\lambda > 1$:

$$2\,NO \text{ gasförmig im Abgas} + O_2 \text{ im Abgas} \xrightarrow{Pt} 2\,NO_2 \text{ gasförmig}$$

entsprechend

$$2\,SO_2 \text{ gasförmig im Abgas} + O_2 \text{ im Abgas} \xrightarrow{Pt} 2\,SO_3 \text{ gasförmig}$$

Speicherung beim Betrieb $\lambda > 1$:

$$2\,NO_2 \text{ gasförmig} + BaO \text{ im Washcoat} + \tfrac{1}{2}\,O_2 \longrightarrow Ba(NO_3)_2$$

entsprechend   fest im Washcoat gespeichert

$$SO_3 \text{ gasförmig} + BaO \text{ im Washcoat} \longrightarrow BaSO_4$$

fest im Washcoat gespeichert

Schritt b:

Reduktion (nichtstöchiometrisch) $\lambda < 1$:

Kurzfristig wird auf ein fettes Gemisch umgeschaltet. CO, HC, H_2 aus dem fetten Gemisch reduzieren NO_3^- und SO_4^{2-}

Dabei werden CO, HC, H_2 zu H_2O oxidiert.

2. Verfahren: Die kontinuierliche Abgasnachbehandlung nach der selektiven katalytischen Reduktion SCR der Stickoxide mit Ammoniak NH_3.

Das für die Reduktion der Stickoxide erforderliche gasförmige Ammoniak NH_3 eignet sich wenig zum Mitführen in Fahrzeugen. Es wird daher im Fahrzeug durch eine thermische Zerfallsreaktion aus Harnstoff erzeugt.

Hinter einem motornahen Oxidationskatalysator mit Rußpartikelfilter wird Harnstoff in wässriger Lösung zudosiert. Das aus dem Harnstoffzerfall entstehende Ammoniak wird im SCR-Katalysator eingespeichert und reduziert somit die ankommenden Stickoxide. Die Abgasstrecke muss schnell aufgeheizt werden, da die Reduktion nur bei ausreichend hoher Temperatur erfolgt. Die Nachfüllung von Harnstofflösung kann bei den üblichen Wartungsarbeiten (Pkw) oder durch regelmäßiges Nachtanken (Nutzfahrzeuge) durchgeführt werden.

Die Reduktionsreaktionen der Stickoxide mit Ammoniak bei Anwesenheit von Luftsauerstoff:

$$4\,NO + 4\,NH_3 + O_2 \longrightarrow 4\,N_2 + 6\,H_2O$$

$$6\,NO + 4\,NH_3 \longrightarrow 5\,N_2 + 6\,H_2O$$

» *Abgasanlagen für den Dieselmotor*

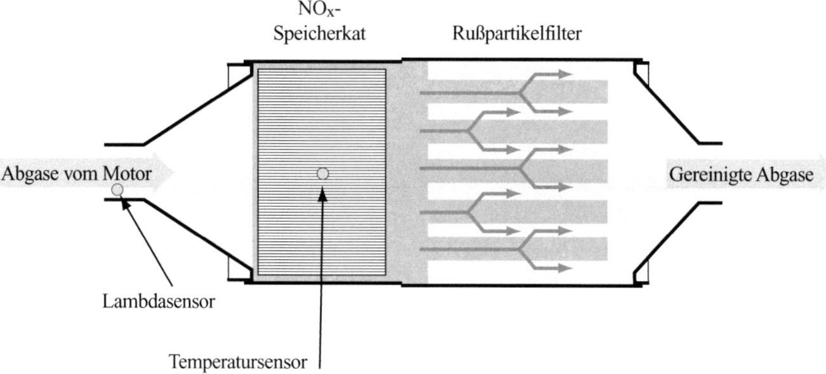

1. Verfahren: Die diskontinuierliche Abgasnachbehandlung mit einem NOx-Speicherkatalysator und Partikel(Ruß)filter.

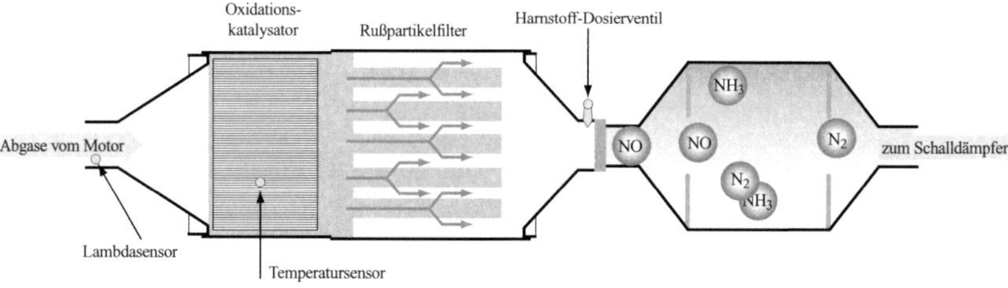

2. Verfahren: Die kontinuierliche Abgasnachbehandlung nach der selektiven katalytischen Reduktion SCR der Stickoxide mit Ammoniak NH$_3$ (s. → Seite 347).

Abb. 5.17 Vereinfachtes Schema der Abgasanlagen für den Dieselmotor zur Minderung der Schadstoffe CO, HC, NO$_x$ und Rußpartikel.
Quelle: DaimlerChrysler, s. → Literaturverzeichnis

Abgasreinigung beim direkteinspritzenden Ottomotor mit Magerbetrieb

Die Abgasreinigung kann hier im Prinzip ähnlich wie beim direkteinspritzenden Dieselmotor mit Magerbetrieb ($\lambda > 1$) verlaufen. Sauerstoff steht durch einen vergleichsweise hohen Luftsauerstoffanteil im Abgas zur Oxidation von CO, HC und allerdings auch von NO zu NO$_x$ zur Verfügung. Somit sind die Anteile von CO und CH im Abgas relativ gering, die Stickoxid-Emissionen jedoch hoch. Eine Möglichkeit, die Stickoxide zu lufteigenem Stickstoff N$_2$ zu reduzieren ist die Einführung eines NO$_x$-Speicherkatalysators. Bisherige Untersuchungen haben jedoch gezeigt, dass es Unterschiede gibt in der Funktion eines NO$_x$-Speicherkatalysators im Ottomotor und im Dieselmotor. Dies betrifft z.B. die Breite des Temperaturbereichs, die Regeneration (2. Schritt), die Empfindlichkeit gegen Schwefelspeicherung des Katalysators, auch das Alterungsverhalten u.a.

Abgasreinigung bei Motorradmotoren

Die Abgasreinigung bei modernen Motorrädern erfolgt ähnlich wie bei Pkw-Ottomotoren mit einem Dreiwegekatalysator. Allerdings ist man was die Platz- und Gewichtssituation anbelangt bei einem Einspurfahrzeug gegenüber einem Pkw, deutlich eingeschränkt. Je nach Motorausführung und Konzept der Abgasanlage bietet sich eine Integration des Katalysators im Vor- oder Endschalldämpfer an. Die Lambda-Sonde ist oftmals im Abgaskrümmer oder im Vorschalldämpfer untergebracht. Die → Abb. 5.18 zeigt eine Abgasanlage mit Katalysator und Lambda-Sonde.

» *Gesamt-Abgasanlage für den Motorradmotor*

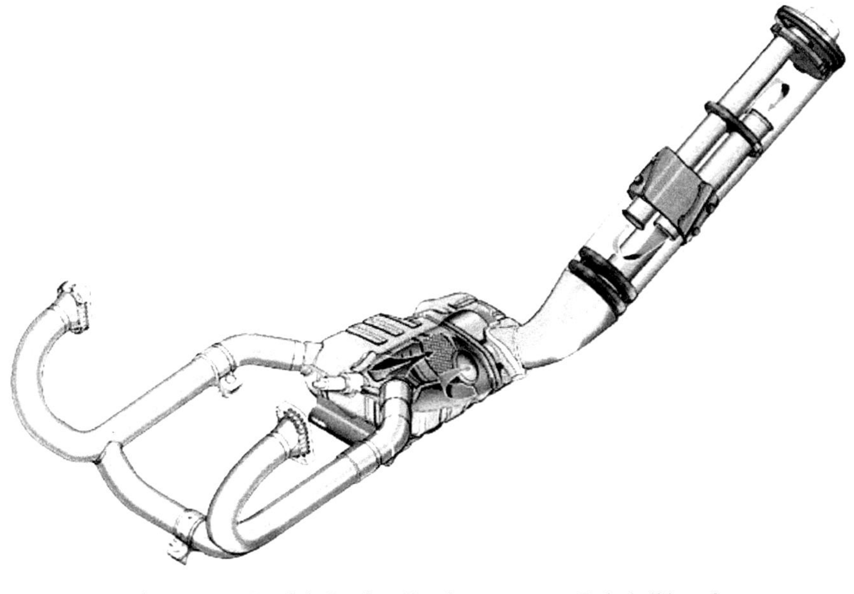

Abb. 5.18 Schema einer Gesamt-Abgasanlage für einen 2-Zyl.-Boxermotor zur Minderung der Schadstoffe NO_x, CO und HC. Quelle J. Reissing, BMW München (s. Farbtafel)

5.2.8 Bildung von CO, NO_x und HC im Strahltriebwerk und deren Minderung

Ein Strahltriebwerk beruht auf der Wirkungsweise einer Gasturbine. Diese ist eine Strömungsmaschine mit hochtouriger Verdichtung und eignet sich aufgrund des sehr günstigen Leistungs-/Gewichtsverhältnisses in besonderem Maße für den Antrieb von Flugzeugen.

Arbeitsweise einer stationären Gasturbine

Angesaugte Luft gelangt über den Ansaugkanal (air intake) (s.→ Abb. 5.19) in einen Verdichter (compressor), anschließend wird die stark verdichtete Luft unter Beibehaltung des hohen Drucks in eine nachgeschaltete Brennkammer eingeleitet. Hier wird Kraftstoff (Heizöl, Erdgas) zugeführt und einmalig zum Start entzündet. Bei der nun anschließenden kontinuierlichen Verbrennung (combustion) − chemisch ausgedrückt bei der kontinuierlichen Oxidation des Kraftstoffs − wird chemische Energie in Form von Wärme freigesetzt. Es entstehen expandierende Verbrennungsgase von hohen Temperaturen und hohem Druck. Indem die Verbrennungsgase auf die Schaufeln einer nachgeschalteten Turbine (turbine) treffen, wird ihre Wärmeenergie in Rotationsenergie, d.h. in mechanische Energie umgewandelt. Dabei entspannen sie sich und verlassen durch den Abgaskanal (exhaust) die Gasturbine. Die Rotationsenergie kann zum Antrieb eines Generators und zur Stromerzeugung eingesetzt werden. Die Rotationsenergie kann ebenso eine Pumpe und auch ein Fahrzeug z.B. ein Schiff antreiben. Daneben wird ein Teil der Rotationsenergie für verschiedene Hilfsaggregate und über die Welle zum Antrieb des Verdichters verbraucht (s. → Abb. 5.20). Die Zusammensetzung der Verbrennungsgase aus CO_2, H_2O, CO, HC und NO_x hängt sowohl von der Luftzahl λ, als auch von der Verbrennungstemperatur und dem Druck ab.

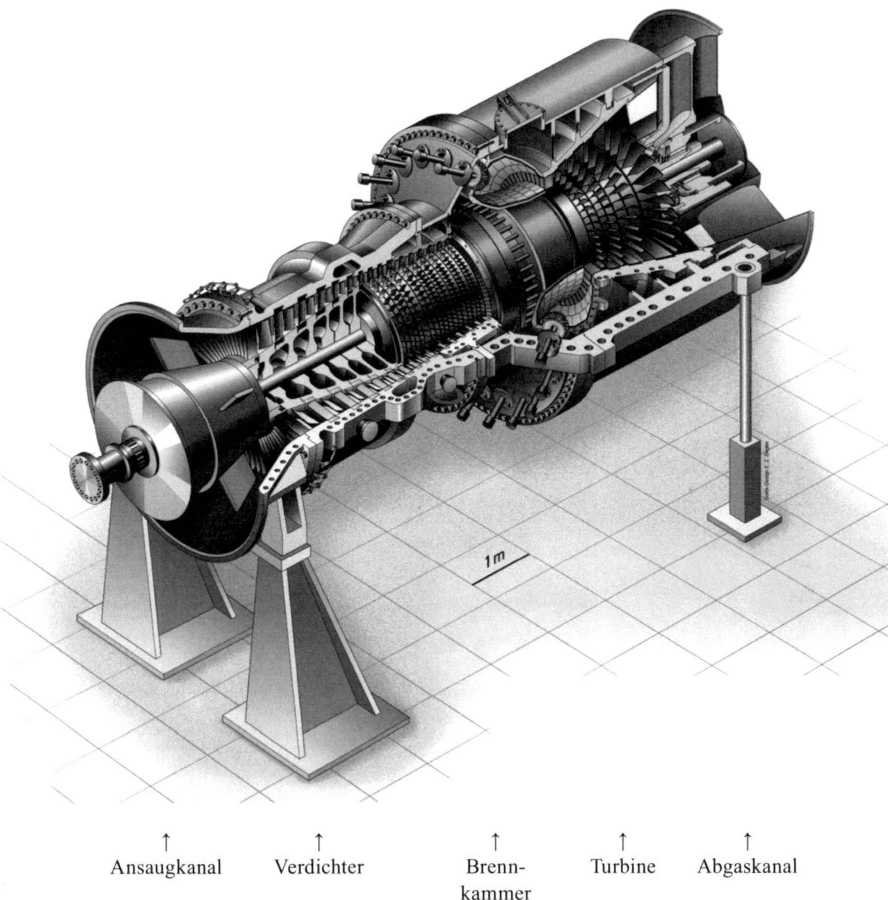

Abb. 5.19 Gasturbine
Gasturbine nennt man die ganze Anordnung mit Ansaugvorrichtung, Verdichter, Brennkammer, Turbine
und Hilfsaggregaten. Sie kann etwa 12 bis 18 m lang sein.
Quelle: R. Koch, Institut für Thermische Strömungsmaschinen, Universität(TH) Karlsruhe.

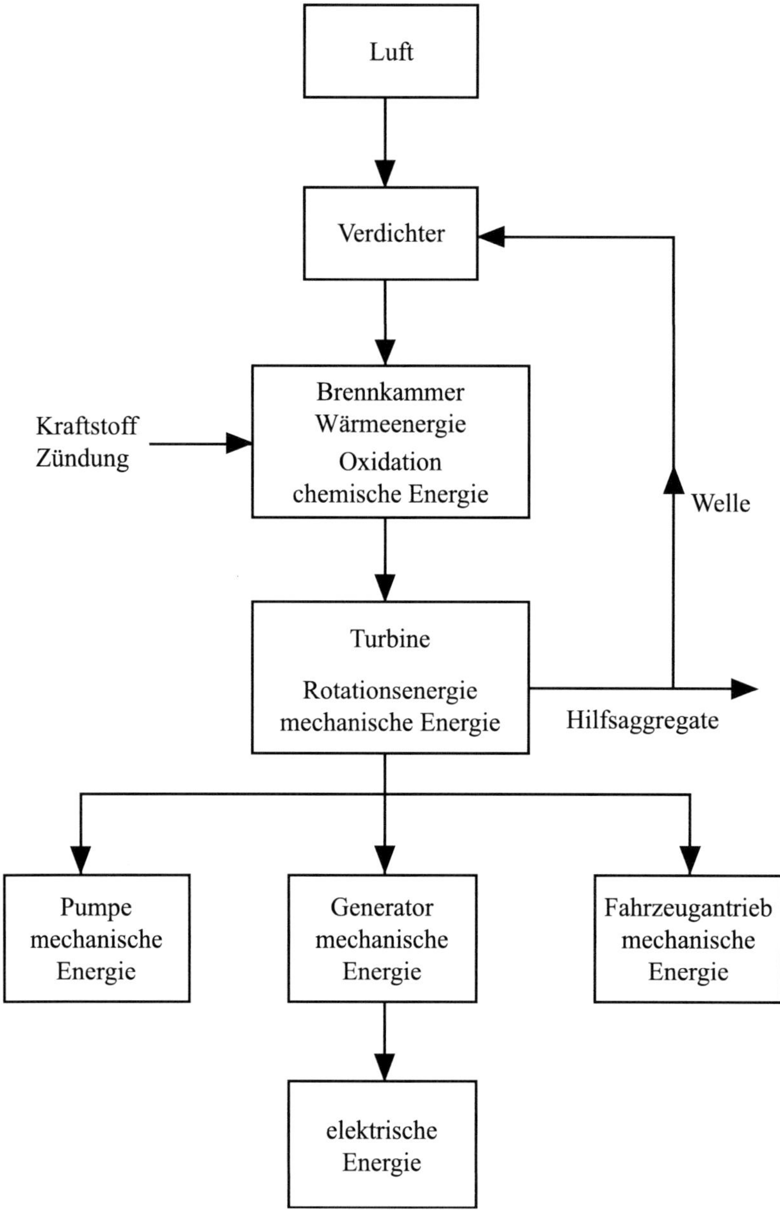

Abb. 5.20 Schema der Arbeitsweise einer stationären Gasturbine

Arbeitsweise eines Strahltriebwerks z.B. des am häufigsten verwendeten Turbinen-Luft-Strahltriebwerks zum Antrieb eines Flugzeugs

Strahltriebwerke (s.→ Abb. 5.21) arbeiten zunächst nach dem Schema einer stationären Gasturbine: Ansaugen von Luft, Verdichten, Einsprühen von Kraftstoff (Kerosin), kontinuierliches Verbrennen des Kraftstoffs nach einmaligem Zünden zum Start, Expansion des heißen Gasgemischs. Die gerichtet strömenden Verbrennungsgase werden nun in der Turbine teilweise entspannt und abgekühlt, der überwiegende Teil ihrer Energie wird zur Schuberzeugung genutzt. Dabei strömen die Verbrennungsgase im hinteren Raum des Strahltriebwerks in eine sich verengende und speziell geformte Schubdüse. Beim Ausstoß aus der Schubdüse erfahren sie dadurch eine weitere gerichtete Geschwindigkeitszunahme, die Strahlgeschwindigkeit (bis etwa 1000 m/s) und erzeugen dadurch in entgegengesetzter Richtung einen Schub, der in der Luftfahrt als Antrieb Verwendung findet. Gleichzeitig kühlen die Verbrennungsgase ab und entspannen auf Umgebungsdruck.

Ein Teil der an der Turbine verfügbaren Rotationsenergie wird für verschiedene Hilfsaggregate und über die Welle auch zum Antrieb des Verdichters verbraucht (→ Abb. 5.22).

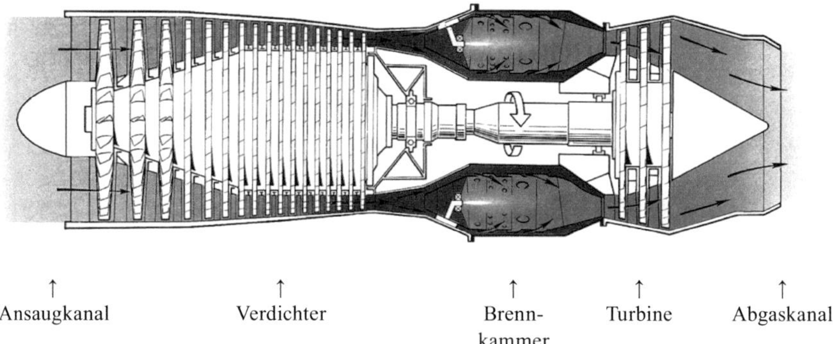

a

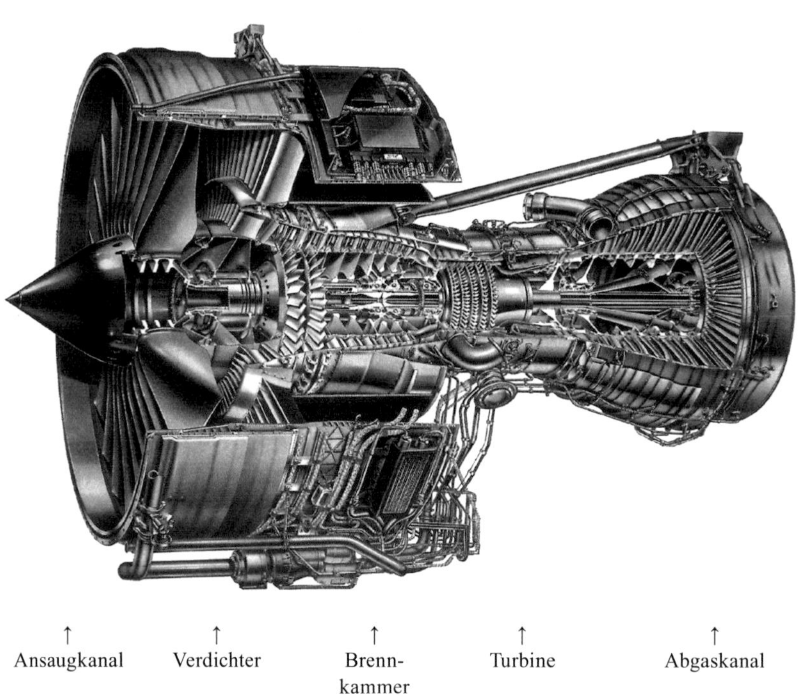

b

Abb. 5.21 Modelle für Turbinen-Luft-Strahltriebwerke zum Antrieb eines Flugzeugs
a Prinzipieller Aufbau eines Strahltriebwerks
b Praktische Ausführung eines Strahltriebwerks. Der größte Durchmesser beträgt etwa 2,80 m,
die Länge etwa 6 m.
Quelle: R. Koch, Institut für Thermische Strömungsmaschinen, Universität(TH) Karlsruhe

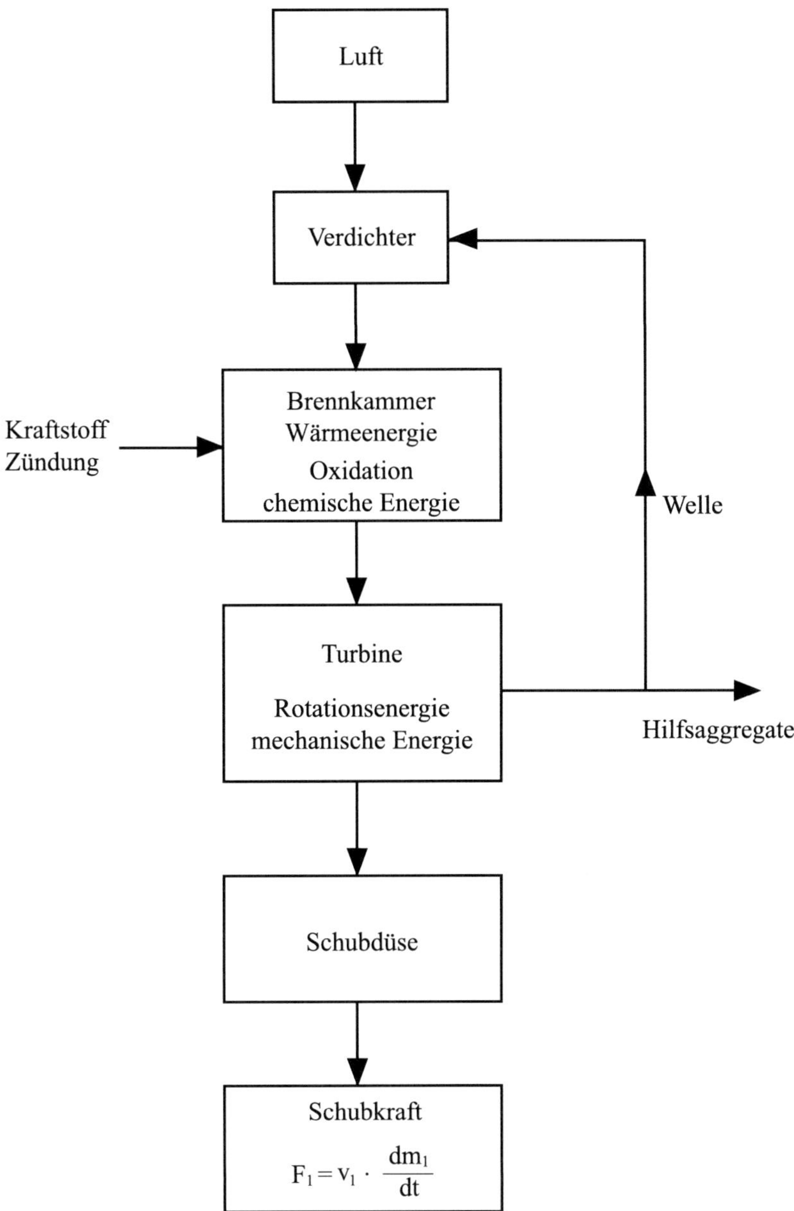

$$F_1 = v_1 \cdot \frac{dm_1}{dt}$$

Abb. 5.22 Schema der Arbeitsweise eines Strahltriebwerks

Die Wirkungsweise eines Strahltriebwerkes zum Antrieb eines Flugzeugs beruht auf dem Impulserhaltungssatz: die aus der Schubdüse nach hinten austretenden, heißen Verbrennungsgase verursachen einen Schub, der auf das Flugzeug in Vorwärtsrichtung wirkt. Die Masse der Verbrennungsgase, die die Schubdüse verlassen, sei mit m_1 bezeichnet. Diese Strahlmasse strömt mit konstanter, gerichteter Geschwindigkeit v_1 aus der Schubdüse. Dann beträgt der dem Gasstrahl innewohnende Impuls:

$P_1 = m_1 \cdot v_1$

Aus der zeitlichen Änderung dieses Impulses resultiert die Schubkraft F_1 auf das Flugzeug, welche zur Überwindung des Luftwiderstandes bei der Vorwärtsbewegung des Flugzeuges erforderlich ist:

$F_1 = dP_1/dt = d/dt\,(m_1 \cdot v_1)$

$\qquad = v_1 \cdot dm_1/dt + m_1 \cdot dv_1/dt$

Im stationären Zustand ist die Strahlgeschwindigkeit konstant:

$dv_1/dt = 0$

Damit ist die Vortriebskraft bzw. Schubkraft:

$F_1 = v_1 \cdot dm_1/dt$

Das bedeutet, dass die Kraft, die vom Gasstrahl auf das Flugzeug übertragen wird, gleich ist dem Produkt aus der konstanten Strahlgeschwindigkeit v_1 und der pro Sekunde ausströmenden Masse m_1 der Verbrennungsgase.

Die Luft als wesentlicher Bestandteil für die Verbrennung des Kraftstoffs und der Strahlmasse wirkt sich günstig auf die Gewichtsverhältnisse des Flugzeugs aus, doch sie benötigt – im Gegensatz zum Raketentriebwerk im Weltall – die umgebende Atmosphäre als notwendige Voraussetzung.

Es gibt verschiedene Varianten von Strahltriebwerken, doch ihre Weiterentwicklung zu mehr Leistung, einem höheren Wirkungsgrad und geringerer Lärmentwicklung führte nicht nur zu einer besseren Brennstoffausnutzung, d.h. zu einem vollständigeren Umsatz des Kraftstoffs in mechanische bzw. elektrische Energie sondern wegen der entstehenden hohen Temperaturen auch zu einer erhöhten Stickoxidbildung (NO_x). Dennoch ist der gesamte Schadstoffausstoß des Luftverkehrs geringer als der von Verbrennungskolbenmotoren (Otto- und Dieselmotoren) insgesamt. Der Anteil an der gesamten anthroprogenen, d.h. vom Menschen erzeugten NO_x-Emission wird für Strahltriebwerke mit etwa 3,5 % angegeben, allerdings mit stark steigender Tendenz. Dieser Anteil wird in einer Flughöhe von etwa 10000 m – in der oberen Troposphäre, die bis etwa 12000 m über dem Meeresspiegel reicht – abgegeben. Unter Einwirkung von UV-A-Strahlung kann hier Ozonbildung stattfinden. Welche Auswirkungen damit verbunden sind, ob sie für einen vermehrten Sommersmog in der Troposphäre oder zu einem Ausgleich für das Ozonloch in der sich an die Troposphäre nach oben anschließenden Stratosphäre beitragen, lässt sich noch nicht abschätzen.

Anmerkung: Die Stratosphäre reicht bis etwa 50000 m über dem Meeresspiegel.
Ozonloch, die Zerstörung der Ozonschicht, Sommersmog s. → Anhang, Umweltprobleme.

Während für stationäre Otto- und Dieselmotoren und auch für stationäre Gasturbinenanlagen Emissionsgrenzwerte in der Technischen Anleitung (TA) Luft festgeschrieben sind, werden Flugtriebwerke bislang davon ausgenommen. Es gibt lediglich eine Regulierungsbehörde, ICAO (International Civil Aviation Organization), die NO_x- und Rußwerte limitiert. Möglichkeiten zur Minderung der NO_x-Bildung, wie sie für Otto- und Dieselmotoren beschrieben wurden, eignen sich für Strahltriebwerke nicht. Der für die mitgeführten Mengen an Kraftstoff benötigte Abgaskatalysator müsste Abmessungen annehmen, die den Rauminhalt des Flugzeugs weit übersteigen würden. Das Augenmerk wird auf Primärmaßnahmen, d.h. auf verbrennungstechnische Maßnahmen gerichtet, auf die Kraftstoffzerstäubung und die Reduzierung der Flammentemperaturen, um weniger NO_x entstehen zu lassen. Damit dennoch eine vollständige Verbrennung des Kraftstoffs erreicht werden kann – sie erfordert hohe Temperaturen und genügend lange Verweilzeiten – werden verschiedene Konzepte diskutiert, beispielsweise:

- Die zweistufige Fett-Mager-Verbrennung erfordert eine spezielle Verbrennungsführung mit einer besonderen Gestaltung der Brennkammer (s. → Abb. 5.23).

- Die magere Vormischverbrennung erfordert vor der Verbrennung eine Mischung von Kraftstoff mit einem hohen Anteil an Luft. Die Flammentemperaturen werden dabei auf maximal 1600 °C beschränkt.

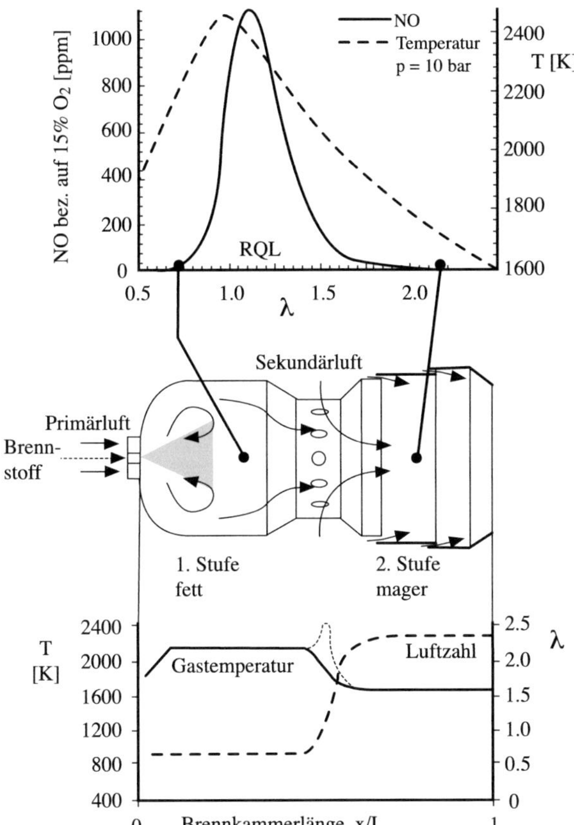

Abb. 5.23 Prinzip der gestuften Fett-Mager-Verbrennung
Quelle: J. Meisl, Institut für Thermische Strömungsmaschinen, Universität(TH) Karlsruhe

Die zweistufige Fett-Mager-Verbrennung

(Rich Burn - Quick Quench - Lean Burn (RQL)

Zur Minderung der NO_x-Bildung durch die zweistufige Fett-Mager-Verbrennung wird in einer ersten Stufe bei $\lambda < 1$ die Fett-Verbrennung durchgeführt. Die Luftmenge reicht nicht aus, um den Kraftstoff vollständig zu verbrennen. Trotz entstehender hoher Temperaturen schränkt Sauerstoffmangel die Bildung von Brennstoff-NO (aus dem Stickstoffgehalt des Kraftstoffs) und thermischem NO (aus der Luftverbrennung) ein. Wegen der unvollständigen Verbrennung des Kraftstoffs steht genügend Kohlenmonoxid CO zur Verfügung, um entstandenes NO zu Luftstickstoff N_2 zu reduzieren ($\rightarrow$ Abb. 5.12). Nach einer besonders konstruierten Brennkammer, die nach der Fett-Verbrennung eine Einschnürung erfährt, lässt man nun zusätzlich Luft für die Mager-Verbrennung $\lambda > 1$ einströmen, um die vollständige Verbrennung der bis jetzt nur unvollständig verbrannten Rauchgaskomponenten durchzuführen. Der Anteil der NO-Bildung ist dennoch nicht hoch, da weniger Kraftstoff im Verhältnis zur angesaugten Luftmenge niedrigere Verbrennungstemperaturen bedeuten.

Anmerkung: Da Kraftstoffe heute in den Erdölraffinerien bis auf geringe Anteile von Schwefel (im ppm-Bereich) entschwefelt werden, braucht eine Minderung des bei der Verbrennung entstehenden säurebildenden Schwefeldioxids (SO_2), wie bei den Verbrennungskolbenmotoren weder motortechnisch noch katalytisch berücksichtigt werden.

5.3   Chemische Reaktionen – Chemische Gleichgewichte von Elektrolyten in verdünnter wässriger Lösung

Salze, Säuren, Basen

Im Vergleich zu den Reaktionen von gasförmigen Reaktionspartnern, wie sie in den vorangegangenen Kapiteln behandelt wurden, ist es für chemische Reaktionen im kondensierten Zustand schwieriger, zu grundlegenden Gesetzmäßigkeiten zu kommen. Dennoch lässt auch hier das Massenwirkungsgesetz quantitative Aussagen zu, sofern man einige Einschränkungen zulässt:

- man betrachtet nur verdünnte wässrige Lösungen,

- Hauptkomponente ist Wasser als Lösemittel, die Nebenkomponente ist der gelöste Stoff,

- als gelösten Stoff betrachtet man nur Elektrolyte.

5.3.1 Elektrolyte

Elektrolyte sind Stoffe, die in Wasser gelöst, frei bewegliche positiv und negativ geladene Ionen bilden. Deren wässrige Lösungen leiten den elektrischen Strom. Die positiv geladenen Kationen wandern im elektrischen Feld zur Katode, die negativ geladenen Anionen zur Anode.

Stoffe, die sich wie Elektrolyte verhalten, d.h. in Wasser gelöst den Stromtransport besorgen, sind

- Verbindungen mit polarer Atombindung, wie Chlorwasserstoff HCl und Ammoniak NH_3,

- Verbindungen mit Ionenbindung, die sich in Wasser lösen, wie wasserlösliche Salze, z.B. Natriumchlorid NaCl.

Nicht anzuwenden ist das MWG beispielsweise für eine Lösung aus Zucker in Wasser oder aus wasserlöslichen Alkoholen wie Methyl- oder Ethylalkohol. Diese Verbindungen bilden keine Ionen, ihre Lösungen leiten den elektrischen Strom nicht, es sind *Nichtelektrolyte*. Ihre Löslichkeit beruht auf der Ausbildung von Wasserstoffbrücken zwischen ihren polaren Gruppen und den polaren Wassermolekülen.

Mit verdünnten wässrigen Lösungen – es sind homogene Gemische – will man in Analogie zu idealen Gasen einer ‚idealen Lösung' möglichst nahe kommen. In Näherung erreicht man eine ideale Lösung bei einer Konzentration des Elektrolyten von kleiner als 1 mol/l. Erst dann können die elektrostatischen Wechselwirkungen zwischen den positiv und negativ geladenen Ionen untereinander vernachlässigt und das MWG angewendet werden. Die Genauigkeit der Messgeräte und die experimentellen Ergebnisse rechtfertigen diese Näherung.

Ein Unterschied zu den idealen Gasen besteht in der Reaktionsgeschwindigkeit: Elektrolyte reagieren im Gegensatz zu Gasen momentan, das chemische Gleichgewicht stellt sich spontan ein.

Anmerkung: In höher konzentrierten Elektrolytlösungen müssen Wechselwirkungskräfte berücksichtigt werden. Positive und negative Ladungen kompensieren sich teilweise und treten als Elektrolyt nicht in Erscheinung. Die tatsächliche, wirksame Ionenkonzentration der Lösung – die Aktivität a – ist dann kleiner als die theoretische Konzentration, wenn die Verdünnung hinreichend groß wäre. Für die Bestimmung der Aktivität ist die Berechnung eines Aktivitätskoeffizienten notwendig, der empirisch bestimmt werden kann. Darauf wird nicht näher eingegangen. Die Aktivität a hat ebenfalls wie die Stoffmengenkonzentration c die Einheit mol/l. Beträgt die Dissoziation des Elektrolyten 100 %, dann ist für die Konzentration c = 1 mol/l die Aktivität a = 1.

5.3.2 Bildung einer Elektrolytlösung

Der Lösevorgang für Verbindungen mit polarer Atombindung

Verbindungen mit polarer Atombindung wie beispielsweise Chlorwasserstoff HCl und Ammoniak NH_3 (s. → Abb. 4.19) bilden Ionen, wenn sie in Wasser gelöst sind. Die dabei entstandenen positiv und negativ geladenen Ionen liegen dann getrennt, d.h. dissoziiert im Wasser vor. Sie werden zusätzlich von Wassermolekülen umhüllt, d.h. hydratisiert, da zwischen den elektrischen Ladungen der Ionen und dem Dipol Wassermolekül Anziehungskräfte auftreten (Ionen-Dipol-Anziehung s. → Abb. 4.50.). Die Hydratation – die Bezeichnung ist (aq) – wird in der Reaktionsgleichung normalerweise nicht angegeben.

Wird gasförmiger *Chlorwasserstoff HCl* – es ist ein polares Molekül $H^{\delta+}Cl^{\delta-}$ – in Wasser eingeleitet, das mit seinem Dipol ebenfalls ein polares Molekül $H^{\delta+}OH^{\delta-}$ darstellt, so erfolgt die Dissoziation, die Bildung einer Elektrolytlösung nach folgender Reaktionsgleichung:

$$HCl + H_2O \rightleftharpoons H_3O^+ + Cl^-$$
$$\text{Oxonium} + \text{Chloridion}$$

Ein freies Proton H^+ ist in Wasser nicht existenzfähig. Es lagert sich an ein freies, nichtbindendes (unbesetztes) Elektronenpaar des Wassermoleküls an. Die Bezeichnung für das einfach hydratisierte Proton H_3O^+ ist Oxonium. In wässrigen Lösungen, wenn man auf den Hydratationsgrad nicht eingehen will, wird dafür der Ausdruck *Wasserstoffion oder Hydrogenion* gebraucht. Daneben entsteht bei der obigen Reaktion ein ebenfalls hydratisiertes Chloridion Cl^--Ion, das nicht als Cl^-(aq) angeschrieben wird (s. auch → weiter unten bei NaCl).

Wird gasförmiger *Ammoniak NH₃* – es ist ein polares Molekül $N^{\delta-}H_3^{\delta+}$ – in Wasser eingeleitet, so erfolgt die Dissoziation, die Bildung einer Elektrolytlösung nach folgender Reaktionsgleichung:

$$NH_3 + HOH \rightleftharpoons NH_4^+ + OH^-$$
$$\text{Ammoniumion} + \text{Hydroxidion}$$

Ammoniak NH_3 nimmt von einem Wassermolekül ein Proton auf unter Bildung eines Ammoniumions NH_4^+. Dadurch wird die Bildung eines Hydroxidions OH^- veranlasst. Das Proton lagert sich an ein freies, nichtbindendes (unbesetztes) Elektronenpaar des NH_3-Moleküls an.

Beide Reaktionen, sowohl die Lösung von gasförmigem Chlorwasserstoff als auch die von gasförmigem Ammoniak in Wasser sind sehr begünstigt, da die bei der Dissoziation entstehenden Ionen stabile Teilchen mit Edelgaskonfiguration (acht Außenelektronen) sind. Es kommt allerdings auf den Reaktionspartner an, ob das Wassermolekül ein Proton aufnimmt, um ein positives Oxonium zu bilden oder ob das Wassermolekül ein Proton abgibt, damit ein negatives Hydroxidion entsteht.

Der Lösevorgang für Verbindungen mit Ionenbindung

Der Lösevorgang für NaCl unterscheidet sich von dem der polaren Moleküle HCl und NH_3. In einem Ionenkristall liegen die Kationen und Anionen bereits als Ionen vor. Beim Lösen mit Wasser erfolgt ein Angriff des polaren Wassermoleküls daher direkt auf die Ionen. Dabei muss die Gitterenergie, die bei der Bildung des Ionenkristalls abgegeben wird durch einen engergieliefernden Prozess aufgebracht werden.

Dem Angriff des Wassers sind zuerst die Ionen an der Oberfläche des Kristalls ausgeliefert, wie es in → Abb. 4.50 dargestellt ist. Es lagern sich die positiven Pole der polaren Wassermoleküle an die Cl^--Ionen und die negativen Pole der polaren Wassermoleküle an die Na^+-Ionen an. Die Ionen werden hydratisiert (aq), wobei die Hydrathülle umso größer ist, je höher die Ionenladung und je kleiner der Ionenradius ist. Das Lösemittel Wasser trennt also die Ionen aus der stabilen Ordnung des Kristalls heraus, d.h. das Salz *dissoziiert*.

Die Schreibweise für in Wasser gelöstes NaCl wäre folgerichtig

$$NaCl \text{ in Wasser gelöst } \longrightarrow Na^+(aq) + Cl^-(aq)$$

Anmerkung: Hydratisierte Metallkationen sind oftmals schön gefärbt, z.B. ist der $Cu^{2+}(aq)$-Ion im Kupfersulfat-Kristall $CuSO_4 \cdot 5\,H_2O$ schön blau und löst sich mit blauer Farbe in Wasser. Dagegen ist der $CuSO_4$-Kristall ohne Kristallwasser weiß, er nimmt erst beim Lösen in Wasser die Blaufärbung an. Das hydratisierte Na^+-Ion, das sich mit $6\,H_2O$ umgibt bleibt dagegen farblos. Hydratisierte Anionen sind nicht auffallend gefärbt.

Die Dissoziation, die Trennung der Ionen aus der Kristallstruktur wird begünstigt durch Lösemittel mit hoher Dielektrizitätskonstanten ε (s. $\rightarrow$ Glossar). Deren Zahlenwert beschreibt, wie stark die Moleküle des Lösemittels polarisiert sind, wodurch sich die zwischen den entgegengesetzt geladenen Ionen wirkende *Coulomb*-Anziehung vermindert. Je höher der Wert der Dielektrizitätskonstanten, desto höher ist der Dissoziationsgrad und entsprechend die elektrische Leitfähigkeit der Lösung. In Benzol löst sich NaCl nicht.

ε (20°C)	
Wasser	81
Methylalkohol	33
Benzol	5

Die Energie, die beim Lösevorgang zur Heraustrennung – Dissoziation – der Ionen aus der Kristallstruktur aufgebracht werden muss, nennt man *Hydratationsenergie* bzw. Hydratationsenthalpie. Der Lösevorgang ist begünstigt, wenn die Hydratationsenthalpie größer ist als die Gitterenergie, so dass insgesamt Energie frei wird, d.h. der Lösevorgang exotherm abläuft. Bei schwerlöslichen Ionenverbindungen ist dagegen die Gitterenergie größer als die Hydratationsenthalpie.

In Wirklichkeit ist der Lösevorgang sehr viel komplizierter. Er hängt von einigen weiteren Einzelschritten ab, ebenso von den unterschiedlichen Bindungskräften vor und nach dem Lösevorgang und auch hier gilt, dass der Lösevorgang letztendlich nur dann freiwillig ablaufen kann, wenn das System zu einem Energieminimum und einem Entropiemaximum tendiert.

Es gibt Salze, bei denen die Hydratationsenthalpie nicht ausreicht, um die Gitterenergie zu kompensieren, dennoch findet der Lösevorgang statt: denn die Entropie, die Unordnung nimmt beim Übergang vom geordneten kristallinen Zustand zum ungeordneten gelösten Zustand der Ionen zu. Ein Beispiel dafür ist das Lösen von Kaliumchlorid KCl. Der Lösevorgang läuft hier endotherm ab, die erforderliche Hydratationsenthalpie wird dem System entnommen: Löst man KCl in Wasser, so wird die Lösung kalt.

Unpolare Lösemittel, wie Alkane oder Alkangemische (Benzin, Diesel), Benzol u.a. können polare Verbindungen und Ionenkristalle nicht lösen. Zwischen einem polaren Teilchen und einem unpolaren Lösemittel wirken keine hinreichend großen Anziehungskräfte, die Dissoziation kann hier durch Solvatation nicht eingeleitet werden.

Anmerkung: Bei nichtwässrigen Lösemitteln spricht man nicht von Hydratation, sondern von *Solvatation*.

5.3.3 Das Löslichkeitsprodukt

Die *Löslichkeit* ist eine charakteristische Eigenschaft eines Stoffes. Unter Löslichkeit versteht man die maximale Menge eines Stoffes, die sich bei einer bestimmten Temperatur in einem Lösemittel z.B. in Wasser löst. Eine Lösung, die die maximal lösliche Stoffmenge enthält, nennt man eine *gesättigte Lösung*. Sie liegt vor, wenn der feste Bodenkörper des gelösten Stoffes mit der Lösung im Gleichgewicht steht. Eine gesättigte Lösung betrachtet man daher als ein heterogenes Gleichgewicht (heterogene Gleichgewichte fest-gasförmig s. → Abschn. 5.1.1). Der feste Bodenkörper muss zwar anwesend sein, doch es ist unerheblich in welcher Konzentration er vorliegt.

Im Folgenden wird auf die Löslichkeit von *Ionenverbindungen* in Wasser eingegangen. Manche Ionenverbindungen lösen sich sehr gut, beispielsweise Natriumchlorid $NaCl$; andere sind schwerlöslich, beispielsweise Calciumcarbonat $CaCO_3$, Calciumsulfat $CaSO_4$, Silberchlorid $AgCl$, Bleisulfat $PbSO_4$ oder Aluminiumoxid $\alpha\text{-}Al_2O_3$.

Anwendung des MWG auf die Löslichkeit von Ionenverbindungen

Das MWG lässt sich auf eine gesättigte Lösung von Ionenverbindungen, also auf ein fest-flüssiges System anwenden, z.B. auf eine gesättigte Calciumcarbonat $CaCO_3$-Lösung. Somit kommt man zu einer Konstanten, die eine Aussage über die Löslichkeit einer Verbindung macht.

Dissoziation von Calciumcarbonat $CaCO_3$ in Wasser:

In einer gesättigten Lösung steht $CaCO_3$ als Bodenkörper im Gleichgewicht mit der maximal löslichen Stoffmenge der Ionen.

$$CaCO_3 \;\rightleftharpoons\; Ca^{2+} + CO_3^{2-}$$

$$\text{Bodenkörper} \;\rightleftharpoons\; \text{Ionen der Lösung}$$

Allgemeine Formulierung:

$$AB \;\rightleftharpoons\; A^+ + B^-$$

Nach dem MWG bildet das Produkt der Konzentrationen der Endstoffe (Produkte) dividiert durch das Produkt der Konzentrationen der Ausgangsstoffe (Edukte) bei einer bestimmten Temperatur eine Konstante K_c.

$$K_c = \frac{c_{A^+} \cdot c_{B^-}}{c_{AB}} \quad c \text{ in mol } l^{-1} \quad \text{oder} \quad K_c = \frac{[A^+] \cdot [B^-]}{[AB]}$$

Da nun der Bodenkörper AB in einer gesättigten Lösung in großem Überschuss vorhanden ist und seine Konzentration als konstant angesehen werden kann, wird er im MWG nicht berücksichtigt. Die neue Gleichgewichtskonstante wird *Löslichkeitsprodukt* L_{AB} der Ionenverbindung AB bezeichnet, es ist von der Temperatur der Lösung abhängig. Die Konzentrationen der Ionen werden in [mol/l] eingesetzt.

$$L_{AB} = [A^+] \cdot [B^-] \qquad\qquad L_{AB} \text{ in mol}^2 \, l^{-2}$$

Wird die Konzentration einer der Ionenarten A^+ oder B^- erhöht, so ist die Lösung *übersättigt*:

$$[A^+] \cdot [B^-] \; > \; L_{AB}$$

Das Löslichkeitsprodukt ist somit überschritten, es fällt so lange festes AB aus, bis die Lösung wieder die Sättigungskonzentration aufweist.

Werden die Ionenkonzentrationen erniedrigt, z.B. durch Verdünnen der gesättigten Lösung, so wird die Lösung *ungesättigt:*

$$[A^+] \cdot [B^-] \; < \; L_{AB}$$

Das Löslichkeitsprodukt ist somit unterschritten, es muss sich so lange Bodenkörper AB auflösen bis die Sättigung der Lösung wieder erreicht ist.

Tabelle 5.4 Löslichkeitsprodukt einiger schwerlöslicher Ionenverbindungen (25 °C)

Verbindung	L_{AB} $mol^2 \, l^{-2}$
$CaCO_3$ Calciumcarbonat	$4{,}7 \cdot 10^{-9}$
$CaSO_4$ Calciumsulfat	$2{,}4 \cdot 10^{-5}$
$AgCl$ Silberchlorid	$1{,}7 \cdot 10^{-10}$
$PbSO_4$ Bleisulfat	$1{,}6 \cdot 10^{-8}$

Praktische Bedeutung des Löslichkeitsprodukts

Durch Ausbildung einer schwer löslichen Verbindung, deren Löslichkeitsprodukt sehr klein ist, kann man die reaktionsträgen Ionen (sie haben eine stabile Edelgaskonfiguration) in einer Lösung zur Reaktion bringen. Davon macht man beispielsweise bei Trennungsvorgängen in der analytischen Chemie, in der Verfahrenstechnik und bei elektrochemischen Vorgängen Gebrauch.

Beispiele:
Vor der Schmelzflusselektrolyse zur Reindarstellung von Al wird Eisen als schwerlösliches Hydroxid $Fe(OH)_3$ abgetrennt s. → Abschn. 5.4.2.
Schwerlöslichkeit von Calciumcarbonat $CaCO_3$, s. Kesselsteinbildung → Abschn. 5.3.6.
Die Verwendung von schwerlöslichem Silberchlorid $AgCl$ und Quecksilber(I)-chlorid Hg_2Cl_2 für Bezugselektroden (Elektroden 2. Art) ermöglichen eine konstante Ionenkonzentration und dadurch eine konstante Spannung von $+\,0{,}20$ bzw. $+\,0{,}284$ V s. → Abschn. 5.4.2.
Die Schwerlöslichkeit von Bleisulfat $PbSO_4$ ermöglicht das reversible Laden und Entladen des Blei-Akkus und eine konstante Spannung von 2 V s. → Abschn. 5.4.3.
Der Korrosionsschutz durch Phosphatieren beruht auf der Schwerlöslichkeit von Zinkphosphat $Zn_3(PO_4)_3 \cdot 4\,H_2O$ s. → Abschn. 5.3.5.
In der Natur kommen die meisten Metalle – Ausnahme machen die Edelmetalle – in Form ihrer beständigen, schwerlöslichen Salze oder Oxide vor.

5.3.4 Säuren und Basen, Protolysereaktionen

Theorie nach Brönsted 1923

(Johannes Nicolaus Brønsted 1879–1947, dänischer Chemiker)

Nach der Säure-Basen-Theorie von *Brönsted* ist eine Säure ein Stoff, der ein Proton H^+ abgeben kann, er ist ein Protonendonator. Eine Base ist ein Stoff, der ein Proton H^+ aufnehmen kann, er ist ein Protonenakzeptor.

Jede Säure bildet bei Abgabe des Protons zugleich eine entsprechende Base, man nennt sie konjugierte – auch korrespondierende – Base, die prinzipiell durch Aufnahme eines Protons wieder in die Säure zurückverwandelt werden kann. Eine Säure bildet zusammen mit der konjugierten Base jeweils ein *Säure-Basen-Paar*, das als Gleichgewicht dargestellt wird.

Beispiele sind folgende Gleichgewichte:

	Säure $\rightleftharpoons$ H^+ + konjugierte Base	Säure-Basen-Paar
Chlorwasserstoff	$HCl \rightleftharpoons H^+ + Cl^-$	HCl/Cl^-
Schwefelsäure	$H_2SO_4 \rightleftharpoons H^+ + HSO_4^-$	H_2SO_4/HSO_4^-
Hydrogensulfation	$HSO_4^- \rightleftharpoons H^+ + SO_4^{2-}$	HSO_4^-/SO_4^{2-}
Ammoniumion	$NH_4^+ \rightleftharpoons H^+ + NH_3$	NH_4^+/NH_3
Hydrogencarbonation	$HCO_3^- \rightleftharpoons H^+ + CO_3^{2-}$	HCO_3^-/CO_3^{2-}

Da einzelne Protonen nicht existenzfähig sind und die Anwesenheit einer Base erfordern, die das Proton aufnimmt, muss ein zweites Säure-Basen-Paar anwesend sein. In einem wässrigen System wird das Wassermolekül mit in die Gleichgewichtsreaktion einbezogen und beteiligt sich als zweites Säure-Basen-Paar.

In einer wässrigen Lösung werden die Gesamtreaktionen folgendermaßen formuliert:

	Säure-Basen-Paar$_1$	Säure-Basen-Paar$_2$
$HCl + H_2O \rightleftharpoons H_3O^+ + Cl^-$	HCl/Cl^-	H_3O^+/H_2O
$H_2SO_4 + H_2O \rightleftharpoons H_3O^+ + HSO_4^-$	H_2SO_4/HSO_4^-	H_3O^+/H_2O
$HSO_4^- + H_2O \rightleftharpoons H_3O+ + SO_4^{2-}$	HSO_4^-/SO_4^{2-}	H_3O^+/H_2O
$NH_4^+ + H_2O \rightleftharpoons H_3O^+ + NH_3$	NH_4^+/NH_3	H_3O^+/H_2O
$HCO_3^- + H_2O \rightleftharpoons H_3O^+ + CO_3^{2-}$	HCO_3^-/CO_3^{2-}	H_3O^+/H_2O
$Säure_1 + Base_2 \rightleftharpoons Säure_2 + Base_1$	$Säure_1/Base_1$	$Säure_2/Base_2$
Übereinkunft: Bei der Angabe eines Säure-Basen-Paares steht die Säure stets links.		

Diese Säure-Basen-Reaktionen werden *Protonenübertragungsreaktionen* oder *Protolysereaktionen* genannt. Es geht hier nur um die *Übertragung von Protonen*. An der Protolyse sind also zwei Säure-Basen-Paare beteiligt, wobei sich zwischen ihnen ein Gleichgewicht einstellen kann. Wie aus den oben angegebenen Gleichgewichten zu ersehen ist, können Moleküle z.B. NH_3 sowie die Säurereste Cl^-, HSO_4^-, SO_4^{2-}, CO_3^{2-} als Basen reagieren. Es können Moleküle wie H_2SO_4 sowie die Säurereste HSO_4^-, HCO_3^- und das Kation NH_4^+ als Säuren reagieren. Säuren und Basen sind keine fixierten Stoffklassen, sie werden nach ihrer Funktion definiert.

Die angeführten Gleichgewichte geben zugleich von oben nach unten eine Abnahme der Säurestärke und eine Zunahme der Basenstärke an. Das bedeutet, dass für HCl das Gleichgewicht in Wasser vollkommen nach der rechten Seite verschoben ist, es liegen viele H_3O^+-Ionen vor. Diese so genannte Salzsäure ist eine starke Säure. Dagegen ist das Carbonation CO_3^{2-} in wässriger Lösung nicht beständig, das Gleichgewicht ist nach links verschoben, es liegt in wässriger Lösung unter Aufnahme eines Protons als Hydrogencarbonation HCO_3^- vor. Das CO_3^{2-}-Ion ist somit eine starke Base.

Allgemein gilt: Eine starke Säure ist mit einer schwachen Base konjugiert. Das Gleichgewicht liegt auf der rechten Seite. Eine schwache Säure ist mit einer starken Base konjugiert. Das Gleichgewicht liegt auf der linken Seite.

Autoprotolyse des Wassers, das Protolysegleichgewicht des Wassers

Für Reaktionen in wässrigem Medium hat das Wassermolekül eine besondere Bedeutung, wie aus den vorangehenden Reaktionen ersichtlich ist. Es ermöglicht die Lösung, die Dissoziation von polaren Verbindungen und Ionenverbindungen und wird für die Protonenübertragung bei der Säure-Basen-Theorie nach *Brönsted* mit einbezogen.

Als sinnvoll hat es sich erwiesen, eine *Autoprotolyse* des Wassermoleküls zu formulieren, was zu einer weiteren Übereinkunft führte: *Wasser wird als neutrales Medium* bezeichnet.

Das Protolysegleichgewicht des Wassers wird folgendermaßen formuliert:

$$H_2O \; + \; H_2O \; \rightleftharpoons \; H_3O^+ \; + \; OH^-$$

Säure$_1$ Base$_2$ Säure$_2$ Base$_1$

Säure-Basen-Paar 1: H_2O/OH^-
Säure-Basen-Paar 2: H_3O^+/H_2O

Diese Formulierung zeigt, das Wassermolekül kann sowohl als Säure wie als Base wirken, Wasser verhält sich *amphoter*. Man bezeichnet Wasser als *Ampholyt* (gr. beide), es richtet sein Verhalten nach dem Partner. Das Wassermolekül kann ein Proton abgeben, dann reagiert es als Säure wie es das Säure-Basen-Paar 1 zeigt. Betrachtet man die im Gleichgewicht gekoppelte Reaktion, so verhält sich das Wassermolekül als Base, es kann ein Proton aufnehmen, wie es das Säure-Basen-Paar 2 zeigt.

Auf das (Auto-)Protolysegleichgewicht des Wassers kann das MWG angewendet werden:

$$K_c = \frac{[H_3O^+] \cdot [OH^-]}{[H_2O]^2}$$

Bei der geringen elektrischen Leitfähigkeit von sehr reinem Wasser, was einen äußerst geringen Dissoziationsgrad anzeigt, ist es verständlich, dass für die Dissoziation $K_c \ll 1$ gilt, das bedeutet, dass das Gleichgewicht praktisch vollständig auf der Seite der undissoziierten H_2O-Moleküle liegt. Dem Konzentrationsglied Wasser $[H_2O]^2$ kommt praktisch die Gesamtkonzentration des Wassers gleich. Die Stoffmengenkonzentration Wasser $[H_2O]$ beträgt pro Liter $1000 : 18 = 55{,}5 \ \text{mol} \ l^{-1}$ (molare Masse des Wassers ist $18 \ \text{g mol} \ l^{-1}$). Man bezieht diese Konzentration in die Gleichgewichtskonstante K_c mit ein und erhält so die neue Beziehung:

$$K_c\,[H_2O]^2 = [H_3O^+] \cdot [OH^-] = K_w$$

K_w nennt man das *Ionenprodukt des Wassers*, es beträgt $10^{-14} \ \text{mol}^2 \ l^{-2}$ bei 25°C.

Da Wasser gemäß Übereinkunft als *neutrales Medium* bezeichnet wird, gilt für eine neutrale Lösung:

$$[H_3O^+] \cdot [OH^-] = 1 \cdot 10^{-14} \ \text{mol}^2 \ l^{-2}$$

Im neutralen Wasser ist die $[H_3O^+]$ gleich der $[OH^-]$. Daraus ergibt sich für die H_3O^+-Ionen eine Konzentration von $10^{-7} \ \text{mol} \ l^{-1}$:

$$[H_3O^+] = [OH^-] = \sqrt{K_w} = 10^{-7} \ \text{mol} \ l^{-1}$$

Analog zur Protonenübertragung bei der Säure-Basen-Theorie nach *Brönsted* gibt man stets die Konzentration der H_3O^+-Ionen an, also die *Acidität*. Von der Konzentration der OH^--Ionen wird kein Gebrauch gemacht, es geht nur um die Übertragung von Protonen.

Der pH-Wert

Für eine neutrale Lösung ist die Angabe von $[H_3O^+] = 10^{-7} \ \text{mol} \ l^{-1}$ eine unpraktische Größe, deshalb wurde der *pH-Wert* eingeführt.

Der pH-Wert ist der negative Logarithmus des Zahlenwertes der Konzentration der H_3O^+-Ionen.

$$pH = -\lg [H_3O^+]$$

Für eine neutrale Lösung mit $[H_3O^+] = 10^{-7} \ \text{mol} \ l^{-1}$ ergibt sich daraus $pH = 7$.

Nimmt die $[H_3O^+]$ zu, beträgt sie z.B. $10^{-4} \ \text{mol} \ l^{-1}$, so ergibt sich daraus $pH = 4$,

d.h. für eine saure Lösung mit $[H_3O^+] > 10^{-7} \ \text{mol} \ l^{-1}$ wird der pH-Wert < 7

Nimmt die $[H_3O^+]$ ab, beträgt sie z.B. $10^{-10} \ \text{mol} \ l^{-1}$, so ergibt sich daraus $pH = 10$,

d.h. für eine alkalische Lösung mit $[H_3O^+] < 10^{-7} \ \text{mol} \ l^{-1}$ wird der pH-Wert > 7

pH und pOH ergänzen sich zu 14: $pH + pOH = 14$

Um den pH-Wert einer Lösung festzustellen, gibt es elektrische pH-Messgeräte, die auf 0,1 pH-Einheiten genau messen. Eine einfachere Messmethode ist die Bestimmung mit Universal-Indikatorpapier. Es ist ein mit mehreren Indikatorlösungen imprägniertes Filterpapier, das bei kurzem Eintauchen je nach pH-Wert der Lösung eine bestimmte Farbe annimmt. Der pH-Wert kann mit einer Vergleichsfarben-Scala festgestellt werden.

Säurestärken

Die quantitative Anwendung des MWG führt zu Zahlenwerten für die Säurestärke.

Die Protolysereaktion für eine Säure der allgemeinen Formel HA lautet (H Proton, A Säurerest):

$$HA + H_2O \rightleftharpoons H_3O^+ + A^-$$

$$K_c = \frac{[H_3O^+] \cdot [A^-]}{[HA] \cdot [H_2O]}$$

Da auch hier die Gesetzmäßigkeiten nur für verdünnte wässrige Lösungen gelten, wird die Konzentration des Wassers $[H_2O]$, das im großen Überschuss vorhanden ist, als konstant betrachtet und mit in die Konstante K_c einbezogen So kommt man zu der Beziehung:

$$K_c\,[H_2O] = \frac{[H_3O^+] \cdot [A^-]}{[HA]} = K_S$$

Die Gleichgewichtskonstante wird *Säurekonstante* K_S genannt.

Um auch hier zu einfachen Zahlen zu kommen, formuliert man die pK_S-Werte als

$$pK_S = -\lg K_S$$

Allgemein gilt: Je stärker eine Säure ist, desto höher ist die Säurekonstante K_S, desto kleiner wird der pK_S-Wert. Für pK_S-Werte gibt es Tabellen s. → Tabelle 5.5 für ausgewählte Säuren. Meistens gibt man nur eine qualitative Abgrenzung an zwischen starken, mittelstarken und schwachen Säuren. Wichtig sind zwei Grenzfälle:

Für starke Säuren ist $\quad K_S > 1 \quad\qquad$ daraus ergibt sich $pK_S < 0$.

Für schwache Säuren ist $K_S < 10^{-4} \qquad$ daraus ergibt sich $pK_S > 4$.

Tabelle 5.5 pK_S-Werte einiger ausgewählten Säure/Basen-Paare bei 25°C
Oben stehen die starken Säuren, unten die starken Basen. Der letzte pK_S-Wert in der Tabelle sagt aus, dass lösliche Oxide sehr starke Basen sind. Lösliche Oxide sind in Wasser nicht beständig, sie bilden Hydroxide.

Säure-Basen-Paar	$pK_S = - lgK_S$ (25 °C)
HCl/Cl^-	-7
H_2SO_4/HSO_4^-	$-3,0$
H_3O^+/H_2O	$-1,74$
HNO_3/NO_3^-	$-1,37$
HSO_4^-/SO_4^{2-}	$+1,96$
$H_3PO_4/H_2PO_4^-$	$+2,16$
HF/F^-	$+3,18$
CH_3COOH/CH_3COO^-	$+4,75$
$CO_2 + H_2O/HCO_3^-$	$+6,35$
HSO_3^-/SO_3^{2-}	$+7,20$
$H_2PO_4^-/HPO_4^{2-}$	$+7,21$
NH_4^+/NH_3	$+9,25$
HCO_3^-/CO_3^{2-}	$+10,33$
HPO_4^{2-}/PO_4^{3-}	$+12,32$
H_2O/OH^-	$+15,74$
OH^-/O^{2-}	$+29$

Basenstärken

Da eine starke Säure zwangsläufig eine schwache Base nach sich zieht und umgekehrt, kann man aus den pK_S-Werten die Basenstärken pK_B über das Ionenprodukt des Wassers berechnen:

$$pK_S + pK_B = 14$$
$$pK_B = 14 - pK_S$$

Für pK_B-Werte gibt es keine Tabellen, sie werden – wenn erforderlich – stets aus den pK_S-Werten berechnet.

Neutralisation

Unter einer Neutralisationsreaktion versteht man die Umsetzung einer Säure mit einer Base.

Beispiel:
Die Neutralisationsreaktion von HCl mit NaOH in wässriger Lösung:

$$H_3O^+ + Cl^- + Na^+ + OH^- \longrightarrow 2\,H_2O + Na^+ + Cl^-$$

Die eigentliche Neutralisationsreaktion besteht darin, dass ein Proton von der Säure H_3O^+ auf die Base OH^- übertragen wird unter Bildung eines undissoziierten Wassermoleküls H_2O, denn H_3O^+ und OH^- sind nebeneinander nicht beständig, Wasser liegt praktisch immer undissoziiert vor.

$$H_3O^+ + OH^- \longrightarrow 2\,H_2O \qquad \Delta H^0 = -114{,}8\ kJ$$
$$\Delta H^0 = -57{,}4\ kJ/mol$$

Na^+ und Cl^- bleiben vor und nach der Neutralisation unverändert in Lösung, es sind stabile Teilchen mit Edelgaskonfiguration.

Pufferlösungen

Pufferlösungen sind in der Lage, trotz Zugabe von Säure oder Base – wenn diese beispielsweise im Verlauf einer chemischen Reaktion entstehen – den pH-Wert einer Lösung weitgehend konstant zu halten.

Pufferlösungen bestehen aus einem Gemisch einer schwachen Säure bzw. Base und einem Salz dieser Säure bzw. Base.

Anmerkung: Pufferlösungen sind vor allem im biologischen Bereich von besonderer Bedeutung. Stoffwechselvorgänge müssen bei konstanten pH-Werten ablaufen. Essen wir sauren Salat oder trinken wir Zitronensaft, so darf der pH-Wert im Magen und Darm nicht verändert werden. Es müssen Puffersysteme vorhanden sein, die die H_3O^+ auffangen, damit die Zellen von Magen und Darm nicht zerstört werden.

» *Qualitative (vereinfachte)Beschreibung einer Pufferwirkung am Beispiel des Acetatpuffers*

Dieser Puffer besteht aus einer Mischung aus gleichen Volumenteilen:

- Essigsäure CH_3COOH und einer

- Lösung von Natriumacetat $CH_3COO^-Na^+$ (Natriumsalz der Essigsäure).

Liegen beide in der gleichen Konzentration vor z.B. mit 0,1 mol/l, dann beträgt der pH-Wert des Puffers ca. 5. Bei Zugabe einer Säure oder Base, d.h. von H_3O^+- bzw. OH^--Ionen hält der Puffer den pH-Wert in diesem Bereich solange aufrecht, wie die Konzentration (Kapazität) der Pufferlösung z.B. von 0,1 mol/l ausreicht.

Pufferwirkung:

$$CH_3COOH + H_2O \underset{+\,H_3O^+}{\overset{+\,OH^-}{\rightleftharpoons}} CH_3COO^- + H_3O^+$$

Zugabe von H_3O^+-Ionen:

H_3O^+-Ionen werden von den vorliegenden Acetat-Anionen CH_3COO^- gepuffert. Das obige Gleichgewicht verschiebt sich nach links, es entsteht undissoziierte CH_3COOH.

Reicht die Konzentration der Acetat-Anionen für die zugegeben H_3O^+-Ionen nicht aus, nimmt der pH-Wert schnell ab.

Zugabe von OH^--Ionen:

OH^--Ionen werden von der Essigsäure CH_3COOH gepuffert. OH^--Ionen sind in Gegenwart von H^+- bzw. H_3O^+-Ionen nicht beständig, es bildet sich H_2O. Die Essigsäure muss für die Gleichgewichtseinstellung H^+- bzw. H_3O^+-Ionen nachliefern, so dass Acetat-Ionen enstehen. Das obige Gleichgewicht verschiebt sich nach rechts.

Reicht die Konzentration der Essigsäure für die zugegeben OH^--Ionen nicht aus, steigt der pH-Wert schnell an. (Ausführlich siehe Bücher der Anorganischen Chemie)

5.3.5 Einige technisch wichtige Säuren und Basen

Fluorwasserstoffsäure

Wasserfreier Fluorwasserstoff HF ist eine stark riechende und rauchende Flüssigkeit, Sdp. 20 °C. In Wasser gelöst, entsteht Fluorwasserstoffsäure, die unter dem Namen Flusssäure bekannt ist. Flusssäure ist eine mittelstarke Säure, $pK_S = 3{,}18$, die Protolysereaktion zu $H_3O^+ + F^-$ ist nicht vollständig. Die handelsübliche Flusssäure hat einen Massenanteil von etwa 38 % an HF. Dichte etwa $1{,}138$ g/cm^3.

$$HF \quad + \quad H_2O \quad \rightleftharpoons \quad H_3O^+ + F^-$$

Fluorwasserstoff   +   Wasser   Fluorwasserstoffsäure
                                            Flusssäure

Ihre Salze nennt man *Fluoride*, z.B. Calciumfluorid CaF_2, als Mineral hat es den Namen Flussspat oder Fluorit. Flusssäure löst zahlreiche Metalle unter Wasserstoffentwicklung und Bildung des Metallfluorids. Gold und Platin werden von Flusssäure nicht angegriffen. Eine bekannte Eigenschaft ist ihre Fähigkeit, Quarz, Quarzglas und Silicate anzugreifen, zu ätzen. Mit Siliciumdioxid, dem Hauptbestandteil des Glases, bildet sich gasförmiges Siliciumtetrafluorid:

$$SiO_2 + 4\,HF \quad \longrightarrow \quad SiF_4{\uparrow} + 2\,H_2O$$

Chlorwasserstoffsäure, Salzsäure

Leitet man Chlorwasserstoff HCl, ein farbloses, stechend riechendes Gas in Wasser ein, so entsteht Chlorwasserstoffsäure, auch unter dem Namen *Salzsäure* bekannt. Das Gleichgewicht der Protolysereaktion liegt praktisch vollständig auf der rechten Seite bei $H_3O^+ + Cl^-$, was durch den einfachen Pfeil angezeigt wird. Salzsäure ist eine sehr starke Säure, $pK_S = -7$.

$$HCl + H_2O \quad \longrightarrow \quad H_3O^+ + Cl^-$$

Chlorwasserstoffgas + Wasser $\longrightarrow$ Chlorwasserstoffsäure
                                                  Salzsäure

Konzentrierte Salzsäure mit einem Massenanteil von 36 bis 38 % an HCl-Gas ist eine stechend riechende, stark ätzende, jedoch nichtoxidierende, farblose bis gelbliche Flüssigkeit, die an der Luft zur Nebelbildung neigt und daher ‚rauchende Salzsäure' genannt wird. Dichte 1,19 g/cm^3. Der azeotrope Siedepunkt (s. → Glossar) liegt für 20-%ige Salzsäure bei 108° C. Sie greift alle technisch wichtigen, unedlen Metalle an wie Zn, Al, Fe u.a. Ihre Salze nennt man *Chloride* z.B. Natriumchlorid NaCl (Kochsalz), das als Mineral unter dem Namen Steinsalz bekannt ist.

Schwefelsäure H_2SO_4

Wasserfreie Schwefelsäure ist eine ölig-dicke, farblose Flüssigkeit mit einer Dichte von 1,8269 g/cm^3, Sdp. 280 °C. Die H_2SO_4-Moleküle sind über Wasserstoffbrücken miteinander vernetzt.

In den Handel kommt Schwefelsäure mit einem Massenanteil von 98 % an H_2SO_4, die azeotrop bei 338 °C siedet (s. → Glossar). Besonders gefährlich ist es, Wasser in konzentrierte Schwefelsäure zu gießen, um verdünnte Schwefelsäure herzustellen. Die Reaktion mit Wasser ist stark exotherm, unter heftigen Spritzen kann sogar Siedetemperatur erreicht werden. Ihre wasserentziehende und zugleich oxidative Wirkung zerstört Haut, Kleidung, Papier, Holz, d.h. alle organischen Substanzen. Die Verdünnung von Schwefelsäure muss stets so erfolgen, dass die erforderliche Menge an Schwefelsäure tropfenweise in Wasser gegossen wird.

In wässriger Lösung ist die Schwefelsäure eine starke Säure (1). Die Protolysereaktion erfolgt in zwei Stufen:

$$(1) \qquad H_2SO_4 + H_2O \; \rightleftharpoons \; H_3O^+ + HSO_4^- \quad pK_S = -3,0$$

$$(2) \qquad HSO_4^- + H_2O \; \rightleftharpoons \; H_3O^+ + SO_4^{2-} \quad pK_S = +1,96$$

Erst bei hinreichender Verdünnung beginnt die zweite Stufe (2) der Protolysereaktion. Es leiten sich zwei Reihen von Salzen ab, die Hydrogensulfate mit dem Anion HSO_4^-, z.B. Natriumhydrogensulfat $NaHSO_4$ sowie die Sulfate mit dem Anion SO_4^{2-}, z.B. Natriumsulfat Na_2SO_4.

Verdünnte Schwefelsäure greift unedle Metalle unter Wasserstoffentwicklung an. Die heiße, konzentrierte Säure mit stark oxidativer Wirkung löst Kupfer, Silber sowie Quecksilber und geht dabei in Schweflige Säure H_2SO_3 über, die nicht beständig ist, es entsteht $H_2O + SO_2$. Gold und Platin werden von konzentrierter Schwefelsäure nicht gelöst.

Die wasserentziehende Eigenschaft der konzentrierten Schwefelsäure wird als Trocknungsmittel z.B. zur Gaswäsche ausgenützt.

Schwefelsäure ist eines der wichtigsten technischen Produkte, eine Grundchemikalie. Neben der Verwendung zur Synthese von Düngemitteln, Farbpigmenten u.a., wird sie als Akku-Säure sowie zum Beizen und Entzundern (s. unter Salpetersäure) verwendet. Auf Stahl kann hochkonzentrierte Schwefelsäure (>70 %) schwerlösliche Schutzschichten von Eisensulfat bilden.

Salpetersäure HNO_3

Neben Salzsäure und Schwefelsäure zählt Salpetersäure zu den wichtigsten Säuren in der Technik.

Unverdünnte Salpetersäure ist eine Flüssigkeit mit einem Sdp. von 84 °C. Sie ist farblos bis gelblich und stark ätzend, zersetzt sich jedoch bei Lichteinwirkung unter Braunfärbung und wird daher in braunen Flaschen aufbewahrt. Salpetersäure ist eine starke Säure (pK$_S$ −1,37). Protolysereaktion:

$$HNO_3 + H_2O \longrightarrow H_3O^+ + NO_3^-$$

Konzentrierte Salpetersäure (Dichte 1,41 g/cm³) hat einen Massenanteil von 69 % an HNO_3 und siedet bei 122 °C als azeotropes Gemisch (s. → Glossar). Sie hat stark oxidierende Eigenschaften, Sie bildet auf den Metallen Chrom, Aluminium und Eisen eine dichte, fest haftende Oxidhaut, die das darunterliegende Metall vor weiterem Angriff schützt. Diese Passivierung ist von technischer Bedeutung. Sie ermöglicht, mit konzentrierter Salpetersäure in Gefäßen aus Eisen oder Aluminium zu arbeiten.

Kupfer, Silber und Quecksilber werden von konzentrierter Salpetersäure oxidativ angegriffen, darauf beruht ihre Eigenschaft als *Ätzmittel*. Auf Gold und Platin hat selbst heiße konzentrierte Salpetersäure keinen Einfluss. Mit einem Massenanteil von 50 % kann sie als ‚Scheidewasser‘ zur Trennung von Silber und Gold verwendet werden (s. → Abschn. 5.4.2).

Auf organische Stoffe wirkt Salpetersäure zerstörend.

Verdünnte Salpetersäure erhält man durch Einleiten von NO_2 bzw. N_2O_4-Gas in Wasser in Gegenwart von Sauerstoff: $N_2O_4 + \frac{1}{2} O_2 + H_2O \longrightarrow 2 HNO_3$. Sie löst im Gegensatz zu konzentrierter Salpetersäure die Metalle Chrom, Aluminium und Eisen.

Die Verwendung verdünnter Salpetersäure als Beizsäure: Anorganische Verunreinigungen auf Metalloberflächen, die meist als Oxide, Hydroxide, Carbonate oder Sulfide des Grundmetalls vorliegen und eine Korrosionsschicht, eine Zunderschicht bilden (s. → Abschn. 5.4.4), lassen sich durch geeignete Säuren oder Basen je nach Art des Grundmetalls entfernen. Diesen Vorgang nennt man *Beizen*. Bei der Bearbeitung von Buntmetallen (Cu, Cu-Legierungen u.a.) wird der Begriff *Brennen* verwendet. In allen Fällen wird dabei auch das Grundmetall angegriffen, was natürlich zur besonderen Vorsicht zwingt.

Beizsäuren für unedle Metalle sind verdünnte Lösungen starker Säuren, hauptsächlich Salpetersäure, Salzsäure und Schwefelsäure. Die Auswahl wird nach der Löslichkeit des beim Beizen entstehenden Salzes getroffen. Beizsäuren für Kupfer und Kupferlegierungen sind oxidierende Säuren wie Salpetersäure und Chromsäure (H_2CrO_4). Aluminium mit seiner Schutzschicht Al_2O_3, ebenso Zink u.a. werden mit alkalischen Beizen behandelt. Frisch gebeizte Oberflächen zeigen eine besonders hohe Korrosionsanfälligkeit. Deshalb wird in vielen Fällen die Oberfläche des Werkstücks anschließend passiviert: Al und Zn beispielsweise mit oxidierenden Lösungen, Eisen bzw. Stahl mit Phosphorsäure (s. → unter Phosphorsäure).

Die Salze der Salpetersäure, die *Nitrate* sind meist leicht löslich, z.B. die Düngemittel Natriumnitrat $NaNO_3$ (Chilesalpeter), Kaliumnitrat KNO_3 (Salpeter) und Ammoniumnitrat NH_4NO_3.

Weitere Anwendungsgebiete für Salpetersäure sind Oxidationsreaktionen und Nitrierungsreaktionen in der Organischen Chemie sowie die Herstellung von Sprengstoffen.

Königswasser ist eine Mischung aus konzentrierter Salpetersäure und konzentrierter Salzsäure im Volumenverhältnis 1 : 3. Königswasser löst fast alle Metalle, auch den ‚König der Metalle' das Gold sowie Platin. Die Löslichkeit beruht auf der Bildung von aktivem Chlor (‚in statu nascendi'), das mit den Metallionen einen Chlorokomplex bildet. Dadurch wird das Redoxpotenzial ($\rightarrow$ Abschn. 5.4.2) von Au/Au^{3+} so stark erniedrigt, dass die Oxidation und damit die Lösung von Gold möglich wird.

$$HNO_3 + 3\,HCl \longrightarrow NOCl + \underline{2\,Cl} + 2\,H_2O$$

Anmerkung: *Komplexverbindungen* werden auch als Koordinationsverbindungen bezeichnet. Ein Komplex besteht aus einem Koordinationszentrum und der Ligandenhülle. Das Koordinationszentrum kann ein Zentralatom oder ein Zentralion sein. Die Liganden sind Moleküle oder Ionen. Die Anzahl der vom Zentralteilchen chemisch gebundenen Liganden wird Koordinationszahl (KZ) genannt. Die Zentralteilchen sind durch die Komplexbildung ‚maskiert'. Komplexe haben andere Eigenschaften und gehen andere Reaktionen ein, als Verbindungen. Darauf wird nicht näher eingegangen.

Beispiele: Koordinationszentrum	Ligand	Komplex	KZ
Ag^+	CN^-	$[Ag(CN)_2]^-$	2
Au^{3+}	Cl^-	$[AuCl_4]^-$	4
Fe^{3+}	H_2O	$[Fe(H_2O)_6]^{3+}$	6

Orthophosphorsäure H_3PO_4

Technische Orthophosphorsäure wird aus dem Mineral Apatit $Ca_5(PO_4)_3(F,OH,Cl)$ gewonnen. Reine H_3PO_4 erhält man durch Verbrennen von Phosphor zu Phosphor(V)-oxid P_2O_5 und anschließendem Lösen in Wasser.

$$P_2O_5 + H_2O \longrightarrow 2\,H_3PO_4$$

Das wasserfreie H_3PO_4-Molekül bildet farblose Kristalle (Smp. 42,3°C), die sich leicht in Wasser lösen. Handelsübliche Phosphorsäure hat einen Massenanteil von 85 % an H_3PO_4, ist sirupartig und nur schwach ätzend.

H_3PO_4 ist eine mittelstarke Säure. In wässriger Lösung gibt es drei Protolysestufen:

$$H_3PO_4 + H_2O \rightleftharpoons H_3O^+ + H_2PO_4^- \quad pK_S = +2{,}16 \sim 2$$

$$H_2PO_4^- + H_2O \rightleftharpoons H_3O^+ + HPO_4^{2-} \quad pK_S = +7{,}21 \sim 7$$

$$HPO_4^{2-} + H_2O \rightleftharpoons H_3O^+ + PO_4^{3-} \quad pK_S = +12{,}32 \sim 12$$

Man kennt daher drei Reihen von Salzen, z.B. mit einem Metallion Me^{1+}:

Me_3PO_4 Orthophosphate

Me_2HPO_4 Hydrogenphosphate

MeH_2PO_4 Dihydrogenphosphate

Verwendung von Phosphorsäure: Calciumhydrogenphosphat $CaHPO_4$ und Ammoniumhydrogenphosphat $(NH_4)_2HPO_4$ sind wichtige Düngemittel.

Orthophosphorsäure hat besondere Bedeutung zur Behandlung von Metalloberflächen z.B. zur *Zinkphosphatierung*: Dies ist ein wichtiger Korrosionsschutz für Stähle (Autoindustrie). Man versteht darunter die Bildung von einer schwerlöslichen, einige Nanometer dicken Deckschicht. Dazu wird das Werkstück bei 45 bis 70 °C etwa 2 bis 5 Minuten mit einer Lösung aus Zinkdihydrogenphosphat $Zn(H_2PO_4)_2$ behandelt (entsteht aus Phosphorsäure H_3PO_4 und Zinkphosphat). Auf der Stahloberfläche bildet sich eine Deckschicht aus $FeZn_2(PO_4)_2 \cdot 4\ H_2O$, auf verzinktem Stahl besteht die Deckschicht aus $Zn_3(PO_4)_2 \cdot 4\ H_2O$.

Kohlensäure H_2CO_3

Leitet man CO_2 in Wasser ein, so reagiert die Lösung schwach sauer. Nur wenige CO_2-Moleküle reagieren mit Wasser. Das Gleichgewicht liegt auf der Seite von CO_2. Weitere Angaben s. → Abschn. 5.3.6.

$$CO_2 + H_2O \ \longleftarrow \ H_2CO_3$$

Natriumhydroxid NaOH

Die wässrige Lösung von Natriumhydroxid NaOH nennt man Natronlauge. Durch Verdampfen des Wassers der bei der Chloralkali-Elektrolyse anfallenden Natronlauge erhält man festes Natriumhydroxid (Ätznatron). (s. → Abschn. 5.2.2 und Lehrbücher der Chemie) Es kommt in Form von weißen Plätzchen in den Handel. In Wasser lösen sie sich unter starker Erwärmung, die bis zur Siedetemperatur führen kann. Konzentrierte Natronlauge hat einen Massenanteil von 30 % an NaOH. In Wasser dissoziiert Natriumhydroxid vollständig, es ist eine starke Base. Das Säure/Basen-Paar H_2O/OH^- hat einem pK_S-Wert von 15,74.

$$NaOH + H_2O \ \longrightarrow \ Na^+ + OH^- + H_2O$$

Natronlauge ist neben Natriumcarbonatlösungen vor allem *Beizmittel* für Aluminium, Zink und Beryllium, sie dient auch zur alkalischen Entfettung von anderen Metalloberflächen.

Ammoniak NH_3

Ammoniak ist ein farbloses, stechend und charakteristisch riechendes Gas, das bei $-33°C$ kondensiert. (Darstellung nach *Haber-Bosch* s. → Abschn. 5.1.6)

Leitet man gasförmiges Ammoniak NH_3 in Wasser ein, so bilden sich Ammoniumionen NH_4^+ und Hydroxidionen OH^-:

$$NH_3 + H_2O \longrightarrow NH_4^+ + OH^-$$

Das Säure/Basen-Paar wird nach Übereinkunft folgendermaßen geschrieben NH_4^+/NH_3 (die Säure steht links). Die Säure NH_4^+ kann ein Proton abgeben, NH_3 ist somit die konjugierte Base. Der pK_S-Wert für NH_4^+/NH_3 ist $+ 9{,}25$.

Die Ammoniak-Synthese war der entscheidende Schritt zur Herstellung von Salpetersäure HNO_3 und von stickstoffhaltigen Düngemitteln. Ammoniak dient in der Technik u.a. als Kältemittel. Er lässt sich bei $-33\ °C$ leicht zu einer farblosen, leichtbeweglichen, stark lichtbrechenden Flüssigkeit verdichten. Die Verwendung als Kältemittel beruht auf der hohen Verdampfungsenthalpie des flüssigen Ammoniaks, die vom erhöhten Energiebedarf zum Lösen der zwischen den NH_3-Molekülen ausgebildeten Wasserstoffbrücken herrührt. (Verdampfungsenthalpie 23,35 kJ/mol bzw. 1370 kJ/kg).

Ammoniak wird auch zum Nitri(di)erhärten eingesetzt (s. → Abschn. 4.4.5).

5.3.6 Ausgewählte Reaktionen von Elektrolyten in verdünnter, wässriger Lösung

Das Wasser, das in unseren Leitungen fließt, enthält neben den gelösten Gasen O_2, N_2 und CO_2 noch eine Reihe von Salzen (siehe unten: Anmerkung): z.B. die Hydrogencarbonate und Sulfate von Calcium und Magnesium.

Beim Erhitzen entstehen aus den Hydrogencarbonaten die schwerlöslichen Verbindungen Calciumcarbonat $CaCO_3$ und Magnesiumcarbonat $MgCO_3$, die als *Kesselstein* bekannt sind. Als schwerlösliche Niederschläge setzen sie sich in Armaturen und Regeleinrichtungen ab. Kesselstein verhindert eine gute Wärmeübertragung, dadurch erhöht sich der Energieverbrauch und durch Überhitzung kann es bei Wasserkochern zum Durchbrennen der Heizspiralen kommen bzw. bei der großtechnischen Dampferzeugung die Gefahr einer Kesselexplosion entstehen. Andererseits bildet eine geringe Ablagerungsschicht einen Korrosionsschutz in Wasserleitungen z.B. in Zinkrohren; dünne Rohrleitungen können sich allerdings völlig zusetzen. Durch Erhitzen nicht beeinflusst werden die Sulfate.

Die Gleichgewichtsreaktionen von Kohlendioxid in Wasser sowie die Löslichkeitsprodukte von schwerlöslichem Calciumcarbonat L_{CaCO_3} und Magnesiumcarbonat L_{MgCO_3} haben für die Bildung von Kesselstein besondere Bedeutung.

Anmerkung: Wasser, wie es in der Natur in Meeren, Flüssen, Bächen, als Regen oder Grundwasser vorkommt, enthält die unterschiedlichsten Stoffe. Die Art der Aufbereitung des Wassers hängt von der späteren Verwendung ab, denn die Qualitätsanforderungen sind sehr unterschiedlich und davon abhängig, ob es als Trinkwasser oder als Betriebswasser für gewerbliche, landwirtschaftliche u.a. Betriebe oder als Kesselspeisewasser für den Wasser-Dampf-Kreislauf beispielsweise zum Antrieb von Turbinen gebraucht wird. Kühlwasser in Kraftwerken zur Kondensation des entspannten Dampfes (nach den Turbinen) wird oft aus Flüssen entnommen und direkt nach mechanischer Reinigung durch Rechen verwendet. Sie werden anschließend wieder in die Flüsse entlassen. Für den Gebrauch in Haushalten müssen zunächst grob-, fein- und kolloiddisperse Stoffe sowie Eisen- und Manganionen, auch Nitrate, Fluoride, organische Verbindungen und insbesondere Mikroorganismen (Entkeimung) aus dem Grundwasser entfernt werden.

Das Wasser wird in Wasserwerken so weit gereinigt, dass es unbedenklich als Trinkwasser verwendet werden kann.
Eine genaue Analyse der Inhaltsstoffe von Mineralwässern muss auf den Etiketten der Flaschen aufgeführt sein.

Protolysereaktionen von CO$_2$ in Wasser

Es werden folgende Gleichgewichtsreaktionen formuliert:

$$(1) \quad CO_2 + 2\,H_2O \; \rightleftharpoons \; H_3O^+ + HCO_3^- \qquad pK_S = +6{,}35$$

$$(2) \quad HCO_3^- + H_2O \; \rightleftharpoons \; H_3O^+ + CO_3^{2-} \qquad pK_S = +10{,}33$$

Leitet man CO$_2$-Gas in Wasser ein, so reagiert die Lösung schwach sauer. Die als H$_2$CO$_3$ bekannte Kohlensäure lässt sich nicht isolieren. Sie kann jedoch zwei Reihen von Salzen bilden: die Hydrogencarbonate (früher Bicarbonate) mit dem Anion (Säurerest) HCO$_3^-$, Beispiel NaHCO$_3$ Natriumhydrogencarbonat, sowie die Carbonate mit dem Anion (Säurerest) CO$_3^{2-}$, Beispiel Na$_2$CO$_3$ Natriumcarbonat.

Die Löslichkeitsprodukte von Calciumcarbonat L$_{CaCO_3}$ und Magnesiumcarbonat L$_{MgCO_3}$

Bildet sich in einer wässrigen Lösung eine unlösliche Verbindung, ein fester Bodenkörper, so ist die darüber stehende Lösung gesättigt, wenn sie die maximal lösliche Stoffmenge des Bodenkörpers erreicht hat. Der Bodenkörper und seine gelösten Anteile stehen miteinander im Gleichgewicht. (Löslichkeitsprodukt s. → Abschn. 5.3.3)

CaCO$_3$ ist ein schwerlösliches Salz. Bei 25 °C beträgt das Löslichkeitsprodukt:

$$L_{CaCO_3} = [Ca^{2+}] \cdot [CO_3^{2-}] = 4{,}7 \cdot 10^{-9} \; mol^2/l^2$$

das heißt das Produkt der Ionenkonzentrationen ist bei einer gesättigten Lösung bei gegebener Temperatur sehr gering.

Wird dieser Betrag durch die Erhöhung einer der Ionenkonzentrationen überschritten

$$[Ca^{2+}] \cdot [CO_3^{2-}] > L_{CaCO_3}$$

so ist die Lösung, wie bereits beschrieben, *übersättigt*, d.h. es fällt so lange CaCO$_3$ aus, bis sich die Sättigungskonzentration der Lösung wieder eingestellt hat.

Will man dagegen die Auflösung des schwerlöslichen CaCO$_3$ herbeiführen, so muss das Löslichkeitsprodukt ständig unterschritten werden, indem eine der Ionenkonzentrationen dauernd entfernt wird.

$$[Ca^{2+}] \cdot [CO_3^{2-}] < L_{CaCO_3}$$

Die Lösung wird *ungesättigt*, d.h. es löst sich so lange CaCO$_3$ auf, bis die Lösung wieder gesättigt ist.

Entsprechendes gilt für Magnesiumcarbonat MgCO$_3$ mit L$_{MgCO_3}$ = 2,6 $\cdot$ 10^{-5} mol^2/l^2

Wie kommen Ca^{2+}- und Mg^{2+}-, Na^+-, HCO_3^-, SO_4^{2-}- und Cl^--Ionen in das Wasser?

In der Natur sind Kalkstein, Marmor, Kreide als $CaCO_3$, Dolomit als $CaMg(CO_3)_2$ sowie löslicher Gips $CaSO_4 \cdot 2\,H_2O$, Steinsalz $NaCl$ u.a. Mineralien weit verbreitet. Während sich Gips und Steinsalz leicht lösen, erfolgt der Angriff auf die schwerlöslichen Carbonate von Kalkstein und Dolomit langsam: das CO_2 in unserer Atmosphäre löst sich in Regenwasser, Flüssen, Seen, Meeren und gelangt in das Grundwasser. Das Gleichgewicht (1) (s. → Protolysereaktionen von CO_2 in Wasser) verschiebt sich nach rechts unter Bildung von H_3O^+-Ionen und HCO_3^--Ionen. Mit der Erhöhung der H_3O^+-Ionen verschiebt sich zugleich das Gleichgewicht (2) nach links ebenfalls unter Bildung von HCO_3^--Ionen. Das schwerlösliche $CaCO_3$ und ebenso das $CaMg(CO_3)_2$ werden in lösliches $Ca(HCO_3)_2$ bzw. $Mg(HCO_3)_2$ überführt.

Die Entstehung der so genannten *Carbonathärte* des Wassers kann man in den beiden Gleichungen zusammenfassen:

$$CaCO_3 + H_2O + CO_2 \;\rightleftharpoons\; Ca^{2+} + 2\,HCO_3^-$$

$$MgCO_3 + H_2O + CO_2 \;\rightleftharpoons\; Mg^{2+} + 2\,HCO_3^-$$

Im Leitungswasser befinden sich daher Ca^{2+}-, Mg^{2+}- und HCO_3^--Ionen in Lösung.

Kesselsteinbildung

Der Kesselstein besteht hauptsächlich aus schwerlöslichem Calciumcarbonat $CaCO_3$ und Magnesiumcarbonat $MgCO_3$. Die Bildung dieser Carbonate ist abhängig von der Konzentration der Ca^{2+}-, Mg^{2+}- und HCO_3^--Ionen. Da in jedem Leitungswasser die Ca^{2+}-und Mg^{2+}-Ionen eine bestimmte Konzentration haben, kommt es hauptsächlich auf die HCO_3^--Ionenkonzentration an.

Wird Wasser *erhitzt*, so entweicht gasförmiges CO_2, was eine Verringerung der HCO_3^- und H_3O^+ nach sich zieht (Gleichgewicht (1) nach links, Gleichgewicht (2) nach rechts, es bilden sich mehr Carbonationen CO_3^{2-}. Wird die CO_3^{2-} Konzentration so hoch, dass das Löslichkeitsprodukt von $CaCO_3$ und $MgCO_3$ überschritten wird, fällt schwerlösliches $CaCO_3$ und $MgCO_3$ als Kesselstein aus.

Die Bildung von Tropfsteinen in Tropfsteinhöhlen beruht darauf, dass CO_2 *und* H_2O entweichen.

Die Auflösung von Kesselstein, von schwerlöslichem $CaCO_3$ und $MgCO_3$

Die Auflösung erfolgt durch Zugabe von Säure. Man kann dafür Salzsäure, Zitronensäure, Milchsäure, Essigsäure u.a. nehmen.

Die Erhöhung der H_3O^+-Ionenkonzentration bedeutet, dass Gleichgewicht (1) und (2) nach links verschoben werden, zugleich entfernt sich gasförmiges CO_2 aus dem Gleichgewicht, was die Gleichgewichtsverschiebung in dieser Richtung zusätzlich erhöht. CO_3^{2-} als starke Base reagiert mit den zugegebenen H_3O^+-Ionen, die CO_3^{2-}-Ionenkonzentration verringert sich, das Löslichkeitsprodukt wird ständig unterschritten, schwerlösliches $CaCO_3$ und $MgCO_3$ lösen sich auf.

Eine starke Säure kann eine schwache Säure, beispielsweise die Kohlensäure H_2CO_3 aus ihrem Salz verdrängen.

Die Härte des Wassers

Man unterscheidet

- Carbonathärte – früher ‚temporäre Härte' bezeichnet – die auf den im Wasser gelösten Verbindungen $Ca(HCO_3)_2$ und $Mg(HCO_3)_2$ beruht. Beim Erhitzen entweicht CO_2, es fallen die schwerlöslichen Carbonate aus.

- Sulfathärte – früher ‚permanente Härte' bezeichnet – die auf den in Wasser gelösten SO_4^{2-}-Ionen beruht. Beim Erhitzen fallen Calcium- und Magnesiumsulfat nicht aus, sie bleiben in Lösung.

- Gesamthärte, darunter versteht man die Ca^{2+}- und Mg^{2+}-Ionen. Im Allgemeinen besteht sie zu etwa 80% aus Ca^{2+}- und 20% aus Mg^{2+}-Ionen.

Die *Härte des Wassers* wird als Gesamthärte in mmol Ca^{2+}- und Mg^{2+}-Ionen in 1 L Wasser angegeben.

Die frühere Bezeichnung war ‚Grad Deutsche Härte' [°dH]. 1°dH entspricht 10,00 mg CaO im Liter und 7,19 mg MgO im Liter.

Die → Tabelle 5.6 gibt die Einteilung in Härtebereiche an und berücksichtigt auch die frühere Angabe in ‚Grad Deutsche Härte' [°dH].

Tabelle 5.6 Einteilung in Härtebereiche

Härtebereich	Gesamthärte Erdalkalimetall-ionen: Ca^{2+} und Mg^{2+} mmol/L	[°dH]
weich	$< 1,3$	$< 7°$
mittelhart	$1,3 - 2,5$	$7 - 14°$
hart	$2,5 - 3,8$	$14 - 21°$
sehr hart	$> 3,8$	$> 21°$

Hartes Wasser hat Nachteile beim Waschvorgang. Die zu Reinigungsvorgängen verwendeten Seifen sind lösliche Na-Salze von langkettigen Fettsäuren. Ihre Wirkungsweise beruht auf der grenzflächenaktiven Eigenschaft als Schaumbildner (s. → Abschn. 4.2.7 Tenside). Sind im Wasser Ca^{2+}- und Mg^{2+}-Ionen zugegen, so fallen die wasserunlöslichen Ca- und Mg-Salze der Fettsäuren aus und werden für den Waschvorgang unwirksam. Sehr hartem Wasser werden daher Wasserenthärter zugesetzt z.B. Zeolithe (s. → Abschn. 4.2.8).

5.3.7 Der Ionenaustauscher

In Großkesselanlagen, beispielsweise für den Wasser-Dampf-Kreislauf zum Antrieb von Dampfturbinen in Kraftwerken benötigt man vollentsalztes Wasser. Der Nachweis von Elektrolyten wird durch Leitfähigkeitsmessungen vorgenommen.

Vollentsalztes Wasser erreicht man durch Ionenaustauscher. Als Material für Ionenaustauscher werden z.B. dreidimensional vernetzte, hochmolekulare Polymere (Harze) verwendet, die zum Ionenaustausch befähigte funktionelle Gruppen tragen:

- saure Gruppen wie $-SO_3H$ werden zum Austausch von Kationen eingesetzt, daher der Name *Kationenaustauscher*

- basische Gruppen wie $-NH_2$ bzw. $-N(CH_3)_2$ werden zum Austausch von Anionen eingesetzt, daher der Name *Anionenaustauscher*.

Ein Polymer ist ein organisches Makromolekül (s. → Polymerchemie) mit einer langen Kohlenstoffkette $-C-C-C-C-$. Im nachfolgenden Text wird das Polymer mit $-[C]-$ dargestellt.

Anmerkung: Einsatz von vollentsalztem Wasser in Großkesselanlagen zur Dampferzeugung in Kraftwerken: das vollentsalzte Wasser fließt in einem langen Röhrensystem, das an den Innenwänden eines hohen Turms, man nennt ihn Turmkessel, befestigt ist. Von unten strömen die heißen Verbrennungsgase im Turm nach oben und über Wärmeaustausch wird das Wasser im Röhrensystem an den Wänden erwärmt, wobei es verdampft und überhitzt wird. Bei der Überhitzung in dem geschlossenen Röhrensystem erhöht sich der Druck des Dampfes. Trifft der Dampf auf die Dampfturbinenschaufeln, so bewirkt die Entspannung des Dampfes, dass sich das Laufrad die Turbine dreht und einen Generator zur Gewinnung von elektrischer Energie antreibt. Der entspannte Dampf wird kondensiert (z.B. mit Kühlwasser aus einem Fluss) und im Kreislauf geführt.

Funktionsweise des Ionenaustauschers

Ein allgemeines Schema eines Ionenaustauschers z.B. in Kraftwerken ist in → Abb. 5.24 angegeben. Dabei werden vier Säulen hintereinander geschaltet:

- ein Kationenaustauschers für Ca^{2+}-, Mg^{2+}-, Na^+-Ionen und andere Kationen, die im Wasser vorhanden sind;

- ein Rieselentgaser, in dem Luft eingeblasen wird um CO_2 auszutreiben;

- ein Anionenaustauschers für Cl^-- und SO_4^{2-}-Ionen;

- ein Mischbettaustauscher, in dem Restionen erfasst werden, die in den vorausgehenden Säulen ‚durchgeschlüpft‘ sind.

Die Größen der Säulen, die bis zu einigen Metern reichen können, richten sich nach der Kapazität des Ionenaustausches, d.h. nach der Durchflussmenge des Wassers.

» 1. Vorgang, die Ionenaustauscher werden einsatzbereit gemacht

Man schickt Wasser langsam durch die Säulen und lässt ‚quellen'. Dabei laufen folgende Protolysereaktionen ab:

Kationenaustauscher $-[C]-SO_3H + H_2O \longrightarrow -[C]-SO_3^- H_3O^+$

Anionenaustauscher $-[C]-N(CH_3)_2 + H_2O \longrightarrow -[C]-N(CH_3)_2H^+ OH^-$

» 2. Vorgang, der Ionenaustausch

Es wird das zu entsalzende Wasser von oben in die erste Säule, den Kationenaustauscher geleitet. Der Ionenaustausch erfolgt nach den folgenden Reaktionen:

Kationenaustausch:

$$-[C]-SO_3^- H_3O^+ + Na^+ \longrightarrow -[C]-SO_3^- Na^+ + H_3O^+$$

$$2\,-[C]-SO_3^- H_3O^+ + Ca^{2+} \longrightarrow (-[C]-SO_3^-)_2 Ca^{2+} + 2\,H_3O^+$$

$$2\,-[C]-SO_3^- H_3O^+ + Mg^{2+} \longrightarrow (-[C]-SO_3^-)_2 Mg^{2+} + 2\,H_3O^+$$

Entfernen von HCO_3^--Ionen:

Die in der ersten Säule gebildeten H_3O^+-Ionen reagieren mit den im Wasser gelösten HCO_3^--Ionen, es bildet sich CO_2 (s. Protolysereaktion (1)):

$$H_3O^+ + HCO_3^- \rightarrow CO_2 \uparrow + 2\,H_2O$$

Das CO_2 wird durch Einblasen von Luft im Rieselentgaser ausgetrieben.

Anionenaustausch:

$$-[C]-N(CH_3)_2H^+OH^- + Cl^- \longrightarrow -[C]-N(CH_3)_2H^+ Cl^- + OH^-$$

$$2\,-[C]-N(CH_3)_2H^+OH^- + SO_4^{2-} \longrightarrow (-[C]-N(CH_3)_2H^+)_2 SO_4^{2-} + 2\,OH^-$$

Entfernen von Restkationen und Restanionen:

Die bis jetzt durchgeschlüpften Ionen (Restionen) werden in einem nachgeschalteten Mischbettaustauscher, in dem Kationen- und Anionenaustausch in einer Säule stattfindet, noch vollständig abgefangen.

Die chemische Reaktion, die den Ionenaustausch begünstigt:

Als Resultat sind im Kationenaustauscher H_3O^+-Ionen, im Anionenaustauscher OH^--Ionen frei geworden. Beide Ionen sind nebeneinander nicht existenzfähig und bilden H_2O (Neutralisationsreaktion):

$$H_3O^+ + OH^- \longrightarrow 2\,H_2O$$

Da das Gleichgewicht dieser Reaktion auf der Seite von H_2O liegt, also auf der Bildung von undissoziierten Wassermolekülen, kann der Ionenaustausch vollständig ablaufen.

» *3. Vorgang, Regeneration der Ionenaustauscher* (s. → nächste Seite)

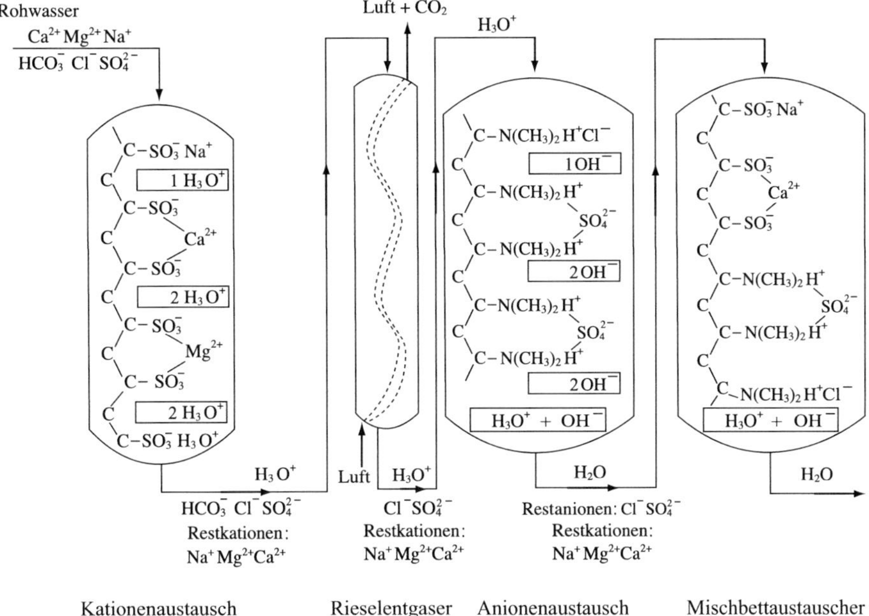

Abb. 5.24 Schema zur Vollentsalzung von Wasser durch einen Ionenaustauscher.

Kationen- und Anionenaustauscher sind erschöpft, wenn alle H_3O^+ und OH^- ausgetauscht sind. Bevor die Säulen wieder zum Ionenaustausch Verwendung finden, müssen sie außer Betrieb gesetzt werden und mit konzentrierter Säure und Base regeneriert werden. Die Regeneration ist nichts anderes, als die Rückreaktion des Kationen- bzw. Anionenaustausch.

5.4 Chemische Reaktionen – Chemische Gleichgewichte bei Oxidations- und Reduktionsvorgängen

5.4.1 Oxidation und Reduktion, Redoxreaktion

Eine Einführung in die Grundlagen der Elektrochemie

Die Gesetzmäßigkeiten für chemische Gleichgewichte nach dem MWG finden auch bei Oxidations- und Reduktionsvorgängen – den Redoxreaktionen – Anwendung, ebenso sind hier die energetischen Verhältnisse von Bedeutung, wie sie die Gesetze der Thermodynamik beschreiben. Es stellen sich die Fragen: wann läuft eine Redoxreaktion freiwillig ab und wann nicht? Welche Gleichgewichtskonstanten führen zu quantitativen Aussagen, zu vergleichbaren Zahlenwerten über das Oxidations- und Reduktionsverhalten von Elementen und Verbindungen?

Bei einer Redoxreaktion laufen zwei Teilreaktionen ab:

- Die *Oxidation* ist ein Vorgang, bei dem Elektronen abgegeben werden,

- die *Reduktion* ist ein Vorgang, bei dem Elektronen aufgenommen werden.

Oxidation von Zn	$Zn \longrightarrow Zn^{2+} + 2e^-$	Elektronenabgabe
Fe	$Fe \longrightarrow Fe^{2+} + 2e^-$	Elektronendonatoren
Fe^{2+}	$Fe^{2+} \longrightarrow Fe^{3+} + 1e^-$	
Reduktion von O_2	$O_2 + 4e^- \longrightarrow 2\,O^{2-}$	Elektronenaufnahme
Cl_2	$Cl_2 + 2e^- \longrightarrow 2\,Cl^-$	Elektronenakzeptoren
Fe^{3+}	$Fe^{3+} + 1e^- \longrightarrow Fe^{2+}$	

Freie Elektronen sind bei solchen Vorgängen nicht existenzfähig, daher benötigt jeder Elektronendonator – Zn, Fe, Fe^{2+} – zugleich einen Elektronenakzeptor – O_2, Cl_2, Fe^{3+}. Eine Oxidation ist also zwangsläufig mit einer Reduktion gekoppelt und umgekehrt. Reduktion und Oxidation laufen *gleichzeitig* ab, daher die Bezeichnung *Redoxreaktion*.

Die Redoxreaktion ist eine Elektronenübertragungsreaktion

Redoxreaktionen	$Zn + \frac{1}{2}\,O_2 \longrightarrow Zn^{2+}O^{2-}$	bzw.	ZnO
	$Zn + Cl_2 \longrightarrow Zn^{2+}2Cl^-$	bzw.	$ZnCl_2$

Eine Oxidation bedeutet also nicht nur, wie früher angenommen wurde eine Reaktion mit Sauerstoff und eine Reduktion bedeutet nicht nur den Entzug von Sauerstoff. Zink kann beispielsweise mit Chlor zu Zn^{2+}-Ionen oxidiert werden, während Chlor von Zink gleichzeitig zu Cl^--Ionen reduziert wird, bei beiden Reaktionen ist kein Sauerstoff beteiligt.

Im → Abschn. 4.1.1 wurde bereits darauf hingewiesen, dass die Ausbildung einer Ionenbindung eine Elektronenübertragungsreaktion ist, somit ist sie nichts anderes als eine Redoxreaktion:

Oxidation von Natrium	$Na \longrightarrow Na^+ + e^-$	Elektronenabgabe
Reduktion von Chlor	$Cl + e^- \longrightarrow Cl^-$	Elektronenaufnahme
Redoxreaktion	$2\,Na + Cl_2 \longrightarrow 2\,Na^+Cl^-$	bzw. $2\,NaCl$

Vgl.: Bei Redoxreaktionen geht es um Übertragung von Elektronen, bei der Protolyse im → Abschn. 5.3.1 um Übertragung von Protonen.

Die Oxidationszahl

Die Oxidationszahl eines Elements ist eine nützliche Übereinkunft, wenn man die Umverteilung von Elektronen bei einer Redoxreaktion verfolgen will. Sie gibt die Ladungszahl an, die das Atom in einer Ionenverbindung trägt oder in einem Molekül tragen würde, wenn die Verbindung aus Ionen aufgebaut wäre. Die Oxidationszahl wird in arabischen oder römischen Ziffern mit einem positiven oder negativen Vorzeichens über der Kurzbezeichnung für das Element angeschrieben. Sie ersetzt die früheren Begriffe ‚Wertigkeit' und ‚Valenz'.

Hinweis: In Abänderung der üblichen Angabe der Oxidationszahlen wird in der folgenden Tabelle für das bessere Verständnis und die schnellere Übersicht folgende Änderung vorgenommen:

$$\overset{+3}{}\;\overset{-2}{}\qquad\qquad \overset{2\cdot+3}{}\;\overset{3\cdot-2}{}$$

Anstelle von Al_2O_3 wird $2\,Al^{+3}\,3\,O^{-2}$ geschrieben.

Tabelle 5.7 Oxidationszahlen

Die Oxidationszahl eines Elements im elementaren Zustand ist Null.	$\overset{0}{H}\quad\overset{0}{O}\quad\overset{0}{Cl}\quad\overset{0}{Al}\quad\overset{0}{C}$
In Ionenverbindungen ist die Oxidationszahl eines Elementes identisch mit der Ionenladung.	$NaCl \;\rightarrow\; \overset{+1}{Na^{1+}}\overset{-1}{Cl^{1-}}$ $CaO \;\rightarrow\; \overset{+2}{Ca^{2+}}\overset{-2}{O^{2-}}$ $Al_2O_3 \;\rightarrow\; \overset{2\cdot+3}{2\,Al^{+3}}\;\overset{3\cdot-2}{3\,O^{-2}}$
Bei Verbindungen mit Atombindung wird die Verbindung gedanklich in Ionen aufgeteilt. Das bindende Elektronenpaar bzw. die bindenden Elektronenpaare werden dem elektronegativeren Partner zugeteilt. Z.B. erhält Kohlenstoff gegenüber Sauerstoff in CO_2 die Oxidationszahl +4, gegenüber Wasserstoff in CH_4 die Oxidationszahl −4. Es kommt auf die Elektronegativität der Partner an. (s. → Abschn. 4.2.1 polare Atombindung). Die polare Atombindung wird mit $\delta4+$ bzw. $\delta4-$ angezeigt.	$HCl \;\rightarrow\; \overset{+1}{H^{\delta+}}\overset{-1}{Cl^{\delta-}}$ $H_2O \;\rightarrow\; \overset{2\cdot+1}{2\,H^{\delta+}}\overset{-2}{O^{\delta2-}}$ $CO_2 \;\rightarrow\; \overset{+4}{C^{\delta4+}}\overset{2\cdot-2}{2\,O^{\delta2-}}$ $CH_4 \;\rightarrow\; \overset{-4}{C^{\delta4-}}\overset{4\cdot+1}{4\,H^{\delta+}}$
Die positive Oxidationszahl kann bei den Hauptgruppenelementen nicht größer sein als die Zahl der Elektronen, die zum Erreichen der nächst niederen Edelgaskonfiguration abgegeben werden kann (s. → PSE Abb. 3.15).	Alkalimetalle +1 Erdalkalimetalle +2 Erdmetalle +3 Kohlenstoff +4 Maximal bei Stickstoff +5 in HNO_3 Salpetersäure Schwefel +6 in H_2SO_4 Schwefelsäure Chlor +7 in $HClO_4$ Perchlorsäure

Die negative Oxidationszahl ist bei den Nichtmetallen gleich der Anzahl Elektronen, die zur Auffüllung der Edelgaskonfiguration notwendig ist.	Kohlenstoff -4 in CH_4 Stickstoff -3 in NH_3 Sauerstoff -2 in H_2O Schwefel -2 in H_2S Fluor -1 in HF Chlor -1 in HCl Ausnahme: Sauerstoff in Peroxiden -1 $\overset{+1}{H}-\overset{-1}{O}-\overset{-1}{O}-\overset{+1}{H}$
Metalle der Nebengruppen (Gruppe 3 bis Gruppe 12) können auch d-Elektronen abgeben, daher können sie in verschiedenen positiven Oxidationsstufen vorkommen (s. → Tabelle 3.1). Es sind hier nur die wichtigsten Oxidationszahlen angegeben.	Titan $+2, +3, +4$ Chrom $+2, +3, +6$ Eisen $+2, +3$ Kupfer $+2, +1$
Eine gebrochene Oxidationszahl ist ein Hinweis, dass das Element in mehreren Oxidationsstufen gleichzeitig vorliegt.	$\overset{3\,\cdot\,+8/3}{Fe_3}\overset{4\,\cdot\,-2}{O_4} \rightarrow 2\,\overset{2\,\cdot\,+3}{Fe^{3+}}\overset{+2}{Fe^{2+}}\,4\,\overset{4\,\cdot\,-2}{O^{2-}}$ Den $4 \cdot -2 = -8$ negativen Ladungen des O^{2-} müssen acht positive Ladungen auf 3 Fe verteilt gegenüberstehen. Jedem Fe müsste die Oxidationszahl $+8/3$ zugeteilt werden. In diesem Fall ist es wichtig zu wissen, wo das Element im PSE steht und in welchen Oxidationsstufen es vorkommen kann. In Fe_3O_4 liegt Fe 2 mal in der Oxidationsstufe $+3$ und 1 mal in der Oxidationsstufe $+2$ vor.
Für eine neutrale Verbindung z.B. einen Ionenkristall oder ein neutrales Molekül, muss die Summe der Oxidationszahlen aller vorhandenen Atome gleich Null sein.	$NaCl \rightarrow \overset{+1}{Na^{1+}}\overset{-1}{Cl^{1-}}$ $H_2O \rightarrow \overset{2\,\cdot\,+1}{2\,H^{\delta+}}\overset{-2}{O^{\delta 2-}}$ $Al_2O_3 \rightarrow \overset{2\,\cdot\,+3}{2\,Al^{3+}}\overset{3\,\cdot\,-2}{3\,O^{2-}}$

<table>
<tr><td>

Für ein Molekül-Ion z.B. einen Säurerest SO_4^{2-} ist die Summe der Oxidationszahlen gleich der Ladungszahl des Säurerests. Dem Sauerstoff mit $4 \cdot -2 = -8$ negativen Ladungen, von denen 2 Ladungen nicht abgesättigt sind, stehen nur 6 positive Ladungen des Schwefelatoms gegenüber.

</td><td>

$\overset{+6\quad 4\,\cdot\,-2}{SO_4{}^{2-}}$

</td></tr>
</table>

Fluor mit der höchsten Zahl für die Elektronegativität kann als elektronegativstes Element (s. → Tabelle 4.7) nur mit der Oxidationszahl -1 auftreten. Ihm folgt mit der nächst niederen Zahl in der Negativitätsskala der

Sauerstoff, der hauptsächlich die Oxidationszahl -2 annimmt, ausgenommen $+2$ gegenüber Fluor und -1 in Peroxiden (s. oben).

Wasserstoff nimmt die Oxidationszahl $+1$ an, ist jedoch als Proton H^+ nicht existenzfähig, s. Wasserstoffion (Hydrogenion) → Abschn. 5.3.4. Ausnahme bildet die Oxidationszahl -1 in Metallhydriden z.B. Magnesiumhydrid MgH_2, da Metalle in Verbindungen immer eine positive Oxidationszahl besitzen.

- Oxidation bedeutet eine Erhöhung der Oxidationszahl eines Elements, es werden Elektronen abgegeben. Dadurch wird die negative Ladung vermindert, es entsteht eine positive Ladung bzw. es wird diese weiter erhöht.

$$X^{2-} \rightarrow X^- \rightarrow X \rightarrow X^+ \rightarrow X^{2+} ....$$

- Reduktion bedeutet eine Erniedrigung der Oxidationszahl eines Elements, es werden Elektronen aufgenommen. Dadurch wird die positive Ladung vermindert, es entsteht eine negative Ladung bzw. es wird diese weiter erhöht.

$$X^{2+} \rightarrow X^+ \rightarrow X \rightarrow X^- \rightarrow X^{2-} ....$$

- Mit Hilfe der Oxidationszahlen kann überprüft werden, ob eine Formel richtig ist.

Redoxpaare, Redoxreihe
Reduktionsmittel, Oxidationsmittel

Die reduzierte und oxidierte Form eines Elements bilden zusammen ein *Redoxpaar*. Es wird auch als ‚korrespondierendes' Redoxpaar bezeichnet.

Tabelle 5.8 Beispiele für Redoxpaare, eine Redoxreihe

reduzierte Form $\rightleftharpoons$ oxidierte Form $+$ n Elektronen	Redoxpaar
Na $\rightleftharpoons$ Na$^+$ $+$ 1e$^-$	Na/ Na$^+$
Al $\rightleftharpoons$ Al^{3+} $+$ 3e$^-$	Al/Al^{3+}
Zn $\rightleftharpoons$ Zn^{2+} $+$ 2e$^-$	Zn/Zn^{2+}
Fe $\rightleftharpoons$ Fe^{2+} $+$ 2e$^-$	Fe/Fe^{2+}
H$_2$ $+$ 2 H$_2$O $\rightleftharpoons$ 2 H$_3$O$^+$ $+$ 2e$^-$	H$_2$+2 H$_2$O/2H$_3$O$^+$
Cu $\rightleftharpoons$ Cu^{2+} $+$ 2e$^-$	Cu/Cu^{2+}
Fe^{2+} $\rightleftharpoons$ Fe^{3+} $+$ 1e$^-$	Fe^{2+}/Fe^{3+}
2 Cl$^-$ $\rightleftharpoons$ Cl$_2$ $+$ 2e$^-$	2 Cl$^-$/Cl$_2$
Übereinkunft: Bei der Schreibweise eines Redoxpaares steht die reduzierte Form stets links.	

Die Anordnung der Redoxpaare in der →Tabelle 5.8 stellt eine *Redoxreihe* dar. Je weiter oben ein Redoxpaar in der Redoxreihe steht, umso bereitwilliger gibt es Elektronen ab und geht dabei von der reduzierten Form in die oxidierte Form über, z.B. gibt Na relativ leicht das s^1-Elektron auf der Valenzschale ab, um zu einer stabilen Edelgaskonfiguration zu kommen. Als Elektronendonator ist Na für viele Reaktionspartner daher ein *Reduktionsmittel*. In dieser Eigenschaft liegt das Gleichgewicht für das Redoxpaar Na/Na$^+$ auf der rechten Seite:

Na $\longrightarrow$ Na$^+$ $+$ e$^-$

In der → Tabelle 5.8 besteht von oben nach unten eine abnehmende Tendenz zur Abgabe von Elektronen, d.h. es besteht eine abnehmende Tendenz der reduzierenden Eigenschaft. Zugleich bedeutet dies, dass die Tendenz zur Elektronenaufnahme zunimmt. Je weiter unten ein Redoxpaar in der Redoxreihe steht, umso leichter nimmt es Elektronen auf und geht dabei von der oxidierten Form in die reduzierte Form über. Z.B. hat Chlor mit sieben Valenzelektronen das Bestreben mit einem Elektron zu einer stabilen Edelgaskonfiguration zu kommen. Chlor ist ein Elektronenakzeptor und daher für viele Reaktionspartner ein *Oxidationsmittel*. In dieser Eigenschaft liegt das Gleichgewicht für das Redoxpaar 2Cl$^-$/Cl$_2$ auf der linken Seite:

2 Cl$^-$ $\longleftarrow$ Cl$_2$ $+$ 2e$^-$

- An einer Redoxreaktion sind stets zwei Redoxpaare beteiligt.

- Redoxreaktionen laufen freiwillig ab, wenn die reduzierte Form eines Redoxpaares, z.B. Zn/ Zn^{2+} mit der oxidierten Form eines in der → Tabelle 5.8 *darunter* stehenden Redoxpaares, z.B. Cu/ Cu^{2+} reagiert.

Zn $+$ Cu^{2+} $\longrightarrow$ Zn^{2+} $+$ Cu

Weitere Beispiele können in der nächsten → Tabelle 5.9 abgelesen werden.

- Nicht freiwillig laufen Reaktionen ab, wenn die reduzierte Form eines Redoxpaares mit einer in der → Tabelle 5.8 *darüber* stehenden oxidierten Form eines Redoxpaares reagieren soll.

$$Cu \ + \ Zn^{2+} \ \longrightarrow\!\!\!| \ \ [Cu^{2+} \ + \ Zn]$$

$$Cu \ + \ 2\,H_3O+ \ \longrightarrow\!\!\!| \ \ [Cu^{2+} \ + \ (H_2 + H_2O)]$$

Kupfer reagiert mit Zn^{2+}-Ionen nicht und wird auch von H_3O^+-Ionen, z.B. der Salzsäure ($H_3O^+ + Cl^-$) nicht gelöst.

Anmerkung: Das Nicht-Reagieren ist durch den senkrechten Doppelstrich angezeigt.

Tabelle 5. 9 Beispiele für freiwillig ablaufende Redoxreaktionen

red.Form	+	oxid. Form	⟶	oxid.Form	+	red. Form
2 Na	+	Cl_2	⟶	$2\,Na^+$	+	$2\,Cl^-$
2 Al	+	$3\,Fe^{2+}$	⟶	$2\,Al^{3+}$	+	3 Fe
Al	+	Fe^{3+}	⟶	Al^{3+}	+	Fe
Zn	+	Cl_2	⟶	Zn^{2+}	+	$2\,Cl^-$
Zn	+	$2\,H_3O^+$	⟶	Zn^{2+}	+	$H_2 + 2\,H_2O$
Zn	+	Cu^{2+}	⟶	Zn^{2+}	+	Cu
Fe	+	$2\,H_3O^+$	⟶	Fe^{2+}	+	$H_2 + 2\,H_2O$
Fe	+	Cu^{2+}	⟶	Fe^{2+}	+	Cu

Zur quantitativen Aussage über die Stärke des Oxidations- und Reduktionsvermögens von Redoxpaaren s. → Abschn. 5.4.2

Beispiele aus der Technik für freiwillig ablaufende Redoxreaktionen

» *Verbrennungsvorgänge*

Verbrennungsvorgänge sind Redoxreaktionen, die nach einmaliger Zuführung von Aktivierungsenergie (Zündung) exotherm ablaufen (s. → Abschn. 5.2.1 bis 5.2.3).

Verbrennung von Kohlenstoff $\overset{0}{C} + \overset{0}{O_2} \rightarrow \overset{+4 \ \ 2\cdot-2}{CO_2}$
Oxidation von Kohlenstoff

Verbrennung von Wasserstoff $\overset{0}{2\,H_2} + \overset{0}{O_2} \rightarrow \overset{2\cdot+1 \ \ -2}{2\,H_2O}$
Knallgasreaktion

» *Aluminothermisches Schweißverfahren*
(Thermitschweißen 1897 Hans Goldschmidt 1861–1923, deutscher Chemiker)

Das Verfahren findet Anwendung zum Schweißen und Verbinden von Eisenteilen z.B. bei Bahnschienen, Brücken, auch bei gebrochenen Wellen, weil es unabhängig von einer Stromquelle eingesetzt werden kann. Das Verfahren beruht neben der hohen Bildungsenthalpie ΔH_f^0 von Aluminiumoxid Al_2O_3 von -1677 kJ/mol – sie wird als Schmelzwärme ausgenützt – auch auf der reduzierenden Eigenschaft von Aluminium.

Bildungsenthalpie von Al_2O_3:

$$2\,Al + 1\tfrac{1}{2}\,O_2 \longrightarrow Al_2O_3 \qquad \Delta H_f^0 = -1677 \text{ kJ/mol}$$

Für die praktische Durchführung werden Al-Pulver und Eisen(II, III)-oxid Fe_3O_4 (FeO/Fe_2O_3) verwendet. Aluminium ist das Reduktionsmittel, der Elektronendonator für die Reduktion der Eisen(II)- und Eisen(III)ionen zu elementarem Eisen Fe, d.h. Aluminium reagiert mit den in der $\rightarrow$ Tabelle 5.8 darunter stehenden oxidierten Formen von Eisen Fe^{2+} und Fe^{3+} und wird dabei selbst zu Al^{3+} oxidiert.

Gesamtreaktion:

$$3\,Fe_3O_4 + 8\,Al \longrightarrow 4\,Al_2O_3 + 9\,Fe \qquad \Delta H^0 = 3348 \text{ kJ}$$

Übersichtlicher wird die Redoxreaktion, wenn sie für Eisen(II)-oxid FeO und Eisen(III)-oxid Fe_2O_3 getrennt formuliert wird:

$$\overset{0}{2\,Al} + \overset{3\cdot+2}{3\,FeO} \longrightarrow \overset{2\cdot+3}{Al_2O_3} + \overset{0}{3\,Fe}$$

$$\overset{0}{2\,Al} + \overset{2\cdot+3}{Fe_2O_3} \longrightarrow \overset{2\cdot+3}{Al_2O_3} + \overset{0}{2\,Fe}$$

Angegeben sind die Oxidationszahlen für Fe und Al. Das O^{2-}-Ion nimmt an der Redoxreaktion nicht teil.

Die Reduktion mit Aluminium kann in gleicher Weise zur Herstellung von anderen Metallen aus ihren Oxiden verwendet werden, z.B. von Chrom, Mangan, Titan, Vanadium, Cobalt, Silicium. Eine Reduktion ihrer Oxide mit Kohlenstoff würde nicht zum reinen Metall, sondern zu deren Carbiden führen.

Praktische Durchführung des aluminothermischen Schweißverfahrens:

An der zu verbindenden Stelle wird eine Gussform mit dem Profil der zu schweißenden Eisenteile angebracht und mit Fe_3O_4 und fein verteiltem Al in Pulverform gefüllt. Da die Aktivierungsenergie der Reaktion hoch ist, muss zunächst mit einem Magnesiumband ein Zündgemisch (Zündkirsche), bestehend aus Al- oder Mg-Pulver und Kaliumperchlorat oder Bariumperoxid, gezündet werden; danach läuft die stark exotherme Reaktion selbständig ab. Aluminium verbrennt mit gleißendem Licht unter hoher Wärmeentwicklung. Bei Temperaturen über 2000 °C fällt das Eisen (Schmelztemperatur 1535 °C) in geschmolzener Form an und füllt die Gussform aus. Die bei diesem Verfahren entstehende Al_2O_3-Schlacke fällt zunächst ebenfalls in geschmolzenem Zustand an, setzt sich dann aufgrund der geringeren Massendichte nach oben ab und kann abgenommen werden. Sie wird als Corubin zu Schleifzwecken verwendet.

5.4.2 Elektrochemie

Die Elektrochemie beschreibt die Zusammenhänge zwischen elektrischen Vorgängen und chemischen Reaktionen. Grundlage bilden die Elektronenübertragungsreaktionen, die Redoxreaktionen. Normalerweise läuft bei chemischen Reaktionen – bei einem Stoffumsatz – der Elektronenübergang direkt ab, d.h. im atomaren Bereich der Reaktionspartner, die sich in einem Reaktionsgefäß befinden. Wenn Elektronen übertragen werden, besteht jedoch die Möglichkeit, dass der Elektronenübergang über einen äußeren metallischen Leiter geführt werden kann. Dafür ist eine bestimmte Vorrichtung notwendig, die elektrochemische Zelle.

Die elektrochemische Zelle

Zentraler Bestandteil einer elektrochemischen Zelle ist die *Elektrode*. Als Elektrode bezeichnet man einen elektrischen Leiter aus Metall oder Graphit, der von einem Elektrolyten in Form einer Elektrolytlösung oder eines Festelektrolyten umgeben ist. Die Metallelektrode kann sich sowohl aktiv an der Reaktion beteiligen, wie das im nachfolgend zu besprechenden *Daniell*-Element gezeigt wird, sie kann sich auch inert verhalten, wie beispielsweise eine Platinelektrode, wenn Nichtmetallreaktionen ablaufen oder Gase beteiligt sind. In der Technik kommt hauptsächlich Graphit für die *Elektronenleitung* zur Anwendung.

Eine *Elektrolytlösung* besteht aus Salzen, Säuren oder Basen, die in Wasser gelöst, frei bewegliche, positiv und negativ geladene Ionen bilden. Sie besorgen den Stromtransport sowie den Ladungsaustausch. Die Stromleitung in einer Elektrolytlösung beruht auf Ionenwanderung, also auf *Ionenleitung* (s. → Abschn. 5.3.2) im Gegensatz zur Elektronenleitung über den äußeren metallischen Leiter.

Als *Festelektrolyt* eignen sich einige Ionenverbindungen z.B. Silber- und Alkalimetallhalogenide mit einer Kristallstruktur, in der eine strukturelle Fehlordnung (Kristalldefekt) vorhanden ist. Ionenkristalle sind zunächst Isolatoren. Erst bei höheren Temperaturen – jedoch unterhalb der Schmelztemperatur – wird Ionenbeweglichkeit und damit elektrische Leitfähigkeit möglich. Beim Festelektrolyten der Lambda-Sonde aus Zirconium(IV)-oxid ZrO_2 mit einem Zusatz von etwa 15 % Yttrium(III)-oxid Y_2O_3 beruht die Leitfähigkeit auf der Existenz von Leerstellen, die entstehen, wenn Kationen mit geringerer Ladungszahl in eine bestehende Kristallstruktur eingebaut sind. Hier besetzen Y^{3+}-Ionen reguläre Zr^{4+}-Ionenpositionen, somit werden weniger O^{2-}-Ionen benötigt, es entstehen Leerstellen. Dieser Festelektrolyt ist oberhalb 300 °C ein guter Leiter für O^{2-}-Ionen zur Bestimmung von kleinen O_2-Partialdrücken (s. → Abschn. 4.1.7 und 5.2.6). Andere Festelektrolyte, wie Lithiumcarbonat Li_2CO_3 und Kaliumcarbonat K_2CO_3 werden bei den Hochtemperaturbrennstoffzellen verwendet, sowie β-Aluminiumoxid, das Natrium-β-Aluminiumoxid $Na_2O \cdot n\, Al_2O_3$ bei einigen Hochtemperatur-Akkumulatoren. Als protonenleitende Festelektrolyte werden auch polymere Materialien eingesetzt. Festelektrolyte haben den Vorteil, dass sie kein Gas und keine Flüssigkeit abscheiden und lange lagerfähig sind.

- Eine elektrochemische Zelle, in der freiwillig ablaufende Redoxreaktionen stattfinden, nennt man → *galvanische Zelle*, galvanisches Element oder auch Kette. Für den Ablauf einer Redoxreaktion in einer galvanischen Zelle gilt in gleicher Weise, was für eine im Reaktionsgefäß freiwillig ablaufende Redoxreaktion gilt, sie wird bestimmt durch die Änderung der freien Reaktionsenthalpie ΔG. Eine chemische Reaktion läuft dann freiwillig ab, wenn die Änderung der freien Reaktionsenthalpie ΔG negativ ist (s. → Abschn. 5.1.4).

- Entsprechend kann die Rückreaktion einer freiwillig ablaufenden Redoxreaktion zu den Ausgangsstoffen (Edukten) nur unter Zwang erfolgen, was durch Zufuhr von elektrischer Energie erfolgen muss. Die elektrochemische Zelle, in der diese Rückreaktion durchgeführt wird, nennt man *elektrolytische Zelle*, den Vorgang *Elektrolyse*. Die zugeführte elektrische Energie wird durch die Abscheidung der Ausgangsstoffe wieder in deren chemischem Energieinhalt gespeichert.

Galvanische Zelle

Historisches
Signora Lucia Galvani hat 1789 ihren Mann auf die zuckenden Froschschenkel zwischen kupfernen Haken und verzinktem Balkongitter aufmerksam gemacht. *Luigi Galvani (1737–1798, italienischer Arzt und Naturforscher)* dachte fälschlicherweise an ‚tierische Elektrizität' (1791). *Erst Alessandro Graf Volta (1745–1827, italienischer Physiker)* hat diesen Froschschenkelversuch richtig erklärt.

Die galvanische Zelle ist eine Vorrichtung, in der die bei einer freiwillig ablaufenden Redoxreaktion frei werdende chemische Energie in elektrische Energie umgewandelt wird. Die elektrische Energie kann abgenommen und verbraucht werden.

» *Daniell-Element*

Historisches
John Frederic Daniell (1790–1845, britischer Chemiker und Physiker) konstruierte 1836 die nachfolgend beschriebene galvanische Zelle, die lange als Spannungsquelle eine wichtige Rolle spielte. Nachfolgend wird der historische Name ‚Daniell-Element' beibehalten (nicht *Daniell*-Zelle), entsprechend spricht man von Halbelement 1 bzw. Halbelement 2. Heute ist die Bezeichnung Zelle häufiger, entsprechend Halbzelle 1 bzw. Halbzelle 2.

Als Beispiel einer galvanischen Zelle wird das *Daniell*-Element beschrieben (s. → Abb. 5.25).

Die Elektrode 1 – Halbelement 1 – wird von einem Zinkblech gebildet, das in eine Zinksulfat-Lösung eintaucht. Die Elektrode 2 – Halbelement 2 – wird von einem Kupferblech gebildet, das in eine Kupfersulfat-Lösung eintaucht. Sowohl beim Zn-Blech, als auch beim Cu-Blech besteht die Tendenz der Atome, Elektronen abzugeben und als Zn^{2+}- bzw. Cu^{2+}-Ionen in Lösung zu gehen. Andererseits können Zn^{2+}- bzw. Cu^{2+}-Ionen auch wieder Elektronen aufnehmen und sich als Zn bzw. Cu in die Metallstruktur einfügen. Diese ‚latente' Eigenschaft der Metalle verbindet man mit dem Begriff *Potenzial*. Man kann also jedem Metall ein bestimmtes Potenzial zuordnen (s. → elektrochemische Spannungsreihe) und die *Potenzialdifferenz* zwischen zwei Metallen als Ursache der Redoxreaktion – der Elektronenübertragung – auffassen.

Um die Elektronenübertragung über einen äußeren Leiter zu ermöglichen, müssen die Elektrodenräume im *Daniell*-Element räumlich getrennt werden. Da beide Elektrodenräume in einem einzigen Behälter untergebracht sind, erfolgt dies durch ein *Diaphragma*, was in → Abb. 5.25 durch die senkrechte, gestrichelte Linie angedeutet ist. Das Diaphragma (gr. dia durch, phragma Abgrenzung) ist eine semipermeable Scheidewand, z.B. eine poröse Tonscheibe, welche die unterschiedlichen Elektrolytlösungen voneinander trennt und ihre Durchmischung verhindert. Sie erlaubt aber den Durchgang des elektrischen Stromes, da sie für Ionen in einem elektrischen Feld durchlässig ist und somit durch Ionenleitung den Ladungsaustausch ermöglicht.

Salzbrücke (Stromschlüssel): Die am Diaphragma, an den Berührungsstellen der beiden Elektrolyte als Folge unterschiedlicher Ionenbeweglichkeiten auftretenden Potenzialunterschiede – die Diffusionspotenziale – können mit Hilfe einer Salzbrücke unterdrückt werden. Um die Ionenwanderung zwischen den beiden Elektrodenräumen zu ermöglichen, werden diese durch eine Salzbrücke miteinander verbunden. Die Salzbrücke ist ein U-förmiges Glasrohr, gefüllt mit einer gesättigten Elektrolytlösung, deren Anionen und Kationen etwa gleiche Beweglichkeiten aufweisen, z.B. einer Kaliumchlorid-(KCl-)Lösung. Die Enden des Glasrohres sind jeweils mit einer porösen Scheidewand verschlossen s. → Abb. Standardpotenziale.

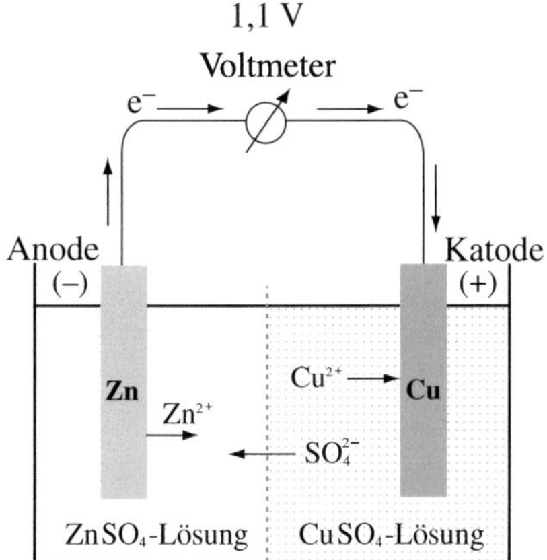

Abb. 5.25 *Daniell*-Element, Zellspannung (Potenzialdifferenz) = 1,1 V für die Konzentration 1 mol/l der Zn^{2+}- und der Cu^{2+}-Ionen (25 °C)

Die Schreibweise für das Daniell-Elements ist $Zn/Zn^{2+}//Cu/Cu^{2+}$. Der einfache Schrägstrich bedeutet Phasengrenze, der Doppelschrägstrich bedeutet die Trennung der Halbelemente (Halbzellen) durch ein Diaphragma oder eine Salzbrücke.

Verbindet man die Elektroden 1 und 2 im *Daniell*-Element über ein Spannungsmessgerät, so zeigt dieses – falls die Konzentrationen für die Zn^{2+}-Ionen und Cu^{2+}-Ionen 1 mol/l betragen – 1,1 Volt an (25 °C, 1,013 bar). Die Zellspannung, die Potenzialdifferenz zwischen den beiden Elektroden wird nach der älteren Bezeichnung elektromotorische Kraft, EMK bezeichnet. Sie ist die maximale Spannung unter den angegebenen Bedingungen.

Anmerkung: für die Konzentration c = 1 mol/l kann auch die Aktivität a = 1 geschrieben werden, wenn die Dissoziation des Elektrolyten 100 % beträgt (s. → Abschn. 5.3.1).

» *Redoxreaktionen im Daniell-Element*

Elektrode 1, Halbelement 1 Anodenreaktion, *Oxidation* negative Elektrode	$Zn \rightarrow Zn^{2+} + 2e$	Redoxpaar Zn/Zn^{2+}
Elektrode 2, Halbelement 2 Katodenreaktion, *Reduktion* positive Elektrode	$2e^- + Cu^{2+} \rightarrow Cu$	Redoxpaar Cu/Cu^{2+}
Redoxreaktion (Gesamtreaktion)	$Zn + Cu^{2+} \rightarrow Zn^{2+} + Cu$	

An der Elektrode 1 der *Anode*, der Zn-Elektrode lösen sich die positiven Atomrümpfe aus der Metallstruktur und gehen als Zn^{2+}-Ionen *(Oxidation)* in die Elektrolytlösung. Die zwei dabei frei gewordenen Elektronen werden von der Anode abgegeben und fließen über die äußere Verdrahtung zur Cu-Elektrode. Hier an der *Katode* werden sie von den in der Elektrolytlösung vorhandenen Cu^{2+}-Ionen aufgenommen, somit scheidet sich Cu an der Cu-Elektrode ab *(Reduktion)*. Zum Ladungsausgleich an der Elektrode 2, in der die Cu^{2+}-Ionenkonzentration abnimmt, müssen überschüssige SO_4^{2-}-Ionen durch das Diaphragma zur Elektrolytlösung der Elektrode 1 wandern, die den Ladungsausgleich für die in Lösung gegangenen Zn^{2+}-Ionen ermöglichen. Damit ist der Kreislauf des elektrischen Stromes geschlossen.

Anmerkung: Da eine Redoxreaktion nur dann freiwillig abläuft, wenn die Änderung der freien Reaktionsenthalpie ΔG negativ ist, kann man ΔG einer Redoxreaktion mit der Potenzialdifferenz (Zellspannung) ΔE (s. weiter unten) derart verknüpften, dass die Kenntnis von ΔG die Vorhersage der Zellspannung ΔE erlaubt und umgekehrt ΔE einer Zelle die Bestimmung von ΔG ermöglicht. Darauf wird nicht näher eingegangen s. Lehrbücher der Physikalischen Chemie

Elektrochemische Spannungsreihe

Will man zu einer quantitativen Aussage für das Reduktions- bzw. Oxidationsvermögen eines Redoxpaares kommen, so stellt sich die Frage nach der Lage des Gleichgewichts bzw. nach den Gleichgewichtskonstanten für die einzelnen Redoxpaare. Welches Redoxpaar gibt leichter Elektronen ab, welches nimmt leichter Elektronen auf? Welches ist das stärkere Reduktionsmittel, welches das stärkere Oxidationsmittel? Wer hat die größere Tendenz zum elementaren Metall? Welche Zahlenwerte, welche physikalischen Größen beschreiben diese Tendenzen?

Das Bestreben – das Potenzial – eines einzelnen Redoxpaares, Elektronen abzugeben oder aufzunehmen kann nicht direkt gemessen werden. Messbar ist nur die *Potenzialdifferenz*, die sich zwischen zwei Redoxpaaren einstellt, wie es im *Daniell*-Element dargestellt wurde. Um zu vergleichbaren Werten zu kommen ist ein Bezugsredoxsystem notwendig, dessen Potenzial unter Standardbedingungen für Konzentration und pH-Wert der Elektrolytlösung sowie für Temperatur und Druck willkürlich gleich Null gesetzt wird

Das *Symbol* für das Potenzial eines Redoxpaares ist E (s. → Tabellen 5.10 und 5.11), für die Potenzialdifferenz (Zellspannung) einer Redoxreaktion wird im folgenden Text ΔE angegeben.

Anmerkung: In der Physik ist das Symbol für die Potenzialdifferenz, die elektrische Spannung U. Die *gemessene* Zellspannung eines galvanischen Elementes wird daher in der Literatur oftmals auch mit U angegeben.

» *Standardwasserstoffelektrode SWE bzw. SHE standard hydrogen electrode*
Normalwasserstoffelektrode NWE

Die Standardwasserstoffelektrode besteht aus einer platinierten Platin-Elektrode, die von reinem Wasserstoffgas unter Atmosphärendruck 1,013 bar (101,3 kPa) bei 25 °C umspült wird und in eine Säurelösung eintaucht, deren Konzentration an H_3O^+-Ionen = 1 mol/l beträgt, d.h. $a(H_3O^+) = 1$ (s. → Seite 357) ist.

Anmerkung: Platinierte Platin-Elektrode heißt: Auf einem Platin-Blech wird elektrolytisch fein verteiltes Platin, das tief schwarz aussieht, abgeschieden. Die so entstandene große Oberfläche hat eine hohe Katalysator-Wirkung, die die Wasserstoffmoleküle aktiviert und die Reaktionsgeschwindigkeit erhöht. Somit stellt sich das Gleichgewicht für das Redoxpaar $H_2/2H^+$ schnell ein.

Potenzialbildende Reaktion an der Platin-Elektrode:	$H_2 + 2\,H_2O \rightleftharpoons 2\,H_3O^+ + 2e^-$
Redoxpaar:	$H_2 + 2\,H_2O/2\,H_3O^+$
Vereinfachte Schreibweise für das Redoxpaar:	$H_2\,/2\,H^+$
Kurzschreibweise für die Standard-wasserstoffelektrode:	$(Pt)\,H_2(p = 1{,}013\text{ bar})/2\,H^+\,(a = 1\text{ mol/l})$ $pH = 0,\ 25\,°C$
Standardpotenzial definitionsgemäß:	$E^0 = 0$

Das so definierte Potenzial der Standardwasserstoffelektrode wird willkürlich gleich null gesetzt.

» *Elektroden zweiter Art*

Der Aufbau der Standardwasserstoffelektrode ist für praktische Anwendungen unhandlich. Es wurden daher kompakte Elektroden eingeführt, die jederzeit zur Verfügung stehen und ein konstantes Potenzial liefern, das zum Vergleich bzw. zur Potenzialbestimmung eines Redoxsystems herangezogen werden kann. Da das Potenzial von Null verschieden ist, muss dieses nach Eichung gegen die Standardwasserstoffelektrode stets berücksichtigt werden. Für diese Elektroden zweiter Art eignen sich Elektroden aus einem Metall mit seinem schwerlöslichen Salz. Beschreibung s. → Seite 401.

» *Standardelektrodenpotenziale E^0*
Standardpotenziale

Für jedes Redoxpaar kann unter Standardbedingungen die Potenzialdifferenz gegen die Standardwasserstoffelektrode gemessen werden. Man stellt fest, dass es Redox-paare gibt, die das Bestreben haben, Elektronen an die Standardwasserstoffelektrode abzugeben und solche, die das Bestreben haben von der Standardwasserstoffelektrode Elektronen aufzunehmen.

Messung der Standardpotenziale E^0:

Die Standardisierung bezieht sich auf die Konzentration der Elektrolytlösung, in der die Metallionenkonzentration Me^{n+} = 1mol/l ist (Aktivität $a(Me^{n+})$ = 1) bei 25 °C und Atmosphärendruck 1,013 bar (101,3 kPa). Dies gilt sowohl für die Bezugselektrode als auch für die zu bestimmenden Standardpotenziale E^0.

Beispiele:
1 Mol Zn^{2+}-Ionen, das sind 65,39 g in 1000 g Wasser, d.h. die Konzentration der Zn^{2+}-Ionen ist 1mol/l. 1 Mol Cu^{2+}-Ionen, das sind 63,54 g in 1000 g Wasser, d.h. die Konzentration der Cu^{2+}-Ionen ist 1mol/l.

Elektronenliefernde Redoxpaare wie Zn/Zn^{2+} bilden gegenüber der Standardwas-serstoffelektrode die negative Elektrode, die Anode. Ihr Potenzial erhält ein negatives Vorzeichen. Es sind Reduktionsmittel für die Standardwasserstoffelektrode. Metalle mit negativem Standardpotenzial nennt man *unedle Metalle*.

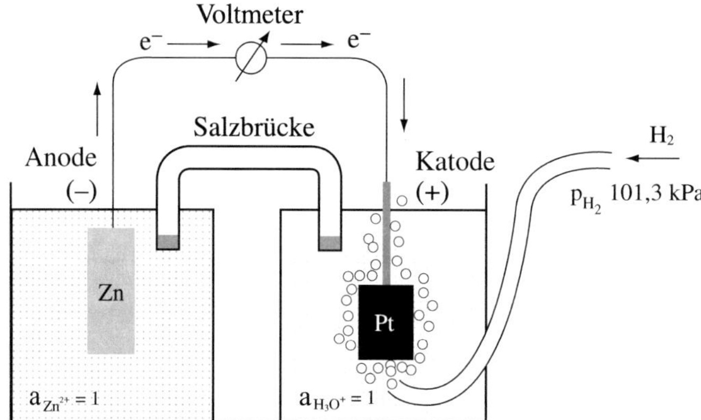

Zn gibt Elektronen an die Standardwasserstoffelektrode ab und geht als Zn^{2+} in Lösung.

Andere Formulierung für den Anodenvorgang: An der Anode wird negative Ladung abgegeben dabei geht Zn^{2+} also positive Ladung (oxidiert) in die Elektrolytlösung, z.B. $Zn \rightarrow Zn^{2+} + 2e^-$. Der Anodenvorgang bewirkt eine Oxidation von $Zn \rightarrow Zn^{2+}$ s. $\rightarrow$ Abb. 5.25.

Metalle, die von der Standardwasserstoffelektrode Elektronen aufnehmen, bilden die positive Elektrode, die Katode. Ihr Potenzial erhält ein positives Vorzeichen. Es sind Oxidationsmittel für die Standardwasserstoffelektrode. Metalle mit positivem Potenzial nennt man *edle Metalle* (außer Kupfer). Sie werden mit zunehmendem Zah-lenwert des positiven Standardpotenzials edler.

Andere Formulierung für den Katodenvorgang: An der Katode wird negative Ladung zur Verfügung gestellt, dabei entsteht an der Elektrode Cu und positive Ladung verlässt dadurch die Elektrolytlösung z.B. $Cu^{2+} + 2e^- \rightarrow Cu$. Der Katodenvorgang bewirkt also eine Reduktion von $Cu^{2+} \rightarrow Cu$ s. $\rightarrow$ Abb. 5.25.

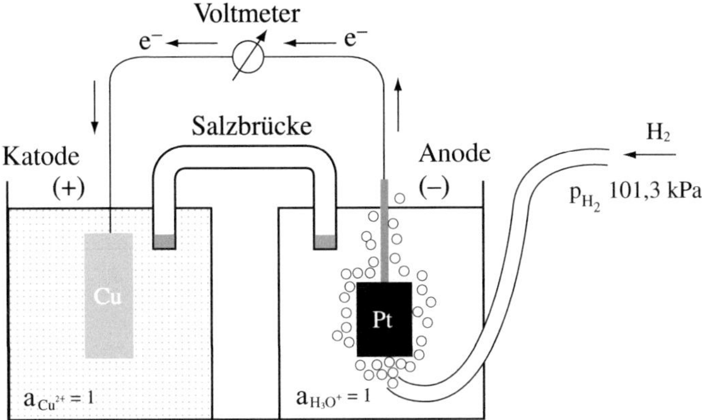

Cu^{2+} nimmt von der Standardwasserstoffelektrode Elektronen auf und schlägt sich als Cu nieder.

Ordnet man die gemessenen Standardpotenziale von verschiedenen Metallelektroden ihrem Vorzeichen und Zahlenwert nach, so erhält man die *elektrochemische Spannungsreihe* der Metalle s. → Tabelle 5.10. Die Standardpotenziale sind nach steigenden Werten für E^0 angeordnet.

Die Standardpotenziale stellen ein Maß für das Redoxverhalten eines Redoxpaares dar. Sie lassen die Tendenz zur Elektronenabgabe bzw. -aufnahme erkennen und sind damit ein Maß für die Stärke eines Reduktions- bzw. Oxidationsmittels in wässriger Lösung. Je negativer das Standardpotenzial E^0 eines Redoxpaares ist, umso größer ist die Reduktionswirkung der reduzierten Form des Redoxpaares. Die oxidierte Form eines Redoxpaares wirkt umso stärker oxidierend, je positiver das Standardpotenzial E^0 ist.

Jedes in der Spannungsreihe höher stehende Metall kann einem tiefer stehenden Metall Elektronen abgeben, d.h. kann es reduzieren und wird dabei selbst oxidiert. Anschaulich ausgedrückt bedeutet dies:

- Die reduzierte Form eines Redoxpaares (links der Pfeile) reagiert mit der oxidierten Form eines Redoxpaares (rechts der Pfeile), das *tiefer* steht. Dies erklärt die in einer galvanischen Zelle freiwillig ablaufende Reaktion.

- Dagegen reagiert die reduzierte Form eines Redoxpaares mit einer *darüber* stehenden oxidierten Form eines Redoxpaares nicht freiwillig. Dies ist die Erklärung für die nicht freiwillig ablaufende, erzwungene Reaktion bei der Elektrolyse. Sie benötigt eine Spannungsquelle (Energiezufuhr) für die Umkehrung der Reaktion.

Die Standardpotenziale bestätigen was im → Abschn. 5.4.1, Tabelle 5.8 und 5.9 qualitativ für die freiwilligen und unfreiwilligen Reaktionen von Redoxpaaren angegeben wurde: Standardpotenziale sind die quantitative Aussage für die Stärke des Oxidations- bzw. Reduktionsvermögens von Redoxpaaren.

Tabelle 5.10 Elektrochemische Spannungsreihe für ausgewählte Metalle

reduzierte Form		oxidierte Form	+	n e$^-$	Standardpotenzial E^0 in Volt V	
Li	$\rightleftharpoons$	Li$^+$	+	1e$^-$	−3,05	
K	$\rightleftharpoons$	K$^+$	+	1e$^-$	−2,92	
Ca	$\rightleftharpoons$	Ca^{2+}	+	2e$^-$	−2,87	
Na	$\rightleftharpoons$	Na$^+$	+	1e$^-$	−2,71	
Mg	$\rightleftharpoons$	Mg^{2+}	+	2e$^-$	−2,40	
Al	$\rightleftharpoons$	Al^{3+}	+	3e$^-$	−1,70	
Ti	$\rightleftharpoons$	Ti^{4+}	+	4e$^-$	−0,86	
Cr	$\rightleftharpoons$	Cr^{3+}	+	3e$^-$	−0,74	
Zn	$\rightleftharpoons$	Zn^{2+}	+	2e$^-$	−0,76	
Fe	$\rightleftharpoons$	Fe^{2+}	+	2e$^-$	−0,44	
Cd	$\rightleftharpoons$	Cd^{2+}	+	2e$^-$	−0,40	
Co	$\rightleftharpoons$	Co^{2+}	+	2e$^-$	−0,28	
Ni	$\rightleftharpoons$	Ni^{2+}	+	2e$^-$	−0,26	
Sn	$\rightleftharpoons$	Sn^{2+}	+	2e$^-$	−0,14	
Pb	$\rightleftharpoons$	Pb^{2+}	+	2e$^-$	−0,13	
Fe	$\rightleftharpoons$	Fe^{3+}	+	3e$^-$	−0,04	
H$_2$ + 2H$_2$O	$\rightleftharpoons$	*2H$_3$O$^+$*	+	*2e$^-$*	*0,00*	*pH = 0*
Vereinfacht H$_2$	$\rightleftharpoons$	*2H$^+$*	+	*2e$^-$*	*0,00*	*pH = 0*
Cu	$\rightleftharpoons$	Cu^{2+}	+	2e$^-$	+0,34	
Cu	$\rightleftharpoons$	Cu$^+$	+	1e$^-$	+0,52	
Ag	$\rightleftharpoons$	Ag$^+$	+	1e$^-$	+0,80	
Hg	$\rightleftharpoons$	Hg^{2+}	+	2e$^-$	+0,86	
Pt	$\rightleftharpoons$	Pt^{2+}	+	2e$^-$	+1,12	
Au	$\rightleftharpoons$	Au^{3+}	+	3e$^-$	+1,50	

Tabelle 5.11 Elektrochemischen Spannungsreihe von ausgewählten Redoxsystemen
Als Redoxsystem, Redoxpotenzial oder Redoxelektrode bezeichnet man ein Redoxpaar mit von Null verschiedenen Oxidationszahlen z.B. Fe^{2+}/Fe^{3+}.

reduzierte Form $\rightleftharpoons$ oxidierte Form	$+\ n\ e^-$	E^0 in Volt V
$Cr^{2+} \rightleftharpoons Cr^{3+}$	$+\ 1e^-$	$-0,41$
$Pb\ +\ SO_4^{2-} \rightleftharpoons PbSO_{4(s)}$	$+\ 2e^-$	$-0,36$
$Sn^{2+} \rightleftharpoons Sn^{4+}$	$+\ 2e^-$	$+0,15$
$Cu^+ \rightleftharpoons Cu^{2+}$	$+\ 1e^-$	$+0,17$
$Fe^{2+} \rightleftharpoons Fe^{3+}$	$+\ 1e^-$	$+0,77$
$NO\ +\ 6\ H_2O \rightleftharpoons NO_3^-\ +\ 4\ H_3O^+$	$+\ 3e^-$	$+0,96$
$Pb\ SO_4\ +\ 6\ H_2O \rightleftharpoons PbO_2\ +\ 4\ H_3O^+$	$+\ 2e^-$	$+1,68$

Tabelle 5.12 Elektrochemische Spannungsreihe von ausgewählten Nichtmetallen bei verschiedenen pH-Werten

reduzierte Form $\rightleftharpoons$ oxidierte Form	$+\ n\ e-$	E^0 in Volt V	
$H_2\ +\ 2\ H_2O \rightleftharpoons 2\ H_3O^+$	$+\ 2e^-$	$0,00$	$pH = 0$
$H_2\ +\ 2\ H_2O \rightleftharpoons 2\ H_3O^+$	$+\ 2e^-$	$-0,41$	$pH = 7$
$H_2\ +\ 2\ OH- \rightleftharpoons 2\ H_2O$	$+\ 2e^-$	$-0,82$	$pH = 14$
$4\ OH- \rightleftharpoons O_2\ +\ 2\ H_2O$	$+\ 4e^-$	$+0,40$	$pH = 14$
$4\ OH- \rightleftharpoons O_2\ +\ 2\ H_2O$	$+\ 4e^-$	$+0,82$	$pH = 7$
$6\ H_2O \rightleftharpoons O_2\ +\ 4\ H_2O^+$	$+\ 4e^-$	$+1,23$	$pH = 0$
$2\ Br^- \rightleftharpoons Br_2$	$+\ 2e^-$	$+1,07$	$pH = 0$
$2\ Cl^- \rightleftharpoons Cl_2$	$+\ 2e^-$	$+1,36$	$pH = 0$
$2\ F^- \rightleftharpoons F_2$	$+\ 2e^-$	$+3,06$	$pH = 0$

Die Bedeutung der elektrochemischen Spannungsreihe liegt also darin, dass Voraussagen über den Ablauf von Redoxreaktionen gemacht werden können. Anhand der Standardpotenziale s. → Tabelle 5.10 kann abgelesen werden, ob eine Redoxreaktion in wässriger Lösung freiwillig oder nicht freiwillig abläuft, vorausgesetzt die Standardbedingungen werden eingehalten. Je größer die Potenzialdifferenz ist, umso sicherer findet die freiwillige Reaktion statt.

Werden die Standardbedingungen nicht eingehalten, gibt es *Abweichungen* in der Reaktionsweise. Für praktische Zwecke wurden daher ‚praktische Spannungsreihen' zusammengestellt, in denen z.B. Redoxpotenziale von Redoxpaaren mit von Null verschiedenen Oxidationszahlen, für Halbmetalle, Nichtmetalle, für unterschiedliche saure oder alkalische pH-Werte und kompliziertere Systeme angegeben werden (s. → Tabelle 5.11 und 5.12). Abweichungen in der Reaktionsweise treten auch bei einer Passivierung ein (s. → unter Passivschicht).

Anmerkung: Definitionsgemäß gibt es nur eine elektrochemische Spannungsreihe, ihr liegen die Standardbedingungen zugrunde (s. → Tabelle 5.10).

Chemische Reaktionen von Metallen, wie sie die elektrochemische Spannungsreihe vorgibt

» *Reaktion von Metallen mit starken Säuren*

Metalle lösen sich in Säuren mit der Konzentration $a(H_3O^+) = 1$ mol/l (Standardbedingungen), wenn sie in der Spannungsreihe über der Standardwasserstoffelektrode ($E^0 = 0$) stehen, d.h. wenn ihr Redoxpotenzial negativer ist als das der Standardwasserstoffelektrode. Die H_3O^+-Ionen werden dabei zu Wasserstoff reduziert, das als Gas entweicht.

$E^0 (Zn/Zn^{2+}) = -0{,}76$ V

$Zn + 2 H_3O^+ \longrightarrow Zn^{2+} + H_2 + H_2O$
Zn löst sich nur langsam, da H_2 eine hohe Überspannung an Zn hat.

$E^0 (Fe/Fe^{2+}) = -0{,}44$ V

$Fe + 2 H_3O^+ \longrightarrow Fe^{2+} + H_2 + H_2O$
Es bildet sich Fe^{2+} nicht Fe^{3+}, der Redoxvorgang mit dem negativeren Potenzial ist energetisch bevorzugt.

$E^0 (H_2/2H^+) = 0$

Metalle mit positivem Redoxpotenzial stehen unterhalb der Standardwasserstoffelektrode, sie können mit Säure z.B. Salzsäure nicht gelöst werden.

$E^0 (H_2/2H^+) = 0$

$E^0 (Cu/Cu^{2+}) = +0{,}35$ V $Cu + 2 H_3O^+ \;—\|\!\!\longrightarrow\; [Cu^{2+} + H_2 + 2 H_2O]$

Während sich Kupfer mit Salzsäure nicht lösen lässt, wird es von konzentrierter Salpetersäure *oxidativ* angegriffen, dabei entwickelt sich das Gas NO, das sich an der Luft schnell zum braunen Stickstoffdioxid NO_2 oxidiert.

$$E^0 (Cu/Cu^{2+}) \quad = \quad +0{,}34 \text{ V}$$

$$E^0 (NO + 6 H_2O/NO_3^- + 4 H_3O^+) \quad = \quad +0{,}96 \text{ V}$$

$$3 Cu + 2 NO_3^- + 8 H_3O^+ \longrightarrow 3 Cu^{2+} + 2 NO + 12 H_2O$$

$$2 NO + O_2 \longrightarrow 2 NO_2 \text{ braunes Gas}$$

Eine *Trennmethode für Silber und Gold* beruht darauf, dass sich Ag mit konzentrierter Salpetersäure noch lösen lässt, Gold jedoch nicht. Daher nennt man Salpetersäure mit einem Massenanteil von 50 % HNO_3 *Scheidewasser*.

$$E^0\ (Ag/Ag^{2+}) \quad = \quad +0{,}80\ V$$

$$E^0\ (NO + 6\ H_2O/NO_3^- + 4\ H_3O^+) \quad = \quad +0{,}96\ V$$

$$E^0\ (Au/Au^{2+}) \quad = \quad +1{,}50\ V$$

Chemische Reaktionen von Metallen, wie sie von den Angaben der elektrochemischen Spannungsreihe abweichen

Redoxpotenziale, wie sie in der Spannungsreihe aufgeführt sind, erlauben zwar eine Voraussage für eine freiwillig ablaufende Reaktion, sie geben aber keine Auskunft, ob die Reaktion wirklich abläuft. Abweichungen gibt es bei Metallen, die mit Sauerstoff der Luft, mit Wasser, oxidierenden Säuren u.a. eine Passivschicht bilden. Durch diese Passivierung ändert sich ihr Potenzial.

» *Metalle, die an trockener oder feuchter Luft eine Passivschicht bilden*

Beispielsweise bilden Cu und Pb mit dem Sauerstoff der Luft an der Oberfläche eine feste, zusammenhängende Schutzschicht – eine Passivschicht – die das Metall vor einem weiteren Angriff, vor Korrosion schützt (s. → Abschn. 5.4.4). Kupfer bildet mit dem Sauerstoff der Luft Kupfer(I)-Oxid, das an feuchter Luft in Gegenwart von CO_2 oder SO_2 (in Industriegebieten) in deren basische Salze übergeht, die den grünen Überzug der Patina bilden. Blei bildet an trockener Luft eine Oxid-Schutzschicht, in destilliertem und luftfreiem Wasser ist es dagegen beständig ohne dass es eine Schutzschicht bildet. In Gegenwart von Luftsauerstoff und kohlesäurehaltigem Wasser wird es langsam in die Blei(II)-verbindungen $Pb(OH)_2$ bzw. $Pb(HCO_3)_2$ übergeführt.

» *Metalle, die mit konzentrierter Salpetersäure eine Passivschicht bilden*

Obwohl Al, Cr, Fe und Ni gemäß der Spannungsreihe sich in konzentrierter Salpetersäure lösen müssten, tritt diese Reaktion (auch mit konzentrierter Schwefelsäure) nicht ein. Ursache ist hier eine bei der Reaktion sich bildende dichte, zusammenhängende Oxid-Schutzschicht an der Oberfläche. Konzentrierte Salpetersäure kann daher in Eisen- oder Aluminiumfässern transportiert werden. Ni ist aufgrund der Oxid-Schutzschicht auch gegenüber Alkalihydroxiden bis zu Temperaturen von 300 bis 400 °C beständig.

» *Blei, das mit Schwefelsäure behandelt wurde*

Pb bildet mit Schwefelsäure einen schwerlöslichen weißen Niederschlag an der Oberfläche, der vor einer Weiterreaktion schützt. Die Anwendung dieser Reaktion wird im Blei-Akkumulator ausgenützt s. → Abschn. 5.4.3.

$$Pb(s) + H_2SO_4 \longrightarrow PbSO_4(s) + H_2$$

» Metalle, die galvanisiert wurden

Da sich Chrom weder bei gewöhnlicher Temperatur noch unter Wasser oder an der Luft oxidiert, eignet sich eine dünne Chromschicht als Überzug für andere Metalle, um sie vor Oxidation zu schützen (s. → Abschn. 5.4.4 Galvanisieren z.B. Verchromen). Die Beständigkeit des Chroms überträgt sich auch auf hochlegierte Chrom- und Cr-Ni-Stähle (nichtrostende Stähle).

Sn ist bei gewöhnlicher Temperatur gegen Wasser und Luft und gegen schwache Säuren und Basen beständig (Verwendung für Teller und Becher). Es eignet sich daher ebenso als Schutzschicht für andere Metalle.

Nernst-Gleichung
(Walther Hermann Nernst 1864–1941, Nobelpreis 1920, deutscher Physikochemiker)

Nicht immer liegen die Redoxpaare unter Standardbedingungen vor. Unterschiedliche Konzentrationen und unterschiedliche pH-Werte der Elektrolytlösung verändern das Standardpotenzial E^0 der Redoxpaare.

Nernst hat eine Gleichung für ein Redoxsystem abgeleitet, nach der man das Potenzial eines Redoxpaares unter veränderten Bedingungen berechnen kann:

$$E = E^0 + \frac{R \cdot T}{n \cdot F} \ln \frac{[ox]}{[red]}$$

E Redoxpotenzial d.h. verändertes Standardpotenzial eines Redoxpaares in Volt V

E^0 Standardpotenzial eines Redoxpaares in Volt V, s. → elektrochemischen Spannungsreihe

R allgemeine Gaskonstante 8,314 J mol⁻ K⁻¹. Dimension s. → Anhang

T Temperatur in K

F Faraday-Konstante, es ist die Ladung 96500 Coulomb (A · s · mol⁻¹), die zur Abscheidung eines Mols Elektronen benötigt wird.

n Anzahl Elektronen, die übertragen werden.
[ox], [red]: Stoffmengenkonzentrationen in mol/l bzw. in der Aktivität a in mol/l für die oxidierte bzw. reduzierte Form des Redoxpaares. Im Zähler stehen definitionsgemäß (s. → Abschn. 5.1.1) die Endstoffe (Produkte), hier die oxidierte Form, im Nenner die Ausgangsstoffe (Edukte), hier die reduzierte Form.

p Treten im Redoxsystem Gase auf, so wird der Partialdruck auf Atmosphärendruck 1,013 bar (101,3 kPa) bezogen.

Die Gleichung wurde umgeformt, indem der Ausdruck

$$\frac{R \cdot T}{n \cdot F} \ln \frac{[ox]}{[red]} \qquad zu \qquad \frac{0,059}{n} \lg \frac{[ox]}{[red]}$$

umgerechnet wurde. R und F sind bekannte Konstanten, die Temperatur ist mit 298 K (25 °C) berücksichtigt und der natürliche Logarithmus in den Zehnerlogarithmus umgewandelt. Es ergibt sich eine einfach anzuwendende Formel für das veränderte

Redoxpotenzial E bei der Temperatur 298 K (25 °C):

$$E = E^0 + \frac{0,059}{n} \lg \frac{[ox]}{[red]}$$

» *Anwendung der Nernst-Gleichung auf das Redoxpaar Zn/Zn^{2+} für die Elektrolytkonzentration 1 mol/l der Zn^{2+}-Ionen*

$$E_{Zn/Zn2^+} = E^0 + \frac{0,059}{2} \lg \frac{[Zn^{2+}]}{[Zn]}$$

Die Konzentration der im festen Aggregatzustand vorliegenden Zink-Elektrode wird als feste Phase nicht berücksichtigt und geht daher nicht in die Gleichung ein (s. heterogenes Gleichgewicht → Abschn. 5.1.1). Die Gleichung lautet somit:

$$E = E^0 + \frac{0,059}{2} \lg 1$$

$$E = E^0 + 0$$

Für die Konzentration der Zn^{2+}-Ionen von 1 mol/l folgt aus der *Nernst*-Gleichung erwartungsgemäß das Standardpotenzial:

$$E_{Zn/Zn2+} = E^0 = 1,1 \text{ V}$$

Anwendung der Nernst-Gleichung

» *Änderung des Standardpotenzials mit der Konzentration der Elektrolytlösung*

Das Standardpotenzial E^0 von Zn/Zn^{2+} ändert sich bei Änderung der Konzentration der Elektrolytlösung, wenn die Konzentration der Zn^{2+}-Ionen nicht 1 mol/l, sondern beispielsweise 0,001 mol/l beträgt.

$$E = E^0 + \frac{0,059}{n} \lg [Zn^{2+}]$$

$$E = -0,76 + \frac{0,059}{2} \lg 10^{-3}$$

$$E = -0,76 + 0,0295 \cdot (-3)$$

$$E = -0,76 - 0,0885$$

Redoxpotenzial für die Zn^{2+}-Ionenkonzentration von 0,001 mol/l:

$$E = -0,85 \text{ V}$$

Mit der Verdünnung des Elektrolyten wird das Redoxpotenzial E des Redoxpaares Zn/Zn^{2+} negativer.

Qualitativ lässt sich hier das Prinzip des kleinsten Zwanges anwenden: Wird die Konzentration der Zn^{2+}-Ionen erniedrigt, so wird sich das Lösungsbestreben des Zinks erhöhen und mit ihm der Elektronendruck. Das Redoxpotenzial wird negativer.

» *Änderung der Potenzialdifferenz (Zellspannung) des Daniell-Elements bei Änderung der Konzentrationen der Elektrolytlösungen*

Die Potenzialdifferenz des Daniell-Elements von 1,1 V (Standardbedingungen) mit den Redoxpaaren Zn/Zn^{2+} und Cu/Cu^{2+} ändert sich, wenn beispielsweise die Konzentration der Cu^{2+}-Ionen $= 10^{-9}$ mol/l und die der Zn^{2+}-Ionen $= 10^{-1}$ mol/l beträgt und nicht jeweils 1 mol/l. Man kann die veränderten Redoxpotenziale E der positiven Elektrode (Halbzelle 2) und der negativen Elektrode (Halbzelle 1) nach obiger Gleichung getrennt berechnen und ihre Differenz bilden. Vereinfacht kann diese Differenz in einer Gleichung gebildet werden:

Übereinkunft: Es wird das Potenzial der negativen Elektrode von dem der positiven Elektrode subtrahiert.

$$
\begin{array}{ccc}
\text{Katode} & & \text{Anode} \\
+\text{Elektrode} & & -\text{Elektrode}
\end{array}
$$

$$\Delta E_{Zelle} = E_{Cu/Cu2+} - E_{Zn/Zn2+}$$

$$\Delta E_{Zelle} = E^0_{Zelle} + \frac{0{,}059}{n} \lg \frac{[Cu^{2+}]}{[Zn^{2+}]}$$

$$\Delta E_{Zelle} = E^0_{Zelle} + \frac{0{,}059}{2} \lg \frac{10^{-9}}{10^{-1}}$$

$$\Delta E_{Zelle} = 1{,}1 + 0{,}029 \, (-8)$$

$$\Delta E_{Zelle} = 1{,}1 - 0{,}232$$

$$\Delta E_{Zelle} = 0{,}868 \text{ V}$$

Bei den Konzentrationen der Cu^{2+}-Ionen von 10^{-9} mol/l und der Zn^{2+}-Ionen von 10^{-1} mol/l ändert sich die Zellspannung des *Daniell*-Elements von 1,1V auf 0,868 V.

Die Potenzialdifferenz ΔE_{Zelle} des *Daniell*-Elements wird mit der Verdünnung der Elektrolytlösungen unter den angegebenen Bedingungen negativer.

» *Änderung der Potenzialdifferenz (Zellspannung) bei gleichem Elektrodenmaterial aber unterschiedlichen Konzentrationen der Elektrolytlösungen, Konzentrationskette(-element)*

Unterschiedliche Konzentrationen haben das Bestreben, ihre Konzentration auszugleichen, dies verursacht eine Potenzialdifferenz.

Als Beispiel wird eine galvanische Zelle mit Elektroden aus Silber angegeben, die in Elektrolytlösungen unterschiedlicher Ag^+-Ionenkonzentrationen eintauchen.

Negative Elektrode: Redoxpaar $Ag/Ag^+(1)$ in verdünnter $Ag^+(1)$- *Elektrolytkonzentration.* Es werden Elektronen abgegeben: Anodenreaktion, Oxidation	Zum Ausgleich der Konzentrationen muss die Ag^+-Ionenkonzentration erhöht werden, Ag muss in Lösung gehen: $Ag \rightarrow Ag^+(1) + e^-$
Positive Elektrode (2): Redoxpaar $Ag/Ag^+(2)$ in *konzentrierter* $Ag^+(2)$-Elektrolytkonzentration Es werden Elektronen aufgenommen: Katodenreaktion, Reduktion	Zum Ausgleich der Konzentrationen muss die Ag^+-Ionenkonzentration erniedrigt werden, Ag muss abgeschieden werden: $e^- + Ag^+(2) \rightarrow Ag$

Die Potenzialdifferenz der Konzentrationskette ist gleich der Differenz der beiden Halbzellen:

$$\Delta E_{Konz.\text{-}Kette} = E(2) - E(1)$$

$$\Delta E_{Konz.\text{-}Kette} = 0{,}059 \; \lg \frac{[Ag^+(2)]}{[Ag^+(1)]} \quad \begin{array}{l} \text{Katode} \\ \text{Anode} \end{array}$$

Elektronen fließen von der negativen Elektrode (1) zur positiven Elektrode (2). Mit dem Ausgleich der Konzentrationen nimmt die Potenzialdifferenz (Zellspannung) ab. Wenn die Konzentration in beiden Elektrolytlösungen gleich ist, wird

$$\Delta E_{Konz.\text{-}Kette} = 0$$

Eine Konzentrationskette stellt z.B. die Lambda-Sonde dar, sie misst die elektrische Spannung, die sich zwischen der Konzentration des Sauerstoffgehaltes im Abgas und der Konzentration des bekannten Sauerstoffgehalts der Luft einstellt. Weitere Konzentrationsketten bilden das Belüftungselement (s. $\rightarrow$ Abschn. 5.4.5) und die Elektroden zweiter Art.

Elektroden zweiter Art

» *Potenzial einer Silberelektrode in einer Aufschlämmung des schwerlöslichen Salzes AgCl*

Setzt man einer Me/Me^{n+}-Halbzelle (Me bedeutet Metall) ein Salz zu, dessen Anionen mit den Me^{n+}-Ionen eine schwerlösliche Verbindung bilden, so wird das Potenzial nicht mehr durch die Me^{n+}-Ionenkonzentration bestimmt – wie es oben für unterschiedliche Elektrolytkonzentrationen an Ag^+-Ionen gezeigt wurde – sondern durch die Anionenkonzentration des zugesetzten Salzes.

Beispiele:
Silberchlorid-Halbzelle, Ag/AgCl-Elektrode

Die Silberelektrode taucht in eine Aufschlämmung des schwerlöslichen Salzes AgCl, d.h. die sie umgebende Lösung (Elektrolyt) ist mit der maximal löslichen Stoffmenge von Ag^+-und Cl^--Ionen gesättigt, wenn auch mit äußerst geringer Konzentration. Die Ag^+-Ionenkonzentration in Lösung wird durch das Löslichkeitsprodukt L_{AgCl}* bestimmt und ist in Gegenwart von schwerlöslichem AgCl konstant:

$$[Ag^+] \cdot [Cl^-] = L_{AgCl} \qquad\qquad [Ag^+] = \frac{L_{AgCl}}{[Cl^-]}$$

Das Löslichkeitsprodukt von AgCl beträgt $L_{AgCl} = 1,7 \cdot 10^{-10}\ mol^2/l^2$

*Wiederholung: Das Löslichkeitsprodukts (25 °C) eines schwerlöslichen Salzes (s. → Abschn. 5.3.3) gibt die konstante Konzentration der Me^{n+}-Ionen in einer gesättigten Lösung an. Eine gesättigte Lösung liegt vor, wenn die Lösung die maximal lösliche Stoffmenge enthält und ein fester Bodenkörper des Stoffes mit der Lösung im Gleichgewicht steht. Eine gesättigte Lösung betrachtet man daher als ein heterogenes Gleichgewicht. Der feste Bodenkörper muss zwar anwesend sein, doch es ist unerheblich in welcher Konzentration er vorliegt.

Das Potenzial kann nun durch Zugabe von unterschiedlichen Konzentrationen an Cl^--Ionen verändert werden. Bei einer Cl^--Ionenkonzentration $[Cl^-] = 1$ mol/l einer zugesetzten KCl-Lösung wird die Ag^+-Ionenkonzentration:

$$[Ag^+] = \frac{1,7 \cdot 10^{-10}\ mol^2/l^2}{1\ mol/l}$$

$$[Ag^+] = L_{AgCl} = 1,7 \cdot 10^{-10}\ mol/l$$

Nach der *Nernst*-Gleichung kann für die Silberchlorid-Halbzelle das Potenzial E berechnet werden:

$$E = E^0_{AgAg^+} + 0,059\ lg\ [Ag^+] \qquad bzw. \qquad \begin{aligned} E &= 0,80 + 0,059\ lg\ (1,7 \cdot 10^{-10}) \\ E &= 0,80 + 0,059 \cdot (-9,77) \\ E &= +\ 0,22\ V \end{aligned}$$

Die Silberchlorid-Halbzelle mit einer Konzentration der KCl-Lösung von $a(H_3O^+) = 1$ hat gegenüber der Standardwasserstoffelektrode ein konstantes Potenzial von +0,22 V. Die Elektrode ändert ihr Potenzial mit der Änderung der Cl^--Ionenkonzentration der zugesetzten Kaliumchlorid-(KCl-)lösung.

Kalomel-Elektrode, Hg/Hg_2Cl_2-Elektrode

In gleicher Weise ist die Kalomel-Elektrode aufgebaut: Quecksilber Hg ist mit festem Quecksilber(I)-chlorid Hg_2Cl_2 (die alte Bezeichnung dafür ist Kalomel) bedeckt und die sie umgebende Lösung (Elektrolyt) ist somit mit der maximal löslichen Stoffmenge von Hg^+- und Cl^--Ionen gesättigt. Die Elektronenleitung erfolgt hier über einen Platin-Draht, der in die Hg/Hg_2Cl_2-Schicht eintaucht. Der Lösung werden Cl^--Ionen in Form einer Kaliumchlorid-(KCl-)lösung mit einer bestimmten Konzentration z.B. 1 mol/l zugegeben. Das Potenzial der Elektrode beträgt gegenüber der Standardwasserstoffelektrode dann +0,284 V.

Elektroden zweiter Art eignen sich als Bezugselektrode, sie liefern ein konstantes, gut reproduzierbares Potenzial und sind leichter herzustellen als die Standardwasserstoffelektrode. Ihr von Null ungleiches Potenzial muss berücksichtigt werden.

Änderung eines Standardpotenzials in Abhängigkeit vom pH-Wert der Elektrolytlösung

Das Standardpotenzial eines Redoxpaares ändert sich in Abhängigkeit vom pH-Wert, d.h. in saurer, neutraler und basischer Lösung. Dies bedeutet nichts anderes als die Abhängigkeit des Standardpotenzials von der Konzentration der H_3O^+-Ionen. Diese kann nach der *Nernst*-Gleichung für jeden pH-Wert berechnet werden.

Für das Redoxpaar $H_2 + 2\ H_2O/2\ H_3O^+$ kann man – da Wasser und der Wasserstoff bei konstantem Atmosphärendruck in großem Überschuss vorhanden sind – als Konzentrationsglieder vernachlässigen. Es ergibt sich daher die direkte Abhängigkeit des Redoxpotenzials von der Konzentration der $[H_3O^+]$-Ionen.

$$E = E^0 + \frac{0{,}059}{1}\ \lg \cdot [H_3O^+]$$

$$E^0 = 0 + 0{,}059 \cdot \lg [H_3O^+]$$

Da $(-\lg [H_3O^+])$ gleich dem pH-Wert ist (s. $\rightarrow$ Abschn. 5.3.4), folgt daraus:

$$E = -0{,}059 \cdot pH$$

Für pH = 0	$E^0 = 0$	Standardwasserstoffelektrode
pH = 1	$E = -0{,}059$ V	
pH = 2	$E = -0{,}118$ V	
pH = 3	$E = -0{,}177$ V	
pH = 4	$E = -0{,}236$ V	
pH = 5	$E = -0{,}295$ V	
pH = 6	$E = -0{,}354$ V	
pH = 7	$E = -0{,}413$ V	
pH = 8	$E = -0{,}472$ V	
pH = 10	$E = -0{,}590$ V	
pH = 12	$E = -0{,}708$ V	
pH = 14	$E = -0{,}826$ V	

Mit zunehmendem pH-Wert, d.h. beim Übergang von einer sauren zur neutralen und alkalischen Lösung wird das Redoxpotenzial des Redoxpaares $H_2/2H^+$ negativer und die Reduktionswirkung von Wasserstoff stärker. In stark alkalischer Lösung pH = 14 können theoretisch nur noch solche Metalle angegriffen werden, deren Redoxpotenzial negativer ist als $-0{,}826$ V. (s. $\rightarrow$ Abschn. 5.4.2 Abweichungen durch Passivierung).

» *Reaktionen von Metallen mit Wasser pH 7*

Hochgereinigtes Wasser ist neutral, es hat einen pH-Wert von 7 ($[H_3O^+] = 10^{-7}$) und ein Redoxpotenzial von $E^0 = -0,413$ V. In gereinigtem Wasser lösen sich daher nur Metalle, die ein negativeres Redoxpotenzial aufweisen, das sind insbesondere die Alkali- und Erdalkalimetalle (s. → Tabelle 5.10).

$$E^0\ (Li/Li^+)\ =\ -3,05\ V \qquad 2\,Li + 2\,H_2O \ \longrightarrow\ 2\,Li^+ + 2\,OH^- + H_2$$

$$E^0\ (Ca/Ca^{2+})\ =\ -2,87\ V \qquad Ca + 2\,HOH \ \longrightarrow\ Ca^{2+} + 2\,OH^- + H_2$$

$$E^0\ (Na/Na^+)\ =\ -2,71\ V \qquad 2\,Na + 2\,HOH \ \longrightarrow\ 2\,Na^+ + 2\,OH^- + H_2$$

$$E^0\ (Fe/Fe^{2+})\ =\ -0,44\ V \qquad Fe + 2\,HOH \ -\!\|\!\longrightarrow\ [Fe^{2+} + 2\,OH^- + H_2]$$

$$E\ (H_2/2H^+)\ =\ -0,413\ V\ \ \textit{für pH} = 7$$

Eisen löst sich in hochgereinigtem Wasser pH = 7 nicht, die Potenzialdifferenz zwischen den Redoxpaaren (Fe/Fe^{2+}) und Wasser ($H_2/2H^+$) von $-0,03$ V ist zu gering. Dagegen wird Eisen in nicht gereinigtem Wasser, das CO_2-haltig ist und schwach sauer reagiert, angegriffen. Nach der Reaktion

$$CO_2 + H_2O \ \longrightarrow\ H_3O^+ + HCO_3$$

entstehen H_3O^+-Ionen, die den pH-Wert des Wassers in das saure Gebiet verschieben. Das Redoxpotenzial von neutralem Wasser wird dadurch erhöht – d.h. gegen Null verschoben – und die Differenz zum Redoxpotenzial des Eisens wird größer. So kann eine Reaktion erfolgen.

$$E^0\ (Fe/Fe^{2+})\ =\ -0,44\ V$$

$$E\ (H_2\,/2H^+)\ =\ -0,295\ V\ \text{für pH} = 5$$

$$Fe + 2\,H_3O^+ \ \longrightarrow\ Fe^{2+} + H_2 + 2\,H_2O$$

» *Änderung der oxidierenden Wirkung der Salpetersäure in Abhängigkeit vom pH-Wert*

Die Anwendung der *Nernst*-Gleichung ergibt folgendes:

$$E^0(NO + 6\,H_2O/NO_3^- + 4\,H_3O^+)\ =\ +0,96\ V$$

$$E\ =\ E^0 + \frac{0,059}{3}\ \lg\ \frac{[NO_3^-] \cdot [H_3O^+]^4}{p[NO] \cdot [H_2O]^6}$$

Bei der hohen Konzentration von $NO_3^- = 1$ mol/l und da Wasser im Überschuss und NO unter konstantem Atmosphärendruck als Konzentrationsglieder nicht berücksichtigt werden müssen, lautet die Gleichung:

$$E\ =\ E^0 + \frac{0,059}{3}\ \lg\,[H_3O^+]^4$$

Für pH $= 0$ ist die $[H_3O^+] = 1$, $\lg\,[H_3O^+] = 0$:

$$E\ =\ 0,96 + \frac{0,059}{3}\ \cdot 4 \cdot 0$$

$$E \;=\; +0,96 \text{ V}$$

Für pH = 7 ist die $[H_3O^+] = 10^{-7}$, $\lg[H_3O^+] = -7$:

$$E \;=\; 0,96 \;-\; \frac{0,059}{3} \cdot 4 \cdot 7$$

$$E \;=\; 0,96 \;-\; 0,0197 \cdot 28$$

$$E \;=\; 0,96 \;-\; 0,55$$

$$E \;=\; +0,41 \text{ V}$$

In neutraler Lösung nimmt das positive Redoxpotenzial ab, d.h. die Oxidationswirkung nimmt ab.

Elektrolyse

Wie einleitend im → Abschn. 5.4.2 angegeben, lässt sich der in einer galvanischen Zelle freiwillig ablaufende Redoxvorgang umkehren, diesen Vorgang nennt man Elektrolyse. Die Umkehrung der Richtung des Elektronenflusses erreicht man durch Anschluss an eine äußere Gleichspannungsquelle d.h. durch Zufuhr von elektrischer Energie. Es scheiden sich die Ausgangsstoffe (Edukte) ab, die die zugeführte elektrische Energie wieder als chemische Energie speichern.

Bei der Elektrolyse liegen die Standardbedingungen meistens nicht vor. Die Elektroden können sich z.B. mit nur einem Elektrolyten im gleichen Elektrodenraum befinden (s. → Galvanisieren). Entstehen aber verschiedene reaktionsfähige Gase an den Elektroden z.B. H_2 und O_2, werden zwei voneinander getrennte Elektrodenräume benötigt s.→ Elektrolyse von Wasser.

» *Die Umkehrung des Daniell-Elements* (s. → Abb. 5.26)

Als Beispiel für einen Elektrolysevorgang wird zunächst die Umkehrung des *Daniell*-Elements besprochen, um die Umkehr der Redoxreaktion deutlich zu machen.

Die Umkehrung – die Umpolung – der Richtung des Elektronenflusses erreicht man, indem der negative Pol der Spannungsquelle mit der Zn-Elektrode und der positive Pol der Spannungsquelle mit der Cu-Elektrode verbunden werden. Überschreitet die von außen angelegte Spannung den Betrag von 1,1 V, so kehrt sich der Elektronenfluss, d.h. die Richtung der freiwillig ablaufenden Redoxreaktion um. Vom negativen Pol der Spannungsquelle fließen nun Elektronen zur Zn-Elektrode und entladen d.h. reduzieren Zn^{2+}-Ionen aus der Elektrolytlösung, Zn wird an der Elektrode abgeschieden. An der Cu-Elektrode wird Cu oxidiert, es lösen sich Cu^{2+}-Ionen in die Elektrolytlösung. Die freiwerdenden Elektronen fließen zum positiven Pol der Spannungsquelle. Die beiden Elektrodenräume sind durch ein Diaphragma getrennt. In Umkehrung zur galvanischen Zelle findet die Oxidation jetzt an der Cu-Elektrode statt, sie ist Anode, die Reduktion an der Zn-Elektrode, sie ist Katode, die Sulfationen SO_4^{2-} reagieren normalerweise nicht an der Anode.

Anmerkung: In der Sichtweise der Elektrochemie wird unabhängig davon, ob man ein galvanisches Element oder eine Elektrolyse betreibt diejenige Elektrode als Anode bezeichnet, an welcher negative Ladung die Elektrolytlösung verlässt: $2\,Cl^- \;\rightarrow\; Cl_2 + 2e^-$ oder, was dem gleichsinnigen Transport

elektrischer Ladung entspricht, positive Ladung in die Elektrolytlösung eintritt und Elektronen von der Anode in den Schaltkreis abgegeben werden: $2\,H_2O + 2\,H_2 \rightarrow 2\,H_3O^+ + 2e^-$ oder $Zn \rightarrow Zn^{2+} + 2e^-$ beim galvanischen Element bzw. $Cu \rightarrow Cu^{2+} + 2e^-$ bei der Elektrolyse. In allen Fällen tritt Oxidation ein.
An der Katode dagegen tritt negative Ladung in die *Elektrolytlösung* ein: $Cl_2 + 2e^- \rightarrow 2\,Cl^-$ oder, was dem gleichsinnigen Transport elektrischer Ladung entspricht, positive Ladung die *Elektrolytlösung* verlässt, indem Elektronen aufgenommen werden: $2\,H_3O^+ + 2e^- \rightarrow 2\,H_2O + 2\,H_2$ oder $Zn^{2+} + 2e^- \rightarrow Zn$ bei der Elektrolyse bzw. $Cu^{2+} + 2e^- \rightarrow Cu$ beim galvanischen Element. In allen Fällen tritt Reduktion ein.

Bei der Elektrolyse liegt das Gleichgewicht der im *Daniell*-Element freiwillig ablaufenden Redoxreaktion auf der linken Seite der Reaktion:

$$Zn + Cu^{2+} \longleftarrow Zn^{2+} + Cu$$

Cu-Elektrode
 Anodenreaktion, Oxidation
     e^- fließen von der Cu-Elektrode zum positiven
     Pol der Spannungsquelle.
	$Cu \longrightarrow Cu^{2+} + 2e^-$

Zn-Elektrode
 Katodenreaktion, Reduktion
     e^- fließen vom negativen Pol der
     Spannungsquelle zur Zn-Elektrode
	$Zn^{2+} + 2e^- \longrightarrow Zn$

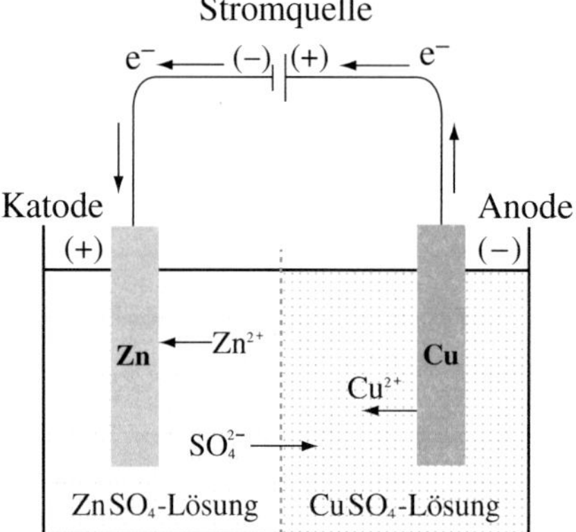

Abb. 5. 26 Elektrolyse am Beispiel der Umkehrung des *Daniell*-Elements

» *Zersetzungsspannung*

Damit eine Elektrolyse stattfinden kann, muss die angelegte Spannung – die Zersetzungsspannung – mindestens so groß sein wie die Potenzialdifferenz der freiwillig ablaufende Reaktion in der galvanischen Zelle, im angegebenen Beispiel der Umkehrung des *Daniell*-Elements also mindestens 1,1 V bei einer Elektrolytkonzentration von 1 mol/l.

In Wirklichkeit ist die Umkehr einer freiwillig ablaufenden Redoxreaktion komplizierter und nicht vollständig reversibel. Es ist der elektrische Widerstand des Elektrolyten, die Gegenspannung der freiwillig ablaufenden Redoxreaktion (Polarisation der Elektroden) u.a. zu überwinden. Daher ist in der Praxis die

Zersetzungsspannung > Differenz der Redoxpotenziale

» *Überspannung bei Abscheidung von Gasen*

Die Überspannung wird hauptsächlich bei der Abscheidung von Gasen beobachtet. Hier ist eine höhere Spannung erforderlich, als dem theoretischen Abscheidungspotenzial (Differenz der Redoxpotenziale) entspricht. Es gilt dann

Zersetzungsspannung = Differenz der Redoxpotenziale + Überspannung

Die Überspannung, die bei einer Elektrodenreaktion erforderlich ist, hat kinetische Ursachen. Es ist eine hohe Aktivierungsenergie aufzubringen, die Reaktionsgeschwindigkeit für die Gasentwicklung ist zu gering. Die Überspannung ist auch abhängig vom Elektrodenmaterial, von seiner Oberflächenbeschaffenheit sowie von der Stromdichte an den Elektroden. Besonders hoch ist die Überspannung von Wasserstoff an Zink-, Blei- und Quecksilber-Elektroden, an einer platinierten Platinelektrode geht sie gegen Null. Die Überspannung von Sauerstoff ist an Platin- und Graphit-Elektroden besonders hoch.

» *Die praktische Bedeutung der Überspannung*

Die Überspannung der Gase Wasserstoff und Sauerstoff bei der Elektrolyse von *wässrigen* Elektrolytlösungen hat praktische Bedeutung. Dass bei der Umkehrung des *Daniell*-Elements nicht Wasserstoff an der Zn-Elektrode abgeschieden wird sondern Zn, liegt an der hohen Überspannung von Wasserstoff an der Zn-Elektrode. Die Aktivierungsenergie für die H_2-Entwicklung an Zn ist hoch. Entsprechend ist das Laden eines Pb-Akkumulators nur möglich wegen der hohen Überspannung (Aktivierungsenergie) von Wasserstoff und Sauerstoff an der Pb- bzw. PbO_2-Elektrode.

Das Abscheiden von Stoffen aus einer Elektrolytlösung

Den Zusammenhang und die quantitativen Beziehungen bei der Elektrolyse zwischen den abgeschiedenen Stoffmengen und den elektrischen Größen hat *Faraday* bereits im 19. Jh. erkannt und die Grundlagen dazu festgelegt. *(Michael Faraday 1791−1867, Physiker und Chemiker, England)*

1. Faraday Gesetz (1833/34): die Masse m eines elektrolytisch abgeschiedenen Stoffes ist der durch den Elektrolyten geflossenen Ladungsmenge Q proportional.

Anmerkung: Die elektrische Ladungsmenge wird gemessen als Produkt aus der Stärke des elektrischen Stroms (in A), der durch den Elektrolyten fließt und der Zeitdauer (in s) des Stromflusses.

Die Ladungsmenge, um 1 mol Elektronen aufzunehmen oder abzugeben, ergibt sich aus dem Produkt der Zahl von *Avogadro* mit der Ladung eines Elektrons:

$$N_A \cdot 1e^- = 6{,}022 \cdot 10^{23}\,\text{mol}^{-1} \cdot 1{,}6021 \cdot 10^{-19}\,\text{A s}$$
$$= 96524\,\text{A s mol}^{-1}$$
$$\sim 96500\,\text{C mol}^{-1} = F$$

A Ampere, s Sekunde, C Coulomb, F Faraday-Konstante

Die Ladungsmenge, die 1 mol Elektronen entspricht, wird *Faraday*-Konstante genannt.

2. Faraday Gesetz: die durch gleiche Ladungsmengen abgeschiedenen Massen verschiedener Stoffe verhalten sich wie die Äquivalentmassen dieser Stoffe zueinander.

$$\text{Äquivalentmasse} = \text{Atommasse}/z$$

$$z = \text{Zahl der aufgenommenen bzw. abgegebenen Elektronen}$$

Wichtig ist daher zu wissen, wie viel Elektronen bei einer Redoxreaktion übertragen werden:

1 Mol Ag^{1+}-Ionen benötigt 1 F zur Abscheidung aus einer Ag^+-Salzlösung

  1 F scheidet $107{,}9/1 = 107{,}9$ g Ag ab.

1 Mol Cu^{2+}-Ionen benötigt 2 F zur Abscheidung aus einer Cu^{2+}-Salzlösung

  1 F scheidet $63{,}54/2 = 31{,}77$ g Cu ab.

1 Mol Al^{3+}-Ionen benötigt 3 F zur Abscheidung aus der Schmelze

  1 F scheidet $26{,}98/3 = 8{,}99$ g Al ab.

» *Elektrolyse von Mischungen aus Kationen und Anionen in wässriger Lösung*

Liegt ein Gemisch von verschiedenen Ionen vor, so scheiden sich die einzelnen Ionen mit zunehmender Spannung nacheinander ab:

- Das Kation, das am leichtesten reduziert wird, wird zuerst abgeschieden. Es ist das Kation mit dem höchsten Wert des positiven Potenzials in der Spannungsreihe. Je edler ein Metall ist, umso leichter wird es reduziert.

  Das Redoxpotenzial von $H_2 + 2H_2O/2H_3O^+$ bei pH $= 7$ beträgt $-0{,}41$ V. Aus wässriger Lösung lassen sich daher Kationen, deren Redoxpotenzial negativer ist, nicht abscheiden, z.B. K^+, Ca^{2+}, Na^+, Mg^{2+}, Al^{3+} u.a. Es wird das H_3O^+-Ion zuerst reduziert zu H_2.

- Das Anion, das am leichtesten oxidiert wird, wird zuerst abgeschieden. Es beginnt mit dem Anion mit dem ‚negativeren‘ (weniger positiven) Potenzial in der Spannungsreihe. Br^- lässt sich leichter abscheiden als Cl^- und Cl^- leichter als F^- (s.→ Tabelle 5.12)

Bei der Elektrolyse lassen sich nicht immer richtige Voraussagen machen. Entstehen Gase, so kommt es auf deren Überspannung am Elektrodenmaterial an. s. → Die praktische Bedeutung der Überspannung.

Anwendungen der Elektrolyse in der Technik

» *Elektrolyse von Wasser*

Tauchen beide Elektroden in die gleiche Elektrolytlösung, die aus einer Verbindung mit Kationen und Anionen besteht und werden beide Ionenarten elektrolytisch abgeschieden, so wandern definitionsgemäß Anionen zur Anode und Kationen zur Katode. Anionen sind beispielsweise Hydroxidionen OH^--Ionen und Halogenidionen wie F^--, Cl^--, Br^--, J^--Ionen. Kationen sind das Wasserstoffion (als H_3O^+-Ion) sowie Metallionen.

Für die Autoprotolyse des Wassers wird folgende Reaktionsgleichung angegeben:

$$H_2O + H_2O \rightleftharpoons H_3O^+ + OH^-$$

Wasser hat einen sehr geringen Dissoziationsgrad, es ist ein extrem schwacher Elektrolyt mit äußerst geringer Leitfähigkeit. Es gibt verschiedene Verfahren die Leitfähigkeit zu erhöhen, ohne dass sich die Reaktionen an den Elektroden verändern. Man erreicht dies durch Zugabe eines alkalischen Elektrolyten (z.B. wässriger Lösung von KOH), eines sauren Elektrolyten (z.B. wässriger Lösung von H_2SO_4) oder von Salzen (z.B. wässrige Lösung von Na_2SO_4). K^+- und Na^+-Ionen werden in wässriger Lösung nicht abgeschieden, Sulfationen reagieren normalerweise an der Anode nicht.

Wird die Elektrolyse in neutraler Reaktion durchgeführt z.B. in Natriumsulfat (Na_2SO_4)-Lösung und Platin-Elektroden, so ergeben sich folgende Elektrodenreaktionen:

Anode, Oxidation	$2\,OH^- \rightarrow \frac{1}{2}\,O_2 + H_2O + 2e^-$
Katode, Reduktion	$2\,H_3O^+ + 2e^- \rightarrow H_2 + 2\,H_2O$
Redoxreaktion der Elektrolyse	$H_2O \rightarrow \frac{1}{2}\,O_2 + H_2$

Die Zersetzungsspannung für Wasser muss mindestens so groß sein wie die Potenzialdifferenz der freiwillig ablaufenden Reaktion in der galvanischen Zelle liefert, also 1,23 V bei einer Elektrolytkonzentration von 1 mol/l.

Die Elektrolyse von Wasser zur Gewinnung von Wasserstoff wird hauptsächlich in den Ländern durchgeführt, in denen der Strom kostengünstig ist (s. → Abschn. 5.2.2).

» *Reindarstellung von Metallen*

Während bei Metallen mit positivem Standardpotenzial – bei Edelmetallen und Kupfer – die Möglichkeit besteht, das Metall aus einer wässrigen Elektrolytlösung abzuscheiden, ist dies bei unedlen Metallen nicht möglich. Die elektrolytische Abscheidung von unedlen Metallen kann nur in wasserfreiem Medium, d.h. aus leitfähigen Salz- oder Oxid-Schmelzen durchgeführt werden.

» *Reindarstellung von Aluminium*

Reines Aluminium – es ist ein unedles Metall mit einem Standardpotenzial von $E^0 = -1{,}70$ V – wird elektrolytisch aus einer Aluminiumoxid(Al_2O_3)-Schmelze gewonnen. Ausgangsmaterial für die *Schmelzflusselektrolyse* ist der in der Natur vorkommende

Bauxit, für den die Formel AlO(OH) angegeben wird. Er ist mit Eisen(III)-oxid Fe_2O_3, Siliciumdioxid SiO_2 und geringen Mengen Titandioxid TiO_2 verunreinigt. Alle Begleitstoffe müssen vor der Elektrolyse abgetrennt werden, um möglichst reines Aluminiumoxid Al_2O_3 zu erhalten. Nach der Spannungsreihe würde sich Eisen an der Katode vor Aluminium abscheiden und es bliebe im Aluminium als Verunreinigung zurück (Korrosionsgefahr für das elektronegativere Aluminium). Zur Abtrennung gibt es verschiedene Verfahren, beispielsweise die Abtrennung mit NaOH (Bayer-Verfahren): Während sich das amphotere AlO(OH) in Natronlauge zu $Na[Al(OH)_4]$ löst, fällt Fe^{3+} als schwerlösliches $Fe(OH)_3$ aus und kann wie auch das unlösliche Natriumaluminiumsilikat $Na_2Al_2SiO_6 \cdot 2\,H_2O$ abgetrennt werden. Das gelöste $Na[Al(OH)_4]$ wird als $Al(OH)_3$ ausgefällt und bei 1200 °C in reines Al_2O_3 übergeführt.

Reines Aluminium wird anschließend elektrolytisch, d.h. durch *Schmelzflusselektrolyse* aus Aluminiumoxid Al_2O_3 abgeschieden:

Die hohe Schmelztemperatur von Aluminiumoxid (2040 °C) erfordert einen hohen Energieaufwand, um Al_2O_3 in geschmolzenem Zustand elektrisch leitend zu machen. Zur Schmelztemperaturerniedrigung und zur Verbesserung der elektrischen Leitfähigkeit der Schmelze wird ein natrium- und fluorhaltiges Aluminiumsalz – Na_3AlF_6 Kryolith, Schmelztemperatur 1000 °C – zugesetzt. Das Salz bildet mit Aluminiumoxid ein eutektisches Gemisch mit einer Schmelztemperatur von etwa 960 °C bei einer Zusammensetzung von 10,5 % Al_2O_3 und 89,5 % Na_3AlF_6. Die Elektrolyse kann somit bei etwa 1000 °C durchgeführt werden. Man elektrolysiert mit einer Spannung von 5 bis 6 V und Stromstärken bis zu 180 kA. An Kohle-Elektroden werden die O^{2-}-Ionen zu Sauerstoff O_2 oxidiert (Anode) und die Al^{3+}-Ionen zu Aluminium Al reduziert (Katode).

Anode, Oxidation	$6\,O^{2-} \longrightarrow 3\,O_2 + 12e^-$
Katode, Reduktion	$4\,Al^{3+} + 12e^- \longrightarrow 4\,Al$

Der an der Kohle-Anode entstehende Sauerstoff verbrennt die Kohle-Elektrode zu CO und CO_2, daher muss dort Kohle ständig nachgeführt werden. Die Verbrennungswärme reduziert die Energiekosten, die für die Schmelze aufzubringen sind. Das an der Kohle-Katode sich abscheidende Metall Aluminium (Smp. 660 °C) fällt bei der Elektrolyse am Boden der Elektrolysewanne flüssig an, da es eine höhere Massendichte als die Schmelze hat. Die darüber stehende Schmelze schützt das flüssige Aluminium vor Oxidation. Von Zeit zu Zeit wird es abgesaugt und häufig in Barren gegossen. Das so gewonnene Aluminium hat eine Reinheit von etwa 99,5 %. Zur Herstellung von 1 t Aluminium benötigt man etwa 2 t Aluminiumoxid, die aus 4 bis 5 t Bauxit gewonnen werden, 600 kg Elektrodenkohle und etwa 20 MWh elektrischer Energie.

» *Elektrolytische Reinherstellung von Reinkupfer, die Raffination von Kupfer*

Um hochreines Kupfer herzustellen wird in einer verdünnten Schwefelsäure als Elektrolytlösung mit einer weniger reinen Rohkupfer-Anode und einer Reinkupfer-Katode elektrolysiert. Die Rohkupfer-Anode ist mit dem positiven Pol der Spannungsquelle verbunden. Verunreinigungen im Rohkupfer sind unedle Metalle wie Zink und Eisen sowie auch edle Metalle wie Silber, Gold und Platin. Rohkupfer hat einen Kupferanteil von etwa 95 %. Bei der Elektrolyse gehen neben Kupfer an der Anode auch Zink und Eisen in Lösung, während sich die edlen Metalle Silber, Gold und Platin bei der Auflösung der Rohkupfer-Anode als Anodenschlamm absetzen und daraus gewonnen werden. Bei geringer Zersetzungsspannung von etwa 0,5 V scheiden sich an der Katode nur Ionen mit positivem Potenzial ab, also Cu^{2+}-Ionen, nicht aber Zink und Eisen. Elektrolytkupfer weist einen Reinheitsgrad von 99,95 % auf.

Anode, Oxidation	Rohkupfer Cu $\longrightarrow$ Cu^{2+} + 2e$^-$
Katode, Reduktion	Cu^{2+} + 2e$^-$ $\longrightarrow$ Cu Reinkupfer

» *Galvanisieren, die Oberflächenbeschichtung von Werkstücken*

Diese Anwendung der Elektrolyse ist besser bekannt unter den Bezeichnungen Verchromen, Vergolden, Versilbern von unedleren Metallen.

Verchromen

Das Überzugsmetall Chrom bildet die Anode, das Werkstück die Katode und als Elektrolytlösung dient eine wässrige Lösung eines Salzes des Überzugmetalls. An der Chrom-Anode gehen Chrom(III)ionen in Lösung, diese werden katodisch auf dem Werkstück z.B. auf einer zu verchromenden Armatur abgeschieden.

Anode, Oxidation das Überzugsmetall wird oxidiert	Chrom-Anode Cr $\longrightarrow$ Cr^{3+} + 3e$^-$
Katode, Reduktion auf dem Werkstück, z.B. einer Armatur, werden die Cr^{3+}-Ionen reduziert und als Chromüberzug abgeschieden	Cr^{3+} + 3e$^-$ $\longrightarrow$ Cr Überzug auf einem Werkstück

Anmerkung: Auch Nichtmetallgegenstände lassen sich mit einem Metallüberzug versehen, sie werden vorher beispielsweise durch Einreiben mit Graphit elektrisch leitend macht. Ebenso können Polymer-Werkstoffe verchromt werden s. $\rightarrow$ Buch 2 Abschn. 7.2, Galvanisieren von ABS.

» *Eloxal-Verfahren*

Aluminium bildet, wie bereits beschrieben (s. $\rightarrow$ Abschn. 4.3.7) an der Luft eine dünne, zusammenhängende Oxid-Schutzschicht, eine Passivschicht. Diese natürliche Schutzschicht wird allerdings von Säuren und Alkalien angegriffen. Um die natürliche Schutzschicht zu verstärken und sie gegen Witterung, Seewasser, Säuren und Laugen widerstandsfähiger zu machen, wird sie durch anodische Oxidation im Eloxal-Verfahren (elektrolytische Oxidation des Aluminium) verstärkt auf 0,02 mm Dicke. Der zu eloxierende Gegenstand aus Al wird als Anode geschaltet, die Katode besteht aus Graphit, der Elektrolyt aus verdünnter Schwefelsäure:

Anode, der zu eloxierende Gegenstand aus Al Oxidation s. → Elektrolyse von Wasser	$3\,H_2O \;\rightarrow\; \tfrac{1}{2}\,O_2 + 2\,H_3O^+ + 2\,e^-$
Katode, Reduktion s. Elektrolyse von Wasser	$2\,H_3O^+ + 2\,e^- \;\rightarrow\; H_2 + 2\,H_2O$
Der an der Anode entstehende Sauerstoff reagiert mit Al zu Al_2O_3:	$2\,Al + 1\tfrac{1}{2}\,O_2 \;\rightarrow\; Al_2O_3$

Im Prinzip handelt es sich um die Elektrolyse von Wasser mit einem sauren Elektrolyten. An der Anode werden die OH^--Ionen des Wassers zu Sauerstoff oxidiert. An der Katode entsteht Wasserstoff.

» *Elektropolieren*

Rauigkeiten eines Werkstücks können elektrolytisch abgetragen werden. Das metallische Werkstück (Me) wird als Anode geschaltet. Da die elektrischen Feldlinien sich bevorzugt an den vorstehenden Spitzen der metallischen Rauigkeiten festsetzen, werden diese zuerst abgetragen. Sie lösen sich auf, indem sie zu den entsprechenden Metallionen oxidiert werden. So können Unebenheiten eingeebnet werden. Als Katodenreaktion entsteht in einer sauren Elektrolytlösung Wasserstoff.

Anode, Oxidation, Rauigkeiten des Werkstück	$Me \;\longrightarrow\; Me^{n+} + n\,e^-$
Katode, Reduktion	$n\,H_3O^+ + n\,e^- \;\longrightarrow\; n/2\,H_2 + n\,H_2O$

5.4.3 Die elektrochemische Energiespeicherung und Energiewandlung

Im Folgenden wird hauptsächlich auf die chemischen Reaktionen eingegangen, die bei den Redoxreaktionen ablaufen. Für physikalische und technische, vor allem neue technische Einzelheiten s. → Fachliteratur.

Primärzellen

Primärzellen liefern nach dem Prinzip einer galvanischen Zelle elektrische Energie. Der elektrische Strom fließt solange bis die Redoxreaktion vollständig abgelaufen ist, d.h. bis der Elektrolyt verbraucht ist. Die Primärzelle ist dann wertlos, sie ist nur einmalig verwendbar. Eine Umkehrung der Reaktion durch Stromzufuhr ist nicht möglich. Nach den verschiedenen Anforderungen, die an eine Primärzelle gestellt werden, richten sich die Redoxpaare sowohl für die Anode wie für die Katode, ebenso ist die Bauform von Bedeutung (Rundzelle, Knopfzelle, prismatische Zelle, Folienzelle). Die

Redoxpaare liegen räumlich getrennt so vor, dass die Ionenwanderung möglich ist und die Elektronenübertragung über einen äußeren Leiter zur Abgabe von elektrischer Energie erfolgen kann.

Batterien sind mehrere hintereinander geschaltete Einzelzellen.

» *Zink-Braunstein-Zelle, Leclanché-Element*

Die Zink-Braunstein-Zelle – Zn/MnO_2-Zelle – wurde von *Leclanché* um 1865 entdeckt. Diese Trockenzelle ist eine häufige Spannungsquelle für Taschenlampen. *(Leclanché Georges 1839−1882, französischer Chemiker)*

Anode, Oxidation negative Elektrode Zn in Form eines Zn-Bechers	$Zn \longrightarrow Zn^{2+} + 2e^-$	Redoxpaar Zn/Zn^{2+}
Elektrolyt	Ammoniumchlorid NH_4Cl durch saugfähige Stoffe eingedickt. Die Zn^{2+}-Ionen gehen in den Elektrolyten über und bilden mit NH_4Cl die Komplexverbindung Zinkchlorid/Ammoniak sowie Wasserstoffionen: $Zn^{2+} + 2\,NH_4Cl \longrightarrow Zn(NH_3)_2Cl_2 + 2\,H^+$	
Katode, Reduktion positive Elektrode Braunstein MnO_2	$2\,MnO_2 + 2e^- + 2\,H^+ \longrightarrow 2\,MnO(OH)$ Redoxpaar Mn^{3+}/Mn^{4+} Im Zinkbecher befinden sich der Elektrolyt und ein von Braunstein MnO_2 (Mangandioxid) in schwach saurer Lösung umgebener Graphitstift, der als positive Elektrode bei geschlossenem Stromkreis die Elektronen zum MnO_2 weiter leitet.	
Zellspannung	1,5 V Sie wird auch als Batterie hergestellt mit drei Zellen hintereinander geschaltet und einer Spannung von 4,5 V.	
Redoxreaktion	$$\overset{0}{Zn} + 2\,N\overset{2\,\cdot\,+4}{H_4}Cl + 2\,\overset{2\,\cdot\,+3}{MnO_2} \to 2\,MnO(OH) + \overset{+2}{Zn(NH_3)_2Cl_2}$$	

Jede Elektrode hat einen Kontakt nach außen. Verbindet man die negative Elektrode (Boden des Zn-Bechers) über einen Verbraucher mit der positiven Elektrode (Graphitstab), wird die freiwillig ablaufende elektrochemische Reaktion ausgelöst. Da sich der Zinkbecher mit fortschreitender Stromentnahme immer mehr auflöst, kann die aggressive Salzlösung nach einiger Zeit auslaufen. Die Batterien benötigen daher ein sicheres Gehäuse.

In den 1960er Jahren wurde in der Zink-Braunstein-Zelle der Elektrolyt Ammoniumchlorid durch Zinkchlorid $ZnCl_2$ ersetzt. Dieses bildet mit den entstehenden Hydroxidionen OH^- ein basisches Zinkchlorid, das mehrere Wassermoleküle pro Formeleinheit aufnehmen kann. Man stellt dieses basische Zinkchlorid mit den Formeln ($ZnCl_2$ + 4 $ZnO \cdot$ 5 H_2O) dar. Dadurch verfestigt sich der Elektrolyt bei Stromentnahme und ermöglicht eine bessere Auslaufsicherheit. Dies führte zu dem Namen Super-Dry-Zelle.

Redoxreaktion:

$$4\,Zn + 8\,MnO_2 + 9\,H_2O + ZnCl_2 \;\rightarrow\; 8\,MnO(OH) + (ZnCl_2 + 4\,ZnO \cdot 5\,H_2O)$$

Weitere Primärzellen:

» *Alkali-Mangan-Zelle,* auch Alkali-Zn-Braunstein-Zelle genannt.

Redoxreaktion: $Zn + 2\,MnO_2 + 2\,H_2O \longrightarrow 2\,MnO(OH) + Zn(OH)_2$
Elektrolyt: Kaliumhydroxidlösung
Zellspannung 1,5 V. Als Rund- und Knopfzelle hergestellt. Sie arbeitet bis –35 °C. Diese Zelle kann wiederaufladbar hergestellt werden.

» *Zink-Silberoxid-Zelle*

Redoxreaktion: $Zn + Ag_2O + H_2O \longrightarrow 2\,Ag + Zn(OH)_2$
Elektrolyt: Konzentrierte Kaliumhydroxidlösung in Papier oder Baumwolle aufgesaugt.
Zellspannung etwa 1,5 V. Hauptsächlich als Knopfzelle hergestellt.

» *Zink-Quecksilberoxid-Zelle*

Redoxreaktion: $Zn + HgO + H_2O \longrightarrow Hg + Zn(OH)_2$
Elektrolyt: Kaliumhydroxidlösung in Papier oder Baumwolle aufgesaugt.
Zellspannung 1,35 V. Hauptsächlich als Knopfzelle hergestellt.
Wegen der Giftigkeit des Quecksilbers wurde diese Zelle von der Zink-Luft-Zelle verdrängt.

» *Zink-Luft-Zelle*

Redoxreaktion: $Zn + \tfrac{1}{2}\,O_2 + H_2O \longrightarrow Zn(OH)_2$
Elektrolyt: Kaliumhydroxidlösung
Zellspannung 1,4 V. Hauptsächlich als Knopfzelle hergestellt.

Anstelle von HgO ist hier Sauerstoff das Oxidationsmittel. Der Boden der Zelle ist durchlöchert und die kleinen ‚Luftlöcher' sind bis zum Gebrauch mit einer Folie verklebt. Wird die Folie abgezogen, beginnt die Redoxreaktion. Der Sauerstoff wird an einem Aktivkohle-Katalysator für die Reaktion aktiviert. Die Zelle ist auslaufsicher und hat eine hohe Lebensdauer. Verwendung u.a. für Hörgeräte.

» *Lithium-Thionylchlorid-Zelle*

Anode, Oxidation negative Elektrode	Redoxpaar Li/Li$^+$ $4\,Li \longrightarrow Li^+ + 4e^-$
Elektrolyt	Thionylchlorid $SOCl_2$ (oder Sulfurylchlorid SO_2Cl_2) Das unedle und sehr reaktionsfähige Lithium kann nicht mit einem wässrigen Elektrolyten eingesetzt werden, es reagiert mit Wasser unter H_2-Entwicklung.
Katode, Reduktion positive Elektrode	Es wird an einer Graphitelektrode das $SOCl_2$ reduziert: $2\,SOCl_2 + 4e- \longrightarrow 4\,Cl^- + SO_2 + S$ Die Li$^+$-Ionen wandern durch den Elektrolyten zur Katode und bilden mit den Cl$^-$-Ionen Lithiumchlorid LiCl. Dieses scheidet sich an der Elektrode ab.
Redoxreaktion	Redoxpaar S/S^{4+} $\overset{0}{4\,Li} + \overset{2\cdot+4}{2\,SOCl_2} \longrightarrow \overset{4\cdot+1}{4\,LiCl} + \overset{1\cdot+4}{SO_2} + \overset{0}{S}$ An der Redoxreaktion sind nur Li und S beteiligt.
Zellspannung	Im Bereich von 3 V.

Lithium-Zellen sind besonders leistungsfähig und langlebig (bis etwa 10 Jahre) mit hoher Speicherkapazität. Es gibt Rundzellen und andere Zellformen. Lithium zeichnet sich durch eine besonders niedrige Massendichte aus und weist als unedles Alkalimetall eine große Reaktionsfähigkeit auf (s. → elektrochemische Spannungsreihe). Temperaturbereich –50 °C bis über 100 °C.

Brennstoffzellen

Historische*s*
Sir William Robert Grove (1811–1896, englischer Physiker) konstruierte 1839 die erste funktionsfähige Brennstoffzelle. Er nannte sie ‚gasbetriebene Batterie' da sie aus Wasserstoff und Sauerstoff direkt elektrische Energie lieferte. Seit Ende des 19. Jh. gibt es den Begriff Fuel Cell (Brennstoffzelle). Erstmals wurde die Brennstoffzelle in den USA für die Raumfahrt eingesetzt, zuerst 1965 für die Stromversorgung der Gemini-Raumkapseln, dann für das Apollo-Programm und die Space Shuttles.

Die Brennstoffzelle – eine Wasserstoff-Sauerstoff-Zelle – wandelt die chemische Energie von Wasserstoff in elektrische Energie um. Die Reaktion in der Brennstoffzelle ist als Knallgasreaktion bekannt:

$$H_2 + \tfrac{1}{2}\,O_2 \longrightarrow H_2O(g) \qquad \Delta H_f^0 = -242{,}0 \text{ kJ/mol}$$

Im Gegensatz zur Knallgasreaktion, bei der die chemische Energie als Reaktionswärme freigesetzt wird (→ Abschn. 5.2.2), nennt man die Reaktion in der Brennstoffzelle eine ‚kalte Verbrennung'.

» *Brennstoffe, Energieträger*

Brennstoffe für die Brennstoffzelle – Energieträger genannt – können entsprechend ihrem Einsatzgebiet neben reinem Wasserstoff auch andere wasserstoffhaltige Stoffe sein wie Methan (Erdgas), Methanol, Ottokraftstoff, Dieselkraftstoff, H_2/CO-Gemische, Biogas u.a. Um aus diesen Brennstoffen sehr reinen und CO-freien Wasserstoff – CO ist ein ‚Katalysatorgift' – für verschiedene Typen von Brennstoffzellen zu erzeugen, muss ein Reformer vorgeschaltet werden. Eines der gängigsten Reformierungsverfahren ist die *Dampfreformierung (Steam-Reforming)* mittels Wasserdampf.

Chemische Reaktionen bei der Dampfreformierung:

$$CH_3OH + H_2O(g) \xrightarrow{\text{Katalysator}} CO_2 + 3\,H_2 \qquad \Delta H^0 = +50 \text{ kJ/mol}$$
Methanol

Diese Reaktion kann in zwei Reaktionsschritte aufgeteilt werden:

$$(1)\quad CH_3OH \underset{\text{Synthesegas}}{\overset{\text{Katalysator}}{\rightleftharpoons}} CO + 2\,H_2 \qquad \Delta H^0 = +91 \text{ kJ/mol}$$

$$(2)\quad CO + H_2O(g) \overset{\text{Katalysator}}{\rightleftharpoons} CO_2 + H_2 \qquad \Delta H^0 = -41 \text{ kJ/mol}$$

Vereinfachte Reaktionen für die Reformierung weiterer Energieträger:

Methan $CH_4 + 2\,H_2O \longrightarrow CO_2 + 4\,H_2$
Erdgas

Komponenten von Otto- und Dieselkraftstoff:

n-Octan $C_8H_{18} + 16\,H_2O \longrightarrow 8\,CO_2 + 25\,H_2$

Cetan $C_{10}H_{22} + 20\,H_2O \longrightarrow 10\,CO_2 + 31\,H_2$

bis $C_{15}H_{32} + 30\,H_2O \longrightarrow 15\,CO_2 + 46\,H_2$

bis $C_{20}H_{42} + 40\,H_2O \longrightarrow 20\,CO_2 + 61\,H_2$

» *Schema einer Brennstoffzelle (Fuell Cell)*

Wasserstoff – der Brennstoff oder Energieträger – sowie *Sauerstoff* – das Oxidationsmittel oder Brenngas – werden von außen zwei getrennten Elektroden zugeführt. An den Elektroden, die aus porösen oder netzförmigen Oberflächen aus Metall oder Aktivkohle bestehen, ist der Katalysator z.B. Platin aufgebracht. Der Katalysator senkt die erforderliche Aktivierungsenergie zur Aufspaltung der Wasserstoffmoleküle H_2 zu 2H-Atomen bzw. der Sauerstoffmoleküle O_2 zu 2 O-Atomen und erhöht damit die Reaktionsgeschwindigkeit an den Elektroden. Zwischen den beiden Elektroden befindet sich der gasdichte Elektrolyt, z.B. eine Kaliumhydroxidlösung und verhindert, dass sich die zugeführten Gase mischen.

An der Anode wird Wasserstoff oxidiert, d.h. die Wasserstoffatome geben Elektronen ab und es entstehen Protonen H^+, die mit den Hydroxidionen OH^- des Elektrolyten zu H_2O reagieren, wobei Wärme entsteht.

$$H^+ + OH^- \longrightarrow H_2O \qquad \Delta H^0 = -57{,}4 \text{ kJ/mol} \quad \text{(s. } \rightarrow \text{Neutralisation)}$$

Die an der Anode frei gewordenen Elektronen fließen über den äußeren Leiter zur Katode und reduzieren dort den Sauerstoff zu O^{2-} bzw. zu OH^-, da die Reaktion in wässriger Lösung abläuft*. Die Hydroxidionen wandern durch den Elektrolyten zur Anode, wo sie mit den Protonen, wie schon erwähnt, zu H_2O reagieren.

*Die bei der Reduktion entstehenden O^{2-}-Ionen sind in wässrigem Medium nicht beständig, es bilden sich mit Wasser OH^--Ionen s. $\rightarrow$ Abschn. 5.3.4.

Wasserstoffzelle Anode, Oxidation negative Elektrode	Redoxpaar $H_2/2H^+$ $2\,H_2 \;\rightarrow\; 4\,H^+ + 4e^-$ Da die Reaktion in einer Hydroxidlösung als Elektrolyt abläuft, wird sie folgendermaßen formuliert: $2\,H_2 + 4\,OH^- \;\rightarrow\; 4\,H_2O + 4e^-$ An der Anode wird der Energieinhalt des ‚Brennstoffs Wasserstoff' in elektrische Energie (Elektronen) umgewandelt.
Elektrolyt	Konzentrierte Kaliumhydroxidlösung KOH(aq)
Sauerstoffzelle Katode, Reduktion positive Elektrode	Redoxpaar $4OH^-/O_2 + 2H_2O$ $O_2 + 4e^- \;\rightarrow\; 2\,O^{2-}$ Da die Reaktion in wässriger Lösung abläuft, wird sie folgendermaßen formuliert: $O_2 + 4e^- + 2\,H_2O \;\rightarrow\; 4\,OH^-$ Hier entstehen die OH^--Ionen, die an den Elektrolyten abgegeben werden und an der Anode umgesetzt werden.
Zellspannung	0,6 V
Redoxreaktion in der Brennstoffzelle	$2\,H_2 + O_2 \;\rightarrow\; 2\,H_2O$

Die Zellspannung einer Brennstoffzelle erreicht nicht den theoretischen Wert, im Betrieb hängt sie von internen Verlusten ab. Um höhere Spannungswerte zu erzielen, werden einzelne Brennstoffzellen in Serie zu Stacks geschaltet. Diese können ihrerseits wiederum in Serie oder parallel geschaltet werden. Die Brennstoffzelle liefert Gleichstrom.

Anmerkung: Die für die Brennstoffzellen angegebenen Einzelheiten können sich durch Weiterentwicklungen verändern. Technische Probleme wie korrosionsfreies Material, Gestaltung der Elektrodenoberflächen für eine schnelle Elektrodenreaktion u.a. werden ständig weiter bearbeitet, um nicht zuletzt die Zuverlässigkeit und die Lebensdauer der Brennstoffzellen zu verbessern.

» *Brennstoffzellentypen*

Nachfolgend sind die Brennstoffzellen nach dem verwendeten Elektrolyten benannt:

AFC, die alkalische Brennstoffzelle, Alkaline Fuel Cell ist eine der ältesten Typen.

PEMFC, Polymer-Elektrolyt-Membran-Brennstoffzelle Polymer Electrolyte Membrane Fuel Cell oder proton exchance membrane, PEM.

DMFC, Direktmethanol-Brennstoffzelle, Direct Methanol Fuel Cell.

PAFC, Phosphorsäure-Brennstoffzelle, Phosphoric Acid Fuel Cell.

MCFC, Schmelzkarbonat-Brennstoffzelle, Molten Carbonite Fuel Cell.

SOFC, Oxidkeramische-Brennstoffzelle, Solid Oxyde Fuel Cell.

» *Einteilung nach der Betriebstemperatur*

Niedertemperaturzellen

Zusammenfassung der Anoden- und Katodenreaktionen s. → Tabelle 5.13:

AFC:　　　Brennstoff (Energieträger): reiner Wasserstoff, Oxidationsmittel reiner Sauerstoff.
　　　　　　Elektrolyt: Kaliumhydroxidlösung (Massenanteil zwischen 30 und 45 %), OH^- leitend.
　　　　　　Redoxreaktion: $2\,H_2 + O_2 \longrightarrow 2\,H_2O$
　　　　　　Einsatzgebiet: Raumfahrt, U-Boote.

PEMFC:　　Brennstoff: Wasserstoff sowie Erdgas und Methanol mit vorgeschalteten Reformer. Oxidationsmittel: Luft.
　　　　　　Elektrolyt: protonenleitende − H^+-Ionen leitende − Polymermembran, ähnlich dem Teflon (Polytetrafluorethylen → Abschn. 10.3.3).
　　　　　　Redoxreaktion mit Platin-Katalysator: $2\,H_2 + O_2 \longrightarrow 2\,H_2O$
　　　　　　Einsatzgebiet: Elektroantrieb von Fahrzeugen und dezentrale Energieversorgung durch kleinere Anlagen für Kleinverbraucher.
　　　　　　Die PEMFC wird vor allem für den Masseneinsatz bei Fahrzeugen diskutiert, daher wird sie hier etwas ausführlicher beschrieben.

Aufbau und Wirkungsweise:

Der Kern der Brennstoffzelle (s. → Abb. 5.27) ist ein fester Elektrolyt aus einer protonenleitenden Polymerfolie. Beschichtet ist diese Folie mit einem Pt-Katalysator. Auf beiden Seiten des Katalysators sind in den gasdurchlässigen Elektroden aus Graphit feine Kanäle gefräst, in denen auf der Seite der Anode Wasserstoff und auf der Seite der Katode Luft zugeführt wird. Die Luft wird zuvor in einem Kompressor verdichtet. Eine solche Zelle besteht also nur aus Feststoffen und liefert 0,6 V Spannung.

Strömt auf der Anodenseite Wasserstoff ein, werden die Wasserstoffmoleküle vom Katalysator zur Reaktion (Oxidation) $2\,H_2 \rightarrow 4\,H^+ + 4e^-$ aktiviert und es entstehen Protonen und Elektronen. Die Elektronen fließen über einen äußeren Kreis zur Katode. Hier werden die durch den Katalysator aktivierten Sauerstoffmoleküle zur Reaktion (Reduktion) $O_2 + 4e^- \rightarrow 2\,O^{2-}$ aktiviert. Während die Protonen H^+ nach Durchdringen der Polymermembran zur Katode gelangen, kann hier die Reaktion: $2\,H^+ + \frac{1}{2}\,O^- \rightarrow H_2O$ ablaufen.

Als Antriebssystem für das Elektromotor-betriebene Fahrzeug wird nur die elektrische Energie verwendet, die Wärmeenergie bleibt ungenutzt. Man benötigt etwa 300 Einzelzellen für ein Kraftfahrzeug, die mit Bipolarplatten zusammengeschaltet sind. Mit reinem Wasserstoff und Luft wird nur reiner Wasserdampf emittiert. Das Fahrzeug fährt dann schadstofffrei und leise. Der Luftstickstoff bleibt unverändert. Außer reinem Wasserstoff werden für den Fahrzeugantrieb auch Methanol oder

Erdgas als Energieträger diskutiert. Sie erfordern allerdings einen Reformer, der bei der Reformierung von Methanol und Erdgas zu Wasserstoff das zunächst entstehende Katalysatorgift CO zu CO_2 konvertiert (s. → Dampfreformierung).

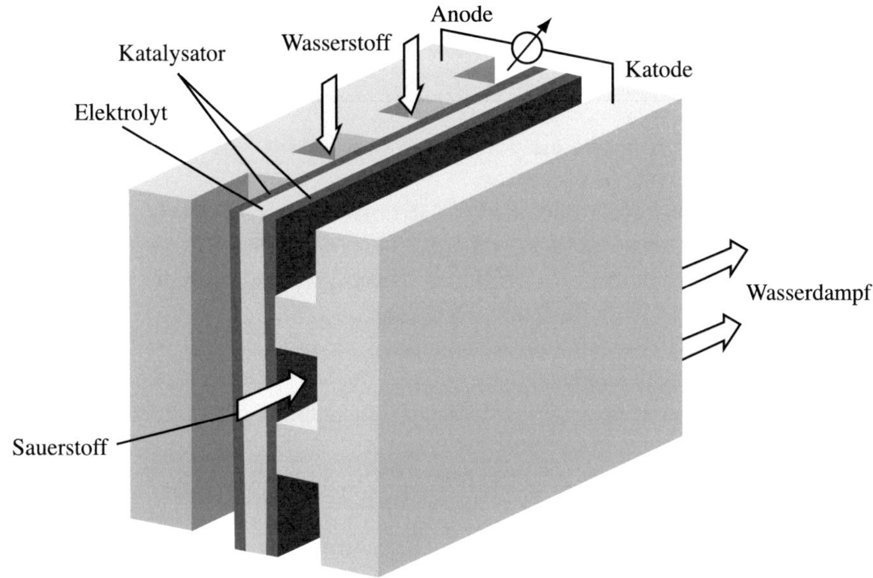

Abb. 5.27 Schema einer Polymer-Elektrolyt-Membran-Brennstoffzelle, PEMFC

DMFC: Brennstoff: Methanol, Oxidationsmittel reiner Sauerstoff oder Luft. Methanol wird direkt in Gegenwart eines Platin-Katalysators, ohne Reformer in Wasserstoff und CO_2 umgewandelt.

Elektrolyt: eine protonenleitende – H^+-Ionen leitende – Polymermembran.

Redoxreaktion: $CH_3OH + 1\frac{1}{2} O_2 \rightarrow 2 H_2O + CO_2$

Einsatzgebiet: Elektroantrieb von Fahrzeugen. Das flüssige Methanol kann an Tankstellen leichter bereitgestellt werden als gasförmiger oder flüssiger Wasserstoff. Verwendung auch für den Kleinverbraucher z.B. für einen Laptop u.a.

PAFC: Brennstoff: hauptsächlich Erdgas (Methan), ebenso CO/H_2-Gemische und Biomasse*. Oxidationsmittel: Luftsauerstoff.

Elektrolyt: konzentrierte Phosphorsäure, H^+-Ionen leitend.

Redoxreaktion mit Platin-Katalysator: $2 H_2 + O_2 \rightarrow 2 H_2O$

Einsatzgebiet: dezentrale Energie- und Wärmeversorgung für größere Gebäudekomplexe.

* Die Reformierung dieser Brennstoffe erfolgt bei der hohen Temperatur z.B. von etwa 650 °C direkt bei der Elektrode. Die Brennstoffe werden mit vorgeschaltetem Reformer in Wasserstoff und CO_2 umgewandelt. Biomasse wird erst einsetzbar, wenn durch anaerobe Gärung (ohne Sauerstoff) Biogas, d.h. Methan und CO hergestellt wurde.

Hochtemperaturzellen

Sie sind, was die Materialien und die Lebensdauer für Elektroden und Elektrolyten anbetrifft im Forschungs- und Entwicklungsstadium:

MCFC: Brennstoff: Wasserstoff, Kohlenmonoxid CO, ebenso Erdgas, CO/H_2 Gemische und Biomasse*. Oxidationsmittel: Luftsauerstoff.

Feststoffelektrolyt: K_2CO_3/Li_2CO_3, diese Carbonate liegen bei hohen Temperaturen als Schmelze vor. Sie sind durch die CO_3^{2-}-Ionen leitend. Zusätzlich wird an der Katode CO_2 zugeführt, damit sich die nötigen Ionenträger bilden können.

Mit Wasserstoff als Energieträger: Redoxreaktion: $2\,H_2 + O_2 \rightarrow 2\,H_2O$

Mit Kohlenmonoxid als Energieträger: Redoxreaktion: $2\,CO + O_2 \rightarrow 2\,CO_2$

Einsatzgebiet: zentrale (Elektrizitätswerk) und dezentrale Energie- und Wärmeversorgung für größere Wohnbereiche.

SOFC: Brennstoff: Wasserstoff, Kohlenmonoxid CO, ebenso Erdgas, CO/H_2-Gemische und Biomasse*.

Die Methanreformierung erfolgt bei der hohen Temperatur direkt bei der Elektrode. Oxidationsmittel: Luftsauerstoff.

Feststoffelektrolyt: ZrO_2, das mit Y_2O_3 dotiert und daher O^{2-}-Ionen leitend ist. Es werden weitere Oxide auf ihre Verwendbarkeit untersucht.

Mit Wasserstoff als Energieträger: Redoxreaktion: $2\,H_2 + O_2 \rightarrow 2\,H_2O$

Mit Kohlenmonoxid als Energieträger: Redoxreaktion: $2\,CO + O_2 \rightarrow 2\,CO_2$

Einsatzgebiet: zentrale (Elektrizitätswerk) und dezentrale Energie- und Wärmeversorgung für größere Wohnbereiche.

Neben der geringeren Schadstoffemission ist die Umwandlung der in den Brennstoffen enthaltenen chemischen Energie in den Brennstoffzellen wirksamer als in Dieselmotoren, Ottomotoren sowie Dampf- und Gasturbinen. Sie können sowohl für große wie für kleine Leistungsbereiche effizient eingesetzt werden, für zentrale, stationäre, mobile und portable Anwendungen, d.h. für die Strom-, Wärme- und Wasserversorgung, für den Fahrzeugantrieb und ebenso für den Kleinverbraucher in elektronischen Gebrauchsgeräten.

Wiederholung: Das Funktionsprinzip der Brennstoffzelle unterscheidet sich wesentlich von der konventionellen Stromerzeugung aus den Primärenergien, Kohle, Erdöl und Erdgas. Dort wird die Verbrennungswärme in mechanische Energie (Turbine, Generator) und dann in elektrische Energie umgewandelt. Im Gegensatz dazu werden bei der ‚kalten Verbrennung‘ keine mechanisch bewegten Bauteile verwendet, sie arbeiten daher lautlos.

Tabelle 5.13 Redoxreaktionen in den Brennstoffzellen

	Anodenreaktion	Elektrolyt	Katodenreaktion	Arbeits- temperatur °C	Zell- spannung V
AFC	$H_2 + 2\,OH^- \rightarrow$ $2\,H_2O + 2e^-$	OH^- $\leftarrow$	$\frac{1}{2}\,O_2 + H_2O + 2e^-$ $\rightarrow 2\,OH^-$	60 bis 90	0,6
PEMFC	$H_2 \rightarrow 2\,H^+ + 2e^-$	H^+ $\rightarrow$	$2\,H^+ + \frac{1}{2}\,O_2 + 2e^-$ $\rightarrow H_2O$	80 bis 120	0,5
DMFC	$CH_3OH + H_2O \rightarrow$ $CO_2 + 6\,H^+ + 6e^-$	H^+ $\rightarrow$	$6\,H^+ + 1\frac{1}{2}\,O_2 + 6e^-$ $\rightarrow 3\,H_2O$	100 bis 130	
PAFC	$H_2 \rightarrow$ $2\,H^+ + 2e^-$	H^+ $\rightarrow$	$2\,H^+ + \frac{1}{2}\,O_2 + 2e^-$ $\rightarrow H_2O$	150 bis 220	
MCFC	$H_2 + CO_3^{2-}$ $\rightarrow H_2O + CO_2 + 2e^-$	CO_3^{2-} $\leftarrow$	$CO_2 + \frac{1}{2}O_2 + 2e^-$ $\rightarrow CO_3^{2-}$	600 bis 650	0,75 und 0,9
	$CO + CO_3^{2-}$ $\rightarrow 2\,CO_2 + 2e^-$	CO_3^{2-} $\leftarrow$	$CO_2 + \frac{1}{2}O_2 + 2e^-$ $\rightarrow CO_3^{2-}$	600 bis 650	
SOFC	$2\,H_2 + 2\,O^{2-}$ $\rightarrow 2\,H_2O + 4e^-$	O^{2-} $\leftarrow$	$O_2 + 4e^-$ $\rightarrow 2\,O^{2-}$	800 bis 1000	
	$2\,CO + 2\,O^{2-}$ $\rightarrow 2\,CO_2 + 4e^-$	O^{2-} $\leftarrow$	$2\,CO + 2\,O^{2-}$ $\rightarrow 2\,CO_2 + 4e^-$	800 bis 1000	

Sekundärzellen, Akkumulatoren

Sekundärzellen – *Akkumulatoren* – sind Vorrichtungen, die aufgrund von umkehrbaren elektrochemischen Vorgängen elektrische Energie speichern, abgeben und wieder aufnehmen können. Die Stromentnahme, die *Entladung*, entspricht dem freiwilligen Ablauf einer Redoxreaktion in einer galvanischen Zelle. Die *Ladung* entspricht der Umkehrung der Redoxreaktion durch Zuführung von elektrischer Energie, der Elektrolyse.

Anmerkungen: Eine Batterie besteht aus mehreren Einzelzellen, daher ist auch für Akkumulatoren der Ausdruck Batterie möglich.

» *Blei-Akkumulator*

Der bekannteste Akkumulator ist der Blei-Akkumulator. Wegen seiner Robustheit eignet er sich besonders als Starterbatterie für Kraftfahrzeuge.

Beschreibung des Aufbaus eines Blei-Akkumulators

Beim Öffnen des Pb-Akkumulators sieht man viele parallel liegende Platten. Zwei

Platten – die Elektroden – bilden eine Zelle, es sind gitterförmige Bleigerüste. Auf der einen Elektrode ist zusätzlich graues Blei Pb, auf der anderen Elektrode braunes Blei(IV)-oxid PbO_2 aufgebracht, beides in poröser Form, um eine große Oberfläche und dadurch einen guten Reaktionsablauf zu erreichen. Als gemeinsamer Elektrolyt dient Schwefelsäure mit einem Massenanteil von etwa 35 % und einer Dichte von 1,27 g/cm^3. Für die Verdünnung der Schwefelsäure wird destilliertes Wasser verwendet, da die im Wasser enthaltenen Ca^{2+}-Ionen mit der Schwefelsäure schwerlösliches Calciumsulfat $CaSO_4$ bilden würden.

Bei der *Entladung und Ladung* laufen vereinfacht folgende chemische Reaktionen ab:

Reaktionen an der Pb-Elektrode: *Entladung*: Anode, Oxidation negative Elektrode *Ladung*: Katode, Reduktion positive Elektrode	$Pb \underset{\text{Ladung}}{\overset{\text{Entladung}}{\rightleftharpoons}} Pb^{2+} + 2e^-$	Redoxpaar Pb/Pb^{2+}
Reaktion an der Pb-Elektrode:	$Pb(s) + SO_4^{2-} \underset{\text{Ladung}}{\overset{\text{Entladung}}{\rightleftharpoons}} PbSO_4(s) + 2e^-$	(s) solid, fest
Elektrolyt:	Schwefelsäure*	
Reaktionen an der PbO_2-Elektrode: *Entladung*: Katode, Reduktion positive Elektrode *Ladung*: Anode, Oxidation negative Elektrode	$2e^- + Pb^{4+} \underset{\text{Ladung}}{\overset{\text{Entladung}}{\rightleftharpoons}} Pb^{2+}$	Redoxpaar Pb^{2+}/Pb^{4+}
Reaktion an der PbO_2-Elektrode:	$2e^- + PbO_2(s) + SO_4^{2-} + 4\,H^+ \underset{\text{Ladung}}{\overset{\text{Entladung}}{\rightleftharpoons}} PbSO_4(s) + 2\,H_2O$	
Zellspannung:	$\Delta E = E_{Katode} - E_{Anode}$ $\Delta E = +1{,}68 - (-0{,}36)\ V$ $\Delta E = 2{,}04\ V$	s. → Tabelle 5.11
Redoxreaktion:	$\overset{0}{Pb}(s) + \overset{+4}{Pb}O_2(s) + 2\,H_2SO_4 \underset{\text{Ladung}}{\overset{\text{Entladung}}{\rightleftharpoons}} 2\,\overset{2 \cdot +2}{Pb}SO_4(s) + 2\,H_2O$	

* Der Blei-Akkumulator wird heute wartungsfrei geliefert, es werden keine Angaben über den Prozentgehalt der Schwefelsäure gemacht.

Entladung: An der negativen Elektrode wird Blei zu Pb^{2+}-Ionen oxidiert. Die Pb^{2+}-Ionen reagieren mit Schwefelsäure und bilden einen weißen, schwerlöslichen Niederschlag von Pb(II)-sulfat $PbSO_4\downarrow$, der an der Elektrode hängen bleibt. Er soll sich von der Elektrode nicht entfernen, damit er bei der Umkehr der Redoxreaktion, beim Ladevorgang, wieder zur Verfügung steht. An der positiven Elektrode wird Pb(IV)-oxid PbO_2 durch die an der Anode frei gewordenen Elektronen reduziert und bildet ebenfalls schwerlösliches Pb(II)-sulfat $PbSO_4\downarrow$ als festen Belag. Entscheidend ist, dass $PbSO_4$ quantitativ ausfällt, dafür muss ein Überschuss an Schwefelsäure vorhanden sein, dann existiert eine geringe, jedoch konstante Pb^{2+}-Konzentration und somit bleibt die Spannung konstant.

Wiederholung: In Gegenwart eines schwerlöslichen Salzes, z.B. $PbSO_4$ ist die Lösung an Metallionen z.B. Pb^{2+} gesättigt, wenn auch mit äußerst geringer Konzentration. Die Pb^{2+}-Ionenkonzentration steht mit dem festen Niederschlag $PbSO_4$ im Gleichgewicht, sie wird durch das Löslichkeitsprodukt L_{PbSO_4} bestimmt und ist konstant. Das Löslichkeitsprodukt für $PbSO_4$ beträgt $1{,}6 \cdot 10^{-8}.mol^2 \, l^{-2}$.

Bei der Entladung wird Schwefelsäure verbraucht und H_2O gebildet, so dass sich die Konzentration der Schwefelsäure verringert und ihre Dichte abnimmt. Daraus folgt, dass der Ladezustand der Zelle durch Dichtemessung mit einer Senkspindel (Aräometer) gemessen werden kann. Pb-Akkumulatoren entladen sich mit der Zeit selbst. Dies beruht darauf, dass bei Anwesenheit von Schwefelsäure stets eine Reaktion mit Blei zu $PbSO_4$ stattfindet.

Ladung: Bei der Ladung des Akkumulators laufen die Reaktionen in umgekehrter Richtung ab. Die vorher positive Bleidioxidplatte wird mit dem positiven Pol des Aufladestroms verbunden und wird so zur Anode. Das an der Anode (negativ geschaltete Elektrode) hängende $PbSO_4$ wird wieder zu PbO_2 oxidiert und das an der Katode (positiv geschaltete Elektrode) hängende $PbSO_4$ wird durch die frei gewordenen Elektronen zu Pb reduziert. SO_4^{2-}-Ionen werden frei, so dass die Säurekonzentration ansteigt.

Dass sich beim Laden des Akkus entsprechend der Spannungsreihe nicht Wasserstoff ($E^0 = 0$ bei pH = 0) abscheidet, liegt an der hohen Überspannung des Wasserstoffs an Blei. Wird der Akku ‚überladen‘, d.h. ist kein $PbSO_4$ mehr vorhanden und hält die Stromzufuhr weiter an, so erhöht sich die Spannung und die Elektrolyse von Wasser zu Wasserstoff und Sauerstoff setzt ein, der Akku ‚gast‘.

Eine Autostarterbatterie besteht aus sechs Zellen und liefert insgesamt zwölf Volt. Bedingt durch die hohe Massendichte von Blei sind Blei-Akkus außerordentlich schwer und deshalb als *Stromlieferant* für Antriebsmotoren von Fahrzeugen wenig geeignet.

» *Cadmium-Nickel-Akkumulator*

Historisches: Vorgänger war der Edison-Akkumulator. Anstelle von Cadmium wurde Eisen verwendet (Eisen-Nickel-Akkumulator). *Thomas Alva Edison 1847–1931, amerikanischer Erfinder. Er hat 1889 das erste Elektroauto auf den Weg gebracht.*

Der Cd-Ni-Akkumulator eignet sich für wieder aufladbare Rund- und Knopfzellen.

$$\text{Redoxreaktion: } \overset{0}{Cd} + 2 \overset{2\cdot+3}{NiO(OH)} + 2 H_2O \underset{\text{Ladung}}{\overset{\text{Entladung}}{\rightleftharpoons}} \overset{+2}{Cd(OH)_2} + 2 \overset{2\cdot+2}{Ni(OH)_2}$$

Cadmium liegt pulverförmig vor. Ni^{3+} wird mit der Formel NiO(OH) angegeben.

Elektrolyt: Im Unterschied zum sauren Elektrolyten im Blei-Akkumulator wird im Cadmium-Nickel-Akkumulator ein alkalischer Elektrolyt – Kaliumhydroxidlösung – verwendet. Die Konzentration des Elektrolyten verändert sich bei der Reaktion kaum.

Zellspannung 1,3 V

Der Cd-Ni-Akku neigt nicht zum Gasen und kann in verschiedenen robusten Bauformen hergestellt werden. Er hat ein geringeres Gewicht als der Blei-Akku, kurze Ladezeiten und ist auch bei großer Kälte verwendbar. Er ist wartungsfrei, hat eine lange Lebensdauer, d.h. eine hohe Anzahl an Ladezyklen sind möglich sowie eine lange Betriebszeit pro Ladung. Der Cd-Ni-Akku eignet sich für viele elektrische Geräte: für Bohrmaschinen, Gartengeräte, Rasierapparate, in der Fotoindustrie, für chirurgische Geräte, für Rund- und Knopfzellen.

» *Akkumulatoren für das Elektroauto, Hochenergiebatterien*

Die Verwendung eines Akkumulators für den elektrischen Fahrzeugantrieb wirft verschiedene Fragen auf. Kann ein Akkumulator einer Tankfüllung von Otto- und Dieselkraftstoff entsprechen, d.h. kann er eine so hohe Energiedichte erreichen, dass die Reichweite vergleichbar wird?

Neben diesen Fragen sind technische Einzelheiten des Akkumulators von Bedeutung: Reaktionsgeschwindigkeit für den Entladungs- und Ladungsvorgang in einem großen Temperaturbereich, Batterielebensdauer d.h. hohe Zahl von Ladezyklen möglichst wartungsfrei, eine lange Betriebszeit pro Ladung, Langzeitstabilität der Elektroden (Zuverlässigkeit, korrosionsfrei, ungiftig), Umweltverträglichkeit und Verfügbarkeit der Rohstoffe. Sind die Materialien wieder verwendbar, wie verhalten sie sich bei Unfällen? Wie hoch sind die Betriebskosten? Letztendlich bedarf es eines Batterie-Management-Systems, das im Fahrbetrieb alle Betriebszustände durch Elektronik überwacht.

Vorzüge des Elektroautos sind, dass Abgas und Lärm in Ballungsräumen abnehmen und keine Schäden an Häusern, Kulturgütern und in der Natur entstehen.

Die nachfolgend beschriebenen Systeme können bis zu fünfmal mehr Energie pro Masseneinheit speichern als der Pb-Akku und werden daher Hochenergiebatterien genannt.

» *Natrium-Schwefel-Akkumulator*

$$\text{Redoxreaktion:} \quad 2\,Na_{(l)} + n/8\,S_{8(l)} \underset{\text{Ladung}}{\overset{\text{Entladung}}{\rightleftharpoons}} Na_2S_n$$

Redoxpaare
$2\,Na/2\,Na^+$
S^{2-}/S

Die Natrium- und Schwefel-Elektrode liegen bei der Betriebstemperatur von 300 bis 350 °C flüssig vor. Die Schwefel-Elektrode ist zur Erhöhung der Leitfähigkeit in porösen Graphit eingebettet. (l, liquid, flüssig)

Festelektrolyt: β-Al_2O_3 ist nur bei Anwesenheit von Natrium stabil und für Na^+-Ionen durchlässig. Diese reagieren mit Schwefel zu Natriumpolysulfid Na_2S_n. Die hohe Temperatur ermöglicht eine schnelle Na^+-Wanderung durch den Festelektrolyten und hält auch das entstehende Na_2S_n flüssig.

Zellspannung 2,08 V bei 350 °C

Es können 50 bis 100 Zellen luftdicht und wärmeisoliert in einem Edelstahlbehälter zusammengefasst werden. Diese Hochenergiebatterie wurde für ‚reine' Elektroautos mit größerer Reichweite entwickelt.

Anmerkungen: Na_2S_n nennt man Natriumpolysulfid. Schwefel kommt bis zur Schmelztemperatur als S_8-Molekül vor. Oberhalb der Schmelztemperatur treten verschieden große Moleküle auf, z.B. S_7, S_6, S_5 u.a.
β-Al_2O_3 wird mit Natrium als Natriumpolyaluminat $Na_2O \cdot 11\,Al_2O_3$ angegeben, es wird als durchlässiger Festelektrolyt für Membrane verwendet.

» *Natrium-Nickelchlorid-Akkumulator*

$$\text{Redoxreaktion:} \quad 2\,\overset{0}{Na} + \overset{+2}{NiCl_2} \underset{\text{Ladung}}{\overset{\text{Entladung}}{\rightleftharpoons}} 2\,\overset{2\,\cdot\,+1}{NaCl} + \overset{0}{Ni}$$

Festelektrolyt: β-Al_2O_3: Die Nickelchlorid-Elektrode ist mit schmelzfähigen Natriumaluminiumchlorid $NaAlCl_4$ umgeben. Dieses übernimmt die wandernden Na^+-Ionen zwischen β-Al_2O_3-Elektrolyt und $NiCl_2$-Elektrode, somit kann die Reaktion an der Elektrode ablaufen.

Zellspannung 2,59 V, Betriebstemperatur etwa 300 °C

Dieser Akkumulator stellt eine Variante des Na/S-Akku dar. Die Natrium-Elektrode und der β-Al_2O_3-Festelektrolyt wurden beibehalten. Als Hochenergiebatterie für Elektroautos und industrielle Anwendungen ist er wartungsfrei, sicher und zuverlässig.

» *Nickel-Metallhydrid-Akkumulator*

Allgemeine Formulierung:

$$MeH + OH^- \rightleftharpoons Me + H_2O + e^- \quad (\text{MeH: Metallhydrid})$$

$$NiO(OH) + H_2O + e^- \rightleftharpoons Ni(OH)_2 + OH^-$$

Beispiel: Hydrid der Lanthan-Nickel-Legierung $LaNi_5H_6$:

$$\text{Redoxreaktion:} \quad 1/6\ LaNi_5H_6\ +\ NiO(OH)\ \underset{\text{Ladung}}{\overset{\text{Entladung}}{\rightleftharpoons}}\ 1/6\ LaNi_5\ +\ Ni(OH)_2$$

Elektrolyt: Kaliumhydroxidlösung

Zellspannung 1,3 V

Dieses Niedertemperatursystem stellt eine umweltfreundliche Weiterentwicklung des Cd-Ni-Akkumulators dar, da es das toxische Cadmium durch eine Wasserstoff bindende Metall-Legierung ersetzt. Die Legierungen $LaNi_5$, $Ti(Zr)Ni_2$ u.a. enthalten keine giftigen Komponenten und können in kleinem Volumen große Mengen an Wasserstoff als Metallhydride speichern ($\rightarrow$ Abschn. 4.4.8). Die Energiespeicherung (Ladung) erfolgt in diesem System durch den Wasserstoff, der drucklos von der Metalllegierung aufgenommen und bei Energieabgabe (Entladung) über den Vorgang einer galvanischen Zelle entladen wird.

Der Akkumulator eignet sich für Hybridfahrzeuge aller Art (Busse, Personenwagen u.a.) Er ist wartungsfrei und zeichnet sich durch lange Reichweiten, eine hohe Anzahl von Ladezyklen und kurze Ladezeiten aus, auch Rund- und Knopfzellen werden hergestellt.

» *Zink-Luft-Akkumulator*
  Bekannt als Zink-Oxigen-Batterie.

$$\text{Redoxreaktion:}\ \overset{0}{Zn}\ +\ \overset{0}{\tfrac{1}{2}\,O_2}\ +\ \overset{2\cdot+1\ \ -2}{H_2O}\ \underset{\text{Ladung}}{\overset{\text{Entladung}}{\rightleftharpoons}}\ \overset{+2\ \ 2\cdot-2\ \ 2\cdot+1}{Zn(OH)_2}$$

Redoxpaare
Zn/Zn^{2+}
$2OH^-/\tfrac{1}{2}O_2+H_2O$

Vereinfachte Darstellung: $Zn\ +\ \tfrac{1}{2}\,O_2 \quad ZnO$

Elektrolyt: Kaliumhydroxidlösung

Zellspannung 1,65

Das Laden kann auf unterschiedliche Weise erfolgen: in einer Servicestation, in einer eigenen Ladeanlage oder einfach durch Auswechseln der Zinkelektrode.

Die Verwendung von Luft bedeutet eine Gewichtsersparnis. Die Luftzufuhr kann unterbrochen und der Elektrolyt abgelassen werden, so dass keine Entladung stattfindet. Dieser Akku ist in einem Temperaturbereich von –20 bis +40 °C einsetzbar. Er hat eine lange Lagerfähigkeit. Es gibt einzelne Zellen und Batterien mit 12 V oder 24 V.

Einsatzgebiete sind das Elektroauto, ebenso die Baustellenbeleuchtung, die Sende- und Richtfunktechnik, Ampelanlagen sowie Messstationen in der Umwelttechnik u.a.

» *Lithium-Ionen-Akkumulator*

Die Elektroden des Lithium-Ionen-Akkumulators stellen Schichtstrukturen dar, die Li^+-Ionen reversibel einlagern und wieder abgeben können. Nur ein Teil der Li^+-Ionen wird bei den ersten Zyklen irreversibel in den Schichtstrukturen (Wirtsstrukturen) z.B. der *Graphit-Elektrode und Cobalt(IV)oxid (CoO$_2$)-Elektrode* gebunden. Dabei erhöhen sich die delokalisierten Elektronen des Graphits und die Oxidationszahl von Co^{4+} wird auf Co^{3+} reduziert.

Im aufgeladenen Zustand besteht die Anode
(negative Elektrode, Oxidation) aus der Schichtstruktur Li-Graphit.

Bei der Einlagerung von Lithium-Atomen werden die 2s^1-Elektronen auf der Valenzschale des Lithiums an die Graphitstruktur abgegeben, z.B. je ein Elektron an eine Kohlenstoff-Sechseckmitte der Graphitschicht. Die Ladung der Graphitstruktur wird dadurch verändert.

Im Folgenden werden die Reaktionen vereinfacht am reversiblen Austausch von einem Elektron aufgezeigt.

Es findet an der Anode die
Oxidation von Li $\rightarrow$ Li$^+$ + e$^-$ statt.

Durch dieses Elektron entsteht zusätzlich zu den delokalisierten Elektronen des Graphits ein metallisches Leitvermögen ohne dass eine reine Lithium-Elektrode eingesetzt werden muss; denn Lithium ist ein hochreaktives, wasserempfindliches Metall. In grober Näherung gibt man die Formel Li$^+$C$_6^-$ an, das bedeutet: ein Li-Atom hat sich an einen Sechsring (C$_6$), der nun zusätzlich eine negative Ladung erhalten hat, in der Graphit-Schichtstruktur angelagert.

Wird die Zahl der reversibel austauschbaren Li$^+$-Ionen mit y bezeichnet, so ist die allgemeine Bezeichnung für die negative Elektrode Li$_y$C$_n$, d.h. y Li$^+$-Ionen sind an n Sechsringen gebunden, die reversibel ein- und ausgelagert werden. y und n sind nicht genau festgelegt, da keine exakte Stöchiometrie angegeben wird.

Anstelle von reinem Graphit werden auch bestimmte Ruße sowie Koks verwendet, die nach besonderen Verfahren hergestellt werden. Sie bilden andere Verhältnisse von Li : C bzw. y und n.

Im aufgeladenen Zustand besteht die Katode
(positive Elektrode, Reduktion) aus der Schichtstruktur Cobalt(IV)oxid (CoO$_2$).

Diese Schichtstruktur liegt nur zum Teil als LiCo(III)O$_2$ vor und somit ist noch die reversible Ein- und Auslagerung von Li$^+$-Ionen möglich.

Es findet hier die Reduktion von Co^{4+} + e$^-$ $\rightarrow$ Co^{3+} statt.

Werden die reversibel austauschbaren Li$^+$-Ionen wie oben mit y bezeichnet, so ist die allgemeine Bezeichnung für die positive Elektrode Li$_{1-y}$Co(III)O$_2$, d.h. y Li$^+$-Ionen fehlen zur weiteren Bildung von LiCo(III)O$_2$, die reversibel ein- und ausgelagert werden können.

Bestimmte Übergangsmetalloxide bilden relativ offene Schichtstrukturen, man nennt sie Intercalationsverbindungen. Beispiele sind die Oxide von Mn das Lithiummanganoxid LiMn$_2$O$_4$ sowie von Ni das Lithiumnickeloxid LiNiO$_2$. Sie können ebenfalls eine bestimmte Anzahl Li^+-Ionen reversibel ein- und auslagern.

Als *Elektrolyt* wird für den Lithium-Ionen-Akkumulator ein organisches oder anorganisches Li-Salz verwendet, das in bestimmten organischen Lösemitteln (beispielsweise Kohlesäureester) gelöst sein muss. Das Li-Salz ermöglicht den Ladungstransport der Li^+-Ionen durch den Separator (Diaphragma), der die Elektrodenräume trennt. Der Seperator ist ein dünner Film aus Polyethylen PE oder Polypropylen PP mit mikroporösen Poren.

Entladung und Ladung

Für die *Entladung* formuliert man vereinfacht für den Austausch von einem Elektron folgende chemischen Reaktionen:

Anode, negative Elektrode, Oxidation:

$$LiC_6 \rightarrow C_6 + Li^+ + e^-$$

Ein Lithium, das als Li^+-Ion an einen Sechsring (C_6) zum $Li^+C_6^-$ im Graphit gebunden ist, liefert ein Elektron. Dieses steht zur Stromentnahme zur Verfügung, während das Li^+-Ion durch den Elektrolyten zur Katode wandert und sich in die Cobalt(IV)Oxid-Schichtstruktur zu $LiCo(III)O_2$ einlagert.

Vgl.: Die Schreibweise für Na^+Cl^- ist $NaCl$, daher wird für $Li^+C_6^-$ die Schreibweise LiC_6 verwendet.

Katode, positive Elektrode, Reduktion:

$$Co(IV)O_2 + Li^+ + e^- \rightarrow LiCo(III)O_2$$

In der Schichtstruktur von $Co(IV)O_2$ wird 1 Li^+-Ion eingelagert bei gleichzeitiger Reduktion durch die Aufnahme von 1 e^- zu $LiCo(III)O_2$.

Bei der *Ladung* des Akkumulators laufen die Reaktionen in umgekehrter Richtung ab.

Gesamtreaktion

$$LiC_6 + Co(IV)O_2 \underset{\text{Ladung}}{\overset{\text{Entladung}}{\rightleftharpoons}} LiCo(III)O_2 + C_6 \qquad \begin{array}{l} \text{Redoxpaare:} \\ Li/Li^+ \\ Co^{3+}/Co^{4+} \end{array}$$

Die Redoxvorgänge finden in den Einlagerungsstrukturen statt und sind bestimmend für das Potenzial der Zelle. Die im Elektrolyt wandernden Li^+-Ionen ermöglichen den Li^+-Ionenaustausch.

Zellspannung etwa 4 Volt.

Der Li-Ionen-Akkumulator eignet sich für Elektroautos kleiner und großer Reichweite und ebenso für den Hybridantrieb. Aufgrund der relativ niedrigen Massendichte und einer hohen Reaktionsgeschwindigkeit von Lithium gehört dieser Akkumulator zu den bei Raumtemperatur betriebenen Akkumulatoren mit der höchsten Energiedichte. Betriebstemperatur -20 bis 55 °C. Die Verwendung erfolgt auch für tragbare Geräte, wo es auf minimalen Platzbedarf und hohe Energiedichte ankommt.

5.4.4 Korrosion metallischer Werkstoffe

Unter Korrosion versteht man die Zerstörung eines Werkstoffs durch chemische Umwandlungen insbesondere unter dem Einfluss einer aggressiven Umgebung. Ein Korrosionsschaden kann die Funktion eines Bauteils oder eines ganzen Systems beeinträchtigen. Der Begriff Korrosion wird auf Metalle, keramische Werkstoffe, Polymerwerkstoffe und Baumaterialien angewendet. Die Korrosion der Metalle unterscheidet sich von den Korrosionsarten der anderen Werkstoffe, da sie elektrisch leitend sind.

Im Folgenden wird auf die Korrosion metallischer Werkstoffe eingegangen, die auf chemische und auf elektrochemische Reaktionen zurückzuführen ist. Es sind von der Oberfläche ausgehende, selbst ablaufende, unerwünschte, irreversible Vorgänge. Ursachen können eine geringe chemische Beständigkeit des Metalls gegenüber einem gasförmigen Medium sein, insbesondere bei erhöhter Temperatur und hohem Druck sowie gegenüber einem flüssigen, als Elektrolyt wirkenden Medium wie es feuchte Böden, Gewässer und Schmelzen darstellen.

Chemische Korrosion

» *Verzundern*

Die *trockene Oxidation* eines metallischen Werkstoffs an der Metalloberfläche bei erhöhter Temperatur in Abwesenheit eines Elektrolyten nennt man Verzundern.

Der häufigste Reaktionspartner ist *Sauerstoff*. Die Redoxreaktion läuft durch direkte Elektronenübertragung zwischen den beteiligten Reaktionspartnern ab. Das Metall (Me), der Elektronendonator, wird zum Metalloxid oxidiert und somit korrodiert, während der Reaktionspartner (Rp), der Elektronenakzeptor, reduziert wird. Die Korrosion beruht darauf, dass für *unedle Metalle* die Oxide, wie auch die Hydroxide, Sulfide, Chloride u.a. den beständigeren, thermodynamisch stabileren Zustand, als das reine Metall darstellen. Auf Edelmetalle trifft dies nicht zu.

Oxidation des Metalls: $\quad\quad\quad\quad\quad Me \longrightarrow Me^{n+} + ne^-$

Reduktion des Reaktionspartners: $\quad Rp + ne^- \longrightarrow Rp^{n-}$

Redoxreaktion: $\quad\quad\quad\quad\quad\quad Me + Rp \longrightarrow Me^{n+} + Rp^{n-}$

Beispiel Verzundern von Eisen:
$$\overset{0}{2\,Fe} + \overset{0}{O_2} \longrightarrow \overset{2\cdot+2\ \ 2\cdot-2}{2\,FeO} \quad >560\,°C$$

Bei Abkühlung entsteht Fe_3O_4 und Fe_2O_3.

Das nur oberhalb 560 °C stabile Eisen(II)-oxid zerfällt bei Abkühlung und bildet in Gegenwart von Sauerstoff auch Eisen(II, III)-oxid Fe_3O_4 sowie Eisen(III)-oxid Fe_2O_3, wobei die stöchiometrische Zusammensetzung nicht immer exakt den chemischen Formeln entspricht. In Abhängigkeit von den äußeren Bedingungen, insbesondere von der Temperatur hat die Zunderschicht daher eine unterschiedliche Zusammensetzung. Sie ist wegen der verschiedenen Oxide sehr heterogen, was die Oberflächenhaftung beeinträchtigt. Lösen sich Schichten ab, so kann sich die Korrosion fortsetzen. Außer mit Sauerstoff gibt es auch Zunderschichten beispielsweise mit Chlor.

Bei trockener Oxidation können mit Sauerstoff auch feste Deckschichten entstehen, z.B. bildet sich bei Aluminium eine festhaftende Al_2O_3-Schicht, die das Metall vor weiterer Korrosion schützt (s. $\rightarrow$ Abschn. 4.3.7).

Solange die Zunderschicht noch dünn ist, nennt man den Vorgang *Anlaufen*.

» *Wasserstoffrissbildung*

Diese Art der chemischen Korrosion wird oberhalb etwa 200 °C durch unmittelbare Reaktion des heißen, unter Druck stehenden Wasserstoffs mit dem kohlenstoffhaltigen Gefüge eines Stahls verursacht. Unter diesen Bedingungen wird das eindringende Wasserstoffmolekül zunächst atomar aufgespalten. Die kleinen, sehr reaktionsfähigen Wasserstoffatome können in die Kristallstruktur des Eisens eindiffundieren und mit den für die Festigkeit des Stahls verantwortlichen Kohlenstoff- oder Cementit-Phasen unter Bildung von Methan reagieren:

$$H_2 \longrightarrow H + H$$

$$C + 4\,H \longrightarrow CH_4$$

$$Fe_3C + 4\,H \longrightarrow CH_4 + 3\,Fe$$

Cementit   Methan

Die Entkohlung des Stahls mit dem Verlust an Festigkeit und das unter Druck in Mikroporen oder Korngrenzen des Stahls eingeschlossene Methan sind die Ursache für die Auflockerung des Gefüges und die Rissbildung. Diesem ‚Druckwasserstoffangriff' können Legierungselemente (Cr, Mo, V, W) durch Carbidbildung entgegenwirken (s. $\rightarrow$ Abschn. 4.4.5), dadurch verhindern sie die Methanbildung.

Vgl.: Wasserstoffversprödung, eine Katodenreaktion s. $\rightarrow$ elektrochemische Korrosion im nächsten Abschnitt.

Historisches (Wiederholung s. $\rightarrow$ Abschn. 5.1.6)
Die bei der Hochdrucksynthese von Ammoniak aus Stickstoff und Wasserstoff zuerst verwendeten Stahlrohre platzten nach wenigen Stunden Betriebsdauer. Der Wasserstoff reagierte nach obiger Gleichung mit dem Kohlenstoff im Stahl zu Methan. *Carl Bosch* hat die Schwierigkeit dadurch behoben, dass er in das Stahlrohr ein Futterrohr aus kohlenstoffarmem weichem Eisen einzog. Dieses legte sich im Hochdruckbetrieb der äußeren Stahlwand dicht an, ein Reißen war nicht zu befürchten. Um dem durchdiffundierenden Wasserstoff die Möglichkeit zu geben nach außen abzuziehen, wurde der Stahlmantel mit Löchern versehen, durch die der Wasserstoff entweichen konnte.

Elektrochemische Korrosion

Die weitaus häufigste Ursache für Korrosionsschäden an metallischen Werkstoffen ist die elektrochemische Korrosion.

Im Unterschied zu der ‚chemischen Korrosion', bei der die Eigenschaften das Metalls an sich verantwortlich sind, sind für die elektrochemische Korrosion immer zwei Redoxpaare mit einem gemeinsamen Elektrolyten notwendig.

Die theoretischen Grundlagen für den freiwilligen Ablauf einer Redoxreaktion sind aus der elektrochemischen Spannungsreihe abzulesen. Bei der Korrosion liegen die Standardbedingungen allerdings nicht vor, daher geben die für praktische Zwecke zusammengestellten Spannungsreihen eher einen Anhaltspunkt, wie sich bei Veränderungen der Konzentration, des pH-Werts des Elektrolyten oder der Temperatur ein Elektrodenpotenzial verändert. Meistens wird sich aber eine Korrosion durch solche Voraussagen nicht verhindern lassen.

Während an der Anode – *Oxidation* des Metalls Me zu Me^{n+} – die eigentliche Korrosion stattfindet, können die Reaktionen an der Katode – *Reduktionsreaktionen* – die Korrosion einleiten und fortsetzen.

» *Wasserstoffkorrosion bzw. Säurekorrosion, Redoxpaar H_2+2 H_2O/2 H_3O^+*

Es ist die Reduktion von vorhandenen H_3O^+-Ionen (Säure) zu Wasserstoff H_2.

Anode, Oxidation.

$$\text{Korrosion des Metalls} \qquad Me \longrightarrow Me^{2+} + 2\,e^-$$

$$\text{Katode, Reduktion} \qquad 2\,H_3O^+ + 2\,e^- \longrightarrow 2\,H_2O + H_2 \qquad \text{Wasserstoffelektrode}$$

$$\text{Redoxreaktion} \qquad Me + 2\,H_3O^+ \longrightarrow Me^{2+} + 2\,H_2O + H_2$$

In sauerstofffreien Flüssigkeiten wie Salzsäure HCl (pH $\leq$ 4) bildet sich an der Katode Wasserstoff und das Metall geht in Lösung, es korrodiert. Die Überspannung von Wasserstoff an Eisen und anderen Metallen ist für die Korrosionsgeschwindigkeit von großer Bedeutung. Sie kann sehr unterschiedlich sein. Zu beachten ist, dass mit steigendem pH-Wert die Geschwindigkeit der Säurekorrosion abnimmt. (Abhängigkeit des Elektrodenpotenzials vom pH-Wert s. $\rightarrow$ Abschn. 5.4.2)

Beispiel:
Taupunktkorrosion
Diese Art der Korrosion kann auftreten, wenn der Taupunkt von feuchter Luft oder Wasserdampf z.B. in abziehenden Rauchgasen unterschritten wird. Das entstehende wässrige Kondensat, in dem gasförmige Luftschadstoffe wie SO_2, SO_3, NO_2 gelöst sind, bildet die entsprechenden Säuren. Diese setzen sich auf den metallischen Oberflächen als säurekorrodierendes Medium ab. Vor der Entschwefelung und Entstickung der Rauchgase von Kraftwerken und anderen Industrieanlagen waren nicht nur die metallischen Elektrofilter, sondern auch das keramische Material der Schornsteine der Korrosion ausgesetzt.

» *Sauerstoffkorrosion bzw. Basenkorrosion, Redoxpaar $4\,OH^-$/O_2 + 2 H_2O*

Es ist die Reduktion von vorhandenen Sauerstoff O_2 zu O^{2-}-Ionen bzw. in wässrigem Medium zu OH^--Ionen.

In lufthaltigem, wässrigem Medium, aber auch in einer neutral-feuchten, schwach sauren kohlendioxidhaltigen oder basischen Atmosphäre entstehen OH^--Ionen, die mit den positiv geladenen Metallionen zu mehr oder weniger schwerlöslichen Metallhydroxiden reagieren können.

Beispiel:
Rosten von Eisen

Anode, Oxidation $\qquad$ $2\,Fe \longrightarrow 2\,Fe^{2+} + 4\,e^-$

Katode, Reduktion $\quad O_2 + 2\,H_2O + 4\,e^- \longrightarrow 4\,OH^-$ $\qquad$ Sauerstoffelektrode

Redoxreaktion $\quad 2\,Fe + O_2 + 2\,H_2O \longrightarrow 2\,Fe(OH)_2$

Eisen(II)-Hydroxid $Fe(OH)_2$ bildet einen porösen Niederschlag auf der Oberfläche des Eisens und reagiert weiter mit Sauerstoff und Wasser zu Eisen(III)-hydroxid $Fe(OH)_3$:

$$2\,Fe(OH)_2 + \tfrac{1}{2}O_2 + H_2O \longrightarrow 2\,Fe(OH)_3$$

In weiteren Reaktionen entstehen u.a. Eisen(III)-oxidhydroxid $FeO(OH)$, das auch als Eisen(III)-oxid-Hydrat $Fe_2O_3 \cdot H_2O$ geschrieben wird. Diese Formel kann vereinfacht für Rost angegeben werden.

Die Zusammensetzung des Rostes ist nicht einheitlich, sondern sehr unterschiedlich was den Wassergehalt und auch die Oxidationsstufen des Eisenoxid/hydroxids betrifft. Es kann ebenso grünes $Fe_3O_4 \cdot H_2O$ oder schwarzes Fe_3O_4 vorliegen. Die Rostschicht ist porös, spröde und haftet nur wenig auf dem Eisen, so können Wasser und Sauerstoff weiter eindringen und ein Durchrosten des Fe-Werkstücks ermöglichen. Gelöste Salze als Elektrolyte erhöhen die Leitfähigkeit der Elektrolytlösung und beschleunigen die Korrosion.

» *Kontaktkorrosion (Korrosionselement)*

Sind zwei Metalle mit unterschiedlichen Potenzialen über einen auch nur sehr schwachen Elektrolyten – es kann ein Feuchtigkeitsfilm sein – miteinander verbunden, so tritt eine Kontaktkorrosion ein. Das Metall mit dem negativeren Potenzial – das ‚unedlere' Metall – wird anodisch aufgelöst:

$$Me \longrightarrow Me^{2+} + 2\,e^-$$

Das Metall mit dem ‚geringeren negativen' Potenzial – das ‚edlere' Metall – ist dagegen als Katode geschützt. Die Elektronen, die an der Katode ankommen, treten in den Elektrolyten über und reduzieren beispielsweise H_3O^+-Ionen:

$$2\,H_3O^+ + 2\,e^- \longrightarrow H_2 + 2\,H_2O$$

Ebenso kann die Reduktion von Sauerstoff O_2 zu $2\,O^{2-}$ bzw. OH^- stattfinden.

Kontaktkorrosion kann entstehen, wenn verschiedene Metalle aus verschiedenen Bauteilen aufeinander treffen, z.B. wenn Verbindungsschrauben aus einem anderen Metall bestehen als das zu verbindende Bauteil.

» *Lokalelement*

Liegen kleine Bereiche von unterschiedlichen Potenzialen unmittelbar nebeneinander, so spricht man von einem Lokalelement.

Eine Passivschicht wie sie beispielsweise Al_2O_3 für Aluminium darstellt, weist ein ‚edleres' Potenzial auf als das Grundmetall Aluminium Al. Metalle mit einer Passivschicht liegen somit an der Oberfläche in einem ‚geschützten' Zustand vor, unter der Passivschicht jedoch in einem aktiven Zustand. Wird die Passivschicht in eng begrenzten Bereichen verletzt, so liegen an der Metalloberfläche kleine aktive Bereiche von Al mit negativem Potenzial neben vergleichsweise großen passiven Oberflächenbereichen mit entsprechend positivem Potenzial. Es kann sich bei Anwesenheit eines Elektrolyten lokal ein begrenztes Korrosionselement ausbilden – ein Lokalelement – das zu einem schnellen Abtrag der aktiven Stelle, zu Löchern, Narben oder auch Rissen führt.

» *Belüftungselement*

Bereiche unterschiedlicher Belüftung in Stahlkonstruktionen, z.B. wenn Spalten vorhanden sind, können ein elektrochemisches Element ausbilden. Ursache kann ein höherer Sauerstoffgehalt an der Oberfläche als der in den Spalten sein. Ebenso kann ein Belüftungselement entstehen, wenn Stahl in größeren Tiefen eines Gewässers eintaucht und der Sauerstoffgehalt an der Oberfläche höher ist als in der Tiefe.

Im Wasserleitungsbau werden weniger benutzte Rohrleitungen wegen der Sauerstoffarmut des abgestandenen Wassers im Rohr stärker korrodieren als benachbarte Rohrleitungen mit hohen Durchflussmengen. Die Korrosion hängt bei gleichem Elektrodenmaterial von der unterschiedlichen Konzentration des Sauerstoffgehalts des Wassers, der Elektrolytlösung ab.

Zur Anode werden die weniger belüfteten – sauerstoffarmen – Bereiche und korrodieren stärker als die besser belüfteten katodischen Bereiche. Unterschiedliche Konzentrationen (Konzentrationselement) haben das Bestreben, ihre Konzentration auszugleichen, dadurch stellt sich eine Potenzialdifferenz ein. Dies wurde am Beispiel des Redoxpaares Ag/Ag^+ in Elektrolytlösungen unterschiedlicher Konzentration erklärt s. → Abschn. 5.4.2.

Erscheinungsformen der Korrosion

Es gibt eine Vielzahl von Erscheinungsformen der Korrosion, die hier nicht alle erörtert werden. Eine Übersicht gibt folgende Einteilung:

- Die Korrosion kann die gesamte Oberfläche ebenmäßig d.h. gleichmäßig über die ganze Oberfläche erfassen, hierher gehört die Korrosion unter Wasserstoff- oder Sauerstoffentwicklung.

- Die ungleichmäßige oder örtlich begrenzte Korrosion ist vielfältiger. Das Besondere der elektrochemischen Korrosion ist, dass sie an verschiedenen Stellen auf einer Metalloberfläche angreifen kann.

Weitere Korrosionsarten sind: Selektive Korrosion, Lochfraß, Interkristalline Korrosion sowie Korrosion mit zusätzlicher mechanischer Beanspruchung z.B. Spannungsrisskorrosion, Schwingungsrisskorrosion u.a.

Korrosionsschutz

Korrosionsschutz hat aus ökonomischen Gründen besondere Bedeutung. Die Methoden sind sehr vielfältig, hier einige Beispiele:

» *Oberflächenbeschichtung von Stählen durch Zinkphosphatierung (Autoindustrie).*

Die Phosphatierung s. → Abschn. 5.3.5 unter Phosphorsäure.

» *Korrosionsschutz durch elektrochemische Vorgänge:*

Passivierung von Metalloberflächen durch Eloxieren s. → Abschn. 5.4.2.

Schützende metallische Überzüge:

Katodische Überzüge, Galvanisieren
Der Korrosionsschutz von Eisen und anderen unedlen Metallen durch Galvanisieren wurde im → Abschn. 5.4.2 beschrieben. Er besteht darin, dass oberflächlich ein edleres oder durch eine Passivschicht weniger reaktives Metall aufgebracht wird, was als Katode dient.

Anodische Überzüge
Bei diesen Überzügen erfolgt die Elektronenübertragung – der Korrosionsstrom – vom unedleren Überzug als Anode – man nennt sie Schutzelektrode oder Opferanode – zum Grundwerkstoff als Katode, wodurch dieser nicht oxidiert wird, d.h. nicht korrodieren kann (katodischer Schutz). Beispiele dazu sind:

Verzinktes Eisen
Solange die Elektronenübertragung vom Zink zum Eisen fließen kann und beide Metalle elektrisch leitend verbunden sind, findet keine Korrosion von Eisen statt, sondern am Überzug Zn. Als Anodenreaktion geht Zink in Lösung. Je dicker der Überzug, umso länger bleibt der Schutz für das Eisen erhalten.

Schutzelektrode – Opferanode – für Pipelines im feuchten Erdreich
Damit Pipelines nicht von Salzlösungen oder Huminsäuren im Erdreich zerstört werden, müssen in regelmäßigen Abständen Magnesiumblöcke als Schutzelektrode elektrisch leitend angebracht werden. Im Laufe der Zeit löst sich das ‚unedlere‘ Magnesium auf, während Eisen bzw. Stahl als das ‚edlere Metall‘ geschützt ist.

Die stählernen Rümpfe großer Schiffe werden in ähnlicher Weise geschützt.

Anhang

Einheiten

SI-Einheiten (Systeme International d'Unites)
die sieben Basiseinheiten

Physikalische Größe	Name der SI-Einheit	Einheitenzeichen
Länge	Meter	m
Masse	Kilogramm	kg
Zeit	Sekunde	s
elektrische Stromstärke	Ampere	A
Temperatur	Kelvin	K
Lichtstärke	Candela	cd
Stoffmenge	Mol	mol

Weitere Einheiten, die zugelassen sind und zusammen mit den SI-Einheiten verwendet werden

Physikalische Größe Name	Einheitenzeichen und Definition	In SI-Einheiten und zugelassenen Einheiten
Volumen V		
Kubikmeter	$m^3 = 10^6\,cm^3$	m^3
Liter	l (auch L) $1\,m^3 = 1000\,L$	$10^{-3}\,m^3$
Masse m		
Gramm	g $1\,kg = 1000\,g$	$10^{-3}\,kg$
Tonne	t $1\,t = 1000\,kg$	$10^3\,kg$
Zeit t		
Minute	min $60\,s = 1\,min$	$60\,s$
Stunde	h $60\,min = 1\,h$	$3600\,s$
Tag	d $24\,h = 1\,d$	$86400\,s$
Massendichte ρ = Masse/Volumen	ρ	$kg\ m^{-3}$ $g\ cm^{-3}$
Temperatur T		
Grad Celsius	t 0 °C entsprechen 273,15 K	°C $t = T - 273,15$

Kraft F Newton = Masse × Beschleunigung	N	$kg\ m\ s^{-2}$
Arbeit A (Energie E) Joule = Kraft × Weg	J Wattsekunde $1\ kWh = 3,6\ 10^6\ J$	N m $kg\ m^2\ s^{-2}$ W s
Leistung P Watt = Arbeit/Zeit	W	$J\ s^{-1}$ $kg\ m^2\ s^{-3}$
Druck p Pascal = Kraft/Fläche	Pa $1\ bar = 10^5\ Pa$ Atmosphärendruck: 1,013 bar $1,013\ bar = 1,01325 \cdot 10^5\ Pa$ $= 1013,25\ hPa$ $= 101,325\ kPa$	$N\ m^{-2}$ $kg\ m^{-1}\ s^{-2}$
Elektrizitätsmenge Ladung Q Coulomb = Stromstärke × Zeit	C	A s
Elektrische Spannung U Volt = Energie/Ladung oder = Leistung/Stromstärke	V	$J\ C^{-1}$ $kg\ m^2\ A^{-1}\ s^{-3}$ $W\ A^{-1}$
Elektrischer Widerstand R Ohm = Spannung/Stromstärke	Ω	$V\ A^{-1}$ $kg\ m^2\ A^{-2}\ s^{-3}$
Frequenz ν Hertz = Schwingungszahl/Sekunde	Hz	s^{-1}

Nicht mehr zugelassen: Angström Å: $1\ Å\ = 10^{-10}\ m = 100\ pm = 10^{-8}\ cm$
Kalorie cal: $1\ kcal\ = 4,187\ kJ$
Atmosphäre: $1\ atm\ = 1,013\ bar$

Konstanten

Größe	Symbol	Zahlenwert, Einheit
Avogadro-Konstante	NA	$6{,}0220 \cdot 10^{23}$ mol^{-1} d.h. $6{,}0220 \cdot 10^{23}$ Teilchen pro ein Mol
Elementarladung	e	$1{,}60219 \cdot 10^{-19}$ C
Faraday-Konstante	F	$9{,}6484 \ \cdot 10^{4}$ C mol^{-1}
Gaskonstante*	R	$8{,}3144 \ kPa\, l\, K^{-1}\, mol^{-1}$ $8{,}3144 \ J\, K^{-1}\, mol^{-1}$ oder $0{,}083144 \ bar\, l\, K^{-1}\, mol^{-1}$
Lichtgeschwindigkeit	c	$2{,}99792 \cdot 10^{8}$ m s^{-1}
Planck-Konstante	h	$6{,}6261 \cdot 10^{-34}$ J s
Rydberg-Konstante	R	$3{,}28984 \cdot 10^{15}$ s^{-1}

* Von der Art des Gases unabhängig.

Definitionen in der Chemie

Atomare Masseneinheit u	u	$1\ u\ =\ 1/12$ der Atommasse von ^{12}C $=\ 1{,}6606 \cdot 10^{-27}$ kg
Stoffmenge n SI-Einheit Mol	n(X) X = Teilchenart eines Stoffs	n Mole einer Teilchenart X
Stoffmengenkonzentration Stoffmenge/Volumen	c(X)	In SI-Einheiten $\quad$ mol m^{-3} Üblich ist $\qquad$ mol l^{-1}
molare Masse, Molmasse	M(X)	Entspricht der Masse von N_A Teilchen In SI-Einheiten $\quad$ kg mol^{-1} Üblich ist $\qquad$ g mol^{-1}
Molares Normvolumen eines idealen Gases, Molvolumen	$V_m(X)$	$22{,}4136\ l \cdot mol^{-1}$ $\quad$ (NTP)*

NTP* normal temperature pressure: 0 °C bei 1,013 bar

Tabellen

Tabelle 1

Bindung	Bindungslänge pm	Bindungsenergie kJ/mol (25 °C)
H–H	74	436
O=O	121	498
N≡N	110	945
Cl–Cl	199	244
C–C	154	348
C–H	109	416
C–O	143	358
C–N	147	305
C=C	134	615
C≡C	120	811

$1 \text{ pm} = 10^{-12} \text{ m}$

Tabelle 2

Die angegebenen Werte können nur ca.-Werte darstellen. Manche Werte sind gemittelt, da verschiedene Angaben gemacht werden.

Energieträger	Brennwert	
	kJ/kg	kJ/Nm^3
Wasserstoff	141800	12740
Methan, Erdgas	55500	39820
Propan	50350	100900
n-Butan	49530	133880
Methanol	22604	
n-Octan	47720	
Benzol	42363	
Benzin, handelsüblich	46046	
Petroleum (Flugturbinenkraftstoff)	43953	
Heizöl, (etwa auch Dieselkraftstoff)	ca. 43116 bis 45209 (Mittel 44162)	
Wassergas		12600
Generatorgas (aus Koks/Kohle)		5000 bis 8400
Synthesegas		11000
Kohlenmonoxid		12600
Acetylen		58800
Raffineriegas		ca. 30000 bis 60000

Tabelle 3

Die angegebenen Werte können nur ca.-Werte darstellen. Manche Werte sind gemittelt, da verschiedene Angaben gemacht werden. Fossile Energieträger unterscheiden sich nach ihrem Herkunftsland, es gibt z.B. eine Vielzahl an Kohlearten und Gasfamilien.

Energieträger	Heizwert	
	kJ/kg	kJ/Nm^3
<u>Wasserstoff</u>	120000	10780
<u>Methan CH$_4$</u>, <u>Erdgas</u>	50082	35880
Propan	46370	92930
n-Butan	45740	123640
Kokereigas		17500
Synthesegas		ca. 10000 bis 12000
Kraftstoffkomponenten:		kJ/l
n-Heptan	44400	30600
<u>n-Octan</u>	44162	
Isooctan	44200	30800
Benzol	40300	35600
<u>Methanol</u>	19760	15930
Ethanol	26900	21400
Ottokraftstoff normal	43534	31800
Ottokraftstoff Super	42700	32700
<u>Dieslkraftstoff</u>	42750	35600
<u>Heizöl</u>	ca. 40604 bis 42279	
	Mittel 41441	
<u>Kohle Steinkohle</u>	29300	
Petrolkoks	31000	
Holz	18300	
Restmüll	ca. 11000 bis 12000	

Steinkohle bis Anthrazit ca. 33100 bis 35400 Mittel 34250

Umrechnung

Umrechnung K_c zu K_p mit Hilfe der allgemeinen Zustandsgleichung idealer Gase zu → Abschn. 5.1.1

Allgemeine Zustandsgleichung idealer Gase: $p\,V\,=\,n\,R\,T$

Dabei bedeuten

n   die Anzahl Mole (Stoffmenge) des untersuchten Gases

V   Volumen in Liter l

T   Temperatur in Kelvin K

p   Druck in bar

R   die allgemeine Gaskonstante, sie ist von der Art des Gases unabhängig
Zahlenwert 0,083144 bar l K^{-1} mol^{-1}

Dieser Zahlenwert hängt von den Maßeinheiten ab, mit denen man p und V misst:
Gibt man den Druck mit kPa an ist $R\,=\,8{,}314$ kPa l K^{-1} mol^{-1}
Misst man p V in SI-Einheiten, so ist $R\,=\,8{,}314$ J K^{-1} mol^{-1}
(p V hat die Dimension Energie: p V $=$ Kraft/Fläche $\cdot$ Volumen $=$ Kraft $\cdot$ Länge
$=$ Energie)
$J\,=\,N\,m$

Mit Hilfe der Stoffmengenkonzentration $c\,=\,n/V$ in mol/l (meist nur Konzentration c genannt) kann man die obige Zustandsgleichung umschreiben: $p\,=\,c\,R\,T$

Befindet sich im Volumen V ein Gasgemisch, so kann man jeder Komponente X, Y usf. mit den Konzentrationen c(X), c(Y).... usf. einen Partialdruck p(X), p(Y).... usf. zuordnen.

Der Zusammenhang zwischen den Gleichgewichtskonstanten K_c und K_p lässt sich nun unter Benutzung der im→ Abschn. 5.1.1 eingeführten Gleichgewichtsformeln für K_c bzw. K_p:

$$K_c\,=\,\frac{[D]^d\,\cdot\,[E]^e}{[A]^a\,\cdot\,[B]^b}\quad\text{und}\quad K_p\,=\,\frac{p_D^d\,\cdot\,p_E^e}{p_A^a\,\cdot\,p_B^b}$$

und der obigen Zustandsgleichung folgendermaßen herleiten:

$$K_p\,=\,K_c\,\cdot\,(RT)^{(d+e-a-b)}$$

Demnach gilt beispielsweise:

$K_p\,=\,K_c\,\cdot\,RT$ wenn die Anzahl Mole der Produkte (im Zähler) um 1 Mol größer ist als die der Edukte (Nenner); ist sie um 2 Mole größer, dann steht $(RT)^2$ usf.

$K_p\,=\,K_c$ wenn auf jeder Seite der Reaktionsgleichung gleich viele Mole stehen,

$K_p = K_c \, / \, RT$ wenn die Anzahl Mole der Edukte um 1 Mol größer ist als die der Produkte; ist sie um 2 Mole größer, dann steht $K_c \, / \, (RT)^2$ usf.

Es kommt also auch hier auf die Stöchiometrie der Reaktionsgleichung an.

Beispiele: Knallgasreaktion $K_p = K_c \, / \, RT$
Synthesegas-Bildung $K_p = K_c \, / \, (RT)^2$
Stickstoffmonoxid-Bildung $K_p = K_c$
Verbrennung von Kohlenstoff $K_p = K_c$
Boudouard-Gleichgewicht $K_p = K_c RT$
Kalkbrennen $K_p = K_c RT$

Emissionsgrenzwerte für Kraftfahrzeuge

Emissionsgrenzwerte für Ottomotoren-Pkw in Europa:

EURO III-Norm ab 1.1.2000: CO 2,3 g/km, HC 0,20 g/km, NO_x 0,15 g/km;

EURO IV-Norm ab 1.1.2005: CO 1,0, g/km, HC 0,10 g/km, NO_x 0,08 g/km;

EURO V-Norm ab 1.1.2008: In der Diskussion.

Emissionsgrenzwerte für Dieselmotor-Pkw in Europa:

EURO III-Norm ab 1.1.2000: CO 0,64 g/km, NO_x 0,50 g/km, HC + NO_x 0,56 g/km, Partikel 0,05 g/km;

EURO IV-Norm ab 1.1.2005: CO 0,50 g/km, NO_x 0,25 g/km, HC+NO_x 0,30 g/km, Partikel 0,025 g/km

Emissionsgrenzwerte für Nutzfahrzeuge (NFZ, Heavy Duty Truck) in Europa:

EURO III-Norm ab 1.10.2000: CO 2,1 g/kW, HC 0,66 g/kW, NO_x 5,0 g/kW, Partikel 0,1 g/kW;

EURO IV-Norm ab 1.10.2005: CO 1,5 g/kW, HC 0,46 g/kW, NO_x 3,5 g/kW, Partikel 0,02 g/kW;

EURO V-Norm ab 1.10.2008: CO 1,5 g/kW, HC 0,46 g/kW, NO_x 2,0 g/kWh; Partikel 0,02 g/kWh.

Emissionsgrenzwerte für schwefelarmen Kraftstoff: s. → Abschn. 5.2.6

Ab 1.1.2000 für Ottomotor-Kraftstoff maximal 150 ppm Schwefel, das sind 0,015%. Für Dieselmotor-Kraftstoff maximal 350 ppm Schwefel, das sind 0,035%.

Ab 1.1.2005 Ottomotor- und Dieselmotor-Kraftstoff maximal 50 ppm Schwefel, das sind 0,005%.

Dies erfordert veränderte Entschwefelungsanlagen für die Raffinerien.

Nationale Alleingänge sind möglich, z.B. Schweden, will nur 10 ppm Schwefel zulassen.

Umweltprobleme

Regionale Umweltprobleme sind der → saure Regen sowie der → Sommersmog mit hohen Ozonwerten in Bodennähe und in der Troposphäre (bis etwa 12 km über dem Erdboden). Verantwortlich sind hauptsächlich Stickoxide NO_x (NO/NO_2) und Schwefeloxide SO_2/SO_3.

Saurer Regen: Stickoxide und Schwefeloxide bilden mit dem Wassergehalt der Luft (Regen, Nebel) aggresive Luftschadstoffe.

Vereinfachend wird die Bildung von Salpetersäure HNO_3, schwefliger Säure H_2SO_3 und Schwefelsäure H_2SO_4 angeben:

$$3\,NO_2 + H_2O \longrightarrow 2\,HNO_3 + NO$$

$$SO_2 + H_2O \longrightarrow H_2SO_3$$

$$SO_3 + H_2O \longrightarrow H_2SO_4$$

Das entstehende NO oxidiert in Gegenwart von Sauerstoff wieder zu NO_2, was erneut mit Wasser Salpetersäure bilden kann:

$$NO + \tfrac{1}{2}\,O_2 \longrightarrow NO_2 \quad \text{usf. (s. oben)}$$

Der pH-Wert des Regens hatte in den 1980er Jahren aufgrund der Säurebildung in vielen Regionen zeitweise von 5,0–5,6 auf 4,0–4,6 abgenommen, was eine Verschiebung in den stärker sauren pH-Bereich bedeutet. Dies verursachte eine Versauerung von Boden und Gewässern und als Folge setzte das Waldsterben ein. Unter dem Einfluss des sauren Regens entstanden Erosionen am Mauerwerk von Gebäuden und an Kunstwerken, denn Marmor ($CaCO_3$) sowie viele Metalle, Bronzen oder Bleiverglasungen korrodierten.

Umfangreiche Gegenmaßnahmen mussten eingeführt werden: die Rauchgasreinigung mit Entschwefelungs- und Entstickungsanlagen, Auto- und Dieselkatalysatoren wurden entwickelt, Privathaushalte stellten ihre Ölfeuerung auf Niedertemperatur-Heizkessel (NO_x-Verringerung) aus korrosionsbeständigen Werkstoffen um, die Verkleinerung der Schornstein-Querschnitte bewirkte, dass die schädlichen Verbrennungsgase mit dem ebenfalls entstehenden Wasserdampf ohne Kondensation wenigstens in der nächsten Umgebung (Städte, Wohngebiete) schnell abziehen konnten, die Raffinerien verringerten den Schwefelgehalt des Heizöls und der Kraftstoffe.

Sommersmog: smog kombiniert aus smoke engl. Rauch und fog engl. Nebel.

In dem komplexen Gemisch von chemischen Verbindungen, das den Sommersmog darstellt, ist das *troposphärische Ozon O_3*, das regional stark ansteigen kann, der Menge nach die Hauptkomponente. Es bildet sich zeitweise im Sommer in einer Kreislaufreaktion aus dem Sauerstoff der Luft mit NO_x (NO/NO_2) – verursacht durch Kraftfahrzeuge, Flugzeuge, Rauchgase – unter Einwirkung von UV-A-Strahlung ($\lambda = 315 \dots 400$ nm) aus dem Spektrum des Sonnenlichts. Man nennt die unter Einwirkung von UV-A-Strahlung ablaufenden Reaktionen *photochemische Reaktionen* und spricht daher auch von *photochemischem Smog bzw. Photosmog.*

Im Sommer, wenn der UV-A-Anteil im Sonnenlicht hoch werden kann, spaltet unter seinem Einfluss NO_2 in der Troposphäre Sauerstoffatome ab und bildet dabei NO. Die Sauerstoffatome reagieren dann mit den Sauerstoffmolekülen der Luft zu Ozon. NO oxidiert an der Luft spontan wieder zu NO_2 usf.

Entstehung von *troposphärischem Ozon* (vereinfachte Darstellung):

$$E = h \cdot c / \lambda \qquad \lambda = 315 \dots 400 \text{ nm}$$

$$NO_2 \longrightarrow NO + O$$

$$O + O_2 \longrightarrow O_3$$

$$\text{Ozon}$$

$$NO + O \longrightarrow NO_2$$

$$\text{usf.}$$

Die Bildung von Ozon ist also abhängig von der Intensität der UV-A-Strahlung und der NO_2-Konzentration. Beide können im Sommer in Abhängigkeit von der Tageszeit zusammentreffen und hoch sein. In Wirklichkeit sind die chemischen Reaktionen in der Atmosphäre vielfältiger und laufen im Zusammenwirken mit Ozon O_3 und dem Wassergehalt der Atmosphäre teils über Hydroxyl-Radikale OH· ab, die weitere Reaktionen und verschiedene Kreisläufe auslösen können. Auch emittierte, unverbrannte Kohlenwasserstoffe von Kraftfahrzeugen und die daraus entstehenden Aldehyde, Ketone u.a. Verbindungen spielen eine Rolle.

Bei geringer UV-Strahlung treten andere Reaktionen ein, z.B. kann Ozon durch Reaktion mit NO unter Rückbildung von NO_2 und Sauerstoff zerfallen:

$$O_3 + NO \longrightarrow NO_2 + O_2$$

Globale Umweltprobleme sind der $\rightarrow$ Treibhauseffekt und die Reaktionen der $\rightarrow$ FCKW und FBrKW in der Stratosphäre (etwa 12 bis 50 km über dem Erdboden).

Treibhauseffekt: Die Sonnenenergie erreicht die Erdoberfläche in Form von kurz- und langwelliger Strahlung.

Die erwärmte Erdoberfläche emittiert Wärme als langwellige Strahlung (Infrarotstrahlung) in die erdnahe Lufthülle. *Natürliche Spurengase* (Wasserdampf in Wolken, CO_2, Methan CH_4 u.a.) sowie die *anthropogene Spurengase* wie CO_2, Methan CH_4, Stickoxide NO_x, troposphärisches Ozon O_3 (s.$\rightarrow$ Sommersmog) u.a., die durch die Industrialisierung und die Zunahme der Weltbevölkerung stark angestiegenen sind, haben zum Teil starke Absorptionsbande im Wellenlängenbereich dieser Wärmestrahlung. Diese kann also die Atmosphäre nicht verlassen. Bildlich gesprochen bildet sich durch die von den Spurengasen verursachte Wärmestrahlung eine Wärmehaube über der Erdoberfläche. Diese ist einerseits für die Sonneneinstrahlung zur Erde durchlässig, andererseits strahlt sie zum Teil zurück auf die Erdoberfläche und erwärmt sie zusätzlich. Dies ist in etwa vergleichbar mit den Verhältnissen in einem Treibhaus (Glashaus). Anstelle des Glasdaches wirkt hier die Atmosphäre mit den Spurengasen, was zu der nicht ganz korrekten Bezeichnung 'Treibhausgase' führte.

FCKW in der Stratosphäre s. → Teil 2, Abschn. 6.3.1: Dem natürlichen Ozongürtel in der Stratosphäre kommt eine wichtige Schutzfunktion für das biologische Leben auf der Erde zu. In der Lufthülle in 12 bis 50 km Höhe oberhalb der Erdoberfläche absorbiert Ozon die vor allem für den Menschen schädliche harte UV-C-Strahlung der Sonne (λ = 200 ... 280 nm) vollständig und hält sie dadurch von der Erdoberfläche fern. Bereits 1974 haben Klimaforscher auf einen zusätzlichen Abbau von stratosphärischem Ozon hingewiesen und sahen die Ursache dafür in den von Menschen verursachten Spurengasen, hauptsächlich den vollhalogenierten Fluorchlorkohlenwasserstoffen FCKW und der Fluorbromkohlenwasserstoffen FBrKW (Halone). Seit 1930 hatte deren Produktion ständig zugenommen u.a. als Kühlmittel in Kühlschränken und Klimaanlagen. Es sind chemisch inerte, langlebige Verbindungen. Sie wandern daher unverändert durch die Troposphäre in die Stratosphäre.

Der verstärkte Abbau von Ozon, der jedes Jahr im antarktischen Frühling – wenn es auf der nördlichen Halbkugel September/Oktober ist – von neuem beobachtet wurde, ist als sog. *Ozonloch* bekannt. Für den Ozonabbau machte man die Chlor- und Brom-Radikale verantwortlich, die aus den FCKW- und FBrKW-Verbindungen unter Einwirkung der harten UV-C-Strahlung in der Stratosphäre in etwa 20 km Höhe abgespalten werden. Sie verändern den natürlichen Reaktionsmechanismus zur Erhaltung des Ozongürtels in der Stratosphäre. In den anderen Jahreszeiten stellen sich andere atmosphärische Einflüsse ein und dadurch auch andere chemische Reaktionen, die den Ozon-Abbau weniger beeinflussen. In vielen Nationen besteht ein Produktionsverbot für FCKW und FBrKW.

Anmerkung: Wellenlängen des Sonnenlichts:

$$UV\text{-}C \approx 200 \ldots 280 \, nm$$

$$UV\text{-}B \approx 280 \ldots 315 \, nm$$

$$UV\text{-}A \approx 315 \ldots 400 \, nm$$

$$\text{sichtbares Licht} \approx 400 \ldots 800 \, nm$$

$$\text{Infrarotstrahlung} > 800 \, nm.$$

Glossar

Erläuterungen für wichtige Begriffe
Der Pfeil → bedeutet, dass der Begriff innerhalb des Glossars erklärt wird.

Abriebfestigkeit: Der Widerstand gegen Verschleiß bei Bewegung gegen einen anderen Werkstoff.

Absorption: lat. absorbere verschlingen, einen Stoff in sich aufnehmen, absorbieren.

Adsorption: lat. adsorbere an sich binden, an der Oberfläche adsorbieren..

Affinität: Bedingte Anziehung aufgrund einer Ähnlichkeit.

Aktivität: Bei höher konzentrierten Elektrolytlösungen müssen Wechselwirkungskräfte zwischen positiven und negativen Ladungen berücksichtigt werden. Sie kompensieren sich teilweise und treten als Elektrolyt nicht in Erscheinung. Die tatsächlich wirksame Ionen-Konzentration der Lösung – die Aktivität a – ist dann kleiner als die theoretische Konzentration, die sich einstellt, wenn die Verdünnung hinreichend groß wäre.

Allotropie: Diese Bezeichnung wird angewendet, wenn Elemente in verschiedenen Molekülgrößen vorkommen, z.B. sind die Schwefelmoleküle S_8, S_7, S_6 allotrope Modifikationen.

Anisotropie: Richtungsabhängigkeit einer Eigernschaft z.B. in einem Kristall, Gegensatz ist die → Isotropie.

Anthropogene Spurengase: Die durch Menschen verursachten, zusätzlichen Spurengase, wie CO_2, CH_4 u.a.

Atmosphärendruck: Falls nichts anderes angegeben, gilt stets der Atmosphärendruck, der früher mit 1 atm angegeben wurde. Heute wird die Einheit Pascal Pa für den Druck verwendet, daneben ist auch die Einheit bar zulässig. 1,013 bar $= 1,013 \cdot 10^5$ Pa $= 1013$ hPa $= 101,3$ kPa.

Atomradien: Atome werden in Näherung als starre Kugeln betrachtet (Hartkugelmodell). In Wirklichkeit gibt es keine exakte Begrenzung der Elekronenhülle. Atomradien sind nicht direkt messbar. Z.B.wird ein Metallatomradius aus dem halben Atomabstand zweier Metallatome in ihrer Kristallstruktur definiert. Metallatomradien sind von der → Koordinationszahl KZ, von der → Polymorphie und vom → Legierungssystem abhängig.

Angaben von Atomradien in Picometer pm $= 10^{-12}$ m findet man im Periodensystem nach Fluck und Heumann unter Berücksichtigung der → IUPAC-Empfehlungen, s. Literaturverzeichnis unter: Wichtige Angaben für chemische Elemente.

Ausdehnungskoeffizient: Als thermische Ausdehnung bezeichnet man die durch Temperaturänderung bewirkte Änderung des Volumens. Sie wird durch den thermischen Ausdehnungskoeffizienten charakterisiert. Der thermische Ausdehnungskoeffizient eines festen Körpers ist im Allgemeinen nicht konstant, sondern von der Temperatur abhängig, daher rechnet man mit einem mittleren Temperaturkoeffizienten.

Für die Änderung in einer Dimension findet der lineare Ausdehnungskoeffizienten α in K^{-1} Anwendung. Er gibt die relative Längenänderung $\Delta l/l$ eines Stabes bei Temperaturänderung um ein Grad K an.

Azeotropes Gemisch: Azeotrop bedeutet: durch Sieden nicht trennbar. Die Zusammensetzung eines Säure-Wasser-Gemischs bei der azeotropen Siedetemperatur nennt man azeotropes Gemisch. Bei dieser Temperatur lässt sich ein azeotropes Gemisch nicht weiter durch Destillation auftrennen. Dampf und Lösung haben die gleiche Zusammensetzung, der Säuregehalt bleibt konstant.

Die azeotrope Siedetemperatur von Salzsäure mit einem Masseanteil an HCl von 20,22 % ist 108,5 °C; von Schwefelsäure mit einem Masseanteil an H_2SO_4 von 98 % ist 338 °C, von Salpetersäure mit einem Masseanteil an HNO_3 von 69 % ist 121,8 °C.

Basis- oder Grundeinheit: → SI-Einheiten

Bindungsenergie ist ein Maß für die Festigkeit einer Atombindung, s. Anhang Tabelle. Sie gibt an, wieviel Energie aufgewendet werden muss, um eine Bindung zu lösen bzw. wieviel Energie frei wird, wenn eine Bindung ausgebildet wird.

Bindungslänge ist der Abstand zwischen den Atomkernen zweier, durch Atombindung miteinander verbundener Atome, s. Anhang Tabelle.

Brennwert (früher H_o): ‚Brennwert' ist der in der Technik gebräuchlichere Begriff für die Verbrennungsenthalpie ΔH_V^0 eines Stoffes. Er wird so angegeben, dass das Verbrennungsgas nach der vollständigen Verbrennung einer definierten Stoffmenge auf 25 °C abkühlt und der bei der Verbrennung entstandene Wasserdampf als Wasser kondensiert ist. Der Brennwert unterscheidet sich vom → Heizwert H_u durch die Kondensationswärme des Wassers, er ist daher um diese Kondensationswärme höher als der Heizwert (s. Anhang Tabelle).

Ceramic Matrix Composites (CMC): Faserverstärkte Keramik.

Curie-Temperatur ist die Temperatur, bei deren Überschreitung ein Material vom ferromagnetischen in den paramagnetischen Zustand übergeht.

DENOX-Anlage zur Rauchgasreinigung arbeitet nach dem Prinzip der selektiven katalytischen Reduktion, dem → SCR-Verfahren. NO_x wird katalytisch zu N_2 reduziert.

Detergenzien sind moderne Wasch- Spül- und Reinigungsmittel. Sie haben eine ‚abtrennende' Wirkung. Sie enthalten neben Tensiden zusätzliche Stoffe, die sich nach dem Einsatzbereich richten z.B. als Wasch- und Spülmittel, als Additive für Kraftstoffe und Mineralöle oder zur Reinigung und Ablösung von so genannten reaktionsfähigen Ablagerungen auf heißen Metalloberflächen.

Diamant: Der Diamant, des Diamanten, dem Diamanten, den Diamanten. Plural stets mit -en. Wenn kein Artikel steht, sondern 'nach, vom, zum, beim usf.' nur Diamant ohne -en. Man schreibt 'vom Diamant' aber 'vom harten Diamanten'. Ohne -en auch dann, wenn alleinstehende Substantive durch 'und' verbunden sind, 'es betrifft Graphit und Diamant'.

Dielektrizitätskonstante ε: Als Dielektrizitätskonstante DK eines Stoffes bezeichnet man das Verhältnis der Kapazität C eines Kondensators, dessen Plattenzwischenraum mit diesem Stoff gefüllt ist zur Kapazität des gleichen Kondensators im Vakuum. $\varepsilon = C/C_{Vak}$. Die Dielektrizitätskonstante ist – neben der → Elektronegativität EN – ein Maß für die Polarität einer Verbindung. Sie beträgt für Wasser 80, für Kohlenwasserstoffe 2.

DIN <u>D</u>eutsches <u>I</u>nstitut für <u>N</u>ormung e.V., es ist Mitglied in europäischen und internationalen Organisationen. Man ist an einer Standardisierung z.B. für wissenschaftliche Begriffe, Gesetze, Regeln u.a. durch internationale Organisationen wie EN, ISO und → IUPAC interessiert. Maßgebend für das Anwenden jeder Norm ist deren Fassung nach dem neuesten Ausgabedatum.

DIN EN ISO bedeutet: Die Deutsche Norm hat den Status einer <u>E</u>uropäische <u>N</u>orm EN und einer <u>I</u>nternationalen <u>O</u>rganisation for <u>S</u>tandardization.

Dipol: Ein Dipol ist ein Paar nahe benachbarter, gleich großer, jedoch entgegengesetzter elektrischer Ladungen. Für Dipole gibt man das Dipolmoment an: $\mu = Q \cdot l$. Dabei ist Q die Ladung in Coulomb, l der Abstand der beiden Ladungen in m.

Dispergiermittel sind Tenside, die unter den synonymen Bezeichnungen Absetzverhinderungsmittel, Suspendierhilfen bekannt sind, z.B. erleichtern sie das Aufnehmen (Dispergieren) von Partikeln in eine Flüssigkeit in fein verteilter Form und stabilisieren so die → Suspension. In Mineralölen nehmen sie die nichtreaktiven Ablagerungen (Schmutz und Schlamm) in fein verteilter Form auf und verhindern Ablagerungen auf Motorteilen.

Elektronegativität EN (dimensionslose Zahl): Darunter versteht man die Fähigkeit eines Atoms in einer Atombindung das bindende Elektronenpaar stärker an sich zu ziehen. Fluor ist das elektronegativste Element mit dem höchsten EN-Wert 4,1.

Elektronenkonfiguration: Die Anordnung der Elektronen im Atom.

Elektronenvolt: 1 Elektronenvolt ist die Energie, die ein mit der → Elementarladung $1{,}60219 \cdot 10^{-19}$ C behaftetes Teilchen gewinnt bzw. verliert auf dem Wege zwischen zwei Orten eines elektrischen Feldes, zwischen denen die Potentialdifferenz 1 Volt besteht.

Elementarladung e: Alle vorkommenden elektrische Ladungsmengen können nur ganzzahlige positive oder negative Vielfache der Elementarladung sein.
$e = 1{,}60219 \cdot 10^{-19}$ C (Coulomb).

Energiedichte gibt den Energieinhalt pro Masseneinheit oder pro Volumeneinheit an.

Galvanisieren: Überziehen einer Oberfläche mit einer Metallschicht durch elektrolytische Abscheidung.

Gasflaschen sind drucksichere, nahtlose Stahlflaschen. Sie dienen als Behälter für stark verdichtete Gase oder Gasgemische. Die alte Flaschenkennzeichnung gilt ab 1. Juli 2006 nicht mehr. Die Farbe des Flaschenkörpers ist ab diesem Datum nicht mehr einheitlich vorgeschrieben, aber die Farbe der Flaschenschulter ist nach EN 1089-3 festgelegt.

Gitterkonstante, ein Maß für die Größe einer Elementarzelle in Kristallen.

Gitterparameter sind die Gitterkonstanten mit den Längen a, b, c sowie die Achsenwinkel α, β, γ im Kristallgitter.

Heizgase (Brenngase): Wasserstoff, Erdgas, Raffineriegas (Methan, Ethan), Flüssiggas (Propan, Butan), Generatorgas, Synthesegas.

Heizwert (früher H_u): Hat der Dampf bei einem Verbrennungsvorgang die Möglichkeit, ohne Kondensation abzuziehen, d.h. wird keine Kondensationswärme frei, so erfasst man den Heizwert, er ist niedriger als der $\rightarrow$ Brennwert. Heizwerte einiger Energieträger s. Anhang Tabelle.

H_3O^+-Ion: Einfach hydratisiertes Proton, Oxonium. (Siehe Seite 362 Protolysereaktionen).

Ideales Gas: Ein Gas befindet sich im idealen Gaszustand, wenn zwischen den Gasteilchen keine Anziehungskräfte wirken und wenn das Eigenvolumen der Gasteilchen gegenüber dem Gesamtgasvolumen vernachlässigbar klein ist. Siehe $\rightarrow$ reales Gas.

Ionenradien: Ein Ionenradius r_2 kann nur dann bestimmt werden, wenn ein Radius r_1 als Bezugsgröße festgelegt ist. Der zu bestimmende Ionenradius r_2 kann dann aus der Summe $r_1 + r_2$ berechnet werden. Die Ionenradien sind von der $\rightarrow$ Koordinationszahl abhängig.

Die Ionenradien nach Linus Pauling beziehen sich auf den Radius von $O^{2-} = 140$ pm. Die Ionenradien nach R. D. Shannon und C. T. Prewitt beziehen sich auf den Radius von $F^- = 119$ pm.

Angaben von Ionenradien in Picometer pm $= 10^{-12}$ m findet man im Periodensystem nach Fluck und Heumann unter Berücksichtigung der $\rightarrow$ IUPAC-Empfehlungen, s. Literaturverzeichnis unter: Wichtige Angaben für chemische Elemente.

ISO: Abkürzung von International Organization for Standardization.

Isoelektronisch: Teilchen mit gleicher Elektronenkonfiguration.

Isotropie: Richtungsunabhängigkeit von Eigenschaften z.B. in einem Kristall.

Isotypie: Kristallarten, die den gleichen Strukturtyp bilden. Wichtig ist, dass bei isotypen Verbindungen die chemische Bindungsart verschieden sein kann. Isotyp sind NaCl mit MgO, FeO u.a. oder CaF_2 mit Mg_2Ge (Legierungssystem Zintl-Phase) u.a.

IUPAC: International Union of Pure and Applied Chemistry. Darin gibt es verschiedene Kommissionen, z.B. für die Nomenklatur in der anorganischen, organischen und makromolekularen Chemie.

Konstitution: Sie gibt den chemischen Aufbau, das Verknüpfungsmuster der Atome z.B. in einer Kohlenstoffkette an und ihre Stellung in der Papierebene. (Strukturformel)

Koordinationszahl KZ ist die Anzahl der gleich weit entfernten Nachbarn eines Atoms oder Ions im Kristall.

Kristallit, Kristallkorn: Ein technisches Material mit einheitlicher Kristallstruktur (Phase) besteht nicht aus einem Einkristall, sondern aus vielen Kristalliten, auch Kristallkörner genannt. Man nennt es polykristallines Material. Kleine kristalline Bereiche in einem Polymer nennt man ebenfalls Kristallit.

Legierungssystem: Die Eigenschaften eines Metalls können gezielt durch Zusätze von einem oder mehreren sog. Legierungselementen – Fremdatomen (Metalle, Nichtmetalle) – verändert werden.

MAK-Werte: Maximale Arbeitsplatz-Konzentration gesundheitsschädlicher Stoffe.

Massendichte meist nur Dichte genannt: ρ = Masse/Volumen

Modifikation: Als Modifikation oder Phase bezeichnet man die feste Zustandsform eines Stoffes, die von den Zustandsbedingungen (Temperatur, Druck) abhängig ist.

***Mohs*-Ritzhärte:** Man nennt einen Stoff a härter als den anderen Stoff b, wenn Stoff b durch Stoff a leichter geritzt wird als umgekehrt. Man unterscheidet 10 Härtestufen: 1 Talk, 2 Gips, 3 Kalkspat, 4 Flussspat, 5 Apatit, 6 Feldspat, 7 Quarz, 8 Topas, 9 Korund, 10 Diamant.

Eine andere Maßzahl zur Kennzeichnung der Härte insbesondere für metallische Werkstoffe ist auch die Vickers-Härte (HV) nach DIN 50133.

Nanotechnik: Die Längendimensionen in der Nanotechnik sind von der Größenordnung von 10^{-9} m.

Normzustand: $\rightarrow$ NTP

NTP normal temperature pressure nach DIN 1343, Normzustand: Bezeichnung für den durch die Normtemperatur T_n = 273 K bzw. t_n = 0 °C und den Normdruck p_n = 1,013 bar (101,3 kPa) festgelegten Zustand eines Stoffes.

Oxonium H_3O^+ nennt man das einfach hydratisierte Proton H^+.

Paraffine sind Alkane (gesättigte Kohlenwasserstoffe) mit einer Kohlenstoffkette ab etwa C_{20} bis C_{40}. Früher war es der allgemeine Name für alle Alkane.

Polymorphie Vielgestaltigkeit (gr. polys viel, morphe Gestalt). Einige Stoffe können in Abhängigkeit von den Zustandsbedingungen (Temperatur, Druck) in verschiedenen festen Zustandsformen – in polymorphen Modifikationen – vorkommen. Sie unterscheiden sich in der Kristallstruktur und in den physikaltischen Eigenschaften wie Schmelzpunkt, Massendichte, Härte, Farbe u.a. Beispiele: α-Eisen, γ-Eisen und δ-Eisen; nichtmetallisches α- und metallisches β-Zinn; monoklines, tetragonales und kubisches Zirconiumdioxid ZrO_2 u.a.

Radikale sind elektrisch neutrale Teilchen mit einem ungepaarten Elektron. Sie sind unbeständig und sehr reaktionsfähig.

Reale Gase gehorchen im Gegensatz zu den idealen Gasen nicht der allgemeinen Zustandsgleichung $p \cdot V = n \cdot R \cdot T$. Es muss die gegenseitige Anziehung und das Eigenvolumen der Moleküle berücksichtigt werden.

Reibung entsteht, wenn sich ein fester Körper (ohne Schmiermittel) auf einer festen Unterlage bewegt (trockene Reibung). Der Widerstand gegen die Relativbewegung kann als Reibungskraft $F_R = \mu \cdot F_N$ ausgedrückt werden. μ ist der Reibungskoeffizient, F_N die Kraft, die den bewegten Körper senkrecht auf die Unterlage drückt (gegebenenfalls das Eigengewicht). Die Reibung führt zu einem Verlust an kinetischer Energie des bewegten Körpers, die verloren gegangene Energie tritt als Wärme auf.

Rotationssymmetrisch ist ein Gebilde bezüglich einer Achse dann, wenn es sich nach Drehung um diese Achse nicht vom ursprünglichen Zustand unterscheidet.

Sauerstoffindex LOI-Wert (Limiting Oxigen Index): Er gibt den niedrigsten Volumenanteil von Sauerstoff (%) an in einer Sauerstoff-Stickstoff-Mischung, in der das Material gerade noch verbrennt.

Schmelzpunkt Smp. ist die Temperatur, bei der die feste Phase unter einem Druck von 1,013 bar schmilzt. Für den Schmelzpunkt von Eis ist die Temperatur von 0 °C festgelegt worden. Der Schmelzpunkt ist druckabhängig.

Schmelztemperatur Smt.: Diese Bezeichnung wird z.B. in der Technik für hochschmelzende Werkstoffe verwendet.

SCR-Verfahren (Selective Catalytic Reduction). NO_x wird in Rauchgasen katalytisch mit Amoniak NH_3 zu lufteigenem Stickstoff N_2 und Wasser H_2O umgewandelt.

Shift-Reaktion (Kohlenmonoxid-Konvertierung) bezeichnet die Konvertierung von Synthesegas $CO + H_2$ mit Wasserdampf zu $CO_2 + H_2$ (Wassergasgleichgewicht).

Siedepunkt Sdp. ist die Temperatur, bei der der Dampfdruck einer Flüssigkeit 1,013 bar beträgt. Für den Siedepunkt von Wasser ist die Temperatur von 100 °C festgelegt worden. Der Siedepunkt ist druckabhänig.

Siedetemperatur Sdt.: Diese Bezeichnung wird oft für Lösungen mit verschiedenen Komponenten verwendet z.B. bei der fraktionierten Destillation.

SI-Einheiten (Systreme International d'Unites) auch Basis- oder Grundeinheiten genannt. Es sind sieben Einheiten (Meter, Kilogramm, Sekunde, Ampere, Kelvin, Candela, Mol), von denen andere Einheiten, wie Newton, Pascal, Watt, Coulomb, Liter u.a. abgeleitet sind.

Spezifische Festigkeit: Verhältnis von Festigkeit zur Massendichte.

Stahl-(Druck-)flaschen → Gasflaschen.

Stöchiometrisches Rechnen ist die quantitative Ausnutzung der chemischen Reaktionsgleichung.

Stratosphäre: Lufthülle in 12 bis 50 km Höhe über dem Meeresspiegel.

Suspension ist eine Dispersion, bei der unlösliche Feststoffteilchen in einer flüssigen Phase fein verteilt sind.

TA Luft, Technische Anleitung zur Reinhaltung der Luft: Gesetzliche Regelung zur Begrenzung der Emissionen von luftverunreinigenden Anlagen.

Tempern: Erwärmen fester Stoffe bis unterhalb die Schmelztemperatur.

Troposphäre ist die erdnahe Atmosphäre, es ist die Lufthülle bis etwa 12 km Höhe über dem Meeresspiegel.

Valelenzelektronendichte: Je mehr Valenzelektronen pro Atom zur Metallbindung abgegeben werden, um so höher ist deren Dichte.

***Van der Waals*-Kräfte:** Zwischenmolekulare Bindungskräfte, die auf schwachen elektrostatischen Wechselwirkungen beruhen.

Verpuffung unterscheidet sich von der Explosion durch den geringeren Grad an Heftigkeit, bedingt durch den Mangel an Sauerstoff..

Verzundern ist eine Korrosionsart aufgrund der unmittelbaren trockenen Oxidation eines metallischen Werkstoffs an der Metalloberfläche bei erhöhter Temperatur in Abwesenheit eines Elektrolyten.

Wärmeleitfähigkeit: Kenngröße zur Beschreibung der Fähigkeit eines Materials, Wärme zu übertragen. Die spezifische Wärmeleitfähigkeit λ wird in $W\ m^{-1}\ K^{-1}$ bei $20°\ C$ angegeben.

Literaturverzeichnis

Anorganische Chemie für Studenten mit Nebenfach Chemie

Riedel Erwin: Allgemeine und Anorganische Chemie, Ein Lehrbuch für Studenten
mit Nebenfach Chemie
8. Auflage 2004, Walter de Gruyter, Berlin New York

Chemie für Ingenieure

Diese Bücher beinhalten u.a. eine Einführung in Anorganische-, Organische- und Polymer-Chemie. Sie geben weitere Hinweise auf Fachliteratur, auf Recherchen im Internet und auf Suchmaschinen (s. Buch von J. Hoinkis u. E. Lindner).

Hoinkis Jan, Lindner Eberhard: Chemie für Ingenieure
12. Auflage 2001, Wiley-VCH Verlag, Weinheim New York
Jentsch Christian: Angewandte Chemie für Ingenieure
B.I. Wissenschaftsverlag, Mannheim/Wien/Zürich 1990
(nur noch in Bibliotheken)
Vinke A., Marbach G. Vinke J.: Chemie für Ingenieure
2004 Oldenbourg Wissenschaftsverlag GmbH, Rosenheimerstraße 145,
D-81671 München (Anorganische Chemie)

Wichtige Angaben für chemische Elemente

Periodensystem nach Fluck und Heumann unter Berücksichtigung der IUPAC-Empfehlungen, WILEY-VCH-Verlag GmbH 1999, 2. Auflage.

Periodensystem der Elemente, Walter de Gruyter GmbH & Co. KG, 2004

Binder Harra H.: Lexikon der chemischen Elemente. Das Periodensystem in Fakten,
Zahlen und Daten
S. Hirzel Verlag, Stuttgart Leipzig 1999

Weiterführende Literatur für Werkstoffe und Verfahren

Askeland Donald R.: Materialwissenschaften Grundlagen, Übungen, Lösungen
Spektrum Akademischer Verlag, Heidelberg Berlin Oxford 1996
Bargel/Schulze: Werkstoffkunde
8.Auflage 2004, Springer-Verlag, Berlin Heidelberg
Bliefert Claus: Umweltchemie
3. Auflage 2002, VCH Verlagsgesellschaft mbH, Weinheim
Breitbach H., Schön Ch., DaimlerChrysler und:Leyrer J., Umicore AG & Co.KG:
Potenziale und Grenzen der Abgasnachbehandlung durch NOx-Speicher-
Katalysatoren.
14. Aachener Kolloquium Fahrzeug und Motortechnik 2005, Aachen,
Oktober 2005. Siehe auch unter Mikulic L. sowie DaimlerChrysler
DaimlerChrysler, Pressemappe, Internationale Automobilausstellung, Genf 2006
Siehe auch unter Breitbach H. sowie Mikulic L.

Evans R.C.: Einführung in die Kristallchemie
    Walter de Gruyter, Berlin New York 1976 (nur noch in Bibliotheken)
Fehsenfeld P. et al.: Radionuklidtechnik im Maschinenbau zur Verschleiß- und
    Korrosionsmessung in Industrie und Technik
    Nachrichten – Forschungszentrum Karlsruhe Jahrgang 18, 4, 1986
    Industriekooperationen zur Anwendung der Radionuklid-Technik im
    Maschinenbau
    Nachrichten – Forschungszentrum Karlsruhe Jahrg. 27, 4/95, 1995
Garcia Patrick, Neumeier Hubert, Froese Dietmar: Schadstoffminderung von
    Ottomotor und Dieselmotor
    Tenneco Automotive, Edenkoben
Hamann Carl H., Vielstich Wolf: Elektrochemie
    4. Auflage 2005, Wiley-VCH Verlag GmbH, Weinheim New York
Heintz Andreas, Reinhardt Guido A.: Chemie und Umwelt
    4. Auflage 1996, Friedr. Vieweg & Sohn, Braunschweig/Wiesbaden
Hornbogen Erhard: Werkstoffe, Aufbau und Eigenschaften von Keramik-, Metall-
    Polymer- und Verbundwerkstoffen
    8. Auflage Springer Verlag 2006, Berlin Heidelberg
Ilschner B., Singer R.F.: Werkstoffwissenschaften und Fertigungstechnik
    4. Auflage, Springer-Verlag Berlin Heidelberg 2005
Karamanolis Stratis: Brennstoffzellen, Schlüsselelemente der
    Wasserstofftechnologie
    2. Auflage 2003, Vogel Buchverlag, Würzburg
Kleber/Bautsch/Bohm: Einführung in die Kristallographie
    18. Auflage 1998, VEB Verlag Technik, Berlin
Latscha Hans Peter, Klein Helmut Alfons: Anorganische Chemie
    8. Auflage 2002, Springer Verlag, Berlin Heidelberg New York
Macherauch E.: Praktikum in Werkstoffkunde
    10. Auflage 1992, Friedr. Vieweg & Sohn, Braunschweig/Wiesbaden
Matthes Klaus-Jürgen, Richter Erhardt: Schweißen von metallischen
    Konstruktionswerkstoffen
    3. Auflage 2006, Fachbuchverlag Leipzig im Carl Hanser Verlag, München
    Wien
Meisl Jürgen: Minderung der Stickoxidemissionen durch Fett-Mager-
    Verbrennung unter Gasturbinenbedingungen
    Dissertation an der Fakultät für Maschinenbau, Institut für thermische
    Strömungsmaschinen Universität Karlsruhe (TH) 1997
Mikulic L., Schommers J., Breitbach H., DaimlerChrysler: Emissionsstrategie
    Dieselantriebe, VDA Technischer Kongress 2006, München, 22./23.3.2006
    Siehe auch unter Breitbach H. sowie DaimlerChrysler.
Müller U.: Anorganische Strukturchemie
    5. Auflage 2006, Teubner Studienbücher Chemie, B.G. Teubner, Stuttgart
Porz F., Grathwohl G.: Nichtoxidische keramische Werkstoffe für hohe
    Beanspruchung (Eigenschaften und Anwendung)
    Nachrichten – Forschungszentrum Karlsruhe Jahrg. 16, 2/84

Roos – Maile: Werkstoffkunde für Ingenieure
        2. Auflage 2005, Springer Verlag, Berlin Heidelberg
Rumpf Hans: Mechanische Verfahrenstechnik
        Carl Hanser Verlag, München Wien 1975
Schaber K., Heberle A., Specht M., Bandi A.: CO_2-Gewinnung und
        CO_2-Umwandlung zu Methanol. Forschungsverbund Sonnenenergie
        Zentrum für Sonnenenergie und Wasserstoffforschung (ZSW) Baden-
        Württemberg, Stuttgart. Siehe auch Heberle A.
Schatt Werner Hrsg.: Werkstoffwissenschaften
        9. Auflage 2003, Wiley-VCH Weinheim
Seidel Wolfgang: Werkstofftechnik, Werkstoffe, Eigenschaften, Prüfung
        6. Auflage 2005, Carl Hanser Verlag, München Wien
Stüben Doris: Über die Verteilung der aus den Auto-Katalysatoren emittierten
        Platingruppenelemente Pt, Pd und Rh in die Umwelt und ihre Auswirkungen
        auf straßennahe Ökosystemen.
        Institut für Mineralogie und Geochemie an der Universität(TH) Karlsruhe 2001
Tenneco siehe Garcia Patrick
Weisweiler Werner: Möglichkeiten der NO_x-Entfernung aus Abgasen von Diesel-
        und Mager-Ottomotoren
        3. Dresdner Motorenkolloquium vom 20. bis 21. Mai 1999

Nachschlagewerke

D'Ans-Lax: Taschenbuch für Chemiker und Physiker, Springer Verlag
        DIN-Taschenbücher, Beuth Verlag, Berlin
Feßmann – Orth: Angewandte Chemie und Umwelttechnik für Ingenieure
        Handbuch für Studium und betriebliche Praxis
        2. Auflage 2002, ecomed Sicherheit in der ecomed verlagsgesellschaft,
        Landsberg/Lech
Handbook of Chemistry and Physics Edition 2004–2005
Handbuch der Keramik
        Copyright 1966–2002 by Verlag Schmid GmbH, Freiburg i. Brg. Germany
        Eigenschaften für Oxid- und Nichtoxidkeramik
Ingenieurkeramik, Elektorschmelzwerk Kempten GmbH
        8000 München 33 Postfach
        Eigenschaften für Oxid- und Nichtoxidkeramik, Tabellen 4.5 und 4.11
Kraftfahrtechnisches Taschenbuch, Bosch
Römpp: Chemie Lexikon
        herausgegeben von J. Falbe und M. Regitz, Georg Thieme Verlag, Stuttgart
        bis 1999
Ruge R.: Handbuch der Schweißtechnik
        Band I bis IV 1985–1993, Springer Verlag, Berlin Heidelberg
Ullmanns Enzyklopädie der technischen Chemie
        VCH Verlagsgesellschaft mbH, Weinheim (umfangreiche Bände)
Winnacker/Küchler: Chemische Technologie (umfangreiche Bände)
        Carl Hanser Verlag, München Wien

Farbtafeln

Kristallstrukturen von Ionenverbindungen in Farbe

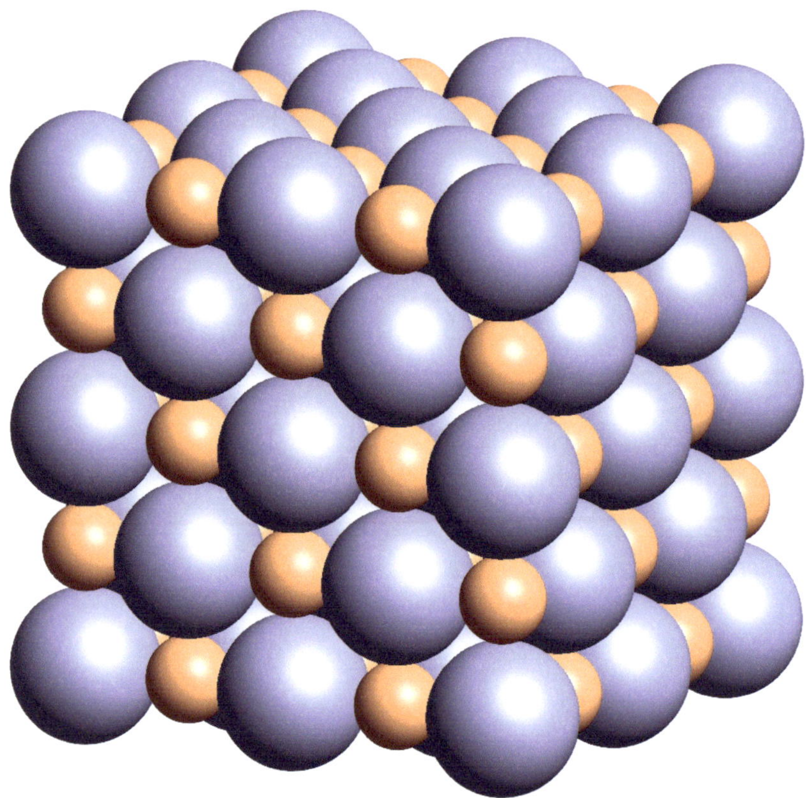

a   Ausschnitt aus der Kristallstruktur von Natriumchlorid NaCl
Es sind 2^3 Elementarzellen dargestellt.

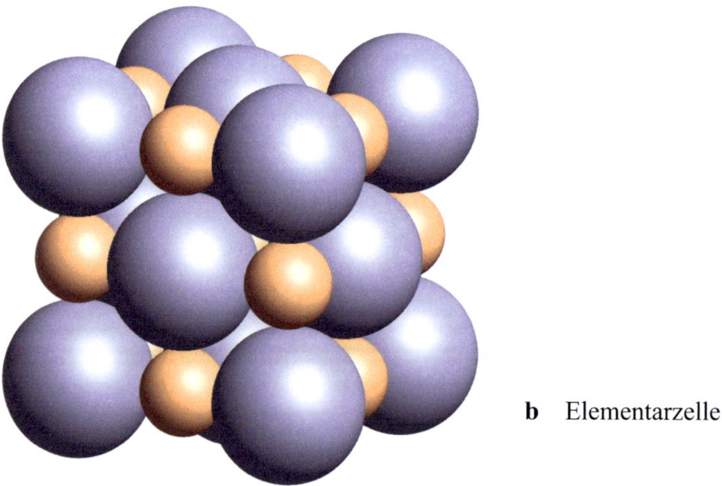

b   Elementarzelle

Zu Abb. 4.5 Kristallstruktur von Natriumchlorid NaCl

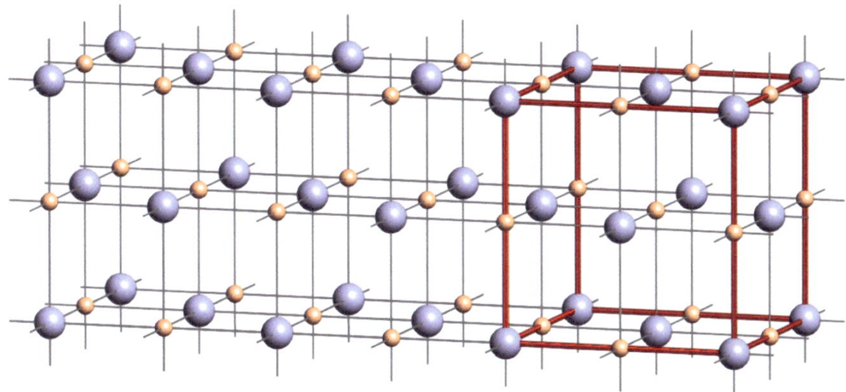

a   Gitterhafte Darstellung von drei Elementarzellen der NaCl-Struktur
Eine Elementarzelle ist verstärkt eingezeichnet.
Den räumlichen Aufbau des Kristalls, die dreidimensionale Fernordnung
wird durch die überstehenden Striche angedeutet.

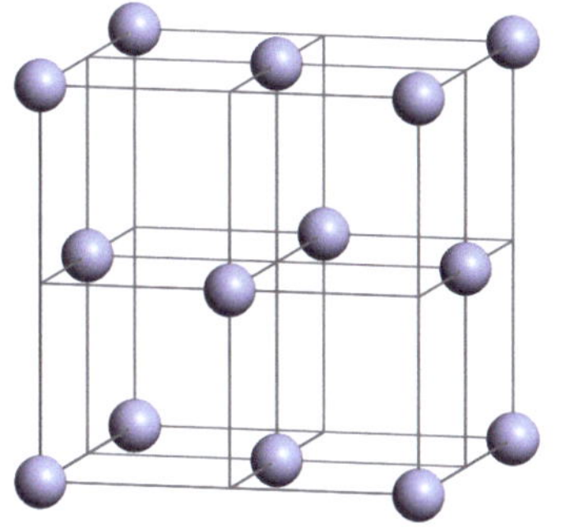 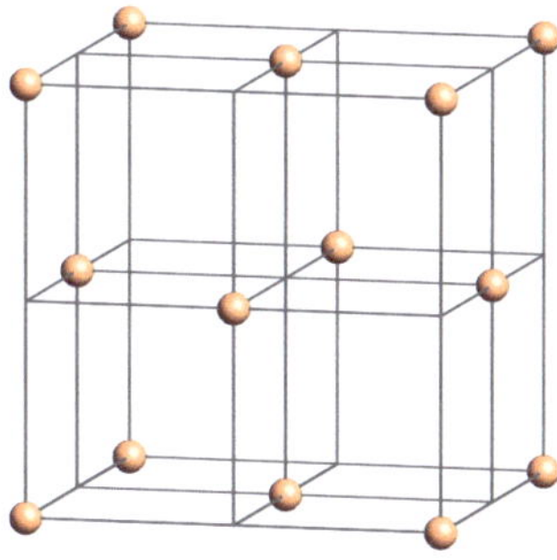

Gitterhafte Darstellung der kubisch-flächenzentrierten Teilstruktur für das
b   Anion Cl^- **c**   Kation Na^+

Die Kristallmodelle aus dem → Abschn. 4.1.4 hat Prof. Dr. Bernhard Ziegler mit
Hilfe eines Computerprogramms, das von ihm selbst entwickelt wurde, auch in Farbe
erstellt.

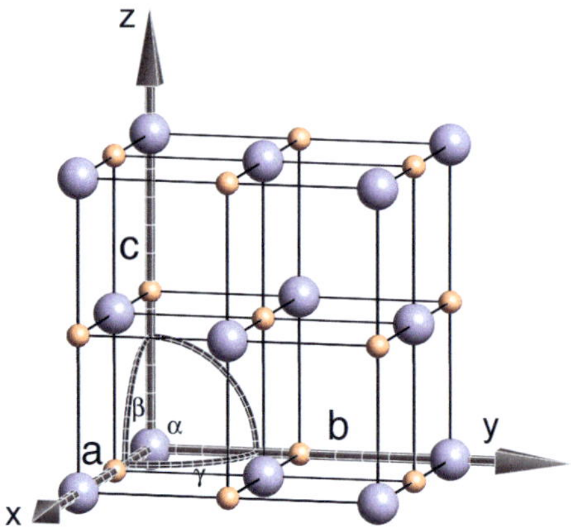

d Gitterparameter für die NaCl-Struktur:
Gitterkonstanten   a = b = c = 566 pm
Achsenwinkeln $\alpha = \beta = \gamma = 90°$
        α: Winkel zwischen der c und b Kristallachse
        β: Winkel zwischen der c und a Kristallachse
        γ: Winkel zwischen der a und b Kristallachse
x, y und z sind die Achsen eines rechtwinkligen Koordinatensystems.

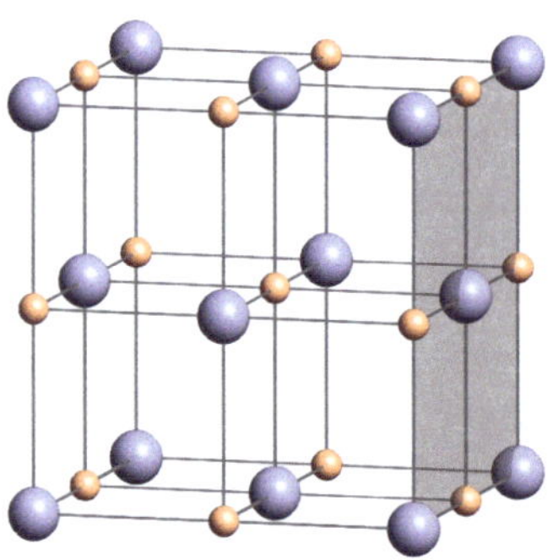

e Elementarzelle

Zu Abb. 4.6 Einige Begriffe aus der Kristallchemie werden am Beispiel der
Gitterhaften Darstellung der Kristallstruktur von Natriumchlorid NaCl erklärt.

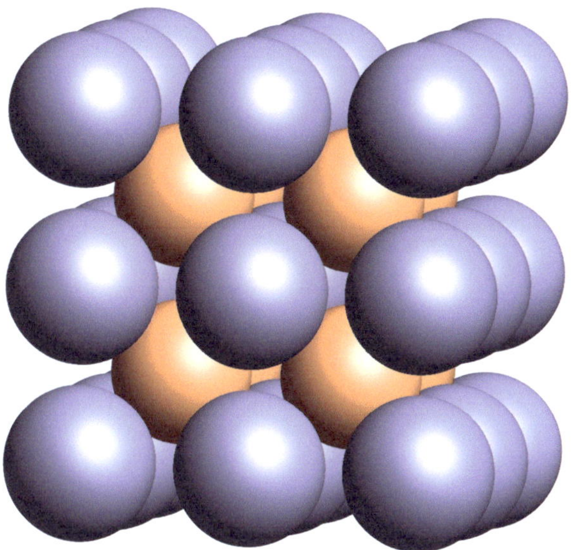

a Ausschnitt aus der Kristallstruktur von Cäsiumchlorid CsCl.
Es sind 2^3 Elementarzellen dargestellt.

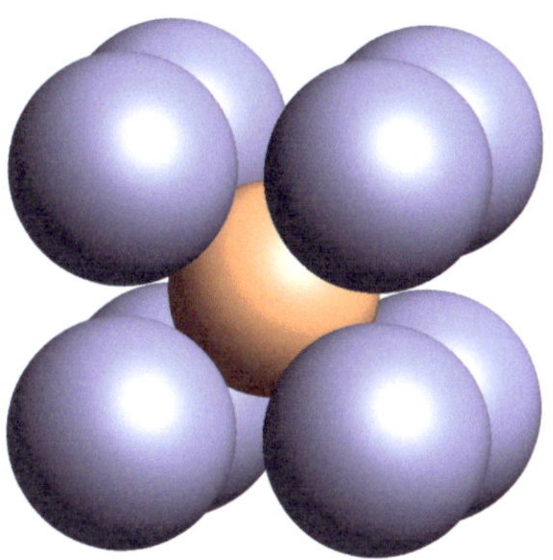

b Elementarzelle

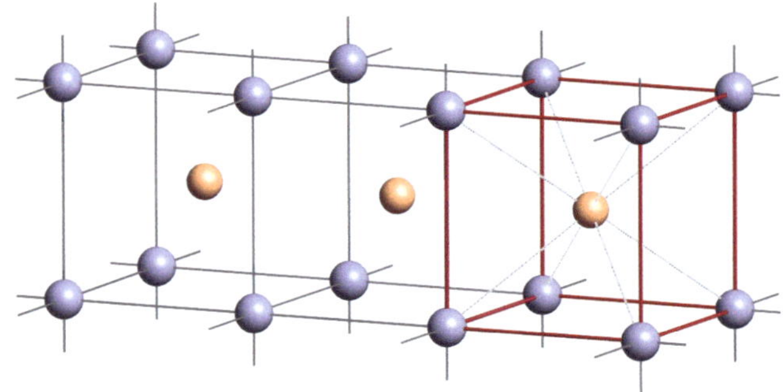

c   Gitterhafte Darstellung von drei Elementarzellen der CsCl-Struktur. Eine Elementarzelle ist verstärkt eingezeichnet.

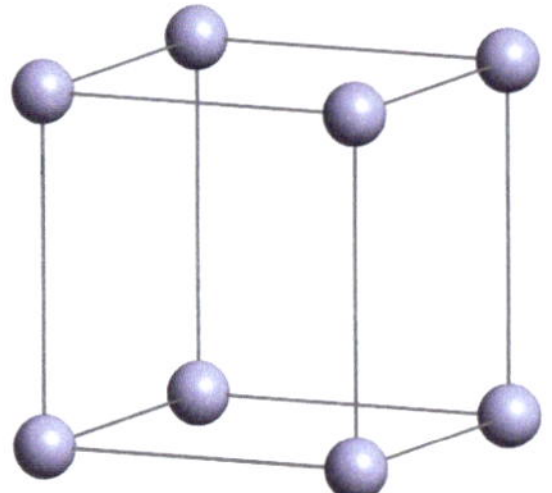 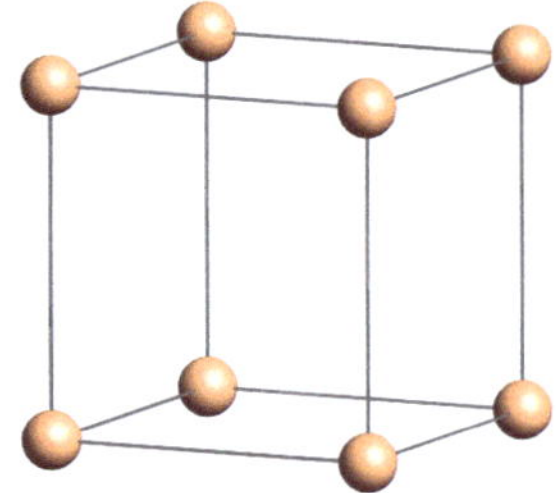

Gitterhafte Darstellung der kubisch-primitiven Teilstruktur für das
    d   Anion Cl^- **e**   Kation Cs^+

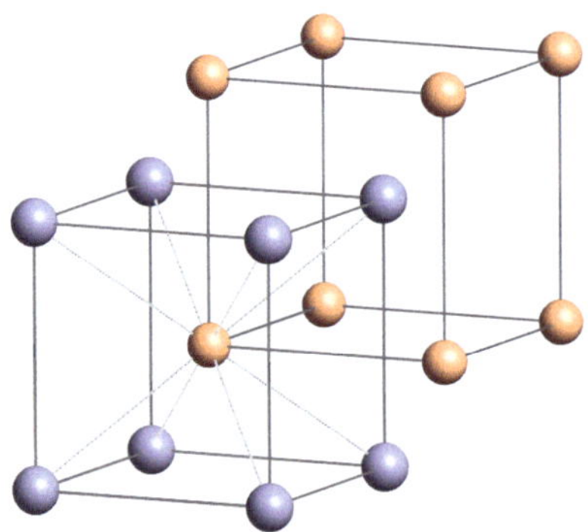 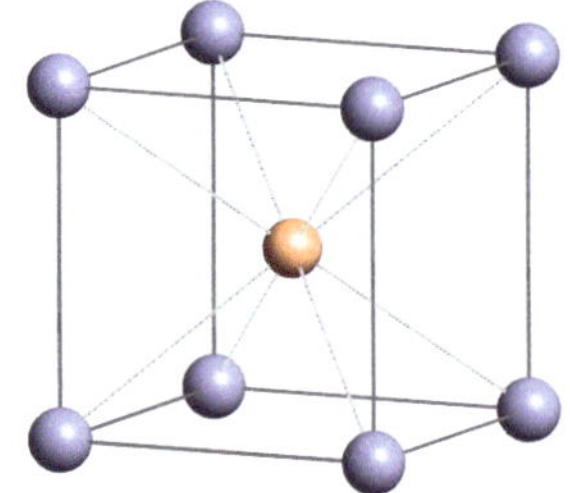

f Teilgitter von Anion und Kation   **g** Elementarzelle
ineinander gestellt

Abb. 4.8   Kristallstruktur von Cäsiumchlorid CsCl, Formelstruktur AB,
             KZ Kation : Anion 8 : 8.

Die Kristallstruktur von Natriumchlorid NaCl wurde bereits in $\rightarrow$ Abb. 4.5a und b abgebildet.

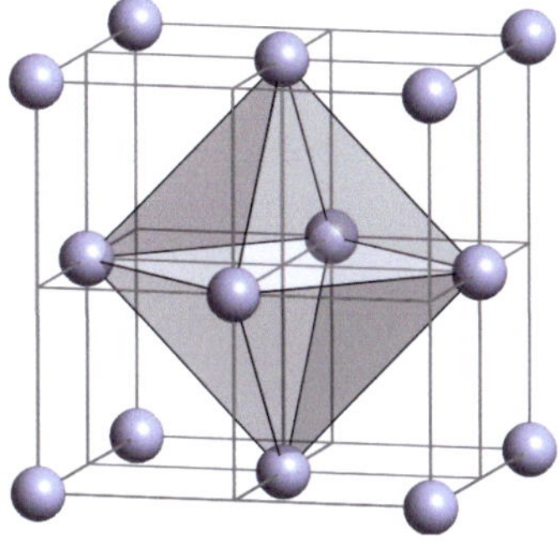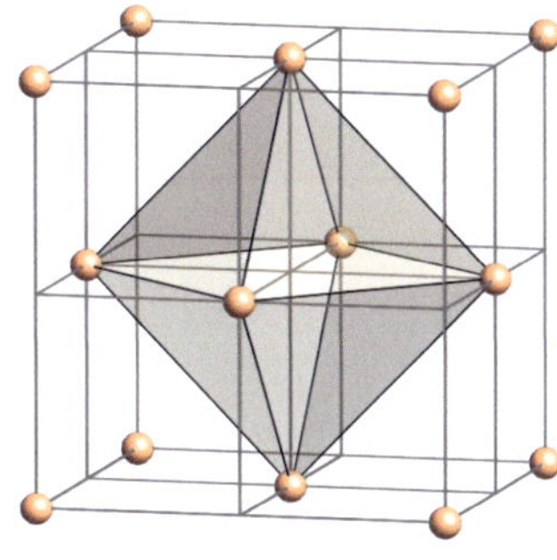

Gitterhafte Darstellung der kubisch-flächenzentrierten Teilstruktur für das
a   Anion Cl^- **b**   Kation Na^+

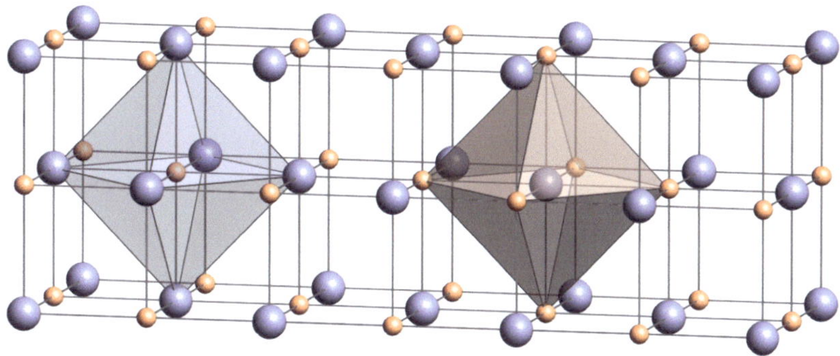

c Gitterhafte Darstellung von drei Elementarzellen der NaCl-Struktur. Das kleinere Na^+-Ion besetzt die Oktaederlücke im kubisch-flächenzentrierten Teilgitter des größeren Cl^--Ions und das Cl^--Ion besetzt die Oktaederlücke im kubisch-flächenzentrierten Teilgitter des kleineren Na^+-Ions.

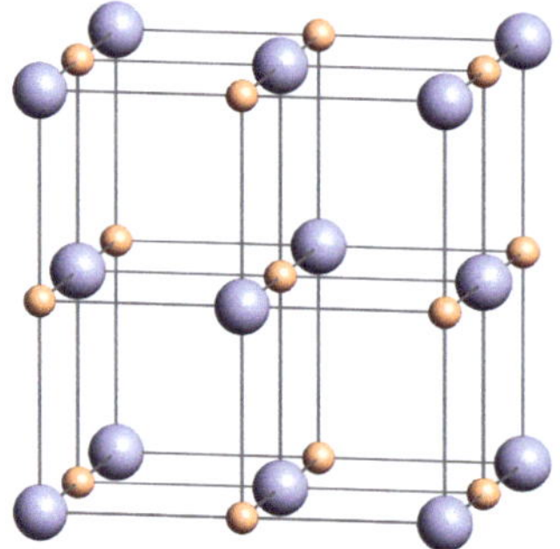

d   Elementarzelle

Abb. 4.9 Gitterhafte Darstellung der Kristallstruktur von Natriumchlorid
NaCl,   Formelstruktur AB, KZ Kation : Anion 6 : 6.

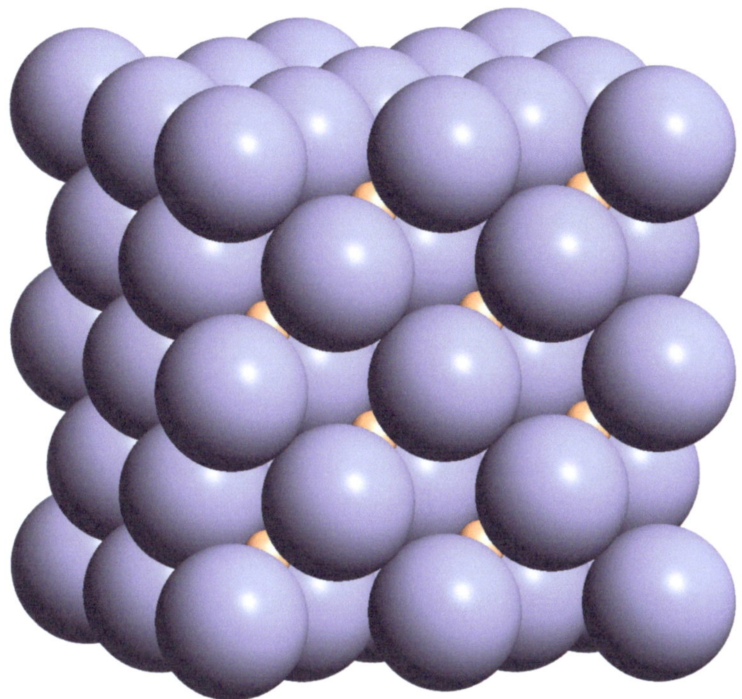

a Ausschnitt aus der Struktur eines kubischen Ionenkristalls mit der Formelstruktur AB bei einem sehr kleinen Kation gegenüber dem Anion. Es sind 2^3 Elementarzellen dargestellt.

Um die kleinen Zink-Ionen sichtbar zu machen, ist die Struktur nach rechts gedreht im Gegensatz zu den anderen Strukturdarstellungen.

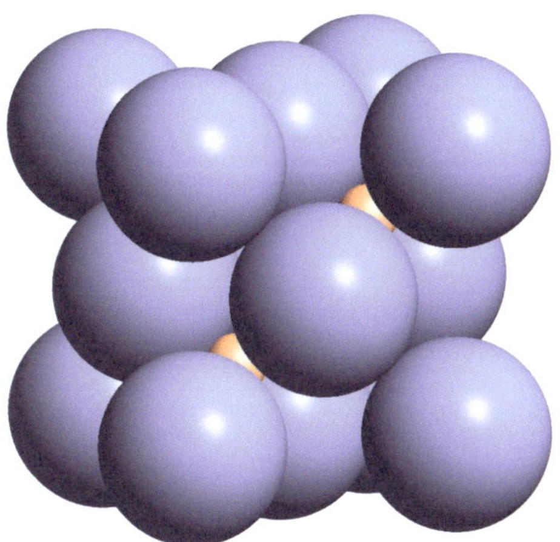

b Elementarzelle

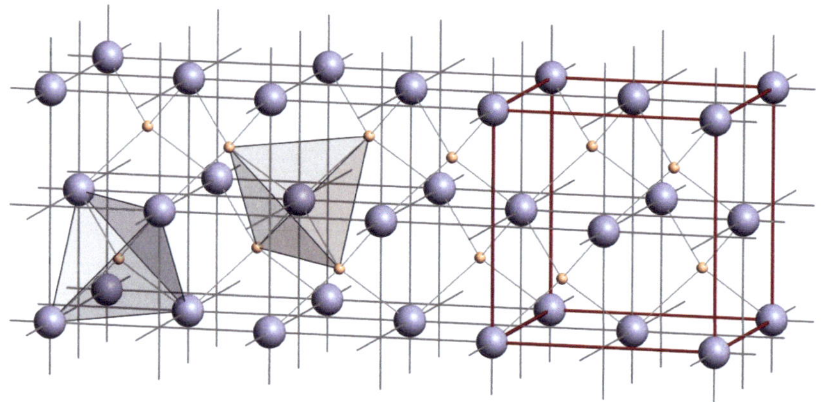

c Gitterhafte Darstellung von drei Elementarzellen. Eine Elementarzelle ist verstärkt eingezeichnet. Beide Ionen haben die Koordinationszahl 4. Das Polyeder für die Koordinationszahl 4 ist das Tetraeder. Für das Kation (kleine Kugel) ist das Tetraeder in der linken unteren Ecke eingezeichnet. Die KZ 4 für das Anion wird erst deutlich, wenn man von einem Anion (große Kugel) in einer Flächenmitte ausgeht. Dazu ist es erforderlich, dass zwei Gitterzellen gezeichnet werden

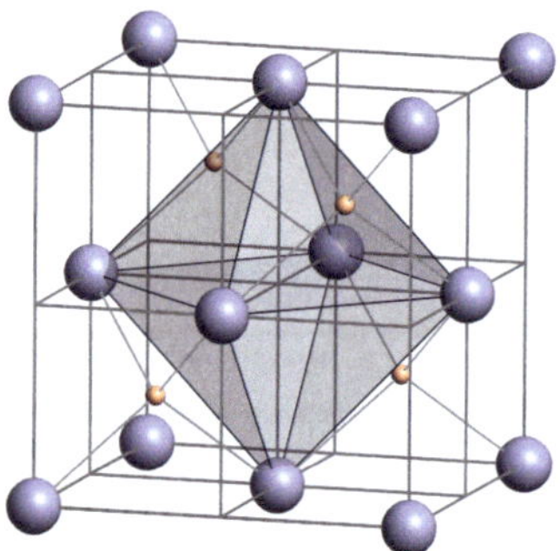

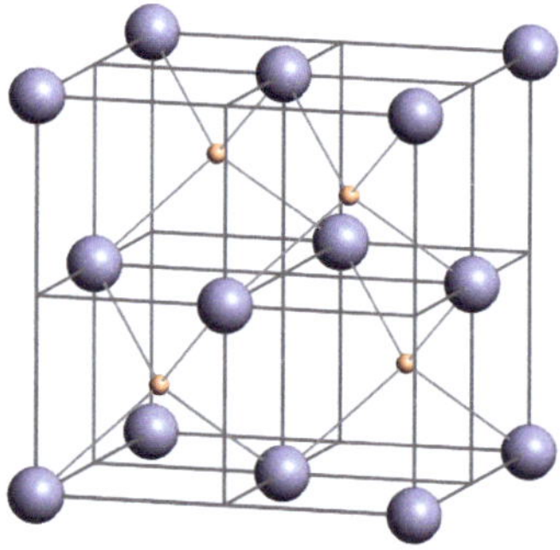

d Verbindet man die Anionen in der Mitte der Kubusflächen, so sieht man, dass die Oktaederlücke hier nicht besetzt ist.

e Elementarzelle
Es ist nur die Hälfte der acht Tetraederlücken im Teilgitter der Anionen mit Kationen besetzt.

Abb. 4.10 ZnS-Typ für Ionenverbindungen mit der Formelstruktur AB, KZ Kation : Anion 4 : 4

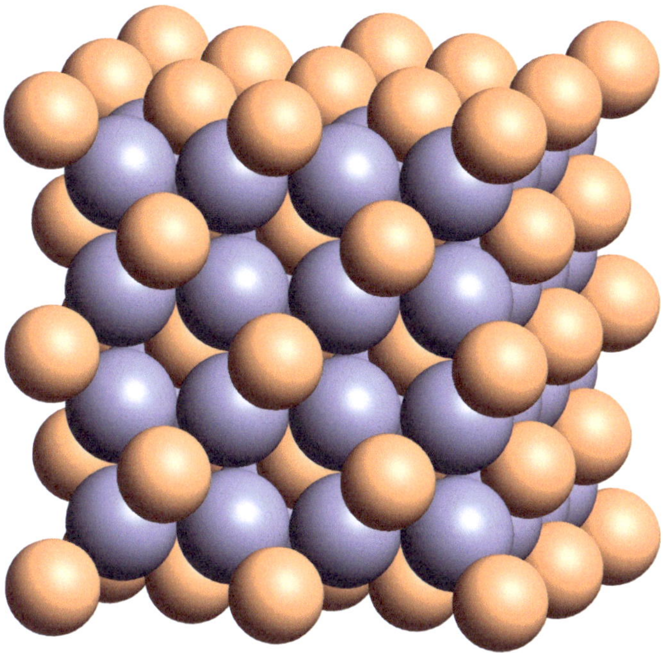

a Ausschnitt aus der Kristallstruktur von Calciumfluorid CaF_2. Es sind 2^3 Elementarzellen dargestellt.

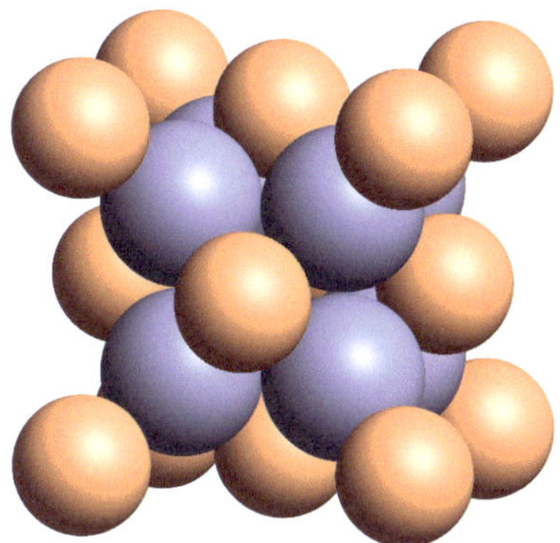

b Elementarzelle

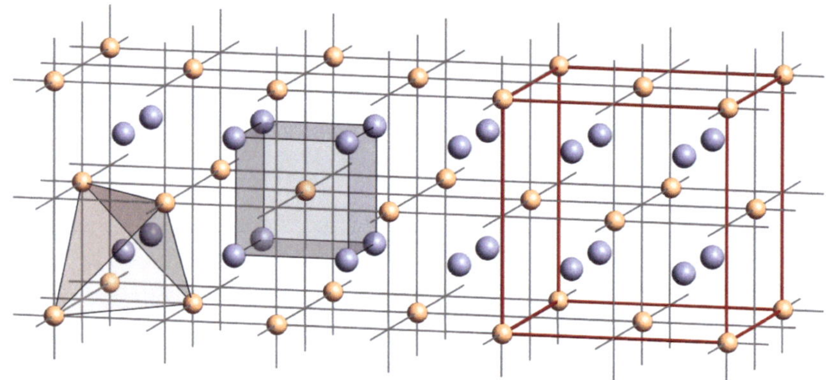

c Gitterhafte Darstellung von drei Elementarzellen der CaF_2-Struktur. Eine Elementarzelle ist verstärkt eingezeichnet. Das Kation Ca^{2+} hat die KZ 8. Das Polyeder für die KZ 8 ist der Kubus. Die KZ 8 wird erst deutlich, wenn man von einem Ca^{2+}-Ion in einer Flächenmitte ausgeht. Es besetzt die Mitte des primitiven Kubus, den die acht F^{1-}-Ionen bilden.

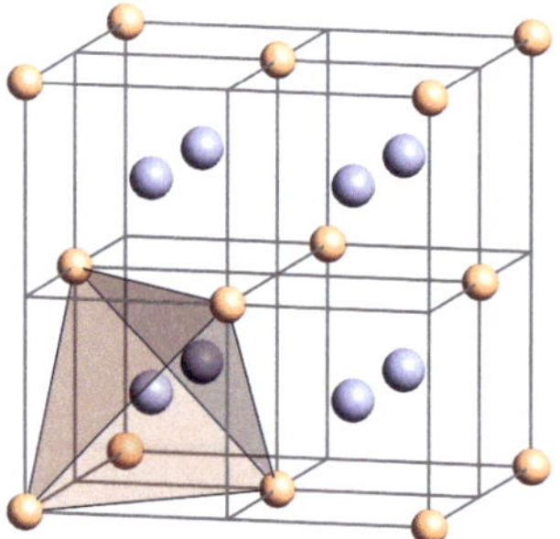

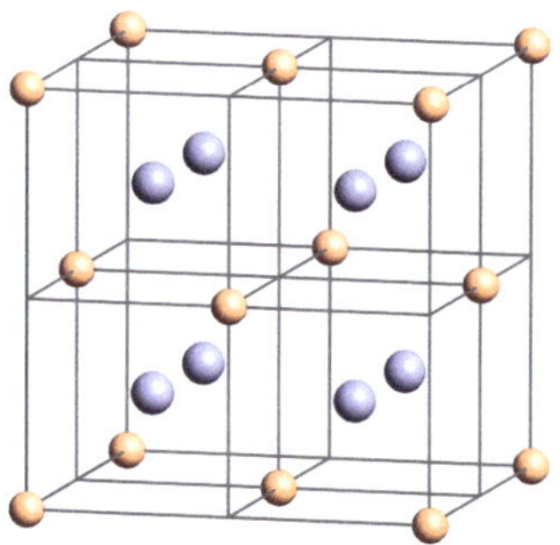

d Das Anion F^{1-} besetzt alle acht Tetraederlücken des kubisch-flächen-zentrierten Teilgitters von Kations Ca^{2+}

e Elementarzelle

Abb. 4.11 Kristallstruktur von Calciumfluorid CaF_2, Formelstruktur AB_2, KZ Kation : Anion 8 : 4

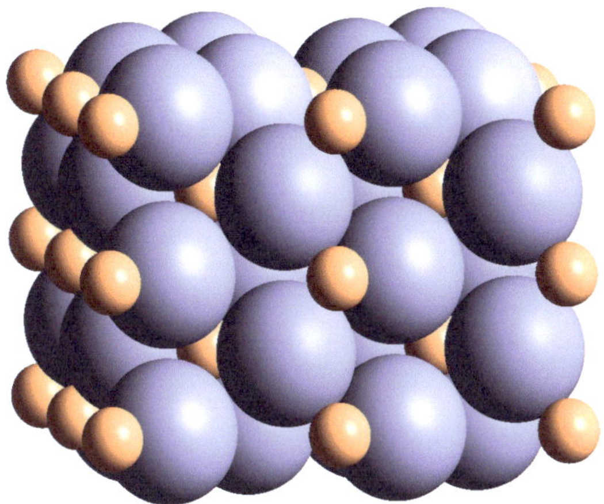

a Ausschnitt aus der Kristallstruktur von Titandioxid TiO_2.
Es sind 2^3 Elementarzellen dargestellt.

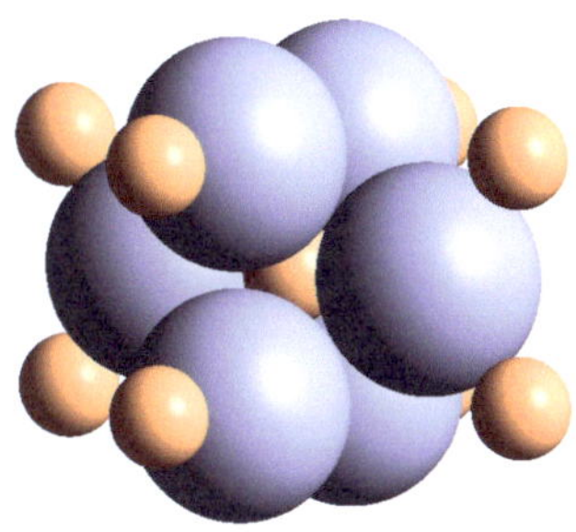

b Elementarzelle

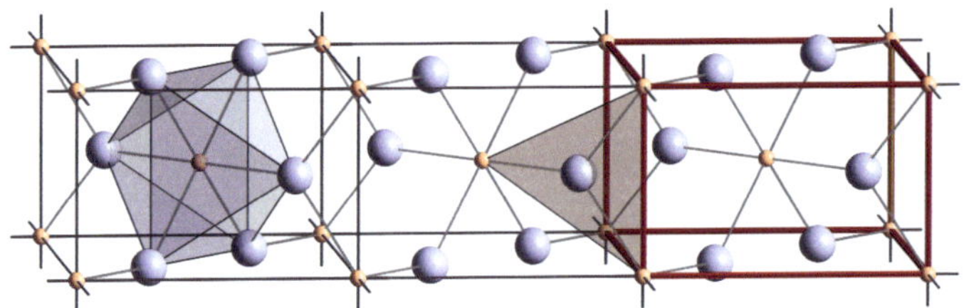

c Gitterhafte Darstellung von drei Elementarzellen der TiO_2-Struktur. Eine Elementarzelle ist verstärkt eingezeichnet. Die Verlängerung der Kanten zeigt die Fortführung der tetragonalen Geometrie an und nicht die Bindungsrichtung der Titan- bzw. Sauerstoffionen.

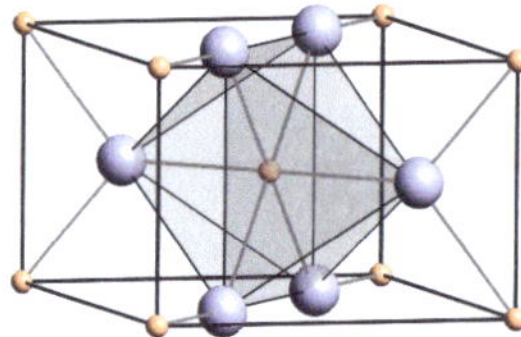

d Die KZ für das kleinere Kation Ti^{4+} ist sechs. Das Polyeder für die KZ 6 ist das Oktaeder.

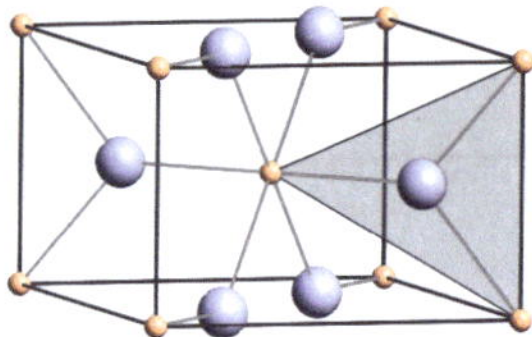

e Jedes O^{2-}-Ion ist planar von drei Ti^{4+}-Ionen koordiniert, die sich in den Ecken eines fast gleichseitigen Dreiecks befinde

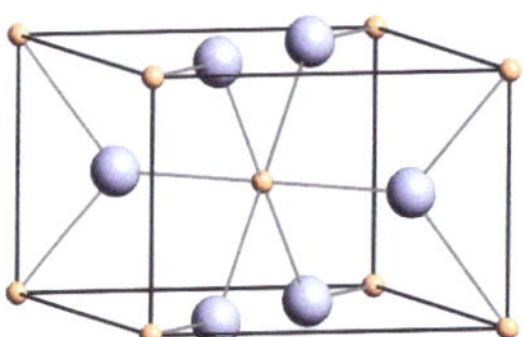

f Elementarzelle

Abb. 4.12 Kristallstruktur von Titandioxid TiO_2, Formelstruktur AB_2,
                KZ Kation : Anion 6 : 3

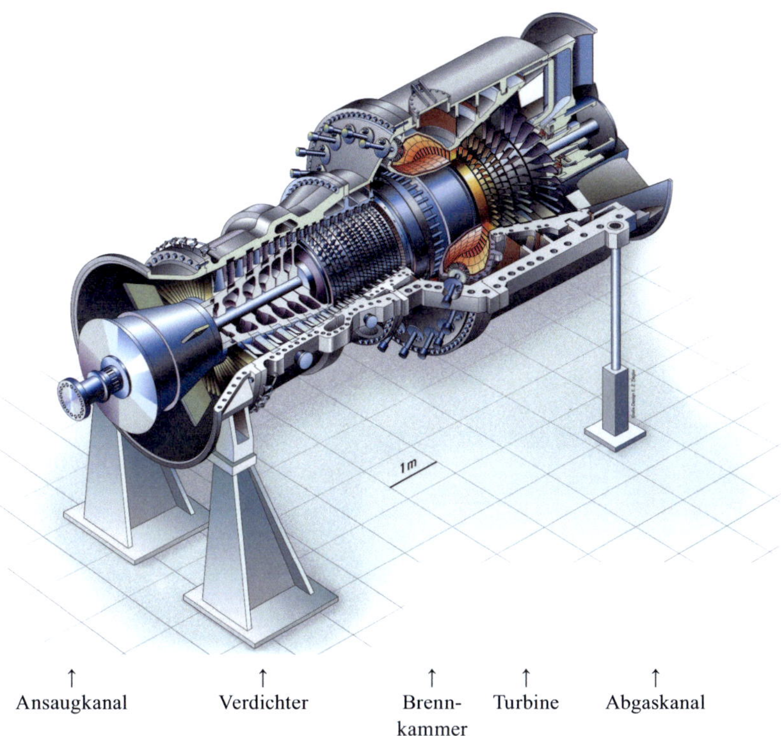

Zu Abb. 5.19 Gasturbine
Quelle: Dr. Koch, Institut für thermische Strömungsmaschinen, Universität(TH)
Karlsruhe

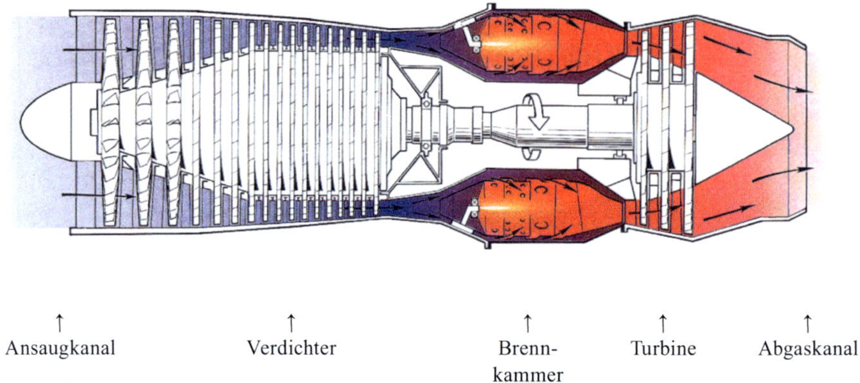

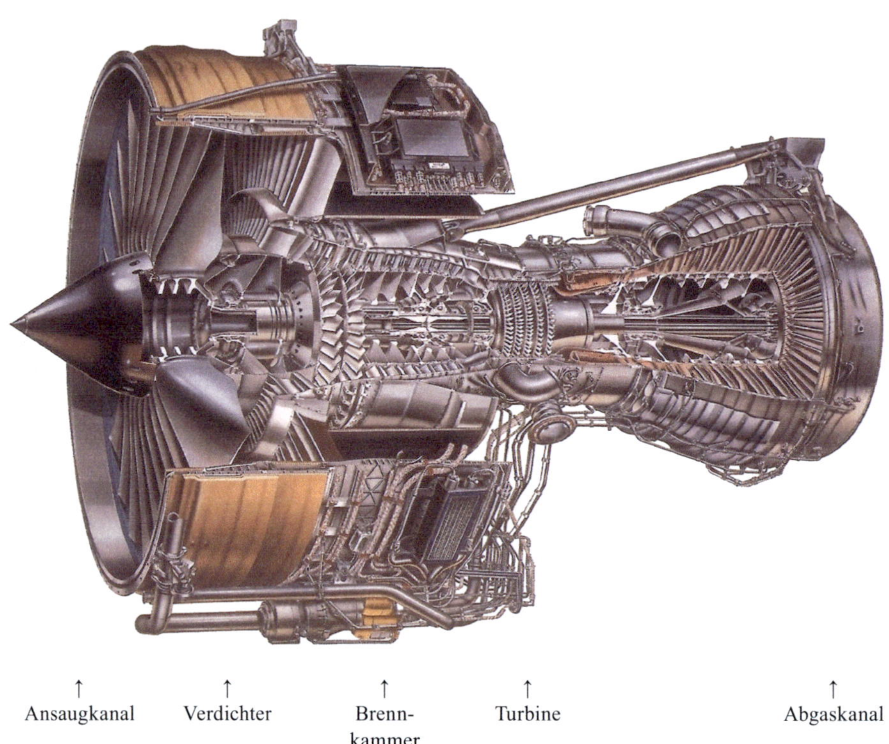

Zu Abb. 5.21 Modelle für Turbinen-Luftstrahltriebwerke zum Antrieb eines Flugzeugs
Quelle: Dr. Koch, Institut für thermische Strömungsmaschinen, Universität(TH) Karlsruhe

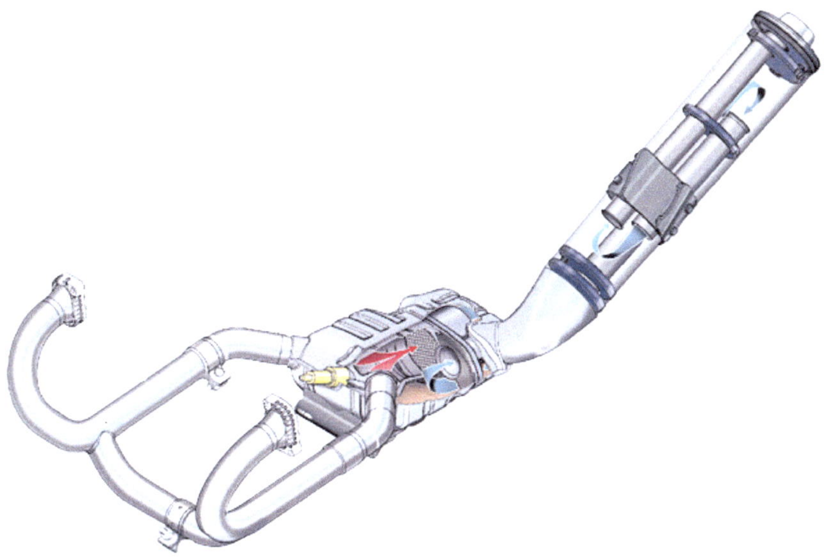

Zu Abb. 5.18 Schema einer Gesamtgasanlage für einen 2-Zylinder-Boxermotor zur Minderung der Schadstoffe NO_x, CO und HC. Quelle: J. Reissing, BMW München.

Stichwortverzeichnis